Die Bibel des Traditionellen Bogenbaus Band 1

Die Bibel des Traditionellen Bogenbaus

Band 1

Steve Allely
Tim Baker
Paul Comstock
Jim Hamm
Ron Hardcastle
Jay Massey
John Strunk

VERLAG ANGELIKA HÖRNIG

Die Bibel des Traditionellen Bogenbaus Bd. 1

Steve Allely
Tim Baker
Paul Comstock
Jim Hamm
Ron Hardcastle
Jay Massey
John Strunk

Aus dem Amerikanischen übersetzt von
Stefan Bartels, Michael Bittl, Uwe Karstens, Manfred Ebner, Wulf Hein, Ekkehard Höhn,
Haiko Hörnig, Axel Küster, Peter Ludwig

Amerikanische Originalausgabe:
The Traditional Bowyers Bible Vol. 1
© 1992 by Bois d'Arc Press ISBN 1-58874-085-3

Deutsche Erstausgabe © 2003 im Verlag Angelika Hörnig als Hardcover erschienen.
Mit der ISBN 978-3-9808743-2-8
Lektorat: Angelika Hörnig, Volker Alles, Ekkehard Höhn, Charles König
Layout: Brigitte Löcher & Angelika Hörnig, Umschlaggestaltung: Angelika Hörnig
Umschlag: Englischer Eibenlangbogen gebaut von John Strunk
Foto: Mary Ann Fitipaldi

© 2019 Softcoverausgabe
ISBN 978-3-938921-61-6
Auflage 17 | 2026

Verlag Angelika Hörnig
Siebenpfeifferstr. 16
67071 Ludwigshafen
www.bogenschiessen.de
office@bogenschiessen.de

Inhalt

Die Autoren

Steve Allely ist ein Künstler, der sich mit Hingabe dem Malen von Landschaft, des Tierreichs und der historischen Themen des Westens widmet. Neben seiner hauptberuflichen Malerei baut Steve indianische Messer, Bögen und Pfeile nach und ist außerdem noch ein routinierter Flintknapper. Steve arbeitet für viele Museumsausstellungen und Privatsammlungen. Zusammen mit seiner Frau lebt Steve in Oregon. Wegen Anfragen zu Bildern und Repliken ist Steve unter dieser Adresse zu erreichen:
Steve Allely
P.O. Box 1648, Sisters, OR, 97759. USA

Wie viele andere auch, fing **Tim Baker** an, sich für das Bogenschießen zu interessieren, nachdem er über Ishi und über dessen bemerkenswerte Waffen gelesen hatte. Nachdem sich Tim durch alle verfügbaren Texte zum Thema Bogenschießen gelesen hatte, wurde ihm klar, dass über Holzbogen und ihre Bauart viel Verwirrendes und Widersprüchliches geschrieben wurde. Er kam zu dem Schluss, dass die einzige Möglichkeit, an verlässliche Informationen zu kommen, darin lag, jede nur denkbare Art Bogen aus jedem denkbaren Material zu machen und dabei Statistiken zu führen. Durch das Vergleichen dieser so gewonnenen Werte wurden die Qualitäten, die einen optimalen Bogen ausmachen, langsam sichtbar. Auf diesen Erkenntnissen basieren seine Artikel, sowie sein Unterricht, den er bei Treffen und „Primitive Skills“ (Alte oder steinzeitliche Handwerkstechniken) Workshops gibt.
www.paleoplanet.net
Tim Baker
6609 Whitney, Oakland, CA, 94609, USA

Die Autoren

Paul Comstock hatte sich nie mit einer Jagdwaffe wohl gefühlt, bis er einen Holzbogen benutzte. Früher schoss er Whitetails und Schwarzbären mit Vorderlader, Schrotflinten, Compound und glaslaminierten Recurvebögen. Seit er zum Holzbogen wechselte, benutzt er überhaupt keine modernen Jagdwaffen mehr. Das größte Tier, das er bis jetzt mit einem Holzbogen erlegt hat, ist ein 300 Pfund schwerer Schwarzbär.

1984 begann er, selbst Bögen zu machen. Vom ersten Tag an experimentierte er dabei mit anderen Hölzern als Eibe und Osage Orange. Dazu trieb ihn die Neugier, denn in alten Bogenbau-Büchern wurden diese Hölzer fast völlig ignoriert. 1988 brachte er die erste Auflage von „Der gebogene Stock" heraus. Es war das erste Bogenbau-Buch, das in umfassenden Details beschrieb, wie man die besten Ergebnisse mit den gewöhnlichsten Bäumen Nordamerikas bekommen konnte. Neue Funde wurden in die späteren Editionen integriert. Einige dieser Funde stammen aus Nachforschungen, die zusammen mit Tim Baker durchgeführt wurden.

Paul Comstock
P.O. Box 1102, Delaware, OH 43015; USA

Die Autoren

Jim Hamm wurde 1952 in Texas geboren, und wuchs praktisch mit dem Bogen in der Hand auf. Schon mit zwölf Jahren ging er von der Kleinwild- zur Hirschjagd über. Sein Interesse am Bogenschießen verschwand nie, und etwa zur Zeit seiner Hochzeit entdeckte er den Holzbogen für sich. Diese Entdeckung sollte sein restliches Leben bestimmen.

Jetzt besitzt und leitet er den Verlag Bois d'Arc Press. Er ist Mitautor und Herausgeber der amerikanischen Originalausgaben der *Bibel des Traditionellen Bogenbaus- Reihe* und weiterer Bücher wie *Encyclopedia of Native American Bows, Arrows and Quivers, Whitetail Tactics with Recurves and Longbows, Ishi und Elvis*.

Jim Hamm / Bois d'Arc Press
P.O. Box 87, Goldthwaite, TX 76844, USA
www.boisdarcpress.com

Ron Hardcastle aus Austin, Texas, begann Mitte der Siebziger ernsthaft mit dem Holzbogenbau. Er unterrichtet an einer Highschool Wissenschaften und hat seine Wurzeln in der Botanik und Ethnobotanik.

Er stellte Bogen und Pfeile für die CBS Miniserie *Lonesome Dove*, sowie für andere Spielfilme her. Ron spezialisiert sich auf Holzbogen aus Osage Orange, Bogen aus Holz mit angeschnittenen Jahresringen (bias-ring) und dem Nachbauen von indianischen Bogen und Pfeilen.

Die Autoren

Jay Massey wurde in Oklahoma geboren und lebte über 23 Jahre lang in Alaska, wo er als registrierter Jagdführer/Outfitter tätig und Mitglied der *Alaska Board of Game* war.
Er leitete ein Ausrüstungsgeschäft für Bogenschützen, Wildnis-Enthusiasten und Lachsforellen-Fischer. Er schrieb fünf Bücher über das Bogenschießen.
Jay Massey starb am 18. Januar 1997.

Schon als kleiner Junge versuchte **John Strunk**, Bogen und Pfeile selbst zu bauen. Obwohl es damals nur kindliche Spielerei war, entflammte es seine Liebe zum Bogenschießen. Diese Liebe zum Bogen und zum Schießen führte ihn zur Bogenjagd und vor 11 Jahren auch zur Gründung seiner Firma „The Spirit Longbow Company". Heute baut er mehr Selfbogen als laminierte Bogen. Er empfindet das Verarbeiten von Naturmaterialien zu Bogen-Ausrüstung als eine große Herausforderung. In Zukunft will John sein Wissen über den Bogenbau nutzen, um anderen zu helfen, die Liebe zum Bogenschießen durch die Entwicklung ihrer eigenen Talente zu finden. „Das wird ein großartiger Abschluss für meine Bogenbau Erfahrung".
The Spirit Longbow Company
5513 Third Street, Tillamook, OR, 97141

Editorial

Eigentlich entstand dieses Buch schon vor ein paar Jahren bei einem Bogenturnier in Michigan. Der Ausrichter bat damals Jay Massey, John Strunk, Ron Hardcastle und mich darum, ein Seminar über Holzbogenbau zu geben. Die Sache wurde auch von den Langbognern und Recurveschützen (die glaslaminierte Bogen schossen) gut angenommen. Das eigentliche Highlight waren aber die Gespräche untereinander. Bis tief in die Nacht saßen wir zusammen und unterhielten uns über Bogen, die ausschließlich aus Naturmaterialien gemacht sind. Einer von uns erzählte dann von seiner neusten Theorie, und alle anderen gaben ihre Meinung dazu ab. Unsere Meinungen basierten auf jahrelangen Erfahrungen und hunderten von Bogen, die wir gemacht hatten. Manchmal konnten wir die anfängliche Theorie bestätigen, manchmal zerrissen wir sie, und manchmal entwickelte sich daraus eine neue, revolutionäre Theorie. Natürlich war uns bewusst, dass wir uns auf Pfaden bewegten, die schon vor zehntausend Jahren von Menschen angelegt worden waren, deren Leben vom Bogen als Waffe abhing. In diesen drei Tagen teilten wir unsere Erfahrungen und unsere Intuitionen, was wie eine Erleuchtung für mich war. Ron brachte das Ganze auf den Punkt und nannte es eine „gegenseitige Befruchtung".

Auch hinterher blieben wir miteinander in Verbindung, um Informationen, Ideen und auch Rohmaterialien auszutauschen. Zu diesem anfänglichen Kreis stießen bald auch andere, die sich unwiderstehlich zum ursprünglichen Bogen hingezogen fühlten. Das waren Leute, die sehr viel Zeit und Energie aufbrachten, um die alte Kunst des Holzbogenbaus zu erhalten.

Durch unseren Zusammenhalt und unseren Gedankenaustausch legten wir schließlich den Grundstein für diese Buchserie der *Bibel des Traditionellen Bogenbaus*.

Wir Autoren hoffen, dass andere unsere gesammelten Gedanken aufnehmen, diese mit ihren eigenen Erfahrungen verbinden und dadurch noch mehr Freude an den einfachen Bogen finden und an dem, was sie uns bedeuten können.

Jim Hamm, im Frühjahr 1992

Die Autoren möchten dieses Buch Cliff Coe, Bill Crawford,
Harry Drake, Frank Garske, Bert Grayson, Gilman Keasey,
Wally Miles, Carney Saupitty, Glenn St. Charles und all den anderen
Menschen widmen, die das „wahre" Bogenschießen über
die mageren Jahre hin bewahrt haben und
es nun an die heutige Generation weitergeben.

Warum traditionell?

Jay Massey

1

Die hängenden Äste der riesigen Kiefern waren in eine dünne Schicht Nebel gehüllt, als ich morgens früh im Jahre 1966 im Bundesstaat Oregon in Richtung meines Jagdgebietes fuhr. Nicht viel später schlich ich mich über einen alten Waldweg in Richtung einer verlassenen Farm. Das Zwielicht der Dämmerung drang schon leicht durch das Dunkel des Waldes. In meiner Linken hielt ich einen Eibenbogen, dessen Außenseite mit Rohhaut bezogen war, und auf meinem Rücken trug ich einen gut geölten Lederköcher, in dem ein Dutzend handbefiederter Holzpfeile steckten. Vor mir lag eine Lichtung, die teilweise im Morgennebel noch nicht einzusehen war. Und hinter der Lichtung war ein zugewachsener Obstgarten, dort hatte ich Spuren von Weißwedelhirschen gesehen.

An diesem Tag war ich zum ersten Mal mit dem Bogen auf der Jagd. Mein Interesse am Bogenschießen war zufällig geweckt worden, als ich im Winter des vergangenen Jahres durch die Universitätsbibliothek stöberte. In einem Flügel der Bibliothek fand ich eine Reihe alter Bücher über das Bogenschießen. Da standen verstaubte Ausgaben des *Ye Sylvan Archer*[1] mit Beiträgen von frühen Bognern wie Chet Stevenson, B.G. Thompson, Earl Stanley Gardner und Earl Ullrich. Das hatte meine Phantasie mächtig beflügelt. Einige Tage später war ich schon unterwegs in den verschneiten Gebirgszügen an der nahen Küste. Ich fühlte mich durch einen Instinkt getrieben, den ich zu dieser Zeit noch gar nicht richtig verstand. Ich hatte eine Ausgabe von *The Archer's Craft* bei mir, ein klassisches Buch über den Bogenbau von Eliot Hogdkin, und außerdem noch ein kleines Handbeil.

Nach langem Suchen fand ich einen ziemlich kleinen und nur halbwegs geraden Eibenbaum, den ich schlug. Den Stamm schaffte ich nach Hause – er war gerade mal fünf Fuß (ca. 150 cm) lang, und kurze Zeit später hatte ich daraus meinen ersten Bogen gemacht. Natürlich verlor der Bogen nach dem ersten Schuss fürchterlich Spannung und brach innerhalb einer Woche vollends entzwei, aber da hatte mich die Faszination des Bogenschießens schon fest im Griff.

Einige Tage später hatte ich das Glück, den erfahrenen Bogenjäger und Bogenbauer Gilmann Keasey kennen zu lernen. In den 30ern war Keasey zweimaliger nationaler Champion geworden, aber 1966 betrachtete er sich selbst als ein Relikt vergangener Zeiten. Er schilderte mir, dass die neuen laminierten Glasfaserbogen mit ihren massiven, schweren Holzteilen so schnell waren, dass sie ihm den Spaß am Schießen nahmen und ihm auch keine Chance mehr ließen, in einem Wettbewerb noch konkurrenzfähig zu bleiben. Keasey baute sehr schöne englische Langbogen und war ein eingefleischter Traditionalist. Er wollte sich nicht anpassen und schoss immer noch seine Eibenbogen mit Hornnocken, während alle anderen Bogner weiterentwickelte Bogen schießen wollten. Im Jahre 1966 sprachen alle nur noch von glaslaminierten Recurve und Aluminium- oder Glasfaserpfeilen, die Nachfrage nach Holzbogen und Holzpfeilen war quasi gleich null. Deswegen hatte Keasey eine ganze Scheune voller Bogenholz, fein gemasertes rotes Eibenholz aus Oregon. Für ein paar Dollar erstand ich drei gut abgelagerte Rohlinge, zwei aus Eibe und einen aus Osage Orange.

---

1 Bogenzeitschrift, erschienen in den 30er und 40er Jahren in den USA

An diesem ersten Tag der Jagdsaison schlich ich mich also voller Erwartungen um die Lichtung herum. Ich trug den erwähnten Eibenbogen, den ich aus einem von Keaseys guten Rohlingen gefertigt hatte. Ich arbeitete mich auf eine Anhöhe vor, auf der einige Büsche standen und von wo ich den alten Obstgarten überblicken konnte. Vorsichtig spähte ich über den Rand der Höhe hinweg. Wie aus dem Nichts tauchte plötzlich ein grauer Schatten vor mir auf, als wäre es ein Geist. Der Weißwedel trug ein Geweih, ein großes.
Der Hirsch stampfte auf den Boden, zweimal und ich erstarrte in meiner Bewegung. Er sprang aber nicht sofort weg, vielleicht weil es der erste Tag der Saison war und er noch nicht oft aufgestört worden war. Er bewegte sich lediglich ein wenig vorwärts, wobei er den Kopf hoch hielt und mit dem Schwanz nervös hin und her schlug, während er versuchte heraus zu finden, was ich eigentlich war. Meine Finger verkrampften sich um die Bogensehne und mein Herz schlug wie ein Schmiedehammer. Mit Gewehren hatte ich schon gejagt, seit ich sieben war, und ich wußte, was Jagdfieber ist, aber was ich in diesem Moment durchlebte, war jenseits aller Vernunft. Meine Nerven waren bis zum Zerreißen gespannt, so straff wie meine Bogensehne und meine Hände zitterten wie Espenlaub im Wind.
Der Hirsch war gerade mal 25 yards weit weg und er kam gerade zu der Überzeugung, dass dieser Ort für ihn nicht der sicherste war. Er drehte sich, um schließlich das Weite zu suchen. Das Herz schlug mir in den Ohren und ich zog schnell bis zur Wange aus. Alles in mir schrie: Schieß, ehe er wegspringt! Ich ließ den Pfeil von der Sehne fliegen und er flog harmlos über den Rücken des Hirschen hinweg. Der Hirsch schnaubte laut, sprang auf und lief in Sicherheit in das nächste Dickicht.
Dieser vermurkste erste Schuss hat sich für immer in mein Gedächtnis eingebrannt. Ich hatte den Hirschen zwar nicht getroffen, aber der Anblick des Pfeils, wie er da über das Tier hinwegflog, hatte etwas sehr Erfüllendes an sich. Ich wusste sofort, dass ich diesen Fehlschuss nicht gegen die größte Trophäe eingetauscht hätte, die mit einem Gewehr geschossen worden wäre.
Schließlich brachte ich in diesem Jahr doch noch einen kleinen Weißwedel zur Strecke, mit jenem selbstgemachten Eibenbogen. Aber das erst, nachdem ich zwei Monate lang sehr hart gejagt hatte. Diese Wochen waren meine Feuertaufe und meine Einführung in den alten Sport der Bogenjagd. Die ersten Tage dieser Zeit - als ich mit meinem einfachen Holzbogen und mit meinem Rückenköcher durch den Wald streifte - gehören zu meinen schönsten, nun 25 Jahre alten Jagderinnerungen. Ich würde diese Erinnerungen nicht gegen einen ganzen Berg von Jagdtrophäen eintauschen, die auf leichtere Art und Weise geschossen worden wären.
Die wenigsten Bogner wissen heute noch, wie viel Spaß die Jagd mit traditionellen Bogen macht, und wie schön es ist, zu pirschen – so wie Pope und Young es gemacht haben. Und fast keiner weiß um die tiefe Befriedigung, die man empfindet, wenn man etwas mit selbstgemachter Ausrüstung schießt. Wenn moderne Ausrüstungen heute kalt und unpersönlich erscheinen, dann könnte das damit zu tun haben, dass es sich um Massenprodukte handelt, die von irgendeinem namenlosen Maschinisten hergestellt wurden, der genauso gut Getriebestangen oder Kugellager machen könnte.

Während der letzten zwei Dekaden hat sich in den USA ein verhängnisvoller Trend im Sportbereich gezeigt. Unser „Spielzeug" hat sich vom einfachen zum komplizierten hin entwickelt. Ganz gleich, ob es sich um Wassersport, Radfahren, ums Skifahren oder Wandern handelt, der Zweck scheint immer der gleiche zu sein: Die Ausrüstung besser und effizienter zu machen. Eine Outdoor- Ausrüstung ist heute nach ein bis zwei Jahren schon komplett veraltet, weil dann bereits neuere und ausgefeiltere Produkte auf den Markt geworfen worden sind. Die Hersteller in der Freizeitindustrie – und sie haben den größten Gewinn, wenn es darum geht, unsere Freizeit immer komplizierter zu gestalten – geben Millionen aus, um „neue, verbesserte" Produkte zu bewerben. Und um welchen Preis? Auf Kosten unseres Verständnisses von Freude und Spiel. Wir sind so auf das Ergebnis fixiert, so um „Erfolg" bemüht, dass wir oft vergessen, warum wir mit einem Sport in erster Linie angefangen haben. Was einst Spiel war, sieht heute immer mehr nach Arbeit aus. Gleichzeitig sind die Preise unserer Sportausrüstungen ins Unermessliche gestiegen.

Im Gegensatz dazu macht eine traditionelle Ausrüstung viel mehr Freude, und sie ermöglicht uns ein sorgenfreies Gemüt. Ganz nebenbei spart man sehr viel Geld, besonders wenn man sie selbst herstellt. Traditionelle Schützen sind sich darüber einig, dass Schießen wieder aufregend wird, wenn man einmal vom Compound umgestiegen ist. Es ist wieder ein Erlebnis für sich, durch die Wälder zu ziehen und auf Baumstümpfe zu schießen. Siehst du den Erdklumpen da an der Wurzel der riesigen Eiche? Er sieht fast wie ein Waldhuhn aus. Und der verfallene Stamm dort am Boden ähnelt einem Hirschen, der sich niedergelegt hat. Ein schwarzer Baumstumpf am Hang wird zum stehenden Bären, und bald sind wir ganz in dieses alte Spiel vertieft, und das Stromern durch den Wald wird zu einem Abenteuer im Sherwood Forest. Für eine Weile vergessen wir die Komplexität unserer modernen Welt und tauchen in eine Umgebung ein, die voller Mystik und Romantik ist. Für eine Weile erfahren wir das Wesen des traditionellen Bogenschießens.

Meine jahrelange Erfahrung und Beobachtung vieler Bogner hat immer wieder eins gezeigt: Traditionelle Schützen hängen an ihrer Ausrüstung und schießen das ganze Jahr über. Schon Maurice Thompson schrieb in seinem Buch *The Witchery of Archery*: „Was ist der Langbogen für eine herrliche Waffe!" Vierzig Jahre später schrieb Saxton Pope in *Jagen mit Bogen und Pfeil*: „Jeder gute Bogen ist mit viel Liebe gemacht." Und diese Werte leben heute mit jedem Traditionellen weiter. Denn traditionelle Bogen und auch Pfeile sind warme, schöne Gegenstände, sie sind keine kalten, unpersönlichen Maschinen.
Ich habe über zwölf Jahre lang als Bogenjagdführer in Alaska gearbeitet und nie einen traditionellen Schützen getroffen, der nicht ständig mit seiner Ausrüstung geübt hätte, während er im Gelände unterwegs war. Im Gegensatz dazu habe ich nie einen Compounder getroffen, der besonders viel Spaß am Roving während einer Jagdreise gezeigt hätte. Der traditionelle Bogner trägt seinen Bogen leicht und zwanglos, fast als wenn er ein Teil seines Körpers wäre. Die Hightech-Schützen, die mit den schweren mechanischen Hilfsmitteln, tragen ihren Bogen fast ausnahmslos wie eine Art Last mit sich herum – so wie ein Anfänger

ein Gewehr tragen würde. Kein Wunder! Hat ein Stahlkabel oder eine Umlenkrolle nur ein Fitzelchen Romantik an sich? Erzeugt ein Aluminiumpfeil warme Gefühlsregungen beim Schützen? Wenn man sich einen modernen Bogen mit seinen Kabeln, Flaschenzügen, den ganzen elektronischen und mechanischen Teilen anschaut, kommt man in die Versuchung sich zu fragen, ob so ein Bogen überhaupt etwas Gutes an sich hat, was all das rechtfertigen könnte – außer, dass es ein Anfänger mit diesen Hilfsmitteln leichter hat, etwas zur Strecke zu bringen. Trägt diese Art von Bogen dazu bei, das Bogenschießen an sich und die Bogenjagd zu erhalten? Haben moderne Bogen irgendeinen kulturellen Wert?
Was, könntest du fragen, haben kulturelle Werte mit dem Schießen und der Bogenjagd zu tun? Die Antwort lautet: Viel!

Heute kommt die Bogenjagd immer stärker in die Kritik von Leuten, die gegen die Jagd an sich und gegen das Töten von Tieren sind. Und ich denke, viel von dieser Haltung haben wir selbst verursacht. Die Bogner der vergangenen Ära wie Saxton Pope, Art Young, Will und Maurice Thompson repräsentierten ganz alte amerikanische Werte wie Ausdauer, die Fähigkeit sich selbst zu helfen, und auch die Fertigkeit der Holzverarbeitung. Ihre Ausrüstung unterschied sich nicht von der eines englischen Langbogners oder eines Indianers. Diese Bogner hatten faire Jagdmethoden, die unsere Vorstellung von Fairness und Sportlichkeit widerspiegeln. Die frühen Bogenpioniere haben viel Wild geschossen, wahrscheinlich zu viel für heutige Verhältnisse – und trotzdem hatten ihre Bemühungen einen kulturellen Wert. Der große amerikanische Naturschützer Aldo Leopold sagte schon, dass jede Handlung einen kulturellen Wert hat, die uns an unsere Herkunft, unsere Ursprünge und Wurzeln erinnert.
Jetzt schaut euch einmal die heutige Bogenjagd an. Erinnert uns etwas von ihr an die frühen amerikanischen Werte und Traditionen?
Die heutige Bogenjagd scheint von der Schieß-das-Wild-egal-wie-Einstellung geprägt zu sein. Das Wort Bogenjäger hat langsam, mit den Jahren, eine negative Assoziation bekommen. Der durchschnittliche amerikanische Nichtjäger verbindet damit wahrscheinlich eine Person, die sich gegenüber dem Wild einen unfairen Vorteil verschaffen möchte, indem sie zu einem futuristischen Bogen und zu unfairen Jagdmethoden greift. Der moderne Bogenjäger kleidet sich nicht in Wolle und Leder, so wie Meriwether Lewis, William Clark oder Jim Bridger es taten. Er zieht die neuesten, teuren Camoklamotten an. Und die wenigsten beherzigen heute, was Saxton Pope in *Jagen mit Bogen und Pfeil* schrieb:
„Wir hielten es für unwürdig, von einem Baum herunter zu schießen."

Der moderne Bogenjäger macht seine Ausrüstung auch nicht selbst, er kauft sie ganz frisch aus der Fabrik, präzisionsgefertigt. Ironischerweise kommt sein Bogen in Plastik verpackt, genauso wie ein Städter sein Fleisch kauft. Beide, weder der Bogenjäger noch der Städter, haben irgendeine Vorstellung davon, welche Prozesse zur Herstellung ihres Produktes geführt haben.

Es sind aber noch nicht alle Bogenjäger auf so ein niedriges Niveau gesunken. Wir sind noch nicht vollständig zu einer Nation von Schafen geworden. Vielen Bognern hängt das moderne Bogenschießen zum Hals heraus, und sie versuchen, diese ursprünglichen amerikanischen Werte im Bogenschießen wiederzufinden. Sie suchen eine größere persönliche Erfüllung und sind bereit, altmodische Fähigkeiten dafür zu entwickeln: das Holzhandwerk, die Ausdauer und den Glauben in die eigene Kraft. Sie entdecken, dass ihnen der Sport mehr gibt, wenn sie mehr in ihn hineingesteckt haben. Kurzum, diese Leute geben sich mit nichts zufrieden, was in Plastik verpackt daherkommt. Und es werden immer mehr!

Ich glaube ich spreche für alle Autoren dieses Buches – und es handelt sich hier um die besten Handwerker im Bereich des traditionellen Bogenschießens – wenn ich sage, dass dieses Buch mit viel Liebe geschrieben worden ist. Ich bin sicher, dass die Autoren mit mir darin übereinstimmen, dass traditionelles Schießen eine Bereicherung eures Lebens darstellen wird und euch mehr von der Freude vermitteln wird, die in diesem alten Sport steckt. Wir können mit Hilfe der Werte, die hier zu entdecken sind, in den heute manchmal stressigen Zeiten leichter unser inneres Gleichgewicht erhalten. Auch darin werden sie mir zustimmen. Ganz sicherlich werden sich auch neue – manchmal schwierige – Herausforderungen auftun. Aber gleichzeitig sind hier auch größere Belohnungen und Raum für mehr persönliches Wachstum und Erfüllung zu erwarten.
Das traditionelle Schießen eröffnet neue Wege, um zu lernen. Wir entdecken unsere Geschichte und Ursprünge neu, die unserer Vorfahren und unsere eigenen.
Das traditionelle Schießen hat eine gewisse Anziehungskraft, die manchmal nur schwer beschrieben werden kann. Man muss sie erleben. Aber wenn ein Pfeil von eurem ersten selbstgemachten Bogen einen Stumpf trifft, dann wisst ihr, was ich meine. Wenn ihr euch schließlich hinabbeugt und euren Bogen neben den hart erjagten Hirsch legt, werdet ihr es fühlen. In diesen Augenblicken stellt sich nicht die Frage, warum ihr den traditionellen Weg gewählt habt.

1 Übersetzt von Ekkehard Höhn

Holz fällen und lagern

Ron Hardcastle

Im Jahre 1983 wurde eine Kiste mit 175 englischen Langbögen aus Eibe im Wrack der HMS „Mary Rose“ im Hafen von Plymouth, England, gefunden (das Schiff sank 1545). Zum Erstaunen aller waren die Bögen in nahezu unverdorbenem Zustand und schießbar, nachdem sie getrocknet waren. Einige hatten sogar noch eine leichte Vorspannung. Ich habe mich oft gefragt, wie die Hersteller dieser Bögen reagiert hätten, wenn ihnen erzählt worden wäre, dass ihre Bögen nach 450 Jahren immer noch schießen. Das sagt viel aus über ihre handwerklichen Fähigkeiten und die Eigenschaften von Eibenholz (und möglicherweise über den konservierenden Schlick im Hafen von Plymouth).

Meine erste intensive Erfahrung mit den Verlockungen von Holzbögen hatte ich im Alter von zehn Jahren, als ich von einem der üblichen psychopathischen Schlägertypen aus der Nachbarschaft verfolgt wurde. Er jagte mich in ein halb fertiges Haus, wo ich einen Stapel dünner Kiefernleisten und etwas Schnur fand. In Windeseile machte ich mir einen kruden „Pfeil und Bogen“ aus dem Abfall. Ich schoss in die ungefähre Richtung meines Widersachers und hoffte, ihn mir so wenigstens vom Leibe halten zu können, als zu meinem Erstaunen der unbefiederte Pfeil zu einer schicksalhaften Begegnung mit seiner Unterlippe losflitzte und diese komplett durchbohrte. Er nahm Reißaus, wobei mein ungewöhnliches Geschoß an seiner Lippe baumelte, und war genauso erschrocken wie ich. Heute schätze ich, dass der „Bogen“ nicht mehr als 10 lb. (ca. 4,5 kg) Zuggewicht hatte, aber als eine Maschine der Zerstörung war er bedauerlicherweise wahrhaft effektiv.

Meine Kiefernlattenwaffe war nur für diesen einen Schuss bestimmt, aber sie war über die 450 Jahre hinweg verbunden mit jenen alten englischen Meisterstücken durch eine Seelenverwandschaft, welche über die Zeit erhaben ist. Diesen Geist spüren jetzt wieder Leute aus allen Gesellschaftsbereichen. Einige leben in Städten, einige auf dem Land, und wieder andere an immer noch primitiven Orten wie dem Dschungel von Neuguinea. Der hölzerne Bogen lebt und es geht ihm gut, jetzt, wo das Jahr 2000 naht.

Viele alte Bögen funktionieren auch noch dann, wenn sie jahrzehntelang in Gebrauch sind. Ich selbst besitze mehrere, wie viele meiner Bogen-Freunde. Die meisten dieser langlebigen Bögen sind aus Osage Orange gemacht, oder zweitens aus Eibe und drittens aus Lemonwood, in dieser Reihenfolge, weil diese Hölzer in der ersten Hälfte des 20. Jahrhunderts bevorzugt in Gebrauch waren. Wir haben in den letzten Jahren herausgefunden, dass es andere Hölzer gibt, aus denen sich hervorragende Bögen bauen lassen, als da wären Hickory, Esche, Ulme, Maulbeere und Wacholder, um nur einige der beliebtesten zu nennen. Heutzutage benutzen tatkräftige Bogenbauer viele verschiedene Holzarten, verbesserte Designs und erfindungsreiche neue Techniken, um die Leistungsfähigkeit von Holz als Rohstoff für den Bogenbau zu optimieren.

Während du dieses Kapitel liest, wirst du bemerken, dass ich Osage Orange als Bogenholz bevorzuge (das ist nicht neu, Art Young und den Comanchen ging es genauso), also denke daran, dass es zugegebenermaßen meine Empfindungen sind. Aber beachte auch, dass nichts

im Bogenbau für immer und ewig gilt, dass keine zwei Bogner in allem übereinstimmen, und dass ein großer Teil dessen, was beim Holzbogenbau passiert, nicht völlig vorhersagbar ist wie üblicherweise bei Fiberglas und Graphit.
Einmal baute ich einen Bogen aus einem Stab, der 1939 geschlagen wurde, und weil der Bogen als Stab 50 Jahre vor sich hin geträumt hatte, nannte ich ihn „Schlafende Schönheit". Der Freund, dem ich den Bogen schenkte, benutzte ihn erfolgreich auf einer Jagd in Michigan bei -15°C und war so bewegt von der Leistung des Bogens, dass er ein Gedicht über ihn schrieb und es auf den unteren Wurfarm schrieb. So etwas könnte man leicht kitschig nennen, wenn es nicht so lustig wäre.
Wenn man einen Bogen baut, wird man sich eventuell genötigt fühlen, Verse darüber zu dichten, aber um ein wirklich kompetenter Holzbogenbauer zu werden, muss man die Struktur und die Eigenschaften des Holzes verstehen. Weil Holz von Bäumen kommt, muss man entscheiden, welche Stämme oder Äste geschnitten werden, wie sie gelagert, getrocknet und geschützt und wann sie in Bogenstäbe verwandelt werden. Wenn man nicht darauf vorbereitet ist, diese Entscheidungen zu treffen, hat man den Prozess des Bogenbauens nicht vollständig unter Kontrolle.
Wenn du Holz kaufst und abhängig bist von jemand anderem, der für dich entscheidet, dann wirst du eventuell (wahrscheinlich früher als später) wütend werden, weil du gutes Geld für unbrauchbares Holz ausgegeben hast. Wenn mir mal ein Nicht-Bogner Holz geschickt hat, sogar nachdem ich ihm sorgfältige und eingehende Anweisungen über die erforderlichen Qualitäten des Holzes gegeben habe, war ich üblicherweise schwer enttäuscht. Im Allgemeinen beabsichtigen die Nicht-Bogner nicht, uns übers Ohr zu hauen, wenn sie unbefriedigendes Holz verkaufen oder schenken, sie verstehen einfach nicht, was wir brauchen. Zu oft habe ich Neu-Bogner gesehen, die schwer verdientes Geld und Zeit auf Abfallholz verschwenden, um – wie ich es nenne – Fehl-Bögen zu bauen, mit mathematischer Gewissheit zum Brechen bestimmt.
Denke mal an sichere ausgewiesene Holzexperten, wie die Handwerker, die feine Möbel und Inneneinrichtungen bauen. Sie müssen gute Kenntnisse besitzen über Holzauswahl, Designs, Leime, Werkzeuggebrauch, Lacke und viele andere Details. Aber sie stellen Sachen her, die nur irgendwie zum „Rumstehen" bestimmt sind.
Nun denke mal an Holzbögen, die dazu gezwungen werden, qualvolle physikalische Arbeit zu leisten, sich enormen Kräften wie Stauchung, Spannung und Scherung zu unterziehen, Schuss um Schuss, Jahr um Jahr. Diese Faktoren machen hölzerne Bögen ziemlich einzigartig unter allen Dingen, die aus Holz gemacht sind, eine Tatsache, die für Nicht-Bogner schwierig zu erfassen ist.
Einmal bezahlte ich „nur" die Frachtkosten für 800 Pfund (ca. 360 kg) „perfektes" Osage, das mir als Geschenk von einem Freund geschickt wurde, einem talentierten Möbelbauer. Rate mal, was passierte. Nicht ein einziger Bogen war in dem Stapel: alles Spazierstöcke, Feuerholz und Holzwurmfutter. „Er meinte es ja nur gut", sagte ich mit zusammengebissenen Zähnen, als ich den Scheck über mehr als 200 Dollar Frachtkosten ausschrieb.

Von all der Biomasse an Osage, die jetzt existiert, ist wahrscheinlich weniger als 5 % brauchbar für gute, ernsthafte, zuverlässige selbstgebaute Bögen. Eibenexperten machen ähnliche Angaben über ihr Holz. Bei Esche, Hickory, Ulme und anderen gerade wachsenden Hölzern ist der Prozentsatz wahrscheinlich höher. Aber es gibt noch viele Wahlmöglichkeiten in dem Zeitraum zwischen dem Auswählen eines Baumes und dem eigentlichen Beginn, einen Bogen zu bauen. Ausgestattet mit der Fähigkeit zum Aussuchen, Schneiden, Lagern und Trocknen seines Holzes, kann der ausgebildete Bogner sich seinen Werkstoff genauso gut selbst besorgen wie unter den Angeboten anderer Holzfäller die richtige Auswahl treffen. Es wird dir sehr von Nutzen sein, zu verstehen, wie ein Baum im inneren Gewebebereich wächst. Viele sind überrascht, wenn sie feststellen, dass der größte Teil eines Baumes nicht lebendig ist, oder, um es anders zu sagen, tot. Die äußere Rinde und praktisch alles Holz sind totes Gewebe. Das ist ein Schocker, nicht wahr, nachdem wir immer gehört haben, das Holz für einen Bogen oder Pfeil käme von einem lebendigen Baum?

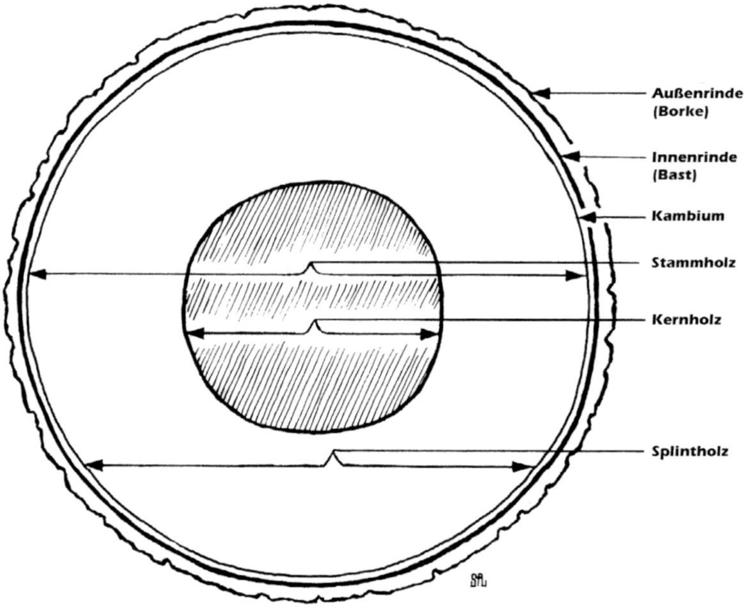

Horizontalschnitt durch einen Baum

Es ist wahr, dass Holz eine wesentliche Rolle im Leben eines Baumes spielt, aber Holzzellen und das Gewebe selbst sind tot. Blätter, Blüten, Früchte oder Nüsse und Samen sind lebendig, aber sie kommen und gehen in einem Kreislauf. Der hauptsächliche Teil eines Baumes, der immer lebt, ist eine hauchdünne Schicht, ein kegelförmiger Zylinder aus Zellen, genannt das **vaskuläre Kambium,** das zwischen der Rinde und dem Holz des Baumes liegt. Wenn der Baum auswärts in die Breite und aufwärts in die Höhe wächst, legt das vaskuläre Kambium auf seiner Innenseite Holzzellen oder **Xylem** ab.

Bald nachdem neue Zellen abgelegt werden, sterben sie, aber ihre starren Wände aus Zellulose und anderen Polymeren dienen weiterhin den lebenden Teilen des Baumes. Holz (oder Xylem) hat drei vorrangige Aufgaben: Holz, das kürzlich gebildet wurde, oder Splintholz, leitet Wasser aufwärts durch die Pflanze, älteres Holz oder Kernholz speichert Wasser, Abfall und andere Stoffe, und das Holz als Ganzes bietet dem Baum strukturelle Unterstützung.

Potentielles Bogenholz fällt in drei Klassifikationen: **ringporige Harthölzer** (Osage, Esche, Ulme, Hickory, Eiche, Robinie, Walnuss, Maulbeerbaum und andere), **diffusporige Harthölzer** (Ahorn, Pappel u. a.) und die koniferen, zapfentragenden Hölzer oder **Weichhölzer** (Eibe, Zeder, Wacholder, Kiefer, Fichte).

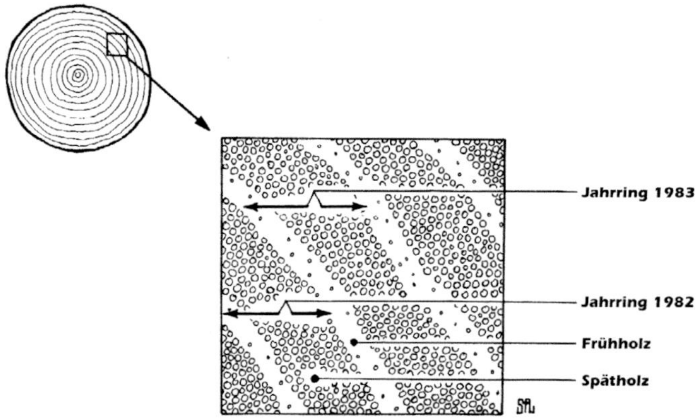

Vergrößerte Darstellung der jährlichen Wachstumsringe von ringporigem Hartholz wie z. B. Osage Orange, Esche, Hickory, Ulme, Eiche und Maulbeere (zum besseren Verständnis sind Splint- und Kernholz nicht als unterschiedlich dargestellt, und die Porengröße ist übertrieben).

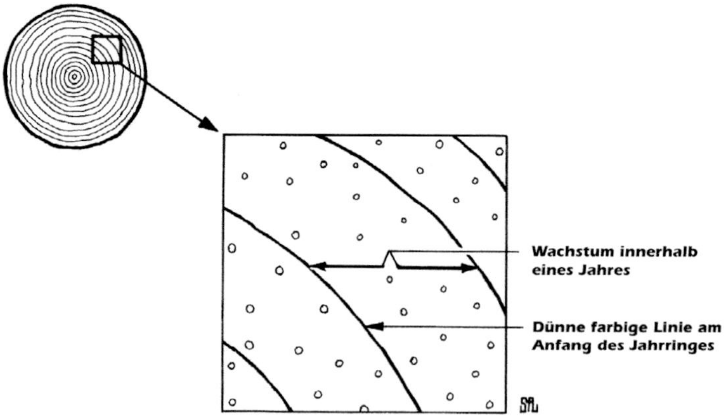

Vergrößerte Darstellung der jährlichen Wachstumsringe von diffusporigem Hartholz wie z. B. Ahorn und Pappel (zum besseren Verständnis sind Splint- und Kernholz nicht als unterschiedlich dargestellt, und die Porengröße ist übertrieben).

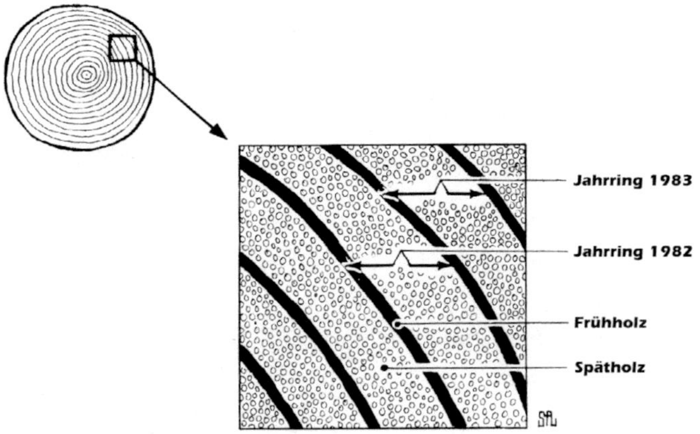

Vergrößerte Darstellung der jährlichen Wachstumsringe von Koniferen oder Weichholz wie z.B. Eibe, Zeder, Wacholder und Tanne (zum besseren Verständnis sind Splint- und Kernholz nicht als unterschiedlich dargestellt, und die Porengröße ist übertrieben).

Wenn Holz in ringporigen Harthölzern und Koniferen vom vaskulären Kambium zuerst abgelegt wird, ist es vergleichsweise heller in der Farbe (weiß bis hellbraun) und wird **Splintholz** genannt. Wenn du einen Baum fällst und den Horizontalschnitt untersuchst, wirst du ein Band von weißem Splintholz am äußeren Rand des Stammes erkennen (die Breite dieses Bandes variiert von Art zu Art). Wenn die Jahre vergehen und das vaskuläre Kambium sich weiter nach außen bewegt, werden die innersten Ringe des Splintholzes mit der Zeit von einem anderen Phänomen betroffen, das sich ebenso stetig nach außen bewegt: die Umwandlung von Splintholz in dunkles **Kernholz**.

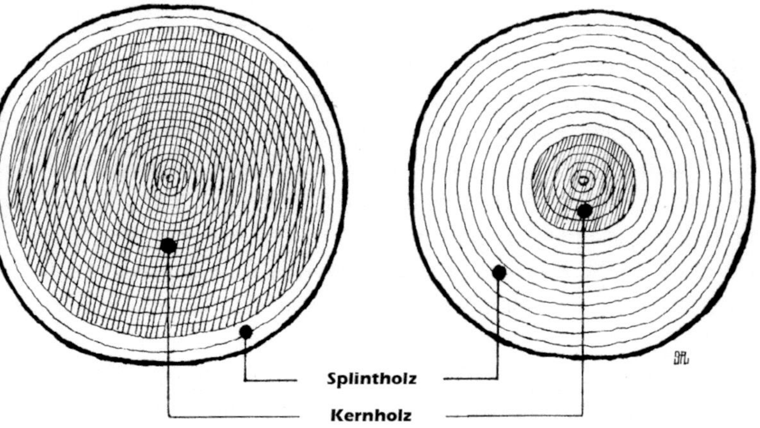

Links: Darstellung von Kern- und Splintholz in Bäumen wie z. B. Osage, Maulbeere und Eibe, in diesem Fall mit großem Kernholzanteil.

Rechts: Kern- und Splintholz in Bäumen wie z. B. Hickory, Ulme und Esche, in diesem Fall mit großem Splintholzanteil.

Bogenstäbe, v.l.n.r.: Robinie, Eibe, Osage Orange, Zeder, Esche und Hickory

Es sollte erwähnt werden, dass der Saft des Baumes, eine sehr komplexe Substanz vergleichbar mit Blut, nicht im Holz zu finden ist (Wasser, Harze und andere Substanzen sind dort vorhanden, aber kein Saft). Der Saft wird nur in einer sehr dünnen Gewebeschicht transportiert, dem **Phloem**, das auch vom vaskulären Kambium abgelagert wird, aber auf der Außenseite. Der Saft ist bei kaltem Wetter spärlich im Phloem vorhanden, aber das Holz enthält das ganze Jahr über eine Menge Wasser. Die alte Bogenbauer-Regel, derzufolge ein Baum im Winter gefällt werden muss, „wenn der Saft raus ist", kann unter botanischen Gesichtspunkten nicht aufrecht erhalten werden, das meinen auch viele erfahrene Bogner. Fälle einen Baum, wann du es willst oder kannst, achte nur darauf, ihn sorgfältig zu behandeln, wenn er einmal umgesägt ist. Darüber später mehr.

In den ringporigen Harthölzern wie auch in Koniferen weist der Horizontalschnitt eines Stammes gut sichtbare jährliche „Ringe" auf. Beim näheren Hinsehen zeigt sich, dass es wirklich abwechselnd Ringe von porigem Holz sind, dem sog. **Frühlingsholz** oder **Frühholz**, und relativ dichterem Holz mit viel weniger Poren, dem sog. **Spätholz** oder **Sommerholz**. Wie auch immer die Farbe des Spätholzes aussieht, das Frühholz wird normalerweise ein bißchen heller in der Farbe sein (eine bemerkenswerte Ausnahme ist Esche, bei der das Frühholz dunkler ist). Ein voller Jahreswachstumsring im Holz besteht immer aus einem Ring Früh- und einem Ring Spätholz.

Frühholz wird in jedem Jahr zuerst abgelegt, das beginnt mit dem Wachstumsschub im Frühjahr, wenn der Baum aus dem Winterschlaf erwacht. Es ist der erste kümmerliche Versuch, nach dem winterlichen Ruhezustand Holz zu produzieren. Frühholz wird während ein paar wenigen Tagen oder Wochen gebildet und dient dem Zweck, den ersten Schub Wasser im Jahr aufwärts durch den Baum zu leiten. Wenn alle Systeme im Baum auf „go" stehen, fängt er an, Spätholz zu bilden und setzt dies fort bis zum Ende des Wachstums im Herbst, wenn der Baum wieder in seinen winterlichen Ruhezustand fällt. Im folgenden Frühjahr beginnt der Kreislauf von neuem mit der nächsten Schicht Frühholz und so weiter. Verliere nie die Tatsache aus den Augen, dass mit jedem Jahrring der Durchmesser des Baumes zunimmt. Es ist wichtig, zu verstehen, was mit dem oben Stehenden gemeint ist: In ringporigen Harthölzern ist das Spätholz das gute, dichte Material, aus dem toxophile Träume gemacht sind. Es enthält die speziellen Faserzellen, die dem Holz seine Elastizität geben. Kurz: Spätholz ist „guter" Stoff. Auf der anderen Seite ist Frühholz für einen Bogenbauer fast ohne Nutzen. Es ist weich, treulos, hat keine Schnellkraft, und wenn es unsachgemäß auf dem Bogenrücken zu liegen kommt, kann das ein schnelles Ende für die Waffe bedeuten. Doch natürlich hat diese ganze Sache für den Bogner einen Haken: Du bekommst das eine nicht ohne das andere. Es ist, wie wenn man ein Rendezvous mit einer absoluten Traumfrau hat, aber gleichzeitig immer ihren doofen kleinen Bruder mit rumschleppen muss.

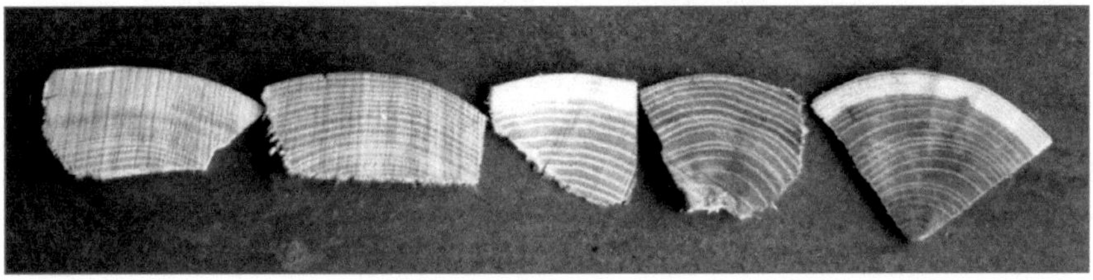

Hirnholzschnitte von Osage Orange, die das Verhältnis von Frühholz zu Spätholz in verschiedenen Stücken zeigen. Von links nach rechts wird das Holz besser, wie der verhältnismäßige Anteil von Frühholz abnimmt.

Die Dicke der jährlichen Wachstumsringe ist nicht annähernd so wichtig wie das Verhältnis zwischen Frühholz und Spätholz. Das Stück rechts ist für Osage überdurchschnittlich, obwohl das Holz zur Linken sicherlich einen annehmbaren Bogen abgeben könnte, wenn er etwas breiter oder länger als normal gebaut wird.

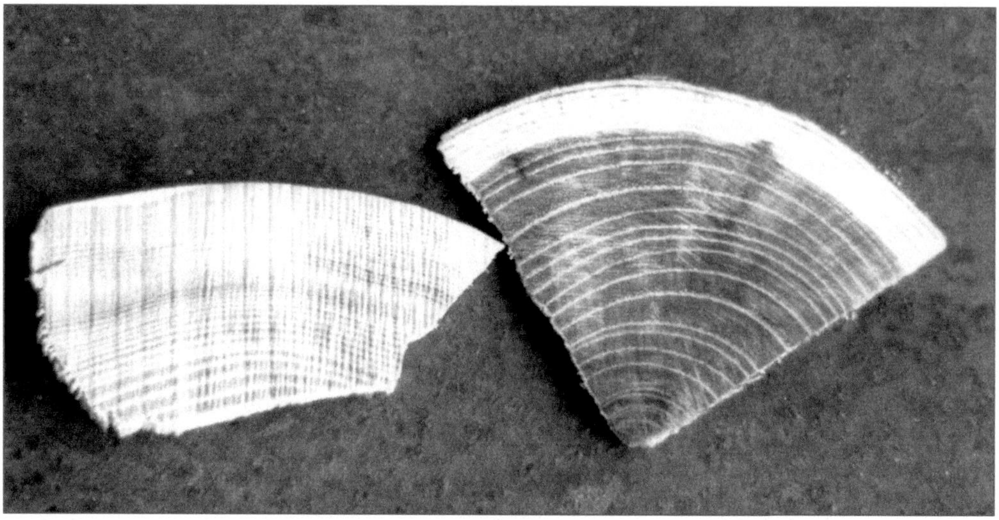

Entgegengesetzte Enden des Frühholz/Spätholz-Spektrums: Das Osage auf der linken Seite ist zum größten Teil Frühholz und darum fast wertlos, während das Stück zur Rechten eine Ausnahmeerscheinung ist und einen hervorragenden Bogen ergab.

Die besseren Stämme und Stäbe besitzen dünneres Frühholz und breiteres, dichteres Spätholz. Anders gesagt, je weniger zusätzliches Frühholz und je mehr zusätzliches Spätholz dein Bogenstab im Ganzen enthält, desto besser wird das Holz und damit auch der Bogen sein. Die Dicke der Jahrringe ist nicht annähernd so wichtig wie das Verhältnis von frühem zu spätem Holz. Betrachte unter diesem Gesichtspunkt das Stück Holz ganz links auf dem Foto. Es befindet sich praktisch kein Spätholz in den äußeren 60% dieses Holzes, nur die Ablagerung von Frühholz Jahr für Jahr. Ich würde erwarten, das ein Bogen aus diesem Holz eine abscheuliche, dauerhafte Vorbiegung in Form eines Hufeisens annehmen wird, wenn er nicht auf der Stelle bricht. Sogar eine Belegung mit Sehne würde ihn nicht retten. Ein aufstrebender junger Bogner, den ich kenne, bezahlte tatsächlich gute Amerikanische Dollars für dieses Stück Holz.

In den äußeren Teilen älterer Bäume mit sehr breiten Jahrringen von 3/8" (1 cm) und mehr sind manchmal „Mini"Ringe inmitten der Schichten von Spätholz sichtbar. Ich nenne diese winzigen Ringe Monats- oder **Mondringe** (man kann sie durch ein Vergrößerungsglas erkennen), und sie scheinen aus dünnen Schichten von Frühholz im Spätholz zusammengesetzt zu sein. Das Endergebnis ist, dass ein Stück Holz, welches auf den ersten Blick wundervoll erscheint, mit dicken Jahrringen und einem niedrigen Frühholz/Spätholz-Verhältnis, manchmal mehr Frühholz enthält als es scheint und entsprechend schwächer sein wird.

Man könnte als Regel erwarten, dass für eine bestimmte Art Baum (wie Osage) ein wärmeres Klima mit längeren Wachstumszeiten schneller wachsende Bäume mit breiteren Jahrringen hervorbringt als ein kälteres Klima. Das ist aber auf keinen Fall überall gültig. Ich habe wunderschöne breite Jahrringe in Osage aus Indiana oder Michigan gefunden,

Staaten, die viel weiter nördlich liegen als mein geliebtes und heißes Texas. Auf der anderen Seite habe ich Osage in Texas gefällt mit Jahrringen, die zu schmal sind, um sie erkennen zu können.
Um es noch mehr auf den Punkt zu bringen: Jim Hamm hat extreme Variationen in Osageholz beobachtet, das auf einem knapp 400 m langen Streifen an einem Bachlauf nahe seines Hauses wächst. Er bemerkt, dass einige von zwei Dutzend gefällten Bäumen Jahrringe von $^{3}/_{8}$" (1 cm) besaßen, oder 3 auf einem Zoll (2,54 cm), während andere 20 Jahrringe pro Zoll aufwiesen. Einige hatten sehr wenig Frühholz im Vergleich zum Spätholz, während andere ein 50:50-Verhältnis zeigten. Diese starke Variationsbreite in Eigenschaften und Qualität des Holzes in einem Gebiet, wo Sonne, Erdboden und Wasser praktisch in gleichem Maße vorhanden sind, deutet darauf hin, dass hier mehr am Werk ist als einfach nur das Klima; Folglich könnten die genetischen Anlagen eines bestimmten Baumes sogar eine wichtigere Rolle bei der Festlegung der Holzqualität spielen. Einst zog ich Osage-Pflanzen aus Samen und behandelte sie über Jahre hinweg gleich. Nach dieser Zeit reichten sie in der Höhe von 4" (ca.10 cm) bis zu 4 Fuß (ca. 1,20 m)! Das ist eine extreme genetische Variationsbreite.

Ein Faktor, der meines Wissens niemals in Bezug auf die Qualität von Osageholz erforscht wurde, ist der des Geschlechts. Osage ist ein diözischer (zweihäusiger, Anm .d. Ü.) Baum, d. h. jede Pflanze ist entweder männlich oder weiblich. Vielleicht kommen die besten Bögen von dem einen Geschlecht oder dem anderen, keiner weiß es. Es gibt sicherlich botanische Präzedenzfälle für diese Annahme. In den 1920er und 1930er Jahren wurde weibliches Tonkin-Schilfrohr hoch gepriesen für Surfbretter, während das männliche weitaus schlechter war. Jemand sollte über „Sex und der Single Osage“ forschen, um herauszufinden, ob das Geschlecht des Baumes etwas ausmacht, wenn es um die Qualität von Bogenholz geht.
Nun, da wir einen Blick über den Tellerrand geworfen haben, wollen wir ein bisschen genauer an die Sache herangehen.
Konifere Hölzer wie Eibe wachsen in demselben Frühholz-Spätholz-Muster wie die ringporigen Hölzer wie z. B. Osage und Hickory, aber es gibt einen bezeichnenden Unterschied in Bezug auf das Frühholz. Im Eibenholz und dem vieler anderer Koniferen besitzt das Frühholz einiges an Stärke und Festigkeit, im Gegensatz zum wertlosen Frühholz ringporiger Harthölzer. Auch hat das Frühholz der Koniferen einen größeren Anteil am gesamten jährlichen Wachstum, obwohl das bei Eibe nicht so deutlich zu sehen ist wie z. B. bei Zeder.
Bei den meisten Baumarten ist das weiße oder hellbraune Splintholz sehr kräftig und brauchbar, und bei vielen Bäumen wie den „weißen“ Holzarten Ulme, Esche und Hickory ist das gute Bogenholz Splintholz, das die Hauptmasse eines dieser Stämme ausmacht.
Axtstiele aus Hickory sind meistens aus Splintholz, nur manchmal ist dunkleres Kernholz dabei. Das Splintholz vom Hickory besitzt eine unglaubliche Zugfestigkeit, vielleicht die stärkste von allen Hölzern. Eibe ist ein anderer Baum mit außergewöhnlichem Splint, der als sahniger weißer Rand um den rotbraunen Kern liegt; nicht so dick wie bei Hickory, aber mit einer exzellenten Zugfestigkeit. Deshalb ist es ein natürlicher Belag, um das federnde Kernholz eines Eibenbogens zu schützen.

So seltsam es klingen mag, das Splintholz von Osage Orange ist weniger als wertlos. Es ist gegen das vornehme gelbe Kernholz, was ein eierlutschender Köter gegen den weltbesten Labrador Retriever ist, den die Familie je hatte. Während ich mit Erfolg kleine Bögen gebaut habe, die eine dünne Schicht Splint auf dem Rücken hatten, habe ich niemals beobachtet, dass Osage-Splintholz seine Rolle als integrierter Teil eines ernsthaften legitimen Bogens gespielt hätte. Es ist von tiefgründiger Ironie, dass das gelbe Kernholz von Osage (oder, um präzise zu sein, das kollektive Spätholz des Kernholzes) alles in allem vielleicht das beste Holzbogen-Material in der Welt darstellt, während der Splint wohl das schlechteste ist. Die Ironie geht noch tiefer, weil das von uns so hochgeschätzte Kernholz seine Rolle im Baum als Splintholz begann. Wie passend, dass die kryptische und wundervolle Verwandlung des nutzlosen Splintholzes in vornehmes Kernholz durch den Farbwechsel von weiß nach zitronengelb begleitet wird.

Vor einigen Jahren traf ich auf einen bemerkenswerten jungen Osagebaum. Er war nur 3" (7,6 cm) dick, hatte aber einen wunderbar geraden Stamm. Er sprach zu mir: „Ron, fäll mich und mach aus mir zwei Langbögen. Bitte.“ (Wahnvorstellungen wie diese gehören zu den Berufsrisiken eines Holzbogners). Als er gefällt und gespalten war, wurde klar, dass das Kernholz dieses Baumes außergewöhnlich war, mit bleistiftstrichdünnen Frühholz- und breiten Spätholzringen. Zusätzlich bekamen die beiden Spalthälften nach einigen Wochen eine enorme Vorspannung, was anzeigte, dass „das Holz unbedingt ein Bogen sein wollte.“ Ein Wermutstropfen war jedoch, dass keine der beiden Hälften dick genug war, um einen reinen Kernholzbogen aus ihnen zu machen. Also beließ ich wider besseres Wissen eine dünne Schicht Splint auf dem Bogenrücken, um genug Holz zu haben, und es wurde einer der schnellsten Bögen, die ich je gesehen habe, ein wahrer Raketenwerfer. Aber nachdem ich ihn drei Monate geschossen hatte, hörte ich das verräterische „tick“ jedes neuen Risses, der auf dem Splintholzrücken erschien. Die Defekte waren sowohl in Längsrichtung als auch quer aufgetreten, Defekte, von denen man bei Bögen ganz aus Kernholz noch nie gehört hatte. Auf jeden Fall starb der Bogen an einem warmen Nachmittag bei vollem Auszug eines gewaltsamen Todes. Nun ja, der Bogen war brilliant, aber er hatte einen schwachen Punkt, und das verdankte er dem unedlen Splintholz.

Wenn du irgendeinen Baum kritisch bewertest, solltest du als erstes darüber nachdenken, wie der Bogen aussehen soll, den du bauen willst. Natürlich ist ein Stück Holz für einen kurzen, dünnen und schmalen Bogen wie bei vielen indianischen Designs viel einfacher zu finden als für einen Langbogen mit breiten Wurfarmen und einem dicken, starren Griff. Übersieh nicht Stücke von nur 35–40" (90–100 cm) Länge, sie können gespalten und mit einem Fischschwanzspleiß miteinander zu einem Langbogen verbunden werden.

Hier wäre ein bißchen Terminologie angebracht. Ein **Stab** ist ein Stück Holz, das für einen ganzen Bogen in voller Länge genommen werden kann, während **Billets** kürzere Stücke sind, die im Griff miteinander verbunden werden. **Schwesterbillets** bezeichnet Stücke, die Seite an Seite vom selben Stamm heruntergespalten werden und damit jedem der beiden Wurfarme identische Eigenschaften geben.

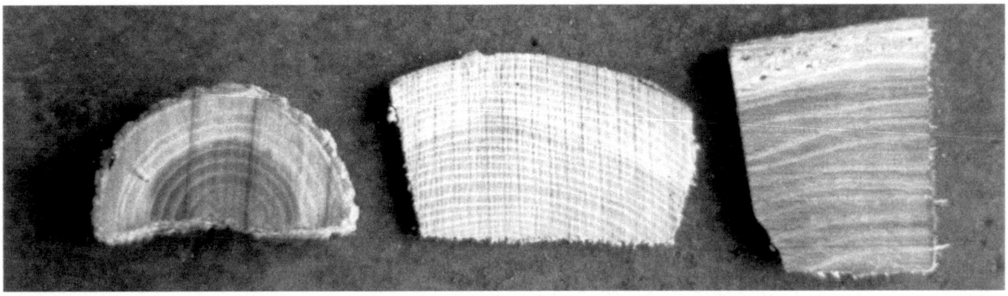

Horizontalschnitte von Bäumen verschiedener Größe. Ein kleiner Ast, links im Bild, müsste auf dem Rücken tangential geschnitten werden, ein schwieriges Ziel für einen Anfänger. Das mittlere Stück stammt von einem Baum mit 8" (20 cm) Durchmesser, von seinem Rücken müsste für einen durchschnittlich breiten Bogen nur wenig abgenommen werden. Rechts ein Schnittstück von einem 38 cm) Baum, der Rücken dieses Bogens wird fast flach sein.

Der Baum, den du auswählst, sollte mindestens 8" (20,3 cm) im Durchmesser haben (wenn dies dein erster Bogen ist) und wenigstens ein paar Zoll (5–6 cm) länger sein als der fertige Bogen. Warum der angegebene Durchmesser? Erstens, weil ein Stab von solch einem Stamm dick genug für einen kräftigen Griffbereich sein wird. Zweitens wird er einen ziemlich flachen Rücken bekommen, ohne ausgeprägte Wölbung. Der ausgewählte Baum sollte so gerade sein wie möglich, obwohl dies - abhängig von der Baumart - ein relativer Begriff ist. Gerade gewachsene Esche oder Ulme ist in der Tat gerade, während Osage oder Eibe von guter Qualität machmal Krümmungen – oder besser Charakter – aufweist. Ein perfekter Stamm von 8" (20 cm) Dicke wird vielleicht vier perfekte Stäbe ergeben, aber für den Holzbogner ist „perfekt“ wie für andere Leute der 29. Februar.

Der Baum, den du schneidest, besonders wenn du gerade anfängst, Bögen zu bauen, sollte frei von Astknoten oder anderen Missbildungen sein. Sehr junge Osagebäume sind elastisch und federnd, aber auch voll von Wirbeln und Ästen, die ohne beträchtliche Erfahrung eine schwierige Sache sind. Nachdem du ein paar Bögen gebaut hast, wirst du dich vielleicht an einem jungen, sehr astigen Charakterbogen versuchen wollen. Ein weit verbreiteter Tick unter Bognern ist, dass, je knotiger und verrückter ein Bogen aussieht, er desto mehr zum Objekt der Begierde wird. Aber der Bogenbau wird am Anfang mehr Freude machen, wenn du bei Bäumen bleibst, die gerade sind. Das ist nicht immer einfach bei Eibe und Osage, während die weißen Hölzer – Esche, Hickory und Ulme – des Bogners Vergnügen sind. Es ist weitaus besser, ein paar zusätzliche Stunden für die Suche nach einigen wenigen ausgewählten Bäumen aufzuwenden, als sich tagelang mit einem Riesenhaufen wertlosen, krummen Holzes herumzuschlagen, um es schließlich zu verfluchen.

Es sollte beachtet werden, dass sogar sorgfältig ausgesuchte Bäume nicht immer perfekt gerade sind. Sie können in einer Ebene ganz leicht gebogen sein, wie ein Klammer-Zeichen (. Du kannst einen Stab aus der ganz äußeren Seite des Baumes machen und einen aus der Innenseite. Letzterer wird eine eingebaute Vorspannung haben, ersterer eine „werkseitige“ Vorbiegung, obwohl er nach einiger Lagerung fast gerade werden kann.

Beide Stäbe können jedoch Bögen ergeben, bei denen die Sehne auf voller Länge in der Mitte liegt. Später, wenn du einige Bögen gemacht hast, wirst du eventuell kühn werden und dich an einen Bogen mit Kurven in einem oder beiden Wurfarmen wagen, indem du einen S-förmigen Stamm ausprobierst. Ich habe einige sehr gut schießende, interessante Bögen aus solchen Stämmen gebaut, aber man muss sich ein bisschen anstrengen, um sie auszuziehen.

Was ist, wenn ein großer Ast auf der einen Seite des Stammes wächst, oder der Baum einen Riss hat, eine verrottete Stelle oder sonst eine Mißbildung? Denke wie Saxton Pope: Wenn ein guter Stab in dem Baum ist, dann säg ihn um.

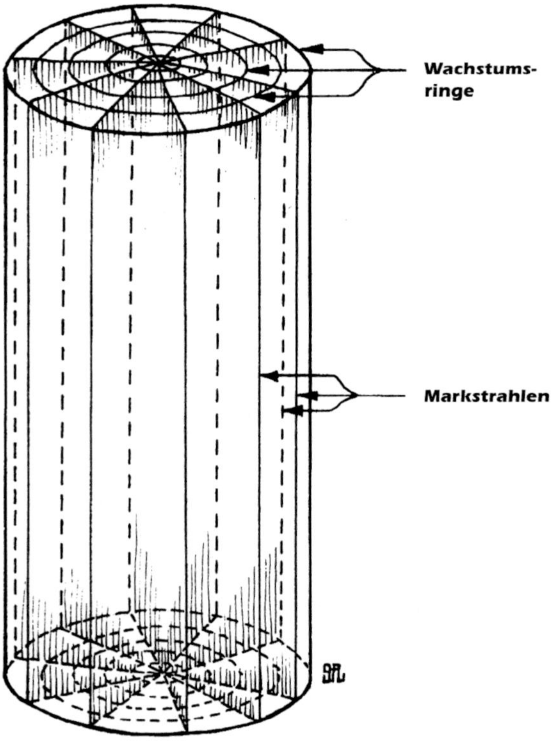

Darstellung der Jahreswachstumsringe und des Wuchses eines Stammes. Die Jahrringe sind konzentrische Zylinder, während der Wuchs radial von der Mitte des Stammes ausgeht und der Länge nach verläuft.
In diesem „Stamm" ist der Wuchs perfekt gerade und wurde zum besseren Verständnis vergrößert und vereinfacht.
Jahrringe sind für das bloße Auge sehr gut erkennbar, während der Wuchs schlecht sichtbar sein kann, besonders bei aufgeschnittenem Nutzholz.

Ein Baum, dessen Rinde spiralig den Stamm hinaufläuft, wird auf diese Weise spalten und für den Bogenbau wertlos sein.

Bevor du einen Baum fällst, schau dir die Rinde genau an, weil ihr Erscheinungsbild ein sicherer Indikator der hauptsächlichen Wuchseigenschaften des Holzes sind. (Kleinere Wirbel oder Windungen im Wuchs liegen manchmal unter der Rinde verborgen und können eine angenehme – oder vielleicht auch unangenehme – Überraschung sein. Der **Wuchs** (oder Faserverlauf, Erl. d. Übers.) ist ein Wort, das oft missverstanden und missbraucht wird, was kein Wunder ist, wenn man bedenkt, wie viele Aspekte es bei der dreidimensionalen Struktur des Holzes gibt. Es ist wichtig, dass du verstehst, was der Begriff wirklich bedeutet, weil der Wuchs ein entscheidender Faktor bei der Planung eines Bogens ist.

Erstens unterscheidet sich Wuchs völlig von den Jahrringen. Wenn wir ein bereiftes Speichenrad als Vergleich zum Horizontalschnitt durch einen Baum annehmen, dann stände der Reifen für einen äußeren Jahrring, und die Speichen würden den Wuchs repräsentieren, der kreis-förmig vom Zentrum des Stammes ausgeht und durch alle Jahrringe verläuft. Wenn du jemals Feuerholz mit einer Axt gespalten hast, weißt du genau, wie der Wuchs verläuft und wie der Spalt ihm präzise folgt. Der Wuchs bestimmt, wie ein Stamm spalten wird: er kann gerade sein, spiralig oder schlangenförmig. Darum achte auf die Rinde, weil sie Ausdruck des Wuchses ist. Wenn die Rinde in Spiralen den Stamm hinaufläuft, such weiter. Selbst wenn der Stamm kerzengerade ist, macht der Drehwuchs ihn wertlos. Bei einem konventionellen Bogen aus einem drehwüchsigen Stamm verlaufen die Fasern diagonal über die Wurfarme, was ihn anfällig für einen Bruch macht. Je betonter die Spirale ist, desto größer das Risiko. Es sei angemerkt, dass Drehwuchs in einem Baum oftmals mit einem windreichen Standort zusammenhängt, obwohl das nicht grundsätzlich gilt.

Schließlich und endlich stehen wir einsatzbereit neben dem auserwählten Baum (Trommelwirbel bitte). Egal, welche Art Baum, der Stamm hat den richtigen Durchmesser, die richtige Länge, und die gerade Rinde zeigt an, dass der Faserverlauf ebenfalls gerade ist.

Die zwei Dinge, die nun benötigt werden, sind eine Säge und eine Art filmbildende Flüssigkeit, um die Enden des Stammes zu versiegeln. Lack, Farbe oder ähnliches wird funktionieren, aber ich empfehle einen Weißleim auf Vinylbasis (z. B. Ponal). Er ist erhältlich in einer handlichen Spritzflasche, er lässt sich gut mit den Fingern verteilen und ist, weil wasserlöslich, gut zu entfernen, er trocknet schnell und klar auf. Letztere Eigenschaft ist wichtig, wenn du viele Stämme zum Trocknen aufbewahrst und die Ringe eines bestimmten Stückes in Augenschein nehmen willst.

Fälle den Baum mit einer Bügel- oder Kettensäge und platziere den Schnitt so, das möglichst viel Länge erhalten bleibt. Schneide nun das Stück, das du ausgesucht hast, aus dem Baum heraus und bedecke die Schnittflächen rasch mit Leim, wobei der Überzug gut zwei Zoll (5 cm) weit auf die Rinde ausgedehnt wird.

Warum solch eine Eile mit der Versiegelung der Schnittflächen? Schon Minuten nach dem Fällen beginnt ein Stamm Wasserdampf über die Hirnenden zu verlieren, manchmal so schnell, das Risse auftreten. Bei Osage kannst du oft ein paar Augenblicke nach dem Umsägen deutliche Knackgeräusche vernehmen. Diese Risse werden Luftrisse oder Trocknungsrisse genannt.

Der Weg um sie zu minimieren ist, die Schnittflächen so zu versiegeln, dass Wasser nur auf der ganzen Länge des Stammes entweichen kann, nicht aber aus den Hirnenden. Dies ist ein grundlegendes Konzept für jegliche Holztrocknung, das du beherzigen und beachten musst.

In einigen Fällen wird es nötig sein, einen Stamm zu spalten, bevor er transportiert werden kann, und es gibt keinen Grund, ihn nicht sofort in handliche Teile aufzutrennen. Das ist ein weiterer Grund, Stämme von 8 oder 10" (20–25 cm) zu fällen. Sie können ohne Probleme von 2 durchschnittlich großen Männern bewegt werden. Als ich meine Reise auf der toxophilen Autobahn antrat, gierte ich nach gewaltigen Osagebäumen und stellte mir all die darin eingeschlossenen Bögen vor. Nachdem ich mit ein paar dieser Baumriesen bis kurz vor dem Leistenbruch gekämpft hatte, erkannte ich jedoch, dass ich nicht besonders schlau gewesen war, und dass zwei 10" (25,4 cm) Stämme besser als ein 24 Zöller (61 cm) sind. Auch wenn ein großer Stamm am Stück transportiert werden kann, so ist es doch ein Alptraum, ihn zu spalten.

Mit Vorschlaghammer und Keilen wird die Hälfte eines kleinen Osagestammes gespalten.

Zwei Viertel eines Stammes, nun in Stabform.

8–15" (20–38 cm) dicke Stämme, die geviertelt wurden, um sie beim Sägen einfacher handhaben zu können.

Als ein angehender Bogner einst Jim Hamm fragte, wie er einen 30" (gute 76 cm) dicken Osage-Monsterstamm spaltete, antwortete er: „Ich schlug solange mit dem Vorschlaghammer auf die Keile, bis ich umkippte. Als ich wieder zu mir kam, stand ich auf und drosch weiter auf sie ein."

Es gibt nicht viele Gründe, um mit dem Spalten eines Bogenholzstammes zu warten. Sobald sich eine günstige Gelegenheit ergibt, spalte 4"-Stämmchen (10 cm) in zwei Hälften, 8" (20 cm) Stämme in Viertel und 10 bis 12" (25–30 cm) dicke Stämme in sechs Teile, wenn das geht. Die Stäbe sollten 2 bis 2½" (5–6½ cm) breit sein. Versuche niemals, zu viele Bögen aus einem Stamm herauszuschinden: Gier gebiert Abfallholz. Normalerweise führt der Versuch, acht Stäbe aus einem Stamm herauszubekommen anstatt sechs („wenn ich beim Spalten wirklich vorsichtig bin") am Ende zu drei oder vier Stäben.

Spalte den Stamm mit einem Vorschlaghammer, Keilen und einer einschneidigen Axt (flach auf der Rückseite). Beginne den Vorgang, indem du nachschaust, ob sich irgendwelche spontanen Risse an den Schnittflächen gebildet haben. Kleinere Bäume zeigen oft einen geraden Spalt, der dich dazu einlädt, ihn hier in zwei gleiche Hälften zu spalten. Größere Stücke entwickeln oft zwei Risse im rechten Winkel zueinander und liefern so vier Stäbe von einem Stamm. Betrachte natürliche Klüfte als mögliche Richtlinien, aber *du* entscheidest, wo gespalten wird, um den größtmöglichen Nutzen aus einem Stamm zu ziehen.

Beginne damit, die Schneide der Axt auf die Stelle des Stammes zu setzen, wo du ihn spalten willst. Der Spalt wird normalerweise etwas gerader verlaufen, wenn auf der dickeren Seite des Stammes mit dem Spalten begonnen wird. Schlage kräftig mit dem Vorschlaghammer auf den flachen Rücken der Axt, bis sie in das Holz eindringt. Schlag weiter, bis sich ein Spalt auftut und die Axt fast völlig im Holz verschwunden ist. Setze einen Keil in den Spalt und treibe ihn hinein, bis er nur noch ein oder zwei Zoll (2½–5 cm) herausragt. Nun wird der Spalt sehr schön auf beiden Seiten des Stückes verlaufen. Ein weiterer Keil wird auf der anderen Seite des Stammes in den Spalt getrieben, um den ersten Keil zu befreien. Mit der Axt werden alle Spreißeln weggeschlagen, die beide Hälften noch zusammenhalten. Wenn man die Keile von beiden Seiten einschlägt, kann der Stamm in zwei Hälften getrennt werden. Das Spalten der Hälften in Viertel wird genauso gemacht, aber die Keile werden nur von der Rindenseite eingetrieben.

Durch das Spalten der Stämme wirst du A) einen guten Überblick über den Faserverlauf bekommen und B) den Trocknungsprozess beschleunigen. Grüne Stämme sind voller Wasser. Frisch gefällte Osage-, Hickory- und Ulmenstämme können mehr als 35% Wasser im Gesamtgewicht enthalten. Das Spalten der Stämme erlaubt es dem Wasser, das Holz schnell zu verlassen, was die Trocknungszeit überaus verkürzt.

Grünes Holz ist nicht stabil und wird gelegentlich eine Tendenz zum Verdrehen oder Sich-Werfen zeigen, bis der Wassergehalt merkbar gesunken ist. Die häufigsten Arten des „Arbeitens" eines gespaltenen Stammes, speziell bei Osage, sind 1) das Auftreten einer Vorspannung (insbesondere dann, wenn ein kleines Stück halbiert wurde), was von Vorteil ist, 2) das Verdrehen in Längsrichtung bis zu einem gewissen Grad, oder 3) beides auf einmal. Wenn man diesen Vorgang auf der Gewebeebene betrachtet, verursacht der Verlust von Wasser im Holz eine substantielle Schrumpfung, wodurch es härter und dichter wird. Wenn man Stämme vollkommen trocknen lässt, werden sie spontan Klüfte oder Risse entlang des Faserverlaufs entwickeln, wenn das Holz schrumpft (schwindet).

Eine interessante Alternative, um Stämme von weniger als 6 Inch (ca. 15 cm) Durchmesser zu trocknen, erfordert eine Handkreissäge. Wenn der Stamm gerade ist, mit einem offensichtlich geraden Faserverlauf, kannst du einen geraden Schnitt über die ganze Länge des Stammes machen, wobei der Sägeschnitt annähernd oder gar ganz bis zur Mitte des Stammes reicht. Wenn Wasser entweicht, wird sich der Schnitt zu einem V öffnen, was anzeigt, dass das Holz schwindet und trocknet. Diese Methode hilft jedes Verdrehen des Holzes zu verhindern, während es dem Wasserdampf erlaubt zu entweichen.

Manchmal wird Holz von kleinen Bäumen, besonders von Osage, beim Trocknen eine Vorspannung bekommen.
Dieses Stück war gerade, als es gespalten wurde.

Eine große Bandsäge mit kraftvollem Motor und breitem Sägeblatt erlaubt die präzise Reduktion von geviertelten Stämmen und verringert den Abfall.

Eine Bandsäge von 14" (35,6 cm) Durchlasshöhe oder mehr ist eine überaus große Hilfe beim Reduzieren von größeren Stämmen, wenn sie einmal geviertelt sind, um sie besser handhaben zu können. Mittels einer Bandsäge kann durch präzises Schneiden und Verkleinern die optimale Anzahl an Stäben aus dem Stamm herausgeholt werden. Die Säge wird sich auch später noch beim Ausschneiden von Bögen und Spleißverbindungen bezahlt machen.

Wasserverlust in einem Stamm ist unvermeidlich, denn er soll und muss sein, aber das Maß dieser Trocknung hängt von der Temperatur und der Luftbewegung am Trocknungsort ab. Eine angemessene Luftzirkulation vorausgesetzt, trocknet Holz sehr schön in jeder warmen bis heißen Umgebung, geschützt vor Sonne und Regen, z. B. einer Garage.

Es gibt zwei Arten von zweckmäßiger Lagerung, wenn es um Osageholz geht: Entweder lässt du die Rinde und den Splint auf dem Stab, oder du entfernst beide. Mit anderen Worten ist es eine offenkundig schlechte Idee, die Rinde abzunehmen und den Splint draufzulassen. Das Splintholz besitzt wenig Festigkeit und Stärke und wird beim Trocknen reißen, wobei es die Risse ins Kernholz überträgt und möglicherweise einen Stab ruiniert. Wenn die Rinde und der Splint entfernt werden, wird der Trocknungsprozess vereinfacht und die inwendigen Trockenrisse werden selten im Kernholz auftreten, wenn der Splint ihnen nicht die Möglichkeit dazu gibt.
Wenn nur grünes Holz zur Verfügung steht und es den Bogner juckt, einen Bogen zu bauen, gibt es eine einfache Technik, um die Trocknungszeit drastisch zu reduzieren.
Die meisten Hölzer trocknen (bis zu einer Holzfeuchte von 7–12%) mit einer Geschwindigkeit von einem Zoll (2,5 cm) pro Jahr, ausgehend von der Außenkante des Holzes zum Kern hin. Es liegt auf der Hand, dass ein ganzer Stamm Jahre zum Trocknen brauchen wird und ein 2 × 2" (5 × 5 cm) dicker Stab mindestens ein Jahr. Wenn aber grünes Holz auf dem Rücken auf einen kompletten Jahrring heruntergearbeitet wird und die Umrisse des Bogens von vornherein so ausgeschnitten werden, dass er den Fertigmaßen ziemlich nahe kommt, dann wird das Holz in wenigen Monaten trocknen und klar zum Tillern und zur Endbehandlung sein. Das ist ganz einfach dem Umstand zu verdanken, dass viel weniger Masse übrig bleibt, aus der Wasserdampf entweichen muss. Ein Bogner kann so mehrere Stücke aus einem Vorrat Grünholz bis zu diesem Stadium vorbereiten und hat dann viel trockenes Holz in kurzer Zeit.

Ein Viertelstamm birgt üblicherweise mehrere Stäbe in sich.

Der erste Schnitt mit der Bandsäge wird hier angesetzt.

Und der der zweite wird hier gemacht.

Ein Haufen mit der Bandsäge geschnittener Stäbe wird so angeordnet, dass die Luft zwischen ihnen zirkulieren kann.

Es ist eine gute Idee, ein Datum auf jeden Stab zu schreiben oder besser noch das Datum und den Ort, wo der Baum gefällt wurde.
So können die Trocknung und die Merkmale des Holzes genau verfolgt werden.

Einer der dunkleren Dämonen, der den Osage-Bogner plagt, ist der Splintholz-Madenwurm, die Larvenform einer Art Holzwespe. Niemand weiß mit Sicherheit, wann sie ihre Eier legt. Ich persönlich glaube, dass sie nach dem Fällen der Stämme eingebracht werden, weil die schlimmsten Verwüstungen durch die Würmer in offenen Lagerschuppen auftreten, wo die Wespen freien Zugang zu den Stämmen haben. In geschlossenen Lagerstellen wie z. B. Garagen treten viel weniger Beschädigungen auf. Wenn es nach mir ginge, und wenn der Splintwurm darauf achten würde, was er tut, könnte er mit meinem Segen das gesamte Splintholz vom Osage herunterfressen. Das Problem ist, dass er zwar zu 85% im Splintholz mampft, die restlichen 15% aber auch ins Kernholz geht und dadurch Stäbe beschädigen kann, vor allem wenn sie für einen Bogen aus einem Stück vorgesehen sind. Es scheint, dass die Made in Stäben von dickeren Stämmen selten mehr als einen oder zwei Jahrringe des Kerns erreicht, sich aber manchmal in kleineren Stücken, speziell denen, die klein genug sind, um sie zu halbieren, durch das ganz Kernholz hindurchfrisst bis zum Mark in der Mitte. Das Heilmittel gegen diesen Wurm ist, Rinde und Splint mit einem Zugmesser bis auf das Kernholz abzunehmen, wenn du nur mit ein paar Stäben arbeitest und Zeit hast.

Eibenbogenbauer sind nicht so sehr mit dem Fluch holzfressender Monster geschlagen wie Osage-Bogner, weil jeder Teil der Eibe eine giftige Substanz enthält, die das Holz vor geflügelten Invasoren schützt. Immerhin können Spechte und Bären eine Eibe übel zurichten.

Ausgewachsene Holzwespe.

Holzwespenlarve in einem Hohlraum in einem Osage-Stab.

Beschädigungen durch Wurmfraßgänge an einem Stab. Wie du sehen kannst, befinden sich die Löcher alle im oder nahe am Splintholz.

Verräterische Spuren der Anwesenheit von Holzwürmern: kleine Haufen aus „Sägemehl“ auf dem Rücken eines Stabes.

Heutzutage sind Kettensägen die größte Bedrohung für Eiben, seit man weiß, dass in der Rinde ein Anti-Krebs-Mittel enthalten ist.

John Strunk fällt sein Eibenholz bevorzugt im Frühling oder Herbst, erntet aber auch gern verfügbares Holz zu jeder Jahreszeit. Er meint, dass im Sommer geschlagenes Holz eher zur Rissbildung neigt, wenn die Schnittflächen nicht ausreichend mit einem geeigneten Mittel versiegelt worden sind. Wenn er es auf Stabgröße gespalten hat, trocknet er es ein Jahr lang, wobei er die Rinde auf dem Holz belässt. Das feinringigere Eibenholz mit 40 und mehr Ringen pro Zoll scheint fester zu sein als gröberes und ist meistens in höheren Lagen zu finden.

Paul Comstock hat es in der Verwendung **weißer Hölzer** wie Esche, Hickory und Ulme zur Meisterschaft gebracht. Er entwickelte erstmals ein sehr schönes Verfahren zur Verarbeitung dieser Hölzer, indem er den Rücken eines Bogens auf einen durchgehenden, ununterbrochenen Jahrring herunterarbeitet, was für einen Holzbogen ideal ist. Dazu fällt er Bäume im August, wenn der Saft im Phloem am höchsten steht und eine solide Schicht Spätholz für dieses Jahr angelagert worden ist. Nach der raschen Behandlung der Enden spaltet er die Stämme in Stäbe auf. Die nasse, saftige Rinde wird dann in langen Streifen vom Stamm abgezogen, und das darunter liegende Holz ergibt einen perfekten intakten Bogenrücken.

Das Holz wird sodann an der Luft getrocknet, bis es fertig zur Weiterverarbeitung ist. Das Geheimnis besteht darin, den Baum bei heißem Wetter zu fällen; Im Winter sitzt die Rinde sehr fest am Baum und ist weitaus schwieriger zu entfernen. In solch einem Fall stellt Paul den Stab für etwa 20 min. in eine dampfende Dusche, wodurch die Rinde wesentlich leichter abgeschabt werden kann.

Meiner Erfahrung nach gibt es eine Menge Fehlinformationen über die Verwendung von kammergetrocknetem Holz zum Bogenbauen. Ich habe Leute aus allen Altersgruppen gehört, die es kategorisch missbilligen. Auch habe ich negative Berichte über das Kammertrocknen von einigen der „Bogen-Päpste" gelesen. Zu behaupten, „kammergetrocknetes Holz taugt nicht für den Bogenbau" ist das gleiche, wie zu sagen, „rothaarige Menschen sind heißblütig". Beide Behauptungen sind unbegründete Meinungen.
Ich habe viele Bögen aus kammergetrocknetem Holz gebaut, sowohl aus einem Stück als auch (sehnen)belegte, und sie haben genauso gut funktioniert wie die aus luftgetrocknetem. Der Grund? Eine Trockenkammer ist ganz einfach eine Kammer mit erhöhten Temperaturen (üblicherweise etwa 60°C), mit denen grünes Holz schneller entfeuchtet werden kann. Ein Auto mit hochgekurbelten Fensterscheiben im Sommer kann als „Trockenkammer" bezeichnet werden, oder ein Dachzimmer im Juli. Es gibt allerdings berechtigte Bedenken dagegen, Holz zu lange in der Kammer, wie auch immer sie aussieht, zu lassen. Man ist ziemlich schnell über das Ziel der gewünschten Feuchte „hinausgeschossen" und sitzt dann da mit Holz, das zu trocken und darum spröde ist wegen der Geschwindigkeit, mit der Wasser aus dem Holz entweicht.
Das Gegenmittel ist es, die Feuchtigkeit mit einem **Holzfeuchtemessgerät** zu überwachen. Es ist eine unverzichtbare Hilfe für den Bogenbauer bei der Kontrolle des Trocknungsvorganges.

Vor ein paar Jahren, bevor er ein Feuchtigkeitsmessgerät erwarb, stellte Jim Hamm während des Sommers in West Texas einige Bogenstäbe von jungen Bäumen in sein Dachzimmer und verringerte damit unwissentlich ihren Feuchtegehalt auf gut unter 5%. Er nahm einen von diesen Stäben aus seiner Mansarde und begann vor den Augen einiger Bogenbau-Lehrlinge mit der Arbeit an einem langen wunderschönen Bogen. Als er sich endlich mit dem fast fertigen Bogen dem vollen Auszug genähert hatte, explodierte der mit einem ohrenbetäubenden Kracks. Die Luft war voll von kleinen Bogenstückchen. Noch bevor das letzte Stück am Bogen aufschlug, sagte Jim ruhig: „Ich habe noch ein besseres Stück Holz hier drüben", woraufhin er es holte und mit der Arbeit begann. Ich erwähne dies nicht nur, um zu illustrieren, wie tödlich eine zu geringe Holzfeuchte durch zuviel Trocknen sein kann, sondern auch, um die Tugenden der allumfassenden, industriemäßigen Ausdauer im Holzbogenbau zu preisen. Du wirst sie brauchen. Mehr noch, du musst sie haben. Du wirst von jedem Bogen etwas lernen, den du machst, aber du wirst weitaus mehr von jedem Bogen lernen, der dir bricht.

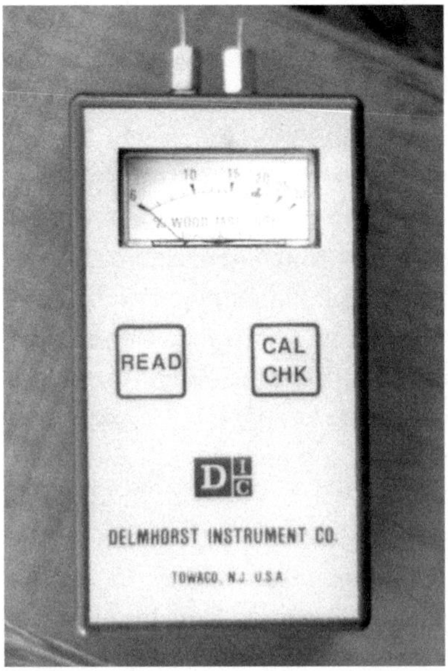

Ein Holzfeuchtemessgerät, ein wertvolles Instrument, um die Trocknung von Bogenholz zu überwachen.

Hier einige Richtlinien für die Holzfeuchte. Fünf Prozent Feuchtigkeit oder darunter ist für die meisten Holzbögen gefährlich wenig, und über fünfzehn Prozent kann zuviel sein, um einen stabilen, fertigen Bogen herzustellen. Sieben bis zwölf Prozent sind im allgemeinen der gewünschte Bereich, abhängig von der relativen Luftfeuchtigkeit und Jahreszeit. Bei den meisten Baumarten ist grünes Holz sehr biegsam und von geringer Festigkeit, und wenn der Feuchtigkeitsgehalt sinkt, gewinnt es an Stärke und verliert gleichzeitig Flexibilität. Grünes Holz kann sehr federnd sein, besonders Osage und Eibe, und ein schneller Überlebens-Bogen kann aus einem Ast direkt vom Baum gemacht werden. Aber die Bögen haben üblicherweise eine kleine Auszugslänge, ein geringes Zuggewicht und ein kurzes Leben, obwohl ich sagen muss, dass einige Bögen aus grünem Osage über die Jahre eine entzückende und bemerkenswerte Ausnahme von dieser Regel bilden.

Ich habe Filzige Hickory, die in Arkansas von ihren 40% auf 20% heruntergetrocknet und mir dann als 2" (5 cm) dicke Bretter zum Lufttrocknen auf 10% geschickt wurden, in meiner heißen Garage in Austin, Texas liegen. Dieses anfängliche Kammertrocknen sparte die Frachtkosten für die 20% Feuchtigkeitsdifferenz und erlaubt es mir, das vorsichtige Heruntertrocknen auf den endgültigen Wassergehalt genau zu kontrollieren, bevor ich Bögen oder Streifen zum Belegen aus dem Hickory mache. Osage, die ich hier vor Ort schneide, wird zuerst in der Dachstube getrocknet, bis es 15–20% Feuchte erreicht, dann in der Garage, bis es gemessene 8% erreicht.

Tim Baker hat seinen zahlreichen Verdiensten um die Toxophilie eine Technik hinzugefügt, die es erlaubt, festzulegen, wann Holz sich feuchtigkeitsmäßig stabilisiert hat. Er lagert sein Holz in warmer Umgebung und wiegt einfach ein Stück davon, bis es keine Feuchtigkeit (und Gewicht) mehr verliert, wartet noch eine Woche, und voilà ist es fertig. Er hat sogar eine plumpe Balkenwaage für diesen Zweck benutzt, mit guten Ergebnissen. Bei grünen Stücken, die fast bis auf Bogenform gebracht wurden, dauert das Trocknen normalerweise zwei bis vier Wochen.

Häufig kann man auch durch bloßes Anschauen sagen, wenn Holz übertrocknet worden ist. Das ist nützlich, wenn du ein Versteck von gutem Bogenholz in einem Holzhandel entdeckst und kein Holzfeuchtemessgerät dabei hast. Achte auf viele kleine Risse, die durch das Holz gehen und / oder voneinander gelöste Jahrringe. Du kannst dir auch heimlich einen Splitter von dem Holz beschaffen und es austesten; offensichtliche Sprödigkeit wird in der Regel ein erhöhtes Risiko für Bogenbruch anzeigen.

Jim Hamm, der einst wegen Vorfällen wie dem, den ich oben beschrieben habe, sehr gegen kammergetrocknetes Holz war, hat seine Haltung merklich zum Positiven verändert, seit er sich ein Feuchtemessgerät besorgt hat. Er hat sogar vorläufige Tests durchgeführt, die zeigen, dass selbst Holz, das auf unter 5% heruntergetrocknet wurde, nur wenig bis gar keine Herabsetzung der Festigkeit erfährt, wenn es auf natürliche Art durch die relative Luftfeuchtigkeit auf ein Holzfeuchtegleichgewicht von sieben bis zwölf Prozent rückgefeuchtet wird. Das sind gute Nachrichten für zukünftige Bogner. Das meiste Nutzholz in einer kommerziellen Holzhandlung hat ein Holzfeuchtegleichgewicht mit seiner Umgebung erreicht, was bedeutet, dass ein Stück vertrauensvoll gekauft und verwendet werden kann, wenn es die Eigenschaften eines Bogen, wie z. B. Geradheit besitzt und keine verräterischen Anzeichen einer falschen Trocknung, die ich oben erwähnt habe, aufweist. Ich habe in Hickory- und Eschennutzholz manchen Bogen entdeckt, wie auch Tim Baker und andere.

Egal wo du dein Holz am Anfang herbekommst, ob von einem Holzplatz oder Holzhändler, ab einem bestimmten Punkt wirst du unzweifelhaft dein eigenes fällen wollen. Es ist von Grund auf befriedigend, an dem gesamten Bogenbauprozess teilzunehmen, von der Auswahl des Baumes bis hin zur vollständigen Fertigstellung. Und wenn du Jäger bist, liegt ein atavistisches Vergnügen in dem Wissen, dass deine Waffen aus Materialien gemacht sind, die im Allerheiligsten deiner Jagdbeute gewachsen sind. Ist es nicht von raubtierischer Ironie, einen Hirschen mit einem Bogen zu töten, der aus einem Baum gemacht ist, an dem derselbe Hirsch sich gescheuert hat? Erzähl von toxophilen Träumen!

2 Übersetzt von Wulf Hein

Leistungsfähigkeit und Design

Tim Baker

Jedem hölzernen Bogen wohnt ein Zauber inne. Ein einfacher, wie die Mondsichel gebogener Stock wird lebendig und strebt mit Macht, in der Ferne große Dinge zu verrichten. Die Faszination des Holzbogens geht über jedes Nützlichkeitsdenken hinaus – nur wenige können ihn in der Hand halten, ohne von tiefgründigen Empfindungen aufgewühlt zu werden.
Also ist es kein Wunder, dass viele dem Bogenschießen mit beinahe religiöser Inbrunst anhängen. Kein Wunder deshalb auch, dass so viele unserer Traditionen als unantastbare Dogmen hingestellt werden!
Wenn du eine herzhafte Rauferei sehen willst, geh ins Wirtshaus „Zum Bogenbauer" und behaupte (nur mal als Beispiel), dass eine ganze Menge Bogenhölzer es mit Eibe und Osage an Wurfkraft aufnehmen können, dass kammer- und luftgetrocknetes Holz gleich gute Bögen ergibt, oder dass ein Bogen nicht „stackt"[1], also härter im Auszug wird, bevor er bricht.
Genauso gut könntest du vor die Schranken eines bischöflichen Gerichts im Mittelalter treten und die Kugelform der Welt, das heliozentrische Weltbild und die Abstammung des Menschen von niederen Lebensformen verkünden.
Wenn man einen Großteil der Lehrsätze des Bogenbaus unvoreingenommen betrachtet, entdeckt man, dass sie entweder falsch sind oder unnötige Einschränkungen mit sich bringen. Fehlinformationen wie diese, besonders in Bezug auf „andere" Bogenhölzer, haben die Wiedergeburt und Erneuerung des „natürlichen" Bogenschießens lange fast stranguliert.
Wie viele Menschen hätten nur zu gern einen Bogen gebaut und gaben es auf, dieses Handwerk zu lernen, weil sie sich von Autoren beeinflussen ließen, die den Eibenbogen englischer Provenienz mit seinem tiefen, D-förmigen Querschnitt propagierten, für den passende Eiben- oder Osagestaves manchmal kaum aufzutreiben oder zu bezahlen sind!
Wenn das Bogenschießen mit natürlichem Material auch nur annähernd so populär wie die synthetische Variante werden will, werden Osage und Eibe einfach nicht für alle reichen!
Paul Comstock ist 1988 mit der Veröffentlichung von *Der gebogene Stock* die Rolle eines Kopernikus im Universum des natürlichen Bogenschießens zugefallen, weil er nicht nur Osage und Eibe, sondern einer ganzen Menge weiterer Hölzer eine zentrale Rolle zuschreibt. Seine breiten Designs mit flachem Bogenbauch geben verbreiteteren Holzsorten eine Chance, zu zeigen, dass sie auch über reichlich Wurfkraft verfügen. Diese Designs sind eigentlich nicht neu, sondern so alt wie das Bogenschießen selbst, aber die, welche die englische Tradition fortführten, wussten sie nicht zu schätzen.

Weit mehr als 10.000 Jahre sind vergangen, seit der erste Bogen den ersten Pfeil abschoss, und seitdem sind zahlreiche Bogenformen mit einer Unzahl von Unterformen entstanden. Genauso groß ist auch die Zahl der zur Auswahl stehenden Materialien. Und was ist in dieser Vielfalt die beste Wahl für dich? Das hängt ganz davon ab, was du von deinem Bogen erwartest.

---

1 „Stacking": Die überproportionale Zunahme des Zuggewichts, am Ende des Auszugwegs

Dieses Kapitel erklärt deshalb die Leistungsfähigkeit und Charakteristika der grundsätzlichen Bogenbauformen, seien sie alt oder modern. So sollte es dir helfen, den für deine Bedürfnisse besten Bogen auszuwählen bzw. zu entwerfen.

Was in Bezug auf deinen Bogen „das Beste" ist, wird sich wahrscheinlich aus einer Mischung der folgenden zehn Eigenschaften ergeben:

- Pfeilgeschwindigkeit
- Genauigkeit
- Bequemes Ziehen und Lösen
- Dauerhaftigkeit
- Eignung für die Umgebung, in der er verwendet wird
- Schönheit
- Einfache Bauweise
- Leichte Pflege
- Niedrige Kosten bzw. leicht zu beschaffende Materialien
- Unauffälligkeit

Im Folgenden geht es um die Vorteile dieser zehn Designparameter, aber auch darum, was sie an jeweils anderen Stellen wieder „kosten". Wir beginnen mit der Pfeilgeschwindigkeit, weil die Pfeilgeschwindigkeit die meisten anderen Aspekte des Bogenbaus beeinflusst.

Pfeilgeschwindigkeit

Wer zu großen Wert auf einen schnellen Pfeil legt, der kann sich um die schönsten Momente des natürlichen Bogenschießens bringen. Wer überhaupt keinen Wert darauf legt, kann genau so arm dran sein.

Eine hohe Pfeilgeschwindigkeit hat mindestens drei Vorteile:

1) Eine flachere Flugbahn, was das Zielen bei verschiedenen Distanzen leichter macht,
2) schnellere Pfeile besitzen mehr Durchschlagskraft und
3) Wild kann einem langsamen Pfeil ausweichen.

Einen Pfeil schneller zu machen ist einfach - man muss ihn nur von einem stärkeren Bogen abschießen. Aber natürlich stoßen wir irgendwann an eine Grenze, und jenseits davon können wir den Bogen nicht mehr sauber ziehen, exakt damit zielen und ihn fehlerfrei lösen. Also ist es besser, einen Bogen zu entwerfen, der, anstatt einfach nur ein höheres Zuggewicht zu haben, den Pfeil pro Pfund des Zuggewichts schneller wirft. Ein gerader, effizient gebauter 50-lb.[3]-Bogen kann den gleichen Pfeil genauso gut beschleunigen wie ein schlecht gebauter 70-lb.-Bogen gleicher Bauart. Diese Unterschiede werden noch größer, wenn man Bögen verschiedener Bauart miteinander vergleicht.

3 lb. ist die Abkürzung für das englische pound, (1 pound entspricht 0,45 kg)

Das Wort „Effizienz" bedeutet beim Bogen wie bei anderen Maschinen den Unterschied zwischen der hineingesteckten Energie und der abgegebenen Leistung. Aber diese theoretische Größe ist nicht das, worum es beim Bogenschießen geht.
Worum sich alles dreht, ist, wie schnell ein Bogen pro Pfund Zuggewicht schießt.
Einen 50-lb. Bogen, der 100 Einheiten Energie speichert und 80% davon an den Pfeil abgibt, kann man effizient nennen. Dennoch ist so ein Bogen nicht so erstrebenswert wie ein 50-lb. Bogen, der 200 Einheiten Energie speichert und 60% auf den Pfeil überträgt. Diese „Wurfkraft-pro-Pfund"-Definition von Effizienz ist sinnvoller, und daher verwenden wir sie in diesem Kapitel (außer wir weisen ausdrücklich darauf hin).

Nur zwei Faktoren bestimmen die Geschwindigkeit eines bestimmten Pfeiles:
1) Die Menge an Muskelkraft, die beim Ziehen des Bogens aufgewendet wurde.
2) Hindernisse, die der Übertragung dieser Energie auf den Pfeil entgegenstehen.

Wenn du aus diesem Kapitel sonst nichts mitnimmst, dann zumindest dies. Verfolgt man diese simple Einsicht mit ein bisschen gesundem Menschenverstand weiter, kann man alle Prinzipien des Bogendesigns verstehen.

Die Menge der Muskelkraft, die man in den Bogen steckt, wird definiert durch:
- Zuggewicht
- Auszugslänge
- Standhöhe
- Bogenprofil

Hindernisse bei der Übertragung der im Bogen gespeicherten Energie auf den Pfeil sind:
- Wurfarmmasse
- Massenverteilung
- Hysterese („innere Reibung" im Wurfarm)
- Gewicht der Sehne
- Dehnung der Sehne

Wenn du verstehst, wie diese Energieparameter funktionieren und sich gegenseitig beeinflussen, kannst du einen effizienteren Bogen entwerfen, der pro Pfund seines Zuggewichts schneller schießt.
Zunächst einmal betrachten wir die Faktoren, die die im Bogen gespeicherte Energie und damit die Pfeilgeschwindigkeit beeinflussen.

Das Zuggewicht

Wenn sonst alles gleich ist, speichert ein höheres Zuggewicht natürlich mehr Energie.
Diese Zuggewichtskurven zeigen die Energie, die aus geraden Staves gebaute Bögen typischerweise speichern. Der eine hat ein Zuggewicht von 30 lb. bei 28"[4] Auszug, der andere von 60 lb. bei 28" Auszug. Die Anzahl der Quadrate unter einer Kurve entspricht der Gesamtmenge der gespeicherten Energie.
Nichts außer dieser gespeicherten Energie steht für die Beschleunigung des Pfeiles zur Verfügung.

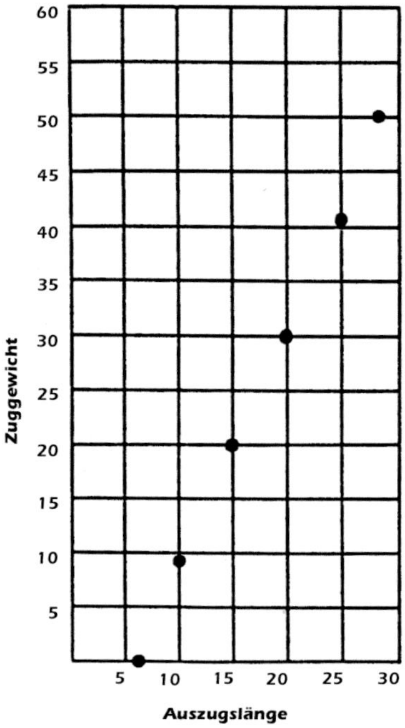

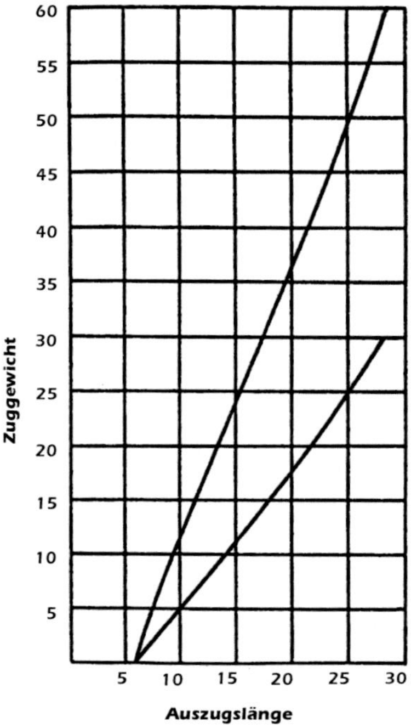

Links:
Mit einer Federwaage kann man ermitteln, wieviel Energie ein Bogen speichert, indem man das Zuggewicht bei verschiedenen Auszugslängen notiert. Ein typischer 50-lbs Langbogen zieht bei 10" = 8 lb.; 15" = 20 lb.; 20" = 30 lb.; 25" = 41 lb.; 28" = 50 lb.. Benenne die waagerechte und senkrechte Achse wie abgebildet (waagerecht: Auszugslänge, senkrecht: Zuggewicht). Trage einen Punkt ein, wo sich die 8-lb.-Linie und die 10"-Linie kreuzen. Trage den nächsten Punkt ein, wo sich die 20-lb.-Linie und die 15"-Linie kreuzen, und so weiter. Wenn du fertig bist, verbindest du die Punkte. Die Linie, die sich daraus ergibt, nennen wir die Zuggewichtskurve. Die Fläche unterhalb dieser Kurve stellt die gespeicherte Energie dar.

Rechts:
Zuggewichtskurven für einen 30-Pfund- und einen 60-Pfund-Bogen. Die Quadrate unter einer Kurve stellen die gespeicherte Energie dar.

4 das englische inch entspricht dem deutschen Zoll (ein Zoll = 2,54 cm), Kurzzeichen für inch: „

5 1 fps = 0,3048 m/sec = 1,0973 km/h

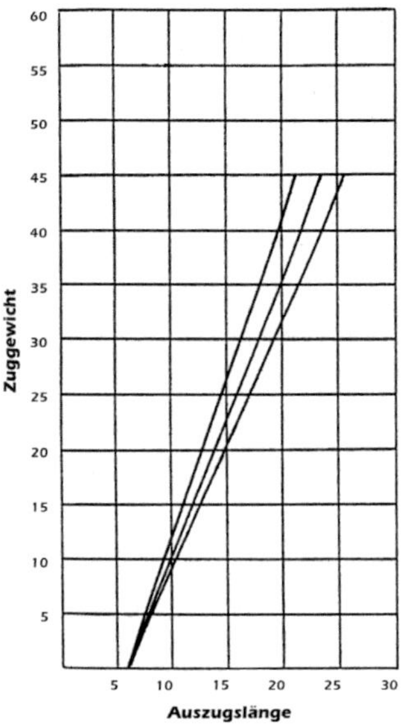

Größere Auszugslängen speichern mehr Energie.

Der Auszug

Wenn alles andere gleich bleibt, speichert ein größerer Auszug mehr Energie.

Ein 59" langer Ahornbogen, der aus einem geraden, unveränderten Stave gemacht wurde und einen 500 Grains schweren Pfeil schießt, wurde auf ein Zuggewicht von 45 lb. bei 22" getillert und erreichte eine Pfeilgeschwindigkeit von 128 fps[5] (Fuß pro Sekunde). Bei einem Auszug von 10" zog dieser Bogen 14 lb. und hatte nach dem Abspannen ½" (1,3 cm) Set (=Stringfollow).

Er wurde auf 45 lb. bei 24" nachgetillert und schoss dann mit 133 fps. Das Zuggewicht bei 10" fiel auf 11,5 lb. und der Set stieg auf ¾" (1,9 cm).

Ein weiteres Nachtillern führte zu 45 lb. bei 26", die Geschwindigkeit betrug 137 fps. Das Zuggewicht bei 10" fiel auf 10 lb., der Set betrug jetzt 1" (2,54 cm).

Jede neugetillerte Version ließ sich gleich schwer ausziehen, speicherte aber zunehmend größere Mengen an Energie. Bemerkenswert ist auch, dass das Anfangszuggewicht mit zunehmendem Set fiel. Wie wir in diesem Kapitel sehen werden, wäre der Set bei breiteren, längeren oder aus elastischerem Holz gemachten Wurfarmen noch geringer geblieben. Dann würde das Anfangszuggewicht hoch bleiben, so dass mehr Energie gespeichert und der Pfeil noch stärker beschleunigt würde.

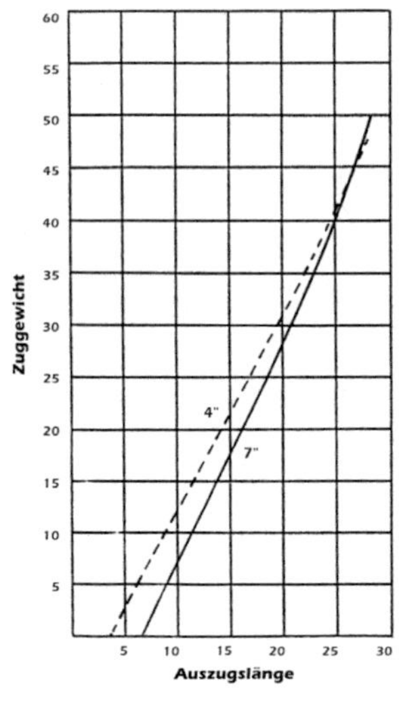

Ein Bogen mit niedriger Standhöhe speichert mehr Energie.

Die Standhöhe

Innerhalb vernünftiger Grenzen resultiert aus einer niedrigeren Standhöhe (oder Spannhöhe) der Sehne ein schnellerer Pfeil.

Stell dir zwei identische Bögen vor, die bei einer Standhöhe von 7" 50 lb. auf 28" ziehen. Verringere die Standhöhe der Sehne bei einem Bogen auf 4". Bei 28" Zoll Auszug fällt das Zuggewicht dieses Bogens auf 47,5 lb. Während der ersten paar Zoll des Ausziehens wird er wesentlich schwächer als der Bogen mit 7" Standhöhe sein, die Sehne wird sich schlaff anfühlen und nicht mehr klingen. Der 7" hoch gespannte Bogen fühlt sich straff und kraftvoll an. Intuitiv wissen wir, dass er den Pfeil weiter werfen wird und dass der Pfeil tiefer eindringen wird. Aber die Intuition hat uns, wie das beim Bogendesign öfter der Fall sein wird, in die Irre geführt.

Der 4" hoch gespannte Bogen wird trotz seines geringeren Zuggewichts und des schwammigen Anfangsauszugs den Pfeil ein paar fps schneller werfen als der 7" hoch gespannte, einfach deswegen, weil ein niedrig gespannter Bogen mehr Energie speichert.
Mehr Energie deshalb, weil eine Sehne bei 4" Standhöhe 24" zurücklegt, eine mit 7" Standhöhe aber nur 21". Bei 10" Auszug hat die 4" hoch gespannte Sehne schon 6" zurückgelegt, wobei der Bogen 13 lb. Zuggewicht erreicht; die andere Sehne mit 7" Standhöhe ist nur 3" gezogen worden und das Zuggewicht beträgt 9 lb.
Ein Bogen mit großer Standhöhe wird stärker belastet. Die Wurfarmenden, die Tips, haben sich in diesem Fall schon 3" weiter bewegen müssen, was eine deutlich stärkere Biegung und damit auch Wurfarmbelastung verursacht. Aus diesem Grund kann man Bögen mit niedriger Standhöhe länger gespannt lassen, sie bekommen weniger Set und sind weniger bruchgefährdet.
Aber eine niedrige Standhöhe bringt auch Nachteile mit sich. Wenn der Spinewert der Pfeile nicht ganz genau stimmt, werden die Gruppierungen sich weiter nach links und rechts ausdehnen, weil die Pfeile mehr Mühe haben, sich um den Griff herumzuschlängeln. Außerdem schlägt eine niedrige Sehne gegen das Handgelenk.
Jeder Bogenschütze muss die Standhöhe finden, die für ihn den besten Kompromiss aus Leistung und Komfort darstellt. Jäger sind in dieser Hinsicht weniger flexibel, da ihre Standhöhe jedenfalls größer als die Länge der Befiederung sein muss. Nur so lassen sich beim Auszug die Geräusche von Federn, die am Bogen entlangstreifen und das Wild vergrämen, vermeiden.
Bei einem Recurvebogen verursachen Standhöhenunterschiede größere Leistungsdifferenzen als bei einem geraden Bogen. Bei geringer Standhöhe liegt die Sehne eher am Wurfarm an, und daher ist der Bogen in frühen Stadien des Auszugs noch „kürzer".
Damit, wie die Standhöhe den Pfeilflug beeinflusst und wie man einen Bogen abstimmt, werden wir uns im zweiten Band der „Bibel des traditionellen Bogenbaus" befassen.

Das Bogenprofil, beziehungsweise die Seitenansicht

Das ist der letzte Faktor, der die im Bogen gespeicherte Energiemenge beeinflusst, und wenn die Erklärungen dazu auch etwas langatmig ausfallen müssen, sind sie doch umso wichtiger.
Das folgende Bild zeigt zwei 50-lb. Bögen mit gleicher Auszugslänge. Der gerade Bogen beschleunigt einen Pfeil von 500 Grains[6] auf 150 fps; der asiatische Kompositbogen schießt den gleichen Pfeil mit 175 fps. Warum? Beide erfordern die gleiche Kraft, um sie im vollen Auszug zu halten, aber es fällt auf, dass der Kompositbogen besonders bei Beginn des Auszugs wesentlich mehr Energie speichert. Der Schlüssel zu ihrem unterschiedlichen „Speicherverhalten" liegt im Profil dieser Bögen.

---

6 1 Grain entspricht 0,065 Gramm, 500 Grains = 32,5 Gramm

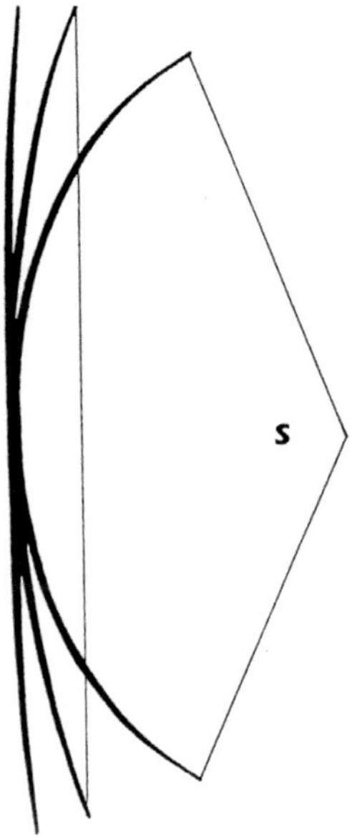

Ein gerader Bogen entspannt, gespannt und gezogen.

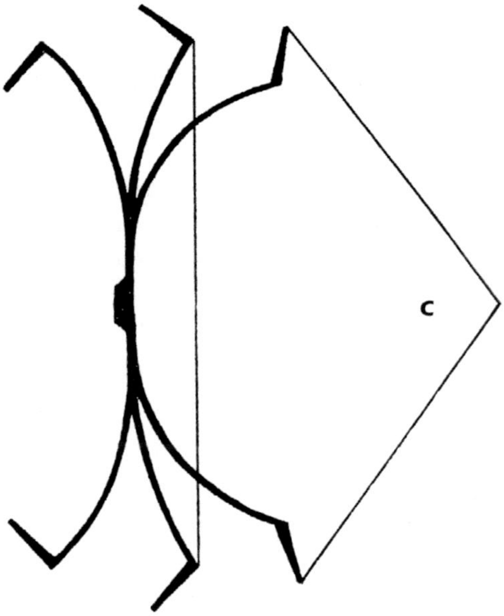

Ein Kompositbogen entspannt, gespannt und gezogen.

Ein gespannter, aber nicht ausgezogener Bogen kann keine Energie abgeben, um einen Pfeil zu werfen. Alle Energie dafür muss aus deinen Muskeln kommen, während du den Bogen ziehst. Je mehr Arbeit deine Muskulatur leisten muss, umso schneller fliegt der Pfeil. Sogar wenn man Bögen gleicher Zuglänge und gleichen Zuggewichts vergleicht, gibt es doch Bogenprofile, die uns beim Ausziehen mehr Leistung abverlangen.
Der einzige Weg, um in einem bestimmten Zuggewicht mehr Leistung unterzubringen ist, den Bogen so zu bauen, dass er sich in den frühen und mittleren Phasen des Auszugs schwerer ziehen lässt. Auf diese Weise ist die Gesamtkraft, die Stück für Stück bis zum Erreichen des vollen Auszugs aufgewendet werden muss, größer, auch wenn das Zuggewicht bei vollem Auszug das gleiche ist.
Keine Holzart an sich hat eine geheimnisvolle Eigenschaft, die Pfeile schneller macht; auch Fiberglas, Horn und Sehne nicht. Die Unterschiede in den Rückstellgeschwindigkeiten und der Effizienz verschiedener Bogenbaumaterialien sind recht gering. Die ganze „Zauberei" liegt im Profil des Bogens.
Wenn man Holzbögen baut, sind das richtige Design und handwerkliches Können viel wichtiger als die Holzart. Ich habe eine Menge Bögen aus Birke, Esche, Hickory, Ulme usw., die viele meiner Eiben- und Osagebögen Pfund für Pfund in den Schatten stellen. Das können sie nur, weil sie besser entworfen und sorgfältiger gebaut sind; aus dem gleichen Grund schießen auch manche Eiben- bzw. Osagenbögen besser als andere aus den gleichen Hölzern.

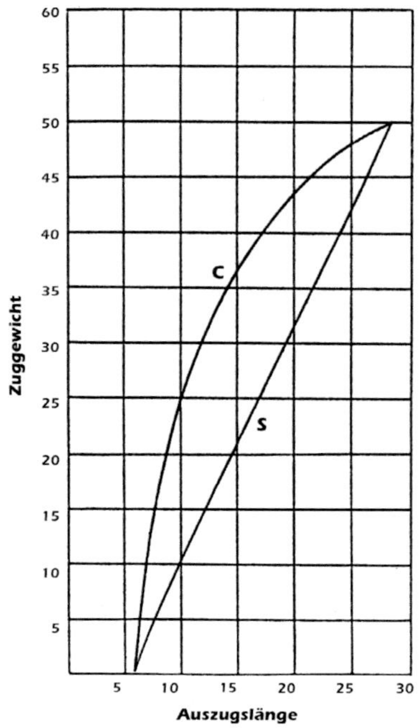

Aufgrund seiner reflexen Wurfarme und Wurfarmenden ist der asiatische Kompositbogen am Anfang und in der Mitte des Auszugs viel schwerer zu ziehen.
Die Zuggewichtskurve zeigt deutlich, dass dabei mehr Energie gespeichert wird.

Manche schwören auf Sehnenbacking: „Gib mir irgendeinen von deinen Holzbögen. Wenn ich ein Sehnenbacking aufgebracht habe, schießt er schneller."

Wer was vom Profil des Bogens versteht, entgegnet: „Das stimmt schon, aber nur, weil der Sehnenbelag das Zuggewicht meiner Bögen erhöht und einen leichten Reflex bewirkt. Gib mit also irgendeinen deiner sehnenbelegten Bögen und lass mich einen rein hölzernen Bogen mit dem gleichen Reflex, Zuggewicht und Auszug bauen und du wirst sehen, dass seine Wurfkraft deinem sehnenbelegten Bogen nicht nachsteht."

Da verschiedene Profile dazu führen, dass größere bzw. kleinere Energiemengen gespeichert werden, werden auch die Wurfarme mehr oder weniger belastet. Also brauchen Bögen, die viel Energie speichern, breitere Wurfarme oder ein Material, das mehr Energie aufnehmen kann, um ihr Profil zu halten. Ein tolles Profil, das nach dem Einschießen durch Stringfollow verschwunden ist, bringt gar nichts. Das Profil, das nach dem Einschießen, nachdem der Bogen wieder und wieder voll ausgezogen wurde, zu sehen ist, bestimmt, wie viel Energie gespeichert wird.

Sogar bei einem im Grunde identischen Design kann man sehen, wie sich das Profil auf die Energiespeicherung auswirkt. Das Bild auf der nächsten Seite zeigt vier aus recht geraden Staves gebaute Bögen, von denen einer einen leichten Reflex aufweist. Alle würde man als gerade „D"-Bögen bezeichnen. Alle haben ein Zuggewicht von 50 lb. bei 28", aber ihr Profil nach dem Einschießen ist nicht ganz das gleiche.

Solche Profile können wegen des natürlichen Deflexes eines Staves oder durch Stringfollow entstehen. Stringfollow entsteht eventuell, wenn die Wurfarme im Verhältnis zur Holzstärke zu schmal sind oder der Stave nicht genug getrocknet war, beim Tillern überlastet wurde, zu weit ausgezogen wurde, oder aus anderen Gründen. Die Ursache für Set, Deflex oder Stringfollow ist für die Leistung eines Bogens aber völlig unerheblich. Nur die Seitenansicht, das Profil an sich, so wie es sich nach dem Einschießen im vollen Auszug zeigt, definiert die gespeicherte Energie.

Es ist unerheblich, ob Bogen „A" aus Kiefer, Osage, Horn und Sehne, Fiberglas oder getrockneten Nudeln hergestellt wurde. Wenn er nach dem Einschießen dieses Profil zeigt, wird und kann er nur genau die durch die Zuggewichtskurve „A" angezeigte Energiemenge speichern – genau die gleiche Menge wie bei jedem anderen Bogen mit dem gleichen Profil.

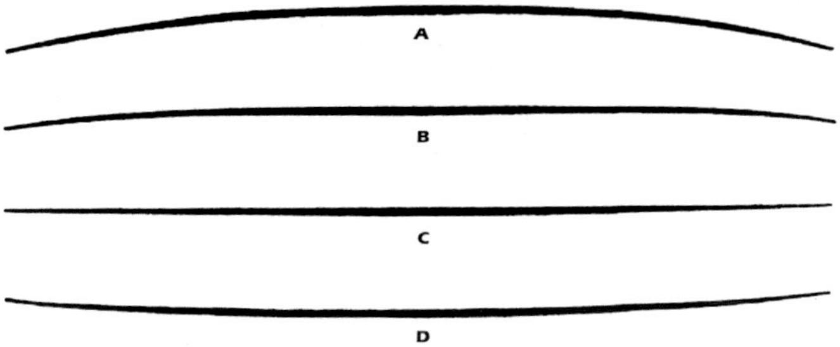

Bögen aus geraden Staves mit verschiedenen Profilen

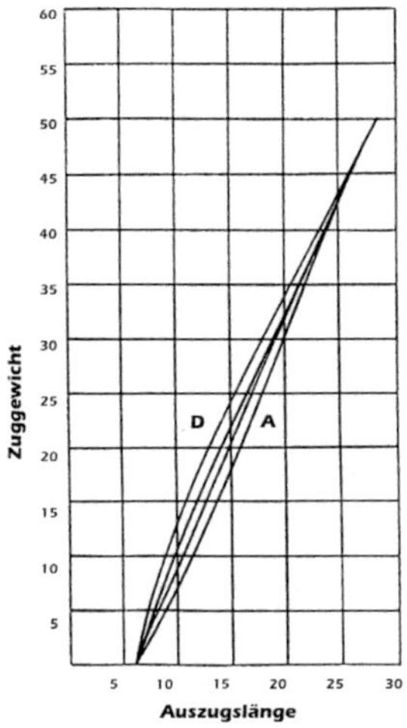

Die Zuggewichtskurven der vier Bögen zeigen, wie sich ihre Profile hinsichtlich der Energiespeicherung unterscheiden.

Also besteht unsere Aufgabe darin, Wurfarme zu entwerfen, die auch nach dem Einschießen in der Seitenansicht noch ein überlegenes Profil zeigen. Aber wie?

Unterschiedliche Hölzer haben unterschiedliche Biegestärken, Bruchstärken und Elastizitäten. Damit Bögen aus „minderwertigem" Holz nicht mehr Set entwickeln, und damit sie genauso schnell schießen wie Bögen aus „edlen" Hölzern, müssen ihre Wurfarme breiter sein, und zwar im Verhältnis zu den Unterschieden in Stärke und Elastizität.

Breitere, dünnere (und dadurch biegsamere) Wurfarme aus schwachen Hölzern können die gleiche Arbeit wie ein schmaler Wurfarm aus starkem Holz verrichten. Schließlich können viele schwache Menschen gemeinsam das gleiche Gewicht heben wie wenige starke.

Ein breiterer Wurfarm enthält natürlich mehr Holz, was die Wurfarmmasse erhöhen müsste, aber dieses Holz ist meistens leichter, so dass die Wurfarmmasse annähernd gleich bleibt und der Wurfarm nicht zu sehr gebremst wird.

Wie man die Materialien und die Wurfarmbreite so auswählt, dass ein Profil mit möglichst wenig Set entsteht, behandeln wir im Zusammenhang mit dem Standardbiegetest später in diesem Kapitel.

Noch einmal: Wenn ein handwerklich korrekt gebauter Bogen nach dem Einschießen weniger Stringfollow hat, wie es bei „B" und „C" der Fall ist, speichert er mehr Energie. Wenn nach dem Einschießen noch Reflex vorhanden ist, wird sogar noch mehr Energie gespeichert.

Alle oben abgebildeten Bögen haben ja die gleiche Auszugslänge und das gleiche Zuggewicht. Alle muss man im vollen Auszug mit der gleichen Kraft halten. Dennoch speichert „D" erheblich mehr Energie als „A", weil der Zugarm im frühen und mittleren Auszug mehr Arbeit leisten muss. Auf den ersten paar Zoll Auszug wird sich „A" äußerst schwach anfühlen. „D" wird man vom ersten Zoll an als straff und kraftvoll empfinden.

Um Set bzw. Stringfollow gering zu halten, braucht man breitere Wurfarme oder stärkeres, elastischeres Material.
Gerade Bögen kann man (absichtlich oder nicht) auf ganz verschiedene Profile tillern, die die Energiespeicherung und Energieabgabe entscheidend beeinflussen. Um hier völlig durchzublicken, müssen wir noch die Auswirkungen des Sehnenwinkels verstehen lernen. Der Sehnenwinkel beeinflusst die Energiespeicherung genauso stark wie die anderen Faktoren.

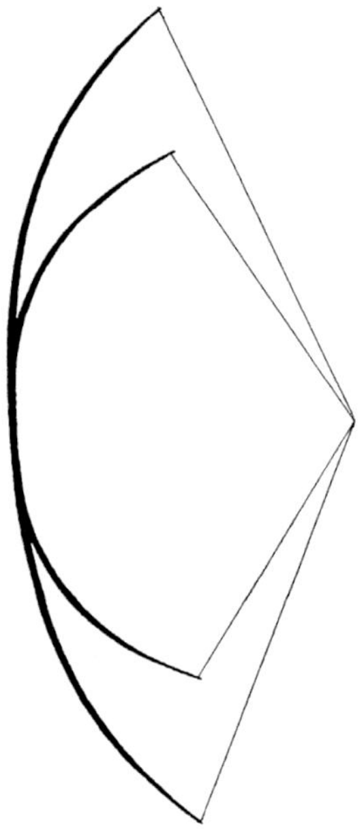

Hier sehen wir zwei Bögen im vollen Auszug, die 72" bzw. 48" lang sind. Beide sind aus geraden Staves gebaut und ziehen 50 lbs bei 28". Beachte, dass der Sehnenwinkel des 48"-Bogens größer als 90° ist!

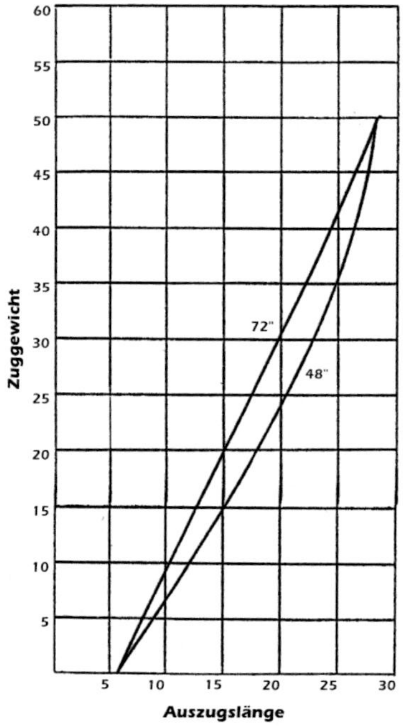

Hier sehen wir die Zuggewichtskurven der beiden Bögen.

Es fällt auf, dass die Zuggewichtskurve des 48"-Bogens während der letzten Inches des Auszugs fast vertikal ansteigt. Wenn ein Bogen gegen Ende des Auszugs plötzlich schwerer zu ziehen ist, nennt man das „Stacking". Versuchen wir nun die Ursache zu verstehen, spielt uns unser Gefühl wieder mal einen Streich.
Zwischen 15" und 20" lässt sich der 48"-Bogen weich ziehen; das Gewicht nimmt um 2 lb. pro Zoll zu. Jenseits von 20" fängt er ein wenig zu stacken an, die Gewichtszunahme steigt auf knapp 3 lb. pro Zoll. Über 25" hinaus zieht man wie gegen eine Mauer, denn beim letzten Zoll legt der Bogen circa 6 lb. zu! Jetzt stackt er ganz übel. Du bist ganz sicher, dass der Bogen jeden Moment auseinanderfliegen wird und verziehst das Gesicht, weil du darauf wartest, dass dir die Splitter um die Ohren fliegen werden.

Diese ganz normale Reaktion beruht auf dem verbreiteten Irrglauben, dass das Holz selbst „stackt", dass es sich schwerer biegen lässt, kurz bevor es bricht.
Tatsächlich trifft das Gegenteil zu. Wenn Holz die Grenze seiner Bruchfestigkeit erreicht, fangen die Fasern der Bauchseite (an der Innenseite des Biegeradius) an nachzugeben und deshalb nimmt der Zuggewichtszuwachs pro Zoll ab. Mit einer Federwaage und einem in einen Schraubstock gespannten Holzstück kann man das leicht demonstrieren.

Was ist dann aber die Ursache für das Stacking? Wenn das Anfangszuggewicht gleich ist, ist Stacking nur auf die Zunahme des Sehnenwinkels (der Winkel zwischen Sehne und Wurfarm) während des Auszugs zurückzuführen.[7] Der Winkel von ca. 20° bei einem Bogen normaler Standhöhe gibt dem Schützen nämlich einen mechanischen Vorteil. Jeder Zoll Auszug bewegt die Wurfarmenden nur Bruchteile eines Zolls nach hinten; es ist also eine Art Untersetzung am Werk. Wenn der Sehnenwinkel wächst und sich den 90° nähert, wird für jeden Zoll Auszug auch eine Bewegung der Wurfarmenden von einem Zoll erbracht – hier beginnt die „Mauer" des Stackings, der Vorteil der Hebelwirkung ist verloren gegangen.
Wenn man einen recht kurzen auf 28" ausziehbaren Bogen mit einer Federwaage zieht, kann man die Zuggewichtszunahme pro Zoll dokumentieren. Bei halbem Auszug sind das vielleicht 2 lb., gegen Ende aber eher 5 lb. Und jetzt spann mal eine Sehne auf, die 50% länger ist – natürlich hängt die erst einmal ganz schlaff herunter.
Jetzt ziehe die Wurfarme bis zum gleichen Biegeradius wie bei halbem Auszug mit der ursprünglichen Sehne (wieder mit der Federwaage). Jetzt liegt der Sehnenwinkel schon bei 90°, so wie bei vollem Auszug mit normaler Sehne. Jeder zusätzliche Zoll steigert nun das Zuggewicht um fast 4 lb. Das ist fast ebensoviel stack wie bei vollem Auszug mit der normalen Sehne, obwohl die Wurfarme nun mit der langen Sehne viel weniger belastet werden!

Wenn du immer noch nicht davon überzeugt bist, dass Stacking nur vom Sehnenwinkel abhängt, bau dir einen 56" langen Bogen, der bei 28" 50 lb. zieht und beinahe bricht. Zieh ihn mal voll aus, um das flaue Gefühl im Magen kennen zu lernen. Dann binde 6" lange Bogenenden mit einer Wicklung daran fest, am besten noch in einem reflexen Winkel von 45°, und mache so aus deinem Bogen einen provisorischen Recurve.
Sicher fällt dir der deutlich niedrigere Sehnenwinkel in allen Stadien des Auszugs auf. Während die Wurfarme sich wieder dem Biegeradius annähern, der dir vorhin solche Magenkrämpfe verursachte, fühlst du nur einen angenehmen, weichen Auszug ohne einen Hauch von Stacking. Dabei biegen sich die Wurfarme mehr als je. Du kannst ihre Schmerzensschreie nur nicht hören. Wenn das Holz nicht bricht, wird es ganz massiven Set entwickeln. Aber das Stacking ist eben nur vom Sehnenwinkel abhängig. Fast.

7 Im Band 3 der Bibel des Traditionellen Bogenbaus korrigiert Tim Baker diese Aussage. Seiner Ansicht nach ist der „Stack" nun auf den Winkel zwischen der Sehne und der gedachten Geraden zurück zu führen, die durch Griff und Wurfarmtip verläuft.

Zwei Bögen, die im vollen Auszug den gleichen Sehnenwinkel, aber unterschiedliche Zuggewichte im frühen Auszug aufweisen, werden auch unterschiedlich stacken, denn der Anstieg der Zuggewichtskurve kann von einem höheren Ausgangsniveau aus nicht so steil ansteigen.
Jetzt, wo uns die Ursache des Stackings klar ist, erscheinen uns auch die Auswirkungen verschiedener Profile ganz logisch.

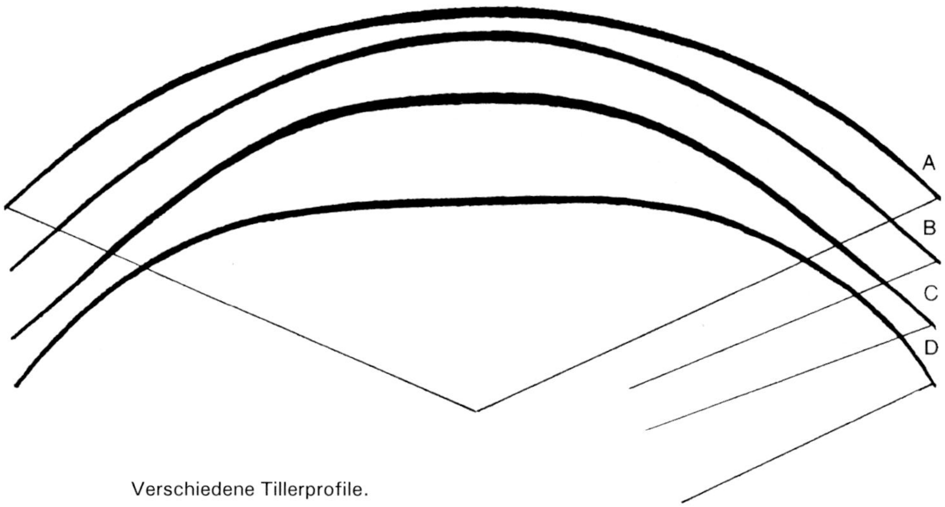

Verschiedene Tillerprofile.

Betrachten wir einmal die Sehnenwinkel in dieser Illustration. Ein sich rund im Griffbereich biegender Bogen (A) erlaubt den niedrigsten Sehnenwinkel in der Nähe der Tips, stackt dadurch am wenigsten und speichert deshalb die meiste Energie. Solche Bögen müssen besonders vorsichtig getillert werden, denn im Gegensatz zu anderen Teilen des Wurfarms dürfen sich der Griff und die benachbarten Regionen nicht so weit biegen, dass sie Set entwickeln. Selbst geringer Set im Griffbereich bewirkt eine dauernde, große Verlagerung der Bogenenden nach hinten, also Stringfollow.
Ein Bogen mit arbeitendem Griff hat noch andere Vorteile: Bei einem Bogen mit steifen Griff arbeiten 8-10" Holz nicht (mehr noch bei Bögen mit breiten Wurfarmen). Ein Bogen mit steifem Griff ist eigentlich eine abgeschwächte Form eines Bogens mit zu dünnen, zu stark biegenden Wurfarmenden (Peitschentiller). Wenn der Griff sich biegt, arbeitet bis zu 20% mehr Holz und kann Energie speichern. Folglich braucht sich der Rest des Bogens nicht so stark zu biegen, bekommt daher weniger Set und bricht weniger leicht. Außerdem verringert sich die Wurfarmmasse, da in der Wurfarmmitte weniger Holz benötigt wird.
Solche Bögen ermöglichen auch einen längeren Auszug, was besonders wichtig ist, wenn keine langen Staves zu kriegen sind. Dabei müssen sie nicht einmal, wie immer behauptet wird, Handschock entwickeln. Wenn man sie wie vorgeschlagen tillert, schießen sie sich so weich wie jeder andere Bogen.

Gut gebaute Bögen mit arbeitendem Griff sind sehr effizient, unterliegen aber auch bestimmten Beschränkungen. Da der Griff zum arbeitenden Teil der Wurfarme gehört, kann man ihn nicht verjüngen, weshalb die Wurfarmbreite bestenfalls 1 ½" (3,8 cm) betragen kann. Wäre sie größer, hätten die Pfeile beträchtliche Schwierigkeiten, dem Pfeilparadoxon zu folgen und sich um den Bogen herumzuschlängeln. Außerdem ist ein noch breiterer Griff recht unbequem zu halten. Daher kann man nur die stärksten und elastischsten Hölzer nehmen und muss sich mit Zuggewichten um die 50 lb. zufrieden geben. Bei einer Breite von 1½" (3,8 cm) entwickeln die meisten Harthölzer bei höheren Zuggewichten zuviel Set, so dass die Vorteile dieses Designs wieder zunichte gemacht werden.

Aufgefütterter Griff bei einem im Griffbereich arbeitenden Bogen.

Auf sichere und effiziente Weise kann man das Zuggewicht durch Vergrößerung der Bogenlänge erhöhen, aber ab ungefähr 72" wird zuviel Energie damit verbraucht, derart lange Wurfarme zu beschleunigen. Trotzdem kann man die Länge steigern und auf der einen Seite das Zuggewicht heben, wobei man etwas Effizienz verliert, um am Ende doch noch eine leicht erhöhte Wurfkraft zu erhalten, aber ein 64" bis 69" langer Bogen mit breiteren Wurfarmen wäre eigentlich die bessere Lösung.

Die mittelalterlichen englischen Langbögen setzten auf Länge, wobei die Exemplare um 120 lb. bis zu 80" lang waren. Allerdings taten sie das vielleicht aus zwei Gründen nicht ganz freiwillig: 1) Die Engländer brauchten zehntausende von Staves und ein Baum liefert umso mehr Staves, je schmaler sie sind, und 2) weist der Querschnitt der Bögen darauf hin, dass sie manchmal von Bäumen mit relativ kleinem Durchmesser stammten. Warum man aus solchen Bäumen keine zuverlässigen Bögen mit breiten Wurfarmen bauen kann, behandeln wir später.

Allerdings gibt es ein Bogendesign mit arbeitendem Griff, bei dem die Wurfarme breiter als der Griff sind. Ishis Bögen und die Bögen der nördlichen Pazifikküste im allgemeinen hatten arbeitende Griffe von 1,5" oder etwas mehr Breite, wobei die Mitte der Wurfarme oft erheblich breiter ausfiel. Solche Bögen zu tillern erfordert ein Höchstmaß an Können. Die schmaleren Griffe müssen dicker sein um im Gleichgewicht mit den breiteren Wurfarmen zu bleiben.

Aber andererseits müssen sie dünn genug sein um sich nur eine Spur weniger als die breiteren griffnahen Teile des Wurfarms zu biegen. Wenn man bei der Herstellung nicht äußerst sorgfältig vorgeht, wird die Griffpartie überlastet und bricht, oder der Bogen entwickelt an der schlechtmöglichsten Stelle Set. Ein wahrer Balanceakt! Steife Griffe wären viel einfacher und schneller herzustellen gewesen, aber diese herausragenden Bogenbauer waren sich offenbar der Vorteile arbeitender Griffe bewusst.
Bögen mit durchschnittlichem Zuggewicht, die sich im Griff biegen, sind oft zu schmal für einen bequemen Griff. Dieses Problem löst man mit einem mit Leder, Tuch o. ä. aufgefütterten Mittelstück. Auch Holzgriffe kann man verwenden, wenn man sie mit einer Wicklung am Bogen befestigt. Leimen darf man sie nicht, da sich der Bogen ja weiterhin im Griff biegen soll.
Bögen, die sich im Griff zu stark biegen, speichern ebenfalls viel Energie, können dieses Potential aber nicht nutzen. Da sich die Biegung auf ein relativ kurzes Gebiet konzentriert, arbeitet weniger Holz. Ein Horn-Sehnen-Mittelteil könnte mit diesem Energieschub fertigwerden, Holz aber nicht: es bricht oder entwickelt viel Set. Bögen, die sich im Griff zu stark biegen, biegen sich notwendigerweise an anderer Stelle zu wenig. Die Wurfarmmitte ist also zu dick um sich angemessen zu biegen, was bedeutet, dass, anstatt Energie zu liefern, diese Masse auch noch auf Kosten der Wurfkraft nach vorne geschleudert werden muss.

Ein Bogen, der im Griff zu „rund" wird (B), ist im Grunde ein sehr kurzer Bogen mit nutzlosen Holzstücken an den Enden. Und überdies hat er durch seinen unvermeidbaren Set stark deflexe Wurfarmenden.
Ein Bogen mit einer Schwachstelle im Griff (C) hat fast die gleichen Probleme wie einer, der im Griffbereich zu rund ist.
Ein im Griff zu steifer (flacher) Bogen mit leichtem Peitschentiller an den Enden (D) stellt auch nicht genügend Holz für die Energiespeicherung zur Verfügung. Da nur die äußeren Wurfarmbereiche wirklich arbeiten, müssen sie sich auch stärker biegen, wodurch sich der Sehnenwinkel erhöht. Also stacken solche Wurfarme arg und speichern deutlich weniger Energie. Ein peitschengetillerter Bogen ist im Grunde ein massiver Holzstab, an dessen Enden man je einen halben kurzen Bogen befestigt hat. Das ist zwar nicht gut, aber nicht ganz so schlecht, wie die Zuggewichtskurve allein vermuten lässt. Die überlasteten äußeren Wurfarmpartien sind leichter und die unterforderten inneren Wurfarmbereiche entwickeln logischerweise überhaupt keinen Set. Trotzdem bleibt die Wurfkraft natürlich geringer als bei einem idealen Tiller.
Bögen mit Peitschentiller schießen sich im Allgemeinen jedoch recht angenehm und haben wenig oder keinen Handschock. Tatsächlich tillert man Bögen mit heftigem Handschock oft nach und lässt die äußeren Wurfarme sich stärker biegen, um den Handschock zu beseitigen. Dann kürzt man die Wurfarme etwas, um wieder das ursprüngliche Zuggewicht zu erreichen.

Aus dem Gesagten geht klar hervor, warum der „normale" Tiller als Normalfall angesehen wird. Aber natürlich gibt es Feinheiten des „normalen" Tillers, die man sich mal näher anschauen sollte. Ein Wurfarm sollte nicht die Form eines perfekten Kreissegments annehmen. Um den zunehmenden Hebelkräften entgegenzuwirken, muss die Dicke des Wurfarms von den Nocken zum Griff hin progressiv zunehmen. Aber dickeres Holz kann sich nicht so stark biegen wie dünneres, ohne zu brechen oder Set zu entwickeln. Jeder Teil des Wurfarms sollte im Verhältnis zur Bruchsicherheit gleich belastet werden; und um das zu erreichen, müssen die dickeren Partien so getillert werden, dass sie sich etwas weniger biegen als die dünneren.

Ein ideal getillerter Wurfarm wird daher etwas elliptisch aussehen, aber noch zwei weitere Verfeinerungen aufweisen:

1) Die Partien nahe des Griffs sollten sich noch weniger biegen um keinen oder vernachlässigbaren Set anzunehmen.

2) Gerade Wurfarmenden führen zu einem kleineren Sehnenwinkel bei vollem Auszug, was das Stacking vermindert und daher zu besserer Energiespeicherung beiträgt

Während sich die Wurfarmenden vom Deflex zum Recurve entwickeln, passiert zweierlei. Erstens steigt das Anfangszuggewicht und zweitens verringert sich das Stacking beim Ende des Auszugs. Die Menge der gespeicherten Energie steigt entsprechend. Aus diesem Grund werden die letzen paar Zoll eines geraden Bogens auch so getillert, dass sie sich kaum oder gar nicht biegen.

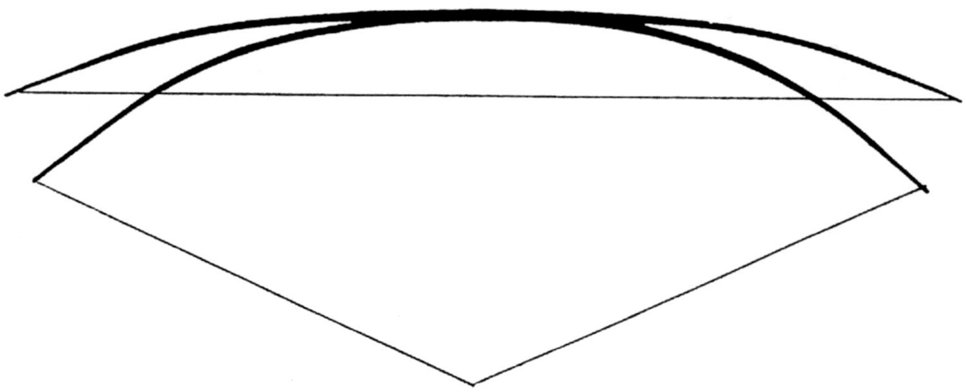

Dies ist der ideale Tiller für Bögen mit arbeitendem Griff und schmalen Wurfarmen.

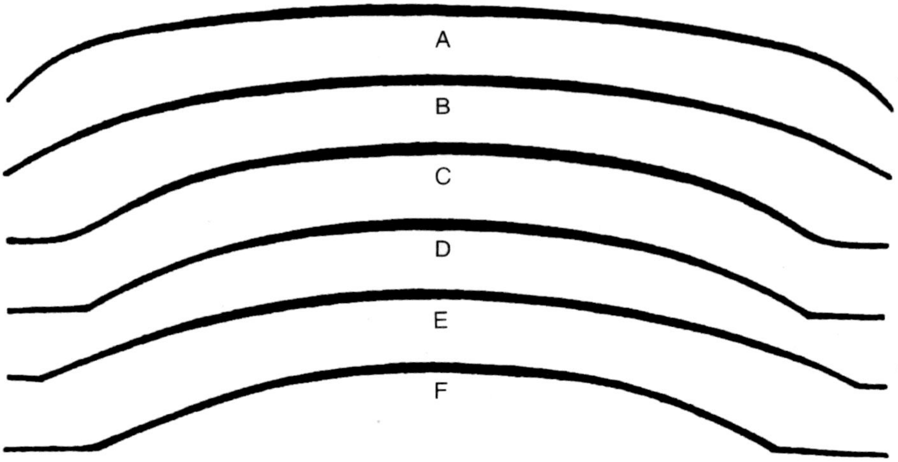

Bögen von gleichem Zuggewicht und gleicher Länge, an denen man gut die verschiedenen, durchs Tillern oder Anbringen von Recurves entstandenen Profile erkennen kann.

Die gezeigten Bögen sind, was Zuggewicht und Länge angeht, gleich. Ihre Zuggewichtskurven enden alle am gleichen Punkt, aber trotzdem speichern sie unterschiedlich viel Energie:
A) Peitschentiller, dadurch größerer Sehnenwinkel, dadurch ein steilerer Anstieg der Zuggewichtskurve auf den letzten paar Zoll, dadurch ziemlich heftiges Stacking. Weil die Zuggewichtskurve von einem niedrigeren Niveau ansteigen muss, ergibt sich zwangsläufig ein niedrigeres Zuggewicht am Anfang und in der Mitte des Auszugs. Also wird weniger Energie gespeichert.
B) Gerade Enden, dadurch mäßiger Sehnenwinkel, dadurch eine fast gerade Zuggewichtskurve am Ende des Auszugs und mäßiges Stacking. Die Zuggewichtskurve steigt von einem höheren Ausgangspunkt zum Gipfel an, weil das Zuggewicht am Anfang und in der Mitte des Auszugs höher ist. Mehr Energie wird gespeichert als beim Peitschentiller.
C und D) Recurves bzw. zurückgebogene Enden, dadurch niedrigere Sehnenwinkel, dadurch eine leicht konvexe Zuggewichtskurve, also kein Stacking. Das Zuggewicht am Anfang und in der Mitte des Auszugs ist noch höher. Noch mehr Energie als beim Bogen „B“ wird gespeichert.
Das erhöhte Zuggewicht im frühen Auszug kommt aus einer neuen Quelle: Recurves oder gegen die Zugrichtung gebogene Wurfarmende verlagern die Nockebene vor die von geraden Enden. Recurves werden daher schon beim Spannen mehr belastet, genau wie ein Bogen mit starkem Reflex.
Stell dir beispielsweise einen kurzen Recurve vor, dessen Enden sich 3" vor dem Griff befinden. Wenn man diesen Bogen spannen will, muss man die Enden 4½" weiter bewegen als bei einem Langbogen mit 1½" Stringfollow. Diese zusätzlichen drei Zoll setzen die Wurfarme genauso unter Vorspannung, als ob ich einen Bogen mit 3" Setback oder Reflex spanne. Das frühe Zuggewicht steigt ganz erheblich.

E und F) Die Höhe des Anteils der Recurves an der Wurfarmlänge bestimmt den durchschnittlichen Sehnenwinkel und damit die Energiespeicherung. Ein sehr kurzer Recurvebereich bringt also diesbezüglich nur äußerst geringe Vorteile.

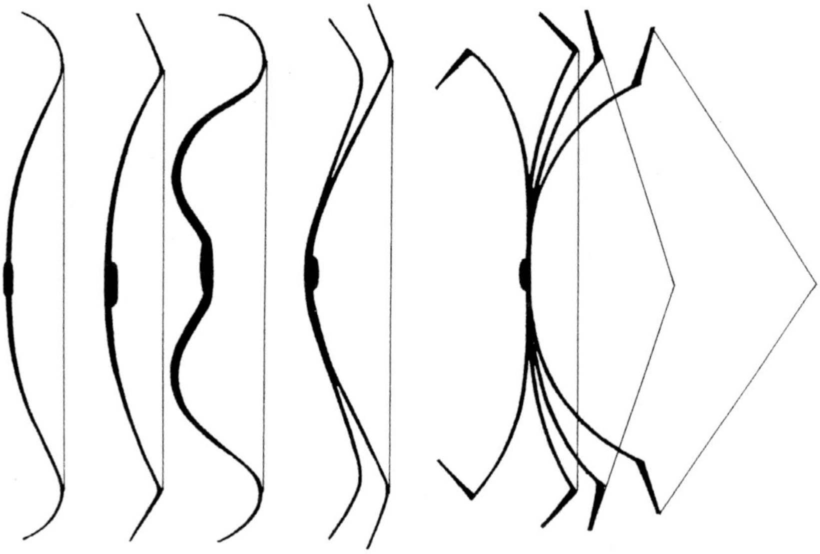

Wenn man sie vom Punkt des Sehnenkontakts aus misst, sind Recurves bei Standhöhe kürzer als im vollen Auszug.

Wenn man zwischen den Punkten misst, wo die Sehne am Wurfarm anliegt, sind die abgebildeten Bögen gespannt kürzer, als wenn man sie voll auszieht. Wenn im frühen Auszug die Hebelkraft der längeren Wurfarme fehlt, ziehen sie sich recht schwer. Im mittleren Auszug, wenn das Zuggewicht normalerweise unangenehm spürbar wird, heben die Sehnen vom Recurve ab und die umgebogenen Enden wirken als Hebel, was das Endzuggewicht auf erträgliche Maße beschränkt. Eigentlich arbeiten solche Enden wie die Cam-Rollen bei Compounds.

Weil solche Designs, bei denen der Auszug gewissermaßen in zwei Phasen vor sich geht, am Anfang härter zu ziehen sind, speichern sie ein hohes Maß an Energie.

Die Gesamtmenge der gespeicherten Energie variiert bei jedem der oben abgebildeten Zwei-Phasen-Profile. Folgende Faktoren sind dabei wichtig:

1.) Das frühe und mittlere Zuggewicht wird bestimmt durch:
- Den Grad des Reflexes, bevor der Bogen gespannt wird (also ohne Sehne)
- Das Verhältnis der Wurfarmlänge zu beiden Seiten des Sehnenauflagepunktes
- Den Winkel der Gegenbiegung hinter dem Sehnenkontakt

2.) Stacking am Auszugsende, das durch den Sehnenwinkel in den Endphasen des Auszugs entsteht.

Von diesen Überlegungen ausgehend hat der Archäotechniker John McPherson ein sehr effizientes Design entwickelt, das man auch unter primitiven Bedingungen nur mit Hilfe von Steinwerkzeugen herstellen kann. Es ähnelt dem Bogen „B“, ist ca. 60" lang, hat breite Wurfarme, wurde dick mit Sehnen belegt und besitzt dem asiatischen Kompositbogen entlehnte statische, zurückgebogene Enden. Er gibt diesen Wurfarmenden genau den richtigen Winkel und die richtige Länge, um ein Maximum an Energie zu speichern, wobei die Wurfarme knapp unter ihrer Belastungsgrenze bleiben. Von asiatischen Bögen bekannte Sehnenbrücken erlauben eine normale Spannhöhe und verringern die Wurfarmbelastung. Das Design, das am meisten Energie speichert, ist „E“, der hoch reflexe und mit weit zurückgebogenen Enden versehene, 46" lange türkische Flightbogen. Vor 400 Jahren schossen Bögen dieser Bauart speziell fürs Weitschießen gebaute Pfeile bis zu einer halben Meile. Die Energie ist natürlich wegen des hohen Anfangszuggewichts groß, denn es erfordert viel Kraft, solche enorm reflexen Bögen erst einmal zu spannen. Die Zug- und Druckkräfte dieser hochbelasteten Wurfarme werden durch den Sehnen- und Hornbelag aufgenommen. Es gibt viele Versuche, die Geschwindigkeit der türkischen Bögen zu erklären. Verbreitet ist die Behauptung, dass wegen des hohen Anfangszuggewichts die Siyahs (die zurückgebogenen Wurfarmenden) beim Schuss die Sehne schlagartig verkürzen, was deren Spannung explosiv erhöht, so dass der Pfeil mehr Energie und Tempo als normal erhält. Aber so spannt man den Karren vors Pferd. Das Bogenprofil bestimmt nur, wieviel Energie gespeichert wird, nicht, wie sie abgegeben wird. Siyahs sorgen einfach dafür, dass ein Bogen mehr Energie speichert. Infolgedessen ist eine hohe Pfeilgeschwindigkeit unvermeidlich.

Stellen wir uns mal einen ungespannten Bogen mit dem Profil einer umgedrehten Uhrfeder vor. Allein um ihn gerade zu biegen und zu spannen wäre enorme Energie vonnöten. Also könnte er genauso viel Energie speichern wie ein Kompositbogen mit Siyahs. Nehmen wir gleiche Masse, Länge und Auszug an, dann haben beide Bögen die gleichen Wurfeigenschaften.

Der deflexe Recurve, „D“, ist wahrscheinlich das effizienteste Design für einen hölzernen Bogen. Aufgrund des Deflexes muss er bis zum Aufspannen wenig arbeiten, so dass die Wurfarme beim Ausziehen mehr Belastung vertragen können.

Da er gespannt wenig belastet ist, müsste er als deflexes Design eigentlich ein sehr niedriges Anfangszuggewicht haben, aber das umgehen wir, indem wir dickere, steifere Wurfarme verwenden. Das wiederum würde später zu einem unangemessen hohen Zuggewicht führen, aber sobald die Sehne nicht mehr an den Recurves anliegt, hält der Hebeleffekt diese Kraft in Grenzen.

So ein dicker Wurfarm würde normalerweise im vollen Auszug überlastet, aber da er auf Standhöhe relativ wenig Arbeit leisten muss, kann er während des Auszugs noch ausreichend Power entwickeln.

Nehmen wir mal an, zwei Bögen hätten im ungespannten Zustand ein identisches Profil. Beide hätten identische Zuggewichte und gleiche Länge. Einer wäre aus Holz, der andere aus Horn und Sehnen gemacht. Welcher würde einen Pfeil weiter schießen?

Der Autor zieht einen Kompositbogen asiatischer Bauart.

Entgegen aller Erwartung wird der Holzbogen den Kompositbogen in den Schatten stellen. Aber warum? Horn und Sehnen sind bedeutend elastischer als Holz, weshalb sie auch mehr Energie speichern können.
Wie kann der Holzbogen da besser werfen als der Kompositbogen? Aufgrund ihres identischen Profils muss man für beide die gleiche Muskelkraft aufwenden, also speichern beide auch die gleiche Energiemenge. Aber ein Horn-Sehnen-Bogen ist doppelt so schwer wie ein hölzerner. Mehr Energie wird also aufgezehrt, wenn die schwereren Wurfarme nach vorne bewegt werden. Damit das Potential der Horn-Sehnen-Kombination seine Stärken ausspielen kann, sind reflexe Profile mit starken Recurves, die ein geringes Bogen/Pfeillänge-Verhältnis haben, nötig.

Kurze, im Stil der Plainsindianer gebaute Bögen mit zurückgesetztem Griff scheinen auch nicht schneller zu schießen als gerade Versionen gleicher Breite. Solche Wurfarme, die bis zur Spannhöhe bzw. zum vollen Auszug einen größeren Weg zurücklegen müssen, haben am Ende einen größeren Sehnenwinkel, was ja ein Rezept für zunehmendes Stacking und geringere Energiespeicherung ist. Das trifft aber auf längere Bögen, deren Sehnenwinkel zunehmend kleiner ausfällt, in entsprechend geringerem Maße zu. Wenn ein Bogen mit Setback um die 66" lang ist, überwiegen die Vorteile des Ausgleichs von Stringfollow die Nachteile des größeren Sehnenwinkels.

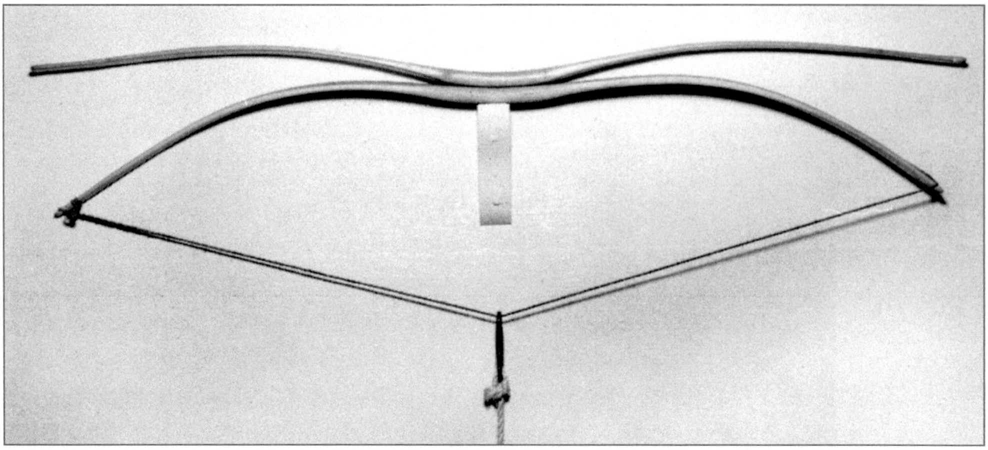

Wenn Wurfarme mit zurückgesetztem Griff („Setback") sich auf ihrer ganzen Länge so wie Bögen aus geraden Staves biegen, kommt es zu einem hohen Sehnenwinkel. Solche Wurfarme stacken und speichern weniger Energie. Wie bei diesem indianischen Plainsbogen mit zurückgesetztem Griff kann der Sehnenwinkel aber relativ niedrig gehalten werden, wenn man die Wurfarme so tillert, dass sie sich an den Enden kaum oder gar nicht biegen.

Set oder Stringfollow beeinträchtigen die Leistung eines geraden Bogens, nicht jedoch die eines Recurves. Wenn man den Anteil des Recurves oder Siyahs entsprechend wählt, kann man die wurfkraftverringernden Auswirkungen des Set leicht ausgleichen. Es kann ein Vorteil sein, solche Wurfarme hoch zu belasten, da mehr Energie pro Masseeinheit des Materials gespeichert wird. Mit geraden Bögen funktioniert das nicht so gut, denn man könnte die Wurfarme zwar breit und dünn genug machen, dass sie kein Set entwickeln, aber ihre Masse würde dabei zu stark zunehmen. Etwas Set muss man also tolerieren, damit die Wurfarme schmaler und leichter sein können.

Das Bogenprofil im entspannten, gespannten und ausgezogenen Zustand ist immer ein wichtiger Indikator für die Energiespeicherung. Wenn sich ein Recurve während des Aufspannens vollkommen begradigen würde, hätte man zwar den Vorteil der Vorspannung, aber keinen günstigen Sehnenwinkel während des Auszugs mehr. Wenn sich Recurves „abwickeln" und während des Auszugs gerade werden, steigt der Sehnenwinkel, was zu geringerer Energiespeicherung aufgrund des Stackings führt. Darum ist auch ein statischer Recurve, dessen Enden so steif sind, dass sie sich während des Auszugs nicht biegen, effizienter als ein arbeitender Recurve, bei dem die Biegung der Recurves während des Auszugs geringer wird.

Wir haben alle mal gelesen, dass der Auszug eines Bogens die Hälfte der Bogenlänge nicht überschreiten kann – das ist eine weithin anerkannte Faustregel. Aber die Wurfarme sehr leichter Bögen (oder sehr breite Wurfarme) sind so dünn, dass man sie fast kreisförmig biegen kann, besonders, wenn sie aus hochelastischem Material gebaut werden.

Im Gegensatz dazu kann ein sehr schmaler, schwerer Bogen aus sprödem Holz schon brechen, wenn man ihn nur auf ein Drittel seiner Gesamtlänge auszieht.

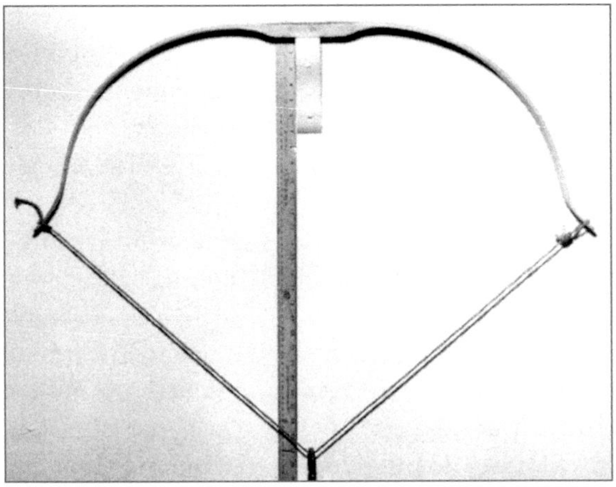

Dieser 48" lange Hickorybogen zieht bei 28" 57 lbs und ist nach gängigen Standards viel zu weit ausgezogen.
Die Bogenenden mussten gebogen werden, damit die Sehne nicht von den Nocken abrutscht. Trotzdem ist der Set gering.
Daraus kann man etwas Wichtiges lernen: Wenn die Wurfarme nämlich einen perfekt rechteckigen Querschnitt aufweisen, arbeiten die Kanten genauso viel wie die Mitte. Da mehr Holz arbeitet, kann der Wurfarm dünner sein, so dass das Holz sich bei gleichem Zuggewicht in einem kleineren Radius biegen kann.
Also kann man es weiter ausziehen oder stärkere Recurves anbringen; so oder so wird mehr Energie gespeichert.

Woher kommt diese Regel also, und warum wird sie immer noch beachtet?
Eine mögliche Erklärung ist, dass gerade Bögen, die mehr als die Hälfte ihrer Gesamtlänge ausgezogen werden, massiv stacken und damit ineffizient und unbequem zu ziehen sind. Der Sehnenwinkel eines 48"-Bogens erreicht bei ungefähr 24 Zoll 90° (wenn man ihn weiter zieht, kann die Sehne von den Nocken rutschen, wenn man sie nicht irgendwie sichert).
Der abgebildete 48" lange Bogen ist in der Wurfarmmitte 2" (5,1 cm) breit und zieht bei 28 Zoll 57 lb. In der Mitte sind die Wurfarme ¼" stark. Sie sind aus einem kammergetrockneten Hickorybrett hergestellt worden, ein leichter Recurve an den Enden hält die Sehne auf den Nocken. Ein genau rechteckiger Querschnitt bewirkt, dass sich die Belastung über die gesamte Breite verteilt – hier ist der Wurfarm nicht nur nominell, sondern tatsächlich 2" breit. Die Ausrichtung der Jahresringe ist auf der Abbildung zu erkennen.

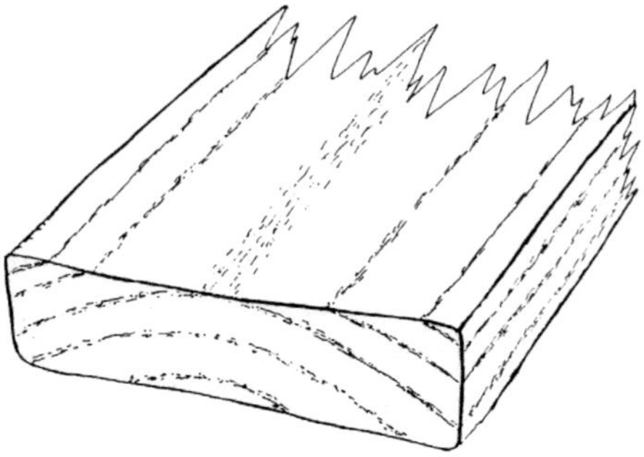

Der Querschnitt durch den Hickorywurfarm zeigt die Lage der Jahresringe.

Im Griff weist dieser Bogen einen leichten Setback auf, was im Zusammenspiel mit dem leichten Recurve zu einer höheren Belastung als bei einem geraden Stave führt. Außerdem ist der Griff steif, so dass 8,5" (21,6 cm) des Bogens nichts zur Biegung beitragen können. Unser ganzes Gefühl sagt uns, dass dieser kleine Bogen hoffnungslos überlastet ist. Aber dennoch nehmen seine Wurfarme nur geringes Stringfollow an, so dass unser Gefühl uns wohl wieder einmal täuscht.

Energie kann man nur speichern, wenn man das Holz belastet. Set ist unvermeidbar, wenn die Wurfarme zu stark belastet werden. Wenn die Wurfarme nun weniger Set entwickeln als erwartet, müssen sie aus irgendwelchen Gründen weniger als angenommen belastet worden sein. Schauen wir uns nun die Zuggewichtskurve dieses Bogens an, wird uns einiges klar: Er speichert nämlich weniger Energie und setzt damit die Wurfarme weniger unter Druck als das Zuggewicht alleine vermuten lässt.
Das Gipfelzuggewicht kurzer, voll ausgezogener, gerader Bögen ist eigentlich im Wesentlichen dem Stacking zuzuschreiben und damit kein „echtes" Zuggewicht; es hält unsere Zughand und die Bogenwaage zum Narren, den Pfeil aber nicht.
Wenn die Wurfarmbreite feststeht, müssen Bögen mit gleichem Auszug länger werden, wenn man das Zuggewicht erhöhen will. Ein Eschebogen mit den Maßen 56 ×1¼" (142 × 3,2 cm) bricht, wenn man ihn auf 28" und 50 lb. zieht. Bei 64" bricht er vielleicht nicht, aber er bekommt enormes Stringfollow. Bei 72" wird das Holz der Bogenoberfläche wesentlich weniger belastet. Das Stringfollow wird gering bleiben, die Bruchgefahr noch geringer sein.
Unterschiedliche Querschnitte haben einen indirekten Einfluss auf die Massenverteilung. Aber sie sind vor allem wichtig, weil sie uns ermöglichen, bestimmte Bogenprofile zu bauen.
Wenn die Wurfarmlänge feststeht, muss der Wurfarm umso breiter werden, je höher das angestrebte Zuggewicht ist. Nehmen wir das gleiche Beispiel noch einmal: Ein Eschebogen mit den Maßen 56 ×1¼" (142 × 3,2 cm) bricht, wenn man ihn auf 28" und 50 lb. zieht. Bei einer Wurfarmbreite von 1½" (1,3 cm) bricht er vielleicht nicht, aber er bekommt enormes Stringfollow. Bei 2" wird das Holz der Bogenoberfläche wesentlich weniger belastet. Das Stringfollow wird gering bleiben, die Bruchgefahr noch geringer sein.

Manche Holzarten vertragen Zugbelastung weniger gut als Druckbelastung. Wurfarme aus solchen Hölzern, z. B. Rotzeder, muss man breiter bauen, damit genug Holz für die Zugbelastung zur Verfügung steht. Wenn man aber ein Backing aufbringt, kann man einen leichteren, schmaleren Wurfarm bauen, ohne ein Risiko einzugehen.
Auch ein flacher Bogenbauch lässt mehr Holz daran arbeiten, den Druckkräften zu widerstehen. Bögen mit einem tiefen D-Querschnitt leiden eher an zuviel Set, als dass sie brechen. Ein D-förmiger Bogenbauch zeigt als erstes Stauchbrüche, die von zu hohem Druck zeugen, auf seiner schmalen Oberfläche. Diese kurzen Stauchbrüche, die nicht über die ganze Breite laufen, sind nicht so fatal wie die Stauchbrüche, die bei einem flachen Bogenbauch von Wurfarmkante zu Wurfarmkante verlaufen. Wenn man sie bei einem D-förmigen Bogenbauch rechtzeitig bemerkt, kann daraus immer noch ein starker, sicherer Bogen werden. Sie sind sozusagen ein Notsignal beim Tillern, das anzeigt, dass man an anderer Stelle Holz entfernen muss.
Die meisten Hölzer sind zwei- bis dreimal stärker auf Zug als auf Druck belastbar. Set entsteht nur, weil die Druckfestigkeit überfordert war. Ein einfaches Experiment kann das beweisen.

Mache mal schnell, im Groben einen Bogen mit flachem Rücken und flachem Bauch. Zeichne an jedem Ende sowohl auf dem Bauch als auch auf dem Rücken einen Punkt mit Tinte an und miss den Abstand zwischen den Punkten ganz genau. Tillere den Bogen auf gleichmäßige Biegung und überlaste ihn dann, damit er viel „Set" bekommt. Halbiere ihn dann entlang der neutralen Ebene; so trennst du den Bogenbauch vom Bogenrücken. Der Rücken wird anschließend zurückfedern und wieder gerade werden, der Bauch jedoch wird das Set behalten. Nun miss wieder den Abstand zwischen den Punkten! Der Abstand der Punkte auf dem Rücken wird sich kaum verändert haben, aber die Punkte auf dem Bauch werden sich durch die Stauchkräfte messbar näher gekommen sein.

Staves aus kleineren Bäumen haben einen stärker gewölbten Rücken, und die Auswirkungen des gewölbten Rückens auf das Bogendesign übersieht man zu leicht. Der Bogenwiderstand von Holz steigt in der dritten Potenz, also ist ein doppelt so dickes Stück Holz achtmal so stark. Daher leisten auch die dickeren Partien eines im Querschnitt stark gewölbten Bogenrückens viel mehr Arbeit als die dünneren Kanten. Ein solcher Wurfarm kann zwar zwei Zoll breit sein, ist aber funktionell gesehen wesentlich schmaler. Hier muss ein schmaler Wurfarm die Arbeit eines breiten verrichten. Das wird durch die Beobachtung bestätigt, dass sich Stauchbrüche auf solchen Bögen auf einen kleinen Streifen in der Mitte des Bogenbandes, der dem Scheitel der Wölbung gegenüberliegt, beschränken, während sie bei Bögen mit flacherem Bauch und Rücken über die ganze Wurfarmbreite verlaufen. Stark gewölbte Wurfarme sind also eigentlich schmale Wurfarme mit einer Menge totem Gewicht an beiden Seiten. Also müssen sie genauso wie normale schmale Wurfarme länger und schmaler sein, um Set und Bruchgefahr zu verringern.

Wenn man leichte Bögen aus gewölbten Staves baut, sollte man die Wurfarme schmaler gestalten, so wie in „B". Dünne Kanten, die kaum etwas leisten, sind unnützer Ballast. Da leichte Bögen nicht hoch belastet werden, können die Wurfarme im Verhältnis zu Breite dicker sein.

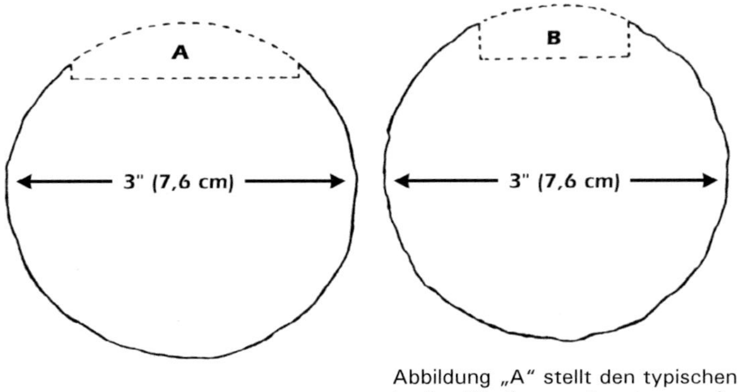

Abbildung „A" stellt den typischen Querschnitt eines Bogens mit breiten Wurfarmen dar, der aus einem Baum mit kleinerem Durchmesser hergestellt wird.

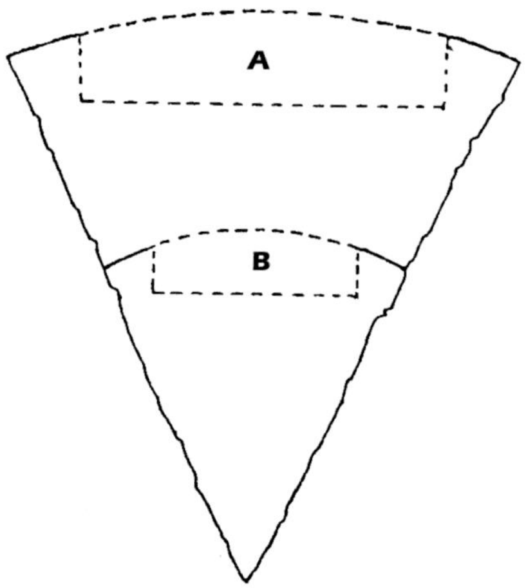

Der Querschnitt ist deutlich flacher, wenn der Wurfarm aus einem Stamm mit größerem Querschnitt stammt.
Auch die Kanten von Beispiel A sind dick genug, um wertvolle Arbeit zu leisten. Das bedeutet, dass die Mittelsektion im Verhältnis dünner, deshalb weniger belastet ist.
So ein Querschnitt bricht weniger leicht und entwickelt seltener einen zu großen Set als ein stark gewölbter.
Der aus dem Inneren des Stammes herausgespaltene „Huckepack-Stave", B, hat diese Vorteile nicht.

Aufgrund des breiten Bauchs, der Druck gut widerstehen kann, hat ein Bogen mit hoch gewölbtem Rücken zwar nur minimalen Set, aber der eigentlich schmale Rücken ist gefährlich überlastet. Also sollte man aus Stämmen kleinen Durchmessers oder Spaltlingen aus dem Stamminnern Bögen mit niedrigem Zuggewicht bauen – oder sie müssen länger ausfallen. Natürlich gibt es leichte Ausnahmen, da manche Hölzer, wie Hickory oder Ulme, mit solchen Spannungen leichter fertig werden.

Kurze, breite Wurfarme verschärfen die Auswirkungen starker Rückenwölbung. Für solche Bögen braucht man dicke Stämme. Die aus dem Stamminnern gespaltenen „Huckepack-Staves" bildeten sich, als der Baum noch kleiner war. Ihren stärker gewölbten Rücken muss man erst auf einen durchgehenden Jahresring abarbeiten, aber da sie nichts kosten, lohnt sich der Aufwand.

Es gibt aber einen Weg, aus dünnen Stämmen starke, sichere, breite Bögen zu bauen: Man muss einfach die Wölbung entfernen! So ein gewölbter Bogen aus einem geglätteten Stamm bekommt dann einen gleichmäßig belasteten, rechteckigen Querschnitt. Auf ihrer ganzen Breite sind solche der Wölbung beraubten („decrowned") Wurfarme an jedem Punkt gleich belastet.
Das Abflachen des Bogenrückens ist eine heikle Angelegenheit: Das Holz muss so abgenommen werden, dass die zutage tretenden Jahresringe in geraden, parallelen Linien den Bogen entlang laufen, wenn man auf dessen Rücken blickt. Das Holz muss auch so abgenommen werden, dass der neue Bogenrücken perfekt parallel zur ursprünglichen Stammoberfläche läuft. Das stellt sicher, dass die Holzfasern intakt bleiben, da man an ihnen entlang schneidet und sie nicht durchtrennt. Solche Wurfarme sind fast so stark, als ob man sie aus einem Baum mit großem Durchmesser und von Natur aus flacher Oberfläche gemacht hätte.

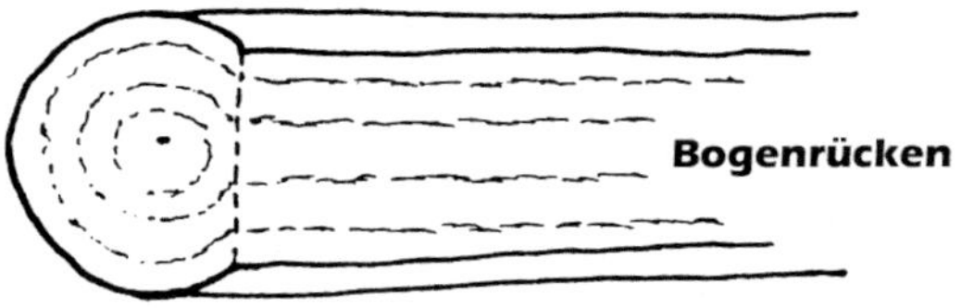

Ein Stave, dessen Wölbung entfernt wurde. Die freigelegten Jahresringe laufen in geraden, parallelen Linien den Bogenrücken, der auch allen Wellen und Unregelmäßigkeiten der ursprünglichen Stammoberfläche folgen muss, entlang.

Auf jeden Fall sind sie viel stärker, als wenn man die ausgeprägte Wölbung belassen hätte - auf Spannung weniger belastbares Holz profitiert hier besonders.
Falls die Jahresringe auf so einem Stave ohne Wölbung aus irgendeinem Grund nicht ganz parallel laufen, bietet ein dünnes Backing genügend Sicherheit. Sehnen oder vorgespannte Seide sind bei dünneren, breiteren, rechteckigen Querschnitten ohne Wölbung besonders empfehlenswert, da sie solche Wurfarme stärker reflex ziehen.

Überblick über die Wurfarmdimensionen

Um vertretbaren Set oder Sicherheit zu erhalten:
Kürzere Bögen müssen breiter sein oder ein niedrigeres Zuggewicht haben bzw. aus stärkerem oder flacher gewölbtem Holz sein; oder einen kürzeren Auszug haben als längere Bögen. Schmale Bögen müssen länger ausfallen, oder schwächer sein, oder aus stärkerem Holz sein, oder einen kleineren Auszug haben als breitere Bögen.
Längerer Auszug verlangt einen längeren oder breiteren Bogen, bzw. einen aus stärkerem Holz oder mit niedrigerem Zuggewicht. Schwere Bögen müssen breiter und länger sein bzw. einen kürzeren Auszug haben; oder man macht sie aus stärkerem oder flacher gewölbtem Holz.
Bögen aus schwachem Holz müssen länger oder breiter sein oder ein leichteres Zuggewicht oder kürzeren Auszug oder eine flachere Rückenwölbung haben als solche aus stärkerem Holz. Ein gewölbter Querschnitt verlangt einen längeren und schmaleren Bogen bzw. einen mit niedrigerem Zuggewicht oder kürzerem Auszug – oder man baut ihn aus zugstärkerem Holz.
Der schnellste hölzerne Bogen, den ich je getestet habe, wurde von Jay Massey gebaut. Gerade mal 56" lang, zieht dieser Bogen 66 lb. auf 27" und schießt einen 500 Grains schweren Pfeil 184 fps schnell. Das Geheimnis seiner Geschwindigkeit liegt natürlich in seinem Profil. Er ist ein Lehrstück: kurz für geringe Trägheit, recurved für geringes Stacking und hohe Energiespeicherung, sowie mit Reflex für ein hohes Anfangszuggewicht. Damit er dieses energiehaltige Profil bewahrt, ist er mit Sehnen belegt und 2" (5,1 cm) breit.

Alle bisher behandelten Faktoren, die die Pfeilgeschwindigkeit beeinflussen (Zuggewicht, Zuglänge, Sehnenstandhöhe und Bogenprofil) bestimmen die Energiemenge, die in einem Bogen gespeichert wird. Aber beim Lösen, wenn die Energie an den Pfeil abgegeben wird, kommen die nun zu behandelnden Komplikationen ins Spiel.

Wurfarmmasse

Ein 50-lb.-Bogen mittlerer Länge wiegt ungefähr 23 Unzen[7] (650 g). Für Bögen solcher Abmessungen und Masse macht eine Differenz von einer Unze Wurfarmmasse durchschnittlich einen Unterschied von 1 fps in der Pfeilgeschwindigkeit aus – soviel wie ein Unterschied von einem Pfund Zuggewicht ausmacht. Durch Reduzierung der Wurfarmmasse kann ein schwacher Bogen so schnell werfen wie ein stärkerer.

Schwere Hölzer sind im allgemeinen stärker und elastischer, daher braucht man weniger Holz für die gleiche Leistung. Leichtere Hölzer sind normalerweise schwächer und weniger elastisch, so dass man mehr Holz für die gleiche Leistung braucht. So kommt in Bezug auf die Masse bei Bögen gleichen Zuggewichts oft annähernd das Gleiche heraus – egal, ob es sich um leichtes oder schweres Holz handelt.
Zwar speichern einige Hölzer, auf ihre Masse bezogen, etwas mehr Energie als andere, aber die Schwankungen zwischen Staves der gleichen Holzart sind dabei größer als die Unterschiede zwischen verschiedenen Arten.

Bei der Verdoppelung der Holzbreite verdoppeln sich auch Stärke, Steifheit und Biegewiderstand. Aber bei Verdoppelung der Holzdicke verachtfacht sich die Stärke, so dass pro Zoll der Biegung die achtfache Energiemenge gespeichert werden kann. Daher haben schmale Wurfarme bei gleicher Biegung erheblich weniger Masse pro gespeicherter Energieeinheit als breite, dünne Wurfarme.
Aber die Natur schenkt nichts her. Achtmal soviel Arbeit wird von der lediglich verdoppelten Holzmenge geleistet! Irgendwo muss ein Ausgleich stattfinden. Wenn man schmale, dicke Wurfarme so weit wie ihre dünneren Vettern biegt, brechen sie oder entwickeln sehr viel Set, also muss man sie länger bauen, um die Belastung zu verringern. Und längere Wurfarme haben, wie wir noch sehen werden, ihre eigenen Nachteile bezüglich der Masse.

Für eine bestimmte Länge sollten Wurfarme also so schmal wie möglich sein, solange sie
1. noch über einen Sicherheitsspielraum bis zum Bruch verfügen und
2. nicht zu viel wurfkraftzehrenden Set haben.

Diese optimale Breite ist für jede Holzart, aber auch für jeden Stave einer Holzart verschieden. Um sie für verschiedene Arten und Staves zu ermitteln, werden wir uns später mit dem „Standardbiegetest" beschäftigen.

7 eine Unze entspricht 28,35 Gramm

Massenverteilung

Lange, schwere Wurfarme werfen langsamer. Aber warum? Selbst wenn man Bleigewichte montierte, sollte die kinetische Energie die Sehne doch mit einem wuchtigen Schlag strammziehen?
Genauso gut kann man fragen, ob ein 100 mph schneller Golfschläger oder ein Güterzug mit 10 mph einen Golfball besser beschleunigt. Der Güterzug speichert natürlich immense Energie, aber 10 Meilen pro Stunde sind nun einmal nur 10 Meilen. Zu lange und schwere Wurfarme erreichen ihre Endposition zu langsam. Sie straffen die Sehne nicht schnell genug. Ein Großteil der Energie solcher Wurfarme bleibt nach dem Lösen der Wurfarme in ihnen, wird zu Handschock, Sehnengeräusch und Wurfarmvibration. Daher schießen sich langsamere, sehr schwere Pfeile von einem solchen Bogen sanft und leise, da sie den Bogen effizienter machen: er hat mehr Zeit, seine Energie an sie abzugeben.

Darum sind Bögen für das Flight-Schießen wie Golfschläger: kurz, wenig Masse, schnell reagierende Wurfarme. Die Pfeile fürs Flight-Schießen sind leicht genug, um für diese Wurfarme kein Hindernis darzustellen und können viel schneller als normalgewichtige Pfeile werden. Wenn man einen Flight-Pfeil von einem englischen Kriegsbogen abschösse, wäre er viel langsamer.

Es macht viel aus, wie die Masse entlang des Wurfarms verteilt ist, denn nahe der Wurfarmenden verringert sich die Wurfkraft beträchtlich. Wenn man dieses Gewicht näher am Griff platziert, wirkt es sich entsprechend weniger aus.
Bei Bögen von durchschnittlicher Länge und Stärke verringert ein Gewicht von 65 Grains (4,2 Gramm) am Wurfarmende die Pfeilgeschwindigkeit um 1fps. In der Wurfarmmitte muss man schon eine Unze hinzufügen, um den Pfeil um 1fps zu bremsen (437 Grains entsprechen 1 Unze = 28,5 Gramm). Wenn ich jetzt die Unze am Wurfarmende anbringe, verringere ich die Wurfkraft um ca. 7fps. Nahe am Griff aber wirkt sich diese Unze praktisch nicht aus. Also kann man die Wurfkraft steigern, indem man Gewicht zum Griff hin verschiebt und dort breiteres und schwereres Holz mehr Arbeit tun lässt.

Wenn ein Bogen mit einem bestimmten Zuggewicht so getillert wird, dass er sich im Griff zu stark biegt, wurden Wurfarmmitte und -ende offenbar zu breit und dick belassen und sind folglich zu schwer. Und sie sind gerade dort zu massiv, wo die Masse am meisten Wurfkraft kostet. Einer der wichtigsten Vorteile des perfekten Tillers ist nämlich, dass die Wurfarmmasse nicht nur reduziert, sondern auch ideal verteilt wird.

Schlecht getillerte Bögen schlagen beim Abschuss oft in der Hand. Wäre der Bogen gut entworfen und getillert worden, wäre diese Energie dem Pfeil zugute gekommen.

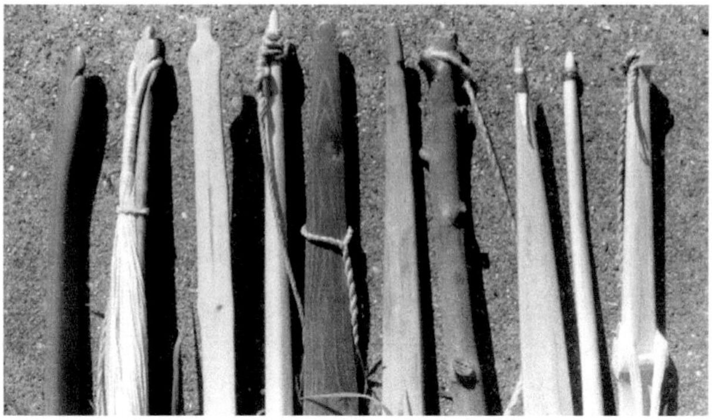

Das Nockdesign kann die Leistung beeinflussen. Von links nach rechts:
Erhabene Nocke, die die Wirkung von ein wenig Reflex hat.
Doppelnocke mit Vertiefungen für Kabel-backing und Sehne - nicht so effizient im Gewicht wie die Lösung ganz rechts.
Stiftnocke: Sie braucht etwas breitere und schwerere Wurfarmenden.
Keine Nocke: Die Sehne ist mit halben Schlägen befestigt und die Kegelform des Wurfarmendes hindert sie am Verrutschen; so kann man sehr schmale, leichte Enden bauen.
Zwei konventionelle Nocken:
der Bogen im Englischen Stil erlaubt schmale, leichte Nocken.
Ein kleiner Ast als Nocke.
Zwei aufgewickelte Nocken: Links ist noch ein Streifchen Rohhaut eingebunden, auf dem die Sehne aufliegt, rechts wurden Sehnen oder andere Fasern um den Wurfarm gelegt und festgeklebt oder -gebunden.
Eine kleine Schlaufe oder ein halber Schlag ruht auf dieser Schulter, beide Enden können so sehr leicht ausfallen.

Schmale, dicke Wurfarme haben weniger Masse, als wenn sie breit und dünn wären. Ein durchschnittliches Stück Bogenholz, das ½" (3,8 cm) im Quadrat bei 1 ¼" (3,2 cm) Länge misst, wiegt ungefähr 65 Grains (4,2 Gramm).
Vergleicht man die beste mit der schlechtesten Möglichkeit, kann man mehr fps dadurch gewinnen, dass man die Nockenden des Wurfarms und deren benachbarte Regionen schmäler macht.Bei relativ kurzen Bögen sind Breite und Gewicht der Nocken weniger wichtig.
Die drei abgebildeten Designs stellen die wichtigsten vernünftigen Variationen der Wurfarme dar. Jedes verändert die Masseverteilung und damit die Leistung.

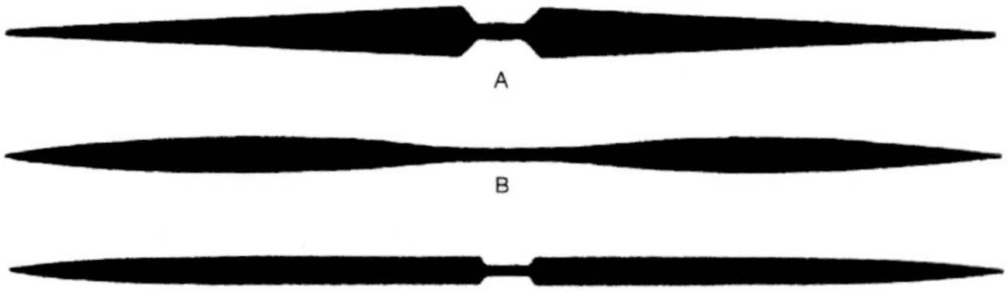

A – Pyramidenförmige Wurfarme platzieren den höchsten Prozentsatz arbeitenden Holzes nahe am Griff und sind auf der ganzen Länge ziemlich gleich dick. Das Holz in Griffnähe kann sich also stärker als sonst biegen und speichert, weil es breiter ist, einen größeren Anteil der Gesamtenergie. Also braucht man von der Wurfarmmitte bis nach außen weniger Bogenmaterial und verlagert so mehrere Unzen an Wurfarmmasse zum Griff hin. Die äußeren Wurfarme sind nun da, wo es besonderes wichtig ist, leichter. Außerdem hat dieses Design mit mehr griffnaher Biegung einen günstigeren Sehnenwinkel und speichert so mehr Energie.

Normalerweise erwarten wir bei so einem in Griffnähe stark biegenden Bogen Handschock, aber das verhindern die leichtere Wurfarmmitte und die fast gewichtslosen Enden.
Dieses Design ist effizient, aber oft unpraktisch, denn wenn man keinen sehr dicken Stamm verwendet, ist die Wölbung des Wurfarmquerschnitts in Griffnähe zu hoch. Die Wölbung zu entfernen löst das Problem, aber den dabei entstehenden Risiken muss man durch ein Backing begegnen. Also ist die Frage: Sind die 4–5 fps Gewinn im Vergleich zu „C" den Mehraufwand wert?

B – Im Gegensatz zu „A" kann sich das schmale Holz in Griffnähe nicht stark biegen, ohne viel Set zu bekommen und zu brechen. Daher braucht man in der Bogenmitte mehr Material. Daher steigt dort und in der Nähe der Nocken das Gewicht und verursacht Einbußen in der Pfeilgeschwindigkeit. Der Hauptanteil der gespeicherten Energie konzentriert sich auf einen recht kurzen Wurfarmabschnitt, der breit sein muss, damit er nicht überlastet wird. Wenn man ihn aber verbreitert, steigt die Masse weiter. Der größere Sehnenwinkel reduziert die Energiespeicherung dieses sich in der Wurfarmmitte am stärksten biegenden Designs.

C – Dieses Design liegt zwischen „A" und „B", wenn man die Holzmenge betrachtet, die in Griffnähe und in der Wurfarmmitte arbeitet. Die Massenverteilung ändert sich entsprechend und auch die gespeicherte Energie liegt zwischen beiden Designs. Für „B" und „C" kann man die gleichen Stammdurchmesser verwenden.
Zunächst erscheint es vielleicht überflüssig, sich um ein paar fps mehr oder weniger an Pfeilgeschwindigkeit Gedanken zu machen. Aber jeder fps entspricht ja einem Pfund Zuggewicht. Weil es mehrere Bereiche gibt, in denen man bei einem bestimmten Design 1–5 fps herausholen kann, kann sich das ordentlich summieren. Zwei gerade Bögen von 40 und 60 lb. können durchaus die gleiche Wurfkraft besitzen!

Die Bogenlänge

Es ist leichter, eine 2 Fuß[8] lange Keule als eine mit 3 Fuß zu schwingen. Genauso bewegt ein Bogen einen 2 Fuß langen Wurfarm leichter als einen 3 Fuß langen. Wenn wir zwei Bögen gleichen Zuggewichts und gleicher Auszuglänge, von denen einer 4, der andere aber 6 Fuß lang ist vergleichen, erwarten wir natürlich, dass der kürzere Bogen schneller schießt. Aber wieder haben wir zu kurz gedacht.
Kurze Bögen schießen Pfeile eines bestimmten Gewichts nämlich langsamer, weil kurze Wurfarme stacken und daher weniger Energie speichern.
Die folgenden Bögen haben jeder ungefähr 1 ½" (3,8 cm) Stringfollow und ziehen 50 lb. bei 28". Jeder ist gut getillert und gebaut und ein Beispiel für die bestmögliche Leistung bezüglich Länge und Set. Bei jedem wurde die Geschwindigkeit eines 500-Grain-Pfeils mit dem Chronographen gemessen.

8 Ein Fuß entspricht 0,305 m

Diese Ergebnisse sind eine Annäherung, denn man braucht Dutzende Bögen von jeder Länge, um zuverlässige Aussagen machen zu können. Aber dass sich die Basiswerte ändern, ist unwahrscheinlich.

Länge		fps	Breite Wurfarmmitte			Masse
48"	Hickory	135	2 ¾"	(7 cm)	17 oz	482 Gramm
52"	Esche	144	2 3/8"	(6 cm)	18	510
56"	Eibe	150	1 5/8"	(4,1 cm)	19	539
59"	Hickory	151	2 ¼"	(5,7 cm)	22	624
65"	Osage	151	1 ½"	(3,8 cm)	24	680
66"	Hickory	153	2"	(5,1 cm)	23	652
67"	Ahorn	153	2"	(5,1 cm)	23	652
69"	Birke	151	1 ¾"	(4,5 cm)	21	595
70"	Eibe	150	1 1/8"	(2,9 cm)	21	595
78"	Kirsche	148	1 ½"	(3,8 cm)	24	680
88"	Ahorn	142	1 ¼"	(3,2 cm)	30	851
94"	Ahorn	136	1 ¼"	(3,2 cm)	35	992

Damit Bögen unterschiedlicher Länge gleiches Set bekommen, müssen die längeren Bögen schmaler und dicker, die kürzeren breiter und dünner sein. Starkes und elastisches Holz wird natürlich schmaler verarbeitet als schwächeres.
Der 94" Bogen ließ sich wunderbar ziehen – überhaupt kein Stacking. Da der Sehnenwinkel so niedrig war, sah seine Zuggewichtskurve erwartungsgemäß am bauchigsten aus, und er speicherte mehr Energie als alle anderen. Aber 94" – das ist eine Menge Holz, das bewegt werden muss, und so entsprach seine Wurfkraft nur der eines durchschnittlichen 40-lb.-Bogens.
Am anderen Ende der Skala stackte der 48"-Zoll-Bogen plötzlich und unangenehm und warf ebenfalls nicht besser als ein Vierzigpfünder. Im allgemeinen schneiden kurze Selfbows noch schlechter ab als in diesem Test, aber hier wurden sie besonders breit gemacht, um hohen Set zu vermeiden. Schließlich musste das Stringfollow bei allen gleich sein, damit der Test aussagekräftig war. Meistens entwickeln kürzere Bögen jedoch stärkeres Stringfollow als längere und schießen daher noch langsamer als hier aufgezeichnet.

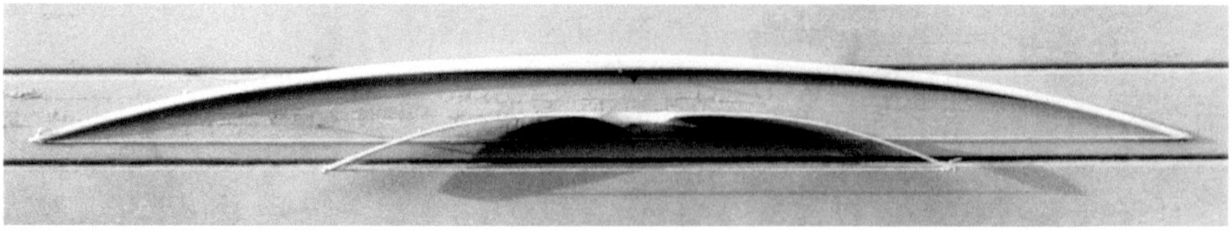

Die 48"- und 88"-Bögen, die im Test benutzt wurden. Der 88"er wurde aus dem 94"-Bogen gebaut und legte dabei 6 fps zu.

Beide Bögen im vollen Auszug. Deutlich sieht man den unterschiedlichen Sehnenwinkel.

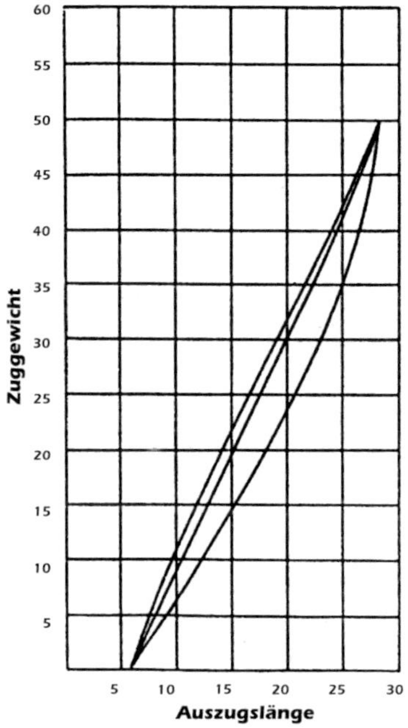

Die Zuggewichtskurven für den 94"- Ahorn (Mitte) und den 48"-Hickory-Bogen aus dem Test. Die Geschwindigkeit war für die längsten und die kürzesten Bögen fast gleich.
Der 67"-Bogen war schneller als beide, denn er stellte den besten Kompromiss zwischen geringer Masse und hoher Energiespeicherung dar.

Nehmen wir als Fixpunkt bei 28" Auszug einen 66"–67" langen Bogen an, dann fällt bzw. steigt die ideale Bogenlänge abhängig von der Auszugslänge, und eine Anpassung von 2" (5,1 cm) Bogenlänge pro Zoll Pfeillänge dürfte ganz gut hinkommen.

Abhängig davon, wofür der Bogen verwendet werden soll, tauscht mancher Schütze vielleicht gern ein paar lb. an Effizienz für die Handlichkeit eines kürzeren Bogens oder den weichen Auszug und die Genauigkeit eines längeren Bogens ein.

Wie wir schon bei dem Thema Bogenprofile besprochen haben, verschaffen Recurves kurzen Bögen das niedrige Stacking eines Langbogens. So ergeben sich im Zusammenspiel mit der geringen Trägheit und Masse eines kurzen Bogens sehr hohe Pfeilgeschwindigkeiten. Als Vergleich stellen wir hier einmal dem „führenden" 50-lb.-Ahornbogen aus dem Test zwei sehnenbelegte Eibenrecurves und einen Hickoryrecurve gegenüber. Man kann gut beobachten, dass die Pfeilgeschwindigkeit steigt, wenn Wurfarmlänge und Masse abnehmen.

Länge		fps	Breite	Wurfarmmitte	Masse
67"	Ahorn, gerade	153	2"	5,1 cm	23 oz / 652 Gramm
60,5"	Eibenrecurve, Sehne	162	1 ¾"	4,5 cm	21 oz / 595 Gramm
59"	Hickoryrecurve	160	2"	5,1 cm	22 oz / 624 Gramm
51,5"	Eibenrecurve, Sehne	168	1 ¾"	4,5 cm	18 oz / 510 Gramm

Die Recurves sind wirklich schnell! Aber was Genauigkeit beim Schießen aufs Gold angeht, sind die längeren Bögen mit den geraden Wurfarmenden zuverlässiger.

Ganz hervorragend schlug sich der flachrückige, kammergetrocknete, nur 3,50$ teure Hickorybogen ohne Backing aus dem Sägewerk. Mit einem gemäßigten Recurve und ohne Verstärkung durch Sehnen schoss er bis auf 2 fps so schnell wie der zum Vergleich herangezogene, sehnenbelegte Eibenrecurve. Maßgeblich für diese Leistung ist, dass sowohl Bogenrücken als auch Bogenbauch vollkommen flach sind.

Der Hickorybogen (oben) wurde aus einem Brett gefertigt; die gesägte Fläche ist der Bogenrücken.
Sein perfekt rechteckiger Querschnitt reduziert Masse und Set auf ein Minimum.
Die zwei sehnenbelegten Eibenrecurves (unten) besaßen eine leichte Rückenwölbung. Bei rechteckigem Querschnitt wäre ihre Leistung noch um ein paar fps angestiegen.

Hysterese („innere Reibung")

Wenn du mal sehen willst, was Hysterese ist, dann lasse einen einfachen Gummiball und einen Flummi aus der gleichen Höhe fallen. Der Gummiball springt nicht so hoch wie der Superball, weil innere Reibung das elastische Zurückschnellen gedämpft hat. Was bei Bällen so eklatant ins Auge fällt, spielt bei hölzernen Wurfarmen, im Widerspruch zu lange gehegten Lehrmeinungen, nur eine minimale Rolle. Einige Holzsorten haben zwar eine durchschnittlich höhere Hysterese, aber wie bei Masse, Stärke und Elastizität ist die Variationsbreite innerhalb einer Art größer als zwischen den Arten.

Paul Klopsteg hat viele bahnbrechende Artikel über Bogenphysik geschrieben. Im *American Journal of Physics* vom August 1943 steht sein definitiver Artikel zu diesem Thema. Er zeichnete die Zuggewichtskurven verschiedener Bögen auf und notierte das Gewicht für jeden Zoll des Auszugs und dann wieder für jeden Zoll beim Nachlassen des Auszugs. Das Gewicht war auf dem „Rückweg" immer um einen bestimmten Betrag niedriger. Die Fläche zwischen den beiden Kurven wurde berechnet und Klopsteg erhielt Werte zwischen 1% und 20% Hystereseverlust. Ein Bogen mit 10 oder 20% schoss stets recht träge.
Klopstegs Methoden und Schlussfolgerungen wurden von Elmer und anderen einflussreichen Autoren aufgenommen und fanden breite Akzeptanz. Folglich haben Hölzer, wie z. B. Hickory, mit unter Laborbedingungen gemessenen höheren Hysteresewerten einen schlechten Ruf bekommen.

Nachdem ich Dutzende von Bögen getestet habe, kann ich diese Resultate aber, unabhängig von der Holzart, nicht nachvollziehen. In meinen Berechnungen war einfach nicht genügend Spielraum für Hysterese von einiger Bedeutung.
Wer Klopstegs Werte duplizieren will, muss gerade aufgespannte, nicht eingeschossene „kalte" Bögen messen, dann erscheint auf einmal Hysterese in den von ihm beobachteten Größenordnungen. Aber für das Bogenschießen ist diese Methode nicht korrekt.

Wer Bögen unter normalen Gebrauchsbedingungen misst, wenn man sie also ein, zwei Mal auszieht, bevor man schießt, für den schrumpft die Hysterese auf unbedeutende Werte. (Auch die Zuggewichtmessungen sollten nur bei einem „warmen" Bogen vorgenommen werden. Nur das erschließt das wahre Zuggewicht und Verhalten eines Bogens.)

Hier wurde als Beispiel ein typischer 58-lb.-Ahornbogen gespannt und „kalt" ausgezogen. Schnell wurde das Gewicht bei 20" Auszug, dann bei 28" und schließlich auf dem „Rückweg" bei 20" notiert. Die Werte betrugen 36 lb., 59 lb., 34lb. Der Schwund von 2 lb. entsprach nach der Flächenberechnung (indem die Quadrate unter den Kurven gezählt wurden) ungefähr 7% Hysterese.
Diese Prozedur wurde sofort wiederholt und ergab Gewichte von 34 lb., 58 lb., 33.8 lb. – ein Hystereseniveau, dessen Berechnung sich schon nicht mehr lohnt. Der Unterschied in der Pfeilgeschwindigkeit wäre nicht messbar.

Bei vielen getesteten Bögen liegen sowohl die „kalte" als auch die „warme" Hysterese niedriger, bei anderen höher. Ein Negativbeispiel ist ein 52,5-lb.-Hickorybogen mit 15% kalter Hysterese, die sich beim zweiten Auszug auf 3% verringert. Er schießt ca. 151 fps, während ein Bogen mit durchschnittlicher Hysterese 154 fps erreicht.

Jetzt folgen Werte von 12 Bögen, die zufällig ausgewählt wurden und im Zuggewicht um 50 lb. liegen. Spalte 1 zeigt die Differenz zwischen dem „kalten" Gewicht bei 20" im Auszug und beim „Rückweg". Spalte 2 zeigt die gleichen Werte beim dritten Auszug:

Hopfenbuche	1,8 lb.	0,7 lb.
Eibe	1,5	0,2
Esche	2,4	0,5
Osage	1,9	0,7
Hickory	2,9	0,6
Kirsche	1,0	0,0
Ahorn mit Sehne	3,4	0,9
Eibe mit Sehne	2,6	0,9
Hickory	4,0	0,7
Eibe	2,0	0,7
Ahorn	2,2	0,2
Osage	2,0	0,2

Andere Bögen hätten geringfügig andere Werte gezeigt, würden aber zur gleichen Schlussfolgerung führen. Ein durchschnittlicher Bogen verliert unabhängig von der Holzart nur einen kleinen Prozentsatz seiner gespeicherten Energie durch Hysterese – so wenig, dass man sie, was die Praxis angeht, getrost ignorieren kann.

Die oben genannten sehnenbelegten Bögen hatten die höchste „kalte" und „warme" Hysterese, was für Bögen mit Sehnenbacking typisch ist. Also sollten sie ungefähr 4 fps an Wurfkraft verlieren. Tatsächlich schießen diese geraden Bögen aber 7 fps schneller als Bögen ohne Backing. Man kann sagen, dass die Sehnen durch Verringerung des Stringfollows die Leistung um 11 fps erhöhen, aber durch Hysterese um 4 fps vermindern, was einen Reingewinn von 7 fps ausmacht.

Nach dem gleichen Prinzip kann man auch die Leistung von Hickory steigern (genau wie bei anderen gut auf Zug belastbaren Hölzern). Hickory schießt im Durchschnitt etwas langsamer als andere verbreitete Bogenhölzer, aber es ist bruchresistenter. Wenn man nun einen leichten Recurve oder Reflex in die Wurfarmenden dämpft, kann man die Leistung von Hickory steigern, ohne etwas zu riskieren.

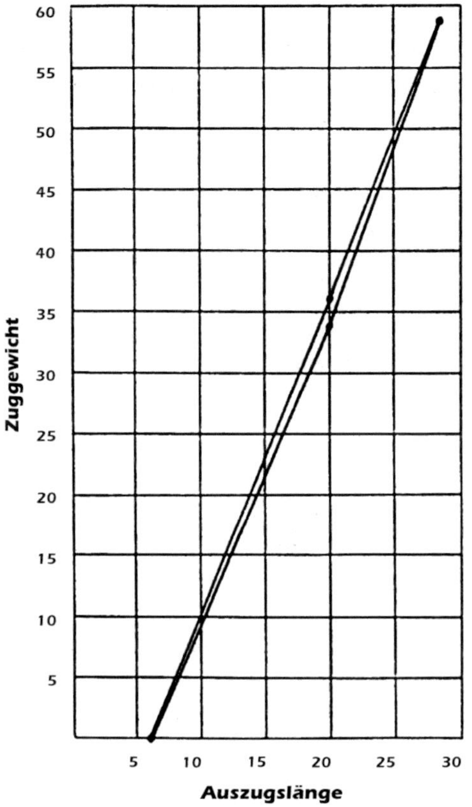

Die Hysteresekurven für einen 58-lbs-Ahornbogen. Die Fläche zwischen den Kurven stellt die beim „kalten" Auszug an die Hysterese verlorene Energie dar. Allerdings waren 36 bzw. 59 lbs nicht das wahre Zuggewicht dieses Bogens.
„Warm" betrug es 35 bzw. 58 lbs, wobei die Hysterese zu gering war, um sie grafisch wiederzugeben.

Das Gewicht der Sehne

Bei Bögen durchschnittlicher Länge und Zugstärke kostet jede Steigerung des Gesamtgewichts der Sehne um 20 Grains (1,3 Gramm) 1 fps an Geschwindigkeit. Wenn die Sehne 250 (16,3 g) statt 150 Grains (9,8 g) wiegt, fliegt der Pfeil 5 fps langsamer, so als ob er von einem 5 lb. leichteren Bogen geschossen worden wäre.

Beim Lösen beschleunigt die Sehne in der Nähe der Nocken mit Nockgeschwindigkeit. Was sie dort wiegt, bremst den Bogen genauso, als ob die Nocken schwerer wären, was ungefähr 1 fps pro 65 Grains bei einem durchschnittlichen Bogen, der einen 500-Grain-Pfeil schießt, ausmacht. Die Sehnenmitte beschleunigt dagegen genau so schnell wie der Pfeil und verringert die Wurfleistung genauso, als ob der Pfeil schwerer wäre. Das ist der ungünstigste Platz, um Gewicht hinzuzufügen.
Dicke, verstärkte Sehnenöhrchen bremsen den Bogen kaum spürbar, während Hornnocken weniger als ½ fps kosten.

Die Dehnung der Sehne

Man nimmt intuitiv an, dass eine elastische Sehne während des Auszugs Energie speichern und sie beim Lösen an den Pfeil abgeben sollte – als ob man den Pfeil von einer Harfenseite abschießt.
Die Bogensehne steht jedoch nicht beim vollen Auszug unter ihrer größten Spannung, sondern wenn die Wurfarme sie am Ende ihrer Bewegung abrupt strecken. Deshalb brechen Sehnen ja auch meistens in diesem Moment. Da würde eine elastische Sehne buchstäblich wie ein Stoßdämpfer wirken und so eigentlich für den Pfeil bestimmte Energie aufzehren.

Dacron, Leinen und die meisten Pflanzenfasern sind relativ unelastisch. Nylon, Sehne, Darm und Rohhaut dagegen sind sehr elastisch. Ein Teil der Elastizität der Sehne kann durch starkes Dehnen beseitigt werden.

Weil sich eine Feder ja auch stärker als eine Stange dehnen lässt, strecken sich die am wenigsten eingedrehten Sehnen am geringsten. Man sollte sie also nur stark genug eindrehen, damit die Fasern Halt finden. Gering verdrillte Sehnen sind auch stärker und können leichter sein, wodurch sich die Pfeilgeschwindigkeit erhöht.

Im zweiten Band der *Bibel des Traditionellen Bogenbaus* werden wir uns eingehend mit den Eigenschaften und dem Bau von Bogensehnen befassen.

Noch etwas zur Pfeilgeschwindigkeit.
Die Geschwindigkeit eines bestimmten Pfeils wird festgelegt durch:

1) Die Arbeit, die zum Ziehen des Bogens aufgewendet werden muss, und die wiederum abhängt von
   - Zuggewicht
   - Auszugslänge
   - Sehnenstandhöhe
   - Bogenprofil

2) Davon sind „bremsende" Einflüsse abzuziehen, nämlich
   - Masse
   - Masseverteilung
   - Hysterese
   - Sehnengewicht
   - Sehnendehnung

Alle Faktoren, die wir bis jetzt besprochen haben, wirken sich auf die Pfeilgeschwindigkeit aus, aber es gibt noch neun weitere Einflüsse, die wir beim Design eines Bogens bedenken müssen.

Genauigkeit

Unabhängig von der Bogenlänge ist ein Bogen mit langem Auszug genauer als einer mit kurzem Auszug. Meistens wirft er schneller und lässt sich leichter halten und zielen, während ein Bogen mit kurzem Auszug dazu neigt, die Pfeile zu streuen. Es ist ja schwerer, bei kurzem Auszug immer genau gleich lang zu ziehen, und die daraus resultierenden Schwankungen im Zuggewicht verändern das Biegeverhalten der Pfeile. Weil das Zuggewicht wechselt, ergeben sich auch Hoch- und Tiefschüsse.
Wenn man Bögen mit kurzem Auszug verwendet, sind lange Pfeile genauer als kurze, denn der größte Teil des Pfeils (und damit der Großteil seiner Masse) bewegt sich schon geradewegs aufs Ziel zu, wenn das Hinterteil erst anfängt, sich um den Griff zu schlängeln. Und als braves Anhängsel muss es dem Vorderteil natürlich folgen.

Lange Bögen sind genauer als kurze. Lange Wurfarme wirken wohl wie Stabilisatoren, so dass sich der Bogen ruhiger zielen und schießen lässt. Außerdem stackt bei geraden Bögen ein langer weniger, so dass man weicher und sauberer löst.
Weil kurze Bögen stärker als lange stacken, verändern schon kleine Schwankungen in der Auszugslänge das Zuggewicht stärker als bei einem Bogen mit weniger Stacking. Daher variiert die Pfeilgeschwindigkeit von Schuss zu Schuss stärker.

Bögen mit langem Auszug haben meist auch eine größere Standhöhe, was ebenfalls zur Genauigkeit beiträgt. Nocke zwei Pfeile auf zwei Bögen, von denen einer 4" (10 cm) und einer 8" (20 cm) hoch gespannt ist, auf. Dir wird auffallen, wie viel weiter nach links der Pfeil auf der 4" hohen Sehne zeigt. Beim Lösen hat es dieser Pfeil viel schwerer, sich um den Griff herum zu biegen und auf das Ziel auszurichten.
Aus ähnlichen Gründen schießt man mit schmalen Griffen genauer als mit dicken. Steife Griffe sollten auf der Bauchseite schmaler sein, da sich der Pfeil dann so verhält, als ob der ganze Griff schmaler wäre.
Unabsichtliches Verdrehen der Bögen in der Hand oder am Griff führt dazu, dass Pfeile mal nach links, mal nach rechts ausbrechen. Revers gebaute Griffe, wie wir sie von vielen asiatischen Designs kennen, haben einen niedrigeren Drehpunkt, so dass weniger Hebelkraft auf den Griff wirkt. Natürlich verkürzt das den Auszug um die Distanz, die der Griff über den Bogenrücken vorsteht. Bögen, die sich im Griff biegen, haben diesen Stabilitätsvorteil praktisch eingebaut. Wenn man den Bogen locker greift, kann man Probleme mit dem Verdrehen des Bogens weitgehend lösen.

Wenn der Bogen ein wenig Stringfollow aufweist, macht ihn das etwas genauer. Dadurch, dass sein Anfangszuggewicht nicht so hoch ist, kommt es in der letzten und kritischsten Phase der Pfeilbeschleunigung zu einem weichen Energieübertrag, genau dann, wenn sich der Pfeil um das Griffstück herum winden muss. Es zeigt sich immer wieder, dass man – wenn es sich um Primitivbogen handelt – mit Langbogen, die ein leichtes Set aufweisen, am genauesten schießen kann.

Bequemes Ziehen und Lösen

Wegen ihres niedrigen Sehnenwinkels im vollen Auszug stacken Langbögen und Recurves wenig. Solche Bögen lassen sich „weich" ziehen. Recurves stacken im allgemeinen wegen ihres höheren Anfangszuggewichts und des niedrigeren Sehnenwinkels am wenigsten. Richtig getillerte Langbögen lösen weich, wobei hier das Fehlen von Handschock gemeint ist. Auch hier sind Recurves meist noch angenehmer. Der Physiker Jeff Schmidt, der die stark recurven Türkenbogen nachbaut, führt ihr weiches Schussverhalten auf die mehr vertikale Wurfarmbewegung zurück. Die Tatsache, dass Bögen mit großer Standhöhe, kurze Bögen mit langem Auszug und deflex-recurve Bögen weniger Handschock haben und ihre Wurfarme auch mehr vertikale Bewegung als ein gerader Bogen aufweisen, scheint diese Überlegung zu bestätigen.
Jim Hamm berichtet, dass man einen ungewöhnlich hohen Handschock am Bogen dadurch verringern kann, indem man die Wurfarme um ¾" (1,9 cm) kürzt. Wir haben beide bemerkt, dass Handschock bei Bögen mit unausgewogenem Tiller auftritt, und kamen unabhängig voneinander zu dem Schluss, dass die Abstimmung (wie Jim sagt) bzw. die Vibrationswellen (wie ich das nenne) irgendwie damit zu tun haben.

Robert Elmer schrieb in seinem Buch *Target Archery* (1946), dass ein japanischer Bogen, der in der Hand schlug, viel zahmer wurde, wenn man ihn ein paar Zoll vom Griff entfernt hielt. Diesen Hinweisen sollte man einmal nachgehen. Wenn man ein bestimmtes Gewicht am Wurfarm verschieben und nach den Stellen mit der besten Schwingungsdämpfung suchen würde, könnte das die Rolle, die die Schwingungsresonanz beim Handschock spielt, klären.

Ein Grund, warum kurze Bögen weniger Handschock aufweisen, könnte sein, dass diese heftig stackenden Bögen von Anfang an weniger Energie speichern. Sehr lange Bögen, wie der erwähnte 94"-Ahornbogen, speichern mehr Energie, aber ihr langsames Wurfverhalten belässt viel Energie, die sich als Handschock äußern kann, im Bogen.

Bei der Testreihe mit dem Zusatzgewicht am Wurfarmende verschlimmerte sich der Handschock in dem Maße, in dem ich Bleigewichte an den Bogennocken anbrachte. Das lag also teils an der Massenverteilung und teils an der Zusatzenergie, die nun in einem plötzlich weniger effizient gemachten Bogen ihr Unwesen treiben konnte. Was auch immer der Grund ist: alles spricht für schmalere, dickere und damit leichtere Wurfarmenden.
Eine Bullenpeitsche leitet eine bestimmte Energie in einem immer kleineren, leichteren Querschnitt. Wenn diese Energiewelle das Peitschenende erreicht, wird die fast gewichtslose Spitze auf Überschallgeschwindigkeit beschleunigt. Eine knallende Peitsche ist nichts weiter als ein kleiner Überschallknall. Der umgekehrte Peitscheneffekt könnte den Handschock in einem Bogen dämpfen: kleine, leichte Enden gehen in sehr breite, schwere innere Wurfarme über.

Man kann fast jedes Bogendesign so tillern, dass es ohne schweren Handschock schießt. Bögen mit steifem oder nur kaum biegendem Mittelteil (damit ist nicht nur der Griff gemeint!) neigen dazu, beim Abschuss weniger Handschock zu entwickeln. Schlecht getillerte, im Mittelteil zu stark arbeitende Bögen können einem die Plomben losrütteln, sogar wenn der Griff selbst steif ist. Dicke Griffe mit „Buchanan Dips" (prononcierten fade-outs) beseitigen Handschock angeblich. Aber ein Mittelteil kann das nur in geringem Maße leisten. Ob der Griff nun steif oder arbeitend ausgeführt wurde, ist egal, wenn sich die Biegung der Wurfarme im griffnahen Bereich konzentriert. Betonte Griffstücke wurden wohl eher entwickelt, damit sich leichte Bögen mit dünnem Querschnitt bequemer halten lassen und damit man beim Spleißen von Billets (Bogenhälften) mehr Klebefläche hat, und genau solche leichten, gespleißten Bögen wurden zu Buchanans Zeit bei den vornehmen viktorianischen Schützen populär. Jedenfalls hat ein gut getillerter Bogen nur selten wirklich störenden Handschock.

Handschock äußert sich auch als störende Vibration, nicht nur als Schlag, also sind durch lockeres Greifen viele Bögen mit dieser Unart zu kontrollieren. Den Griff mit verschiedenen Materialien zu polstern kann auch helfen; das erklärt John Strunk später im Kapitel über Griffgestaltung und Lackierung.

Dauerhaftigkeit

Das aktive Leben eines Holzbogens lässt sich oft in Jahrzehnten, bei Horn-Sehnen-Bögen oft in einem Jahrhundert oder mehr messen – und danach schießen sie immer noch kraftvoll.

Weichere Hölzer wie Eibe, Wacholder und Zeder verkratzen schnell und bekommen leicht Kerben, man muss sie also pfleglich behandeln. Harthölzer mittlerer Dichte wie Esche, Ulme, Ahorn und Birke zeigen sich gegenüber Abnutzung an der Oberfläche widerstandsfähiger, während man mit schweren, harten Hölzern wie Osage, Robinie, Hainbuche und Hickory ohne Bedenken recht rau umgehen kann.

Eibe wird nachgesagt, dass sie bei Minusgraden bricht und bei heißem Wetter an Zuggewicht verliert. Aber wenn man arktisches Klima beiseite lässt, gibt es keinen Grund anzunehmen, dass bestimmte Hölzer besonders langlebig sind. Palmholz, von dem Dr. Charles Grayson sagt, dass es mit der Zeit zerfalle, ist vielleicht eine Ausnahme. Allerdings ist es als einkeimblättriges Gewächs näher mit Bambus als mit normalen Bäumen verwandt.

Die meisten Bögen brechen aber nicht wegen schlechter Behandlung, sondern weil wegen mangelhaften Designs oder Tillers einem bestimmten Abschnitt des Wurfarms zuviel zugemutet wurde. Davor ist kein Bogentyp gefeit. Alle müssen mit einem ausreichenden Sicherheitsspielraum entworfen werden. Stark auf Sicherheit gebaute, äußerst gering belastete Bögen halten natürlich allen Tücken des Schicksals besser stand, der einzige Preis dafür ist eine sehr geringfügig verminderte Pfeilgeschwindigkeit.

Dieser Bogen aus Gemsbockhörnern (Oryxantilope) zieht 80 lbs auf 24", was bei 28" deutlich mehr als 100 lb ergeben dürfte.

Ein massiv gebauter Bogen nur aus Horn und Sehnen wäre am dauerhaftesten, aber Holzbögen halten relativ zum Bauaufwand an Zeit und Kosten genau so lange.

Der am leichtesten zu bauende, dauerhafteste und dabei am eindrucksvollsten und urtümlichsten aussehende Bogen ist der Take-down aus 2 Gemsbockhörnern, die einfach auf einen passend zurechtgeschnitzten Holzstab gesteckt werden.
Bauzeit: 10 Minuten.
Geschätzte Lebensdauer: 400 Jahre.
Ein ganz heißes Thema am Bogenbauer-Stammtisch.

Die Gründe dafür, dass Bögen brechen:

- zu schmal
- zu starke Rückenwölbung
- Fasern oder Jahresring am Rücken durchtrennt
- Überlastung während des Tillerns
- zu weit ausgezogen beim Schießen
- unregelmäßige Verjüngung oder Vertiefungen am Bogenbauch
- beschädigtes Holz – Trockenrisse, Bakterienbefall, Insektenfraß, Zellen durchs Trocknen zerstört, Delaminierung (die Schichten bzw. Jahresringe lösen sich voneinander sehr selten)
- Äste falsch behandelt
- Übergang vom Griff zum Wurfarm zu abrupt
- Sehnenbruch während des Schusses

Eignung für die Umgebung, in der Bogen genutzt wird

Kurze Bögen kann man im Gebüsch oder zu Pferd leichter handhaben. Wenn sie keine Recurves haben, schießen sie aber langsamer als längere Bögen, die auch genauer sind. Wähle also den längsten Bogen, der sich mit der Deckung, die du brauchst, und mit der Geländebeschaffenheit verträgt.

In historischer und damit auch prähistorischer Perspektive wurden große, schwere Bögen fast nur dazu verwendet, um Menschen (eine Beute, die sich wehrte!) aus großer Entfernung zu töten.
Die Indianer des östlichen Waldlandes benutzten große, schwere Bögen mit langem Auszug, die den jungsteinzeitlichen europäischen Formen ähnlich waren. Zwei wesentliche Faktoren mögen zur Formgebung dieses längeren, stärkeren Bogens beigetragen haben. Zunächst einmal Hochwald statt des Gestrüpps im Westen. Zweitens betrieben die Stämme des Ostens Ackerbau, was zwangsläufig zu größeren Populationen bei beschränkten Ressourcen führte. Und das bedeutete unvermeidlicherweise immer wieder Krieg.
Al Herrin, der Autor von „Cherokee Bows and Arrows", berichtet, dass seine Vorfahren bei ihren Bögen zwei Zuggewichtsklassen hatten: 50 lb. für die Jagd und 70 lb. für den Krieg.

Das Bogendesign in Ackerbauerkulturen, die keine Feuerwaffen kannten, muss irgendwie davon beeinflusst worden sein, dass man es zumindest sporadisch für unumgänglich hielt, andere Menschen zu töten oder sich gegen sie zu verteidigen. Der Design-Unterschied zwischen Bogen vor und nach Einführung des Ackerbaus ist am deutlichsten zu erkennen, wenn man südafrikanische Buschmannbögen mit mittelalterlichen englischen Langbögen vergleicht. Beides sind Bögen aus geraden Staves mit gerundetem Bauch, die sich im Griff biegen. Also sind sie sich sehr ähnlich, nur dass der eine drei Fuß lang ist und ca. 25 lb. Zuggewicht aufweist, während der andere zweimal so lang und viermal so stark ist.

Ein sauber gebauter, gerader 50-lb.-Bogen schießt einen normal befiederten 500 Grains (32,5 g) schweren Pfeil ca. 166 Yards (151 m) weit. Mit 70 lb. steigt diese Entfernung auf ca. 210 Yards (191 m). Aber ein mit 70 lb. abgeschossener Pfeil schlägt in 75 Yards (68 m) Entfernung mit der gleichen Geschwindigkeit ein, als ob er von einem 25 Yards (24 m) entfernten 50-lb.-Bogen abgeschossen worden wäre. Ein 100 lb. schwerer Kriegsbogen hätte bei 125 Yards (114 m) vergleichbare Eigenschaften. Diese aus Durchschlagstests stammenden Näherungswerte sind nicht sehr genau, aber das Prinzip ist klar: Leichte Bögen haben bei 25 Yards (24 m), der typischen Jagdentfernung, die gleiche Durchschlagskraft wie schwere Bögen im militärischen Fernkampf.

Wahre Jäger, die leise, geduldig und schlau vorgehen, kommen mit 50 lb. leicht aus. Die Indianer des Westens hatten auch mit leichten Bögen, mit denen sie überwiegend aus 15 Yards (13,6 m) und darunter schossen, meist gut zu essen.

Steve Allely hatte keine Probleme, mit seinen Nachbauten von Indianerbögen der Westküste Hirsche zu erlegen. Mit seiner 44" langen Hupabogenreplika von 43 lb. schoss er Tiere auf 17 Yards (15,5 m) bis hinunter zu 10 Fuß (3 m) Entfernung. Die Pfeile waren 30" lang, wogen 300 Grains und waren mit kleinen „Vogelspitzen“ bestückt. Um auf solche Entfernung zum Schuss zu kommen, erkundete Steve zunächst die Bewegungsmuster der Tiere und jagte dann von einem getarnten Ansitz im Gebüsch aus.

Eine 43" lange und 48 lb. schwere Replik eines Shastabogens durchschlug beide Lungen eines Hirsches und zerschmetterte mit ihrem 465 Grains (30 g) schweren Pfeil auf 12 Fuß (4 m) Entfernung noch die 6. Rippe auf der dem Schützen abgewandten Seite. 48 lb. waren also für diese Entfernung ausreichend. Steve ist sich sicher, dass ein 30-lb.-Bogen auch genügt hätte, obwohl er nicht dazu rät, mit so einer leichten Waffe auf die Jagd zu gehen.

Ein Bogen mit Steves Shasta-Design vom gleichen Gewicht und mit 22"Auszug schießt einen Pfeil von 465 (30 g) Grains ungefähr 140 fps schnell – die gleiche Geschwindigkeit, die ein 38-lb.-Bogen normaler Länge und mit vollem Auszug mit dem gleichen Pfeil erreichen würde.

Howard Hill war der Meinung, dass ein Pfeil von 450 Grains (29 g) und ein 40-lb.-Bogen „genug sind, um nicht nur Rehe und Hirsche, sondern auch Elk und Elch zu erlegen“. Er hatte dabei einen 40-lb. Langbogen mit vollem Auszug im Sinn, der den von ihm vorgeschlagenen 450-Grain-Pfeil auf etwas über 140 fps beschleunigen würde.
Art Young, der Pope zitierte, glaubte, Pope könne „den größten Bär in Alaska mit einem 50-lb.-Bogen und gut abgestimmten Pfeilen erlegen“.

Paul Comstock jagte in den Wäldern der Oststaaten und erlegte vor kurzem einen 300 lb. schweren Bär mit einem 53-lb.-Bogen, einem Nachbau europäischer neolithischer Bögen aus Ulme, den er in 4 Stunden aus fast noch grünem Holz hergestellt hatte: „Ich müsste es eigentlich besser wissen, aber ich baute den Bogen eben aus einer Laune heraus. Ich hatte ein ziemlich schlechtes Stück Holz, nicht gut genug zum Verkaufen oder Verschenken, aus dem ich mir diesen Bogen zurechtschusterte: hässlich, krumm, mit allen möglichen Bearbeitungsspuren, aber als Ersatzbogen gut genug. Vier Abende lang sah ich kein Wild, und dann griff ich zu meinem neuen Bogen, damit er mir Glück brachte. Prompt lief mir dieser Bär direkt über den Weg. Und der Bogen hat auch noch 3" Stringfollow, so dass er eher wie ein 48-Pfünder schießt.“ Der Broadhead drang 20" (51 cm) tief in den Bären ein, der nach 60 Yards (55 m) tot liegen blieb.

Pope schrieb, dass Ishis bevorzugter Jagdbogen 40 lb. zog. Für solche Zuggewichte empfahlen Hill und Young, so wie es heute auch Comstock und Allely tun, schmale, tiefer eindringende Spitzen, die man, wenn sie aus Stein gemacht sind, oft fälschlicherweise als „Vogelspitzen“ bezeichnet.

Es ist offensichtlich, dass ein gut platzierter Pfeil von einem recht leichten Bogen ein Tier von Reh- oder Hirschgröße schnell zu Strecke bringen kann. Das beste Zuggewicht für einen Jagdbogen ist einfach das, mit dem man auf 25 Yards (22,5 m) am genauesten schießen kann. Für die meisten Jäger wird das zwischen 45 und 55 lb. liegen. Seine Erfolgsquote kann ein Bogenjäger wahrscheinlich am ehesten dadurch erhöhen, dass er sich fragt: „Welches ist das höchste Zuggewicht, das ich schießen kann, ohne dass meine Genauigkeit auf 25 Yards darunter leidet?"

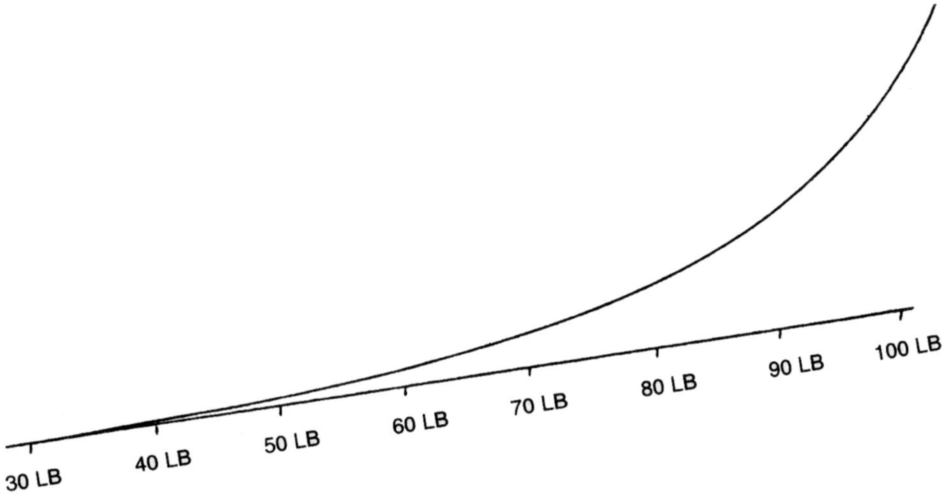

Diese Zeichnung soll nur meine Überlegungen veranschaulichen. Die gerade Linie stellt die mit zunehmendem Zuggewicht größere Durchschlagskraft dar. Die ansteigende Kurve soll zeigen, wie das Schießen schwieriger und die Genauigkeit geringer wird, wenn das Zuggewicht zunimmt.

Wenn sie einen Bogen mit unangenehm hohem Zuggewicht schießen, neigen die meisten Bogenschützen dazu, den Auszug zu verkürzen. So speichert der Bogen – Auszug und Zuggewicht sind ja geringer – weniger Energie, was die Pfeilgeschwindigkeit erstaunlich weit mindert.
Bei den folgenden Auszugslängen schoss ein 58-lb.-Bogen mit einem Pfeil von 500 Grains (32,5 g) diese Geschwindigkeiten:

28" - 162 fps
27" - 154 fps
26" - 146 fps
25" - 139 fps

Eine Auszugsverringerung von einem Zoll drückte die Leistung dieses 58 lb. Bogens auf das Niveau von 51 lb!

Schönheit

Es ist schwer, einen Holzbogen zu bauen, der nicht schön ist, sogar wenn er hässlich ist. Lass dich nicht zu leicht von der luftigen Eleganz von Recurves und Amor-Bögen blenden. Es gibt kaum ein ansprechenderes Design als den einfachen, aus einem geraden Stave gebauten Bogen, der im vollen Auszug die Form der zunehmenden Mondsichel annimmt.

Manche Holzarten wie Osage, Eibe, Rotzeder, Purpleheart (auch Amaranth) und Goncalo Alves (auch Tigerwood oder Urunday) fallen wirklich ins Auge. Aber selbst das unscheinbarste Holz hat noch seine Eigenart und seinen Charme. Die auf den ersten Blick unscheinbare Blässe von Ulme, Hickory und Esche gleicht manchem alltäglichen Mädchen, das man trifft. Wenn man sie näher kennen lernt, vermag das schnelle Auge bei zunehmender Vertrautheit Eigenheiten in Ausdruck und Gestalt als einzigartig und letztendlich von Herzen begehrenswert wahrzunehmen.

Jedes Bogendesign hat seinen eigenen, weitgehend vom Geschmack abhängigen Reiz, aber innerhalb jedes Designs gibt es für den Künstler noch genügend Entfaltungsspielraum. Obwohl sie nichts an Funktionalität einbüßen, kann man z. B. die Bögen von John Strunk durchaus als Kunstwerke einstufen. Bolzengerade Staves bieten wenige Herausforderungen. John liebt es, mit Staves zu arbeiten, die dem Auge mehr bieten. Mit dem ganz neuen Einsatz von Rinde, Fischhaut und Schlangenhäuten als Backing erschafft er schöne und völlig einzigartige Bögen.

Der Holzbogenbau zieht sowohl fachlich kompetente Handwerker als auch solche Menschen an, die eine Antenne für die Magie des Unterbewussten haben – eine Eigenschaft, die natürlich nicht nachweisbar ist, sich aber in den Feinheiten, eher im Ausdruck als in den Worten, und in den von ihnen gebauten Bögen wahrnehmen lässt. Nicht zuletzt deswegen haben sie ja den gleichförmigen, seelenlosen Bogen aus der Massenfertigung stehen lassen.

Einfache Bauweise

Wer einen asiatischen Kompositbogen aus Sehnen, Holz und Horn bauen will, braucht ein Höchstmaß an Wissen und Geschicklichkeit und muss 50–100 Arbeitsstunden, die sich über Wochen und Monate verteilen, investieren.

Die meisten Bögen mit Sehnenbelag, Recurves, Setback und Reflex benötigen 8–20 Stunden reine Arbeitszeit, wozu noch Trocknungszeiten nach dem Leimen und Dämpfen kommen. Das kann sich bei geringer Luftfeuchtigkeit auf eine Woche, bei hoher auf einen Monat oder mehr verteilen. Diese Bögen erfordern ein mittleres Maß an Erfahrung und Können.

Zwei Bögen aus Pflaumenästen, die jeder in weniger als einer Stunde gemacht wurden. Der eine ist 66" lang und zieht 50 lb. bei 28". Einen 500-Grain-Pfeil (32,5 g) schießt er mit 146 fps, ca. 4 fps unter dem Durchschnitt.
Der kleinere (50", 42 lb. bei 22") ist auf kurze Entfernung durchaus in der Lage, Rotwild zu erlegen.

Ein Indianerbogen aus dem östlichen Waldland oder ein jungsteinzeitlicher, europäischer Bogen aus einem geraden Stave kann auch von einem relativen Anfänger in weniger als einem Tag aus hellem Holz gebaut werden. Im Gegensatz zu Osage, Robinie, Maulbeere und (manchmal) Eibe kann man die Oberfläche des Splintholzes unter der Rinde bei den „weißen“ Bogenhölzern als Bogenrücken verwenden. Da ist der Bogen schon halb fertig, bevor die Arbeit überhaupt losgeht!

Überraschend starke und effiziente Bögen, die man in der Leistung mit Bögen aus geraden Staves vergleichen kann, lassen sich aus 1 ¼"–1 ½" (3,2–3,8 cm) dicken Ästen oder Schößlingen herstellen. Man muss keine Stämme spalten oder Rohlinge zuhauen, der Rücken und die Seiten bleiben wie gehabt. Bloß der Bauch muss getillert werden, und in nur einer Stunde hat man einen ausgewogenen, unverwechselbaren Bogen, der sich weich ziehen lässt und schnell schießt.

Zweige und Schösslinge verjüngen sich – manchmal kaum sichtbar, manchmal recht stark. Vielleicht war der erste je gebaute Bogen so ein Ast, der gleichmäßig dünner wurde. Suche dir einen 6 Fuß langen Zweig, der, auf Bogenlänge geschnitten, am einen Ende ½" (13 mm), am anderen Ende 1 ¼" (32 mm) Durchmesser hat.
Spanne und ziehe den ungetillerten Rohling, während du ihn deutlich unterhalb der geometrischen Mitte greifst. Das Profil wird zwar recht asymmetrisch sein, aber solange sich Holz biegt, wird jedenfalls Energie gespeichert, wobei Holzart, Astdurchmesser und Astlänge das Zuggewicht bestimmen.

Dieses Design kann effizienter sein, als man denkt. Der dicke untere Wurfarm ist schwer, und sein Gewicht sollte der Wurfleistung sehr abträglich sein. Aber der dicke untere Wurfarm biegt sich kaum, muss sich daher nur wenig bewegen und schluckt so nur wenig Energie. Der Löwenanteil der Energiespeicherung und Bewegung wird vom sich verjüngenden (auf natürliche Weise getillerten), effizienteren oberen Wurfarm geleistet.

Wie bei jedem Bogen resultiert die Pfeilgeschwindigkeit aus der gespeicherten minus der vom Bogen geschluckten Energie. Welche Pfeilgeschwindigkeit kann man von diesem unorthodoxen Design erwarten? Um das zu erfahren, muss man im Prinzip die Antwort auf zwei Fragen finden:
1) Wieviel Arbeit muss der Arm des Schützen leisten, um diesen Bogen zu ziehen?
2) Wie viel Verlust gibt es bei der Übertragung dieser Energie auf den Bogen?

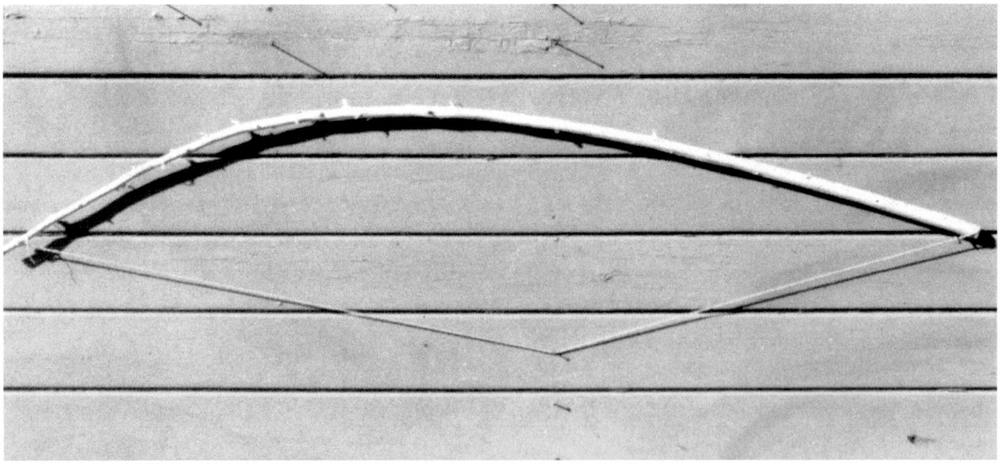

Ein asymmetrischer Bogen aus einem Rohling, der kaum schlechter sein könnte: Schwaches, sprödes Holz (Schwarzakazie) voller Zweige (die einfach abgebrochen wurden). Der Bogen, völlig ungetillert, zieht 30 lb bis 28", schießt einen 500-Grain-Pfeil(32,5 g) 87 Yards (79 m) weit, so dass er nur für Kleinwild geeignet ist. Zuggewicht und Wurfleistung sind wegen der 4½" Stringfollow (11,4 cm) des schwachen Holzes niedrig. Stärkeres, elastischeres Holz bringt höheres Zuggewicht, weniger Stringfollow und weit bessere Wurfleistung.

Wenn der Bogen nicht zuviel Set entwickelt, wenn man 50 lb. Kraft braucht, um ihn auf 28" zu ziehen, wenn er lang genug ist, um nicht zu stacken – dann wird in diesem ungewöhnlichen Exemplar genau so viel Energie wie in jedem anderen Bogen gespeichert, auf den die gleichen „Wenns" zutreffen. Er kann nur insofern langsamer sein, als seine Länge und Masse größere Trägheit bedingen. Solche Bögen müssen im allgemeinen länger gebaut werden, um zuviel Set zu vermeiden, aber sie halten sich fast so gut wie normale überlange Bögen, die sich auch überwiegend oberhalb ihres unter der Mitte liegenden Griffs biegen.

Asymmetrische Bögen sind nicht hocheffizient, können aber bei richtigem „Tiller" wirksame Waffen sein. „Tillern" bedeutet hier nur, einen Ast oder Schößling mit der richtigen Verjüngung, Länge, Dicke, Stärke und Elastizität auszuwählen. So einen Bogen kann man buchstäblich in ein paar Minuten aus frisch geschnittenem Holz machen. Wenn man ihn nach dem Entrinden ein paar Tage in Sonne und Wind trocknen ließe, hätte man eine vollwertige Jagdwaffe.

Der folgende Schnellbaubogen hat durchschnittliche Effizienz und eine traditionellere Form. Mit einer Handsäge kann man ihn in 5 Minuten, mit Steinwerkzeugen in weniger als einer Stunde herstellen. Ein weiterer Vorteil ist seine Zerlegbarkeit. Von diesem Design habe ich noch nichts gesehen oder gelesen, aber so einleuchtend und naheliegend wie es ist, muss es irgendwann in der Vergangenheit schon mal gebaut worden sein.
Schneide 2 Äste auf 40" Länge (101,5 cm) ab, der Durchmesser soll an einem Ende ½" (13 mm), am anderen so um die 1 ½" betragen(38 mm). Mache am dicken Ende, der Basis jeden Astes, einen 8" (20,3 cm) langen Schrägschnitt und binde die beiden Äste dann zusammen, so dass sich die Schäftung überlappt, um einen dickeren Griff zu erhalten. Gerade Zweige ohne Knoten liefern sicherere und effizientere Wurfarme. Drei oder vier Tage, nachdem man ihn vom Baum geschnitten hat, ist so ein Bogen- entrindet und vom Wind getrocknet -, einsatzbereit.

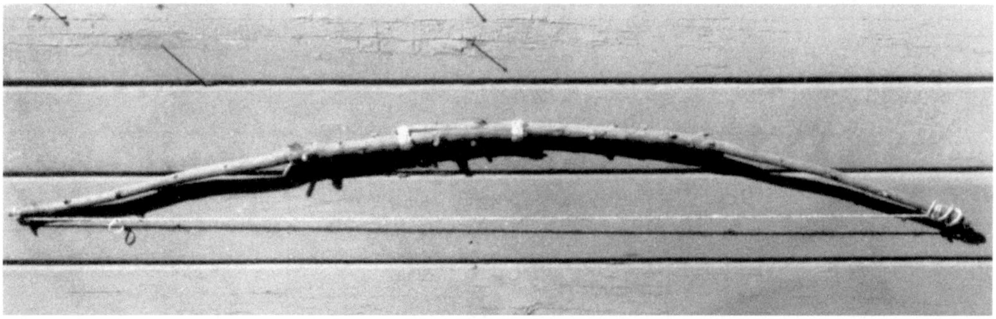

Wenn man sich gleichmäßig verjüngende, starke Äste ohne Knoten verwendet, ist so ein zweiteiliger Takedown durchaus brauchbar. Die Wurfarme kann man im Köcher transportieren und bei Bedarf zusammenbinden.

Zuggewicht und Tiller hängen von Holzart, Durchmesser und Bogenlänge ab. Verjüngen sich die Äste stark, so ergeben sich Bögen zwischen 59" und 70", ein effizienter Längenbereich. Wenn sich Äste nicht so stark verjüngen, müssen sie länger sein, damit sich ein ordentlicher „Tiller" ergibt. Kurze Wurfarme mit zu wenig Verjüngung führen zu mehr Biegung im Griff. Auch die Nocken sind dann zu schwer, so dass die Effizienz leidet.

Aber Effizienz ist ja nicht alles. Es macht auch Spaß, einen Bogen aus widerstrebendem Material zu zaubern. Natürlich spricht nichts dagegen, unseren Zweiteiler hier und da doch ein wenig zu tillern. Aber man braucht jedenfalls viel weniger Aufwand als bei einem auf konventionelle Weise gebauten Bogen.

Weniger ausgefallene, aber nichtsdestoweniger elegante Bögen kann man aus Hartholzbrettern aus dem Holzhandel machen. Ein schöner Jagdbogen im Sudbury-Stil ist schon für weniger als 5$ (Ausgaben für das Rohmaterial) zu bekommen. 1" × 2" (25 × 51 mm) starke Bretter (auch wenn das Sägemaß etwas geringer ausfällt) aus Esche, Hickory, Birke, Eiche usw. ergeben einen zuverlässigen, effizienten 50-lb.-Bogen. Für stärkere Bögen kann man breitere Bretter verwenden.

Mit Bandsäge und Speichenhobel kann man einen schießbaren, zuverlässigen, wenn auch ungeschliffenen Bogen in weniger als einer Stunde fertig stellen, drei Stunden dauert es ohne Elektrowerkzeug, fünf, wenn man Glätten und Schleifen einrechnet. Anfänger brauchen ungefähr doppelt so lange.

Dieses 6 Fuß (180 cm) lange, 1 ¾" auf 5" (4,5 x 12,7 cm) starke Ahornbrett aus dem Sägewerk kostete 24$ und ergab 6 hocheffiziente Langbögen mit wenig Set.
Vielleicht eines unter 40 Brettern hat eine Maserung, die gerade genug ist, dass man es so gut ausnutzen kann.

Manche halten Bretter als Ausgangsmaterial für einen Bogen für unnatürlich, maschinell bearbeitet und irgendwie künstlich. Aber Bretter sind schließlich auch nur Bäume, die man recht grob behandelt hat. Wenn man einen Bogen daraus baut, gibt man ihnen ihre Würde zurück. Die Lage der Jahresringe im Stavebrett ist weniger entscheidend, wenn man ein Backing aufbringt. Einem Bogen ein Backing zu geben ist nicht immer ein Zeichen mangelnden Könnens. Oft kommt einem Holz unter, das kein kluger Mensch ohne Backing verwendet. Nur so wird daraus noch ein Bogen und nicht nur Feuerholz.

Das Wort „Maserung" hat viele, teilweise verwirrende und irreführende, Bedeutungen. Ron Hardcastle hat dem Bogenbau kürzlich einen Dienst erwiesen, indem er drei längst fällige Begriffe für die Lage der Jahresringe in einem Stavebrett prägte: „edge-ringed" (für senkrecht zur Oberfläche stehende Jahresringe), „flat-ringed" (für liegende Jahresringe) und „bias-ringed" (für schräg, z. B. diagonal, liegende Jahresringe). Im zweiten Band der Traditional Bowyer´s Bible beschreibt er genau, wie man Bögen aus Kantholz baut.

Leichte Pflege

Grünes Holz verliert Wasser, bis ein bestimmter, zwischen 5% und 14% liegender Feuchtigkeitsgehalt erreicht ist, der von der örtlichen durchschnittlichen Luftfeuchtigkeit abhängig ist. Bevor man sie tillert, sollten sich die Staves örtlichen Gegebenheiten oder den Bedingungen ihrer zukünftigen Lagerung und Nutzung angepasst haben.

Der Feuchtigkeitsgehalt pendelt sich je nach Luftfeuchtigkeit auf folgende Werte ein:

Feuchtigkeitsgehalt	–	Relative Luftfeuchtigkeit
6 %		30 %
8 %		43 %
10 %		55 %
12 %		65 %
14 %		75 %

In vielen Teilen im Westen der USA ist die relative Luftfeuchtigkeit so niedrig, dass das Holz einen gefährlich niedrigen Feuchtigkeitsgehalt hat. Damit kann man auf zweierlei Weise umgehen. Man kann zum Beispiel die Feuchtigkeit während des Bogenbaus bei 40–50 % halten und den Bogen dann mit einem der neuen Urethanlacke versiegeln. Man muss die fertige Waffe dann auch bei höherer Feuchtigkeit, als sie in der Umgebung herrscht, lagern, sonst trocknet sie letztendlich doch aus. Die andere und wahrscheinlich einfachste Lösung ist, die Wurfarme etwas breiter als normal zu bauen. Dann sind sie, wenn nach dem Tillern das Zuggewicht erreicht ist, auch dünner, was, weil mehr Holz arbeitet, das Material weniger belastet.

Ein bei 50% Luftfeuchtigkeit gefertigter Bogen, der bei 75% eingesetzt wird, verliert mit der Zeit viel Gewicht. Er wird träge werfen und zuviel Set entwickeln. Ein bei 75% auf das Zielgewicht getillerter Bogen, der bei 50% verwendet wird, nimmt mit der Zeit an Zuggewicht zu. Ein bei 75% getrockneter, gebauter und geschossener Bogen muss breitere und massivere Wurfarme haben, um den Set auf ein bestimmtes Maß zu begrenzen, und wird dabei träger werfen. Die Stärke des Holzes fällt pro 1% höherer Luftfeuchtigkeit um 6%, schwache Wurfarme entwickeln viel mehr Set, und dadurch geht Wurfkraft verloren – für immer.

Holz nimmt Feuchtigkeit umgekehrt zur Trocknungsgeschwindigkeit auf. Jedes Holz, das mit Regen oder längere Zeit mit erhöhter Feuchtigkeit konfrontiert wird, saugt Wasser auf. Also braucht ein Bogen Schutz durch Versiegelung der Wurfarme oder dadurch, dass man ihn bei längeren Feuchtigkeitsperioden nicht spannt und, solange er nicht benutzt wird, bei gemäßigter Feuchtigkeit und Temperatur lagert.
Wer in wirklich schwülem oder regnerischem Klima lebt, möchte seinen Bogen vielleicht trockener bauen, lagern und verwenden, als es seine Umwelt erlaubt. Ein bei 9% gebauter und gelagerter Bogen mit wasserfester Lackierung kann eine ganze Weile unter sehr feuchten Bedingungen geschossen werden, bevor er „weich“ wird, allerdings kann der Lack die Aufnahme von Feuchtigkeit nur stark verlangsamen und nicht ganz verhindern.
Wenn man in feuchtere Gebiete reist, bringt man zunächst sein Heimatklima, was das Feuchtigkeitsniveau angeht, mit, was besonders für sehnenbelegte Bögen von Vorteil ist. Wenn man sie nicht gerade schießt, kann man sie in luftdicht verschließbaren Beuteln oder Rohren aufbewahren, die Packungen mit Silika-Gel und ähnlichen Feuchtigkeitsentfernern, die es im Baumarkt gibt, enthalten.
Auf das Kapitel über Griffe und Lacke, das mehr zu den verschiedenen Produkten und Methoden zu sagen hat, habe ich ja schon hingewiesen.

Obwohl Feuchtigkeitsschutz unser Hauptanliegen sein muss, haben auch andere Dinge mit der Instandhaltung zu tun.
Zaunpfosten aus Eibe, Osage, Zeder oder Wacholder können Jahrzehnte, ja sogar Jahrhunderte überdauern, während Pfosten aus Esche, Eiche, Hickory oder Ulme schnell verrotten, da sie von Bakterien zersetzt werden.
Die unterschiedliche Lebenserwartung verschiedener Zaunpfähle kann uns als quasi beschleunigtes Modell für das Schicksal unbehandelter Wurfarme dienen.

Ein 100 Jahre alter Holzbogen bricht wahrscheinlich, wenn man ihn zieht. Holz wird mit der Zeit schwächer, aber nicht, weil es austrocknet, denn sein Feuchtigkeitsgehalt erreicht bald ein Gleichgewicht, das auch über längere Zeiträume relativ konstant bleibt.
Aber Bakterien ernähren sich von Zucker und Stärke im Holz, was die Lebensdauer eines Bogens verkürzen kann. Vielleicht polymerisieren Cellulose und Lignin aufgrund des Eindringens von Sauerstoff und verlieren genauso wie Scheibenwischblätter ihre Elastizität.

Dichteres Holz wäre für Sauerstoff und Bakterien nicht so leicht zu durchdringen, und die hohe Dichte von Horn ist wohl der Hauptgrund für seine Dauerhaftigkeit. Abgesehen von der Funktion als Feuchtigkeitssperre bremst ein effektiver Oberflächenschutz auch die Bewegungen von Sauerstoff und Bakterien.

Bei Kälte verlangsamen sich alle organischen chemischen Prozesse. Egal, was genau Holzalterung bewirkt: Lagerung auf einem heißen Dachboden beschleunigt diesen Prozess, so wie ihn die niedrigsten praktisch erreichbaren Temperaturen bremsen.
Die meisten Bögen schießen unter dem Gefrierpunkt ohne Risiko, also sollte es ihnen auch nichts schaden, sie bei Minusgraden aufzubewahren. So könnte die Nutzbarkeit eines Bogens um Jahrzehnte verlängert werden; allerdings sollte man abwarten, bis sich der Bogen der Umgebungsfeuchte angeglichen hat, bevor man ihn spannt und schießt.
Das von Dr. Errett Callahan gebaute Replikat eines Eskimobogens schlug sich unter arktischen Bedingungen gut. Der Bogen aus Esche und geflochtenem Sehnenkabel wurde mehrere hundert Male bei fast –50° C geschossen.
In den Alpen wurde ja ein mehr als 4000 Jahre alter Bogenschütze in einem Gletscher entdeckt. Er selbst, sein Bogen und seine Pfeile waren gut erhalten.

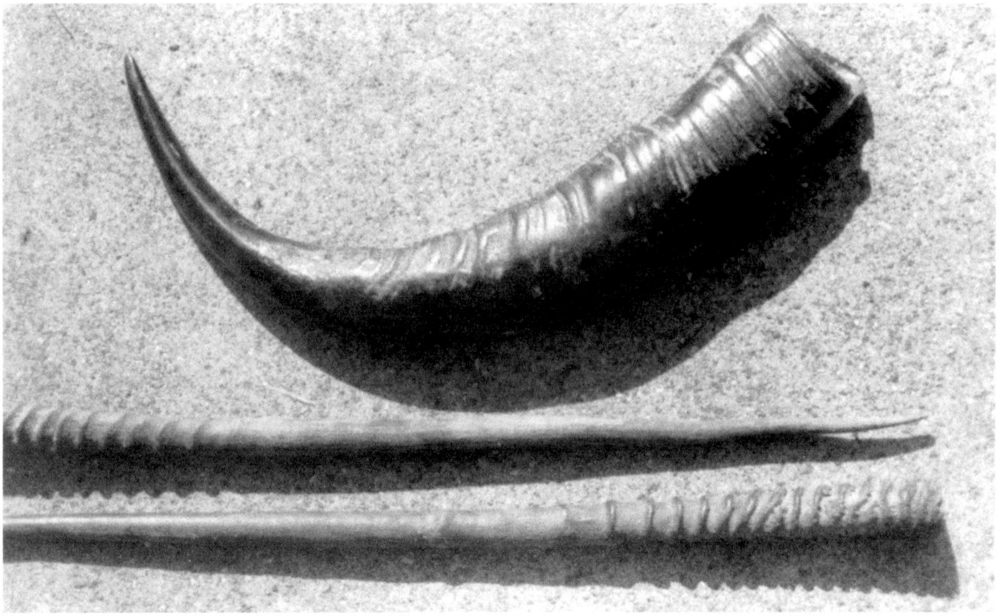

Seit Jahrhunderten ist Wasserbüffelhorn das begehrteste Material für den Bauch eines asiatischen Kompositbogens. Zum Experimentieren ist es mit 60–100$ allerdings zu teuer. Die längeren, geraden Gemsbockhörner scheinen genauso gut zu funktionieren, sind billiger (25$ das Paar) und sind weniger arbeitsaufwändig in der Vorbereitung. Wenn man sie halbiert, liefert jedes Horn genug Material für einen Wurfarm.

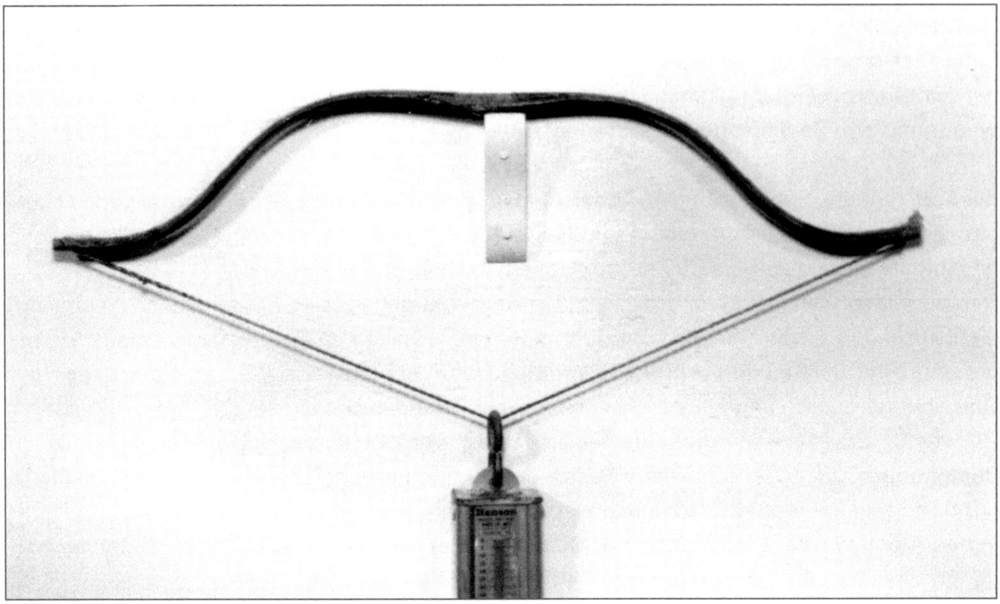

Kompositbogen im asiatischen Stil.

Asiatische Kompositbögen muss man warm und trocken aufbewahren und sogar sorgfältig erwärmen, bevor man sie spannen kann, weshalb mit Kompositbögen bewaffnete Krieger das Nachtlager mit ihren Waffen teilten. Waren sie erst einmal gespannt, brachten sie bei Kälte und Hitze gleich gute Leistungen.

Sehnenbelegte Bögen, Kompositbögen und mit tierischem Leim hergestellte Bögen reagieren empfindlicher auf Feuchtigkeit als Selfbögen. Wenn man ihn nicht hermetisch versiegelt, saugt der Sehnenbelag Feuchtigkeit, z. B. bei schwülem Wetter, geradezu auf, so dass Zuggewicht und Genauigkeit drastisch fallen. Das Zuggewicht steigt aber nach dem Trocknen wieder an.

Mäuse, Hunde, Waschbären und Insekten – besonders Motten – fressen gern Sehne. Motten fressen sogar Horn!

Kosten oder Verfügbarkeit des Materials

Eibe und Osage sind (in den USA) eigentlich nicht selten, aber für den Bogenbau taugliche Stücke sind, da diese Hölzer sehr krumm und astig wachsen, doch recht schwer zu bekommen. Ein Paar Billets (Halbe Stäbe) bester Qualität in Eibe kostet mindestens 90$, Osagebillets gleicher Qualität nicht viel weniger. Perfekte Staves in voller Länge aus Hickory, Robinie, Ulme und Esche kriegt man für 25–60$.

In gewissem Sinne sind Osage und Eibe sogar noch preisgünstig zu haben: Fahr doch mal an einem Morgen in den Wald mit dem Ziel, so viele Spitzenstücke aus Osage oder Eibe zu fällen und zu spalten wie möglich. Es kann durchaus passieren, dass du erst sehr spät abends wieder heimkommst und nichts für deine Mühe vorzuweisen hast. Dann fahr am nächsten Morgen wieder los und konzentriere dich diesmal auf die „hellen" Bogenhölzer. Wahrscheinlich musst du um 10 Uhr vormittags zurückfahren, um dir ein größeres Auto zu leihen. Nordamerika ist unendlich reich an Bogenholz.
Kommerziell gesägtes Holz, das man für Bögen verwenden kann, ist leicht zugänglich und preisgünstig, denn so ein Bogen kostet oft nur 3–10$.
Wer Bögen um die 50 lb. bauen will, hat Hunderte von Baum- und Buscharten als akzeptable Quelle für Staves zur Auswahl.
Sehne ist im Grunde genauso reichlich vorhanden. Zur Zeit werden die meisten Rückensehnen beim Schlachten zerstört und die Beine weggeworfen, aber das kann sich leicht ändern, wenn erst erkannt wird, dass genügend Nachfrage besteht.

Hautleim ist mit 3–15$ pro Pfund (je nach Qualität und Bestellmenge) ebenfalls billig, obwohl man ihn nicht überall bekommt. Man kann ihn aber auch einfach selbst herstellen.

Domestizierte südostasiatische Wasserbüffel werden zu Millionen gehalten. Vielleicht ersetzt man sie irgendwann durch Traktoren, aber für die vorhersehbare Zukunft ist der Nachschub an Hörnern gesichert. Ein Paar großer Hörner kostet 60–100$.

Für Bogensehnen und Backing gibt es Sehnen, Rohhaut, Darm, Seide, Leinen und Bambus. Alles ist leicht erhältlich und reichlich vorhanden.

Unauffälligkeit

Viele jagdbare Tiere, vor allem Rehe und Hirsche, schrecken schon beim kleinsten Sehnengeräusch zusammen und flüchten.
Jim Hamm berichtet: „Viele Bogenjäger erzählen, dass sie gut geschossen hatten, das Tier aber, das das Lösen des Pfeils gehört hatte, längst weg war, als der Pfeil ankam. Rehe und Hirsche haben so schnelle Reflexe (schließlich müssen sie seit Jahrhunderten Wölfen, Berglöwen, Bären und Menschen mit knurrendem Magen entwischen), dass das ungewohnte Geräusch der Bogensehne schon reicht, damit sie sich auf der Stelle in Sicherheit bringen.

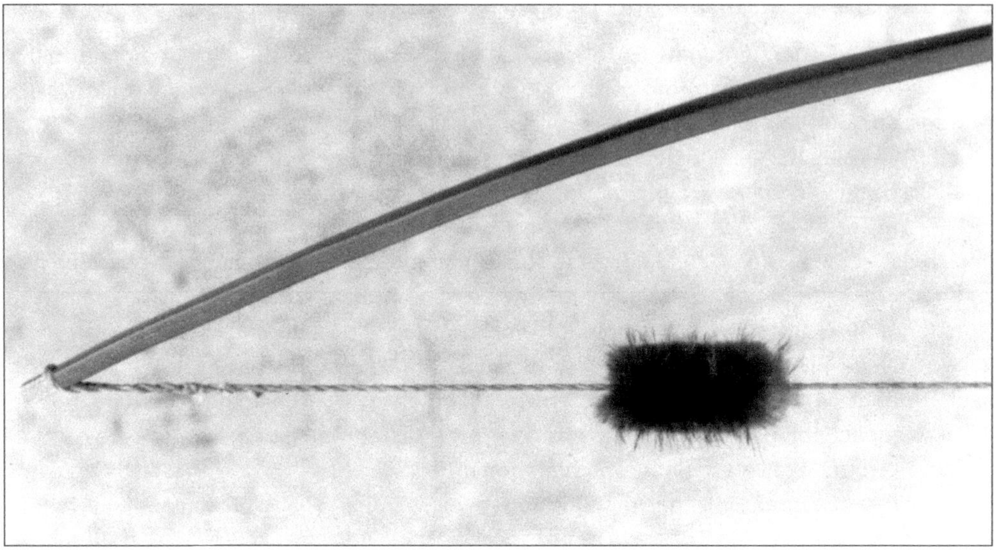

Schmale, um die Sehne gewickelte Fellstreifen dienen als Geräuschdämpfer.

Wer auf Zielscheiben schießt, empfindet das Geräusch seines Bogens nicht als störend und bemerkt es oft nicht einmal. Aber für einen Jäger, der, zu welchem Zeitpunkt der Geschichte auch immer, seine Familie versogen muss, kann eine laute Sehne den Unterschied zwischen einem Festmahl und vor Hunger weinenden Kindern ausmachen. Darum binden Jäger damals wie heute Fellstreifen oder Federbündel an die Sehne, um ihren Klang zu dämpfen; außerdem umwickeln sie den Griff mit Leder, damit der Pfeil leiser vorbeistreicht. Für einen Jäger kann ein sehr leiser Bogen vorteilhafter als ein sehr schneller Bogen sein.

- Bögen mit niedriger Standhöhe haben leisere Sehnen.
- Gerade Bögen sind leiser als Recurves.
- Bögen mit niedrigem Zuggewicht sind leiser als starke.
- Dicke Sehnen sind leiser als dünne.
- Effiziente Bögen sind leiser, weil weniger Energie zurückbleibt, um Wurfarme und Sehne zum Vibrieren zu bringen.
- Schwere Pfeile schießen sich leiser als leichte, weil der Bogen mehr Energie auf sie überträgt.

Jedem fällt eine glänzende Oberfläche sofort auf und das Gleiche gilt für helle Flächen. Also sollte man Jagdbögen aus weißem Bogenholz mit Beize, Farbe, Schlangenhaut o. ä. dunkler aussehen lassen bzw. tarnen. Aus denselben Gründen verbieten sich hochglänzende Lacke und Oberflächenversiegelungen.

Sich mit den nun behandelten zehn Eigenschaften von Bögen vertraut gemacht zu haben, hilft dir, alle möglichen Bogendesigns, ob alt, ob neu, zu verstehen. Wo du dich früher nur wundern konntest und dir die innere Logik eines fremdartigen, uralten Designs ein Buch mit sieben Siegeln blieb, kannst du jetzt die Gedanken des dir so fernen Bogenbauers nachzuvollziehen.

Ein Beispiel...
Jeder Bogen kann sich nur bis zu einem bestimmten Maß biegen und nur ein bestimmtes Maß an Energie und nicht mehr speichern. Ein großer Teil dieser Kapazität wird schon beim Aufspannen der Sehne verbraucht. Wenn dann ein Pfeil abgeschossen wird, bleibt diese Aufspannenergie im Bogen und steht dem Pfeil nicht zur Verfügung.
Wurde der Bogen nun aus schwachem oder wenig elastischem Holz gebaut, ist der größte Teil der Biegefähigkeit schon aufgebraucht, bevor die Sehne nur einen Zoll gezogen wird. Damit bleibt wenig übrig um den Pfeil zu beschleunigen. Wenn ein Bogenbauer also sehr schwaches Holz verwenden muss, könnte er versuchen, die in den gespannten Wurfarmen versteckte Energie zu nutzen – und dazu muss er zu unkonventionellen Mitteln greifen.

Genau diesem Problem sahen sich die Indianer des amerikanischen Südwestens gegenüber, die Weidenholz für ihre Bögen verwenden mussten. Deflexe Wurfarmenden sind ihre verblüffende Antwort, denn so ein Bogen steht nicht unter Belastung, wenn er gespannt wird. Also steht die gesamte gespeicherte Energie dem Pfeil zur Verfügung. An sich ist dieses Design ineffizient und schießt pro Pfund Zuggewicht nicht so schnell wie ein normales Design, aber seine Erfinder tauschten die Effizienz für Nettogeschwindigkeit ein und gewannen dabei noch einige weitere Vorteile: Ein Jäger konnte z. B. seinen Bogen den ganzen Tag ohne Zuggewichtsverlust gespannt lassen. Und da kaum Energie im Bogen verbleibt, dürfte das Abschussgeräusch minimal gewesen sein.

Ähnliche Designs mit deflexen Enden wurden im alten Ägypten verwendet. Sie waren angeblich aus Akazie – und diejenigen Akazienhölzer, die ich getestet habe, lagen qualitätsmäßig irgendwo zwischen Weide und Esche. Also haben wohl ein alter Ägypter und ein Indianer des Südwestens die gleiche Lösung für ein gemeinsames Problem gefunden.

Einer derart symmetrischen Theorie muss man einfach glauben: Sehne-Holz- bzw. Sehne-Horn-Kombinationen stellen das genaue Gegenteil von Bögen aus Weide und ähnlichem Material dar. Und die Profile sind ebenfalls das genaue Gegenteil!

Wer im Bogendesign versiert ist, kann auch ungewöhnliche Probleme lösen. Zum Beispiel...
Du steckst in einem Sumpfgebiet fest und brauchst einen Bogen. Aber hier wachsen keine Bäume, sondern nur Röhricht kleinen Durchmessers. Ein 6 Fuß (180 cm) langes Stück Rohr zieht etwa 10 lb. und biegt sich natürlich nur im Griff.
Wie kann man daraus einen vernünftigen Bogen bauen?

Bögen aus Rohr sind, da sie hohl sind, aufgrund ihrer geringen Masse effizient, aber im Notfall tun es auch Zweige. Dann ist die Masse zwar hoch, aber bei ausreichend hohem Zuggewicht erreicht man dennoch eine adäquate Pfeilgeschwindigkeit. Sogar alte, krumme oder beschädigte Pfeile können sich so noch einmal nützlich machen.

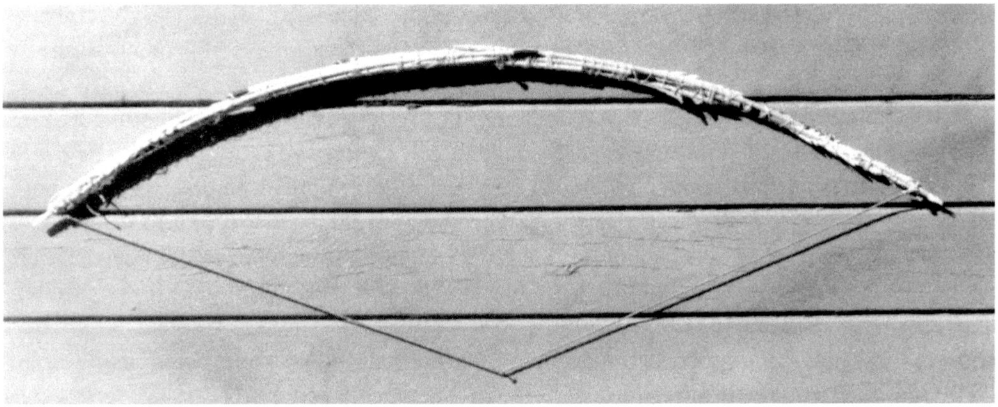

Zwei Probleme sind zunächst zu lösen:

1) Das Zuggewicht kann durch das Bündeln von Schilfrohren erhöht werden.

2) Gleichmäßige Biegung kann man durch eine Imitation des normalen Tillervorgangs erreichen: In der Bogenmitte verwendet man mehr, an den Bogenenden weniger Schilfrohre. Anders als in einem normalen Bogen wird jedes Rohr einzeln belastet – egal, ob es separat oder als Teil eines Bündels gebogen wird. Darum braucht man auch nur ein paar Rohre hinzuzufügen und das Zuggewicht steigt.

Welchen Schilfrohrdurchmesser, welche Länge solltest du wählen? Du weißt, dass 67" am effizientesten sind und 1 ½ " (38 mm) bei geradem Material ein vertretbares Maß an Set darstellen. Also such dir den Schilfdurchmesser, der, wenn er gebogen wird, nur wenig Set annimmt. ½–⅝" (13–16 mm) ist meistens richtig. Wenn das Schilf, das vor deiner Nase wächst, zuviel Set entwickelt, nimm längere Rohre, um einen guten Kompromiss zwischen Set und Länge zu erreichen. Binde das Bündel stramm mit Schnur zusammen – besonders dort, wo Rohre enden.

Mein bester Röhrichtbogen (Anm. d. Ü.: In den USA gibt es deutlich stabilere Schilfarten als bei uns, z. B. Phragmites) bestand aus 4 Bohnenstangen aus Bambus mit ½" (13 mm) Durchmesser, die ich im Gartenmarkt erstanden hatte. Sie waren 23", 36", 54,5" und 70" lang (58, 91, 137, 178 cm). Die dicken Enden wurden versetzt angeordnet und alle 5" (12,7 cm) kam eine Wicklung drauf. Bei 28" zog dieser Bogen 58 lb., entwickelte 2½" Set (5,8 cm) und wog 20 Unzen (567 g). Er schoss 157.5 fps, was für einen geraden Bogen ein durchaus durchschnittlicher Wert ist. Sein etwas stärkerer Set glich die eher niedrige Masse aus. Dünnere Stangen hätten weniger Set bekommen, aber der Bogen wäre schwerer geworden, weil ich mehr Stangen gebraucht hätte. Etwas kürzere Wurfarme würden schneller schießen, aber auch dafür bräuchte ich dünneren Bambus, um den Set in Grenzen zu halten, und daher würde die Masse weiter zunehmen.
Die Preisschilder, auf denen „55 cents" stand, ließ ich an den Stangen. Das macht Laune, wenn man neben einem 400$-Serienbogen an der Schießlinie steht...

Noch ein Beispiel...
Du suchst im Baumarkt nach zwei Hackenstielen aus Hickory mit ähnlicher Maserung, damit du sie zu einem längeren Stave zusammenspleißen kannst. Außerdem gibt es noch eine Menge Besenstiele mit 1" Durchmesser – stimmt, du hast ja den Nachbarskindern versprochen, ihnen Bögen zu bauen. Die Stiele sind aus Ramin und kosten 2,60$ pro Stück. Die Maserung ist nicht perfekt parallel, aber mehr als 30 lb. willst du ja gar nicht rausholen. Beim ersten Mal machst du den Bogenbauch flach, aber bei 30 lb. stellen sich Fasern auf dem schmalen, stark gewölbtem Bogenrücken auf, und das Teil bricht.
Beim zweiten Versuch machst du den Rücken flach und lässt den Bauch rund. Jetzt erreicht der Bogen sicher 30 lb., da mehr Fasern unter Spannung stehen und sich die Arbeit teilen, aber der schmale, stark gewölbte Bauch entwickelt zu viel Set.
Bogen Nummer drei wird an Rücken und Bauch bearbeitet. Der breitere Bauch reduziert das Stringfollow, und der Rücken ist immer noch breit genug um zu verhindern, dass sich Splitter abheben. Erfolg!

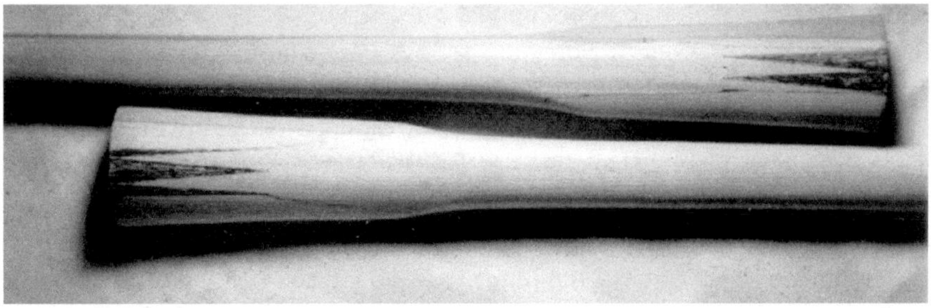

Wenn in deiner Stadt keine Bäume wachsen und keine Holzhandlung Hartholz führt, besorge dir einfach einen Rechen-, Besen- oder Hackenstiel aus dem Baumarkt. Je länger, dicker und gerader gemasert, desto besser. Stiele mit größerem Durchmesser ergeben Bögen mit bis zu 40 lb Zuggewicht. Die abgebildeten Axtstiele aus Hickory kann man spleißen und daraus einen erstklassigen Lang- oder Flachbogen mit hohem Zuggewicht bauen.

Was man noch bedenken muss ...

Den perfekten Bogen bauen

Welches Design würde ein erfahrener Bogenbauer wählen, wenn er tagaus, tagein seine Familie damit ernähren müsste? Wie würde er alle Eigenschaften gegeneinander abwägen, wenn ihm alle Möglichkeiten bekannt wären?
Mit dieser Frage haben sich Paul Comstock, Jim Hamm und ich lange beschäftigt. Die Entscheidung fiel, welche Ironie, zugunsten des ältesten Modells, des jungsteinzeitlichen europäischen Bogens bzw. des Bogens der östlichen Waldlandindianer.
Keine Recurves, kein Setback, kein Sehnenbelag oder sonstige Finessen, eine Länge von 65–70" und 1 bis 1½" Stringfollow (25–38 mm). Er würde dieses Design wählen, weil er etwas essbares auf dem Tisch sehen möchte. Es ist ein unkompliziertes, dauerhaftes und zuverlässig schießendes Design. „So ein Bogen sorgt für einen guten Braten", sagt Jim dazu. Und ich glaube, dass so ein Jäger das leicht zu beschaffende und leicht zu bearbeitende helle Bogenholz verwenden würde - denn schließlich ist das Leben ja schon schwer genug. Paul denkt genauso, aber Jim meint, Osage sei vorzuziehen, weil es Osage nichts ausmacht, „durchs Gebüsch gezerrt zu werden".

Wer zurückblickt, gewinnt neue Einsichten. Hätte unser Jäger aber nur Steinwerkzeuge, würde er wahrscheinlich das stärkste und elastischste vorhandene Holz auswählen, weil man dann auch aus Ästen mit kleinem Durchmesser und aus Schößlingen Bögen bauen kann. Die hellen Hölzer lassen sich zwar leichter bearbeiten, aber dafür braucht man größere Stämme, weil die Wurfarme breiter und dünner sein müssen. Fällen, spalten und Rohlinge herausarbeiten ist mit Steinwerkzeugen keine leichte Aufgabe. Also wählt der Jäger paradoxerweise höchstwahrscheinlich die am schwersten zu bearbeitenden Hölzer: Eibe und Osage. Unter primitiven Bedingungen machen die schwer zu bearbeitenden Hölzer am wenigsten Mühe!

Was das Bogendesign angeht, habe ich zwei Favoriten: eines für Bögen bis 50 lb., das andere für Bögen mit höherem Zuggewicht.
Das erste ist 64–70" lang, wobei die genaue Länge vom Zuggewicht, der Holzstärke, der Elastizität sowie der Stärke der Rückenwölbung abhängt. Dieses Design ist effizient und leicht zu bauen. Die mittleren 2 Fuß (61 cm) sind 1½" (38 mm) breit und verjüngen sich in elegant geschwungener Linie bis auf ½" (13 mm) an den Nocken. Es ist ein Bogen ohne Backing mit flachem Bogenbauch, der sich im Griff biegt und so getillert ist, dass sich der Griff und das griffnahe Holz gerade genug biegen, ohne spürbaren Set anzunehmen. Nach außen hin verstärkt sich die Biegung, aber die letzten 8" (21,6 cm) biegen sich kaum. Da die Wurfarmenden also nicht arbeiten, können sie schmal und dick und damit leichter sein. 50 lb. ist das Zuggewichtslimit für diesen Bogen aus hellem Holz. Mehr Gewicht erzeugt zuviel Set, außer man verwendet stärkeres, elastischeres Holz.

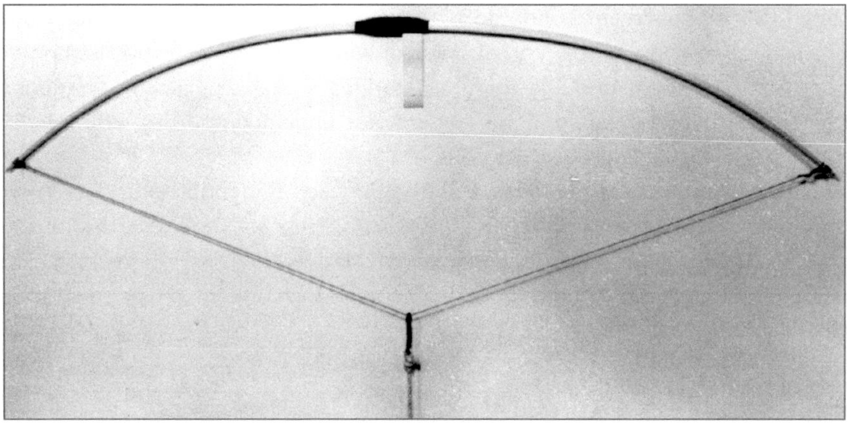

Design für einen im Griff biegenden Bogen mit einem Zuggewicht bis zu 50 lb.

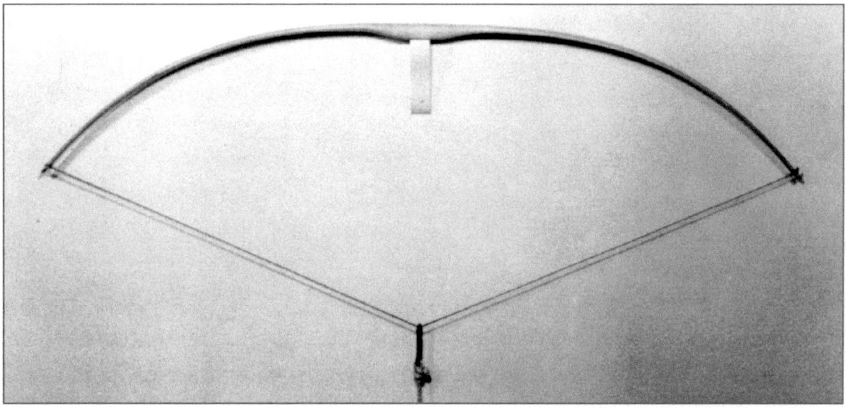

Design mit einem schmaleren, dickeren Griffbereich und breiten Wurfarmen für Zuggewichte über 50 lb.

Wer über 50 lb. gehen will, muss die Wurfarme entsprechend verbreitern, je nachdem welches Holz er verwendet, wie hoch das Zuggewicht werden soll und wie stark die Rückenwölbung ist. Dieser Bogen ist 64–68" lang, aus hellem Holz ohne Backing. Die Länge richtet sich nach der Rückenwölbung. Sein 4" (10,1 cm) langer, 1¼" × 1¼" im Querschnitt (32 × 32 mm) messender Griff verbreitert sich abrupt auf die bis zur Mitte der Wurfarme gültige Breite von 2" (5,1 cm). Bis dorthin laufen die Kanten parallel, dann laufen sie in sanftem Bogen auf ½" (13 mm) breite Nocken zu. Abgesehen vom steifen Griff ist der Bogen genauso wie sein eben beschriebener Gefährte getillert: Das griffnahe Holz biegt sich gerade genug, dass es noch keinen Set entwickelt. Die letzten 8" (21,6 cm) biegen sich fast nicht, die Enden sind schmal und tief, um das Gewicht zu reduzieren. Der Griff ist recht breit und kurz, damit das Holz schon nah am Griff zu arbeiten beginnen kann. Damit die Rückenwölbung niedrig bleibt, bevorzugen wir Stämme von mehr als 6" (15,2 cm) Durchmesser.

Wayne Simpson, ein befreundeter Bogenbauer aus Tracy in Kalifornien, brachte vor kurzem drei Langbögen zum Testen vorbei. Je einer war aus Osage, Eibe und Lemonwood (Degame) mit Hickorybacking, und alle folgten dem klassischen englischen Langbogendesign. Der Lemonwood-Bogen war sogar gerade erst aus England importiert worden.

Wayne wollte wissen, wie diese drei traditionellen Bogenhölzer und das englische Design im Vergleich zu seinen Langbögen aus „hellem" Holz abschneiden. Wir hatten schon früher einen ähnlich gebauten Langbogen von Wayne getestet, den wir in diese Liste aufnahmen. Außerdem wurde ein Ahornbogen meines oben beschriebenen Lieblingsdesigns getestet. Hier also die Eckdaten:

	Eibe	Osage	Lemonwood	Hickory	Ahorn
Zuggewicht	51 lb	65¼ lb	55 lb	55 lb	58½ lb
Länge	72½ Zoll (184 cm)	67¼" (171 cm)	75¾ " (192 cm)	69" (175 cm)	67" (170 cm)
Am Griff	15/16" (24 mm)	1 5/16 "(33 mm)	1 1/16" (27 mm)	1¼" (32 mm)	2 1/16"(52 mm)
Wurfarmmitte	15/16" (24 mm)	1 1/8 " (29 mm)	15/16" (24 mm)	15/16" (24 mm)	2 1/16" (52 mm)
Eigengewicht	22 Unzen (624g)	31,9 (904g)	26 (737g)	22 (624g)	25 (709g)
Form des Bogenbauchs	D	flach	D	flach	flach
Trocknung	Luft	Luft	unbekannt	Kammer	Kammer
Set	2" (51 mm)	2 3/8 "(60 mm)	1 7/8 (48 mm)	1¾" (45 mm)	1½" (38 mm)
Standhöhe	7½" (19,1 cm)	7½" (19,1 cm)	6¾" (17,1 cm)	7" (17,8 cm)	6¼" (15,8 cm)
Geschwindigkeit	145 fps	159	145	152	164
Effizienz	–4	–7	–8	+1	+4

Effizienz messen wir, indem wir feststellen, wie viel fps über oder unter der Geschwindigkeit eines durchschnittlichen geraden Bogens mit gleichem Zuggewicht, wie wir ihn später noch beschreiben, werden – unser Testobjekt schießt.

Und warum brachte jeder Bogen gerade diese Leistung?

Eibe: 4 fps unter Durchschnitt. Dieser Bogen ist 4½" (11,4 cm) zu lang. Bei 68" und etwas niedrigerer Standhöhe würde seine Leistung den Durchschnitt fast erreichen. Wäre er noch kürzer, müssten die Wurfarme in der Mitte 1 1/8" (2,9 cm) breit sein, um zuviel Set zu verhindern. Mit einem flachen Bauch könnte seine Leistung den Durchschnitt übersteigen.

Osage: 7 fps unter dem Durchschnitt. Mit 32 Unzen (907 g) wiegt der Bogen 5–6 Unzen (142–170 g) zuviel, was mehrere fps kostet, auch hat er 1" (2,5 cm) zuviel Set, was bei diesem Gewicht und Set 3 bis 4 fps kostet. Ursprünglich zog der Bogen 80 lb. und nahm den – für dieses Gewicht – typischen Set bei gegebener Wurfarmbreite an. Dann wurde er auf sein jetziges Gewicht getillert. Daher kommen also sein Set und das überschüssige Gewicht.

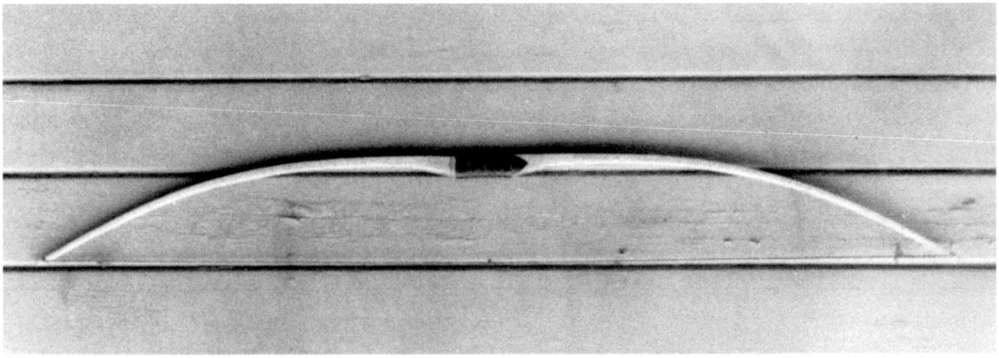

Waynes Hickory-Langbogen – perfekter Tiller für einen Bogen mit steifem Griff:
Das Holz in Griffnähe und an den Nocken biegt sich kaum, gleichmäßige Biegung in der Wurfmitte.

Lemonwood: 8 fps unter dem Durchschnitt. Dieser Bogen ist 8" (21,6 cm) länger als nötig, in Griffnähe zu schmal und ca. 3 Unzen (85 g) zu schwer. Ein flacher Bauch oder breitere Wurfarme hätten den Set verringert. Wie bei der Eibe müssten kürzere Wurfarme breiter sein. Der Kern des Bogens bestand aus dunklem, schwerem, tropischem Hartholz. Da dieser Kern (die neutrale Zone) praktische keine Arbeit leistet, hätte man dafür besser ein leichteres und schwächeres Holz wählen und so ein paar Unzen Gewicht sparen sollen.

Hickory: 1 fps über dem Durchschnitt. Gutes Gewicht und wenig Set, nur ca. 1" (2,5 cm) länger als nötig. Hickory ist nicht so elastisch wie Eibe. Dieser Bogen zieht 4 lb. mehr als die Eibe und ist 3½" (8,9 cm) kürzer, beide Bögen sind in der Wurfarmmitte gleich breit. Trotzdem ist der Set wegen des flachen Bogenbauchs geringer.

Ahorn: 4 fps über dem Durchschnitt. Länge, Set und Masse sind für einen Bogen dieses Zuggewichts gut, während eine niedrigere Standhöhe noch ca. 1 fps mehr einbrachte. Der Ahornbogen, oder besser gesagt sein Design, gewann auf der ganzen Linie. Auch die Resultate der anderen Bögen hätten von anderem Design profitiert.

Seit mehr als 40 Jahren verwendet der Bogenbauer Wally Miles aus Oregon ein gemäßigt flachbäuchiges englisches Design. So wie Waynes Bögen haben die seinen wenig Set und sind pro Pfund Zuggewicht unter den schnellsten geraden Bögen, die ich getestet habe.

Von einem gewissen Standpunkt aus sind die oben genannten Bögen aus Eibe und Lemonwood zu lang und schmal für ihr Zuggewicht und Design. Aber ihre leicht verringerte Wurfleistung kann ihnen auf der anderen Seite zu etwas verbesserter Genauigkeit verhelfen. Pure Pfeilgeschwindigkeit ist nicht immer das oberste Ziel.

Einmal spielte ich in dieser Hinsicht den advocatus diaboli, als ich mit Paul Comstock diskutierte. Schließlich war er mit seiner Geduld am Ende und erklärte wortreich: „Schau, ich kenne da einen Bogenbauer, der tolle Osagebögen mit Sehnenbelag und lange, breite Bögen aus hellem Holz baut, die pro Pfund sehr schnell schießen, aber ihm selber gefallen lange, schmale Bögen aus hellem Holz am besten. Ihre Wurfleistung ist im Grunde eher mittelmäßig, weil sie alle so 3" Stringfollow (7,6 cm) haben, aber dieser Mann kann einen seiner Bögen nehmen und dich aus 90 Fuß (30 m) Entfernung genau zwischen die Augen treffen, dass der Pfeil vorne einschlägt und hinten aus deinem Kopf wieder rauskommt. Solche Bögen mag er, und was will man eigentlich mehr?"

Bögen aus grünem Holz

Jim Riggs aus Oregon, Bogenbauer und Experte für primitive Technologie, macht Bögen mit für die Jagd geeignetem Zuggewicht aus grünem Holz. Er lässt seine Kursteilnehmer frischgeschnittene Schößlinge aus Chokecherry (Prunus virginiana, Traubenkirsche; aber mit vielen anderen Arten geht das auch) auf eine Dicke bringen, bei der sie sich etwas biegen. Diese noch sehr feuchten, formbaren Schößlinge werden dann auf einem Brett oder Ast in der gewünschten Form festgebunden.

Zwei Tage später entfernt man die Form, verfeinert den Tiller noch etwas, und dann werden die Bögen gespannt und geschossen. Überprüfungen mit einem elektronischen Feuchtigkeitsmesser ergaben überraschend niedrige Werte von ca. 15% bzw. 11% am dritten Tag. In meiner Werkstatt hatte das Holz bei ähnlicher Luftfeuchtigkeit und Temperatur immer doppelt solange gebraucht. Der Wind macht beim Trocknen im Freien den Unterschied aus, und daher habe ich jetzt in meine Trockenkiste einen kleinen Ventilator eingebaut.

Grünes Holz mit Recurves versehen.

Die durch das Trocknen in einer Form entstandenen Recurves verleihen diesen kurzen Bögen überraschende Schnelligkeit, weichen Auszug und weiches Schussverhalten. Da das Holz noch recht frisch war, nahmen die Wurfarme mehr Set als gewöhnlich an, was durch die Recurves aber mehr als ausgeglichen wurde.

Vielleicht sind 2 oder 3 Tage Warten schon zuviel für dich. Dann kannst du einen Jagdbogen auch in ca. 1 Stunde aus „tropfnassem" Holz machen. Es ist ungefähr nur halb so stark wie abgelagertes Holz und wird viel Set entwickeln, was normalerweise zu mageren Schießleistungen führt. Normalerweise!

Sobald du den Rohling aus dem grünen Holz herausgearbeitet hast, biegst du einfach die letzten 6" (15,2 cm) in Recurveform bzw. reflexe Spitzen . Diese Spitzen werden ihre Form verlieren wollen, wenn der Bogen gespannt und gezogen ist, also musst du sie festbinden. Schneide an den Wurfarmseiten 7" (17,8 cm) von den Nocken entfernt Kerben und spanne auf der Rückenseite eine Schnur von den Kerben zur Nocke."

Der große Set des Bogens ergibt in Zusammenhang mit den in Wurfrichtung gebogenen Spitzen ein deflex-recurves Profil, das ein hocheffizientes Design darstellt. Sobald die Wurfarme Feuchtigkeit verlieren, steigt das Zuggewicht, so dass du den Bogen auf das gewünschte Gewicht nachtillern musst.
Eine andere Möglichkeit, mit grünem Holz zu arbeiten, besteht darin, die Wurfarme viel breiter als bei abgelagertem Holz zu machen. Breitere und damit dünnere Wurfarme entwickeln weniger Set. Sobald der Bogen trocknet und das Zuggewicht steigt, kann man die Wurfarme schmaler machen, um das gewünschte Gewicht beizubehalten.

Bretter

Richtig getrocknete Bogenstücke aus gespaltenen Stämmen sind gesägten Brettern natürlich vorzuziehen. Aber:

1. Viele wollen gerne Bögen bauen, leben aber, was verwertbare Bäume angeht, quasi in der Wüste.
2. Ein Anfänger ruiniert oder zerbricht im Durchschnitt zu Anfang ein Dutzend Staves, bevor er einen effizienten, dauerhaften Bogen hinkriegt. 12 billige „natürliche" Staves à 50$ kosten nach Adam Riese 600$. 12 durchschnittliche Bretter aus dem Sägewerk à 5$ schlagen dagegen nur mit 60$ zu Buche.
3. Bei solchen Preisen können sowohl Anfänger als auch Veteranen nach Herzenslust experimentieren, Fehler machen, Risiken eingehen und Dinge übers Bogenbauen lernen, die ihnen sonst verschlossen blieben.
4. Bei 5$ das Stück kann man eine Menge Bögen an Freunde und Nachbarkinder verschenken.

Druckfestigkeit und Elastizität

Oft verwendet man Angaben zur relativen Belastbarkeit auf Druck (Kompressionsstärke, bzw. Druckfestigkeit), um anzugeben, wie geeignet eine Holzart für den Bogenbau ist. Aber solche Zahlen können irreführend sein. Kompressionsstärke ist nur wichtig, wenn Elastizität dazukommt. Das ist der Prozentsatz an Dehnung oder Stauchung, den ein Material verträgt, d. h. es kehrt in seine ursprüngliche Form zurück, ohne Set zu entwickeln.

Damit ein Wurfarm Energie speichern kann, muss er sowohl Druck aushalten als auch elastisch sein – eines ohne das andere ist nutzlos. Schließlich verfügt Beton über fantastische Kompressionsstärke, da man ihn aber nicht sehr weit zusammendrücken kann, kann er nicht viel Energie speichern. Sogar mit Sehnenbelag wäre Beton eine schlechte Wahl für den Bogenbauch.
Gummibänder und Baumwollfäden dehnen sich beide, bevor sie reißen, und reißen vielleicht sogar bei gleich starker Belastung. Aber Gummi dehnt sich natürlich viel weiter, bevor es reißt, und speichert daher auch viel mehr Energie.

Verschiedene Hölzer weisen unterschiedliche Kombinationen von Biegefestigkeit und Elastizität auf
Einige Beispiele:

Osage	hohe Biegefestigkeit und hohe Elastizität
Eibe	mittlere Biegefestigkeit und sehr hohe Elastizität
Robinie	hohe Biegefestigkeit, aber mittlere Elastizität
Esche	mittlere Biegefestigkeit und mittlere Elastizität
Weide	niedrige Biegefestigkeit und niedrige Elastizität

Osage und Robinie besitzen ungefähr die gleiche Kompressionsstärke, aber Osage lässt sich stärker als Robinie biegen, bevor es Set annimmt. Osage ist mehr wie ein Gummiband, Robinie mehr wie ein Baumwollfaden. Weil sich viele Bogenbauer einfach auf die hohen Kompressionsstärke-Angaben für Robinie verlassen, gibt es leider auch viele überlastete Robinienbögen mit Stauchbrüchen.
Da Osage sich stärker biegt als Robinie, speichert es mehr Energie. Aber ein Robinienbogen kann genau so viel Energie speichern: Man braucht bloß etwas mehr Robinie, z. B. in der Form eines breiteren, dünneren Wurfarmes. Dann biegt er sich genauso weit und speichert genauso viel Energie wie Osage. Obwohl jetzt mehr Holz zu bewegen ist, ist Robinie doch leichter als Osage, so dass Bögen gleicher Zugstärke aus diesen Hölzern ungefähr gleiche Masse und damit auch gleiche Wurfkraft haben werden.

Esche biegt sich ungefähr genau so weit wie Robinie, bevor sie Set entwickelt, hat aber geringere Biegefestigkeit. Also speichert ein Bogen mit den gleichen Abmessungen weniger Energie als Robinie. Auch hier brauchen wir einfach wieder mehr Esche. Da diese Hölzer in der Elastizität vergleichbar sind, kann die Dicke gleich bleiben; Esche muss nur breiter sein, um genau so viel Energie wie Robinie zu speichern. Da Esche wiederum leichter als Robinie ist, haben Bögen gleichen Zuggewichts wieder ungefähr gleiche Masse, Set und Wurfkraft.

Weide, Kiefer, Pappel und andere leichte Hölzer sind spröde, schwach und speichern wenig Energie. Also kann man daraus nur leichte Bögen oder solche mit besonders breiten und dünnen Wurfarmen bauen. Dabei wird dann meist die Rückenwölbung zu stark oder der Bogen überhaupt zu klobig.

Bögen aus schwächerem Holz mit breiteren Wurfarmen schießen genau so schnell wie „normale" Bögen, aber warum?

Baue zehn Bögen mit dem gleichen Design und der gleichen Breite aus zehn verschiedenen Hölzern, deren Stärke- und Elastizitätswerte von Kiefer bis Osage reichen. Tillere jeden so, dass nach dem Einschießen Zuggewicht und Zuglänge für alle gleich sind. Danach wird jeder Bogen ein anderes Maß an Set haben, und die Bögen aus den schwächsten, am wenigsten elastischen Hölzern sind vielleicht sogar gebrochen.

Die „Überlebenden" werden je nach Set schneller oder langsamer schießen, wobei der Set von Holzstärke und -elastizität abhängt. Der Osagebogen wird am wenigsten Set haben und am schnellsten schießen und der Kieferbogen (wenn er nicht gebrochen ist) den meisten Set bei der niedrigsten Pfeilgeschwindigkeit. So wird verständlich, wie die einzelnen Holzarten zu ihrem Ruf kamen.

Jetzt kannst du noch einmal zehn Bögen des gleichen Designs aus den zehn im letzten Versuch verwendeten Hölzern bauen. Diesmal aber verpasst du den schwächeren Hölzern entsprechend breitere Wurfarme. Falls der Osage-Bogen 1 1/5" (3 cm) breit ist, sollten der Robinienbogen 1 5/8" (4,1 cm), der Eschenbogen 1 ¾" (4,5 cm) und der Kieferbogen 3" (7,6 cm) breit sein. Tillere alle auf das gleiche Gewicht. Nach dem Einschießen haben alle den gleichen Set bzw. das gleiche Profil in der Seitenansicht. Das bedeutet natürlich, dass du beim Ausziehen aller Bögen die gleiche Arbeit leisten musst. Da sie aus immer leichteren Hölzern gemacht sind, werden schmale und breite Wurfarme ungefähr die gleiche Masse besitzen. Alle zehn Bögen werden mit annähernd der gleichen Geschwindigkeit schießen.

Noch einmal: Zug- und Druckstärke des Materials ist im Bogenbau wichtig, aber genauso wichtig ist der Prozentsatz an Länge, bis zu dem sich ein Material dehnen und komprimieren lässt, bevor es Set entwickelt.
Zum Beispiel ist Horn nur ungefähr doppelt so stark auf Druck belastbar wie Esche, aber man kann es viermal weiter zusammenstauchen, bevor es Set entwickelt. Also ist es sozusagen viermal „gummiartiger" als Holz und kann daher viel mehr Energie speichern.
Einige Hölzer sind stärker und elastischer als andere, oder, anders gesagt, „hornähnlicher". Beim Bogenbau muss man entsprechend breitere Wurfarme wählen, wenn man schwächeres, weniger elastisches Holz verwendet.
Das lässt sich ganz anschaulich demonstrieren:
Baue einfach ein paar 1" (2,5 cm) breite Eschenbögen. Fange mit 20 lb. an und steigere bei jedem Bogen das Zuggewicht um ein paar Pfund. Schieße sie und vergleiche, wie viel Geschwindigkeit pro Pfund du erreichst.
Jeder Bogen wird ein bisschen mehr Set als der vorhergehende entwickeln, aber auch ein bisschen effizienter sein, weil das Verhältnis von Bogenmasse zu Zuggewicht günstiger wird.

Sobald der Set so stark wird, dass die Wurfkraft nachlässt, lohnt es sich nicht mehr, schwerere Bögen zu bauen. Du wirst feststellen, dass das ideale Zuggewicht für den 1" (2,5 cm) breiten Eschenbogen bei 30 lb. liegt.
Dann baust du noch so einen Bogen – in jeder Hinsicht identisch. Nimm beide 30 lb. Bögen nebeneinander zusammen in die Hand, ziehe beide Sehnen gleichzeitig aus, und voilà, auf einmal hast du einen 2" (5,1 cm) breiten Bogen von 60 lb.

Wer effiziente Bögen mit hohem Zuggewicht aus schwachem Holz bauen will, muss sie einfach nur breiter bauen.
Weil ich dieses Prinzip einmal zum Extrem treiben wollte, baute ich mir einen Bogen aus Kiefernsplintholz, dessen Rückenwölbung begradigt wurde („de-crowning"). Er war 66" lang, zog 70 lb. und war in der Wurfarmmitte 4 ¼" (11,4 cm) breit. Die Leistung des Bogens war gut, er reagierte wegen seiner enormen Größe aber doch etwas anders als normale Bögen. Aufgrund der großen Oberfläche entfesselte er bei jedem Schuss einen Sandsturm. Aber die breiten Wurfarm hatten auch Vorteile: bei der Überquerung der Sierra Nevada dienten sie als Slalomski. Der senkrecht in den Boden gesteckte Bogen war beim Camping auch ein guter Windschutz; bei der Durchquerung einer Wüste konnte man in seinem Schatten bequem rasten. Leider musste ich diesen Bogen auf Ersuchen des amerikanischen Wetterdienstes in Rente schicken, da er das örtliche Klima zu stark beeinflusste. Breite Wurfarme verhalten sich also der Theorie gemäß gut, haben aber doch Nachteile in der Praxis.

Wenn ein Material Set annimmt, hat es, wie man sagt, seine „Elastizitätsgrenze" überschritten. Jedes Material erreicht diese Grenze bei einem anderen Prozentsatz von Dehnung oder Stauchung.
Wenn man verschiedene Werkstoffe mal an einem imaginären Zollstock anlegt, um das Elastizitätsspektrum zu verdeutlichen, ergibt sich ungefähr folgendes Bild. Beton liegt bei 100 cm, Horn bei 5 cm. Eibe und Osage finden wir bei 50 und 55 cm, Robinie, Hickory, Esche usw. um die 65 cm. Das am wenigsten elastische Bogenbaumaterial, das ich bis jetzt getestet habe, ist Sitkafichte. Bei meinem Standardbiegetest (dazu kommen wir gleich), konnte ich Fichte bei 18 lb. um 2 ³/₈" (5,1 cm) biegen, bevor sie Set entwickelte. Esche konnte ich bis zu 3 ¼" (8,3 cm) biegen. Also legen wir Fichte bei unserem Zollstock an die 75-Zentimeter-Marke. Weide ließ sich bis 3" (7,6 cm) biegen und kommt an die 70-Zentimeter-Marke.

Obwohl Hickory die meisten anderen Hölzer an Bruchfestigkeit übertrifft, ist das bei einem geraden Stave kein allzu großer Vorteil. Wenn man den Bogen richtig baut, ist diese Eigenschaft nämlich gar nicht gefordert, da Hickory erst einmal riesigen Set entwickelt, der die Wurfkraft ohnehin ruiniert, bevor es bricht.

Jenny Comstock zieht ihre Replik eines prähistorischen europäischen Bogens. Er besteht nur aus Eibenkernholz, und die Jahresringe auf dem Bogenrücken sind durchtrennt, wie das auch bei den Originalen der Fall war. Jenny stammt übrigens tatsächlich von Steinzeiteuropäern ab!

Eibe ohne Splintholzschicht ergibt ungefähr die gleichen Wert wie mit Splintholz, abgesehen davon, dass die Proben bei 6" (15,2 cm) anstatt bei 7" (17,8 cm) brechen. Dieser Unterschied ist relativ unbedeutend. Eibenbögen müssen, Splintholz hin oder her, viel Set entwickeln, bevor sie brechen.
Wenn Eibenkernholz nicht völlig falsch getillert oder total überlastet wird, schießen solche Bögen genauso schnell und sind genauso haltbar wie solche mit Splintholzschicht.

Ein Standardbiegetest für Holz

Holz an sich stackt nicht und warnt einen nicht, bevor es bricht. Wie kann ein Bogenbauer dann feststellen, wieviel Belastung eine bestimmte Holzart verträgt und welches Zuggewicht er einem bestimmten Stave zumuten kann?
Man sollte meinen, dass man mit ein bisschen Erfahrung durch Versuch und Irrtum die richtige Wurfarmbreite für jedes Holz kennt, aber die Bandbreite der Holzstärke und Elastizität ist innerhalb einer Holzart von Stave zu Stave viel zu groß. Aufs Geratewohl ausgesuchte Holzstaves einer Art zeigen überraschende Unterschiede in der Wurfkraft, selbst wenn man identische Bögen daraus baut. Diese Wurfkraftdifferenz hängt natürlich ganz eng mit dem Ausmaß an Set, den jeder Bogen entwickelt, zusammen.
Dieser Test nun kann einem Bogenbauer alles verraten, was er über einen Stave wissen muss, und dabei ist der Arbeitsaufwand geringer, als wenn man Miniaturbögen baut – und die Ergebnisse sind genauer.
So erfährt man, wie breit die Wurfarme für ein bestimmtes Zuggewicht sein müssen, wieviel Set die Wurfarme entwickeln und wie schwer sie sein werden. Daraus kann man dann in engen Grenzen schließen, wie schnell der Bogen schießen wird.

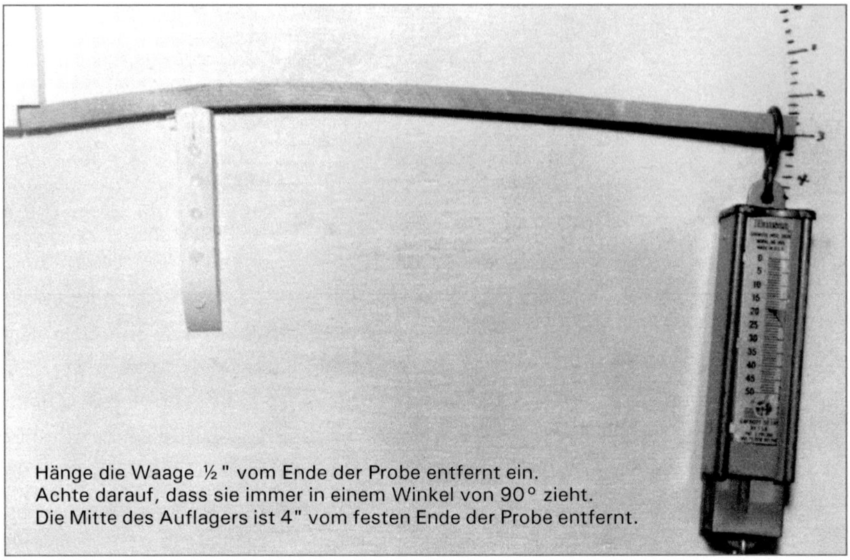

Hänge die Waage ½" vom Ende der Probe entfernt ein.
Achte darauf, dass sie immer in einem Winkel von 90° zieht.
Die Mitte des Auflagers ist 4" vom festen Ende der Probe entfernt.

Dieser Test ist deswegen so aussagekräftig, da das Holz sich dabei, anders als in Labortests mit statischer oder linearer Belastung, genauso verhalten muss, wie das später im Bogen von ihm verlangt wird.

Auf einer Länge von ca. 3" (7,6 cm) sollte das Holz auf jeder Seite des Biegepunktes genau die Eigenschaften haben, die man testen will. Normalerweise hat diese Holzprobe flache Jahresringe und die Holzfasern laufen parallel zum Rücken, aber man kann so auch das Biegeverhalten von Holzstücken mit ungewöhnlicher Faserrichtung vergleichen. Auch aus Abfallholz kann man noch ein Probestück machen, da ja nur ungefähr 6" (15,2 cm) die geforderten Eigenschaften aufweisen müssen.

Meine Proben sind ½" × ½" im Querschnitt (13×13 mm) bei 18" Länge (45,7cm). Breite und besonders Dicke sollten bis auf ein Hundertstel Zoll genau sein, denn ein Unterschied von 1% ergibt schon einen Unterschied von 3% in den Ergebnissen. Mit dem Speichenhobel kann man Schichten bis herunter zu einer Stärke von einem Tausendstel Zoll abtragen, und eine einfache Lehre aus dem Baumarkt ist zum Überprüfen auf jeden Fall auch fein genug. Man kann aber auch einen halbzölligen Mausschlüssel nehmen.

Die Proben sollen über die ganze Länge gleichmäßig dick sein, damit der Gewichtsvergleich korrekt ausfällt.

Trockne nun alle Proben, bis sie das für dein Gebiet typische Gleichgewicht an Feuchtigkeit erreicht haben. 1% Abweichung in der Feuchtigkeit verändert die Ergebnisse um 6%. Ich trockne bis auf 9% und bewahre die Proben bei 50% Luftfeuchtigkeit auf, so dass dieser Feuchtigkeitsgehalt beständig bleibt.

Ziehe die Probe 1" (2,5 cm) herunter und wiederhole das fünf Mal, bevor du das Zuggewicht abliest. So entwickelt das Holz seinen typischen Set und das korrekte Gewicht.

Miss den Set nach der Belastung.

Wenn das Holz recht schnell in seine Ausgangslage zurückkehren will, warte mit der Messung, bis die Bewegung kaum noch wahrzunehmen ist.
So macht man dann weiter und steigert die Auslenkung jedesmal um einen halben Zoll – bis die Probe bricht. Notiere dir zusätzlich, bei welcher Auslenkung und bei welchem Zuggewicht die Probe ¼" (0,6 cm) Set entwickelt. Notiere ebenso Auslenkung, Zuggewicht und Set beim Bruch, und ab wann sich Stauchbrüche bilden.

Ein mittelmäßiges Holzstück kann man zum Beispiel um 3¼" (8,3 cm) Zoll biegen und dabei mit 25 lb. belasten, damit es ¼" (0,6 cm) Set entwickelt; bei 4" (10,1 cm) bricht es. Das ergibt für uns folgende, leicht überschaubare Datenreihe:
25 lb. – 3¼"–¼" – 4" (25 lb. – 8,3 – 0,6 – 10,1 cm)
Ein Bogen aus diesem Holz soll unser Standard für weitere Vergleiche sein. Er ist 66" lang und zieht 50 lb. auf 28". Damit er ideale Werte an Set, Geschwindigkeit und Bruchsicherheit aufweist, sollte er 1¾" (4,5 cm) breit sein. Diese Werte wurden durch aufwändige Versuchsreihen ermittelt. Die Höhe der Rückenwölbung entspricht einem Stamm von 6" (15,2 cm) Durchmesser.

Die Werte für einen anderen Stave könnten so aussehen:
20 lb. – 3¼"–¼" – 4" (20 lb. – 8,3 – 0,6 – 10,1 cm)
Von der Elastizität her (¼" Set bei 3¼" Auslenkung) ist dieser Stave identisch mit dem zuvor untersuchten, aber er ist schwächer. Damit auch daraus ein 50 lb. starker, optimal werfender Bogen wird, muss man ihn um einen bestimmten Prozentsatz breiter machen.
25 lb. geteilt durch 20 ergibt 1,25. Multiplizieren wir nun die Standardbreite (1,75" = 4,5 cm) mit 1,25, so erhalten wir 2,19" (5,6 cm). Bei dieser Breite wird der Bogen aus dem schwächeren Holz genau den gleichen Set haben und genau so sicher und schnell schießen wie der Bogen aus stärkerem Holz.

Die Werte für einen stärkeren, aber spröderen Stave könnten so aussehen:
40 lb. – 3 – ¼ – 3" (40 lb. – 7,6 – 0,6 – 7,6 cm)
Bei ¼" (0,6 cm) Set liegt das Zuggewicht also über dem Durchschnitt, aber die Auslenkung (Auszugslänge) liegt unter dem Durchschnitt. Die Probe ist also weniger elastisch und kann daher weniger Energie speichern, als das hohe Zuggewicht uns glauben machen will. Das Holz müsste dünner sein, um dann bei niedrigerem Zuggewicht bei 3¼" (8,3 cm) seine normalen ¼" Zoll Set zu entwickeln.
Versuche zeigen, dass sich für jede Auslenkungsdifferenz von ¼" (bei ¼" Set) das Zuggewicht um circa 20% verändert. Also würde, wenn man die Probe dünner macht, das Zuggewicht von 40 auf 32 lb. fallen. Die Standardbreite war 1¾" (4,5 cm) bei 25 lb.. Also teilen wir jetzt erst mal 25 lb. durch 32 lb., das ergibt 0,781. Dann nehmen wir 1,75 (4,5 cm) × 0,781 = 1.36 (3,5 cm). Statt 1¾" (4,5 cm) sollte ein Bogen aus diesem Holz also 1.36" (3,5 cm) breit sein.

Die Werte für einen stärkeren, elastischeren Stave könnten so aussehen:
30 lb.– 3.5" – ¼" – 6" (das könnt ihr jetzt wirklich selbst ausrechnen)
Das Zuggewicht ist bei ¼" Set genau wie die Auslenkung überdurchschnittlich, denn die Probe ist stärker und elastischer und kann daher mehr Energie speichern als das mäßige Zuggewicht vermuten lässt. So ein Holz müsste dicker sein und daher ein höheres Zuggewicht benötigen, um bei 3¼" einen Set von ¼" zu entwickeln. Wenn man die Probe dicker macht, damit der Set bei 3¼" statt bei 3½" erreicht wird, steigt das Zuggewicht um circa 20%, also von 30 lb. auf 36 lb. Wir rechnen wieder mal: 25 lb. geteilt durch 36 lb. ergibt 0,694. 0,694 mal 1,75 ergibt 1,21. Also sollten Wurfarme aus diesem Holz 1,21" statt 1,75" breit sein. Und so weiter.
Meinen Standard-Testbogen baute ich aus einem Baum mit 6" (15,2 cm) Durchmesser. Damit die Bögen vergleichbar bleiben (besonders was die Bruchfestigkeit angeht), muss der Grad der Rückenwölbung gleich sein. Breitere Wurfarme müssen wir daher aus dickeren Stämmen bauen – oder die Rückenwölbung abflachen. Schmalere Wurfarme können aus dünneren Stämmen gebaut werden.
Alle eben genannten Zahlen sind Näherungswerte. Sie werden sich im Laufe der Zeit noch verfeinern, haben aber ihre Tauglichkeit in der Praxis zufrieden stellend bewiesen.

Einmal bekam ich von einem Stück Kiefer aus altem Bestand Werte, die einem mäßigen Eschestave entsprachen, was mich ziemlich verblüffte. Eigentlich ist Kiefer ja ein sprödes, minderwertiges Bogenholz.
Um mir Klarheit zu verschaffen, baute ich einen Bogen mit den für Esche typischen Maßen: 66" lang, 1¾" (4,5 cm) breit, 50 lb. bei 28". Die Vorhersagen des Tests erwiesen sich als zutreffend und der Kieferbogen war hinsichtlich Set und Wurfkraft durchschnittlich.

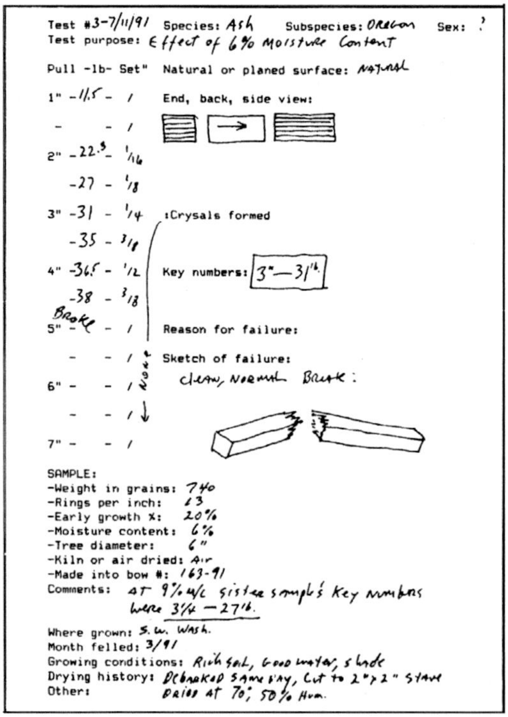
Test #3-7/11/91 Species: Ash Subspecies: Oregon Sex: ?
Test purpose: Effect of 6% Moisture Content
Pull -lb- Set" Natural or planed surface: Natural
1" -11.5 - / End, back, side view:
- - /
2" -22.5 - 1/16
-27 - 1/8
3" -31 - 1/4 :Crysals formed
-35 - 3/8
4" -36.5 - 1/2 Key numbers: 3"—31 lb.
-38 - 3/8
5" - Broke - / Reason for failure:
- - / Sketch of failure:
6" - - / clean, normal break:
- - /
7" - - /
SAMPLE:
-Weight in grains: 740
-Rings per inch: 13
-Early growth %: 20%
-Moisture content: 6%
-Tree diameter: 6"
-Kiln or air dried: Air
-Made into bow #: 163-91
Comments: at 9% m/c sister sample's key numbers were 3¼ – 27 lb.
Where grown: S. W. Wash.
Month felled: 3/91
Growing conditions: Rich soil, good water, shade
Drying history: Debarked same day, cut to 2"×2" stave
Other: Dried at 70°, 50% Hum.

Das ist das von mir entwickelte Messblatt. Ich hoffe, andere werden es ebenfalls verwenden und die Ergebnisse austauschen.
Wenn man die Daten von verschiedenen Proben vergleicht, kann man die für unterschiedliche Leistung verantwortlichen Variablen identifizieren. Welche Holzarten werden stärker, wenn sie an schattigen Orten wachsen? Sind die männlichen oder weiblichen Bäume einer bestimmten Art stärker? Ergibt ein saurer Boden elastischeres Holz? Sind Ulmen aus dem Süden stärker als die aus dem Norden?
Man kann unzählige solcher Fragen stellen, und die Antworten können nur vorteilhaft für das Bogenbauen sein.

Es war einfach ein ganz ungewöhnliches Stück Kiefernholz, fast doppelt so schwer wie normal, mit einem ungewöhnlich dunklen Spätholzanteil von 40% im Jahresring (bei Kiefer sind 15% normal).

Um die Eigenschaften eines bestimmten Staves festzuhalten, muss man nur die Eckdaten auf einem Messblatt festhalten. Wenn man die Eigenschaften von Holz genauer untersuchen will um herauszufinden, wie sie das Bogendesign und die Leistung beeinflussen, ist ein detaillierteres Messblatt nötig. Ein standardisiertes Testverfahren mit entsprechenden Aufzeichnungen ermöglicht es den Experimentierenden, ihre Ergebnisse auszutauschen.

Resultate des Biegetests

Verschiedene Arten von Brüchen liefern Hinweise auf die Holzeigenschaften.

Proben, die sich weit biegen lassen, bevor sie ¼" Set (6 mm) entwickeln, sind elastischer und kompressionsstärker. Beispiele dafür sind Osage und Eibe.

Proben, die bald Set entwickeln, sich aber weit biegen lassen, bevor sie brechen, sind weniger druckresistent, dafür aber auf Zug stark belastbar. So ein Holz kann man ohne Risiko in Reflex biegen oder sogar Recurves damit formen. Es ist auch weniger anfällig für Tillerfehler und versteckte Schwächen im Holz. Das ist bei perfekten, geraden Staves weniger wichtig, hilft aber sehr bei der Bearbeitung problematischer Staves. Beispiele dafür sind Hickory und Ulme.

Proben, die auf der Zugseite brechen, bevor sie viel Set entwickeln, sind im Verhältnis zur Zugbelastung kompressionsstärker und sollten also mit Backing versehen werden.

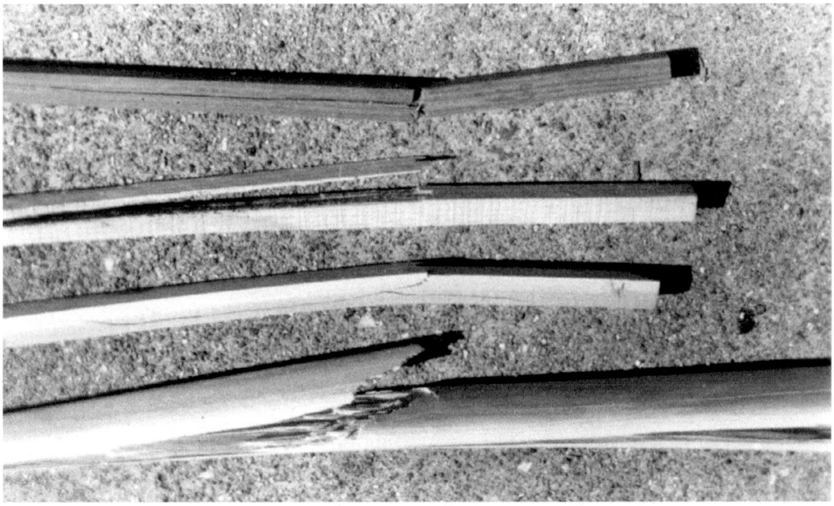

Die oberste Probe zeigt einen normalen Bruch. Die unteren drei brachen wegen Zugüberlastung. Es fällt auf, dass die Bauchseite noch intakt ist. Diese Proben wären mit Backing nicht gebrochen. Das unterste Beispiel ist tatsächlich ein Bogen, der aus dem gleichen Stave wie die Probe darüber gebaut wurde. Der Biegetest hatte mich ja eigentlich schon deutlich gewarnt und tatsächlich gaben Probe und Bogen auf die gleiche Weise den Geist auf. Der Biegetest kann dir also alles sagen, was du über den Stave wissen musst.

Wenn man ohne Backing auskommen will, sollte man die Wurfarme breiter und dünner machen, damit man sie ohne Gefahr stärker biegen kann. Beispiele dafür sind Zeder, Wacholder, Weide, Kirsche und viele Nadelhölzer. Brüche, die von Zugüberlastung herrühren, erkennt man am charakteristischen, quer verlaufenden Riss über den Bogenrücken, wobei der Bogenbauch oft intakt bleibt.

Proben, die ganz normal brechen, bevor sie viel Set entwickeln, sind sowohl auf der Druck- als auch auf der Zugseite spröde. Solche Bögen müssen breiter sein, als die Daten nahelegen. Derartige Hölzer (Teak und manche Nadelhölzer z. B.) sind selten.

Proben mit stehenden Jahresringen sind durchschnittlich um 10% schwächer, entwickeln 10% eher Set und brechen 10% eher als Proben mit liegenden Jahresringen aus dem gleichen Holz.

Manche Holzarten entwickeln weniger Set als andere, bevor sie brechen. Hickory z. B. bekommt viel, Zeder dagegen wenig Set, dafür explodiert es förmlich ohne Warnung. Auch das ist ein Grund, warum man erst Proben von einem Stave testen sollte.

Es besteht ein Unterschied zwischen Biegefestigkeit und Bruchfestigkeit. Zum Beispiel bog sich Sitkafichte einen Zoll, wenn man mit 10 lb. daran zog. Bei 3 Zoll (7,6 cm) und 20 lb. Kraft brach sie. Eine gleich große Probe aus Birke bog sich ebenfalls einen Zoll bei 10 lb., ließ sich aber mit 29 lb. auf 4 ¼ " biegen (11,4 cm), bevor sie brach. Beide Hölzer haben ähnliche Biegeeigenschaften, aber unterschiedliche Elastizität und Bruchfestigkeit. Bögen gleicher Breite und Dicke würden sich bis zum Brechen des Fichtenbogens gleich schwer ziehen lassen. Die Birke könnte man weiter oder mit höherem Zuggewicht ausziehen, so dass sie letztendlich mehr Energie speichert.

Aber bevor wir Birke als das bessere Bogenholz bezeichnen, müssen wir daran denken, dass die Birkenprobe 800 Grains wiegt (52 g), die Fichtenprobe dagegen nur 500 Grains (32,5 g). Fichte zeigt so viel Biegefestigkeit wie viele schwerere Harthölzer und wiegt dabei nur 5/8 soviel. Schon deswegen hieß das Riesenflugzeug von Howard Hughes „Spruce Goose“, Fichten-Gans, und nicht Osage-Gans.

Wenn wir Holzarten vergleichen, sind schwerere in der Regel stärker als leichtere Hölzer. Osage, Robinie, Esche und Rotzeder sind sowohl dem Gewicht als auch der Stärke nach absteigend geordnet. Innerhalb einer Art ist das schwerere Holz fast immer das stärkere.

Richtbreiten für verbreitete Holzarten

Die Breite in dieser Liste erzeugt in Bögen ansonsten gleichen Designs das gleiche Maß an Set. Die Zahlen geben über die durchschnittliche Stärke und Elastizität Aufschluss. Man darf aber nicht übersehen, dass es innerhalb einer Holzart dramatische Qualitätsunterschiede geben kann, und deshalb sollte man immer erst einmal den Biegetest machen.

Die Daten sind für 66"-Bögen mit 50 lb. bei 28" Auszug gedacht. Alle haben einen flachen Bogenbauch und Bogenrücken mit niedriger Wölbung, wobei man für breitere Bögen dickere Stämme verwenden muss. Auffällig ist die offenbar lineare Beziehung zwischen Holzstärke bzw. Elastizität und dem Gewicht.

Holzart	Empfohlene Breite Zoll	(cm)	Spezifisches Gewicht in Grain
Australische Akazie	2	(5,1)	mittel
Birke	1 ¾	(4,5)	.62
Brasilianisches Rosenholz	1 ½	(3,8)	.80
Douglaskiefer, Kernholz	2 ½	(6,4)	.45
Eibe	1 3/8	(3,5)	.69
Eiche, Roteiche	1 7/8	(4,7)	.63
Eiche, Weißeiche	1 ¾	(4,5)	.68
Esche (weiß)	1 ¾	(4,5)	.60
Eukalyptus	2 ¼	(5,8)	mittel
Goncalo Alves	1 3/8	(3,5)	.84
Hartriegel	1 5/8	(4,1)	.73
Hickory	1 ¾	(4,5)	.72
Hopfen-Hainbuche	1 ½	(3,8)	.70
Kiefer, Kernholz	2 ½	(6,4)	.45
Kirsche	1 ¾	(4,5)	.50
Lemonwood (Degame)	1 5/8	(4,1)	.67
Maulbeere	1 5/8	(4,1)	.66
Osage	1 7/8	(4,7)	.50 (3,0) .82
Pekan	1 ¾	(4,5)	.66
Persimmon (Helles Ebenholz)	1 ¾	(4,5)	.74
Purpleheart	1 5/8	(4,1)	.67
Ramin	1 7/8	(4,7)	.52
Robinie	1 5/8	(4,1)	.69
Rotzeder	2	(5,1)	.48
Rotzeder	1 3/8	(3,5)	mit Backing
Sassafras	2 ¼	(5,8)	.45
Sykamore	2 ¼	(5,8)	.49
Teak	1 ¾	(4,5)	.60
Traubenkirsche	1 ¾	(4,5)	mittel
Ulme	1 7/8	(4,7)	.55
Wacholder	1 ¾	(4,5)	niedrig bis mittel
Walnuss	1 ¾	(4,5)	.55
Weide	3	(7,6)	.39
Wenge	1 5/8	(4,1)	mittel bis schwer
Zuckerahorn	1 ¾	(4,5)	.63
Zürgelbaum (Celtis occidentalis)	1 7/8	(4,7)	.50

Wenn ein Stave schwerer oder leichter als der Durchschnitt ist, sollten die Wurfarme verhältnismäßig schmaler oder breiter sein. Wenn der Anteil an porösem Frühjahrsholz höher bzw. niedriger ist, sollten die Wurfarme breiter bzw. schmaler sein.

Wenn man sich nicht ganz sicher ist, sollte man die Wurfarme immer etwas breiter machen. Ein Bogen, der 20% über der Idealbreite liegt, legt nur zwei oder drei Unzen an Gewicht zu, was normalerweise 2–3 fps an Wurfkraft kostet, aber die breiteren Wurfarme entwickeln dafür auch ein bisschen weniger Set, also schießt der breitere Bogen nur 1 oder 2 fps langsamer als der Bogen idealer Breite. Und das ist ein geringer Preis für bessere Haltbarkeit.

Sehne

Sehne ist „gummiartiger" als Holz. Beide haben vergleichbare Bruchfestigkeit, aber da man Sehne zehnmal weiter als Holz dehnen kann und Sehne nur doppelt soviel wie Holz wiegt, kann sie mehr Energie pro Gewichtseinheit speichern.
Im Folgenden versuche ich zu erklären, wie Sehne die Wurfkraft bei kurzen Bögen und Recurves verbessert.
1. Nasse Sehne schrumpft um ca. 4% beim Trocknen und zieht den Bogen so in eine reflexe Form. So bekommt ein Bogen aus einem geraden Stave das Energiespeicherungsprofil eines reflexen Bogens.
2. Wie die meisten Backings verhindert Sehne, dass sich Holzsplitter vom Bogenrücken lösen. Aber das ist kaum nötig, denn:
3. Der Physiker Michael Bloxham hat die folgenden Statistiken erstellt.
Spalte 1 zeigt den Prozentanteil an der Wurfarmdicke (entweder am Bauch oder am Rücken). Spalte 2 zeigt, wieviel Dehnung oder Stauchung ein als homogen angenommenes Material an diesen Stellen leisten muss.

1%	8%
5%	27%
10%	49%
20%	78%
30%	94%

Hier sehen wir, dass nur 10% der Wurfarmdicke die halbe Dehnungsarbeit leisten. Aber Sehne setzt Zug weniger Widerstand entgegen als Holz, so dass ein Backing von 10% Dicke weniger als 50% der Zugarbeit übernehmen würde. Trotzdem wäre die Zugentlastung für das darunterliegende Holz beträchtlich, so dass es weniger leicht reißt oder splittert. Wenn der Sehnenbelag 20% dick ist, übernimmt es dagegen einen erheblichen Anteil der Dehnungsarbeit. Und diese Dicke ist auch noch in anderer Hinsicht hilfreich:
4. Sehne lässt sich leichter dehnen als Holz. Wer ein Stück Holz mit Sehnenbacking biegt, lässt sich mit jemandem vergleichen, der ein schweres und ein leichtes Kind auf eine Wippe setzt. Damit das funktioniert, muss der Drehpunkt von der Mitte weg verlagert werden. Wenn der Wurfarm nun auf der einen Seite aus leicht dehnbarer Sehne, auf der anderen aber aus schwer zu komprimierendem Holz besteht, muss sich die neutrale Ebene des Bogens zum stärkeren Bogenbauch hin verschieben, damit das Gleichgewicht wieder hergestellt wird. Da die Oberflächenfasern der Sehne jetzt weiter von der neutralen Ebene entfernt sind, ist der gedachte Radius der Biegung beim Ausziehen des Bogens für sie größer. So müssen sie sich stärker dehnen und speichern so mehr Energie.
5. Je weiter die Holzoberfläche von der neutralen Ebene entfernt ist, umso mehr Dehnung oder Kompression muss sie aushalten, und je näher sie liegt, umso geringer sind die auftretenden Kräfte. Da die neutrale Ebene jetzt näher am Bogenbauch ist, wird das Holz eines sehnenbelegten Bogens weniger belastet. Der auf diese Weise dünnere, weniger belastete

Bogenbauch kann sich stärker biegen, so dass das Ganze mehr Energie speichern kann. Daher kommt die Fähigkeit eines sehnenbelegten Bogens, Recurves und größeren Auszugslängen standzuhalten.

Diese Verschiebung der neutralen Ebene erklärt auch, wie man Bögen aus Sehne und Geweih bauen kann. Geweih ist stärker als Holz, aber spröder. Es ist weniger elastisch als Holz, also „betonartiger", und kann weder auf Druck noch auf Zug viel Energie speichern. Aber wenn man es dünn genug macht und dann dick mit Sehnen belegt, liegt die neutrale Ebene ganz nah an der Bauchseite, so dass die Sehnen sich um viel mehr dehnen müssen als der Bauch gestaucht wird. Ein Bogen, den Dr. Charles Grayson gebaut hat, bestand aus Sehne und Rengeweih im Verhältnis von 60 zu 40. Das trifft auch für Originale im Museumsbesitz zu. Ein sehnenbelegter Holzbogen ist ein weniger extremes Beispiel der Sehnen-Geweih-Kombination. Ein Holzbogen mit einem Sehnenbelag von 30% oder 40% Dicke verlagert die arbeitende Oberfläche der Sehne weit über die neutrale Ebene. So kann er sich viel weiter biegen, als wenn man nur 10% oder 20% Sehne verwendet hätte. So ein Wurfarm wird mit mehr Reflex und Recurve fertig, und solche Profile sind ja besonders günstig für die Zuggewichtskurve.

Aber Sehne ist viel schwerer als Holz. Je mehr Sehne verwendet wird, umso mehr steigt das zu bewegende Gesamtgewicht, so dass irgendwann das Nettoergebnis gar nicht mehr so viel besser ausfällt.

Sehne ist auf breiten, flachen Wurfarmen effizienter, da es sie in stärker reflexe Form ziehen kann. Größerer Reflex bedeutet ja höheres Zuggewicht am Anfang des Auszugs.

Horn kann man ca. 4% stauchen bevor es kollabiert, Holz dagegen nur 1%. Horn ist also druckstark und entspricht in etwa der Zugstärke von Sehne. Daher fällt der in Bauch und Rücken gespeicherte Energieanteil von Horn-Sehnen-Bögen fast gleich aus.

Andere Backings

Leinen und andere **Pflanzenfasern** können die Leistung nicht durch Schrumpfen steigern. Es findet also keine Vorspannung oder die gleiche Verschiebung der neutralen Ebene wie bei Sehne statt. Wenn man den Bogen aber reflex biegt oder Recurves anbringt, bevor man diese Backings aufklebt, kann man auch hier mehr Energie speichern. Die Wurfarme sind danach stärker belastet und entwickeln daher mehr Set, aber nicht genug, um die Energie wieder aufzuzehren, die durch ein verbessertes Profil gewonnen wurde.

In allen Bögen, die kurz vor dem Bruch stehen, wandert die neutrale Zone immer näher an die Oberfläche des Bogenrückens. Wenn die Belastung weiter steigt, bleibt nicht mehr genügend Rückenmaterial übrig, um den Druckkräften am Bogenbauch entgegenzuwirken, und der Rücken bricht (oder reißt, um genau zu sein).

Aber die Grenzlinie zwischen einem Flachsbacking (Leinen wird aus Flachs gemacht) und dem darunter liegenden Holz setzt der Verschiebung der neutralen Ebene nach oben eine Grenze. Flachs entwickelt keinerlei Druckwiderstand, so dass der Bogenbauch die Kräfte nicht ableiten kann. Ist ein Flachsbacking stark genug, sind solche Bögen beinahe unzerbrechlich. Sie entwickeln vielleicht starkes Set, halten aber auch weit überdurchschnittliche Belastungen aus.

Ein 3" breiter Bogen aus Kiefernsplintholz wurde mit Flachsfasern belegt. Vergleichbare Kieferbögen ohne Backing waren bei 55 lb. gebrochen. Dieser Versuchsbogen wurde immer weiter ausgezogen, denn ich wollte wissen, wann er brechen würde, um herauszufinden, welchen Wert Flachs als Backing hat. Aber bei 70 lb. siegte das Mitleid über die wissenschaftliche Neugier. Der Bogenbauch war mit einem katastrophalen Netz von Stauchbrüchen überzogen. Er hatte wirklich an jeder nur möglichen Stelle brechen wollen, aber das Flachsbacking hatte das nicht zugelassen. Er hatte es verdient zu überleben.
Wenn es wirklich nur um die Schutzwirkung geht, ist ein dünnes Flachsbacking effektiver als ein dünnes Sehnenbacking. Bei vergleichbaren Zugkräften dehnt sich Sehne viel stärker als Flachs, so dass ein zugschwaches Holz vielleicht immer noch zu stark gedehnt wird.
Eine Eigenart der meisten Faserbeläge ist, dass sie stacken, mit wachsender Zuglänge also immer schwerer zu ziehen sind. Eine Flachsprobe mit $^1/_{10}$" (2,5 mm) Durchmesser ließ sich mit 37 lb. um 1% dehnen, für 2% waren schon 98 lb. nötig und bei 3% und 182 lb. riss sie. Soweit ich herausgefunden habe, beginnt Stacking bei Sehnen erst bei 10% Dehnung.
Bögen brechen oft wegen einer lokal begrenzten Schwachstelle. Ein längs verlaufendes Flachspflaster hält (wie beim Schlauchflicken am Fahrrad) solche Stellen zusammen. Außerdem hat hier der Faserbelag vielleicht noch folgenden Vorteil: Wenn ein bestimmter Wurfarmbereich sich zu stark biegt und schon fast gebrochen ist, muss das kurze Stück Fasern direkt über dieser Stelle sich noch mehr strecken. Es stackt dann, setzt dem Zug also viel mehr Widerstand entgegen und wirkt wie eine automatisch stützende Schiene.

Oft entwickeln alte, aber auch neue Wurfarme Schwachstellen, die sich katastrophal auswirken können, aber zu beseitigen sind, wenn man sie früh genug entdeckt. Quer verlaufende Spannungsrisse, Fasern, die sich am Bogenrücken aufstellen, Knickstellen im Wurfarm, Griffe, die sich zu stark biegen, und so weiter. In diesen Fällen ist Flachs aus zwei Gründen besser als Sehne: Er ist bei den Dehnungsgraden, die hier auftreten, viel stärker. Und Flachs wird von Feuchtigkeit nicht beeinträchtigt. Wenn man Flachsfasern mit Leim tränkt, kann man sie (und andere Pflanzenfasern) sogar zu Recurves, Mittelteilen, profilierten Griffen, Sehnenbrücken usw. formen.
Wenn man stark dehnbare und hochfeste Backings auf schwachem Holz verwenden würde, hätte das den gegenteiligen Effekt eines Sehnenbelags: Um das Kräftegleichgewicht herzustellen, muss die neutrale Ebene nach oben wandern und belastet dabei die Fasern am Bogenbauch stärker. So ein Backing verhindert zwar einen Bruch des Bogenrückens, aber nur um den Preis von zu großem Stringfollow.
Es ist dann viel besser, ein Backing mit wenig Dehnung / geringer Stärke, also Sehne, Rohhaut, Darm oder Seide zu verwenden.

Die drei Formen von Flachs: als Halm, gekämmte Faser und gesponnenes Leinengarn.

Die Rückansicht des 3" breiten Kieferbogens (7,6 cm), der mit gekämmten Flachsfasern belegt wurde. Außerdem sind ein mit gekämmten Flachsfasern belegter Tannenbogen und ein Eschenlangbogen, der mit Leinenfaden belegt wurde, zu sehen.

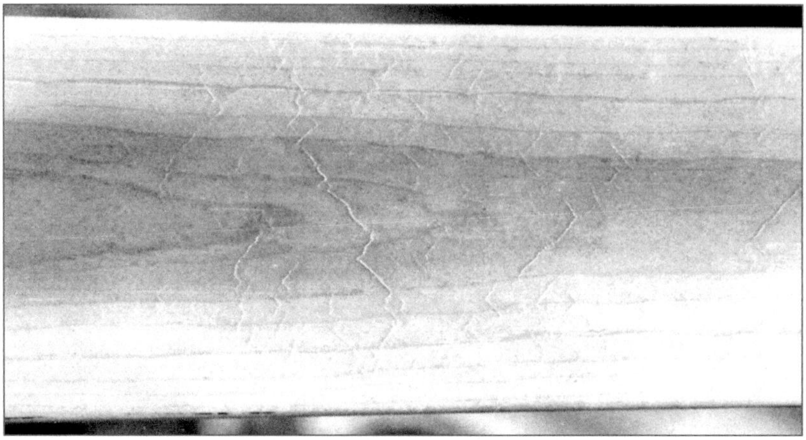

Die Kompressions- oder Stauchbrüche („chrysals") auf dem Bauch des flachsbelegten Kieferbogens.

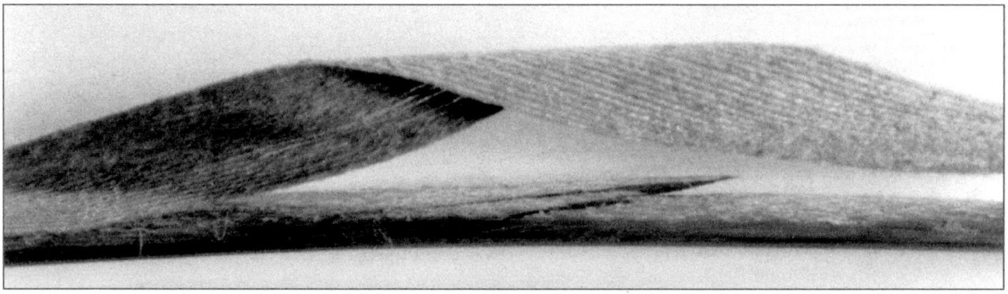

Hier sieht man deutlich, was ein Leinenbacking aushält. Trotz des katastrophalen Bruches im Holz war der Bogen immer noch schießbar (das Backing wurde nur entfernt, um die Bruchstelle fotografieren zu können).

Andere Pflanzenfasern wie Jute oder Sisal sind fast so stark wie Flachs. Baumwolle sollte man einmal untersuchen. Erste Tests haben ergeben, dass sie mit 7% Dehnung fast doppelt so dehnbar wie Leinen ist.

In der Frühjahrsausgabe des „Bulletin of Primitive Technology" beschrieb Dr. Errett Callahan im Jahre 1991 den Nachbau und die Verwendung eine Eskimobogens mit einem Backing aus Sehnenkabeln. Von diesem Artikel inspiriert fertigte Dick Baugh einen Bogen mit einem Backing aus Nylonschnüren, dessen Aufbau und Funktion er in der Frühjahrsausgabe '92 des „Bulletin" beschrieb. Die Arbeit dieser beiden Männer hat uns ganz neue Designperspektiven eröffnet.

Seide hat ähnliche Dehnungs- und Elastizitätseigenschaften wie Sehne und Nylon. Wie Sehne verbessert Seide die Leistung sowohl durch eine Verschiebung der neutralen Ebene und dadurch, dass sie einen Teil der Zugbelastung übernimmt. Im Gegensatz zu Nylon ist Seide ein Naturprodukt; im Gegensatz zu Sehne wird Seide von Feuchtigkeit nicht beeinträchtigt.

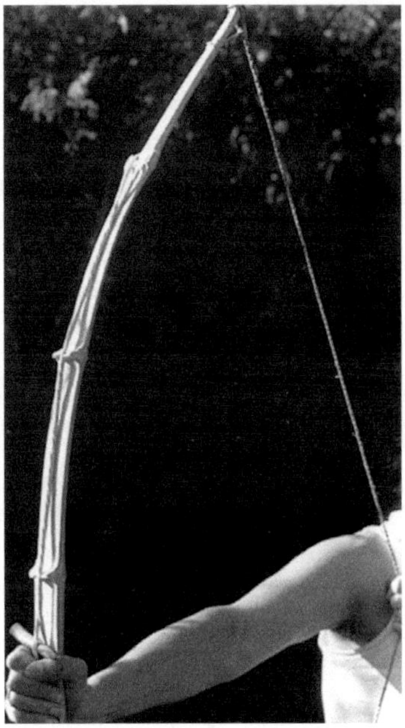

Bei diesem Bambusbogen wurden die Nodien (die Trennwände an den Wachstumsknoten) stehen gelassen und für das Seidenkabel sogar noch erhöht.
Das „höhergelegte" Kabel ist so noch weiter von der neutralen Ebene entfernt und übernimmt bei diesem Design noch viel mehr Arbeit.

Bambusbogen mit Backing aus einem Sehnenkabel.

Ein **Kabelbacking** (man könnte auch Schnur- oder Kordelbelag sagen) aus Seide ist leicht herzustellen, wenn man ungebleichten Seidenfaden, also kein Garn, verwendet. Man kann es einfach von Nock zu Nock wickeln, bis die gewünschte Dicke erreicht ist. Für die besten Ergebnisse sollte Seide um 6–8% vorgedehnt oder unter Spannung gewickelt werden. Das zieht den Bogen in reflexe Form. Auf diese Weise leistet weniger Seide mehr Arbeit, was sowohl zu Gewichts- als auch zu Materialersparnis führt. Verwende soviel Seide, dass sie im Querschnitt ungefähr einem Fünftel der Wurfarmmitte entspricht.
Im Gegensatz zu einem Sehnenbelag ist ein Kabelbacking auf der ganzen Länge gleich dick, was den Querschnitt angeht. Also wird das Verhältnis von Backing zu Holz immer größer, je näher man den Nocken kommt. Daher scheinen normal getillerte Bögen dann zu steife Wurfarmenden zu haben oder sich zu sehr im Griff zu biegen.
Also sollte man Bögen, die mit Kabelbacking versehen werden sollen, einen Peitschentiller verpassen. Wenn dann das Kabel drauf ist, versteifen sich die Nockenden bis zur normalen Biegung, wie das bei dem kurzen Bambus-Seide-Bogen im linken Bild der Fall ist.

Die letzten paar Zoll eines Wurfarms brauchen ja nicht zu arbeiten und können daher schmal, dick und steif sein, ja sogar über einen leichten Recurve verfügen. Ein Sehnenkabel braucht sich also gar nicht von Nocke zu Nocke zu erstrecken, es kann, wie im rechten Bild, seine eigenen Nocken ein Stück unterhalb der Wurfarmenden haben. Man kann das Kabel bis zur gewünschten Zugstärke eindrehen, so dass man in gewissen Grenzen das Zuggewicht des Bogens variieren kann!

Den Bogen testen

Es gibt nur eine Möglichkeit, sich über die Geheimnisse der Bogenleistung Gewissheit zu verschaffen: Baue Bögen mit allen möglichen Designs aus allen möglichen Materialien. Schieße jeden, um die Reichweite oder, mit einem Chronographen, die Pfeilgeschwindigkeit festzustellen und notiere, welcher Bogen pro Pfund Zuggewicht am schnellsten oder am sanftesten oder am ruhigsten usw. schießt.

Notiere die Informationen und studiere sie im Vergleich mit der Karte, die du beim Standardbiegetest angelegt hast.

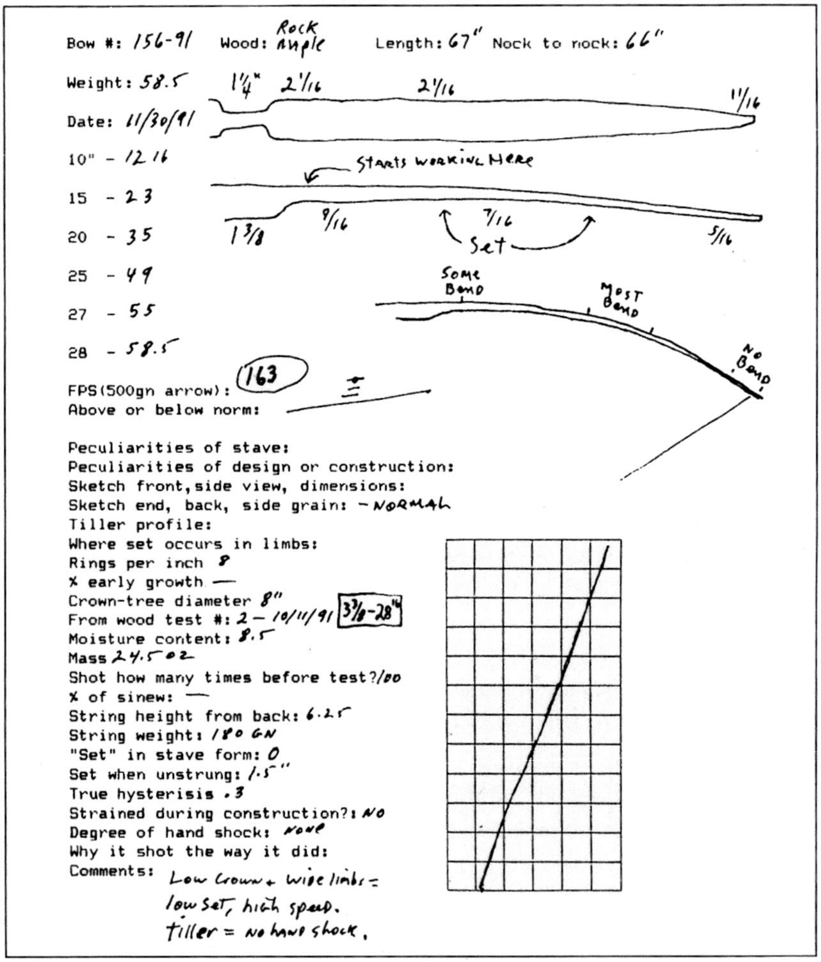
Bow #: 156-91 Wood: Rock maple Length: 67" Nock to nock: 66"
Weight: 58.5
Date: 11/30/91
10" - 12 16
15 - 23
20 - 35
25 - 49
27 - 55
28 - 58.5
FPS (500gn arrow): 163
Above or below norm:
Peculiarities of stave:
Peculiarities of design or construction:
Sketch front, side view, dimensions:
Sketch end, back, side grain: – NORMAL
Tiller profile:
Where set occurs in limbs:
Rings per inch 8
% early growth —
Crown-tree diameter 8"
From wood test #: 2 – 10/11/91 3⅛-28"
Moisture content: 8.5
Mass 24.5 oz
Shot how many times before test? 100
% of sinew: —
String height from back: 6.25
String weight: 180 GN
"Set" in stave form: 0
Set when unstrung: 1.5"
True hysterisis .3
Strained during construction?: NO
Degree of hand shock: NONE
Why it shot the way it did:
Comments: Low Crown + wide limbs = low set, high speed. tiller = no hand shock.

Dieses Messblatt zählt die meisten Variablen, die die Leistung eines Bogens beeinflussen, auf. Schon ein flüchtiger Blick verrät, wie gut dieser Bogen im Vergleich mit der Norm schießt. Wenn man die Daten verschiedener Bögen vergleicht, wird bald klar, welche Parameter für mäßige oder herausragende Leistungen verantwortlich sind.

Bald wird ganz klar, welche Merkmale des Designs und des Materials welche Leistungsmerkmale beeinflussen. Das ist vielleicht eher ein buchhalterischer als ein genialer Ansatz. Aber man lernt das Gelände besser kennen, wenn man es zu Fuß abschreitet, als wenn man nur darüberfliegt.

Es ist nicht nötig, mehrere Bögen vom gleichen Zuggewicht zu bauen, um ihre Leistung zu vergleichen.

Am Anfang notiere dir die Leistung von Bögen verschiedenen Zuggewichts, aber mit durchschnittlicher Länge und durchschnittlichem Set, wie oben beschrieben. Sobald genügend Punkte im Koordinatensystem sind, kann man eine den Durchschnitt markierende Linie ziehen.

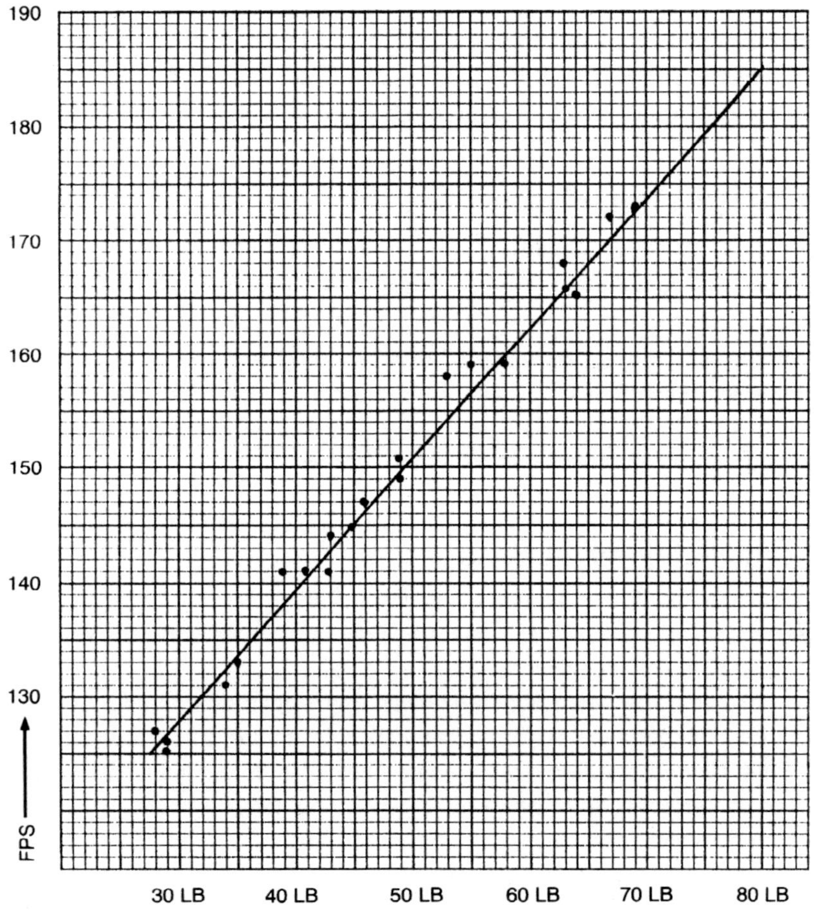

Die Durchschnittslinie sollte über die Punkte gelegt werden, die von Bögen mit durchschnittlicher Leistung stammen. Dann kann man noch weitere Linien, die z. B. für kurze Bögen, sehnenbelegte Recurves, Bögen mit Setback usw. stehen, eintragen. Benutze einfach verschiedene Symbole für jede Bogenart: Quadrate für Recurves, Dreiecke für Sehnenbelag usw.

Von nun an kannst du jedesmal, wenn du einen Bogen baust und testest, sofort feststellen, ob seine Leistung über- oder unterdurchschnittlich ist. Und dann kannst du nach den Ursachen suchen.
Bögen kann man modifizieren und neue Designideen ausprobieren, und sogar wenn das Zuggewicht variiert, kann man die relative Effizienz des neuen Designs durch seine Lage in Bezug auf die Durchschnittslinie beurteilen. So hat man ein vielseitiges Forschungsinstrument zur Hand.
Bald wirst du in der Lage sein, die Geschwindigkeit eines Bogens auf ein paar fps genau zu schätzen, bevor du ihn schießt, ja sogar bevor du ihn baust, denn du hast gelernt, wie sich bestimmte Designmerkmale auswirken. Das wird ganz selbstverständlich für dich sein.
Den Set eines Bogens sollte man sofort nach dem Abspannen messen, da verschiedene Hölzer unterschiedlich schnelles Rückstellverhalten zeigen.
Genauso ist es egal, wie stark der Reflex durch einen Sehnenbelag nach einem Tag oder einem Jahr zugenommen hat. Der Reflex bzw. das Profil direkt nach dem Abspannen liefert die besten Anhaltspunkte für das Verhalten des Bogens bei vollem Auszug.

Ist ein Chronograph sinnvoll?

Ein Pfeil wird durch die Geschwindigkeitsmessung nicht beeinflusst. Das Messgerät zwischen Bogen und Ziel funktioniert ja berührungsfrei, so dass sich der Pfeil wie gewohnt verhalten kann.
Da wir Variablen wie Windgeschwindigkeit, Luftdruck und Abschusswinkel nicht einkalkulieren müssen, ergibt eine Minute mit dem Chronographen viel zuverlässigere Ergebnisse als stundenlanges Weitschießen. Man kann genaue Werte auf seine Koordinatensysteme eintragen. Er sagt uns schonungslos die Wahrheit, und das schnell.

Noch ein Bogenparadoxon

Gerade ist dein sauber getillerter, angenehm weich schießender 50-lb.-Bogen fertig geworden. Du hast ausprobiert, wie weit er schießt bist die Entfernung von 165 Yards (150 m) abgeschritten. Du fühlst dich glücklich.
Dann ruft ein Bekannter, der auch Bögen baut, an und erzählt dir von dem Bogen, den er gerade gebaut hat. Der hat auch 50 lb. und schießt, wie er sagt, 225 Yards weit (205 m). Du bist am Boden zerstört und fragst dich, was in aller Welt du wohl falsch gemacht hast. Du bohrst nach und erfährst, dass sein Bogen genau wie deiner aus einem normalen, geraden Stave von normaler Länge und Breite mit normalem Tiller entstand. Er hat ungefähr den gleichen Set nach dem Einschießen wie dein Bogen, und auch der Pfeil deines Freundes entspricht in Gewicht und Befiederung dem deinen. Die Wurfkraft seines Bogens erklärt er mit irgendeiner außergewöhnlichen Eigenschaft seines Holzes.

Im Laufe der Jahre wirst du viele solche Berichte hören, die Leistungen außerhalb des physikalisch Möglichen belegen sollen. Das Paradoxe daran ist, dass die Erzähler ehrliche Menschen sind. Sie glauben das, was sie da berichten, selbst.
Die Ursache für dieses Paradoxon ist eine Droge namens Voreingenommenheit. Wie alle Drogen verändert sie die Wahrnehmung und erzeugt einen künstlichen Zustand der Befriedigung, aber dadurch vereitelt sie auch jede Hoffnung, dass der von ihr abhängige Bogenbauer wirkliche Fortschritte macht. Man kann dieses Wunschdenken nicht messen oder formen, aber es ist so real wie das Holz selbst. Und wenn man sich nicht bewusst damit auseinandersetzt, beeinflusst es die Bogenleistung mehr als alle Eigenschaften des Materials oder des Designs. Dagegen ist keiner von uns immun.

Eines Tages erklärte ich Dick Baugh (der den Bogenhobel erfunden hat) eine neue Bogentheorie, die auf der „Tatsache" aufbaute, dass Holz sich, kurz bevor es bricht, schwerer biegen lässt. Dick ist ein im Hinblick auf Materialeigenschaften gut geschulter Ingenieur und fragte mich, warum ich annehme, dass Holz „stackt". „Weil man es spürt", sagte ich. „Und außerdem weiß das jeder: Bogen stacken, weil das Holz sich schwerer ziehen lässt, bevor es bricht." Freundlich wies er mich darauf hin, dass ich eventuell im Irrtum befangen sein könnte.
Da fuhr ich die Belastungskurven auf, die ich in Bruce Hoadleys Buch „Understanding Wood" gefunden hatte. Da war der Beweis: Holz deformierte sich linear bis an seine Belastungsgrenze, und danach stieg die Linie in sanftem Bogen immer weniger steil zum Gipfel an und fiel dann ab. Das nächste Mal, als ich Dick besuchte, hielt ich ihm diesen Beweis unter die Nase. Ich hätte mir meiner Sache nicht sicherer sein können.
Triumphierend zeigte ich Dick die Kurve. Dann erklärte er mir geduldig, dass, wenn Holz stacken würde, die Kurve nach oben zeigen (also immer steiler werden) müsste. Also stackt Holz nicht vor dem Bruch – ganz im Gegenteil.
Ein paar Minuten stotterte ich ungläubig herum, bis mir die unvermeidliche Wahrheit dämmerte. Ich weiß nicht, wann mein Selbstvertrauen schon einmal so weit gesunken war!
Weil ich bestimmte Resultate zu sehen erwartete, weil ich voreingenommen war, hatte ich schwarz auf weiß dargelegte Fakten nicht gesehen oder falsch interpretiert. An diesem Abend führte ich mal ein ziemlich ernstes Selbstgespräch!

Und noch ein Beispiel:
Vor einiger Zeit bewies ich ohne die Spur eines Zweifels, dass Bögen umso weiter schießen, je höher das Nockgewicht ist. Dazu wickelte ich immer mehr Bleiband um die Nocken eines Bogens. Jede hinzugefügte Unze führte dazu, dass der Pfeil ein paar Yards weiter flog. Ich war ganz begeistert von meiner Entdeckung und schrieb deswegen an einige befreundete Bogenbauer. In den Briefen entwickelte ich eine komplizierte Theorie, die dieses Phänomen erklären sollte.

Ein paar Monate später, nach dem Schock, den mir Dick Baugh verpasst hatte, und nach meinem Selbstgespräch, wurde dieser Test unter Zuhilfenahme eines Chronographen wiederholt. Damit ich nicht aus Versehen zu weit auszog, befestigte ich eine Markierung aus Klebeband am Pfeil. Und siehe da: das Gegenteil traf zu. Zusätzliches Gewicht an den Bogennocken macht den Pfeil langsamer, nicht schneller.
Bei meiner ersten Versuchsreihe hatte ich offenbar die Entfernung nicht richtig gemessen bzw. den Pfeil immer weiter ausgezogen oder unbewusst den Abschusswinkel verändert. Was ich vor allem versäumt hatte, war, das Problem distanziert, kritisch und skeptisch zu betrachten.
Jetzt helfe ich mir damit, dass ich mir vorstelle, ich müsste Testergebnisse einem vernünftigen, erfahrenen, aber skeptischen Gegenüber erklären.

Ihr werdet immer wieder davon hören, dass irgend jemand einen neuen Bogen hat, der überirdisch schnell und weit schießt, viel weiter als eure eigenen Bögen. Solche Behauptungen sind vom Wunschdenken hervorgerufene Wahnvorstellungen.
In der folgenden Liste sind die maximalen Entfernungen aufgeführt, die Bögen mit einem bestimmten Design und Zuggewicht normalerweise erreichen können. Der Luftwiderstand, der mit der Windrichtung, Pfeillänge, Pfeildurchmesser und Befiederungsgröße zusammenhängt, kann diese Weiten natürlich etwas beeinflussen. Aber „normale" Pfeile fliegen, ein paar Yards hin oder her, so weit und nicht weiter.
Ein aus einem geraden Stave gebauter Bogen von 67" Länge mit mittlerem Set schießt einen 500 Grain schweren Pfeil mit normaler Befiederung bei 28" Auszug also so weit:

40 l.s	– 138 fps	148 Yards / 135 m
50 lb.	– 150 fps	166 Yards / 151 m
60 lb.	– 163 fps	186 Yards / 169 m
70 lb.	– 177 fps	210 Yards / 191 m

Ein solcher 50-lb.-Bogen mit heftigem Stringfollow		
schießt ungefähr	140 fps	151 Yards / 137 m
Mit 3" Stringfollow (7,6 cm)	145 fps	159 Yards / 144 m
Mit 1 ½ " Stringfollow (3,8 cm)	150fps	166 Yards / 151 m
Mit leichtem Reflex	155 fps	174 Yards / 158 m
Mit leichtem Recurve	160 fps	185 Yards / 145 m
Mit starkem Recurve	170 fps	200 Yards / 182 m

Nach mehr als 10.000 Jahren Schaben und Feilen hat die Bogenwissenschaft gerade mal einen grob getillerten Zustand erreicht. Und an manchen Stellen stimmt der Tiller überhaupt nicht.

Unter den Beiträgen jedes Autors und Forschers der Vergangenheit gibt es unvermeidlicherweise Lücken und Fehler. Wenn wir in einiger Zukunft dieses Kapitel lesen, wird das sicher auch darauf zutreffen. Das lässt sich nicht verhindern.
Unsere Aufgabe besteht darin, das unbestechliche Auge eines Bogenbauers, der den Tiller prüft, auch auf den Schatz des Bognerwissens zu richten und das abzuhobeln, was nicht dorthin gehört.
Zum wahren Kern eines Problems vorzudringen kann man mit der Jagd vergleichen. Für beides braucht man Schläue, Energie, Einfallsreichtum und vor allem die Bereitschaft, falsche Voraussetzungen, falsche Fährten und bequeme Auswege fallen zu lassen – die Bereitschaft, sich einen Irrtum einzugestehen.

Niemand kennt alle Antworten, und niemand hat immer Recht. Darum betrachte alle Behauptungen (meine nicht ausgenommen) mit Skepsis.
Pope, Hickman, Nagler und Klopsteg haben in der ersten Hälfte des 20. Jahrhunderts viel wertvolles Wissen gesammelt. Wenn wir jetzt irgendwelche Lücken oder Fehler in diesem Kanon entdecken, sollten wir ihnen zugute halten, dass sie sich eben nicht auf die Erfahrungen von Pope, Hickman, Nagler und Klopsteg stützen konnten. Sie verfügten nicht über die Bandbreite des Wissens, das es heute gibt und auch nicht über das weitgespannte Netz an Beziehungen zwischen Forschern, die ungehindert Informationen, Ideen und, wichtiger noch, konstruktive Kritik austauschen können. Und sie konnten nicht mal schnell zum modernen Chronographen, jenem gnadenlosen Lügendetektor, greifen.

Es macht einigen Spaß, über die Prinzipien des Bogendesigns zu theoretisieren, aber es ist auch gefährlich. Theorien aufzustellen ist nur dann sinnvoll, wenn die Resultate einer rigorosen Prüfung unterzogen werden. Etwas einfach nur zu „meinen" reicht bei weitem nicht aus. Wie sicher du dich auch hinsichtlich deiner neuesten Erkenntnisse fühlst, denke daran, dass du dich genau so sicher gefühlt hast, bevor dir der Fehler in deiner letzten Schlussfolgerung klar geworden ist.
Es gibt in diesen Dingen nur einen unbestechlichen Richter:
Lass die gemessene Pfeilgeschwindigkeit die Richtschnur sein, an der du die Gültigkeit deiner Spekulationen misst. In der Geschwindigkeit des Pfeils liegt eine Weisheit, die größer als die des Salomon ist.

3 Übersetzt von Stefan Bartels

Der Langbogen aus Eibe

John Strunk

Über den Langbogen und seinen Platz in der Geschichte der Kriegsführung wurde bereits viel gesagt. Die Angst und die Achtung, die er in Händen erfahrener Schützen verbreitet hatte, kann nur mit der der heutigen Artillerie verglichen werden. Wenn man an einen Langbogen denkt, so stellt man sich damit einen Bogen in Mannesgröße vor, also ca. 180 cm lang und mit tiefem und schmalem Querschnitt. Diese Normen sind im Lauf der Geschichte geblieben. Heutzutage sagen viele Leute, dass ein Langbogen gerade Enden hat und dass die Sehne von Nocke zu Nocke geht, ohne die Wurfarme sonst noch zu berühren. Für mich ist diese Definition etwas zu locker. Andere wiederum sagen, ein Langbogen muss so groß sein wie der Schütze, und das wäre auch für mich eine annehmbare Norm.

Das vor Augen, ergeben einige Materialien bessere Langbogen als andere. Wir können also sagen, dass die Bauart des Bogens von der Natur der Werkstoffe beeinflusst wird. Viele Bogenhölzer halten beispielsweise die Druck- und Zugkräfte besser aus, wenn sie eher lang gelassen werden. Bei den früheren Kriegsbogen mit über 100 Pfund Zugkraft bei 30" Auszug kann man leicht verstehen, dass ein längerer Bogen sicherer und haltbarer war. Außerdem wirft ein solcher Bogen einen schweren Pfeil viel genauer über große Entfernungen, wie ja im vorhergehenden Kapitel über Bogenbauart und Leistung ausgeführt wurde.

Wenn ich einen Langbogen mache, passe ich den Bogen gerne dem Wesen des Holzes und des Schützen an. Das ist die einzig logische Art, über Stil, Länge und die anderen Abmessungen des Bogens zu entscheiden. Um den höchsten Wirkungsgrad zu erreichen, muss man einen Mittelweg zwischen Weichheit im Auszug, Auszugslänge und Zuggewicht usw. finden. Als Daumenregel sollte man für 26" Auszug eine Bogenlänge von 66" anstreben, bei 28" sind es 68" und bei 30" dann 70" und mehr. Hölzer, die eine gute Druckfestigkeit aufweisen und ein geringes Eigengewicht haben, so wie Eibe, Zeder oder Wacholder, ergeben die besten Langbogen. Earl Ullrich hat mir einmal gesagt, dass „Eibenholz das Geschenk Gottes an die Bogenbauer" sei.

Die Eibe ist eines der perfektesten natürlichen Bogenmaterialien. Sie weist hohe Druckfestigkeit und Elastizität auf, hat ein geringes Gewicht und ist weich zu ziehen. So wie viele sagen: „Ein Eibenholzbogen lässt sich butterweich ziehen." Der einzige Nachteil ist, dass dieses Holz leicht Kratzer und Dellen bekommt. Aber diese sind normalerweise nur 'Andenken' und schwächen den Bogen nicht weiter. Außerdem reagiert Eibe auf Temperaturwechsel empfindlicher als andere Hölzer. Wenn es besonders kalt oder warm ist, bin ich selbst aber auch beeinträchtigt! Zumindest wird das wohl der Grund für Fehlschüsse gewesen sein!

Die meisten Eibenstämme ergeben genug Rohstoff für zumindest einen Bogen, ich schneide jedoch selten einen Baum, der nicht etliche Rohlinge ergibt. Das cremefarbene Splintholz ist der perfekte Bogenrücken. Das orange gefärbte Kernholz kann den Druckkräften widerstehen und wirft gut, da es schnell zurückfedert. Die beste Eibe kommt üblicherweise von den Cascade Bergen in Oregon, im Bundesstaat Washington und British Columbia. In manchen Gebieten steht die Eibe unter den dichten Baumkronen der Douglas Fichten.

Durch die Abschirmung vom direkten Sonnenlicht wachsen die Bäume recht langsam, durchschnittlich 40–60 Jahresringe pro inch Holz (16–24 Jahresringe/cm).
Man findet Eibe auch in niedrigeren Lagen, es wächst dort aber zu schnell für gutes Bogenholz. Umso dichter die Jahresringe stehen, umso kleiner sind die Maße eines Bogens für ein gegebenes Zuggewicht, was natürlich heißt, dass dieses Holz dann stärker ist.
Wie so oft in der Natur, gibt es auch hier Ausnahmen. Gilman Keasey, ein alter Bogenbauer aus Corvallis in Oregon, erzählte, dass er sein bestes Material entlang des Willamette Flusses im westlichen Oregon gefunden hatte. Das werden aber wohl eher leichte Sportbogen gewesen sein als starke Jagdbogen.

Die Eibe ist ziemlich einzigartig, da sie zweihäusig ist. Die männlichen Bäume haben Zapfen, die weiblichen Bäume tragen die roten Beeren. Früher gab es Streitgespräche, welches Holz besser sei, ich habe jedoch keinen Unterschied feststellen können. Man erkennt den Baum recht leicht an seinen kurzen flachen, dunkelgrünen Nadeln und der rötlich braunen, abblätternden Rinde.
Es gibt zwei Arten von Eiben: die einen wachsen gerade, ohne Knoten und sind zum Bogenbauen verwendbar, die anderen eben nicht.

Wenn du anfängst, Bogenbauerfahrung mit Eibe oder einem anderen Holz zu sammeln, musst du zuerst ein geeignetes Stück Holz finden. Du kannst den Rohling entweder von einem erfahrenen Bogenbauer erwerben oder versuchen, selbst einen zu schneiden. Ich empfehle dir, ein Stück Holz zu kaufen, dann kannst du sofort mit dem Bogenbau anfangen. Nimm für deinen ersten Versuch nicht gerade das beste Stück Holz aus dem Wald, denn du wirst Fehler machen und Fehlschläge erleiden. Daher ist es besser, zum Lernen kein perfektes Material zu verwenden, denn auch aus buckligem Holz kann man sehr gute Bogen bauen.

Ein häufiger Fehler ist, dass man den Bogen bereits vor seinem geistigen Auge fertig baut anstatt sich vom Holz selbst leiten zu lassen.

Aus Eibe mit geschlängelter Maserung kann man sehr gute Bögen mit viel Charakter bauen.

Der Verlauf der Maserung und der Charakter jedes Stückes sollte den Stil und die Form des Bogens vorgeben. Passe nicht das Holz deinen Vorstellungen an, ohne diese Faktoren einzubeziehen. Denn wenn du das trotzdem tust, hast du eigentlich keine Möglichkeit mehr, einen tauglichen Bogen zu bauen.
Ein Bogen muss zwei Dinge tun: er soll sich gleichmäßig ziehen lassen und nicht brechen. Das Aussehen des Bogens hat damit recht wenig zu tun.

Nach mehreren Versuchen einen Bogen zu bauen, hast du wertvolle Erfahrungen erworben, die hilfreich sein können, falls du vorhast, später dein eigenes Bogenholz zu schlagen.
Du wirst nicht nur den Blick dafür bekommen, wo in den Bäumen die guten Stücke versteckt sind, sondern auch deine Kenntnisse bezüglich der Bogenarten, des Ablagerns usw. stark erweitern. Rund um mein Grundstück gibt es viele Zaunpfähle aus Eibenholz, die von Leuten zum Zwecke des Bogenbaus umgesägt wurden. Erfahrung ist eine großartige Lehrerin, daher sei geduldig und freue dich daran, soviel zu lernen wie möglich.
Du kannst vieles über das Bogenbauen lesen, aber früher oder später musst du deine eigenen Späne machen! Die einzige Möglichkeit dabei zu versagen, ist niemals anzufangen.

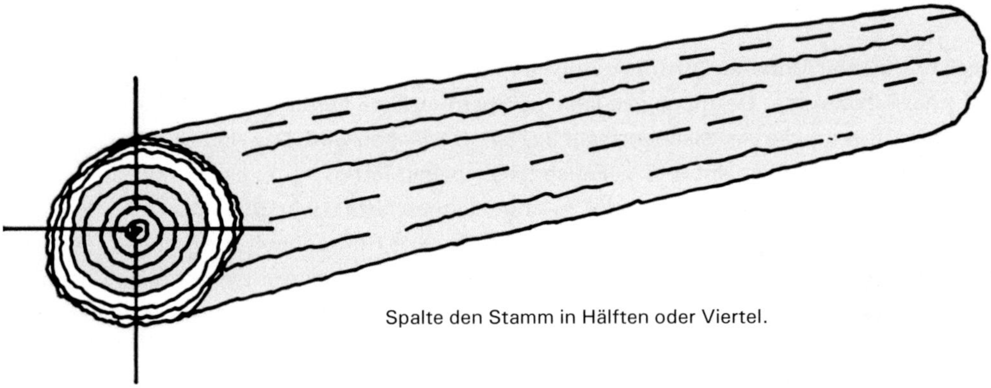

Spalte den Stamm in Hälften oder Viertel.

Hier einige Hinweise zum **Lagern von Eibe**. Es gibt ebenso viele Theorien dazu wie zum eigentlichen Bogenbau selbst. Die Trockenzeit hängt sicherlich vom Klima der Gegend ab. Ich habe es geschafft, dass das Holz manchmal in sechs Monaten abgelagert war, aber durchschnittlich dauert es mindestens ein Jahr. Am besten ist es, den Stamm gleich nach dem Fällen je nach Größe zu halbieren oder zu vierteln. Dann lagert man das Holz abgedeckt im Freien, um es trocken zu halten.

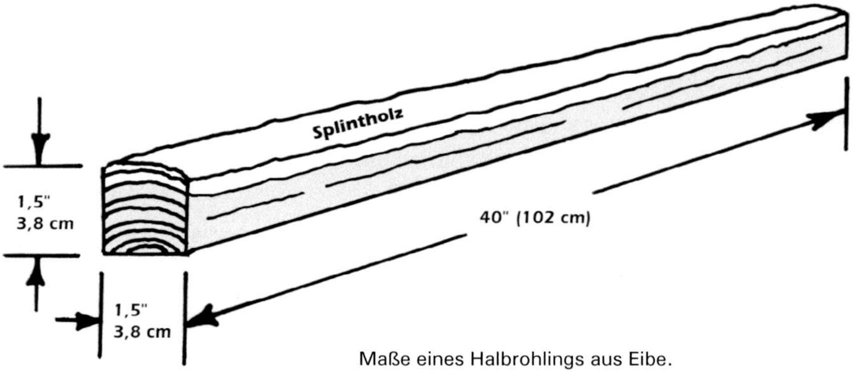

Maße eines Halbrohlings aus Eibe.

Nach sechs Monaten schneide oder spalte das Holz in 1 ½" × 1 ½" oder 2" × 2" (3,8 × 3,8 cm oder 5 × 5 cm) Rohlinge oder Halbrohlinge (*billets*)[1]. Das Holz trocknet dann recht schnell auf 10 % Feuchtigkeitsgehalt hinunter. Die Stücke kann man in einem ungeheizten Raum mit weniger Luftfeuchtigkeit als draußen unterbringen.

Nach drei bis vier Monaten Lufttrocknung vermindere ich den Feuchtigkeitsgehalt des Holzes mit einer Wärmekiste. Dazu benutze ich eine Sperrholzkiste mit den Maßen 18" × 24" × 80" (46 × 61 × 203 cm), die von Glühbirnen auf 32–37 °C gehalten wird. Das Holz trocknet innerhalb von drei bis vier Wochen auf 6–7 % Feuchtigkeitsgehalt fertig.
ACHTUNG: Wenn es zu warm ist oder zu lange drinnen bleibt, wird das Holz zu trocken und damit brüchig. Es gibt noch andere Möglichkeiten, das Holz schnell zu trocknen, aber die oben beschriebene Methode funktioniert bei mir recht gut. Mache entsprechende Versuche immer mit deinen schlechteren Holzstücken, sei es beim Trocknen oder beim Bogenbau selbst.

Jetzt ist dein Holz fertig und wir machen mit dem eigentlichen Bau eines Eibenbogens weiter. Für den Anfänger ist der Bogentyp am besten, den man nach einem Muster machen kann. Wenn du dann mehr Erfahrung erworben hast, wirst du dich sicher an verdrehten und verkrümmten Stücken versuchen wollen. Diese stellen eine Herausforderung dar und sind dann Einzelstücke. Entgegen der allgemeinen Meinung kann man aus solchen Stücken recht gute Bögen machen. Diese Dinge in der Natur, die um das Überleben kämpfen mussten, haben großartige, versteckte Qualitäten, durch die sie die Zähigkeit und Elastizität erhalten, die ein Bogen braucht.

---

1 Anmerkung: Hat man kein geeignetes Holz in gewünschter Länge zur Verfügung kann man aus zwei Stücken halber Länge (*billets*), hier als Halbrohlinge bezeichnet, einen Bogenstab zusammen spleißen.

Mit dem Bogen anfangen

Inzwischen solltest du wirklich von deiner Aufgabe, einen Bogen zu bauen, besessen sein. Dieser Enthusiasmus und das Verlangen, es richtig zu machen, sollten ganz einfach darauf gerichtet sein, damit anzufangen. Glaub' nicht, dass du noch mehr Informationen oder Erfahrungen brauchst, die bekommst du schon, wenn du den Bogen baust. Alle, die jetzt berühmt für ihre Bogenbauerqualitäten sind, haben einmal mit genau diesen gemischten Gefühlen angefangen. Schon bald werden die Leute dich fragen, wie man einen Bogen baut! Mit den hier dargestellten Methoden und Techniken kannst du einen Bogen mit handelsüblichen Holzbearbeitungswerkzeugen bauen.

Fange damit an, die Rinde mit einem Ziehmesser, einer Raspel oder deinem Messer vom Rohling zu entfernen. Sei vorsichtig, damit du jetzt nicht in das weiße Splintholz schneidest, wir entscheiden erst später, ob es nötig oder wünschenswert ist, es dünner zu machen. Wenn du Halbrohlinge verwendest, müssen diese erst zusammen gespleißt werden, bevor du weiterarbeitest (Siehe dazu Kapitel 9 über die Spleißverbindungen).

Der Entwurf des Bogens

Hast du zwei halbe Stäbe zusammen gespleißt, entferne den überstehenden Leim sobald er trocken ist. Mit einer Holzraspel schabst du dabei gleich auch die alten Mittellinien weg, die ursprünglich aufgezeichnet wurden. Jetzt kann eine neue Mittellinie für den Bogenumriss festgelegt werden. Mit einer langen, geraden Kante oder einer gespannten Schnur, die man zwischen zwei Reißnägeln in den Stirnseiten gespannt hat, wird sie angezeichnet.

Fixiere die Schnur mit einem Klebeband in der Mitte des (späteren) Griffes, um ein Verschieben zu vermeiden. Schaue an der Linie entlang, um sicherzustellen dass sie gerade ist. Als nächstes miss die Mitte des Bogens aus und lege sie fest. Jetzt wähle das Ende des Rohlings, das später das obere Ende des Bogens werden soll. Wähle jene Seite, welche sich von Natur aus mehr zum Schützen hinbiegt. Zeichne einen Strich 1" (2,5 cm) über den Mittelpunkt des Z-Spleiß, wie im Bild sichtbar. Du wirst später sehen, dass dieser Strich gleich weit von den beiden Nocken entfernt ist. Dadurch wird der obere Wurfarm um 1" (2,5 cm) länger und ermöglicht dir, den Bogen richtig tillern zu können.

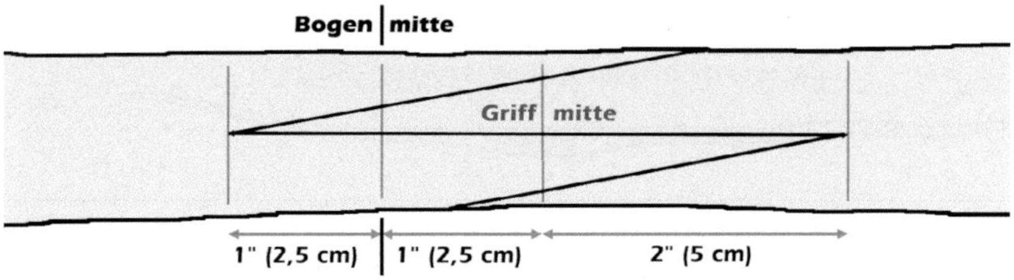

Die Griffsektion zeigt die Anordnung im Verhältnis zur Bogenmitte. Beachte den Z-Spleiß, der beide halbe Stäbe verbindet.

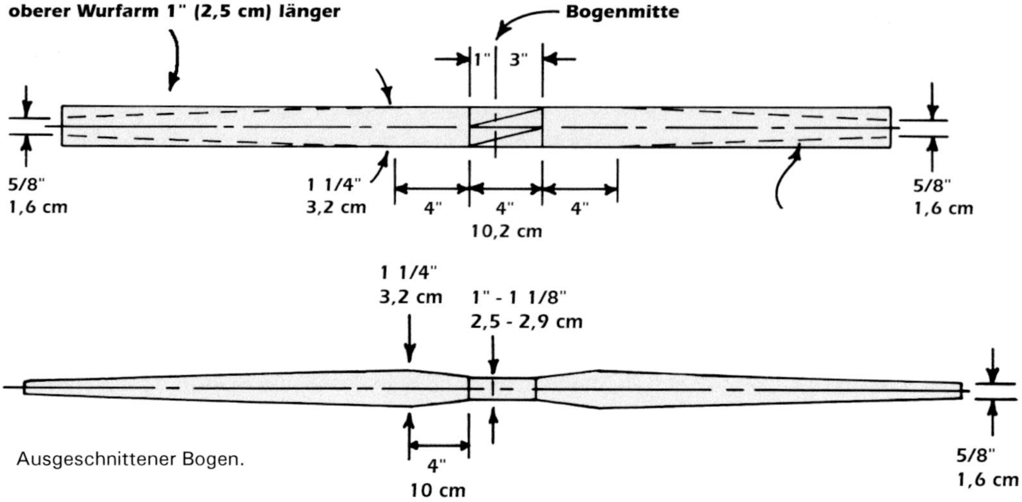

Ausgeschnittener Bogen.

Jetzt bist soweit, dass du den Umriss des Bogens zeichnen kannst.
Nimm die Zeichnung als Vorlage: Das Mittelteil ist auf 12" (30,5 cm) Länge 1 ¼" (3,2 cm) breit, und verjüngt sich zu den Enden auf $^5/_8$" (1,6 cm). Dieser 12" (30,5 cm) lange Abschnitt wird später zum Griff mit $1^1/_{16}$" (2,7 cm) Breite reduziert, wie in der Skizze sichtbar. Das Bogendesign ist eine Frage der persönlichen Vorlieben, daher sind diese Maßangaben nur ein Leitfaden.

Den Bogen ausschneiden

Wenn einmal der Umriss feststeht, kannst du einfach außerhalb dieser Linie mit der Bandsäge schneiden und dann den Rest mit Hobel, Schleifpapier oder Feile entfernen. Wenn du keine Bandsäge zur Verfügung hast, kannst du die Form auch mit einem (Zimmermanns-) Beil, Handhobel oder anderen Handwerkzeugen erreichen. Schleife den Umriss mit grobem 80er Schmirgelpapier mit einem Schleifklotz. Jetzt drehe den Rohling auf die Seite und zeichne eine neue Linie, die das grobe Profil oder die Dicke des Bogens darstellt. Diese Linie muss der Maserung des Bogens folgen.

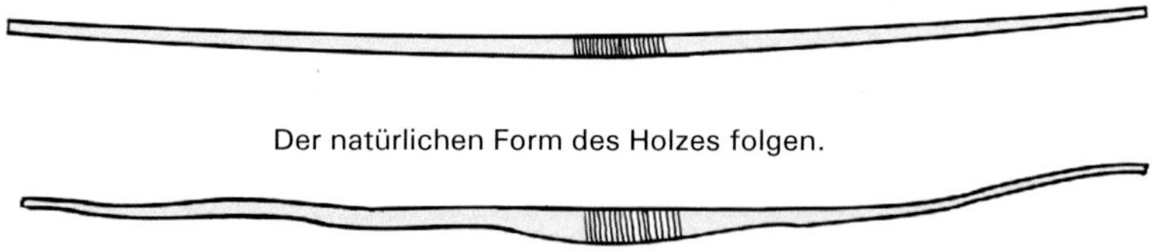

Der natürlichen Form des Holzes folgen.

Obwohl die Dicke der Wurfarme vom Griff zu den Enden hin abnimmt, muss ihr Profil parallel zur gegenüberliegenden Oberfläche sein. Mit anderen Worten, wenn am Rücken ein Buckel ist, muss am Bauch eine Mulde liegen. Daran musst du immer denken. Niemals die Buckel abflachen, ob am Rücken oder am Bauch. Diese Unregelmäßigkeiten geben jedem Bogen erst seinen einzigartigen Charakter.

Dem Bogen die Form geben

Mit einer Bandsäge reduziere ich die Dicke des Bogens. Ein Zugmesser geht da genauso, obwohl man hier leicht die Fasern rund um einen Ast oder Mulde auf der Rückseite einreißen kann. Wenn du dem Umriss folgst, sei vorsichtig beim Verjüngen des Wurfarmes, besonders bei den Buckeln und Mulden auf dem Rücken des Rohlings.

Ich empfehle eine große 12" Holzraspel und späteres Glätten mit einem Schaber. Dabei langsam vorgehen und dem Bauch die Möglichkeit geben, sich der Form des Rückens anzupassen. Noch einmal, wenn der Rohling am Rücken eine Mulde hat, muss am Bauch ein entsprechender Buckel sein, dann wird die Maserung so aussehen wie auf dem Foto.

Ich benütze eine Schieblehre und gleiche die Dicke alle 6" (15 cm) ab.

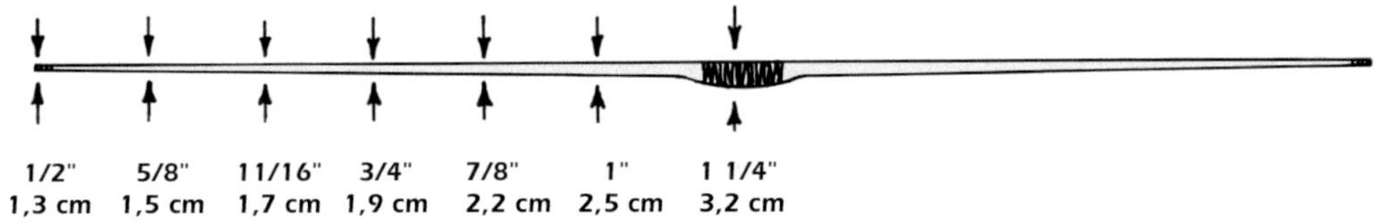

Dicke eines Langbogens längs der Wurfarme.

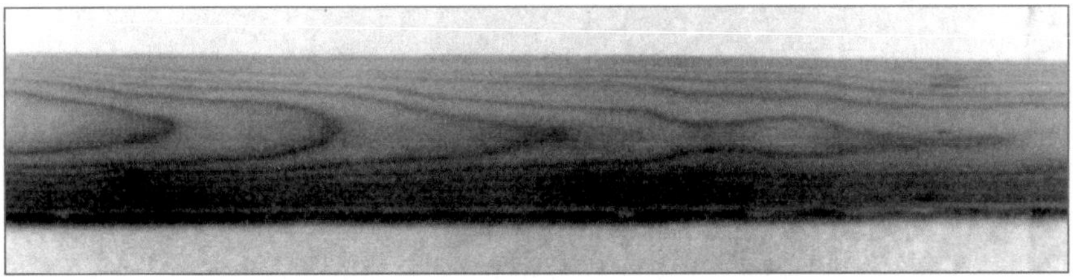

Auslaufende Jahresringe am Bogenbauch.

Der Querschnitt des Bogens sollte schrittweise ein flaches D oder ein Rechteck werden. Behalte diesen Querschnitt während des Tillerns bei, bis du das endgültige Zuggewicht erreichst. Die Maßangaben in den Zeichnungen sind nur ungefähr zu verstehen und geben die groben Ausmaße des Bogens an. Arbeite den Rohling langsam herunter, um das endgültige Zuggewicht zu erreichen. Das wird gemacht, um dem Rohling die richtige Biegung anzugewöhnen. Achte auf die Maserung, wenn du den Bauch bearbeitest. Die Flammen müssen immer zu den Bogenenden zeigen. Die einzige Ausnahme wäre es, wenn man ein paar zusätzliche Schichten rund um einen Ast oder eine tiefe Mulde ließe.

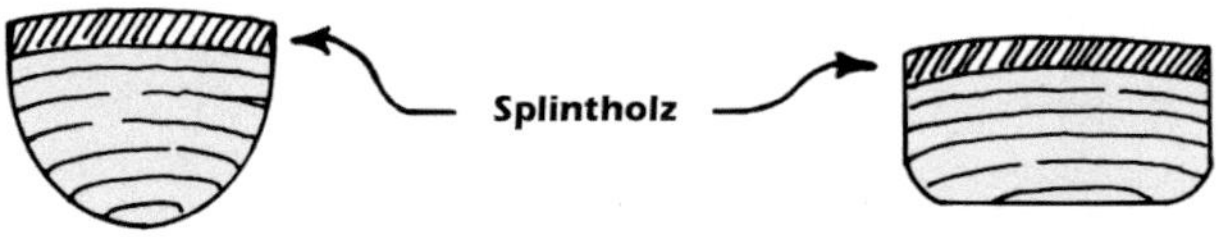

Mögliche Querschnitte.

Zu diesem Zeitpunkt muss du entscheiden, ob du das Splintholz dünner machst. Wenn ja, ist es am besten es jetzt zu machen, denn wenn du es später, während des Tillerns machst, reduzierst du das Zuggewicht drastisch und veränderst den Tiller. Und das ist ziemlich gefährlich bei Eibenholz. Ich empfehle, dass ein Anfänger sich keine Sorgen um die Dicke des Splintholzes machen soll, weil es eine rein kosmetische Angelegenheit ist und das Herumdoktern hier immer das Risiko in sich birgt, den Rohling zu zerstören.

Arbeite am Rohling weiter, bis du die Sehne aufspannen kannst. Ich setze das untere Ende an die Innenseite meines rechten Fußes und ziehe am Griff, während ich das obere Ende von mir wegdrücke, um die Stärke des Rohlings zu prüfen. Wenn sich der Rohling 4–5" (10–12 cm) biegt, kannst du eine vorläufige Sehnenkerbe mit einer ⅛" (3 mm) Rundfeile machen.
An dieser Stelle nenne ich das Werkstück immer noch Rohling und noch nicht Bogen. Obschon das Holzstück fast schon wie ein Bogen ausschaut, muss erst eine Sehne aufgespannt werden. Und das Holz muss nach und nach lernen, den Belastungen standzuhalten, bis zum vollen Auszug des Schützen. Erst dann sollte es Bogen genannt werden.

Miss von der Mitte des Rohlings die gleiche Länge bis zu den Enden, um die Sehnenkerben festzulegen. Das ist jeweils der halbe Nockenabstand des fertigen Bogens, zum Beispiel 34" (86,5 cm) für einen Bogen von 68" (173 cm) Länge. Forme die Nocken wie auf den Zeichnungen dargestellt. Kaufe oder mache eine Sehne, die ca. 2" (5 cm) kürzer ist als das Maß von Nocke zu Nocke. Spanne die Sehne mit einer Spannschnur auf, die an den Bogenenden befestigt ist.
Der Querschnitt im Nockenbereich des Rohlings ist ca. ½ × ½" (13 × 13 mm). Forme das Splintholz an den Bogenenden (*tips*) auf ca. 3" (8 cm) Länge so, dass der Querschnitt hier fast rund wird. Das erlaubt dann einen guten Sitz der Hornnocken.

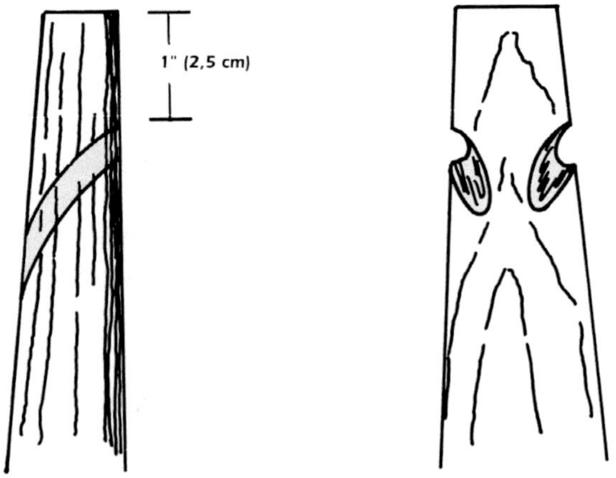

Seitenansicht und vom Bogenbauch aus gesehen.

Der Rohling sollte jetzt auf eine Standhöhe von ca. 4" (10 cm) aufgespannt werden, wenn es weniger ist, drehe die Sehne etwas ein und spanne erneut auf. (Die Standhöhe ist der Abstand der Sehne vom Griff.)
Untersuche den Rohling, ob er gerade liegt oder ob er die Tendenz hat, sich zu verdrehen. Manchmal ist es nötig, die Kanten gegenüber der Verwindung abzuflachen (Der Wurfarm dreht sich zur schwächeren Seite). Das bringt den Rohling dazu, sich in die Gerade zurückzudrehen. In schweren Fällen kann es nötig sein, den Rohling zu dämpfen. Man erhitzt Wasser in einem Kessel und hält den betreffenden Bereich in den austretenden Dampf. Das Ganze mit einem Deckel oder einem Tuch bedecken. Ungefähr zehn Minuten sollten ausreichen, um genug Hitze und Feuchtigkeit in das Holz zu bekommen, um es dann formen zu können. Stelle das Ende des Rohlings auf den Boden und drücke es in die Richtung, die nötig ist um es gerade zu bekommen. Lass den Rohling ein paar Tage trocknen bevor du ihn wieder aufspannst. Mit dieser Methode kannst du auch die Bogenenden biegen und damit den Tiller beeinflussen. Manchmal ist ein Wurfarm so schwach, dass er sich nicht richtig biegt. Eine Biegung in die Gegenrichtung (Reflex) erhöht den Biegewiderstand und gleicht die beiden Wurfarme einander an.

„Erziehe“ den Rohling langsam und vorsichtig, durch sanftes Ziehen gewöhnt er sich an die Biegung. Benutze eine Spannschnur, die du auf die Enden des Rohlings setzt und stelle deinen Fuß auf die Schnur. Ziehe nun langsam am Griff, lass die Biegung von einem Freund beurteilen und Ausschau nach zu steifen Stellen halten. (Steife Bereiche verursachen gerade Stellen, die sich eben nicht erkennbar biegen). An diesen Stellen muss man mehr Holz abtragen. Diese Vorgangsweise empfiehlt sich bei sehr schweren Bögen.
Hier sind noch andere Arten, den Rohling „auszubilden“. Du kannst den Rohling auf ca. 4" (10 cm) aufspannen und ihn im Spiegel beobachten, während du ihn langsam biegst. Oder du kannst einen Haken oder einen Bügel an der Wand befestigen, der den Griff des Rohlings aufnimmt. Befestige eine Umlenkrolle am Boden, ein Seil an der Sehne und ziehe das Seil durch die Rolle. Nun kannst du den Rohling aus einiger Entfernung betrachten.

Schleife den Rohling mit grobem Schleifpapier ohne Klotz ab, um die Feilspuren zu entfernen. Nimm wieder das 80er Schleifpapier und achte darauf, dass du auf der Bauchoberfläche der Maserung folgst. Nun ziehe den Rohling auf 12–15" (30,5–38 cm) Auszug und schau dir an, wie sich die Wurfarme biegen. Feile und schleife steife Bereiche sehr langsam, um die Wurfarme abzustimmen. Beim Schleifen immer wieder biegen und die Krümmung betrachten. Gehe dabei langsam vor, weil dein Rohling sich bis jetzt noch nicht „gesetzt hat“. Dieser Ausdruck bezeichnet die Ermüdung des Holzes und die Gewöhnung an die Biegung. Wenn das geschieht, verliert der Rohling schnell an Zuggewicht. Schleifst du in einem Bereich zuviel ab, biegt sich der Rohling dort zu stark oder knickt sogar ein bisschen. Als Folge versagt das Holz und der Rohling ist zerstört.
Ziehe den Rohling 20 mal auf 15" (38 cm) und prüfe die Krümmung der Wurfarme genau, um sicherzugehen, dass sich er sich auf der ganzen Länge gleichmäßig biegt.

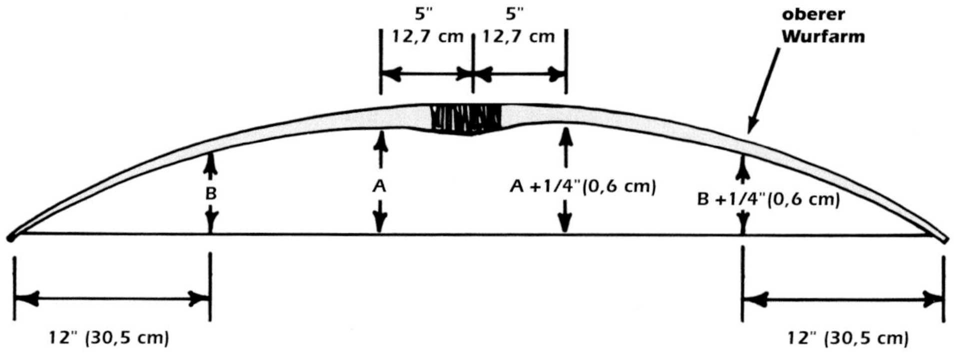

Der Tiller eines Langbogens. Der kürzere untere Wurfarm ist etwas steifer.

Der richtige Tiller oder das Maß zwischen der Sehne und dem Bauch des Rohlings sollte folgendermaßen sein: Der Abstand von der Sehne zum Bauch des oberen Wurfarmes sollte ungefähr ¼" (6 mm) größer sein, als das entsprechende Maß am unteren Wurfarm, da der untere Wurfarm geringfügig kürzer ist. Das erlaubt es den beiden Wurfarmen sich gleich zu biegen, wenn der Bogen zum Schießen ausgezogen wird. Nähere Informationen dazu gibt es im Kapitel **Tillern** in diesem Band.

Plane 2–5 lb. Zuggewichtsreserve für das endgültige Abschleifen der Oberfläche und die Feinabstimmung ein.

Gehe langsam vor! Eile kann Stauchfalten (Kompressionsrisse) verursachen. Diese erscheinen als kleine, hellgefärbte Striche am Bauch des Bogens quer zur Maserung. Das kommt vor, wenn dort das Holz stärker ermüdet ist als an den anderen Stellen, und bringt den Bogen dazu, dass er dort an seiner schwächsten Stelle abknickt oder bricht. Es ist aber nicht alles verloren, wenn so etwas in der Nähe des Griffes auftaucht. Ich habe einmal den Bauch über einer Stauchfalte abgehobelt und ein Stück Holz aufgeleimt, bevor ich den Bogen wieder aufgespannt habe. Eine Stauchung in dieser Gegend wurde wahrscheinlich dadurch verursacht, dass der Griffbereich zu stark geschwächt wurde.

Stauchfalten können auch rund um einen Ast vorkommen, der herausgebröselt ist und das Holz geschwächt hat. Lass zum Ausgleich dort noch ein paar zusätzliche Schichten Holz rund um das Astloch stehen. Kleine Äste sind üblicherweise kein Problem, solange sie nicht in der Nähe des Endes auftauchen. Den Ast kann man mit einem ⅛" (3 mm) Bohrer ausbohren und einen kleinen Dübel hineinleimen. Das wird aber nur dann empfohlen, wenn der Ast locker oder weich ist. Ich ziehe es vor, einen lockeren Ast herauszuholen und ihn durch Späne und Leim zu ersetzen, obwohl es wahrscheinlich am besten ist, den Ast in Ruhe zu lassen und ihn mit zusätzlichen Holzschichten zu verstärken.

Stimmen Tiller und Zuggewicht, kann man den Bogen schießen. Es ist das Beste, wenn man jetzt bisher unbemerkte Risse findet, an denen der Bogen brechen könnte. Besser jetzt, als wenn man noch mehr Zeit hineingesteckt hat.

Der Bogen ist fertig, wenn man ihn 40–50 mal geschossen hat, und die Biegung immer noch zufriedenstellend ist.

Jetzt kann man ihn mit Rohhaut verstärken (also ein sogenanntes **Backing** anbringen). Das ist für leichtere Bögen unter 50 lb. nicht unbedingt nötig, aber ich empfehle es für alle Bögen, da es den Rücken zusätzlich schützt.
Dazu nimm zwei Stücke Rohhaut, die jeweils 1" (2,5 cm) länger sind als die Hälfte des Bogens. Fase die Enden an, die sich in der Mitte des Bogens überlappen, das macht den Griffbereich glatt, ohne Buckel. Schneide die Rohhaut 1/8" (3 mm) breiter zu als die Wurfarme und schabe oder schleife die Fleischseite ab, um eventuelles Fett zu entfernen, das die Leimaufnahme verhindern könnte. Weiche die Rohhaut eine halbe Stunde in handwarmem, aber nicht heißem, Wasser ein. Trockne es mit einem Tuch ab, dann verteile eine dünne Schicht Holzleim oder Weißleim auf der Splintholzseite des Bogens. Nicht zuviel Leim verwenden, da dieser dann seitlich herausgequetscht wird und das spätere Entfernen der elastischen Binde erschwert. Klemme den Bogen im Schraubstock fest oder lass ihn von jemand anderem halten, während du die Rohhaut mit der Fleischseite auf den Bogen legst. Mit einer elastischen Binde wird das erste Stück Rohhaut und Bogen umwickelt. Beginne am Griff und arbeite in Richtung Bogenende. Wickle nicht zu fest, lediglich so, dass es gut gespannt ist, sonst gibt es Eindrücke in der Rohhaut.

Als Nächstes reibe die Oberfläche von der Mitte beginnend zu den Rändern, um mögliche Luftblasen unter der Rohhaut wegzudrücken. Lege das zweite Stück Rohhaut auf dieselbe Art auf.

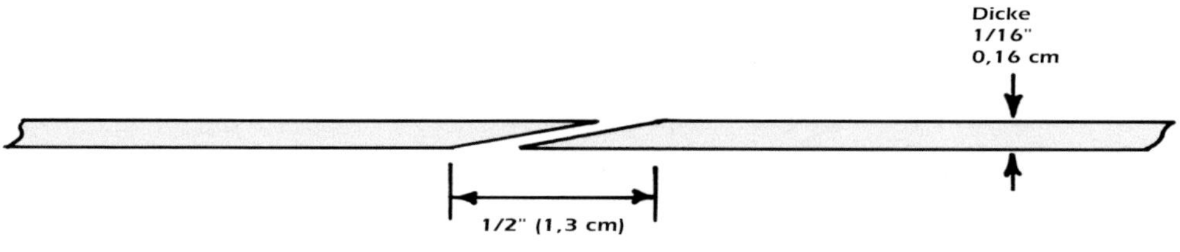

Verbindung für die Rohhautverstärkung.

Lass es ein oder zwei Tage trocken, dann entferne die Wicklung. Nimm eine Ziehklinge oder Feile, um die überstehende Rohhaut von den Seiten zu entfernen. Der Bogen ist nun für weiteres Schießen bereit. Nach einem Dutzend oder mehr weiterer Pfeile überprüfe wieder den Tiller, ob er noch derselbe ist. Lass auch den Bogen von jemand anderem bis zu deinem Auszug ziehen, dann kannst du sehen, ob alle Bereiche des Bogens richtig arbeiten. Wenn der Tiller noch kleinere Anpassungen benötigt, können diese jetzt vorgenommen werden.

Stimmt der Tiller, wird das Rohleder abgeschliffen, um es zu glätten und zu reinigen. Ich verwende dazu 180er Schleifpapier. Wenn du möchtest, kannst du den Bogen jetzt mit Nocken aus Horn oder Geweih versehen. Das muss nicht unbedingt sein, dein erster Bogen kann auch so bleiben wie er ist. Außerdem können Horn- oder Geweihnocken später immer noch aufgesetzt werden.

Ich ziehe es vor, **Nocken** aufzusetzen, weil es gut aussieht und den Bogen zu etwas Besonderem machten. Dazu verwende ich Tips aus Geweih oder Rinderhorn. Wähle ein leicht gekrümmtes Spitzenstück von einem Geweih, ungefähr 2–3" (5–8 cm) lang und $^{9}/_{16}$"–$^{5}/_{8}$" (14–16 mm) dick. Es muss auch so rund sein, dass du es in die richtige Form bringen kannst, ohne dass du zum porösen Material in der Mitte kommst. Rinderhorn hat keinen solchen Bereich in der Mitte und erlaubt daher mehr Freiheiten beim Formen.
Rinderhorn ist stärker und elastischer als Geweih, aber ich hatte auch keine Probleme mit Geweih. Tips aus Geweih sind aber dann etwas Besonderes, wenn man den Hirsch dazu selbst erlegt hat.

Schleife einen ½" (13 mm) Holzbohrer in die gezeigte Form. Dieser Bohrer bohrt dann ein konisches 1" (2,5 cm) tiefes Loch in das Geweih oder Hornende.

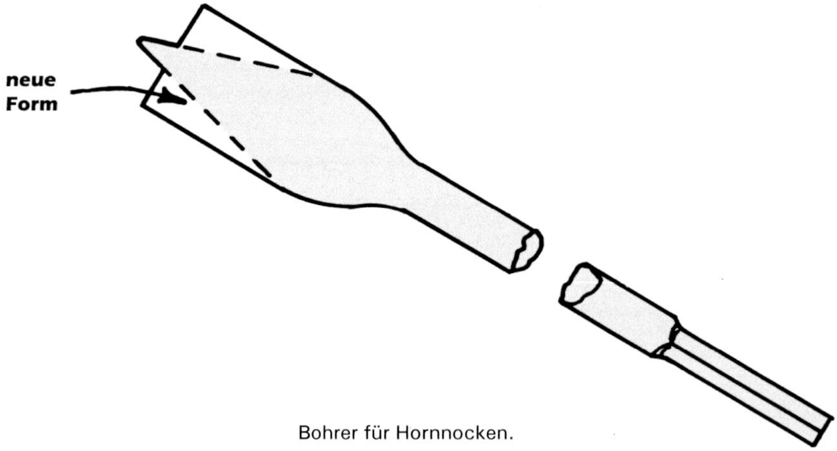

Bohrer für Hornnocken.

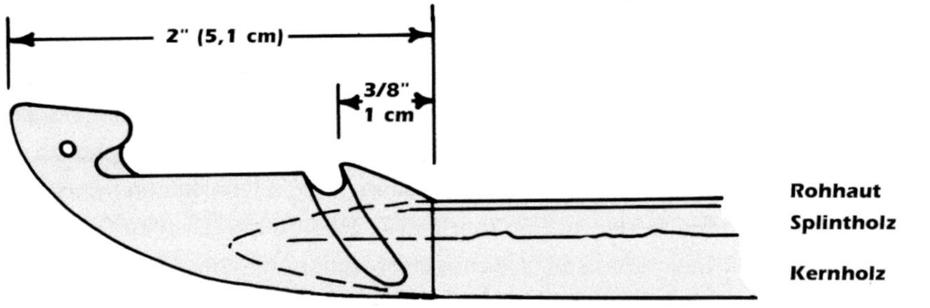

obere Nocke

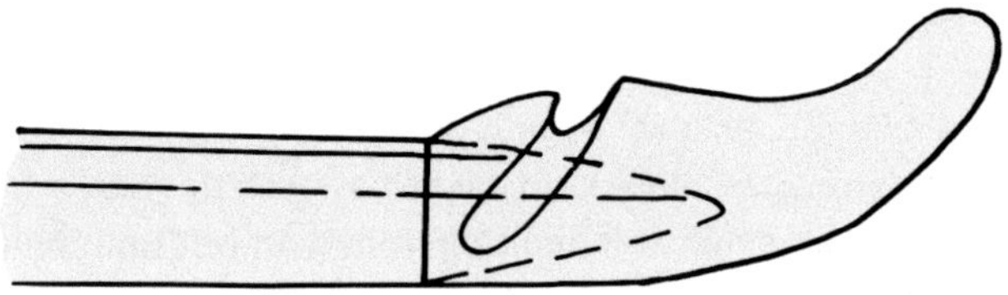

untere Nocke
1/2" (1,3 cm) bis
3/4" (1,9 cm) kürzer

Feile das Bogenende, bis es ohne Spiel genau in das Geweih oder Hornende passt. Dabei entfernst du auch die alten Sehnenkerben. Die Biegung der aufgesetzten Nocken sollen zum Bogenrücken zeigen. Mit Holzleim/Weißleim festleimen und zwei bis drei Stunden trocknen lassen. Bearbeite Horn und Holz derart, dass es einen nahtlosen Übergang ergibt.
Etwa 3/8 " (1 cm) oberhalb des Übergangs werden die neuen Sehnenkerben eingefeilt.

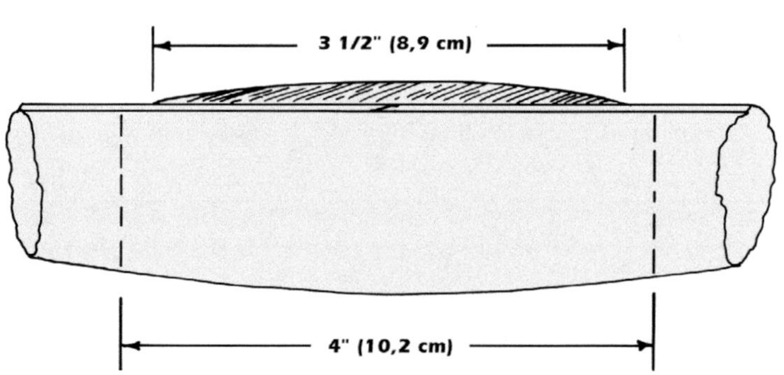

Griffbereich eines Langbogens.

Der **Griff** des Bogens bekommt eine runde Form, indem man ein Holzstück von 9×0,5 cm auf den Rücken des Griffes leimt, und zwar über das Rohleder. Das kann dann in die endgültige Form gefeilt und geschliffen werden. Wickle den Griff mit schwerer, geflochtener Anglerschnur (25–45 lb.) und tränke sie mit Weißleim.

Wähle nach dem letzten Schleifen eine **Oberflächenbehandlung**, die den Bogen vor Feuchtigkeit schützt. Ich empfehle Nr. 90 Varathane (ein Acryllack auf Wasserbasis) als Spray, da es gut trocknet ohne Blasen zu werfen oder Verlaufspuren zu bilden. Fünf bis sieben Schichten reichen aus. Ich reibe die letzte Schicht mit 400er Nassschleifpapier ab, dann noch mit Stahlwolle. Nach diesen beiden Schritten poliere ich die Oberfläche mit Bimsstein und Öl. Das ergibt eine schöne seidenmatte Oberfläche. Wie du den Griff fertig stellst, ist eine Frage des persönlichen Geschmackes. Weitere Informationen findest du im Kapitel über Oberflächen und Griffe (Nr. 13).
Mit einer neuen Sehne spannst du deinen Bogen auf eine Standhöhe von 6" (15 cm), dann kannst du dich des Schießens erfreuen. Aber Achtung! Wenn jemand deinen Bogen anschauen will, fein, aber lass niemand daran ziehen. Wenn ich jemand meinen Bogen schießen lasse, muss dieser auch meine Pfeile verwenden. Das verhindert, dass der Bogen zu weit ausgezogen wird und dadurch womöglich bricht.

So ein Bogen, akkurat gebaut und gut gepflegt, dient einem viele Jahre, mit dem zusätzlichen Vergnügen, dass man ihn selbst gefertigt hat. Ich habe noch nie jemanden gekannt, der lediglich einen solchen Bogen gebaut hat und dann damit aufhörte. Dir werden verschiedene Bäume auffallen und dann überlegst du, welche Art von Bogen sie wohl ergeben. Wenn das geschieht, dann hat es dich gepackt!

4 Übersetzt von Peter Ludwig

Der Flachbogen aus Osage

Ron Hardcastle

Earl Ullrich aus Roseburg in Oregon verkaufte Eibenrohlinge und Bögen im Jahre 1922, worüber man in alten Bogenmagazinen und Büchern lesen kann. Anfang der 1980er, kurz vor seinem Tod schrieb er mir einen Brief, in dem er traurig bemerkte, dass die Tage der Selfbows auf ewig vorbei wären. Wie sehr wünsche ich, er hätte erleben können, was in den letzten Jahren passiert ist. Legionenweise kehren die Bogner zum Holzbogen zurück. Das „Pendel" schwingt jetzt (für viele) wieder in die Richtung zum Natürlichen, Einfachen und Schönen, weg vom künstlichen Massenprodukt.
Die zurückliegende Geschichte des Bogenschießens mit all ihrem sogenannten Fortschritt bringt es mit sich, dass jeder für sich selbst die Grunddefinition des traditionellen Holzbogens entdeckt: ein Bogen aus Holz, Sehne, Rohhaut, Horn oder anderem natürlichem Material, jedoch ohne moderne Materialien wie Glasfiber und Kohlefaser.
Oft hören wir Sätze wie: „Ich habe einen wunderschönen traditionellen Eibenbogen mit einem klaren Glasfiberbacking." Dies ist ein enormer Widerspruch, denn Glasfiber macht dabei den definitiven Unterschied, gleich welches Holz sich darunter befindet oder welches Design gewählt wird. Ich habe niemals Glasfaser oder diejenigen, die glasfaserlaminierte Bögen benutzen, verachtet. Obgleich Glasfaser zu Bögen und Recurves im traditionellen Stil verarbeitet werden kann, ist es dennoch ein menschliches Produkt, das gerade mal vierzig Jahre existiert, während es hölzerne Bögen schon um die zehntausend Jahre gibt.
Glasfiber ist ein zauberhaftes Material, welches das Bogenschießen revolutionierte. Mit seiner Einführung in den späten 1940ern war es „Otto Normalverbraucher" vergönnt, einen garantierten, leistungsfähigen, zuverlässigen, kostengünstigen Bogen zu erstehen, denn Glasfiber führte zur Massenproduktion. Das war seine Berufung, und es ist bemerkenswert, wie kostengünstig ein Fiberglasbogen sein kann. Ich besitze und schieße einige davon, Longbows und Recurves, und obgleich ich nie einen gebaut habe, schätze ich die Kunst eines wirklich kenntnisreichen Glasfiberbogners. Der einzige „Aufhänger" ist, wenn Schützen sagen: „Ich schieße orthodoxe, traditionelle Bögen aus Eibe, Osage oder Ahorn", wenn die Bögen in Wirklichkeit aus Fiberglas mit hölzernem Kern gemacht sind, denn sie verhalten sich anders, als mit einem anderen aufgeklebten Backing. Glasfiber und Holzlaminierte werden auf $^{1}/_{1000}$" (0,254 mm) Toleranz gefertigt, und damit kann ein Bogen quasi nach Rezept gebaut werden, der Erfolg ist praktisch gesichert. Nicht so in der "realen" Welt der traditionellen Holzwaffen, wo Unvorhergesehenes und Überraschungen unser ganzes Können ständig herausfordern.

Als ich sechs Jahre alt war, erschlich und tötete ich meine erste Bestie, einen Vogel, welcher auf einem Ast des dornigen „Pferdeapfelbaumes" (Horseapple, bois d'arc und hedge sind alles Namen für Osage Orange, botanischer Name *Maclura Pomifera*) saß. Oft hat es mich als starke Medizin daran erinnert, denn mein erster "Kill" fand mit eben dieser Species von Baum statt, welche mein Kunstmedium und mein favorisiertes Bogenholz wurde.

Im Laufe der Jahre habe ich viele unscheinbare Hölzer ausprobiert, die gute Bögen ergeben, darunter Esche und Hickory. Einige verführerische Hölzer, wie Amarant (Purpleheart *Peltogyne spp.*) und Padouk (*Pterocarpus spp.*) sind zwar wunderschön, aber ohne Substanz, und sie werden dir mit ihrem wankelmütigen Benehmen (Splittern, Kompressionsrisse, Explodieren, um nur ein paar zu nennen) das Herz brechen. Jedoch bin ich nach all diesen Experimenten wieder auf Osage zurückgegangen. Aus mehreren Gründen ist es ein hervorragendes Bogenholz.

1. Härte – es widersteht Beschädigungen, seien sie von außen zugefügt oder durch harten Gebrauch, und es reagiert auf starke Kompression nicht mit Stauchrissen.
2. Verfügbarkeit – Im Gegensatz zu Eibe, deren Bestände gefärdet sind, wächst Osage schnell und in verschiedenen Klimazonen.
3. Dauerhaftigkeit – die meisten noch schießbaren Holzbögen, einige davon Jahrzehnte alt, sind aus Osage.
4. Stabilität – Osage wird nur geringfügig durch Temperatur beeinflusst, verliert wenig Wurfleistung bei ausdörrender Hitze, und wird nur wenig steifer bei Temperaturen im Minusbereich. Das ist einer der "Härtetests" für hölzerne Bögen.

Um einen Osagebogen zu machen, gibt es zwei Möglichkeiten. Du kannst sagen: „Ich möchte einen Bogen nach vorgegebenen Dimensionen bauen und suche solange, bis ich den richtigen Baum dafür gefunden habe." Oder du sagst: „Aus diesem Stück Holz möchte ich den besten Bogen bauen, der mir möglich ist." Bei erster Möglichkeit wird die Holzsuche länger dauern, hast du es aber gefunden, wird der Bogenbau einfacher. Bei der 2. Möglichkeit wird die Kreativität und die Erfindungsgabe des Bogners gefordert werden, weil er die Stärken, Schwächen und potentiellen Probleme eines Rohlings berücksichtigen muss und daraus einen Bogen baut, der alles das vereint.

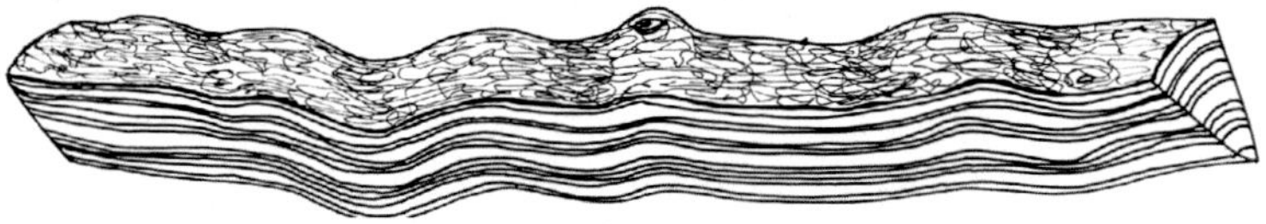

Der Traum oder Alptraum eines Osage-Bogenbauers, abhängig von seiner Kunstfertigkeit.

Doch obwohl ich ganz vernarrt in Osage bin, zeigt mir schon ein oberflächlicher Blick, dass Osage alles andere als perfekt ist, oftmals verdreht gewachsen, wellig, voller Knoten und Dorne. Doch liegt genau hier für manchen Holzbogner die Herausforderung und Begeisterung: ein Stück Holz mit Achterbahnsprüngen, Verwachsungen, Löchern und Knoten zu suchen, und mit dem richtigen Design und der Handwerkskunst den feinen Bogen, der darin schlummert, herauszuholen. Es ist ein besonderes Kompliment, wenn jemand so einen Bogen sieht und fragt, die Augenbrauen hochziehend: „Wo hast'n den gefunden?", aber nachdem er den Bogen hat schießen sehen, die Frage stellt: "Wo kriege ich auch so einen her?"

Wenn dieser Bogentyp dir gefällt, wirst du dich in Osage verlieben (Eibe ist ein anderes Holz mit starker Persönlichkeit).

Bögen aus Osage (wie andere aus festem Holz) sollten verhältnismäßig breitere, dünnere und kürzere Wurfarme als historische Langbögen haben.

Die Vorfahren der Europäer und die amerikanischen Indianer wussten das sehr gut, und Klopsteg, Nagler und Hickman haben es in den 1920er und 30er Jahren wiederentdeckt, als sie den Flachbogen (mit rechteckigem Querschnitt und flachem Bauch und Rücken) einer Öffentlichkeit vorstellten, die mit englischer Langbogentradition aufgewachsen war. Es ist eine Wohltat, ein leichteres Holz wie Eibe mit schmalen Wurfarmen, erhöhten Bauch, langem Design zu schießen: leicht in der Hand, ausgezeichnete Wurfleistung, sowie geringer Handschock. Ein Osagebogen gleicher Bauart, so wie die meisten anfangs des 20. Jahrhunderts gebaut waren, ist physikalisch schwerer, unbefriedigend in der Wurfleistung und wird somit all deine Erwartungen mit einem extremen Handschock zunichte machen.

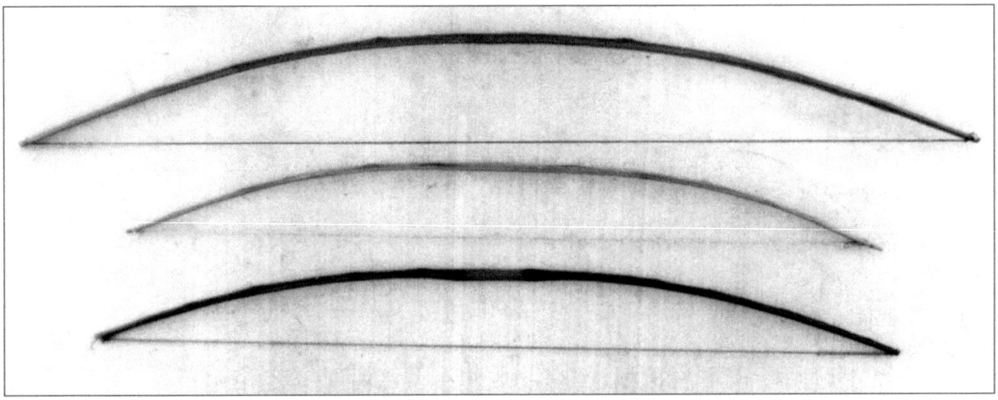

Der obere ist ein „D"-Bogen, während die beiden unteren einen halbstarren Griff haben.

Drei grundlegende Stilarten des Flachbogens passen zu den einzigartigen Charakteristika dieses Holzes.

Die erste ist der, sich über seine ganze Länge biegende, „D"- Bogen, mit seinem breitesten Punkt am Griffstück. Er ist leicht und schnell zu bauen. So ein Bogen schießt gut, es ist aber schwieriger, mit ihm zu zielen und ihn zu kontrollieren, und eignet sich nicht für hohe Zuggewichte.

Der zweite Bogentyp 58–62" (1,47–1,58 m) hat einen halbstarren, etwas schlankeren Griffteil, der beim gespannten Bogen flach erscheint, sich jedoch beim Ausziehen (du kannst es spüren) merklich mitbiegt. Wie Tim Baker im Kapitel über die Leistung schon beschrieb, ist dies die vorteilhafteste Art, einen Bogen zu bauen, obgleich er schwierig zu tillern ist.

Der stabilste, akkurateste und am komfortablesten zu schießende Flachbogen ist der dritte Typ. Er hat einen starren, 4" (10,2 cm) langen und etwa 1 ¾" (4,5 cm) tiefen ovalen Griffteil, sowie ca. 1 ¾" (4,5 cm) breite Wurfarme. Mit 67" (1,70 cm) Länge bei 28" Auszug, ist dieses eine richtige, dauerhafte Jagdwaffe. Für jedes Zoll Ausszugslänge weniger kann man bei diesem Design die Bogenlänge um 2" (5 cm) kürzen.

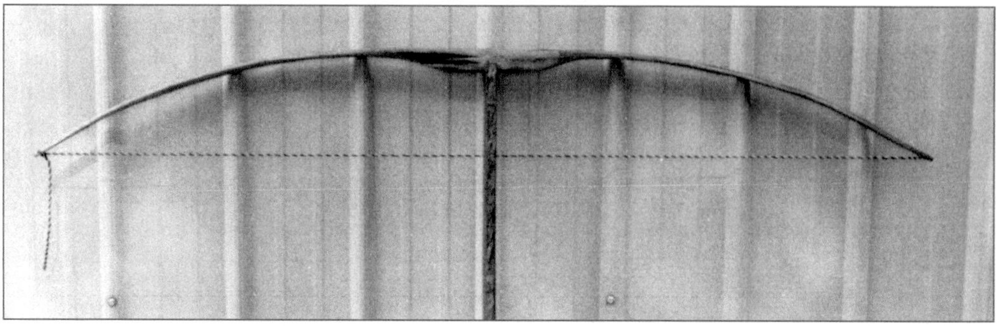

Bogen mit schmalem, tiefem Griff.

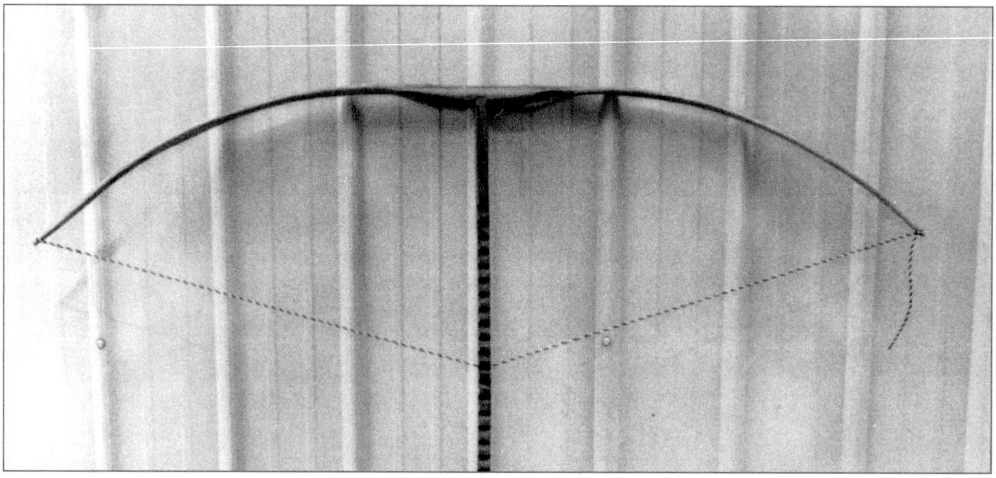

Der gleiche Bogen ausgezogen. Beachte den steifen Griffbereich.

Zum Beispiel: ist deine Auszugslänge 26", kann der Bogen 63" (1,60 m) lang sein, wobei die steife Griffzone die gleichen Ausmaße beibehält.

Die folgende Anleitung gilt für einen symmetrischen Osagebogen des dritten Typs. In diesem Fall gehen wir von einem geraden und ziemlich knotenfreien, sauberen Stück Holz aus. Dies wird nicht nur zu einem guten Bogen führen, sondern du wirst deine Fertigkeiten (analytische wie motorische) üben und verbessern - eine gute Vorbereitung für dein späteres Fortgeschrittenen-Stadium mit schwierigen Stücken.

Meist kommt das festere, stärkere, bevorzugte Holz von jungen Bäumen oder aus den Kernen älterer Bäume - der Schicht, die entstand, als die Bäume jünger waren. Seit längerem habe ich entdeckt, dass Bäume die 5–15" (12,7–38,1 cm) dick und etwa 15 bis 20 Jahre alt sind, die festesten und daher schnellsten Bögen liefern. Ironischerweise ist das die Altersklasse, in der auch der Mensch körperlich am kräftigsten ist. Jedoch ist junges Holz oft problematisch, da es mit Knoten, Dornansätzen und anderen Unregelmäßigkeiten versehen ist und dem Bogner einiges an Sachverstand und Geschicklichkeit abverlangt.

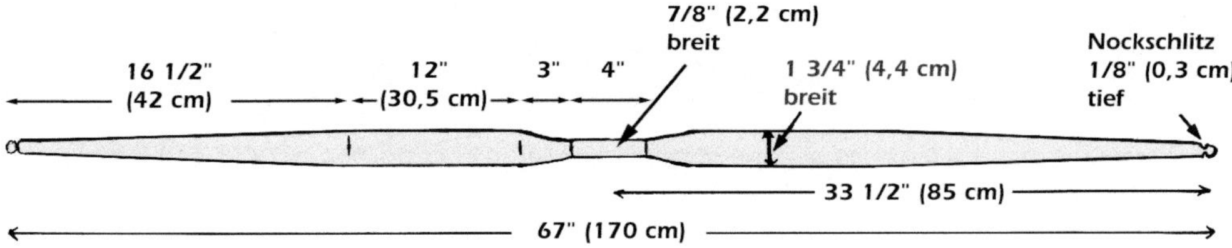

Osageflachbogen, Draufsicht.

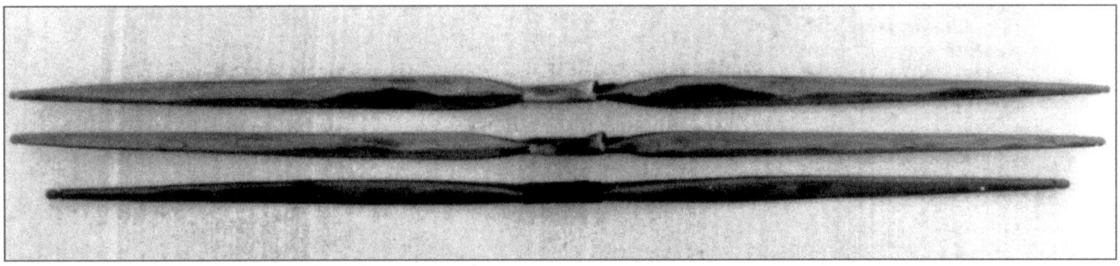

Osagebögen in verschiedenen Varianten der Skizze. Alle haben schmale, starre Griffe.

Jim Hamm hat festgestellt, und ich stimme dem zu, dass die Färbung des Spätholzanteils als Indikator der Stärke des Holzes anzusehen ist. Es scheint, dass ein Baum mit dunklerem, „orangenem" Holz fester und deshalb stärker ist als ein hellgelbes Holz, das leichter und schwächer ist. Es ist fast so, als ob das Holz einen gewissen Anteil Farbe beinhaltet, und je „dichter" die Farbe darin ist, desto dichter das Holz. Das muss nicht immer zutreffen, ist jedoch ein helleres Osagestück als Bogen geplant, sollte der Bogen etwas breiter ausgelegt werden (nebenbei bemerkt ist auch „schwaches" Osage immer noch stärker als fast jedes andere Holz). Es ist sehr lichtempfindlich und färbt sich bei Sonnenlichteinwirkung bald dunkel. Ein Farbvergleich zwischen zwei Stämmen ist erst nach dem gleichzeitigen Aufspalten möglich (das Nachdunkeln des Holzes schreitet immer weiter fort, sehr alte Bögen erscheinen dunkelviolett).

Der Bogen, den wir hier bauen, entstammt einem aufgespaltenen Viertelstamm 8–12" im Durchmesser (20,3–30,5 cm), möglichst gerade, ohne sichtbare Verdrehungen in der Rinde und ohne hervorstehende Äste und Zweige. Zu Beginn wird aus dem Spaltling ein Bogenrohling gesägt, am einfachsten geht das mit der Bandsäge. Falls du beabsichtigst, eine Bandsäge zu kaufen, entscheide dich für die 14" (35,6 cm) große Ausführung (dies bezieht sich auf die Schnitttiefe), die einen starken Motor und ein breites Sägeblatt haben soll. Hobbybandsägen sind meiner Erfahrung nach für diese Arbeiten unbrauchbar. Wenn du keine Bandsäge hast, kannst du auch unter kontrollierten Zügen eines scharfen Zugmessers, einer groben Holzraspel oder einem, mit grobem Sandpapier bestückten, Schleifteller für Bohrmaschinen einen Rohling herausarbeiten. Ich höre schon das Geflüster, Elektrowerkzeug wäre nicht primitiv oder traditionell genug.

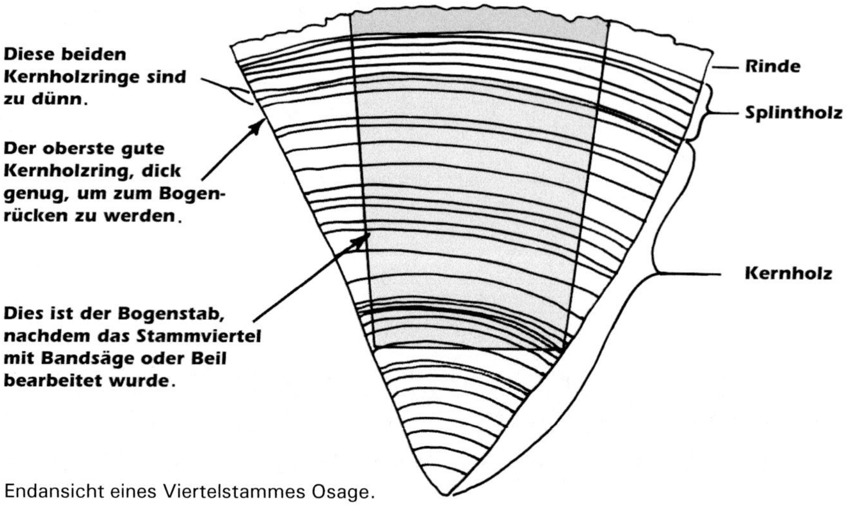

Endansicht eines Viertelstammes Osage.

Irgendwo muss man aber eine Grenze ziehen, die meisten von uns gehen ja auch nicht nackt nur mit einer Steinaxt (das wäre der einzige, echte, primitive Weg) in das Osagewäldchen, und deshalb sind diese Werkzeuge eben die Alternative. So wie ich es sehe, haben die Meisterbogner der 1920er und 30er auch die Bandsäge genommen, deshalb ist sie auch gut genug für mich.

Welches Werkzeug du auch immer hier verwendest, reduziere den Viertelstamm auf einen Vierkantstab von 67" (1,70 m) Länge, 2" (5 cm) breit auf der Rindenseite, und 2" tief. Ein zu den Enden hin schmaler oder dünner werdender Rohling ist kein Grund zur Beunruhigung, solange das Layout des Bogens nicht beeinträchtigt ist.

Stave nach dem Wegsägen überflüssigen Holzes mit der Bandsäge.

Um das Holz besser begutachten zu können, wird die Rinde mit Hilfe eines Zugmessers entfernt. Der Bau des Bogens wird mit einem stabilen Schraubstock einfacher, obwohl man ihn einfach senkrecht in eine Ecke stellen kann, oder man nötigt einen kräftigen, aber dummen Kumpel, ihn zu halten. Aber die gesamte Bogenherstellung wird einfacher, wenn ein solider Schraubstock benutzt wird.

Nachdem die Rinde bis auf das weiße Splintholz entfernt ist, untersucht man den Rohling auf eventuelle Risse, Knoten, Wurmlöcher und Ähnliches. Diese Problemzonen werden markiert, worauf manchmal das Design oder die Ausmaße leicht verändert werden müssen. Zum Beispiel: sind in einem oder beiden Wurfarmen extrem „schlangenförmige" Wachstumslinien, so sollen die Außenlinien des Bogens diesen folgen, auch bei der Verjüngung hin zu den Tips. Dieser Bearbeitungsvorgang darf nicht mit Elektrowerkzeugen beschleunigt werden, er muss sorgfältig mit der Raspel durchgeführt werden. Knoten und andere Probleme können vielleicht vermieden werden, je nach dem, wie der Bogen auf dem Rohling plaziert wird; es ist besser ein Problem zu vermeiden, als wenn man beim Bauen damit fertig werden muss.

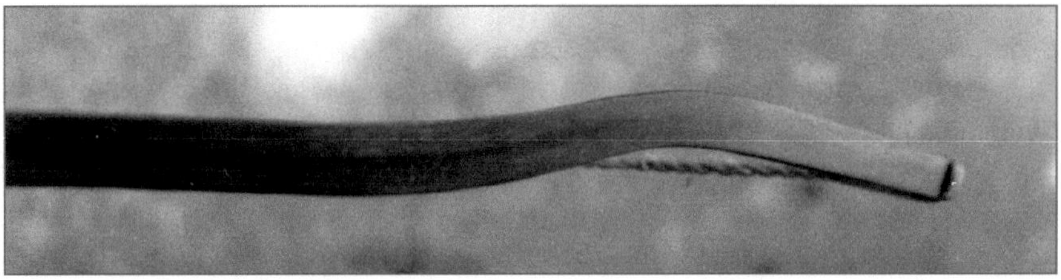

Jedem Faserverlauf des Holzes ist zu folgen, wenn die Bogenform festgelegt wird. Es beeinträchtigt nicht die Schießleistung, sondern unterstreicht den Charakter. (Dank an Scooter Cheatham).

Beim Entfernen des Splintholzes wirst du möglicherweise Wurmlöcher entdecken. Oftmals sind darin lebende Maden, die von kampferprobten Bognern gnadenlos zerquetscht werden. Für gewöhnlich verlaufen die Gänge im Splintholz, das sowieso entfernt wird. Zuweilen aber biegt eine Made 1 oder 2 Jahresringe tief in Richtung Kernholz ab, dann wählt man einfach einen Ring unterhalb des Schadens. Dieser wird dann zum Bogenrücken. Wenn ein Stave (Rohling) aus einem kleineren Baum sich als voller Wurmgänge erweist, nimmt man besser einen anderen.

Ist der Rohling zufriedenstellend, kannst du den Bogen auf das Splintholz aufzeichnen (oder auf das Kernholz, falls du bei der Lagerung das Splintholz schon entfernt hattest). Mit einem geraden Brett oder Ähnlichem kannst du die Mitte aufzeichnen, und dann links und rechts davon die Außenlinien des Bogens. Jay Massay markiert nur die Mitten der Tips, nimmt dann den Schatten gerader Objekte, zum Beispiel die Seite eines Gebäudes, und verbindet dann die Mitten. Jetzt hat man eine gerade Linie trotz Vertiefungen und Erhöhungen, als Ausgangspunkt. Jetzt werden die Umrisse an der Bandsäge ausgesägt und mit der Raspel bis an die Linien heran bearbeitet. Vom Bauch und Rücken her gesehen sieht das Stück Holz schon wie ein Bogen aus, jedoch von der Seite betrachtet ist es immer noch ein Rohling.

Jetzt suchst du dir an den Enden einen speziellen Jahresring aus, welcher der Rücken des Bogens wird. Kann dieser aus irgendeinem Grund nicht lokalisiert werden, schleifst du die Enden mit 100er Schleifpapier an. Der ausgewählte Ring sollte möglichst nahe am Splintholz liegen und der Einfachheit halber mindestens $^3/_{16}$" (0,5 cm) stark sein; je dicker, je besser.

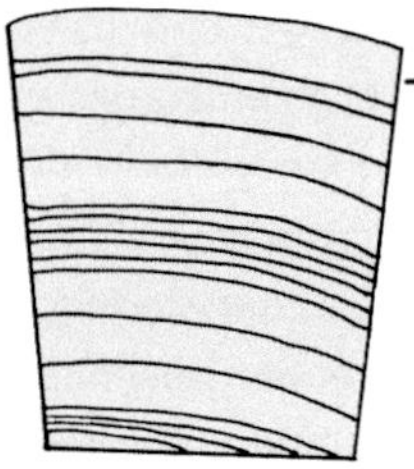

Fertig vorbereiteter Stab mit herausgearbeitetem Spätholzjahresring für den Bogenrücken.

Um absolut sicher zu sein, dass der richtige Jahresring gemeint ist, zählt man einfach die Jahresringe an beiden Enden von oben herab und markiert den entsprechenden beidseitig. Ich schleife oftmals mit dem Schleifteller oder einem Schabwerkzeug die umlaufenden Seiten des Bogens ab, um den Ring komplett sehen zu können. Mit einem dunklen, spitzen Stift zeichne ich im Frühholzring, direkt über dem Spätholzring, den ich als Rücken ausgewählt habe, eine umlaufende Linie ein. Treffen Anfang und Ende meines Striches zusammen, bin ich am Ziel und bereit zur weiteren Bearbeitung. Eine korrekte Bleistiftlinie ist ein absoluter Referenzpunkt, um nicht in darunter liegende Jahresringe zu schneiden.

Als Werkzeug nahmen die Bogner der vergangenen Zeiten (die meisten sind verstorben) schwere Schaber, wie große Messer oder ein angeschliffenes Maschinensägeblatt, um den Bogenrücken zu bearbeiten. Ich habe einige Bögen auf diese Weise gebaut und dachte lange, dies wäre die schnellste Art, mit einem Handwerkszeug voran zukommen. Es ist anstrengend für Hände und Handgelenke, aber es formt den Charakter.
Zwei Raspeln, eine grobe und eine feine sind eine andere effektive Methode, einen Osagerücken zu bearbeiten. Wenn du damit arbeitest, benutze eher die feine, besonders wenn du in die Nähe des gewählten Ringes kommst.

Arbeit mit dem Zugmesser.

Eine elektrische Bohrmaschine mit Gummiteller und 100er Schleifpapierauflage ist auch eine Möglichkeit, besonders bei noch etwas frischerem Holz. Automatisch erhält man eine saubere Oberfläche, die den zu bearbeitenden Jahresring gut sichtbar macht. Benutzt man ein solches Werkzeug, sollte der ausgewählte Jahresring des Rückens mindestens ¼" (6 mm) stark sein.

Malcolm Smith, dem ich vor einigen Jahren dem Holzbogen nahebrachte, hat seine eigene gute Methode entwickelt. Er nimmt ein kleines, scharfes Beil, greift es dicht am Kopf und hackt eine Serie kleiner Späne vom Rücken ab, um an den Jahresring zu gelangen. Es macht einem Angst, ihm dabei zuzuschauen, aber Malcom arbeitet einen fehlerfreien Rücken heraus, nur mit einem Beil.

All diese Werkzeuge und Methoden funktionieren gut, aber die schnellste und beste ist das Zugmesser. Bis vor vier Jahren dachte ich, Osage würde auf diese Weise nicht zu bearbeiten sein; entweder schabte oder schliff ich es auf besagte Art und Weise ab. Jedes Mal, wenn ich mich mit dem Zugmesser versuchte, drang dieses zu tief ins Holz ein und riss riesige Splitter heraus, die den Stab ruinierten. Die Mehrheit der alten Bogner und die Literatur stimmte mit meinen Erfahrungen überein. Aber als ich sah, wie Jim Hamm in weniger als zwanzig Minuten den Rücken herausarbeitet, war mir klar, dass die Zugmessermethode funktioniert, obgleich niemand sonst damit Erfolg hatte.

Sein Erfolg damit beruht auf drei Faktoren: 1) er benutzt gut abgelagertes Holz, 2) das Zugmesserblatt ist leicht gekrümmt, 3) das Wichtigste, er schärft es nie an, auch nicht nach sechshundert Bögen, und das erklärt meine früheren Schwierigkeiten; meine Klinge war rasiermesserscharf. Auf sein Anraten versuchte ich es mit seinem Messer auf trockenem Holz und bin seitdem „zugmesser-verrückt". Die Methode ist schnell, präzise und hinterlässt eine glatte Oberfläche für den Bogenrücken. Jims stumpfes, gebogenes Messer arbeitet mehr wie ein Keil, als wie ein Messer, sucht und findet das weiche, krümelige Frühholz über dem auserwählten Jahresring und spaltet das unerwünschte Holz darüber ab. Falls dein Zugmesser nicht zufriedenstellend arbeitet, versuch es mal, indem du es stumpf machst.

Auf einem Ende legst du nun auf einer Länge von etwa 2" (5,1 cm) den ausgewählten Ring frei. Drei Sinne helfen dir dabei, das überflüssige Holz zu entfernen: Sehen, Hören, Fühlen. Das Zugmesser verhält sich anders, wenn es durch Frühholz geht als durch Spätholz, du kannst es sehen, hören und es fühlt sich anders an. Das Frühholz ist gewöhnlich dünneres, helleres und weicheres Material, eine poröse Masse, die an einen Schweizer Käse erinnert. Es hört und fühlt sich an, als würde man sich mit dem Zugmesser durch etwas Knuspriges hindurcharbeiten, als würde man Cornflakes in der Hand zerdrücken. Komm es aber durch und trifft auf das harte, feste, kleinporige Spätholz, hört es sich sanft, mit musikalischer Resonanz vergleichbar an, so als würde man eine Edelstahlstange über einen Marmortisch rubbeln. In dem Moment wenn das "chr-chr" des Frühholzes zu einem "ss-ss-ss" wird, bist du mit dem Zugmesser auf dem Spätholz angekommen, welches dein Bogenrücken wird. Arbeite dich bis ans andere Ende des Bogens vor.

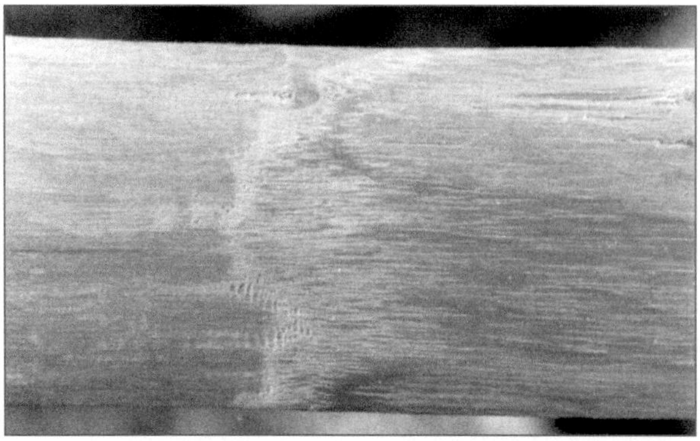

So sieht der Rohling während des Bearbeitens mit dem Zugmesser aus.

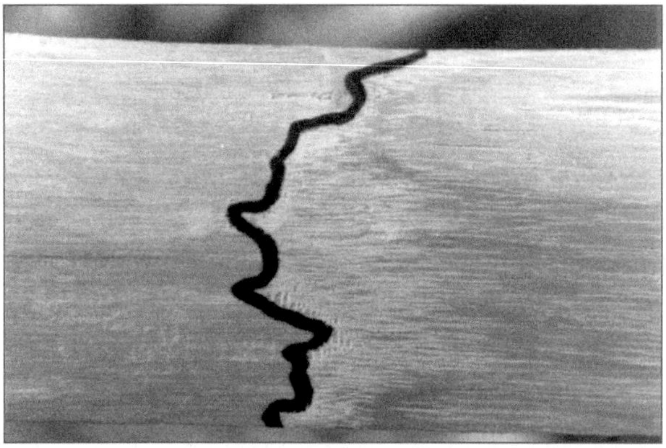

Gleicher Stave mit markierter Frühholzschicht zwischen 2 Lagen Spätholz. Links ist das feste tiefe Spätholz. Das Holz auf der rechten Seite ist das höhergelegene und muss mit dem Zugmesser entfernt werden.

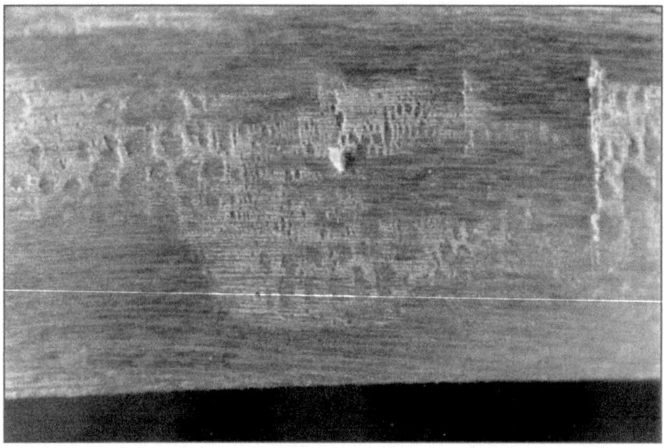

Bogenrücken als komplette Spätholzschicht. Darauf haftende Reste vom Frühholz zeigen an, dass das Spätholz darunter unverletzt ist. Sie müssen vorsichtig abgeschabt werden und mit Sandpapier abgeschliffen werden.

Ein Bogenbau-Grundkonzept tut sich hier auf: der Bogner muss in der Lage sein, während der Arbeit am Holz die Jahresringe voneinander zu unterscheiden, besonders da, wo aus dem Stave der Bogenrücken werden soll. Manchmal ist es schwierig Anfang und Ende eines Jahresrings zu erkennen, zwei Dinge können dir jedoch dabei helfen. Als erstes Licht. Sonnenlicht, Kunstlicht, Tageslicht oder welche Lichtquelle auch immer.

Wenn du die Arbeit in einen bestimmten Winkel (zwischen Lichtquelle und deinen Augen) bringst, „springen" die Frühholzringe optisch hervor. Sind sie noch immer nicht zu identifizieren, versuche es mit dem zweiten Trick, in dem du den Rücken mit einem Schaber glättest (ich nehme hierzu ein rostfreies Messer, das ich rechtwinklig über den Bogenrücken ziehe). Wenn du vorher Bandschleifer oder Raspel benutzt hast, wird das Glätten sehr hilfreich sein, aber ein Zugmesser hinterlässt eine saubere Fläche, so dass das Glätten unnötig ist. Du arbeitest so weiter, bis du einen einzigen durchgehenden, wunderschönen Spätholzring erhälst. Dieser wird jedoch wahrscheinlich nicht perfekt flach sein, sondern Erhöhungen, Vertiefungen, kleine Propellerdreher aufweisen -charakteristisch eben- aber wie auch immer sein Verlauf aussieht, Hauptsache ist, ihm exakt zu folgen. Der Rücken ist jetzt bereit einen Elch zu erlegen und es ist nichts weiter mehr zu tun, als ein abschließendes kosmetisches Schleifen.

V.l.n.r.: Sauberer Osagestave, mit Dorneinschluss, mehrere Dorne, grosser Knoten.

Bogenrücken während der Bearbeitung mit dem Zugmesser. Extra-Material wird zur Verstärkung um den Dorn herum stehengelassen.

Fast immer sind kleine Knoten oder „Pins" (kleine Dornabgänge) im Stave. Darum muss man sich kümmern, denn sie deuten auf eine Schwäche in diesem Bereich hin. Lasse deshalb etwas mehr Material um diese Stellen herum stehen, um dies auszugleichen. Durch das zusätzliche Material biegt sich das Holz dort dann weniger und schützt diesen Bereich des Rückens. Mutter Natur macht die meiste Arbeit für uns und stabilisiert mit zusätzlichem Holz die Zone um die Knoten herum, das heißt die Jahresringe sind dicker. Folgst du dem auserwählten Jahresring, merkst du, wie die "Beule" dicker wird und damit automatisch intakt bleibt.

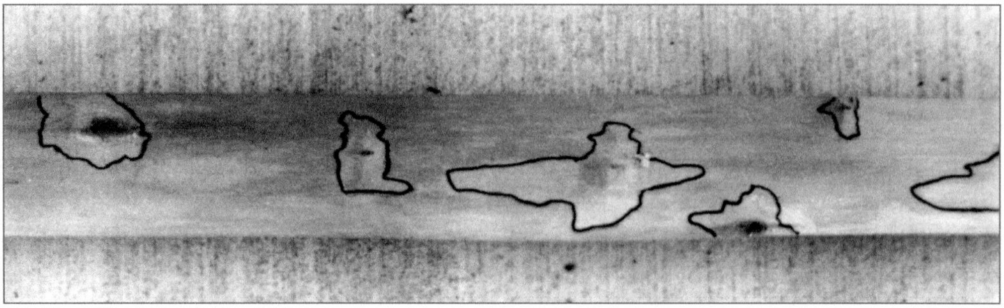

Umrandete Zonen zeigen zusätzliches Material um Knoten und Dornen herum.

Zuvor wurde schon darauf hingewiesen, dass Knoten, Dornen- und Astansätze markiert werden sollten, bevor überhaupt Holz entfernt wird, denn so kann man rechtzeitig ihre Lage erkennen und sie fachgerecht bearbeiten. Manchmal sind 3–5 kleine Ast- oder Dornreste auf einem Fleck zu finden; sie sind besonders feinfühlig zu behandeln, denn sie sind von Natur aus nicht sonderlich verstärkt. Deshalb musst du als Verstärkung ein oder zwei Ringe um diesen Bereich stehen lassen, ca. ¼–$^{5}/_{16}$" (6–8 mm) im Durchmesser.

Auch wenn es Mühe macht, der Knoten darf nicht einfach mit dem Zugmesser durchtrennt werden, denn dadurch zerstört man darunter liegende Schichten. Du musst ca. 1–2" (2,5–5 cm) vor den Dornansätzen aufhören, mit dem Zugmesser Material abzunehmen und arbeitest um diese herum, gehst dann wieder auf deinen Jahresring herunter und bearbeitest so den gesamten Rohling.
Traditionell ausgedrückt heißt dies Erhöhen der Knoten („raising the knot"), denn dieser Vorgang hinterlässt „Inseln" von Zusatzholz um die Knoten herum. Diese knifflige Angelegenheit verlangt nach einem feineren Werkzeug, als es das Zugmesser ist. Eine scharfe Taschenmesserklinge, rechtwinklig zum Bogenrücken gehalten, reduziert die Größe der „Inseln" und macht sie symmetrisch. Wenn du später genug Erfahrung im Holzbogenbau gesammelt hast, kannst du auch das zusätzliche „Inselholz" um Knoten und Dornen herum abschaben. Zu Anfang deiner Bogenbauer-Karriere ist es jedoch ratsam, lieber zuviel als zu wenig stehen zu lassen.
Wenn du irgendwann bei irgendeiner potentiellen schwachen Zone das Gefühl hast, dass die natürliche Stärke deiner Erhöhungen nicht ausreicht, den Wurfarm zu schützen, hast du noch ein Ass im Ärmel. Lass etwas mehr Holz auf der Bauchseite stehen, damit der Wurfarm sich hier weniger biegt. Das ist aber schon eine richtige Tiller-Technik und wird in einem späteren Kapitel behandelt. Behalte enfach im Hinterkopf, dass es so gut wie keine Knoten und Dornen gibt, die nicht angemessen ausgeglichen werden könnten.

Extraholz wird um den Knoten herum mit einem Schaber, z.B.mit einem Taschenmesser reduziert und angeglichen.

Knoten im Wurfarm.

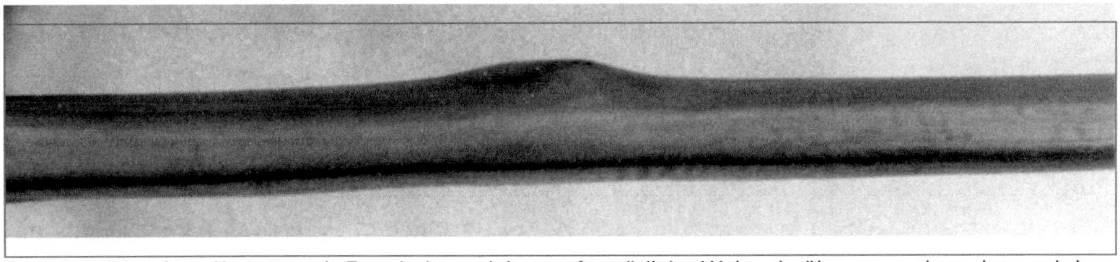

Seitenansicht eines Knotens mit Extraholz, welches auf natürliche Weise darüber gewachsen ist, und dem der Bogenbauer gefolgt ist.

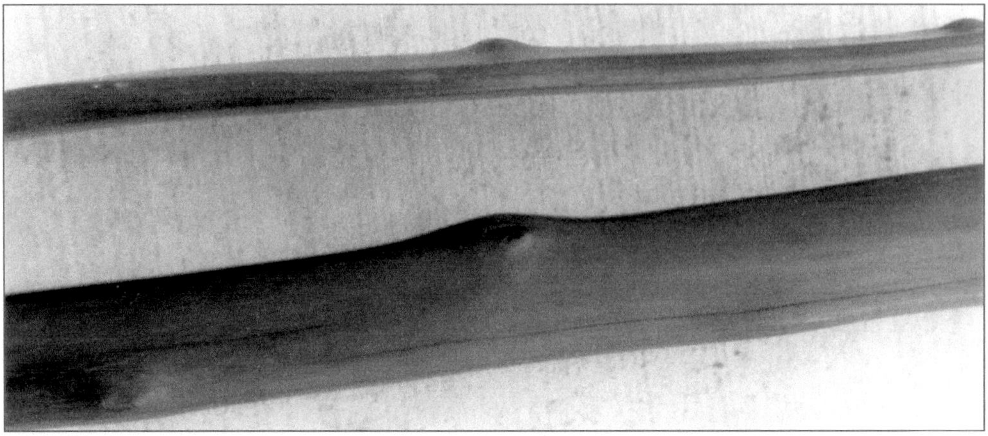

Gut bearbeitete Knoten in 2 Osagebögen. Erwähnenswert bei dem unteren Bogen:
1) Zusätzliches Holz wurde um den Knoten herum gelassen und läuft zu den Seiten hin sanft aus.
2) Radiale Risse sind normalerweise harmlos, solange sie im Wurfarm bleiben und nicht zur Seite hinaus laufen.

Einige Gedanken zu Rissen im Osageholz. Haarfeine, radiale Risse sind manchmal schon vorher im Holz, oder treten während oder auch nach Fertigstellung des Bogens auf. Sie verlaufen zwischen Rücken und Bauch an der Radialachse und variieren in Länge und Tiefe. Sie erscheinen entweder nur auf Bauch oder Rücken, oder gehen vollständig durch einen Wurfarm oder Griff hindurch. Sie schaden jedoch nicht, wenn sie im Bogen bleiben, und nicht aus den Wurfarmseiten des Bogens herauslaufen. So ein Riss kann durch Sekundenkleber, der flüssig genug ist, um in die tiefsten Tiefen eines Risses einzudringen, gefüllt werden und stabilisiert so den Wurfarm. Falls der Riss sich vergrößert oder seitlich heraustritt, benutzt du den Superkleber in Verbindung mit einer Sehnen- oder Seidenwicklung.

Bei Osage treten nach dem Tillern oder Schießen sehr selten schräge Risse auf. Diese Kompressionsstauchungen sind ein Hinweis, dass der Bogen einen zu sehr gerundeten Bauch hat (kein gutes Design bei Osage), zu schmal ist, überzogen wurde oder sich zu stark an dieser Stelle biegt. Nachtillern auf ein niedrigeres Zuggewicht schafft gewöhnlich Abhilfe, obwohl tiefe Kompressionsrisse fatale Folgen haben können.

Eine andere, selten auftretende Rissvariante verläuft durch den Wurfarm von Seite zu Seite, dabei trennen sich die Spätholzringe voneinander. Dies ist die Folge der Auflösung einer Frühholzschicht, wodurch das Holz sich abhebt. Dies wird erst bemerkt, wenn der Bogen ausgezogen und damit unter Spannung und Zugkraft gesetzt wird. Dieser tödliche Fehler tritt gewöhnlich bei in Sonne und Regen gelagerten Stäben oder Stämmen auf.

Ein weiteres Problem sind Querrisse, die auf dem Rücken über die Wurfarme verlaufen. Das passiert, wenn Splintholz zum arbeitenden Teil des Bogens gehört, oder wenn Knoten oder Dornen schlecht bearbeitet wurden. Erinnere dich, ein Spätholzring des Osagekernholzes bildet nur so lange einen starken Rücken, wie auf ihm keine Schwachstellen vorhanden sind. Bei Querrissen kann diese Stelle nur mit Sehnenwicklung repariert werden oder noch besser, der ganze Bogen wird komplett mit einem Sehnenbelag versehen.

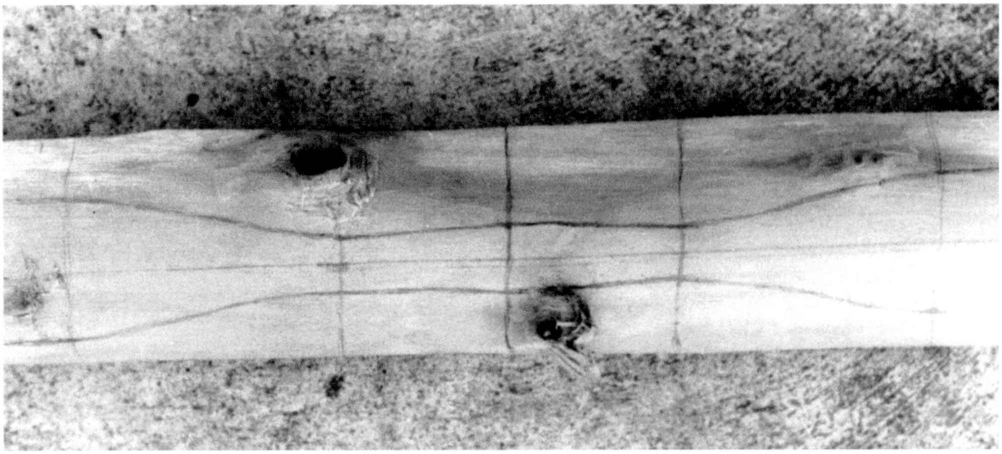

Zwei große Knoten in einem Osagestab. Beachte, wie sie durch ein sorgfältiges Layout umgangen wurden.

Läuft ein verrotteter Ast vom Rücken zum Bauch, kann man den Kern komplett entfernen, er hinterlässt dabei ein richtiges Astloch im Wurfarm. Das wird durch mehr Material auf der Bauchseite oder eventuell durch einen breiteren Wurfarm an dieser Stelle ausgelichen.

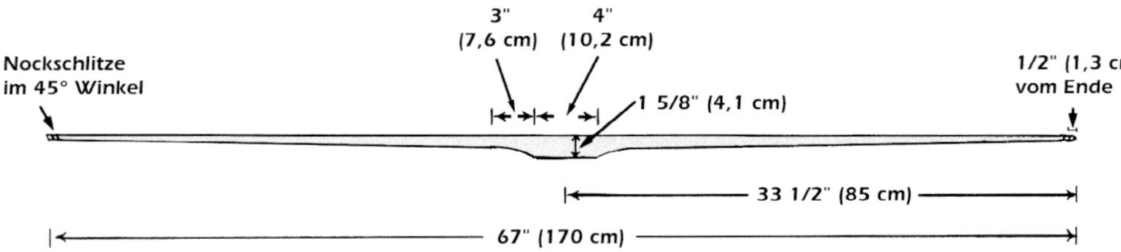

Seitenansicht eines Osage-Flachbogens.

Jetzt ist der Rücken fertiggestellt, und als Nächstes wird die Bauchseite in ihrer Stärke reduziert. Früher nahm ich ausnahmslos die Raspel dafür und es dauerte tagelang, um einen dicken Stab zu bearbeiten. Eine Bandsäge erledigt dies in Minuten. Man schneidet ihn auf eine Dicke von ¾" (1,9 cm) an den Nocken auf 7/8" (2,2 cm) Stärke in der Mitte des Wurfarms herunter, wobei die Griffzone in voller Stärke erhalten bleibt. Du musst auf jeden Fall mehr Holz als letztendlich gebraucht wird, stehen lassen, bevor du ernsthaft anfängst, mit der Raspel zu formen und zu tillern.

Die Wurfarmdicke wird auf den Stab mit fertigem Rücken aufgezeichnet.
Der Stift wird dabei gerade gehalten und die Finger fahren am Bogenrücken entlang. Die Linie folgt so jeder Unebenheit im Holz.

Jetzt kann mit dem Tillern begonnen werden. Schlage hierzu im entsprechenden Kapitel nach, behalte dabei in Erinnerung, das unser Bogen ein steifes Griffteil hat, das bedeutet, dass sich 10–12" (25–30,5 cm) in der Mitte des Bogens nicht biegen.

Nachdem die Nocken eingearbeitet sind und der Bogen getillert ist, kannst du den Griff nach deinen Vorstellungen ausarbeiten. Die meisten bevorzugen einen ovalen Querschnitt im Griff. Nachdem der Bogen gut getillert, erprobt und stabil ist und der Griff ausgearbeitet ist, kann mit Sandpapier der Körnungen 120, 220, 320, 400 und 600 geschliffen werden, worauf das sogenannte „boning" folgt, eine Politur und Verdichtung der oberen Holzfasern mit einem Löffel oder einem Röhrchen. Ich versiegele meine Bögen mit Leinöl in fünf Arbeitsgängen, jeweils mit Zwischenschliff, nachdem jede Leinölschicht getrocknet ist. Schleifen kann das Zuggewicht um ein bis zwei Pfund reduzieren, also nicht übertreiben.

Gewöhnlich ist das erste Fingergelenk meiner Bogenhand meine Pfeilauflage - das geht prima solange die Federn glatt am Pfeilschaft anliegen. Einige bevorzugen jedoch eine Pfeilauflage, die beste und einfachste ist, mehrere Lagen Leder mit Kontaktkleber an das fertigbehandelte Griffstück zu kleben. Ein Griffleder kann über die Pfeilauflageführung festgeklebt werden. Diese Dinge sind dein persönlicher Stil, nimm Leder, Rasierklinge, Kleber, und los geht das Experimentieren.

Die Nockbereiche von Osage-Bögen können, wegen der Stärke dieses Holzes, schmaler und zierlicher als bei anderen Hölzern ausfallen.

Nachdem du deinen Bogen ausgiebig begutachtet und geschossen hast, um ein Gefühl für seine Eigenarten zu bekommen, möchtest du ihm vielleicht einen Namen geben.
Viele meiner Bögen tragen Namen und ich habe viele schöne gehört: „Little Egypt", „Dennis Hopper", „Little John", „Beast", „Scrub", „Sleeping Beauty", „Old Ugly", „Slabsides", „Bodacious", um nur einige zu nennen.

Vielleicht gelingt dir schon beim ersten Versuch der ideale Bogen, es ist jedoch wahrscheinlicher, dass du mehrere Anläufe brauchst, um den idealen Bogen für dich zu finden.
Bleib dabei, es braucht einige Erfahrung, die du durch Lesen, Fragen, und das ist am wichtigsten, durch viel Holzspäne machen erlangst. Tröste dich, in dem Wissen, dass die Belohnung ein Bogen sein wird, der ein Leben lang schießen kann!

Übersetzt von Uwe Karstens

Andere Bogenhölzer

Paul Comstock

1927 schrieb James Duff in seinem Buch „Bogen und Pfeile", wie man eine Ausrüstung für Bogenschützen herstellt. Duff war damals ein erfahrener Bogenbauer mit langer Praxis. Er war aus England eingewandert und hatte in einigen der berühmten englischen Bogensporthäuser des späten 19. und frühen 20. Jahrhunderts gearbeitet, darunter Highfield, Buchanan und Muir.
Duff erzählte seinen Lesern, dass ein Bogen aus Esche, Ulme, Eiche oder ähnlichen Hölzern schlapp und unbefriedigend schießen würde, solange das Holz noch grün sei. Wären diese Hölzer getrocknet, würden sie fast immer brechen. Hickory würde auch starken Belastungen standhalten, es wäre aber „kein bisschen Wurfkraft in dem Holz".
„Das sind keine Bogenhölzer!", warnte der Brite.

Über Generationen plapperten viele Autoren von Bogenliteratur der alten Zeit Duffs Äußerung nach, manchmal fast wörtlich. Andere gaben zwar zu, dass man einen Bogen aus solchen Hölzern machen könnte, er sei aber weit schlechter als einer aus Eibe, Osage Orange oder Lemonwood.
Wenn diese Autoren und Bogenbauer heute vom Himmel auf uns herunterschauen, müssten sie eigentlich vor Staunen die Augen weit aufreißen. Denn heute zischen Pfeile durch die Luft, die von der beeindruckenden Wurfkraft erstklassiger Holzbögen aus Ulme, Esche, Hickory und Eiche beflügelt werden.
Natürlich müssen wir Duff in einem Recht geben. Was er sagte, stimmt schon – wenn ein Bogenbauer alle Fehler von Duff und seinen Zeitgenossen nachmacht.

Ja, aber was für Fehler?
Man bedenke, wie die Oldtimer Bögen machten. Wenn sie amerikanische Hölzer verwendeten, nahmen sie Eibe und Osage Orange. Und mehr als einmal ließen sie diese Hölzer draußen oder in einem einfachen Unterstand trocknen. Ein Extrembeispiel war Mark Mauser, ein Freund des Meisterbogenschützen Robert Elmer. Mauser machte einen Bogen aus einem gefällten Osage Orange Baum, der 18 Jahre lang auf dem Boden lag.
Außerdem bauten diese Männer Englische Bögen. Maurice Thompson nannte England die „Mutter der Bogenschützen" und tatsächlich war England das einzige Vorbild, dem weiße Amerikaner bis in die 30er Jahre folgten. Und Englische Langbögen waren schmal und tief, mit einem abgerundeten Bauch, was im Querschnitt ein D bildete.
Wenn sie diese Bögen bauten, arbeiteten unsere alten Freunde üblicherweise die groben Umrisse des Bogens heraus und spannten sofort eine Sehne auf. Dann begannen sie den Bogen auszuziehen, um zu sehen, wie er sich bog.
Sicherlich waren die alten Jungs mit dieser Methode erfolgreich. Der Misserfolg ist jedoch vorprogrammiert, wenn einer einen solchen Bogen aus einem von den „weißen Hölzern" wie Ulme oder Hickory machen wollte, die hauptsächlich aus weißem Splintholz bestehen.

Osage und Eibe sind äußerst widerstandsfähig gegen Verrotten. Sie können lange Zeit draußen oder in feuchter Umgebung liegen. Mit Esche, Ulme, Eiche und Hickory ist das eine ganz andere Geschichte. Sie fangen sehr schnell an, sich zu zersetzen, wenn man sie im Freien liegen lässt. Ich habe einmal einen Ulmenstamm gespalten, der sechs Monate vorher gefällt und dann im Wald liegengelassen worden war. Das Holz war völlig durchsetzt mit pulverigem Moder. Diese Probleme mit dem Verrotten kann man vermeiden, wenn man nur lebende Bäume aus weißem Holz fällt und sie dann unter Dach bringt.
Osage und Eibe können mehr Belastung aushalten als nahezu alle „weißen Hölzer". Das bedeutet, dass Osage und Eibe recht gut mit den schmalen Wurfarmen der Englischen Langbogen zurechtkommen.

Rohling aus weißem Holz, zwei halbe Rohlinge und zwei Flachbögen.

Schmale Wurfarme sind üblicherweise zu viel für weiße Hölzer. Es ist wahrscheinlich, dass Bögen aus weißem Holz ganz beträchtlich der Sehne nachgeben, wenn die Wurfarme schmal sind und der Feuchtigkeitsgehalt zu groß ist. Aber dieser Stringfollow ist schlecht für die Wurfkraft. Trotzdem sind solche Bögen gefährliche Waffen, und viele Bogenschützen wären damit zufrieden. Wie wir später noch sehen werden, gibt es auch Ausnahmen von dieser Regel. Im Allgemeinen gilt jedoch, dass ein schmaler Bogen aus weißem Holz schlechter abschneidet, wenn man ihn mit einem gewöhnlichen schmalen Bogen aus Eibe oder Osage vergleicht.

Zum Großteil besteht die Antwort darin, einen solchen Bogen aus Holz zweiter Wahl breiter zu machen als einen ähnlichen Bogen aus Osage oder Eibe. Wenn du einer guten Faustregel folgen möchtest, dann mache die Wurfarme eines Flachbogens aus weißem Holz 2" (5 cm) breit vom Griff bis mindestens zur Hälfte der Wurfarmlänge (mit entsprechend angepasster Dicke für korrekten Tiller). Diese Breite bietet mehr als genug Sicherheit, dass das Holz die Belastung durch das Schießen aushält, wenn der Bogen ungefähr 66" (167 cm) lang ist. Wenn alles andere gleich ist, ermöglicht dieses Design einen Bogen, der über 70 lb. stark ist und trotzdem nur minimales Stringfollow bekommt. Schwächere Bögen, z. B. solche mit 55 lb. oder leichter, braucht man nur 1 ¾" (4,5 cm) breit machen. Wenn es dir hauptsächlich um die Leistung geht, die man aus weißem Holz herausholen kann, kannst du mit diesen Richtlinien ausgezeichnete Erfolge erzielen.

Das weiße Holz links wurde im Sommer gefällt, als beim Abziehen der Rinde auch die innere Rinde mit abging. Das Holz auf der rechten Seite wurde im Winter geschlagen, als die innere Rinde fest am Holz haftete.

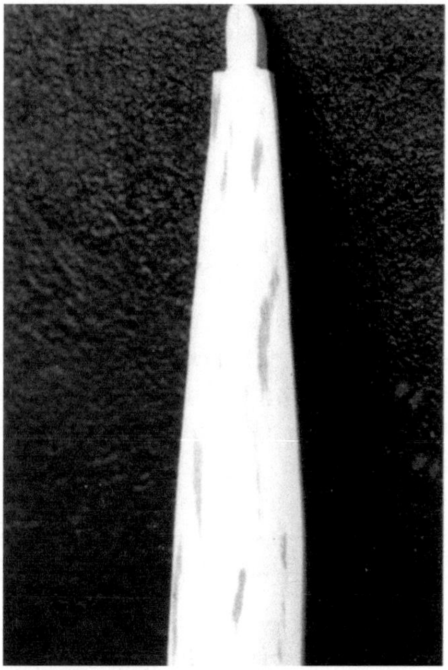

Bei Holz, das im Winter geschlagen wurde, bleiben oft Spuren der inneren Rinde am Rücken eines fertigen Bogens.

Einen solchen Weißholzbogen darfst du in den ersten Stadien des Bauens nur sehr vorsichtig biegen. Wenn ein Bogenbauer einem Weißholzbogen eine Sehne aufspannt, ohne vorher sachte zu testen, wie er sich biegt, und dann den Bogen zieht, ist Vorsicht angebracht. Er kann sofort brechen. Wahrscheinlich wird er sehr starkes Stringfollow bekommen. Und eine Schwachstelle in den Wurfarmen wie ein Knie abknicken, was nichts anderes bedeutet als starkes Stringfollow an eben dieser kleinen Stelle.
Bei Bögen aus Weißholz ist es das A und O, dass man einen guten Tiller nur erreicht, wenn man den Bogen zuerst nur leicht biegt. Das macht man am besten auf einem Tillerbrett und mit einer langen Tillersehne. Ist der Tiller schön gleichmäßig, kann man ihn mit gutem Erfolg ein Stück weiter biegen.

Es erstaunt einen, wenn man liest, dass Duff und andere Oldtimer Bögen aus grünen Eschen- oder Ulmenholz machten und dann enttäuscht waren, dass sie die Spannung nicht aushielten, wenn sie trockneten. Trockenes Holz ist stärker als grünes Holz, darum ist es schwer vorstellbar, dass irgend etwas anderes passieren könnte, wenn man so was probiert. Als ich anfing Bögen aus weißem Holz oder Holz 2. Wahl zu machen, hatte ich meine Zweifel. Eine meiner Ängste war, dass so ein Bogen zwar anfangs nicht schlecht sein, nach einigem Gebrauch aber kaputt gehen oder einfach auseinander fallen könnte. So was ist aber nie passiert.
So ein Weißholzbogen ist sehr haltbar, wenn er gut gemacht und gut getillert ist. Dazu muss ich auch sagen, dass auch ein Osage- oder Eibenbogen, wenn er schlecht gemacht ist, schnell bricht.
Man sollte es in Stein meißeln: ein Bogen aus Holz 2. Wahl kann sehr schnell werfen und lange Zeit halten, wenn der Bogenbauer seine Arbeit gut macht.

Die nächste Frage ist, ob ein solcher Bogen so schnell wie ein Osage- oder Eibenbogen sein kann.
Er kann ohne weiteres schneller sein. Ich habe eine ganze Anzahl von englischen Langbögen und Flachbögen aus Eibe und Osage gemacht. Die Leistung mancher von ihnen ist deutlich schlechter als die meiner besten Weißholzbögen. Wenn ich meine besten Bögen aus weißem Holz mit meinen besten Osage- und Eibenbögen vergleiche, gibt es nicht die Spur eines Unterschiedes zwischen ihnen, wenn ich damit schieße. Wenn die Bögen vom Zuggewicht her ähnlich sind, ist auch die Flugbahn und Energie des Pfeils die gleiche.
Das bringt uns auf einen wichtigen Punkt. Das Holz allein kann keine großartigen Leistungen für einen Bogen garantieren. Gute Ergebnisse hängen viel eher von einem guten Design und guter Arbeit ab, als von jedem anderen einzelnen Faktor.

Als Vergleich besitze ich einen Eschenbogen, der so gemacht ist, wie ihn die alten Jungs gemacht hätten, ein wahres Trauerspiel. Irgendjemand versuchte, lange bevor die meisten von uns geboren waren, diesen Bogen aus Eschenholz zu machen, wie er es in Bogenbüchern seiner Zeit gelesen hatte. Und das ging so: Als unser Bogenbauer damit anfing, den Bogen zu biegen, war er ihm zu steif. Deshalb arbeitete er beide Wurfarme ab, wobei er die Mitte des Bogens ziemlich steif ließ. Die Wurfarme sind nicht breiter als einen Zoll, mit hohem, abgerundetem Bauch. Diese Wurfarme bekamen enormes Stringfollow, und von der extremen Belastung bildeten sich lauter kleine Risse auf dem Bogenrücken. Das beunruhigte unseren Bogenbauer und er umwickelte die unsicheren Stellen mit einem Band. Trotzdem brach ein Wurfarm kurz vor der Nocke ab. Soviel zum falschen Weg. Aber wie geht es richtig?

Es gibt eine ganze Anzahl von Möglichkeiten. Ich mache es mit Weißholz gerne so: Als erstes fälle ich den Baum im Sommer. Wenn ich im Winter Holz brauche, fälle ich den Baum eben dann. Der Sommer ist mir jedoch lieber. Dann spalte ich den Stamm noch am selben Tag auf, und bei Esche, Eiche, Ulme, Hickory, Nussbaum oder Birke ziehe ich sofort die Rinde ab. Im Sommer steht der Baum in vollem Saft und die innere Rinde ist richtig nass. Wenn man nun die äußere Rinde abzieht, geht die innere mit ab. Im Winter wird die innere Rinde am Holz haften bleiben, und es macht mehr Arbeit, sie zu entfernen.
Wenn du diese innere Rinde entfernen musst, schabe sie mit einem Messer oder Zugeisen so dünn wie du kannst. Oft kann man auch lange Stücke abziehen, wenn man zuerst einen kleinen Schnitt in die Rinde macht. Hast du die innere Rinde erst mal dünner gemacht, stellst du das Holz unter die Dusche und lässt eine halbe Stunde lang heißes Wasser darüber laufen. Die Rinde wird davon so weich, dass man sie leicht mit einem Schaber abschaben kann. Auch mit Dampf geht die Rinde leicht ab.
Anfänger verwechseln diese innere Rinde oft mit richtigem Holz, weil sie manchmal mehrere Lagen hat, die wie Jahresringe aussehen. Wenn du dir nicht sicher bist, teste die Außenseite des Stammes mit einer Messerspitze. Die Rinde ist normalerweise weicher und faseriger als das eigentliche Holz.

Als nächstes pinsele ich die Enden mit Firnis ein, damit sie nicht aufreißen, und lagere dann das Holz im Haus. Manchmal werden hungrige Insekten durch den Saft des Holzes angezogen. In diesem Fall sprühe ich das Holz mit Insektenschutzmittel ein. Zwei Wochen lang lasse ich das Holz in Ruhe. In dieser Zeit fällt der Feuchtigkeitsgehalt von mehr als 30 % auf etwa 15–20 %. Wenn ich vorhabe, Passungen zum Zusammenspleißen zu sägen, mache ich das nach den zwei Wochen.

Hat das Holz erst einmal 20 % Feuchtigkeit erreicht, kann es sehr schnell getrocknet werden. Ich mache das mit Hitze. In diesem Stadium können die meisten Holzarten bis zu 65° Celsius aushalten, ohne dass sie besonders aufreißen würden. Ich bleibe bei 32–38° C, um auf Nummer sicher zu gehen.
Eine Wärmekiste, wie man sie bei der Herstellung von Fiberglasbögen braucht, eignet sich gut. Meine Vorrichtung dagegen ist einfach und billig. Sie besteht aus 2 Stücken Ofenrohr, 15 cm im Durchmesser, die ich zusammensteckte und auf ein Ende stellte. Etwa 30 cm vom Boden des unteren Stückes habe ich in die Seiten Löcher gebohrt und eine Plattform gemacht, indem ich Bindedraht durch die Löcher flocht. Das Holz ruht auf dieser Plattform

und darunter ist eine Lampe mit einer 75 oder 100 Watt Glühbirne. Die Durchschnittstemperatur in diesem Trockner ist 38° Celsius oder so. Die Kosten betragen etwa 12 Dollar. So ein billiger Trockner hat natürlich Nachteile. Das Holz, das der Glühbirne am nächsten ist, wird wärmer als der Rest des Stückes. Ein bisschen zuviel Feuchtigkeit und das Ende spaltet sich auf. Lange Rohlinge muss man außerdem wenden, weil nur eine Hälfte in den Trockner passt. Im Rahmen seiner Möglichkeiten funktioniert dieser Ofenrohrtrockner jedoch recht gut. Ein geschlossenes Auto, das in der Sommersonne parkt, kann man auch zum Trocknen von Holz verwenden. Auf diese Art habe ich viele Rohlinge getrocknet. 48 Stunden im Ofenrohr sind jedoch soviel wert wie 10 Tage in dem geparkten Auto, weil sich das in der Nacht abkühlt und das Ofenrohr nicht. Nach meinen Erfahrungen fällt die Feuchtigkeit im Rohrtrockner in rund 48 Stunden von 14% auf 9%. Diese 9% sind eine gute Basis für Bögen aus weißem Holz. Bei 12% kann der Bogen starkes Stringfollow bekommen, bei 9% dagegen sehr wenig. Ich prüfe die Feuchtigkeit mit einem elektrischen Messgerät, man braucht aber eigentlich keines. Ein guter Test geht so: wenn sich das Holz erst mal trocken anfühlt, kannst du den neuen Bogen ans Tillerbrett hängen, wobei du eine lange Tillersehne benutzt und ihn soweit ziehst, als wolltest du eine normale Sehne auflegen. Zeigt der Bogen Stringfollow, nachdem er so einige Minuten gespannt war, ist er noch zu feucht. Wenn er brav in seine ursprüngliche Form zurückgeht, hast du ziemlich genau 9% erreicht.

Ich möchte es noch mal ganz deutlich sagen: Bei den obigen Anweisungen hat sich kein Irrtum eingeschlichen! Es ist genau das, was mit den genannten Hölzer machbar ist. Man kann nichts damit gewinnen, wenn man ganze Baumstämme mit der Rinde daran monatelang herumliegen lässt.
Bogenbauer mögen es gewöhnt sein, Eibe und Osage lange in der Rinde zu lagern, und das mit gutem Grund. Osage kann in seinen äußeren Schichten schlimm aufreißen, wenn die Rinde zu schnell entfernt wird. Bei Esche, Ulme, Eiche, Birke, Hickory und Nussbaum passiert das nicht. Wenn du einen dieser Bäume fällst, bist du viel besser dran, wenn du den Stamm sofort aufspaltest und die Rinde entfernst. Das Holz wird so viel schneller trocknen.

Andere Bogenbauer glauben vielleicht, dass es irgendeinen geheimnisvollen Vorteil brächte, wenn sie Holz verarbeiten, dass bereits vor Jahren geschlagen worden ist. In manchen Fällen mag das einen gewissen, sentimentalen Grund haben. Bei den weißen Hölzern gibt es aber überhaupt keinen vernünftigen Grund, das Holz jahrelang herumstehen zu lassen. Weißholz kann man problemlos lange Zeit lagern, ohne dass es Schaden nimmt. Du kannst es aber auch sehr schnell zu einem Bogen verarbeiten, wenn du es richtig anfängst.

Bei mir dauert es im Durchschnitt 60 Tage, bis aus dem grünen Baum ein fertiger Bogen wird. Mein Rekord liegt bei etwa 20 Tagen. Einige meiner Freunde machen genau wie ich aus grünen Bäumen fertige Bögen, und wir machen es so, wie oben beschrieben.

Es kommt nur darauf an, den Feuchtigkeitsgehalt des Holzes auf 9% zu kriegen, ohne es zu schädigen. Vom praktischen Standpunkt aus ist das alles, was zählt. Sei jedoch gewarnt. Unter bestimmten Umständen kann sich der Feuchtigkeitsgehalt des Holzes auf 4% oder 5% senken. Unter Garantie wird ein Bogenarm, der so trocken ist, abbrechen. Pass auf, dass du das Holz nirgends lässt, wo es heißer als 65° C ist. Vermeide auch, das Holz für einige Monate oder sonst längere Zeit bei 65° C zu lagern.

Hier ein weiterer Punkt, den ich erwähnen möchte. Fast jeder entfernt das Splintholz von Osage Orange und arbeitet sich auf einen weiter innen liegenden Jahresring herunter. Viele machen Eibenbögen mit einer dünnen Schicht Splintholz auf dem Bogenrücken, oder entfernen auch alles Splintholz. Bei beiden Techniken werden die äußeren Jahresringe entfernt. Bei gesundem Hickory-, Eschen-, Ulmen-, Nussbaum-, Eichen- oder Birkenholz brauchst du kein äußeres Holz entfernen. Du kannst den Bogenrücken aus dem Holz gleich unter der inneren Rinde machen. Wenn du im Sommer die Rinde abziehst und dabei die innere Rinde mit abgeht, ist das äußere Holz des Stammes, das du siehst, dein Bogenrücken. Du brauchst überhaupt nichts damit zu machen. Die einzige Ausnahme ist, wenn das Holz irgendwie gelitten hat, normalerweise durch Verrottung oder Fäulnis.

Mein Freund und ich haben eine Theorie darüber, wie Osage zum Bogenbau so beliebt geworden ist. Irgendwann um die Jahrhundertwende traf ein Weißer einen alten Indianerkrieger und fragte ihn, aus welchem Holz man einen guten Bogen machen könne. Der Indianer sah ihn an und dachte daran, dass es diese Leute waren, die den Büffel ausrotteten, die Dörfer niederbrannten, die Ponys töteten, das Land zertrampelten, die jungen Krieger umbrachten und die Frauen schändeten. Dieser Mann sollte leiden, dachte der Indianer und richtete sich zu seiner vollen Größe auf. „Osage Orange“, sagte er und lächelte.
Die Moral von der Geschichte ist, dass man aus Osage Orange einen großartigen Bogen machen kann. Du kannst aber auch aus weißem Holz einen großartigen Bogen machen und es wird verdammt viel einfacher und schneller gehen als mit Osage. Der Hauptgrund ist der, dass es diese „Zweite-Wahl-Hölzer“ fast überall gibt und es deshalb recht einfach ist, ein langes und gerades Stück zu finden.

Ehrlich gesagt, alle meine Freunde hatten kaum noch Lust, Bögen aus Osage zu machen, als sie anfingen, super Resultate mit weißen Hölzern zu erzielen. Wenn wir ein Stück Holz in die Hand nehmen, um einen Bogen daraus zu machen, ist es in 95% aller Fälle weiß, nicht Osage. Weißhölzer verändern die Gewohnheiten.

Auch sollten wir uns vor Augen halten, dass viele bewegte und blutige Kapitel der Geschichte des Bogens von Bögen geschrieben wurden, die aus weißen Hölzern gemacht waren. Sie kamen im steinzeitlichen Europa und im mittelalterlichen England zum Einsatz. Die nordamerikanischen Indianer auf dem ganzen Kontinent schossen damit.

Sagen wir, ein Bogenbauer macht normalerweise sehnenbelegte Osagebögen. Er kann ohne weiteres auf weißes Holz umsteigen und eine fast baugleiche Kopie seines Osagedesigns herstellen. Wenn er die Wurfarme seines Weißholzbogens ein bisschen breiter macht, so um 30%, sollte der sehnenbelegte Bogen nicht mehr Stringfollow aufweisen, als ein ähnlicher sehenbelegter Bogen aus Osage Orange. Sind seine Osagewurfarme z. B. 1,5" (3,8 cm) breit, sollte er seine Wurfarme aus weißem Holz etwa 2" (5 cm) breit machen.

Unser Bogenbauer muss sicherstellen, dass das Weißholz keine Schäden durch Fäulnis hat und dass der Feuchtigkeitsgehalt niedrig genug ist. Merk dir diese Anzeichen, wenn du nach solchen Schäden durch Zerstörung in einem weißen Holz suchst: winzige Löcher oder Lufttaschen im Frühholz (das ist das faserige Holz, das zwischen den Jahresringen ist), und alles, was nach Holzstaub aussieht, wenn das Holz gespalten wird.

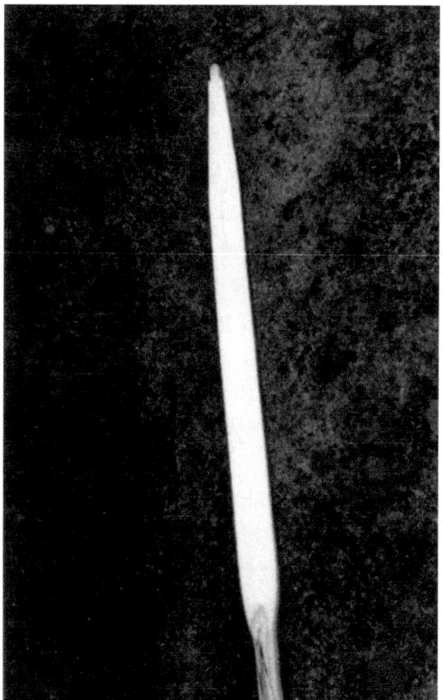

Das Lieblingsdesign des Autors für einen Bogen aus Holz 2. Wahl, mit Wurfarmen, die fast auf ihrer gesamten Länge 5 cm breit sind und einer Bogenlänge von 167 cm.

Ulmenbögen, die auf dem Meare-Heathe-Fundstück basieren, das in England gefunden und auf ein Alter von 4.700 Jahren geschätzt worden ist.

Wenn du irgendwas davon entdeckst, ist das Holz vielleicht nicht mehr gut. Andererseits, vielleicht doch noch. Hat der Bogenbauer irgendwelche Zweifel, gibt es einen einfachen Test, der sich bei mir als sehr erfolgreich erwiesen hat. Spalte einfach ein kleines Stück von der Außenseite ab und mach dir einen kleinen Bogen, ungefähr 6" bis 12" (15–30 cm) lang. Wenn aus dem Holz ein kleiner Bogen wird, der sich gut biegen lässt, wird ein großer Bogen dasselbe tun. Bricht der kleine Bogen ab, kann man noch das Holz testen, das weiter drinnen im Stamm ist. Es kann funktionieren, wenn du das Holz auf einen inneren Jahresring abarbeitest. Wieder gibt ein kleiner Bogen die Antwort. Ich kann nur jedem empfehlen, dass er Holz, mit dem er zuvor noch nie gearbeitet hat, mit einem kleinen Bogen testet. So ein kleiner Bogen muss nicht viel mehr sein als ein grob ausgeschnittener Holzspan.

Der Bogen, den ich vorzugsweise aus weißem Holz mache, hat kein Backing, ist 66" (167 cm) lang und lässt sich bis 29" (73 cm) ausziehen, hat einem schmalen Griff und Wurfarme, die bis über die halbe Länge 5 cm breit sind. Zu den Nocken hin werden die Wurfarme schmaler. Gelegentlich habe ich die Wurfarme 2¼" (56 mm) breit gemacht. 2" (50 mm) funktionieren jedoch bei jedem Holz, das ich probiert habe, und bei jedem Zuggewicht sehr gut. Wenn man die Wurfarme breiter macht, kann das schlecht für die Leistung des Bogens sein, weil sie dann zu schwer werden.

Außer, dass sie mir gefallen, habe ich keinen besonderen Grund, meine Bögen nach dem Meare Heath Bogen zu bauen, einem langen Eibenflachbogen, der etwa 2.700 vor Christus in Großbritannien gemacht worden ist. Das Meare Heath Fundstück war vermutlich 74" (185 cm) lang und hatte Wurfarme, die 2,6" (6,4 cm) breit waren. Während andere auf indianische oder mittelalterliche Bögen stehen, bin ich von steinzeitlichen Bögen aus Europa fasziniert. Unter den ältesten Bögen, die es gibt, sind die Holmegaardbögen, die man in Dänemark aus einem Sumpf geborgen hat. Sie sind etwa 8.000 Jahre alt. Die Holmegaards und ihre Abkömmlinge, die mehrere tausend Jahre in Gebrauch waren, bestanden aus einem weißen Holz, der Ulme.
Es gab eine Zeit, da schreckte ich davor zurück, einen 66" (167 cm) langen Bogen durch die Gegend zu schleppen. Dann überlegte ich mir jedoch, dass ich selber 69" groß bin (176 cm) und relativ leicht durch Büsche und Bäume hindurchkomme. Ich sagte mir, wenn ein 176 cm großer Jäger bequem durchkommt, sollte er auch leicht einen Bogen mit 167 cm mitnehmen können. Nachdem ich so einen Bogen eine Zeitlang mitgenommen hatte, war ich überzeugt.
Ein weiterer Vorteil dieses langen und breiten Designs ist der, dass der Bogenbauer beständig Bögen ohne Backing bauen kann, die weniger als einen Zoll (25,4 mm) Stringfollow haben. Das geht am einfachsten, wenn der Rohling etwas reflex ist oder wenn zwei Wurfarme so zusammen gespleißt werden, dass sie im Griff etwas zurückgesetzt sind.
Viele machen gerne ein Sehnenbacking, wenn sie Bögen mit 62" (156 cm) oder weniger bei einer Zuglänge von 27" oder 28" (68–70 cm) Zuglänge bauen. Ich habe das auch mit gutem Erfolg bei vielen Bögen gemacht. Sehne schützt den Bogenrücken ganz hervorragend.

Ihr zweiter großer Vorteil ist, dass sie das Stringfollow bei einem kürzeren Bogen um vieles verringern kann. Im Durchschnitt haben kurze Bögen ohne Sehnenbacking deutlich mehr Stringfollow.

Ich habe es jedoch gerne einfach. Am liebsten ist mir ein Design, das es mir erlaubt, einen großartigen Bogen mit geraden Wurfarmen bei einem minimalen Aufwand an Zeit und ohne große Anstrengungen zu bauen. Es gibt viele Möglichkeiten, einen Holzbogen zu bauen. Jeder sollte auf seine innere Stimme hören. Am wichtigsten ist, dass man mit dem Resultat zufrieden ist. Ein Bogenbauer sollte aber wissen, dass man Holzbögen auch mit sehr geringem Aufwand machen kann, wenn man das will. Sehr gut geht das mit weißem Holz und langen, breiten Wurfarmen ohne Backing. Und so ein Holzbogen mit nur wenig Stringfollow wird auch ausgezeichnet werfen.
Ich habe auch lange, breite Flachbögen mit Sehnen- oder Rohhautbacking gemacht. Wer will, kann das auch tun. Sei aber gewarnt. Wenn man sich an solche Bögen ohne Backing gewöhnt hat, kommt man nicht mehr davon los. Und sie sind beständig, weil die Zugbelastung am Rücken sich auf eine so große Fläche verteilt. Nach meiner Erfahrung bleibt der Rücken eines Bogens fast unbegrenzt lange intakt, wenn er die ersten paar hundert Schuss überstanden hat.
Sicherlich kann ich es nicht empfehlen, aber ich habe solche Bögen gemacht, bei denen ich durch einen Jahresring auf dem Bogenrücken geschnitten habe (wenn die Jahresringe recht dünn waren) und Rattermarken vom Zugmesser dran ließ. Trotzdem hielten diese Bogenrücken! Ich kann mir keinen besseren Beweis vorstellen, dass dieses Design gut für Bögen ohne Backing ist. (Trotzdem noch mal zum Mitschreiben: ein guter Tiller, einem Jahresring folgen, und ein Bogenrücken so glatt wie Glas ist die beste Versicherung bei einem „nackten" Holzbogen).

Wenn man einen Bogen aus Holz 2. Wahl lang und breit genug macht (unten), kann man leicht den Grad an Stringfollow vermeiden, den eher herkömmliche Bögen aufweisen (die beiden oberen).

Obwohl ich solche Bögen innig liebe, möchte ich noch von anderen Wegen erzählen, die ein Bogenbauer beschreiten kann.
Mein Freund Tim Baker hat sich intensiv mit den weißen Hölzern befasst. Seine Ideen und Anwendungen basieren auf vielen wertvollen Versuchen und werden in einem vorstehenden Kapitel beschrieben. Erwähnenswert ist insbesondere, dass Baker gute Erfolge mit kammergetrocknetem Eschen-, Eichen- und Hickoryholz erzielte. Viele alte Bücher warnen vor kammergetrocknetem Holz und bei weichem Holz ist das sicher auch ein guter Rat. Aber Hickory, Eiche und Esche sind von der zähen Sorte. Bakers Erfahrungen zeigen, dass sie eine wertvolle Alternative sind, wenn ihr Feuchtigkeitsgehalt um die 9% liegt. Wenn du solches kammergetrocknetes Holz verwenden möchtest, wäre es jedoch nicht dumm, vorher damit den Test mit dem kleinen Bogen zu machen. Immer wenn du Holz kaufst, kannst du dir nicht 100% sicher sein, welche Behandlung es durchgemacht hat.
Es ist kein Zufall, dass die Meinung der amerikanischen Bogenbauer über die weißen Hölzer besser wurde, als sie anfingen, von Englischen Bögen auf flache, rechteckige Wurfarmquerschnitte umzusteigen. Bei weitem das beste Bogenbauerbuch aus der Zeit vor dem Fiberglas ist *The Flatbow*, von Ben Hunt und John Metz in den späten 30er Jahren geschrieben. Sie erwähnen Ulme, Robinie, Hickory und Nussbaum als Bogenhölzer und erzählen auch über einen Flight-Bogen aus Walnuss, der 341 Yards weit schoss. Leider gibt es in diesem Buch jedoch kaum Hinweise, wie man aus diesen Hölzern gute Leistungen herauskitzeln kann. In seiner Zeit war *The Flatbow* jedoch fast revolutionär.

Dr. Dwight Bundy, ein Bogenbauer aus West Virginia, ist ein Freund von mir und verwendet weißes Holz. Da er ein Liebhaber der indianischen Kultur ist, interessieren ihn natürlich auch indianische Bögen. Zusätzlich zu den breiten, langen Flachbögen, die ich oben erwähnte, machte er auch Bögen der östlichen Indianer. Die meisten davon sind 66" bis 68" lang (165–170 cm). Sie sind schmal und haben einen rechteckigen Wurfarmquerschnitt. Der Querschnitt der Griffe ist derselbe, wie der der Wurfarme und die Bögen biegen sich auf ihrer ganzen Länge.

Unter diesen Bögen ist auch ein Ulmenbogen ohne Backing, 66" lang, der 65 lb. stark ist. Er ist auf fast der ganzen Länge kaum breiter als einen Zoll (2,54 cm). Dieser Bogen hat kein Stringfollow. Nicht die Spur! Das ist es, was man erreichen kann, wenn der Rohling ein bisschen Reflex in sich hat, der Bogen liebevoll und vorsichtig getillert und nie weiter als seine normale Zuglänge gezogen wird. Nicht leicht zu machen bei einem schmalen Weißholzbogen, aber Bundy hat es geschafft.

Es ist viel darüber geschrieben worden, dass die Indianer zum Bauen von Bögen Bäume bevorzugten, die vom Feuer getötet wurden. Bundys Bogen war aus einem solchen Baum und als letztes Zeichen „Guter Medizin" gelang es Bundy, mit diesem Bogen und einem Pfeil im indianischen Stil seinen ersten Hirsch zu schießen.

Ein anderer Freund von mir ist Dean Torges aus Ostrander, Ohio. Torges hat eine Sammlung von Bögen, die er aus Osage Orange und weißem Holz gemacht hat. Darunter ist ein bemerkenswertes Exemplar. Es ist ein Ulmenbogen ohne Backing, 64" lang (161 cm), 67 lb. stark, mit breiten, flachen Wurfarmen. Als ich diesen Artikel schrieb, waren damit 700 Schuss abgegeben worden und der Griff ist immer noch 3" (7,5 cm) zurückgesetzt!
Dieser Bogen ist ein weiteres Beispiel dafür, was man erreichen kann, wenn man einen Bogen aus weißem Holz mit äußerster Sorgfalt tillert. Torges' Bogen ist aus zwei halben Rohlingen, sog. Billets, zusammengespleißt. Jede Hälfte hatte einen gleichmäßigen Reflex in sich. Als er noch nagelneu war, war der Griff 3,5" (9 cm) zurückgesetzt. Beim ersten Abspannen nach dem Schiessen verringert sich der Reflex auf 2,5" (6 cm). Nach einigen Stunden Ruhe im entspannten Zustand steigt er wieder auf 3" (7,5 cm).
Die Erfahrungen von Bundy und Torges sollten uns eine Lehre sein. Die Qualität der Arbeit ist ein überwältigender Faktor beim fertigen Bogen. Torges hat ein paar Bögen von sehr schönen, unbelegten Flachbögen aus Zürgelbaum. Er ist meines Wissens nach der erste, der aus diesem Holz Bögen macht. Ausprobiert hat er es deshalb, weil er wusste, dass sich Zürgelbaum ungefähr so wie Esche bearbeiten lässt. Damit hat Torges bewiesen, dass ein Baum, den niemand für Bogenholz gehalten hat, hervorragende Ergebnisse liefert. Noch eine Lektion für uns alle.

Dr. Dwight Bundy zeigt Bögen im indianischen Stil aus Esche, Hickory, Ulme und Robinie.

Dean Torges hält einen gespannten Bogen aus Zürgelbaum und einen entspannten Ulmenbogen, der nach 700 Schüssen einen Reflex von 3 Zoll (7,5 cm) hat.

Befassen wir uns einmal näher mit den gebräuchlichsten Bogenhölzern, die nicht Osage Orange oder Eibe heißen:

Ulme: von der Ulme gibt es grundsätzlich zwei Arten. Die eine besteht hauptsächlich aus weißem Splintholz. Darunter fallen die amerikanische (*ulmus americana*), sibirische (*ulmus pumila*) und die Felsenulme (*ulmus thomasii*). Die andere Art ist die Rotulme (*ulmus rubra*), die dünneres, weißes Splintholz und dickeres, dunkles Kernholz hat. Aus allen diesen Bäumen kann man prima Bögen machen. Ich bevorzuge jedoch die Ulmen mit hauptsächlich weißem Saftholz, weil es mir so vorkommt, als wäre dieses Holz robuster und widerstandsfähiger gegen Verrotten. Aber das ist eher von untergeordneter Bedeutung, weil ich auch aus Rotulme hervorragende Bögen gebaut habe. Das Splintholz von Rotulme würde ich nur entfernen, wenn es Anzeichen von Fäulnis zeigen würde und das Kernholz nicht. Rotulme kann man ziemlich genau wie jedes andere Holz spalten. Es macht viel Arbeit, weil alle Ulmen bis zu einem gewissen Grad in der Längsmaserung fest zusammenhalten. Bei Ulmen aus weißem Holz ist das besonders ausgeprägt, und es ist eine Mordsarbeit, sie zu spalten. Ich schummle deshalb und nehme eine Handkreissäge, um in jede Seite des Stammes einen Schlitz zu sägen, in den ich dann mit einem Hammer Keile schlage. So folge ich zwar der Maserung nicht hundertprozentig, habe aber mit dieser Methode noch nie Probleme bei einem Ulmenbogen gehabt.

Esche: Esche wird oft in zwei Klassen eingeteilt. Eine hat starkes Holz und eine schwächeres. Die schwächeren Eschen sind die Schwarzesche (*fraxinus nigra*) und die Blauesche (*fraxinus quadrangulata*). Fast alle anderen Eschen sind in der stärkeren Klasse. Die bekannteste darunter ist die Weißesche(*fraxinus americana*). Esche kann man leicht spalten und bearbeiten.

Eiche: Weißeiche (*quercus alba*) hält man allgemein für das verlässlichste Bogenholz. Tim Baker hat jedoch auch aus Roteiche (*quercus rubra*) ein paar hübsche Bögen gebaut.

Birke: Davon gibt es zahlreiche Arten. Wenn man Holzfachbüchern glauben darf, gibt es bei ihren Hölzern kaum Unterschiede. Ich würde aus jeder Birkenart einen Bogen machen. Aus Papierbirke habe ich mehrere Bögen gebaut. Der Beste davon ist 66 Zoll (167 cm) lang, hat kein Backing und 2 Zoll breite Wurfarme. Er wirft sehr gut und ich schieße oft damit.

Hickory: Hickory kommt in vielen Arten vor und alle sind verdammt zäh. Schweinsnuss- (*carya glabra*) oder Glattrindenhickory sind nahezu unzerbrechlich. Weil Hickory gerne Feuchtigkeit anzieht, dauert es länger als bei jedem anderen Holz, mit dem ich je zu tun hatte, den Feuchtigkeitsgehalt zu senken. Wenn der Feuchtigkeitsgehalt eines Hickorybogens 12% beträgt, wird er sehr starkes Stringfollow bekommen. Deshalb wurde Hickory oft als nicht federnd genug angesehen. Bringe den Feuchtigkeitsgehalt auf 9% herunter, und du wirst die federnde Härte eines gut getillterten Hickorybogens sehen.

Robinie: Robinie ist eigentlich kein Weißholz, da es außer einer dünnen Schicht Splintholz nicht weiß ist. Die anderen, oben erwähnten, Weißhölzer haben eines gemeinsam. Man kann von einem frisch gefällten Baumstamm die Rinde abziehen und es ist so sicher wie Geld auf der Bank, dass der Bogenrücken nicht aufreißen wird. Mit Robinie geht das nicht. Schäle von einem grünen Stück Holz die Rinde ab, und der Rücken könnte reißen, zwar nicht so oft wie bei Osage Orange, aber oft genug. Die besten Ergebnisse erzielt man vermutlich, wenn man Robinie wie Osage Orange trocknet.
Manche Bogenbauer hatten Glück, wenn sie eine Lage Splintholz auf dem Rücken eines Robinienbogens stehen ließen. Bei anderen ist der Bogen fast auf der Stelle abgebrochen, wenn sie das versuchten. Das mag zum Großteil am Gesundheitszustand des Baumes liegen. Meiner Erfahrung nach kann dieser Zustand bei Robinie stark voneinander abweichen. In meiner Gegend machen Holzkäfer aus fast jedem Robinienstamm Brennholz, indem sie überall Löcher hineinbohren.
Viele sagen der Robinie nach, sie würde leicht Kompressionsbrüche bekommen. Die beste Versicherung dagegen ist es, den Bauch so flach und glatt wie möglich zu machen und den Bogen besonders sorgfältig zu tillern. Es könnte auch helfen, den Feuchtigkeitsgehalt auf 9% zu bringen, da feuchteres Holz ein wenig weicher ist.

Nussbaum: Ich habe Schwarze Walnuss (*juglans nigra*) ausprobiert und dabei die Wurfarme nur aus dem weißen Saftholz gemacht. Andere hatten schöne Erfolge mit anderen Nussbaumarten. Ich habe Nussholz kennen gelernt, bei dem die äußeren Jahresringe leicht rissen, wenn man das Holz bog, aber wenn man es auf einen innenliegenden Jahresring herunterarbeitete, bog es sich sehr gut. Vielleicht ist das der Grund, warum die Oldtimer bei Nussbaum oft ein Backing aus Hickory aufleimten.

Zeder und **Wacholder**: Viele Leute im Westen haben aus Wacholder erstklassige Bögen gemacht und deren Verlässlichkeit ist wohlbekannt. Das Splintholz lässt man üblicherweise daran. Meine Kenntnisse über die Östliche Rotzeder stammt von Tim Baker, der eine Anzahl Bögen daraus gemacht hat. Er berichtete, dass die Biegsamkeit von Bögen aus Rotzeder ohne Backing gering ist und sie eher als andere Bögen vom Rücken her brechen. In der alten Zeit leimte man oft ein Hickorybacking auf Rotzeder, und vermutlich war genau das der Grund dafür. Ein Sehnenbacking ist bei diesem Holz auch sehr gut.

Maulbeerbaum: Zwei der Schutzheiligen des Bogenschießens, Maurice und Will Thompson, machten als Kinder vor dem Bürgerkrieg Bögen aus Maulbeerbaumholz. Einige der alten Bogenbücher loben Maulbeerbaum in den höchsten Tönen und halten es für einen guten Kandidaten für einen englischen Langbogen. Ähnlich wie die Robinie hat Maulbeerbaum viel dunkles Kernholz. Es ist gelblich-braun und mit weißem Splintholz bedeckt. Aus Vorsicht habe ich von Maulbeerbaumholz das Splintholz entfernt, glaube aber nicht, dass es wirklich notwendig ist. Wenn das Splintholz gesund aussieht, gibt es Grund zu der Annahme, dass man es auf dem Bogenrücken lassen kann. Früher ließ man es oft daran, arbeitete es jedoch zu einer dünnen Schicht herunter. Ein Verwandter des Maulbeerbaums ist Sassafras, das die Thompsons für genauso gut wie Maulbeerbaum hielten.

Ahorn: Tim Baker hat eine ganze Anzahl von schnellschießenden breiten Flachbögen aus Zuckerahorn (*acer saccharum*) angefertigt.

Andere Harthölzer: zusätzlich zu dem oben erwähnten Zürgelbaum (*celtis occidentalis*) kann man buchstäblich aus jedem Obst- oder Nussbaum einen Bogen machen, wenn er einen langen, geraden Rohling in sich trägt.

Tropenholz: eine Diskussion über alternative Bogenhölzer wäre nicht komplett, wenn man nicht über Tropenholz spräche. Die Engländer fingen an, in der Mitte des 19. Jahrhunderts aus Tropenholz Bögen zu bauen. Tropische Holzarten wie Lemonwood (*calycophyllum candidissium*), Lancewood (*nectandra coriacea oder oxandra lanceolata*) und Schlangenholz (*brosium guianensis*) hatten immer einen erstklassigen Ruf bei den Oldtimern. Die Thompsons kauften Bögen aus allen drei Hölzern, die in England gemacht worden waren.

Das bekannteste Tropenholz ist **Lemonwood** (Zitronenholz). Sein richtiger Name ist Degame. Es wächst auf Kuba und in kleineren Vorkommen auch in Mittelamerika. Wie bei jedem anderen guten Tropenholz hat es keine sichtbaren Jahresringe. Oft kann man die Maserung erkennen, aber nicht immer genau.
In vielen alten Bogenbüchern wird beschrieben, wie man aus Lemonwood Rohlinge sägt und dabei die Maserung außer Acht lässt. Auf diese Art konnten die Bogenbauer die größtmögliche Anzahl von Bogenrohlingen aus einem Lemonwoodstamm schneiden. In den frühen 40er Jahren kostete ein guter Osage- oder Eibenbogen üblicherweise um die 37$. Zum Vergleich dazu kostete ein guter Lemonwood-Bogen, mit Seide belegt (was in der Wirkung ähnlich war wie ein Sehnenbacking), nur 15$. Bis in die 50er Jahre wurden tausende von Lemonwood-Bögen gemacht. Ich selber habe mehrere Lemonwood-Bögen gemacht. Der beste ist im Stil der 30er Jahre gebaut, 68" (170 cm) lang, zieht 63 lb. und hat kein Backing. Weil Lemonwood so dicht ist, ist es recht unwahrscheinlich, dass ein Splitter auf dem Rücken eines unbelegten Bogens aufsteht. Wird er jedoch zu weit gezogen, wird er meiner Erfahrung nach ohne Warnung auseinander fliegen. Lemonwood-Bögen sind robust und haltbar, solange die Maserung nicht übermäßig belastet wird. Wird sie es doch, ist das Spiel aus.

Ich hatte mal ein Schwätzchen mit einem älteren Herrn, der zugab, dass er vor Jahren den Lemonwood-Bogen eines Nachbarn zerbrochen hatte, als er ausprobierte, wie weit er ihn spannen konnte. Sechzig Jahre nach diesem Ereignis konnte mein alter Freund immer noch über diese Geschichte lachen.

Viele alte Bücher warnen davor, einen Holzbogen ohne Pfeil auf der Sehne zu spannen. Die Autoren hatten offenbar Lemonwood im Sinn, als sie das schrieben. Alte Scheiben- und Jagdbögen aus Lemonwood hatten normalerweise ein Backing. Ich habe einen mit einem Backing aus Glasfiber. Vermutlich waren diese Backings auch dafür gut, den Schaden in Grenzen zu halten, wenn es wirklich mal einen zerlegte.
Erwähnenswert ist auch, dass viele alte Lemonwood-Bögen dunkler gebeizt waren. Am beliebtesten war ein Walnusston. Bögen aus weißem Holz sind noch heller und weißer als Lemonwood. Deshalb beize ich alle Bögen aus weißem Holz, die ich mache, mit einer Streichbeize auf Ölbasis. Dean Torges macht dasselbe mit einer Anilinbeize. Saxton Pope schrieb einmal über einen Indianerbogen, der offensichtlich auch irgendwie gefärbt war. Es gibt viele gute Gründe für das Färben von weißem Holz, und es ist auch historisch belegt. Wenn du ein Jäger bist, brauchst du Tarnung, und Beizen ist eine feine Idee.
Es gibt viele, viele Arten von Tropenholz. Die Qualität kann sehr unterschiedlich sein, und nicht aus allen kann man so leicht die Leistung herauskitzeln wie aus Lemonwood.
Tim Baker hat mit zweien gute Erfolge erzielt, mit Amaranth (*Peltogyne Paniculata oder P. Venosa*) und Goncalo Alves (A*stronium Fraxinifolium oder A. Graveolens*).

Man kann schon auf Probleme stoßen, wenn man weiße oder Zweite-Wahl-Bogenhölzer verwendet. Wenn man aufpasst, kann man diese Probleme vermeiden. Eines dieser möglichen Probleme ist die Tatsache, dass die meisten dieser Hölzer Feuchtigkeit aufnehmen, wenn sie lange feuchter Luft ausgesetzt und nicht geschützt sind. Bei einem Feuchtigkeitsgehalt von 9% kann dieser in ein paar Wochen bei feuchter Witterung leicht auf 12% oder 14% steigen. Bei Osage und Eibe ist es viel unwahrscheinlicher, dass so was passiert. Denk daran, dass ich Bogenstäbe aus Hickory und Eibe wochenlang nebeneinander gelagert habe. Das Hickoryholz hatte einen Feuchtigkeitsgehalt von 14%, die Eibe hatte 9%.
Die beste Antwort, die mir darauf einfällt, ist die, das Holz im Warmen zu halten, bis der Bogen fertig ist. Er wird keine Feuchtigkeit aufnehmen, wenn er beständig auf 27° oder 32° C aufgewärmt wird. Sowohl Torges als auch ich halten unser Holz immer warm, wenn wir nicht gerade daran arbeiten. Torges benutzt eine Heizkiste, und ich meinen gröberen, aber brauchbaren Ofenrohrtrockner. Beides kostet nur Cents im täglichen Betrieb. Ein wasserdichtes Finish eliminiert das Problem, wenn der Bogen fertig ist. Sicher, so ein Finish kann die Wiederaufnahme von Wasser nur verlangsamen, nicht völlig stoppen. Aber diese Wiederaufnahme ist ein sehr langsamer Prozess. Für mich hat sie bei einem fertigen Bogen nie ein Problem dargestellt, egal wie viel Regen auf die Wurfarme geprasselt ist. Streichwachs ist eine einfache und effektive Methode, den Bogen zusätzlich vor Feuchtigkeit zu schützen.

Das Verziehen, ein weiteres mögliches Problem, kann von zwei Faktoren verursacht werden. Einer davon ist das, was die Holzarbeiter Druckholz nennen und das davon kommt, dass sich durch das Wachstum des Baumes Spannungen im Stamm aufbauen. Schneide in solches Holz und es verbiegt sich wie es will. Bei Weißholzbäumen mit einem Stammdurchmesser unter 10–12" (25–30 cm) ist Druckholz jedoch kaum zu finden.

Ein weiteres Problem taucht auf, wenn man aus dem Holz einen schmalen, langen Rohling schneidet, wenn es noch zu grün ist. Ein langes, dünnes Stück Holz kann sich sehr leicht verziehen. Ein dickes, klobiges Stück grünes Holz verzieht sich dagegen kaum. Wenn du dir also einen langen, dünnen Rohling schneiden willst, dann pass auf, dass das Holz so trocken wie möglich ist, bevor du ihn aus einem halben oder viertel Baumstamm heraussägst.
Hier ein weiteres Beispiel, was man tun kann. Ich fällte einmal eine Ulme und eine Esche während des Sommers. Ich spaltete die Stämme und zog ihnen sofort die Rinde ab. Somit hatte ich vier gespaltene Hälften. Jede war breit, dick und klobig. Dann lagerte ich sie in meinem Auto. Alle waren tropfnass, als ich das tat. Jeden Tag stieg die Temperatur im Wagen durch die Sommersonne auf 65° C. Vier Tage hintereinander kam ich von der Arbeit und fand meine Autoscheiben innen beschlagen vor, so dass ich sie mit einem Papiertuch abwischen musste. Wenn ich ins Auto stieg, war es wie in der Sauna.
Wasser tropfte aus dem Holz wie Stromschnellen auf dem Niagara. Etwa 10 Tage später war der Feuchtigkeitsgehalt dieser Stücke bei 9%. An der Außenseite der Ulme gab es keine Risse. Eines der Eschenstücke hatte am Rücken, wo die Maserung Wirbel machte, winzige Risse. Ich hatte sowieso vorgehabt, um diese Stelle herumzuschneiden. An der gerade gemaserten Seite, wo der Rohling herausgeschnitten würde, gab es keinerlei Risse. Ich hatte das Holz extra lang geschnitten, obwohl auch an den Enden kaum Trocknungsrisse waren. Die Esche schickte ich Tim Baker, der davon 2 Bögen machte. Die Ulme spleißte ich zusammen und machte selbst einen Bogen daraus.

Oft ist darüber geschrieben worden, dass dickgeringte Eibe schwächer sei als feinjährige. Manche behaupten auch, dass Weißholz mit dünnen Jahresringen schwächer sei als solches mit dicken Ringen. Das mag schon wahr sein. Aber den Unterschied zwischen einem 50 lb. Bogen und einem mit 70 lb. machen nur ein paar Haaresbreiten auf dem Bauch von breiten Wurfarmen aus. Ich habe ein paar sehr brauchbare Bögen aus feinjähriger Ulme gemacht, die um die 65 bis 70 lb. stark sind. Lass es dir vom Holz selber sagen, wie dick die Wurfarme sein sollen, wenn du ein bestimmtes Zuggewicht anstrebst, und wenn die dickeren Wurfarme schwerer sein sollten als die von Holz mit breiten Jahresringen, dann wird der Unterschied nicht groß sein. Und der Unterschied in der Leistung wird so gering sein, dass es praktisch ohne Bedeutung ist.

Bei fast jedem Holz zweiter Wahl (und auch bei Osage) liegt die Schwäche in dem porösen Frühholz, das zwischen den Jahresringen ist. Wenn das dichte, solide Spätholz in den Ringen gut ausgebildet und dicker ist als das Frühholz, ist meiner Erfahrung nach ein guter Bogen in dem Holz. Das Schlimmste, was ich über dünne Jahresringe sagen kann, ist die Tatsache, dass man gut aufpassen muss, wenn man einen Bogen ohne Backing macht. Man schneidet viel eher versehentlich durch einen dünnen Ring als durch einen dicken.

Es gibt viele Abweichungen bei den weißen Hölzern. So wie die Erfahrung wächst, wächst auch unser Wissen. Es gibt kein besseres Beispiel dafür als den Oldtimer, den ich zuvor erwähnte und der versuchte, einen englischen Langbogen aus Esche zu machen.
Ich bekam diesen Bogen von einem Bekannten, der eine Sammlung von Holzbögen kaufte, die unser Bogenbauer aus vergangener Zeit gebaut hatte. Und unser alter Freund hatte seine Lektionen gut gelernt. Mein Informant erzählte mir, der beste Bogen aus der Serie sei aus Nussbaum gemacht. Und der hatte breite, flache Wurfarme.

6 Übersetzt von Manfred Ebner

Die Bogen der westlichen Indianerstämme

Steve Allely

Im Herbst des Jahres 1976 war ich auf Maulbeerhirschjagd in der Hochwüste im östlichen Oregon. Obwohl ich überhaupt kein Wild zu Gesicht bekam, war allein das Laufen in der frischen Hochlandluft, gemischt mit dem Duft von Salbei, Belohnung genug. Als ich meinen Weg hinauf auf eine schmale Anhöhe nahm, wo es normalerweise Hirsche gab, fand ich große und kleine Bruchstücke von Obsidianpfeilspitzen verstreut herumliegen. Einige davon waren alte Atlatl-Spitzen, andere waren eindeutig für Pfeil und Bogen bestimmt. Auf dieser Anhöhe war sicherlich kein ehemaliges Dorf gewesen, denn die meisten der alten Ansiedlungen befanden sich immer in der Nähe von nicht weit entfernt gelegenen Quellen, wie sich angesichts herumliegender Obsidianstücke und im Lagerfeuer zersprungener Steine zeigte. Die Pfeilspitzen auf der Anhöhe waren alle zerbrochen und sicherlich während der Jagd verloren gegangen, denn die Anhöhe war ein ausgezeichneter Ort, um auf röhrende Hirsche in der Dämmerung zu treffen.

Als Steinspitzenmacher spürte ich gleich eine Beziehung zu diesen alten Jägern und Handwerkern. Von der heutigen Zeit aus gesehen mag man sie ruhig als primitiv bezeichnen, aber ich fand nichts Grobes, Unbeholfenes an diesen wunderschönen geschlagenen Spitzen. Ich folgte der Anhöhe weiter bis zu einer Lichtung, inmitten eines Dickichts aus Bergmahagonie, mit einem Auge hielt ich Ausschau nach mehr Pfeilspitzen, mit dem anderen nach Hirschen. Die Lichtung war ein sehr guter Platz, zum Hinsetzen und zum Warten, da mehrere Wildwechsel zusammenkamen und ich in alle Richtungen freie Sicht hatte. Es war einfach ein idealer Platz.

Und dann sah ich es:

Nicht einmal 10 Schritte entfernt inmitten eines Salbeigebüsches war ein alter steinerner Ansitz. Die mit Flechten überwachsenen Felsen lagen wie zufällig herum, aber das Mauerwerk war immer noch zu erkennen. Ganz offensichtlich hatte jemand in vergangenen Zeiten diese Stelle als idealen Platz betrachtet, hatte vielleicht einen Maulbeerhirsch oder sogar ein Big Horn Schaf ganz genau dort zur Strecke gebracht.

Nun begann ich mich wirklich ernsthaft zu fragen, welche Arten von Bögen und Pfeilen die Indianer damals an diesem Ort benutzt hatten. Schon komisch, dass von der ganzen Ausrüstung der Bogenjäger ausgerechnet die Pfeilspitzen, der zerbrechlichste Teil übrig geblieben war.

Es wurde mir nun klar, dass ich nicht wirklich wusste, woran diese Pfeilspitzen einst befestigt waren. Noch weniger wusste ich, womit sie geschossen wurden, obwohl ich als Steinspitzenmacher Hunderte dieser Spitzen, die ich heute morgen gefunden hatte, schon nachgebaut hatte. Ganz zu schweigen von den Köchern, handwerklichen Fertigkeiten, benutzten Materialien, Jagdtechniken usw. Immer nur Pfeilspitzen nachbauen wurde für mich ein alter Hut. Wie sieht der ganze Rest so einer Ausrüstung aus? Das wollte ich jetzt wissen. Genau in diesem Moment hatte mich der traditionelle Bogen gepackt. Von diesem Moment an begab ich mich auf die Suche, um mehr über die Bogen und Pfeile der Westküste zu erfahren, und hatte das Glück einige Antworten zu finden.

Manches waren seltene Zufälle, wie das Zusammentreffen mit meinem jetzigen Freund Ivan Shark, der als Junge von einem alten Modoc Indianer in der Jagd und in der Herstellung traditioneller Bögen und Pfeile unterrichtet worden war. Er gab im Gegenzug dieses Wissen an mich weiter, so hatte ich die tolle Gelegenheit, Informationen aus zweiter Hand von einer ursprünglichen Quelle zu erhalten, genauso wie ich in Dutzenden von Museen und privaten Sammlungen fündig wurde.
Einige Teile des Puzzles fehlen immer noch, aber nach Jahren der intensiven Studie hat sich das Bild von den Waffen der nordamerikanischen Indianer des Westen geklärt.
Genaugenommen, wenn wir von Westküstenbogen sprechen, meinen wir flache Bogen (entweder sehnenbelegt oder nicht belegt), die von den eingeborenen Amerikanern des Westens gemacht und benutzt wurden. Sie waren verbreitet bei den Chumash-Indianern des südlichen Kaliforniens bis hinauf zu den Tlingit des Nordwestens. Ein großer Teil des nördlichen und westlichen Grossen Beckens sollte hier auch miteinbezogen werden, denn dort waren Bruchstücke von Flachbögen in Höhlen gefunden worden, die von den Pajute und anderen Völkern auf beiden Seiten des Kaskadengebirges und im westlichen Teil des Columbia Plateaus benutzt worden waren. Diese Bögen wurden in allen Formen und Größen gefunden und variierten von Ort zu Ort. Verglichen mit modernen Bögen waren sie meistens sehr kurz, besonders die sehnenbelegten Bögen, einige von ihnen waren nur 30" lang (das sind 76,2 cm), während andere, besonders die unbelegten Bögen, 50" (127 cm) oder mehr messen konnten.
Die Mehrzahl der sehnenbelegten Bögen waren zwischen 36" (91,4 cm) und 44" (112 cm) lang, was ohne Sehnenbelag nicht funktionieren würde. Dazu zeigten diese Bögen einen sehr starken Reflex (Vorspann), das ließ sie von der Seite aus betrachtet wie ein „C“ aussehen. Der Reflex wurde entweder durch das Schrumpfen des Sehnenbelages bewirkt, oder dadurch, dass verschiedene kalifornische Indianerstämme das Bogenholz durch Dämpfen in den Reflex brachten, bevor sie den Sehnenbelag aufleimten. Dieser Vorgang konnte durch die Verarbeitung von grünem Holz vereinfacht werden. Während der Sehnenbelag aufgeleimt wurde, wurde der Bogen dadurch in Vorspann gehalten, indem er umgekehrt aufgespannt wurde. Das wurde beibehalten, bis der Sehnenbelag getrocknet war.

Grundsätzlich wurden die Bögen fertiggemacht und gut getillert bevor sie mit Sehne belegt wurden. Ich habe meine Replikate auf diese Art gemacht und sogar geschossen, natürlich niemals bei vollem Auszug, das gilt vor allem für die sehr kurzen Bögen. Wenn der Tiller passt, dann werden die Enden nach vorne gebogen (Recurves) und der Vorspann hergestellt. Nachdem die Sehne aufgebracht und komplett getrocknet ist, bekommt der Bogen das letzte Feintillern und Tunen.

Ganz normal gebräuchlicher Hautleim oder tierischer Kleber wurden benutzt, um einen Bogen zu belegen, Fischleim ersetzte ihn oft. Verschiedene Völker, wie die Sierra Miwok gaben geröstete Hahnenfusswurzeln als Binder dem Fischleim zu. Häufig wurde Leim aus Lachshaut und den Kieferknochen vom Stör gekocht.

Auf recht einfache Art wurde der Leim in flachen Schalen aus Speckstein oder Lehm gemacht. Dazu wurden auch wasserdichte Körbe benutzt. Um darin die nötigen hohen Temperaturen zu erreichen, ohne sie zu beschädigen, wurden glühende Steine benutzt. Nachdem der Leim fertig war, wurde er oft zu kleinen Kugeln geformt und so für den späteren Gebrauch getrocknet. Ein Bogen, der mit Sehne belegt werden sollte, wurde vorsichtig mit einer Steinscherbe oder mit Sandstein der Länge nach eingeritzt und aufgeraut, dann wurde mit Holzasche und Wasser sämtliches Öl und Fett rausgewaschen. Das Leimgranulat wurde nun in warmem Wasser gelöst und ein dünnes Leimbett wurde auf dem Rücken des vorbereiteten Bogens aufgepinselt. Dann wurde die bereits zuvor zu feinen Fäden aufgespleißte Sehne in Wasser eingeweicht oder gekaut, um sie weich zu machen.
Die eingeweichte Sehne wurde nun nach und nach auf den Leimfilm aufgebracht. War der ganze Bogenrücken mit Sehne belegt, wurde der Belag nochmals gut in das Leimbett gedrückt. Dann wurde der ganze Bogen mit Rindenstreifen umwicklelt, zum einen, um den Sehnenbelag fest auf das Bogenholz zu pressen, zum anderen um ein Abheben des Belages während der Trocknungszeit zu verhindern. Das Umwickeln war besonders nötig, wenn der Bogen nach vorne gebogene Enden hatte. Nachdem die Sehne getrocknet war, wurde der Sehnenbelag nochmals mit Leim bestrichen. Das ist die Technik, die laut Saxton Pope, auch Ishi benutzte. In der Zeit vor dem Elektroherd war das natürlich die einfachste Methode und ich habe erfolgreich Bögen mit Sehne auf genau diese Art belegt.
Andere Indianerstämme hingegen tauchten ihre Sehnenbündel in den erwärmten flüssig gemachten Hautleim, so wie das üblicherweise gemacht wird. Wieder andere Indianerstämme, wie die oben bereits erwähnten Miwok hatten Leim im Mund, während sie die Sehnenfäden kauten, so wurden diese gleich mit Leim durchtränkt.
Ganz gleich, welche Methode gewählt worden war, wurden die Sehnenbeläge auf den Westküstenbögen immer umwickelt, sobald der Leim abgekühlt war und zu gelieren begann, spätestens dann, wenn er auf Druck nicht mehr nachgab. Ich denke, dass diese Methode einige Vorteile in sich birgt. Wenn der Sehnenbelag umwickelt wurde, konnte überschüssiger Leim aus den Sehnenbündeln austreten, das macht die Verleimung sicherer, und wahrscheinlich kann die Sehne effektiver arbeiten. Die Umwicklung mit den Sehnenfäden verlängert die Trocknung, das kann so umgangen werden, dass sie nach und nach entfernt wird. Oft sind an alten Bögen immer noch Spuren der Rinden – oder Umwicklung mit Sehnenfaden zu sehen. Die Maidu-Indianer in Kalifornien umwickelten ihre Bögen auch deshalb, um sicher gehen zu können, dass der Sehnenbelag sich nicht vom Bogen während der Trocknung löste.

Entlang der gesamten Westküste wurden auch reine Holzbögen ohne Belag angefertigt und benutzt. Ein Grund für die gleichzeitige Existenz des reinen Holzbogens neben dem sehnenbelegten Bogen war, dass sie an nassen Tagen benutzt werden konnten, wenn es also sehr schwer war, einen sehnenbelegten Bogen trocken zu halten. Dies mag gut erklären, weshalb die sehnenbelegten Bögen im feuchteren nördlichen Klima des heutigen Washington und Britisch Columbia weniger in Gebrauch waren.

Die Breite der Bögen variierte je nach den unterschiedlichen regional vorherrschenden Stilen. Einige waren nur 1,5" (3,81 cm) breit, während andere, die sogenannten „Paddelbows" der Stämme des nördlichen Kaliforniens 3" (7,6 cm) oder mehr an Breite erreichten. Oft hing die Breite des Bogens von seinem Einsatz ab. Saxton Pope, der sehr viel über Ishi und die Bögen der Yahi aufgezeichnet hat, erwähnte, dass die Yana-Indianer für die Jagd „Drei-Finger-breite" Bögen benutzten, dagegen war ein sehr starker Jagd- oder Kriegsbogen „Vier- Finger-breit". Ich vermute, dass ähnliche Maßregeln bei allen eingeborenen Stämmen entlang der Westküste angewendet worden sind.

Im Querschnitt zeigten die Mehrzahl der Bögen eine flache linsenförmige Form, andere hatten einen ganz flachen Bogenbauch mit rundlichem Bogenrücken. Dann gab es noch genau das Gegenteil mit dem abgerundetem Bogenbauch und dem flachen Bogenrücken. Ich besitze einen sehr gut erhaltenen Bogen, der in einem torfigen Sumpf am unteren Klamath-See in Nordkalifornien gefunden worden war.
Der Bogen ist exakt 3 feet (91,5 cm) lang, wahrscheinlich aus Wacholder gemacht und zeigt einen schwach gerundeten Bogenbauch und einen flachen Bogenrücken. Der Rücken war ursprünglich mit einem Sehnenbelag versehen, wie immer noch vorhandene kreuz und quer verlaufende Einritzungen zeigen.
Wäre der Sehnenbelag noch vorhanden, würde der Querschnitt wahrscheinlich linsenförmig erscheinen, wobei die eine Hälfte vom Holz und die andere Hälfte vom Belag gebildet wird. Dieser kleine Bogen ist an seiner breitesten Stelle 1,5" (3,81 cm) breit und befindet sich immer noch in einer stark reflexen Form.
Andere interessante Querschnitte finden sich in den Bögen des heutigen Washington und Britisch Columbia, wo abgerundete Bogenrücken sich zeigen, genauso wie entlang des Bogenbauches verlaufende Nuten und Erhebungen. Einige Bögen der Nootka-Indianer waren so gemacht. Andere Bögen, wie verschiedene Bögen der Kwakiutl, zeigten sorgfältig in den Bogenbauch geschnitzte, gar hinein gebrannte Linien oder Muster. Einige der Bögen der Indianer an der Nordwestküste zeigten auf dem Bogenrücken und dem Bogenbauch eine mittig durchlaufende Erhöhung, so dass sie im Querschnitt wie ein Diamant aussahen.

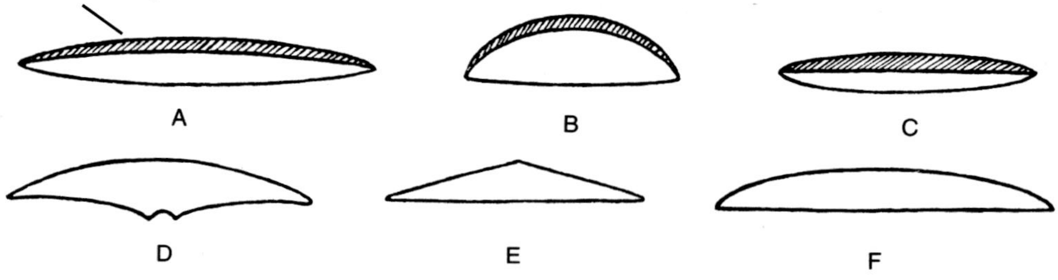

Bogenquerschnitte:
A) Kupa-Karok B) Wintu C) Frühe Modoc
D) Nootka E) Nootka F) Kwakiutl

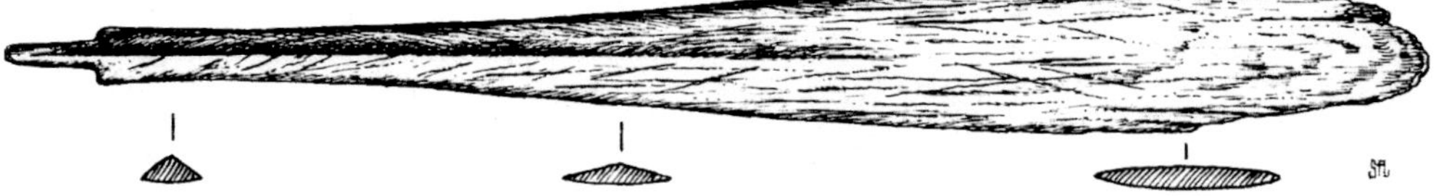

Vorgeschichtliches Bruchstück eines Bogens vom Oberen Klamath See. Gesamtlänge 14" (35,6 cm). Die breiteste Stelle ist in der Wurfarmmitte mit 2,4 bis 2,5 cm.

Wieder andere Bögen waren nur entlang des Bogenrückens erhöht und formten so einen dreieckigen Querschnitt. Einige Bogentypen des heutigen Oregon waren an den Bogenenden und am Griff dreieckig geformt, dies war wohl ein regional begrenzter Stil.
Ein Überbleibsel eines prähistorischen Bogens, das am oberen Klamath See gefunden worden war, wurde genau auf die zuletzt beschriebene Art gemacht. Am Bogenende ist der Querschnitt schmal und dick, dann wird er flach und breit und geht in die dort übliche linsenförmige Form über, bis ca.6" (15,2 cm) unterhalb der oberen Sehnenkerben. Der Bogen zeigt im Rücken tiefe Einkerbungen, die dem besseren Halt des Sehnenbelags dienten und dort, wo der Bogenbauer versuchte, die Bogenenden mit Hitze nach vorne zu biegen, ist er sogar ein wenig verkohlt. Leider wissen wir nicht, wie der Bogen einst wirklich ausgesehen hat. Ich muss an dieser Stelle darauf hinweisen, dass ich mit einem Nachbau dieses Bogens sehr vorsichtig wäre. Eine den Bogenrücken entlang laufende Erhöhung nimmt ein hohes Maß der Spannungskräfte auf (die sich hier konzentrieren), anstatt dass diese Kräfte sich gleichmäßig verteilen, könnte der Bogen leichter brechen. Dazu könnten auch noch weitere Probleme auftauchen. Ich baute einmal einen solchen Bogen von 36" aus Eibe mit Sehne belegt. Der Bogen schoss ganz gut, aber mit dem dreieckigen Querschnitt an den Enden und im Griff, kam es am Griff zum Zellbruch, wo er dann er schlagartig brach. Dies war teilweise darauf zurück zu führen, dass ich eine Eibe mit großem Durchmesser benutzt hatte, und dazu kam, dass der dreieckige Querschnitt nicht nur die Erhöhung auf dem Bogenrücken unter erhebliche Spannung bringt, auch der Bogenbauch kommt wegen des dicken Querschnittes unter großen Druck. Dies ist besonders dann der Fall, wenn der Sehnenbelag sehr dick ist, dieses Design ist einfach mit seinen 36" (91,4 cm) bei 20" (50,8 cm) Auszug bis zum Maximum belastet. Wäre der Bogen länger, dann wäre die Chance ihn auch heute noch schießen zu können, erheblich größer.

Recurves

Die Indianer der Westküste haben sehr häufig die Enden ihrer Bögen nach vorne gebogen, was man „arbeitende Recurves" nennt. Andere Bögen wiederum zeigten überhaupt kein nach vorne gebogenes Ende. Richtig große Recurves finden sich vor allem an langen, reinen Holzbögen ohne Sehnenbelag, wie wir sie von Oregon aufwärts nach Norden finden.

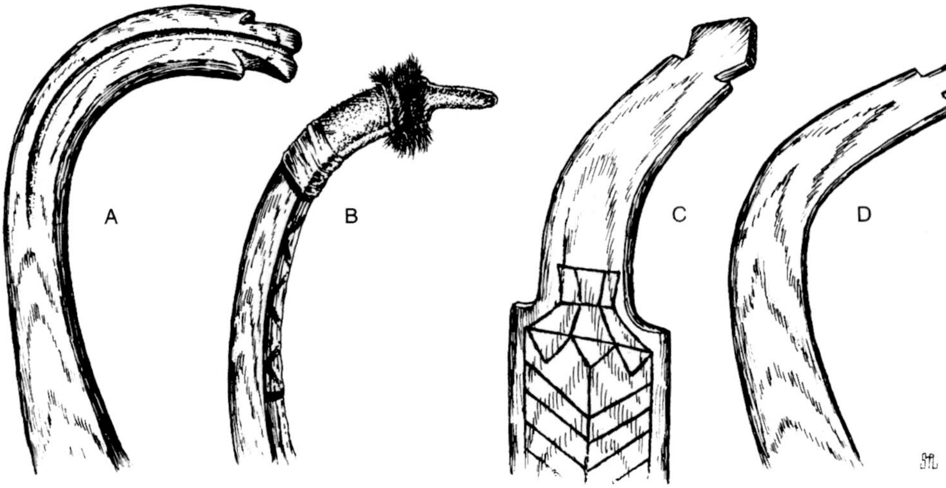

Recurves (nach vorne gebogene Enden):
A) Reiner Holzbogen aus Eiche, unterer Columbia River.
B) Bogen der Wintu mit Sehnenbelag, aus Eibe, in Rohhaut eingenähte Bogenenden und Fellstreifen als Sehnendämpfer.
C) Eibenbogen der Kwakiutl mit eingeschnitzten und eingebrannten Verzierungen auf dem Bogenbauch.
D) Ein Recurve-Bogen, der vermutlich aus Weinahorn gemacht ist und eventuell aus dem Westen Oregons stammt.

Solche Recurves sah ich an einem langen Holzbogen aus der Gegend des unteren Columbia River, mit einer längs des Bogenbauches eingeschnittenen Rille, die für den mittigen Verlauf der Sehne an der Biegung des Recurve sorgt. Viele Bögen rund um den Puget Sund hatten auch lange Recurves, besonders die der Kwakiutl-Indianer.
Viele der kürzeren sehnenbelegten Bögen sind nur an den Enden oder der Schulter gebogen, um zu verhindern, dass die Sehnen bei vollem Auszug vom Bogen rutschen konnte. Dies war mir einige Male passiert und als mein Schreck darüber verflogen war, war es mir ganz klar, warum man die Enden besser biegt. Ein simpler Trick vieler Indianer Kaliforniens, um die Enden zu biegen, ohne sie abzubrechen, bestand darin, eine V-förmige Kerbe oder Rille auf dem Bogenrücken zwischen den Bogenkerben einzuschneiden. Diese Stelle wurde dann erhitzt oder bedampft, dann wurden die Bogenenden gebogen und in Position gebunden. Die Schwächung der Bogenenden durch das Einkerben der Rille wurde durch den verstärkenden Effekt des dann darüber gelegten Sehnenbelages wieder mehr als ausgeglichen. Diese sehr wertvolle Information verdanke ich einer Maus, die den Sehnenbelag eines alten kalifornischen Bogens angefressen hatte, so wurde freigelegt, wie der Bogenbauer die Bogenenden gebogen hatte. Andere Indianer, wie die kalifornischen Modocs, lösten das Problem der abrutschenden Bogensehnen, indem sie durch mehrere übereinander gelegte Schichten Sehnen eine Art erhöhtes Ohr an den Bogenenden aufbauten.

Manchmal wurde, zusätzlich zur oben beschriebenen Methode, das ganze Bogenende in ein in Leim getunktes Rohhautstück auf 2–3" (5,1–7,6 cm) Länge eingenäht.

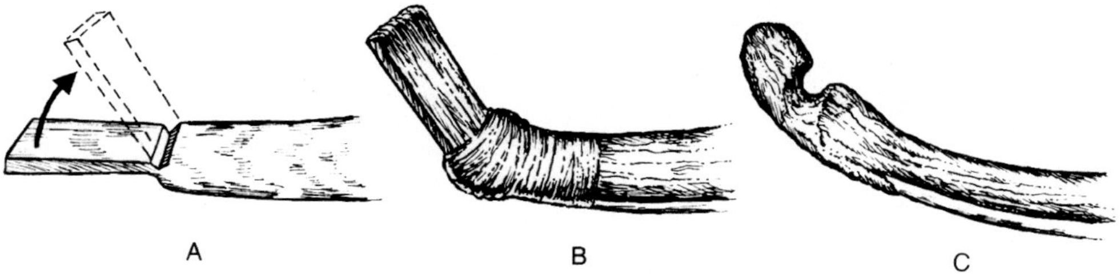

A) Die Kerbe am Ende eines Bogens der Hupa.
B) Das gleiche Bogenende, nachdem es mit Sehnenfäden umwickelt wurde.
C) Ein Bogen der Sierra Miwok, mit einem aus Sehnenfaden aufgebautem Bogenende.

Dies war im Nordosten Kaliforniens bei den Stämmen um den Mount Lassen und Mount Shasta bei fast allen sehnenbelegten Bögen üblich. Hauptsächlich sollte diese Hülle ein Abreiben des Sehnenbelages am Bogenende durch die Bogensehne verhindern. Die Rohhaut ließ die Bogensehne leicht am Bogen entlang gleiten, verhinderte, dass sie sich aufschürfte und schützte und stärkte die Bogenenden.

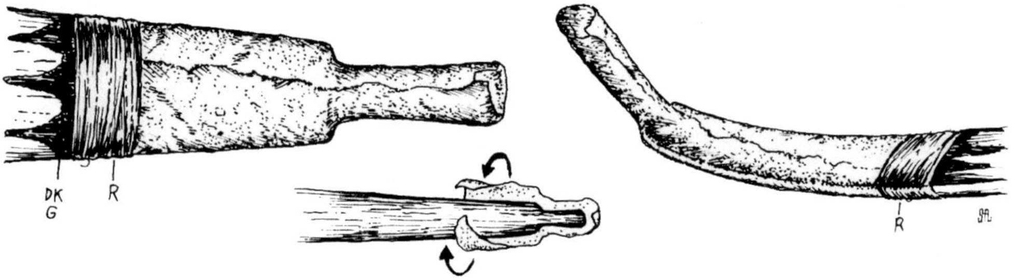

Eine Rohhaut-Wicklung am Ende von Bögen der Pit River- oder Achumawi-Indianer aus dem Nordosten Kaliforniens.

Um die Bogenenden zum Biegen vorzubereiten, wurden sie erhitzt oder gedämpft. Eine schlaue Methode der Modocs, die Bogenenden zu dämpfen, bestand darin, nasses Moos auf die Bogenenden zu legen, dann wurde ein direkt aus einem Feuer genommener Stein darauf gelegt. Der heiße Stein funktionierte wie ein Bügeleisen, indem er Hitze und Dampf regelrecht ins Holz presste. Wenn der Stein so kalt war, dass man ihn wegnehmen konnte, war der Bogen bereit zum Biegen und wurde nun in eine gewünschte Form gebunden, bis er kalt und trocken war.

Häufig ist zur Vervollständigung eines Bogenendes ein Streifen Nerz- oder Otterfell gerade unterhalb der Kerben zu finden. Das verhindert das Klatschen der Bogensehne, wenn ein Pfeil abgelassen wird und bleibt eine sehr effektive Maßnahme gegen die „Bogensehne, die das Wild zum Davonlaufen bringt".

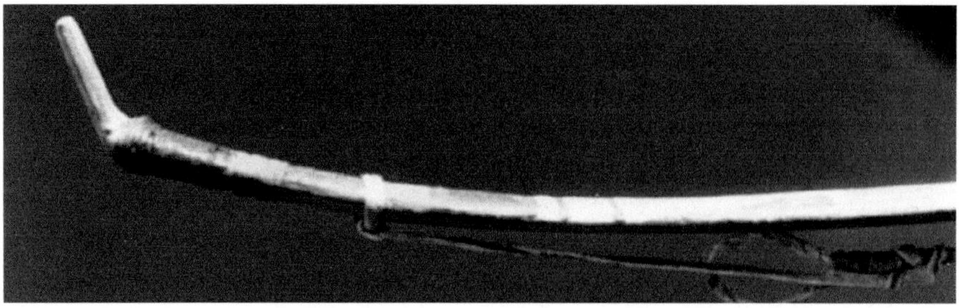

Eine gebogene tab-style-Kerbe an einem Replikat eines Bogens der Hupa, vom Autor nachgebaut.

Hölzer

Die an der Westküste im Bogenbau verwendeten Hölzer variierten je nachdem was erhältlich war. Die Pazifikeibe war der Favorit bei den meisten Stämmen, während daneben auch Wacholder, Esche, Zeder, Weinahorn[1], Eiche, Kirsche[2] und andere Hölzer benutzt wurden. Die meisten der alten Bögen, die ich mir genauer ansehen konnte, ob nun sehnenbelegte oder reine Holzbögen, waren aus Pazifikeibe gemacht. An der Mehrzahl dieser Bögen ist kein Splintholz zu entdecken, außer vielleicht an den sehnenbelegten Bögen. Auf jedem reinen Holzbogen, der aus Eibe gemacht war, war das Splintholz komplett entfernt und der Verlauf des Kernholzes war sogar ziemlich oft durchschnitten. Es könnte sein, dass ein so gemachter Bogen im feuchten Nordwesten nicht so spröde war, wie im trockenen, kalten Klima des Landesinnern. Ich nehme an, dass die Indianer dort wussten, dass die wirkliche Kraft der Eibe in ihrem Kern liegt.

Auch wenn Eibenholz verfügbar war, war es nicht immer die erste Wahl für einen Bogenbauer. Ishi, einer der letzten Überlebenden einer Gruppe von Yana-Indianern, benutzte Wacholderholz für seine Bögen. Obwohl Wacholder ein Weichholz ist, ist es erstaunlich elastisch und effektiv, besonders dann, wenn es mit Sehne belegt wird. Es scheint so zu sein, dass der Wacholder vermehrt in den Halbwüsten, besonders der östlichen Abhänge des Kaskadengebirges, zur Verwendung kam. Sehr verbreitet war er auch unter den Paiute-Indianern im Grossen Becken und bei den Klamath und Modoc-Indianern, genauso bei den Eingeborenen im Norden des Kolumbia-Plateaus.

Nicht wenige runzeln ihre Stirn, wenn sie hören, dass Wacholder ein gutes Bogenholz sei, denen rate ich ,sie sollen mal versuchen einen Ast in zwei Teile zu brechen! Der Wacholder ist einfach zu trocknen ohne dass er reißt, und weil er so weich ist, lässt er sich gut mit einfachem Werkzeug bearbeiten.

Zeder wurde ebenfalls von einigen Stämmen benutzt. Der kleine Bogen, den ich weiter oben schon erwähnt habe und von den Miwoks in Kalifornien gemacht worden war, ist auch aus Zeder (gemäss den alten Erzählungen aus einem dicken Ast). Lewis und Clark, die von 1805–1806 in Fort Clatsop an der Mündung des Columbia weilten, berichteten, dass die

1 vine maple auch oregon vine maple *acer circinatum.Pursh*

2 chokecherry auch common chokecherry *prunus virginia.L.*

Clatsop-Indianer Zeder für ihre Bögen benutzten: "Ihre Bögen sind sehr elegant und sehr biegsam, sie sind gut 2 Fuß und 6 Zoll (88,4 cm) lang und in der Mitte 2" (5,1 cm) breit, dann verjüngen sie sich nach außen, wo sie noch ¾" (19 mm) breit sind, sie sind sehr flach und dünn aus dem Lebensbaum oder weißer Zeder gemacht, der Rücken des Bogens war ganz dick mit Elchsehnen belegt. Der verwendete Leim war Fischleim vom Lachs, die Bogensehne war auch aus Elchsehne gemacht."
Es ist nicht unbestritten, ob wirklich weiße Zeder dort wächst, aber ich denke wir dürfen annehmen, dass es sich eindeutig um eine Zeder handelte. Die Westküste hinauf wurde die gelbe Zeder von den Indianern benutzt, die Zeder war für sie ein großer Teil ihrer Lebensgrundlage.

Weinahorn ist ein überraschend effektives Bogenholz, vorausgesetzt, dass ein gerades Stück gefunden werden kann. Von den Umpqua-Indianer im Westen Oregons und auch anderen Stämmen wird angenommen, dass sie es im Bogenbau verwendet haben. Ich vermute, dass einige Bögen dort aus Weinahorn gemacht sind, nämlich genau die, die die typisch hellgelbe Ahornfarbe zeigen. Ich habe einen alten Holzbogen, der aus dem Siletz-Reservat im Westen Oregons sein soll, er scheint aus Weinahorn zu sein, doch ich kann nicht sicher sein, da er auf beiden Seiten mit rotem Ocker bemalt ist. Es handelt sich auf keinen Fall um Esche oder Eibe. Ich habe bis jetzt noch keine Bruchtests mit Weinahorn gemacht, aber ich bin sicher, dass sie größte Spannung aushält, da einige dieser Bögen kürzer als 3 Fuß (91,5 cm) und nicht mal mit Sehne belegt sind.

Auch Esche und Eiche wurden für Bögen benutzt. Der kleine Holzbogen mit den nach vorne gebogenen Enden aus der Gegend des unteren Columbia, den ich schon erwähnt habe, ist aus Eiche gemacht und einem Bogen sehr ähnlich, der sich im Besitz der *Oregon Historical Society* befindet. Es gibt noch mehr Bögen, die aus Esche oder Eiche gemacht sind, mit und ohne Sehnenbelag.

Ein interessanter Hinweis kommt von Alexander Henery, der als Fellhändler entlang des Columbia tätig war, er berichtete über einige Details einer Pfeilbogen-Ausrüstung, und er erwähnte einen Bogen, der aus Esche oder sogar aus Eiche gemacht worden sein könnte. Dort lebende Indianer hatten ihm und seinen Mitreisenden einen Teil der Vorräte gestohlen, und sie dafür einen Indianer als Geisel genommen, um die Vorräte zurück zu erlangen. In seinem Tagebuch steht: „Nun hatte ich die einmalige Gelegenheit, den Pfeilköcher, der dem Gefangenen gehörte, zu studieren. Er war aus einem Stück Schwarzbärfell gemacht. Der Bogen war flach und sehr stark, und wie ich schon erwähnt habe, war er ungewöhnlich stark gebogen. Es befanden sich 70 Pfeile lose und ein sorgfältig mit Zedernrinde verschnürtes Paket mit weiteren 10 Pfeilen darin. Diese letzteren 10 Pfeile untersuchten wir eingehend und fanden heraus, dass sie vergiftet waren, in dieser Meinung bestätigte uns Caesino (ein hier ansässiger uns freundlich gestimmter Häuptling). Die Pfeile sind sehr schön aus Zeder gemacht, ihre Spitzen sind aus Knochen und Hartholz und 5" (12,7 cm) lang und mit scharfen eisernen Widerhaken versehen, manche so angebracht, dass sie im Fleisch stecken bleiben würden. Sie sind sehr sorgfältig in grün, rot, braun und gelb bemalt. Ihre Bögen sind aus sehr sorgfältig gewachsenem Holz gemacht und gut geschmirgelt und poliert und mit Sehne belegt."

Auch aus Eiche waren Bögen gemacht, wie ein Holzbogen der Pomo-Indianer, den ich untersucht habe, ebenso benutzten es die Kalapuya-Indianer des Willamette-Tales, die auch Eibe verwendeten. Ich bin der Meinung, dass im Bogenbau nicht immer das beste Holz nötig ist, um eine schießbare und zufriedenstellende Waffe zu bauen, besonders dann nicht, wenn ein Bogen sehnenbelegt wird.

Ivan, einer meiner Freunde, der als Junge mit einem alten Modoc-Indianer befreundet war, erzählte mir, dass selbst der obere Teil eines Douglasien-Stammes mit gut verlaufenden Jahrringen einen ganz passablen Bogen ergibt, wenn er mit Sehne belegt wird.
Ganz klar, dies wird viele überraschen, die an 2×4's denken, wenn es um Douglasie geht, aber ich denke, dass diese kleinen, kurzen, dick mit Sehne belegten Bögen so betrachtet werden sollten, als dass hier das Holz als Träger für einen dicken Sehnenbelag dient, es sich sozusagen um einen „Sehnenbogen" handelt. So lange wie das Holz in der Lage ist, die Druckkräfte aufzunehmen, funktioniert das auch.
Für die Bögen wurde Holz aus dem Stamm oder den Ästen verwendet. Normalerweise wurde von einem Ast der vordere Bereich genutzt, da dort die Jahrringe enger zusammen gewachsen sind. Einige Indianerstämme nahmen das Bogenholz auf alte Art von einer bestimmten Seite des Stammes. Einige Stämme entlang der Küste Oregons bestanden darauf, dass das Bogenholz von der dem Wind ausgesetzten Seite des Baumes genommen werden sollte, andere wiederum meinten, es sollte von der einem Hang zugewandten Seite eines Baumes genommen werden.

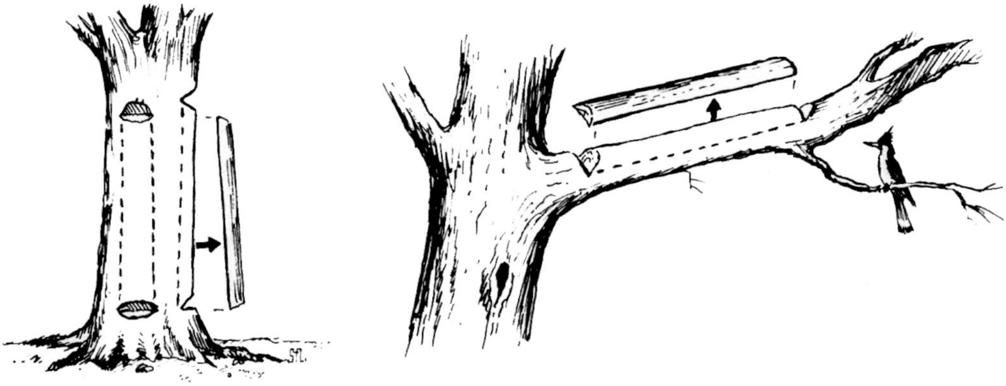

Spaltmethode, die bei der Entnahme von Bogenstäben aus dem Baumstamm oder Ästen angewendet wird.

Es ist sehr interessant, dass dies tatsächlich hervorragende Methoden sind, um Druckholz zu vermeiden, dies gilt besonders für die Eibe, die sehr spröde ausfallen kann. Druckholz gibt es an der Seite des Baumes, die seine Hauptlast oder sein Gewicht trägt und einige Indianer waren sich dessen bewusst und wussten das zu vermeiden.
Die Bogenstäbe wurden oft von einem großen Ast oder dem Stamm aus dem lebenden Baum abgespalten. In einem hervorragenden Bericht zu diesem Thema berichtet Phil Wilke über eine Anzahl von sogenannten „Wacholder-Bogenstab-Bäumen", die immer noch die Wunden des Herausspaltens des Bogenstabes tragen. Um einen Bogenstab aus dem Stamm oder einem großen Ast zu entnehmen, wurden 2 V-förmige Kerben am oberen und unteren Ende des gewünschten Bogenstabes eingeschnitten. Dies wurde mit einem einfachen Steinbeil gemacht, später dann mit eisernen Äxten oder Beilen. Der Bogenstab wurde dann oft mit der Rinde im Baum belassen, um ein Reißen des Holzes während des Trocknens zu verhindern. Später wurde dann mittels eines Spaltwerkzeuges oder Keilen aus Geweih der Stab dann einfach zwischen den beiden Einkerbungen vom Stamm abgetrennt. Genauso gut konnte auch grünes Holz aus einem Baum gespalten werden.
Andere Indianerstämme bevorzugten bereits getrocknetes Holz, wie jenes, das aus bei Waldbränden zerstörten Bäumen geschnitten wurde. Dann gab es die Hupas, die ihre Bögen aus grüner Eibe mit geringem Aufwand in die gewünschte Form schnitzten. Diese „grünen Bögen" wurden an feuchten Orten, wie z.B. einer Schwitzhütte zur endgültigen Trocknung belassen. Ein Shasta-Indianer, über den ich gehört hatte, baute reine Holzbögen aus vergrabener Kiefer. Seine Art, die Bogenstäbe zu trocknen bestand darin, sie im Schlamm eines Flusses zu vergraben und sie dort einige Monate liegen zu lassen. Von Ort zu Ort gab es die verschiedensten Trocknungsverfahren.
Es gab verschiedene Methoden, aus dem fertigen Bogenstab dann den Bogen zu schnitzen. Gemäss den alten Überlieferungen wurden die Bögen mühsamst mit Stein-, Muschel- oder sogar Knochenwerkzeug bearbeitet. Einige dieser Werkzeuge wurden wie Ziehbleche benutzt, während andere als Hobel oder Raspel eingesetzt wurden. Rauhe Steine wie Sandstein, oder scharfkantige vulkanische Lava wurden als Raspeln genutzt.
Frisches Holz kann mit Steinwerkzeugen leichter bearbeitet werden, das mag erklären, weshalb es so oft genutzt wurde. Bimsstein und feiner Sandstein wurden zum Schleifen verwendet.

Griffe

Einige Bögen hatten deutliche Griffe, andere wiederum nicht. Die meisten der sehnenbelegten Bögen hatten mit Hirschhaut umwickelte Griffe. Wenige andere hatten in Kombination Hirschhaut mit einer Kordelwicklung, während andere an beiden Griffenden mit Leder abschlossen. An einigen dieser kurzen Bögen war der Griff so einseitig, dass ein Pfeil, der auf dem Handrücken lag, fast aus der Bogenmitte geschossen wurde. An einigen Bögen der Indianer der Nordwestküste waren die Griffe mit der Rinde der Wildkirsche über einer Unterlage aus Haar umwickelt. Später wurde die Rinde über einen dicken Stoff gewickelt. Später, ab ca. 1800 tauchten auch reine Stoffgriffe an den Bögen auf.

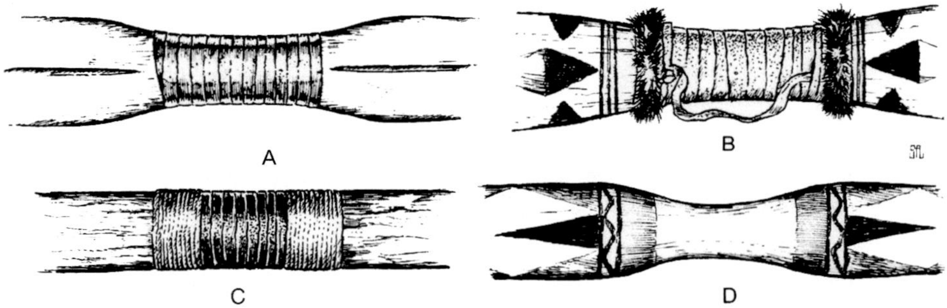

Verschiedene Bogengriffe:
A) Aus Wildkirschenrinde an einem Bogen der Nootka.
B) Hirschhautwicklung mit Fellabschluss und Handschlaufe, aus dem Norden Kaliforniens.
C) Eine Kombination aus Leder und Kordel an einem Bogen der Clatsop vom Columbia River.
D) Ein glatter Holzgriff an einem Bogen der Miwok.

Im Norden Kaliforniens waren Riemen vor dem Griff, die verhinderten, dass der Bogen aus der Hand flog, wenn ein Pfeil abgeschossen wurde. Dies ist ein Anzeichen dafür, dass die Indianer darum wussten, dass es darauf ankommt, einen Bogen nicht zu fest zu halten, da dies die Schussgenauigkeit beeinträchtigt.

Bemalung

Viele Bögen der Westküsten-Indianer waren sehr sorgfältig bemalt, andere überhaupt nicht. Bei bemalten Bögen dieser Region denkt man meistens an die schönen Muster, die die Karok, Yurok, Hupa, Tolowa, Modoc und weitere nahebei im Norden Kaliforniens lebende Stämme herstellten. Viele dieser Bögen zeigen strikt dreieckige Designs, die in verschiedenen Farben, vor allem in schwarz, rot und blau gemalt waren, daneben wurden auch grün, orange und gelb verwendet. Oft wurden diese Designs auf weißen Untergrund gemalt, der für den optischen Kontrast sorgte.

Weniger kunstvoll gestaltete Bögen wurden von benachbarten Stämme gemacht. Um so weiter wir in den Süden nach Kalifornien hinunter gelangen, sehen die Bögen weniger auffällig aus. Doch gibt es ein paar Ausnahmen. Das Gleiche gilt weiter nach dem Norden hin, ins Gebiet des heutigen Oregon und Washington hinein. Die Bögen wurden dort recht einheitlich mit geringer Farbenvielfalt ausgestaltet, bemalt mit einfachen Mustern oder einer einzigen Farbe, wobei rot oft die Farbe der Wahl war.

Einige Ausnahmen gab es auch im Norden der Westküste, Bögen mit wundervollen Desings, die an die hochentwickelte Kunst dort erinnerten. Einige Stämme auf dem Gebiet des heutigen Oregon, besonders westlich des Kaskadengebirges, bemalten unter Umständen die Rücken ihrer Bögen auch in Schwarz, und manchmal den Bauch des Bogens in Rot. Der Grund kann gut darin gelegen haben, dass ein hell bemalter Bogen im dort üblichen dunklen Unterholz wie ein Funke geleuchtet hätte.

Einige Pfeile aus dieser Region und auch andere, die ich untersucht habe, hatten die Vorschäfte oder ein paar Zoll am vorderen Ende des Schaftes dunkel bemalt, wahrscheinlich aus dem oben genannten Grund.

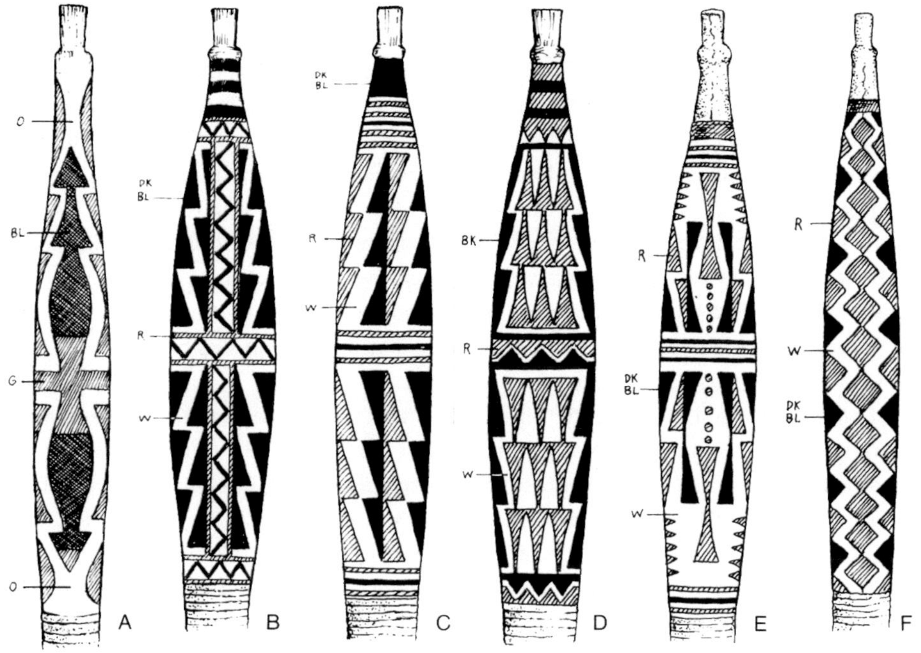

Gemalte Designs an Bögen aus dem Norden Kalifornlens und dem Süden Oregons:

A) Tolowa B) Hupa C) Hupa D) Karok E) Hupa F) Hupa

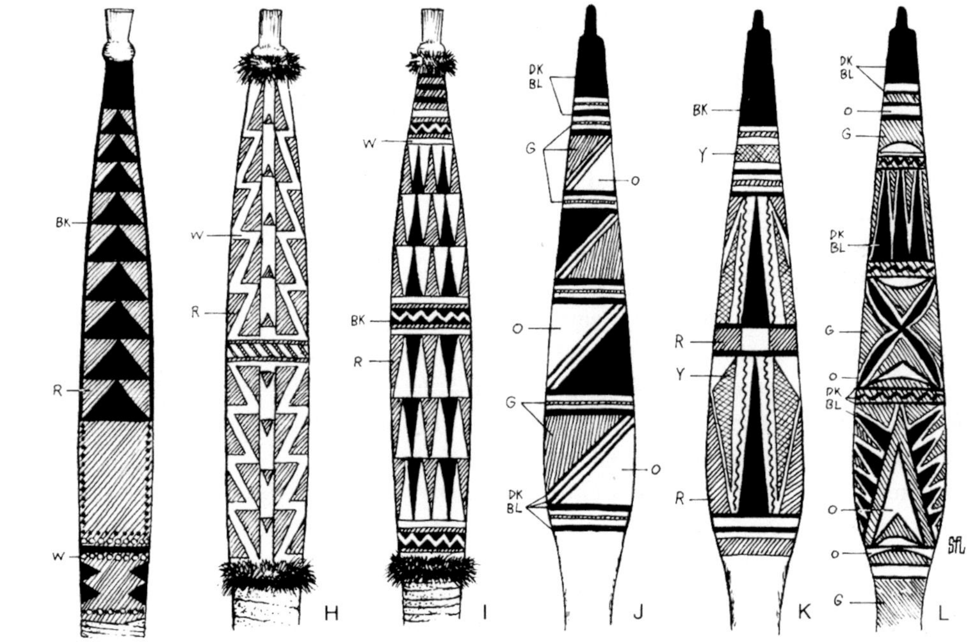

G) Hupa oderTolowa H) Karok I) Hupa J) K) L) Miwok

Auch wenn Hirsch und Elch farbenblind sind, können sie einen hell bemalten Bogen bemerken, so macht es sicher Sinn, Waffen dunkel anzumalen, um so eine Tarnung zu erhalten. Dies ist sicher ein Fakt, der beachtet werden muss, wenn man darüber nachdenkt, sich als Jagdwaffe ein Bogen-Replikat zu bauen. Ich benutze keinen Bogen mehr, der mit einem weißen Hintergrund bemalt ist, wenn ich in dunklen Wäldern jage, ein Hirsch bemerkt das einfach zu schnell. Der entscheidende Punkt ist der, das gesamte Farbenschema am Bogenrücken so zu halten, dass es mit der Umgebung übereinstimmt, wo du deinen Bogen einzusetzen gedenkst. Ein großartig bemalter Bogen mag schön aussehen und authentisch sein, aber einen nervösen Hirsch, den du auch noch jagen willst, überzeugt das nicht.

Die Farbpigmente, die an Bögen und Pfeilen verwendet wurden, entstammten verschiedenen Quellen. Der weiße Untergrund wurde mit weißer Kreide gemalt, oder manchmal wurden dazu verrottete Muscheln aus alten Muschelbänken pulverisiert, mit Leim als Binder benutzt. Schwarz wurde aus Steinkohle gewonnen oder laut Ishi aus Fischaugen. Rot wurde aus schwach rotem oder sogar gelbem Ocker gewonnen, indem man ihn erhitzte, um die Farben zu intensivieren. Andere Erdfarben, wie Rot, Orange, Gelb oder Grün wurden gemahlen, mit Wasser verrührt, dann wurde das Wasser in einen anderen Behälter abgeschüttet, so dass das feine Sediment sich auf den Boden absetzen konnte. Dieser Bodensatz wurde dann später entnommen und mit Leim als Bindemittel versetzt. Das so durch Wasser getrennte Pigment konnte getrocknet werden und wieder gemahlen werden, dann wurde es mit Harz oder pflanzlichen Klebstoffen als Binder gemischt. Rittersspornblüten und Bergtraubenbeeren mit aus Lachs gewonnenem Fischleim gaben ein dunkles Blau, das viele kalifornische Indianerstämme benutzten. Die Küste des Nordwesten hinauf wurde Kupferoxid als blaugrünes Pigment verwendet, mit Lachseiern als Bindemittel. Jahre später, mit dem Ankommen der Weißen wurden kommerzielle Farben wie Zinnober verwendet.
Leider ging damit auch das Wissen um die Gewinnung der alten Farben aus einheimischen Pflanzen und anderen Quellen im Lauf der Zeit verloren.

Bogensehnen

Die Bogensehnen erwähne ich hier nur kurz. Die meisten waren aus Tiersehne zweisträngig gemacht, obwohl ich auch dreisträngige Sehnen gesehen habe. Einige Stämme des Nordwestens stellten sorgfältig geflochtene Sehnen her. Ich habe Berichte gelesen, wonach die Därme von Bär, Waschbär und Seeotter getrocknet und zu Bogensehnen gedreht wurden. Pflanzenfasern von Nessel, Wolfsmilch oder Hundstod waren für den Fall ein Ersatz, wenn Tiersehne (oder andere tierische Fasern) nicht verfügbar waren.
Die meisten Bogensehnen aus Pflanzenfasern waren nicht annähernd so haltbar wie die aus Tiersehnen gemachten, gleichwohl litten sie nicht so sehr unter Feuchtigkeit, das machte sie an nassen Tagen zur besseren Wahl.
Einige Indianerstämme, die an der Küste lebten, machten ihre Bogensehnen aus Walsehne, wenn sie welche bekommen konnten. Ich habe Walsehne gesehen; es gibt sie in so großen Längen, dass Elchsehne dagegen kurz aussieht.

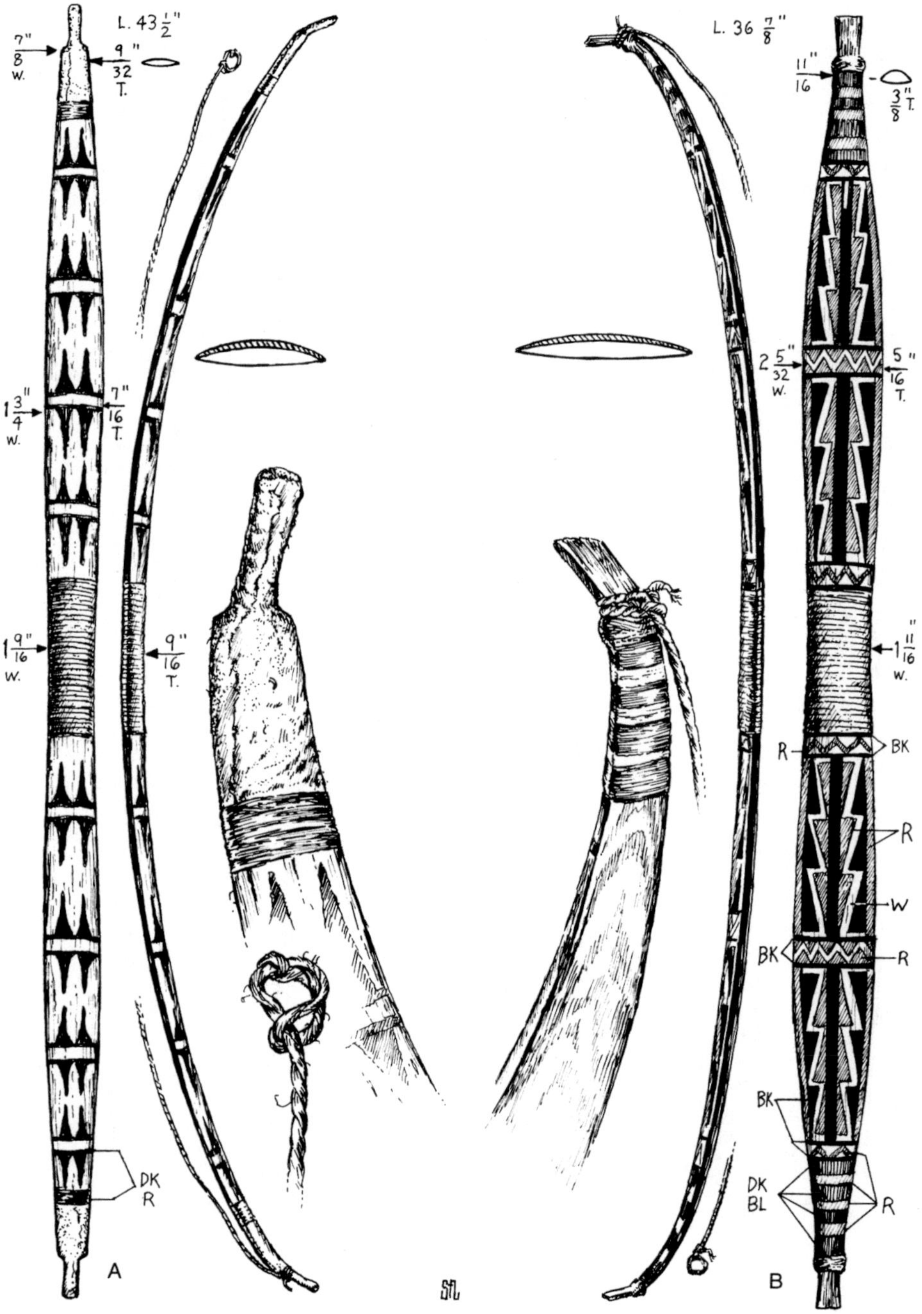

Bögen der Westküsten-Indianer
A) Sehnenbelegter Eibenbogen der Pit River- oder Achumawi-Indianer aus dem Nordosten Kaliforniens.
B) Sehnenbelegter Eibenbogen der Hupa aus dem Nordwesten Kaliforniens mit zweisträngiger Bogensehne.

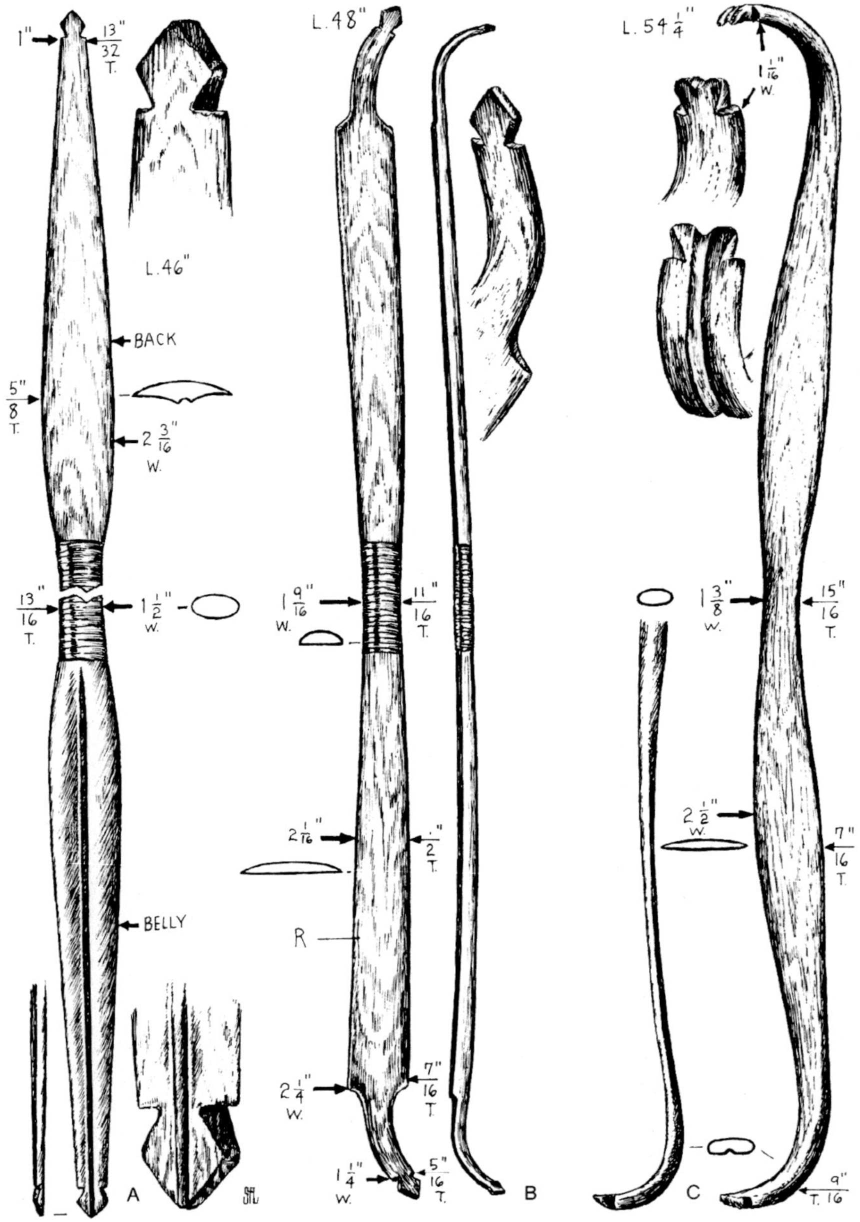

A)
Ein reiner Holzbogen der Nootka aus Eibe, mit einer Wicklung aus Kirschbaumrinde am Griff, von der Nordwestküste.

B)
Ein reiner Holzbogen der Kwakiutl aus Eibe, mit einer Wicklung aus Kirschbaumrinde am Griff, von der Nordwestküste.

C)
Ein reiner Holzbogen aus Eiche, wahrscheinlich von den Chinook-Indianern vom Unteren Columbia-River.

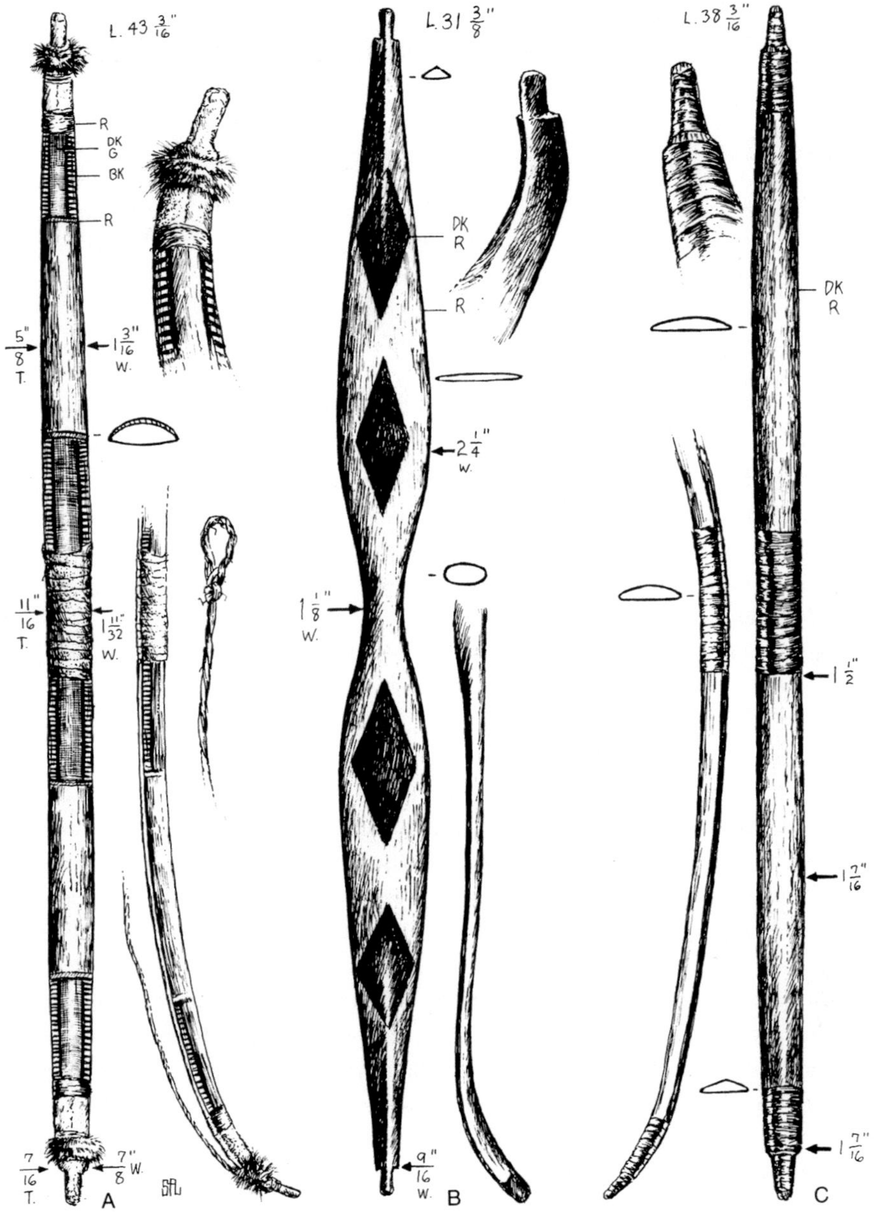

A)
Ein sehnenbelegter Bogen im Stil der Wintu-Indianer aus dem Norden Kaliforniens mit einer zweisträngigen Bogensehne, die Bogenenden sind in Rohhaut eingenäht und mit Sehnendämpfern aus Fell umwickelt.

B)
Ein reiner kurzer Holzbogen, wahrscheinlich aus Feldahorn, aus dem Westen Oregons (?), mit dreieckigen Bogenenden und dem ähnlich wie der Bogenrücken angemalte Bogenbauch, bis auf die hellen und dunklen Gelbtöne,

C)
Ein sehnenbelegter Eibenbogen vom Unteren Columbia-River, mit einer Wicklung aus Kirschbaumrinde am Griff und an den Bogenenden (wahrscheinlich ein Bogen der Chinook-Indianer).

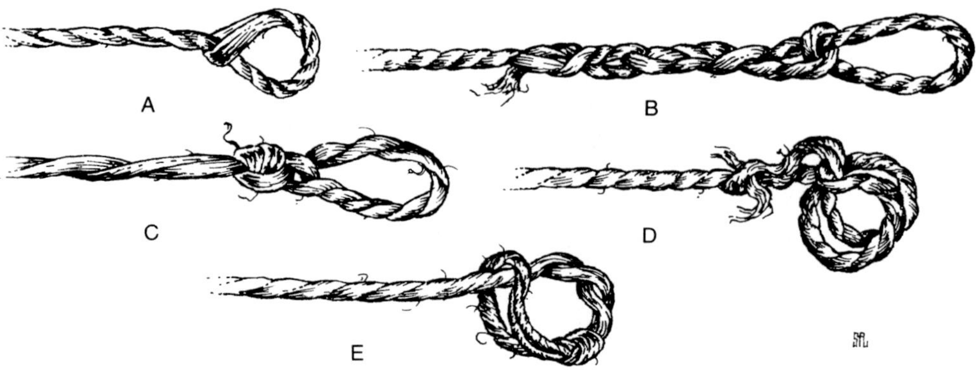

Die Schlaufen an den Bogensehnen aus Tiersehne
A) Tolowa B) Pomo C) Wintu D) Hupa E) Pit River oder Achumawi.

Sehnen gab es mit geflochtenen Ohren an den Enden oder sie wurden immer, wenn der Bogen gespannt werden sollte, mittels verschiedener Knoten (halbe Schläge) am Bogen einfach festgebunden. Die offenen Schlaufen waren sehr gebräuchlich und variierten in ihrer Machart. Aber ich habe auch ein paar wenige gesehen, die im Schlupfknotenstil der Prairie-Indianer gemacht waren.
Manchmal wurden die Sehnen wasserfest gemacht, indem sie mit Harz oder auch mit Tierfett eingerieben wurden.

Pfeile
Ein Bogen ist erst mit einem Pfeil vollständig. Genauso wie bei den Bögen gab es eine große Vielfalt davon die ganze Westküste entlang. Grundsätzlich gab es 2 Typen von Pfeilen. Den einfachen Pfeil mit einem Schaft aus einem einzigen Stück Holz, und den zusammengesetzten Pfeil, der aus 2 oder mehr Teilen bestand. Normalerweise wurde an der Spitze des eigentlichen Schaftes ein Vorschaft eingesetzt. Beide Pfeiltypen waren an der Westküste sehr verbreitet.

Lewis und Clark notierten in Tagebüchern aus Fort Clatsop: „...der Pfeil ist aus 2 Teilen gebildet, manchmal gibt es auch einteilige Pfeile; die zweigeteilten sind aus 2 ungleich langen Teilen zusammen gesetzt, der Teil, der die Federn trägt misst 4/5 der Gesamtlänge und ist aus leichter weißer Zeder gemacht, die kaum dicker als der Kiel einer Schwanenfeder ist. Am oberen Ende ist auf das längere Schaftstück eine kreisrunde Hülse eingesetzt, die mit einer Sehnenwicklung fixiert ist, die Hülse nimmt das eine Ende des zweiten Teiles auf, der dünner ist und in der Länge ca. 5" (12,70 cm) misst. Am anderen Ende ist die Spitze mit Sehne festgemacht, die Spitze ist entweder aus Eisen, Kupfer oder Stein, in ihrer Form zeigen sie einen steileren Winkel als all die anderen indianischen Pfeilspitzen, die ich gesehen habe. Der kürzere Teil des Pfeiles ist aus härterem Holz gemacht, genauso wird härteres Holz verwendet, wenn es sich um einteilige Pfeile handelt..."
Das Tagebuch fährt fort, und stellt fest, dass diese Pfeile gut schwimmen und leicht „gerettet" werden können, wenn ein Schuss Richtung Wasser sein Ziel verfehlt.

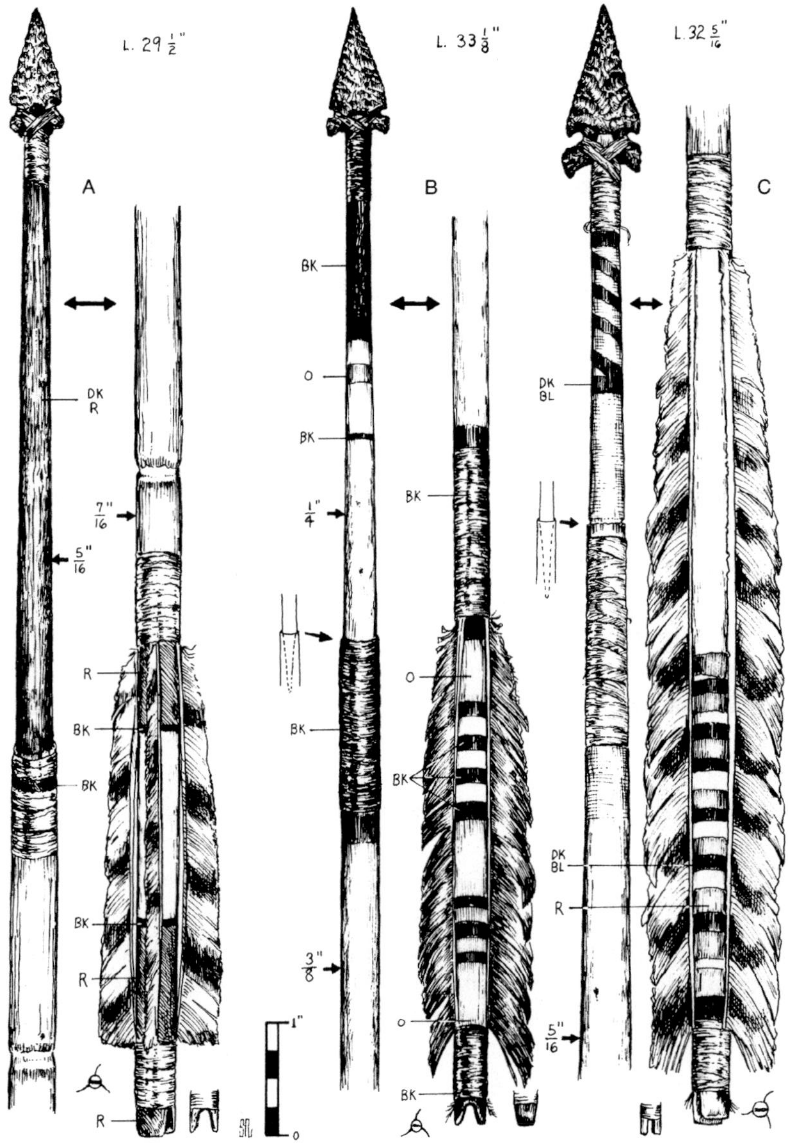

Pfeile der Westküsten-Indianer:

A) Ein Pfeil der Chumash aus einem Höhlenfund im Santa Barbara Country im Süden Kaliforniens, mit einer Spitze aus grauem Monterey-Feldspat, die mit Teer eingeklebt und mit Sehnenfaden gewickelt ist. Der Hauptschaft ist aus Flussschilf. Die Befiederung ist aus Habichtfedern gemacht.

B) Ein Pfeil der Shasta-Indianer aus dem Norden Kaliforniens. Ein zusammengesetzter Schaft. Die Obsidian-Spitze ist mit Harz eingeklebt und mit Sehnenfaden festgewickelt. Alle Sehnenwicklungen sind schwarz bemalt. Die Befiederung sind Schwanzfedern vom Rauhfußhuhn.

C) Ein zusammengesetzter Pfeil der Pit River- oder Achumawi-Indianer, mit Obsidian-Spitze. Der Vorschaft und Teile des Hauptschaftes weisen Spuren durch das Schleifen mit Schachtelhalm auf. Die Befiederung stammt vom Rotschwanz-Habicht.

Es gibt noch mehr Gründe, zusammengesetzte Schäfte zu bauen. Auch wenn es ein Stück zusätzlicher Arbeit ist, das Loch in das Ende des Hauptschaftes zu bohren, damit es den Vorschaft aufnehmen kann, ist es auf jeden Fall einfacher, nur den Vorschaft machen und ersetzen zu müssen, falls die Spitze beschädigt wird. Besonders dann, wenn mit Werkzeug aus früheren Zeiten gearbeitet werden muss.

Ein Stück Hartholz oder ein dünner Ast ergeben einen Vorschaft, wohingegen es viel schwieriger ist ein langes Stück für einen einteiligen Schaft zu finden. Oft war es nötig, wenn ein harter Gegenstand getroffen worden war und das Schaftende sich spaltete oder gar zerschmettert wurde, ein paar Zoll abzusägen, um den Schaft zu reparieren oder neu einzukerben. Wenn dies mit einem einteiligen Schaft mehrere Male passiert, verliert der Schaft immer mehr Länge und der Pfeil wird eventuell wertlos, weil er einfach zu kurz ist.
Ein weiterer hauptsächlicher Grund für den Einsatz von Vorschaftpfeilen lag darin, dass vorhandenes Pfeilschaft-Material für einteilige Schäfte einfach zu weich oder hohl war, um einen Aufprall eines Schusses auszuhalten oder es war einfach zu leicht, um einen ernsthaften Jagdpfeil daraus machen zu können.

Die Schilfrohr-Pfeile liefern dafür ein gutes Beispiel. Die Indianer verlängerten sie mit massiven Vorschäften, und dieses zusätzliche Gewicht machte sie zu tödlichen Geschossen, wenn sie von starken Bögen abgefeuert wurden. Das galt ganz genau so für Pfeile, die aus der Roten Zeder oder anderen gerade gewachsenen Nadelhölzern gemacht waren, so wird es von Alexander Henry und auch in etwa von Lewis und Clark belegt. An der Küste des Nordwestens war eine große Zahl von Pfeilen aus Zeder gemacht.

Einiges anderes Pfeilmaterial zeigt ziemlich große Markkanäle, die in der Mitte entlang laufen, so sehen sie eher wie ein natürliches gewachsenes Rohr aus. Holunder-Triebe, Blasenspiere, Johannisbeere und Moosbeere haben alle diese recht großen Markkanäle. So gesehen ist es eine gute Idee, an diesen Pfeilhölzern Vorschäfte zu verwenden, es ist auch einfacher sie auszubohren, vor allem wenn man Stein- oder Knochenwerkzeug benutzen muss.

Wenn mit dieser Art Pfeile auf größeres Wild geschossen wird, bleibt normalerweise der Vorschaft stecken. Man bekommt fast immer seinen Hauptschaft wieder, und das Zerlegen des Wilds mag nun einfacher sein, dank dem besseren Abfluss des Blutes, da der Pfeil nicht mehr den Eingang des Wundkanals verstopfen kann. Ich habe das noch nie in einem völkerkundlichen Bericht jemals gehört, aber ich kann aus meiner Erfahrung sprechen, und das funktioniert prima.
Und schlussendlich: Vorschäfte erlauben es, eine irgendwo draußen abgebrochene Spitze schnell zu ersetzen, ein offensichtlicher Vorteil. Der Vorschaft könnte auch als eine Art Überbleibsel aus den Tagen des Atlatl gesehen werden, da an diesen Speeren oder Wurfpfeilen, wie sie auch genannt werden, die gleiche Art Vorschaft im Einsatz war.

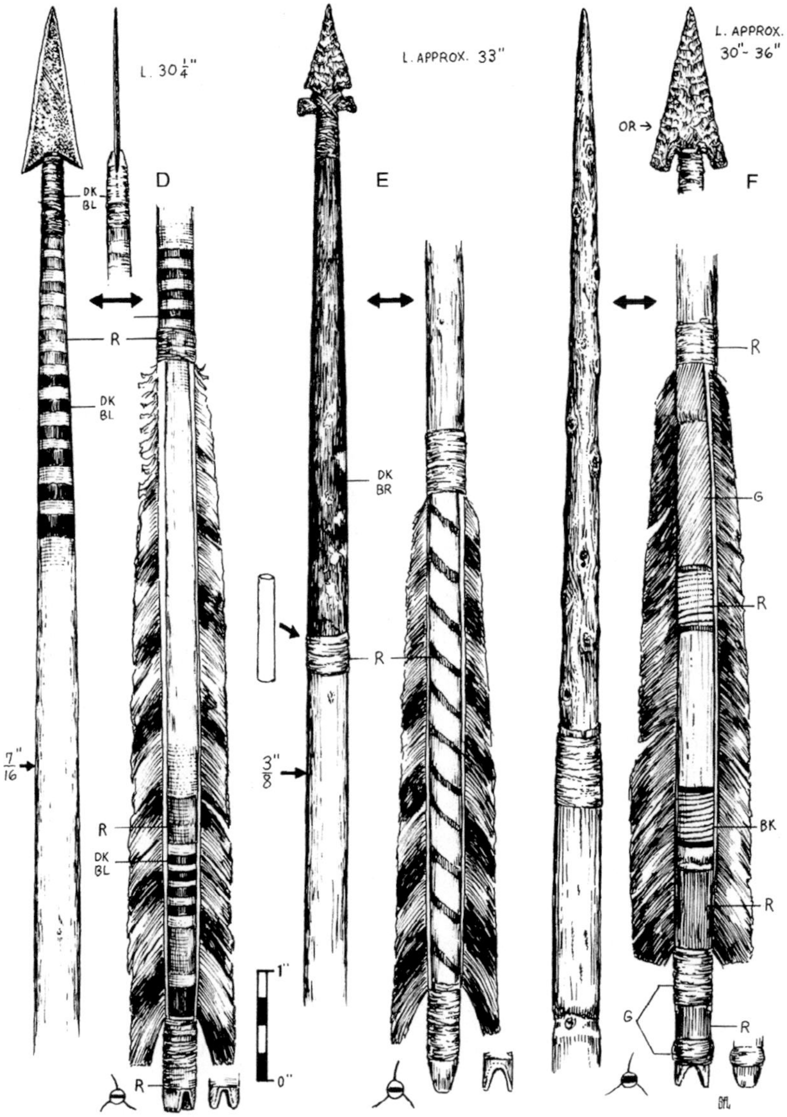

D) Einschäftiger Pfeil der Hupa, wahrscheinlich aus Flieder, aus dem Nordwesten Kaliforniens, mit einer Eisenspitze und Schleifspuren von Schachtelhalm auf dem Schaft. Die Befiederung ist aus Habichtflügelfedern.

E) Ein einschäftiger Pfeil der Modoc- oder Klamath-Indianer mit einer Sehnenwicklung im vorderen Teil. Spitze aus Obsidian. Die Befiederung ist mit Flügelfedern vom Habicht gemacht. Möglicherweise stammt der Pfeil aus dem Nordosten Kaliforniens oder dem Süden Oregons.

F) Flussschilf-Pfeil vom Grossen Becken aus dem Südosten Oregons. Diese Zeichnung ist eine Rekonstruktion, basierend auf Bruchstücken von verschiedenen Pfeilen, die in verschiedenen Höhlen, einschliesslich Roaring Springs und den Catlow Caves, gefunden wurden. Die Befiederung ist aus den Flügelfedern der Kanadischen Gans gemacht. Der Vorschaft ist aus Gänsefuß. Die Steinspitze ist im Stil von Rose Spring gehalten, obwohl zu bedenken ist, dass die Spitzen mit den seitlichen Einkerbungen eher bei den Nördlichen Paiute im Norden Nevadas und im Südosten Oregons üblich waren.

Einschäftige Pfeile oder reine Holzpfeile gab es häufig im fernen Westen, und sie waren länger, als die, die auf den Great Plains gefunden worden waren, üblich waren 27–33" (68,6–83,8 cm) Länge. Ein Grund für diese große Pfeillänge war die Notwendigkeit, genau und sicher schießen zu müssen, denn die Völker im Nordwesten jagten zu Fuß und so musste der erste Schuss sitzen. Auch die Längsrillen waren auf den Schäften zu sehen, wenn gleich nicht so häufig, wie bei den Prärie-Indianern. Meistens waren es drei Rillen, sie waren eher flach gehalten und ganz gerade.
Ein auffälliges Detail, das man an einschäftigen Pfeilen in Nordkalifornien und dem südlichen Oregon sehen konnte, war eine Sehnenwicklung am vorderen Teil des Schaftes. Das sah dann so aus, als ob es sich um einen Pfeil mit Vorschaft handelte. Ich habe dies an Pfeilen der Klamath, Modoc, Shasta, Hupa und Karok gesehen.
Von den Maidu erzählte man sich, dass sie ihre Pfeile auch so gemacht haben. Dies war immer eine Art Rätsel für mich, bis ich den Abstand von der Nocke bis zu dieser Sehnenwicklung an einigen dieser alten Pfeile nachgemessen hatte. Es waren immer zwischen 22 und 25" (55,9–63,5 cm) was dem ungefähren maximalen Auszug für viele kurze Bögen entspricht. Es scheint folgerichtig so zu sein, dass die Sehnenwicklung eine Auszugsmarkierung sein könnte, die ich beim Ziehen des Pfeiles einfach spüre.
Wenn ein Vorschaftpfeil so gemacht war, dass der maximale Auszugspunkt genau dort war, wo die Sehnenwicklung für den Übergang vom Haupt- in den Vorschaft sich befand, so macht es komplett Sinn, wenn die gleiche Idee an einem einschäftigen Pfeil angewendet wird. Der Jäger konnte genau fühlen, wenn die Sehnenwicklung bei vollem Auszug den Knöchel seiner Bogenhand berührte.
Ich habe dies an meinen Jagdpfeilen ausprobiert und es klappt ausgezeichnet, besonders wenn ich mich darauf konzentrieren muss, den Schuss genau zu platzieren. Viele Indianer schossen instinktiv und dabei nicht immer mit der gleichen Auszugslänge, so berichtete es jedenfalls Saxton Pope, aber diese Methode zeigt ganz klar den maximalen Auszug an. Diese Theorie ist reine Spekulation, scheint aber eine logische Erklärung für diese Sehnenwicklungen an einschäftigen Pfeilen zu sein.

Befiederung

An den Pfeilen der Westküsten-Indianer waren die Befiederungen meist kürzer, als an den Pfeilen, die in den Great Plains gefunden worden waren.
Es könnte sein, dass zu lange Federn auf dem Bogengriff zu liegen kommen und einfach beim Auszug des Bogens zu laut sind. Dies war natürlich nicht annähernd von Bedeutung, wenn ich auf einem Pferderücken einen Büffel jagte, aber es war ungeheuer wichtig, wenn ein Jäger zu Fuß jagen musste.
Pfeile waren normalerweise mit drei Federn ausgerüstet, die mit einer Sehnenwicklung an jedem ihrer Enden befestigt waren, manchmal auch mit Leim.
An der Nord-Westküste war es üblich, zwei Federn zu benutzen und zwar entweder mit aufgespaltenem Kiel oder mit zwei ganzen, flach an den Schaft gebundenen Federn, was als tangentiale Befiederung bekannt ist.

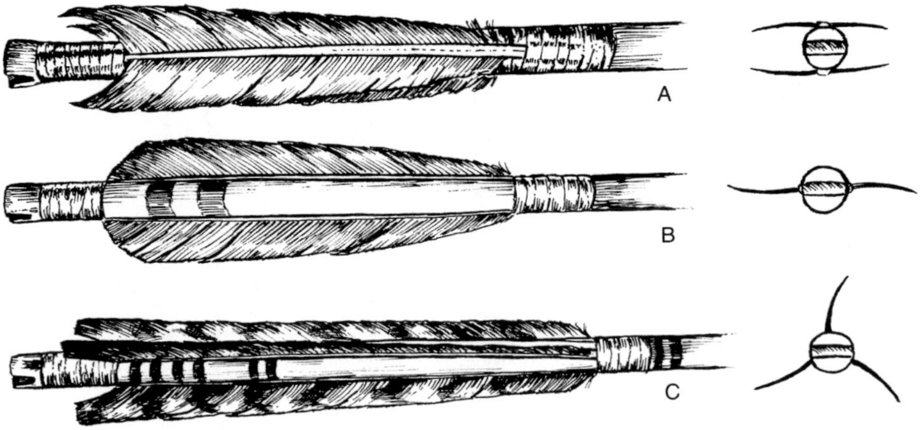

Verschiedene Formen der Befiederung
A) Tangential B) mit 2 gespaltenen Federn C) mit 3 gespaltenen Federn.

Mit scharfkantigen Steinscherben wurden die Federn gespalten, oder sorgfältig gehämmert, um so den Kiel zu spalten. Oftmals wurden sie vor ihrer Weiterverarbeitung in Wasser eingeweicht, das half sie zu begradigen und schön flach an den Schaft zu schmiegen, wenn sie nicht angeleimt wurden. Die Federn wurden üblicherweise am hinteren Ende des Pfeiles mit einer Wicklung aus eingeweichter Sehne befestigt. Häufig wurde die Federfahne mit dem Kiel zusammen festgewickelt. Nachdem diese Sehnenwicklung getrocknet war, konnte die Feder der Länge nach vorne gezogen werden, ohne hinten heraus zu rutschen, vorne wurde die Feder dann mit einer weiteren Wicklung aus nasser Sehne befestigt.

Wenn Leim zum Einsatz kam, wurde er an der Unterseite des Kieles aufgestrichen bevor die Feder an ihre Position gebracht und an ihren Enden festgebunden wurde. Die meisten Pfeile weisen eine gerade Befiederung auf, es gab aber auch Befiederungen mit einem klar erkennbaren Drall oder einer Drehung in sich.

Mit einer scharfkantigen Steinscherbe wurden die Federn ziemlich flach zugeschnitten, auch wenn sie hin und wieder mit glühender Holzkohle in Form gebracht wurden.
Fast immer wurden die Enden der Federn mit Tiersehne festgebunden, wenn es keine gab, wurden auch Pflanzenfasern benutzt. Ich habe an Funden aus den Höhlen des Grossen Beckens Fasern von Hundstod an Schilfpfeilen gesehen. Die Küste des Nordwestens hinauf, nördlich des Columbia-Flusses, wurde in der Regel die Rinde der Wildkirsche benutzt. Dies wurde wahrscheinlich aufgrund des meist feuchten Wetters im Nordwesten gemacht, das eine Befestigung mit Sehne recht unpraktisch macht, wogegen sich die Kirschbaumrinde als Umwicklung kaum dehnt und dazu noch unempfindlich gegen Feuchtigkeit ist. Es gab auch Indianer, die eine Sehnenwicklung mit Baumharz einschmierten um sie vor Nässe zu schützen, oder sie bemalten sie aus dem gleichen Grund mit einer Farbe auf Harzbasis.

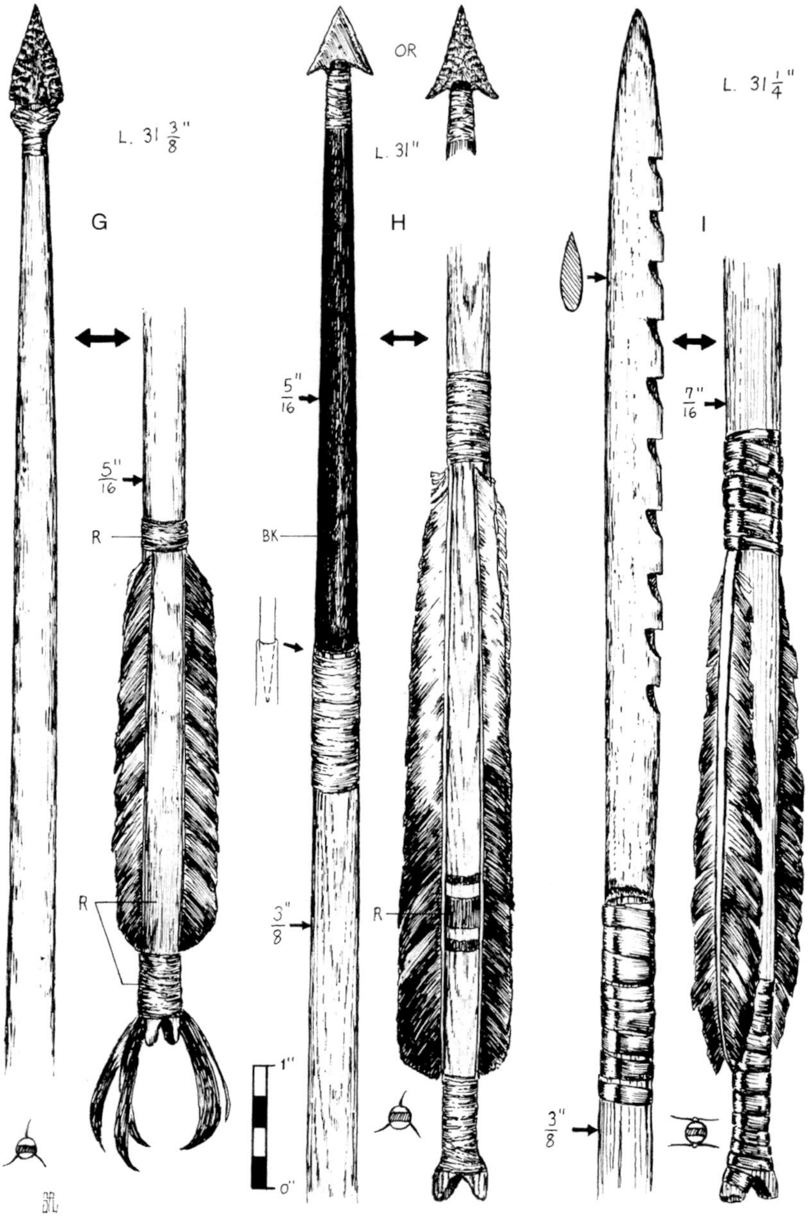

G)
Ein reiner Holzpfeil mit einer Obsidianspitze, gefunden im Norden oder Westen Oregons, der genaue Stamm ist unbekannt.

H)
Ein zusammengesetzter Pfeil der Chinook-Indianer vom Columbia. Der Hauptschaft ist aus Roter Zeder gemacht. Nicht identifizierbare Federn. Die kleine Eisenspitze ähnelt in Form und Grösse den Steinspitzen, die von Lewis und Clark beschrieben worden waren.

I)
Ein zusammengesetzter Pfeil der Nootka-Indianer mit einem Hauptschaft in Roter Zeder, Vorschaft und Spitze aus Knochen. Die Befiederung bestand aus Gänsefedern, die tangential mit Kirschbaumrinden-Streifen gewickelt war.

Schaftmaterial

Das zum Pfeilbau verwendete Holz variierte, genau so wie das verwendete Bogenholz, je nach Stammesgebiet, und hing davon ab, was gerade verfügbar war. Die meisten Stämme hatten ihre besonderen Vorlieben, aber Ersatz wurde schnell genommen, wenn das Holz der ersten Wahl nicht zur Verfügung war. Ein paar der wichtigsten Pfeilhölzer waren: Wilde Rose, Flieder (oder mock-orange[3]), Elsbeere, Moosbeere (oder auch Pfeilholz genannt), Schwarze Johannisbeere, Indianerpflaume (oder Osobeere), Blasenspiere, Wildkirsche, Holunder, Roter Hartriegel, Schneeball, Ahorntriebe, Weide und Flussschilf. Besonders im Norden der Westküste wurde Nadelholz für den Hauptschaft an zusammengesetzten Pfeilen benutzt, da es in vollkommen gerade Stücke gespalten werden konnte. Zu Spalt-Schäften wurden auch Hölzer wie die Rote Zeder, Port Orford Zeder, Föhre, Sitka-Fichte genutzt, und sogar Eibe, die gelegentlich auch in einteiligen Pfeilen und auch als Vorschaftholz zum Einsatz kam. Wie schon oben erwähnt, ergeben viele Harthölzer gute Vorschäfte, genauso wie einige der oben aufgelisteten härteren Pfeilhölzer. Im Great Basin war Holz manchmal kaum zu finden, so mussten Gänsefuß, Bergmahagonie, Weide und sogar die Hauptzweige von Rohrkolben als Vorschaft an Flussschilf-Pfeilen genommen werden. Diese Auflistung mag nicht vollständig sein, aber sie nennt die hauptsächlich verwendeten Pfeilschafthölzer.

Die für Pfeilbau verwendeten Triebe wurden geschnitten und dann bündelweise aufbewahrt, bis sie getrocknet waren. Sie wurden entweder mit Hitze gerade gerichtet oder dadurch, dass sie während der Trocknung gerade gebogen wurden, solange bis sie richtig getrocknet waren. Das ist, meiner Überzeugung nach, der einfachste Weg.

Ein Schaftschleifer aus Sandstein.

Mit Hilfe von Steinscherben, die so zerschlagen wurden, dass sie wie ein Ziehblech eingesetzt werden konnten (so wie auch heute noch Glasscherben benutzt werden), wurden die Triebe auf die gewünschte Dicke herunter geschnitzt. Wenn die gewünschte Form fast erreicht war, wurden sie weiter geschliffen und endgültig mit „Pfeilschleifern“ aus Sandstein bearbeitet, die funktionierten fast wie eine Art Drehbank.

Der Schaft wurde zwischen die Oberschenkel geklemmt und zwischen den beiden eingekerbten Sandsteinhälften, die mit den Händen zusammen gehalten wurden, gedreht.

Um den letzten Schliff zu geben, wurden sie mit Schachtelhalm bearbeitet.

Oft sind an alten Pfeilen die winzigen Rillen, die die Kanten des Schachtelhalms hinterlassen, noch zu sehen. Sie sehen fast wie Spuren aus, die eine maschinelle Bearbeitung hinterlassen würde. Ganz oben im Norden der Westküste wurde auch Haihaut als Schleifpapier genutzt.

3 mock orange: aus der Gattung Prunus oder Philadelphus

Flussschilf-Pfeile wurden grün zugeschnitten und aufbewahrt bis sie trocken waren. Sie wurden gerade gerichtet, indem sie langsam über einem heißen eingekerbten Stein, häufig Steatit, der in einem Feuer erhitzt worden war, zurecht gebogen. Nun wurde normalerweise ein Vorschaft hinzu gefügt, und manchmal auch am Schaftende eine Kerbenverstärkung zur Aufnahme der Bogensehne, angebracht.
Viele der besser gemachten Pfeilschäfte waren **tonnenförmig**, d. h. sie hatten den größten Durchmesser in der Schaftmitte oder von vorne aus gesehen davor. Die Vorteile daraus werden im Band 2 der „Bibel des Bogenbaus" in Einzelheiten beleuchtet werden, aber es genügt hier nun festzustellen, dass diese Pfeile viel besser im Gleichgewicht sind und sogar mit den sogenannten Vogelspitzen (die eigentlich für größeres Wild gedacht sind) sauber fliegen.
Ich habe Pfeile der Hupas aus dem Nordwesten Oregons gesehen, die so schön und gleichmäßig gemacht sind, dass man denken könnte sie wären aus Rundstäben gemacht, nur die Knoten im Schaft verraten, dass sie aus Ästen gemacht sind.
Die verbreiterte Nocke, bei vielen Pfeilen der Prärie-Indianer üblich, wurde in Kalifornien, wenn überhaupt, kaum gefunden. Aber vom Columbia nach Norden hinauf gibt es sie immer an Zederschäften. Ob dies auf den speziellen Griff, bei dem man den Pfeil zwischen die Finger klemmte, zurück zu führen ist oder als Verstärkung von weichen Pfeilhölzern diente ist unklar.

Pfeilspitzen

Die Westküsten-Indianer haben an ihren Pfeilen viele verschiedene Arten von Spitzen benutzt, nicht wenige waren sorgfältigst ausgearbeitet. Steinspitzen waren über sehr lange Zeiträume in Gebrauch. Obsidian oder andere vulkanische Glassteine waren wahrscheinlich die am häufigsten benutzten Steine, noch vor Jaspis, Achat, Feldspat, Opalit, versteinertes Holz und ein paar anderen. Flaschenglas wurde in späteren Zeiten neben Eisen und Kupfer benutzt, wobei die Metallspitzen etwas kleiner ausfielen als die auf den Plains benutzten. Grundsätzlich wurden die Spitzen zunächst mit Harz eingeklebt und dann mit Sehnenfaden fixiert, die Sehnenwicklung wurde manchmal bemalt oder mit Harz imprägniert. Spitzen aus Schiefer und Muschel waren an der Nordwestküste auch im Gebrauch. Ich habe sogar Spitzen gesehen, die aus Speckstein oder etwas ähnlichem geschnitzt waren.
Auch Spitzen aus Geweih oder Knochen wurden benutzt. Viele Pfeile an der Nordwestküste waren mit einer langen dünnen Knochenspitze ausgerüstet, die mit ca. 7" Länge fast doppelt so lang wie der Vorschaft war. Die meisten dieser Spitzen waren in Hauptschäfte aus Roter Zeder eingesetzt. In anderen Gebieten der Westküste gab es auch andere Arten von Knochenspitzen, die viel mehr an eine normale Pfeilspitze erinnerten. Die Indianer im Norden Kaliforniens benutzten einen Vorschaft aus Knochen mit mehreren Widerhaken, vorne dran war dann noch eine Steinspitze gesetzt.

Eine besonders schön gearbeitete prähistorische Pfeilspitze vom Columbia Plateau bestand aus einer geschnitzten Holzspitze, darauf war eine ebenfalls zugeschnitzte und bemalte Knochenspitze gesetzt. Das alles war am Ende eines Vorschaftes befestigt, dieser wiederum war in einen Hauptschaft aus Zeder eingesetzt. Ein wahrlich arbeitsintensives Geschoss.

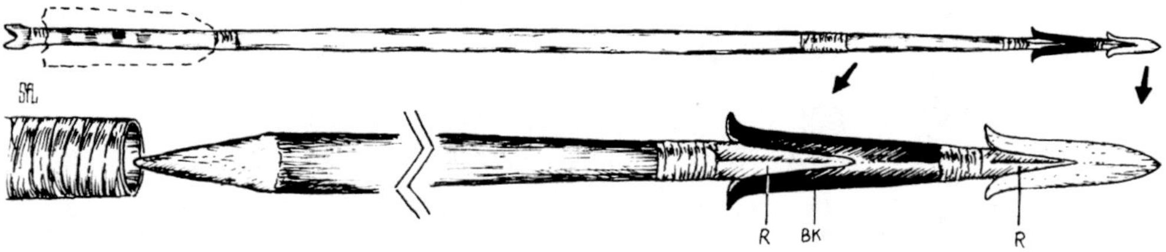

Vorgeschichtlicher Pfeil vom Dechutes-River im Norden Oregons. Der Hauptschaft ist aus Zeder mit einem Vorschaft aus Hartholz. Die geschnitzte und bemalte Holzspitze ist mit einer zweiten geschnitzten Spitze aus Knochen versehen.

Die hölzerne Bluntspitze wurde an der Westküste häufig für die Jagd auf Kleinwild benutzt. Oftmals war gleich hinter der Spitze eine Sehnenwicklung angebracht um ein Splittern des Schaftes zu verhindern. Aus meiner Erfahrung muss ich sagen, dass es eine Verschwendung von Pfeilspitzen ist, wenn ich in einem felsigen Gelände mit Steinspitzen auf Hasenjagd gehe. Für die Jagd auf Vögel wurde oft eine Art von Blunt benutzt, die ich nicht anders als eine Art tic-tac-toe-Design aus kurz geschnittenen Ästchen beschreiben kann, die mit Sehne am vorderen Ende des Pfeiles fest zusammen gebunden sind.

Einen ebenfalls gut durchdachten Pfeil für Schüsse auf schwimmende Wasservögel bauten die Klamath- und Modoc- Indianer. An Flussschilfpfeilen mit einem Hartholzvorschaft wurde ca. einen Zoll (2,5 cm) hinter der geschärften Holzspitze ein regelrechter Ball aus Sehne und Harz um den Schaft modelliert. Wenn ein solcher Pfeil auf eine Ente im Wasser geschossen wurde, wirkte dieser Sehnenring als eine Art Auftriebskörper, der den Pfeil auf eine kurze Strecke über das Wasser schnellen ließ. Wenn ich auf einen Punkt direkt vor der Ente halte, ist ein Treffer fast garantiert. Ich habe solche Pfeile gemacht und geschossen und das funktioniert ausgezeichnet. An einigen dieser alten Pfeile waren die „schnellenden Spitzen" aus stabilem Hartholz, das auch für die Vorschäfte benutzt wurde, gemacht. An manchen dieser Pfeile waren die Sehnenwicklungen am gesamten Pfeil mit Harz eingerieben, um sie wasserfest zu machen.

Wie aus einem Ausschnitt der Henery Tagebücher hervorgeht, waren viele Pfeile angemalt. Wie an den Bögen variierten die Bemalungen von Ort zu Ort, und manchmal war es möglich, anhand der Bemalung ihre Herkunft zu bestimmen.

Wie an den Plains-Pfeilen üblich, war die persönliche Bemalung als Erkennungsmerkmal unter der Befiederung angebracht, aber manchmal ging die Bemalung noch darüber hinaus. Die verschiedenen Muster reichten von einfachen Farbstreifen um den Schaft herum bis zu Spiralformen. Die Sehnenwicklungen waren oft bemalt, möglicherweise auch um Feuchtigkeit abzuhalten. Und wie schon oben erwähnt waren die Vorschäfte oder der vordere Teil eines Pfeiles häufig bemalt, um sie dunkler zu machen und damit eine Art Tarnung zu schaffen. Die meisten Pfeile waren mit ein oder zwei, manchmal auch mit mehr Farben bemalt. Am häufigsten wurden Rot und Schwarz, dann Blau, Grün und Gelb, und dann noch ein paar andere Farben benutzt.

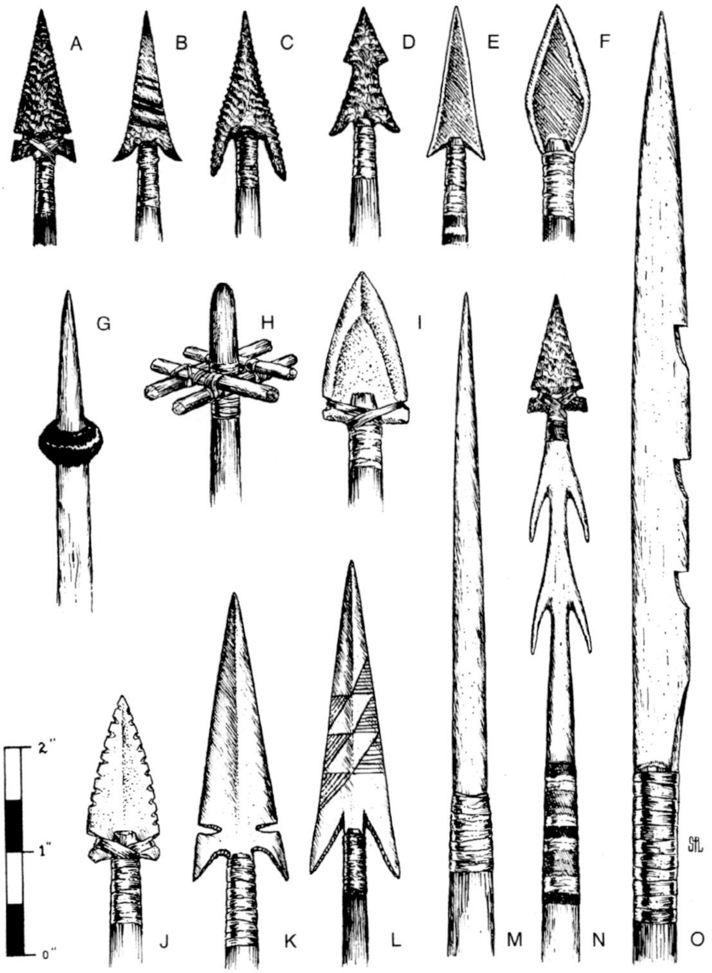

Die Spitzen an den Pfeilen der Westküsten-Indianer
A) Eine Obsidian-Spitze der Shasta mit seitlichen Einkerbungen, diese Spitze war im Westen der heutigen USA weit verbreitet,
B) Eine Spitze mit den sogenannten „Gunther-Widerhaken", auch Rogue-River-Spitze genannt, aus Jaspis, typisch für den Süden Oregons und den Nordwesten Kaliforniens.
D) Eine einzigartige Doppelspitze aus Stein, die gelegentlich am Columbia und seinen Nebenflüssen gefunden werden.
E) und F) Spätgeschichtliche Metallspitzen, die entlang der Westküste gefunden werden.
G) Ein Entenpfeil der Klamath-Indianer, der auf dem Wasser entlang schnellt, und mit einem Ring aus Harz versehen ist, der als Auftriebskörper funktioniert.
H) Ein Vogelpfeil mit „Spitze" aus zusammengebundenen Ästchen, von Ishi gemacht.
I) Schieferspitze aus dem Norden Kaliforniens.
J) Muschelspitze von der Küste Nordkaliforniens.
K und L) Zwei verschiedene Spitzen der Hupa aus Knochen und Horn.
M) Knochenspitze, die wie ein hölzerner Vorschaft geformt ist, aus dem Norden Kaliforniens.
N) Ein Knochenvorschaft der Hupa-Indianer, der mit Widerhaken versehen, und auf den eine Steinspitze aufgesetzt ist. Vielleicht als Kriegspfeil eingesetzt.
O) Eine Knochenspitze ist in einen Schaft aus Roter Zeder eingesetzt und mit Streifen aus Kirschbaumrinde befestigt. Pfeil der Nootka, von der Nordwestküste.

Köcher

Köcher gab es in vielerlei Ausführungen und sie wurden natürlich gebraucht um die Pfeile zu schützen. Einige waren aus wertvollen Tierhäuten gemacht. Im Norden Kaliforniens wurden die Köcher aus Otter-, Marder-, Rotluchs- und Waschbärfell, sowie aus Hirschkopf- und Hirschnacken- und manchmal auch aus Bärenfell gemacht.

Die Köcher der Westküsten-Indianer waren aus am Stück gegerbten Fellen, mit der Hautseite nach außen. Geschmückt waren sie mit Abalone-Muschelscheiben, verschiedenen Arten von Perlen, Federn und Kopffedern des Spechtes, vor allem an wertvollen Otterfellköchern. Manche Köcher waren sehr großzügig geschmückt, wieder andere ganz schlicht und rein zweckmäßig gemacht. Oft waren sie nicht aus weichem, sondern etwas steifer belassenem Leder, damit sie ihre Form besser halten konnten.

A

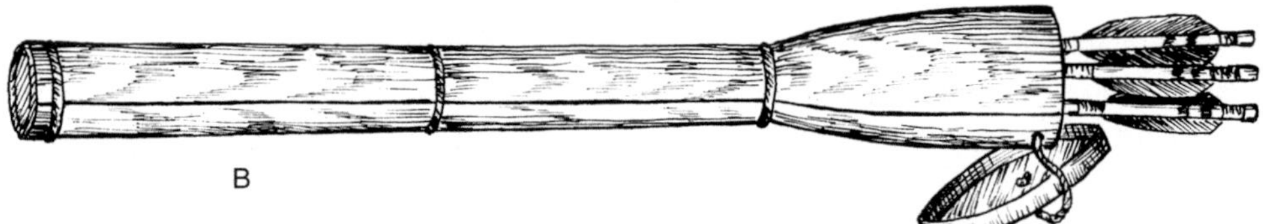

B

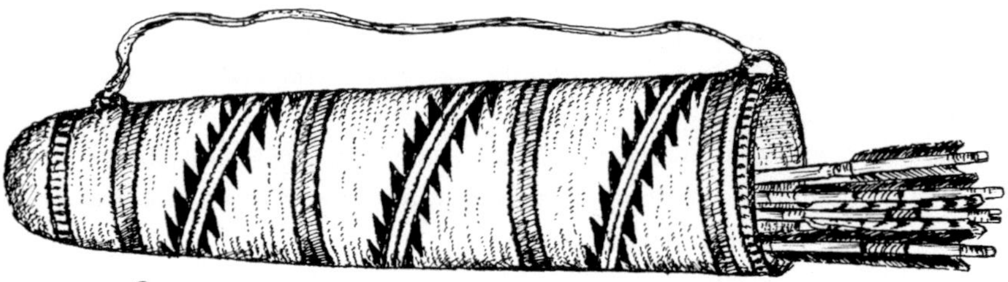

C

A) Ein längsseitig geöffneter Köcher der Nootka, aus Seeotter-Fell,
B) Eine Röhre aus Zeder mit eingepasstem Deckel, von den Stämmen der Nordwestküste,
C) Ein geflochtener „Korbköcher" aus gespaltenem Riedgras der Modoc-Indianer.

Meistens war der Köcher ein einziger Behälter, in dem Bogen und Pfeile, ohne ein seperates Bogenfach, aufbewahrt wurden.
Die kleineren Köcher aus Nerz- und Marderfell boten nur ca. 6 Pfeilen Platz. Es ist sehr wahrscheinlich, das sie nur für kurze Jagdausflüge gedacht waren. Ganze gegerbte Bälge, mit der Fellseite nach außen gekehrt, wurden genauso wie Häute aus gegerbter Hirschhaut in anderen Gebieten der Westküsten-Region gebraucht. Fast immer hatten sie einen Tragegurt. Auf den Boden des Köchers wurde Moos oder Heu gestopft, diese Einlage diente als Polster für die empfindlichen Stein- und Knochenspitzen der Pfeile.

Im Nordwesten wurde manches auch ganz anders gemacht, so gab es viele Köcher, die längsseitig offen waren. Lewis und Clark berichteten über die Köcher, die sie untersuchen konnten: „...normalerweise ist ein Köcher aus der Haut eines jungen Bären oder aus der Haut eines Wolfes gemacht, er ist immer längsseitig anstatt am Ende geöffnet, wie dies bei anderen Indianerstämmen üblich ist, diese Bauart scheint besser für eine Benutzung im Kanu zu taugen, als ein nur an einem Ende offener Köcher." Ein altes Foto, das ich gesehen habe, zeigt einen Jäger der Nootka, wie er einen der längsseitig geöffneten Köcher trägt und die Pfeilspitzen ragen aus diesem Seeotterpelz heraus. Die längsseitig geöffneten Köcher haben in feuchtem Klima, wie es im Pazifischen Nordwesten vorherrscht, sicher einige Vorteile, was den Schutz der Pfeile angeht. In diesem Typ Köcher waren die Pfeile über ihre ganze Länge komplett geschützt, genauso wie die darin aufbewahrten 30" (76,2 cm) kurzen sehnenbelegten Bögen, über die Lewis und Clark berichtet haben. Vielleicht waren die Bögen auch deshalb so kurz, damit sie so geschickt aufbewahrt werden konnten.
Röhren- oder schachtelförmige Köcher aus Holz wurden ebenfalls an der Küste des Nordwestens benutzt. Es gab welche, die hatten Deckel, mit denen sie verschlossen wurden, wie diese kreisförmigen Hutschachteln, und sie waren aus Zeder hergestellt. Manche dieser Köcher könnten eine Art Behälter gewesen sein, wo Pfeile aufbewahrt und geschützt werden konnten bis sie für die Jagd gebraucht wurden.

Im Grossen Becken und an Randgebieten von Sümpfen waren Köcher manchmal auch aus einer Art Schilf gemacht. Einige waren einfach und aus ungespaltenem, ineinander gedrehtem Schilfgras gemacht, und es gab ausgesprochen schöne Beispiele der Kunst der Korbmacher, sogar mit eingewobenen Mustern. Die Klamath- und Modoc-Indianer fielen besonders durch diese Art von Köcher auf.
Die Köcher auf dem Columbia-Plateau zeigten einige Einflüsse der Plains-Köcher. So tauchten dort Köcher in Kombination mit Bogentaschen auf, mit Trageriemen oder Bandoliers und großflächig mit Perlstickereien geschmückt.
Und interessant genug, ich habe alte Fotos von Indianern gesehen, die solche Köcher tragen und da schaute etwas heraus, was ich nicht anders als einen flachen Bogen beschreiben kann.

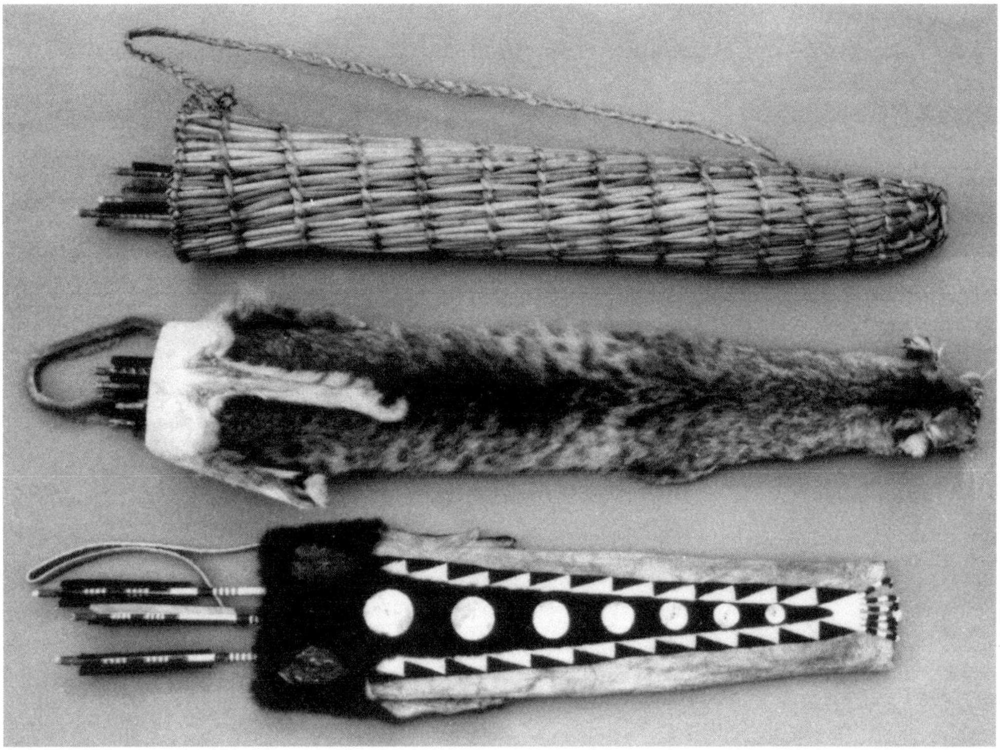

Köcher, die vom Autor nachgebaut wurden:
Oben: Köcher im Stil der Klamath aus ungespaltenem Riedgras.
Mitte: Ganze Haut eines Rotluchses mit der Fellseite außen.
Unten: Köcher im Stil der Hupa-Karok gemacht, aus Seeotterfell mit der Haarseite innen, mit schwarzem Flanell, weißem Hirschhaar, Abalone-Muschelscheiben und Perlen geschmückt.

Schießen

Bis jetzt bin ich auf das Schießen mit diesen flachen Westküsten-Bögen noch gar nicht eingegangen. Vor allem funktionieren die Bögen mit diesem Design sehr gut, die Druck- und Spannungskräfte können sich gut verteilen, und sie schießen ganz schön schnell, wenn sie gut gemacht sind, besonders dann, wenn sie mit Sehne belegt sind.
Die Native Americans beherrschten eine Vielzahl von Schießtechniken, das reichte vom horizontalen bis zum vertikalen Halten des Bogens, oder irgendwo dazwischen. Dazu verfügten sie über eine große Vielfalt im Lösen des Pfeiles.
Zugegeben, diese kurzen Bögen sind recht knifflig zu schießen, da sich alle Schießfehler quasi multiplizieren. Wer nun daran interessiert ist, solch einen Bogen nach zu bauen und gut damit zu schießen, dem gebe ich den Rat, ihn länger als die Originale zu machen, obwohl einige dieser alten Westküsten-Bögen 55" (139,7 cm) lang sind. (Ich sage dies ausdrücklich, denn es gab wohl Bogenschützen, die größere Auszugslängen und die damit gewonnene Treffsicherheit des Bogens bevorzugten).

Verschiedene Bögen, die der Autor nachgebaut hat.
Von oben nach unten:
Reiner Holzbogen aus Wacholder im Stil der Klamath
Sehnenbelegter Wacholderbogen im Stil der Modoc
Sehnenbelegter Eibenbogen im Stil der Klamath
Sehnenbelegter Eibenbogen im der Karok
Sehnenbelegter Eibenbogen im Stil der Hupa
Sehnenbelegter Eibenbogen im Stil der Pit River oder Achumawi
Sehnenbelegter Eibenbogen im Stil der Maidu
Sehnenbelegter Eibenbogen aus dem Westen Oregons.

Es ist wichtig dies zu berücksichtigen, wenn du vorhast mit solch einer Waffe jagen zu gehen. Eine Faustregel sagt, dass die doppelte Auszugslänge etwa die Länge des Bogens ergibt. Ein sehnenbelegter Bogen kann natürlich kürzer gebaut werden.

Manche Leute zeigen sehr interessante Reaktionen, wenn sie solche Bögen zum ersten Mal sehen. Einmal war ich nach einer erfolglosen Jagd morgens auf dem Nachhauseweg und traf zwei andere Jäger. Mit der Absicht, mich mit ihnen darüber zu unterhalten, was sie heute morgen so gesehen hatten, ging ich zu ihnen hin. Nachdem sie meinen Bogen wohl etwas genauer besehen hatten, beäugten sie mich ziemlich misstrauisch. Natürlich waren sie mit dem Neuesten ausgestattet, was der Bogenmarkt zu bieten hatte, bis hin zu den auf's Gesicht gemalten Ahornblättern. Ihre Bögen waren moderne Compounds oder „Allrad-Bögen", wie ich sie neckisch nenne. Nachdem sie mich ziemlich ratlos so betrachtet hatten, musste mich dann doch einer von ihnen fragen, ob mein Bogen irgendwas Afrikanisches oder so was ähnliches sei. Ich erklärte ihnen, dass der Bogen genauso wie die mit Steinspitzen versehenen Pfeile Nachbauten im Stil der Karok-Indianer seien. Er fragte mich dann, ob der Bogen wenigstens 30 lb. hätte, was 10 lb. unter dem gesetzlich festgelegten Zuggewicht wäre. Ich bin nicht sicher, ob er mir geglaubt hat, als ich ihm sagte, der Bogen würde 47 lb. stark sein.

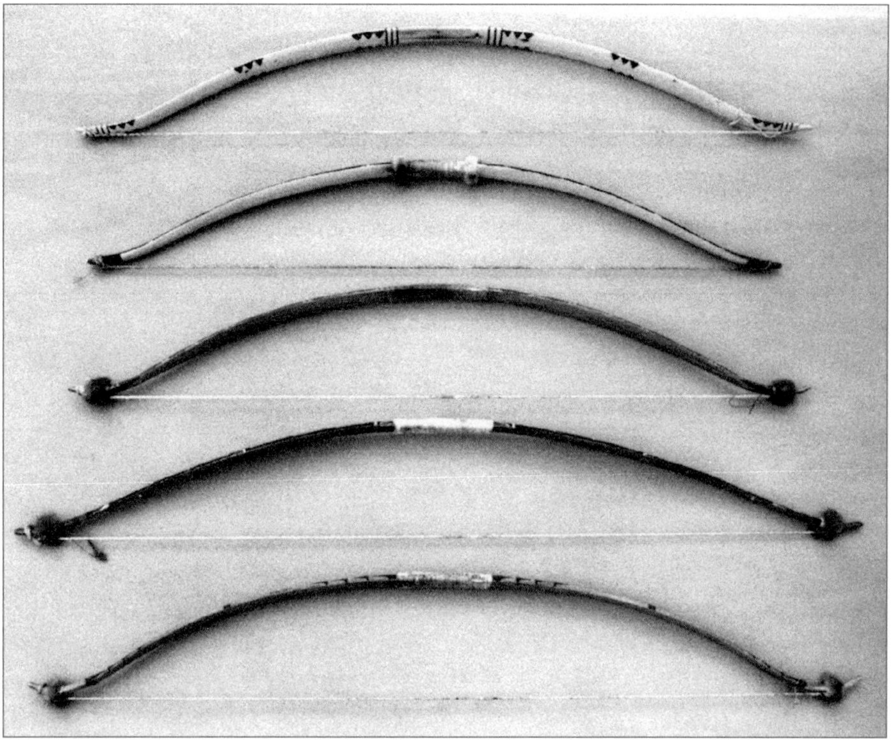

Die gespannten Bögen des Autors.
Von oben nach unten: Reiner Holzbogen aus Wacholder im Stil der Klamath
Sehnenbelegter Eibenbogen im Stil der Modoc
Sehnenbelegter Eibenbogen im Stil der Klamath
Sehnenbelegter Eibenbogen im Stil der Karok
Sehnenbelegter Eibenbogen im Stil der Pit River oder Achumawi.

Die Bogensehnen sind aus Elch- oder Hirschsehnenfäden und zweisträngig gemacht.

Nicht wenige Menschen erfragen das Zuggewicht dieser Bögen und sind immer überrascht, wenn sie erfahren, dass so etwas Kleines, Leichtes 60 lb. Zuggewicht haben kann. Die meisten Indianerbögen, die ich gesehen habe, liegen im Schnitt zwischen 35 lb. und 60 lb., je nachdem, für welchen Zweck sie eingesetzt worden sind.
Bögen, die für die Jagd auf größeres Wild gebaut waren, hatten ein Zuggewicht von 40 lb. bis 50 lb. Ich habe mit den Nachbauten solcher Bögen die indianische Nahdistanz-Jagdmethode ausprobiert, und festgestellt, dass ein Zuggewicht von 50 lb. dazu wirklich ausreicht.
Wenn man in der Lage ist, korrekt mit einem Bogen umgehen und den Schuss sicher plazieren zu können, erfüllt man alle wichtigen Vorraussetzungen. Ich rate allen, die ernsthaft solch einen Bogen nachbauen und mit ihm jagen wollen, den Bogen so zu machen, dass er sicher beherrscht werden kann, komfortabel zu schießen ist, das steigert die Präzision.

Erst kürzlich beschloss ich einen leichteren Anfall von Jagdfieber zu lindern, spannte meinen Bogen und ging mal schnell einen ausgetrockneten Canyon hinunter, um ein paar Kaninchen zu ärgern. Doch die waren schwer auszumachen, da ein Steinadler über dem Canyon kreiste. Die Native Americans hatten einst diese Stelle auch benutzt. Denn dort waren einige kleinere Unterstände aus Felsen, mit vom Feuer geschwärzten Dächern zu sehen und verstreut lagen ein paar Obsidian-Scherben umher, die von den früheren Besuchern hier Zeugnis ablegten. Ich sog die Einsamkeit dieses Ortes so richtig in mich hinein, als mich plötzlich ein Gedanke stoppte. Wann hatte das letzte Mal jemand mit einem Wacholderbogen und mit Schilfpfeilen, die einen Vorschaft aus Gänsefuß hatten, in diesem Canyon gejagt? Das war sicher schon vor vielen, vielen Jahren.

Und es fühlte sich harmonisch und richtig an, die alten Traditionen lebendig zu halten und diese Waffen an ihren Ursprungsort zurück zu bringen.

7 Übersetzt von Michael Bittl

Leim und Klebstoffe

Tim Baker

Ein Intelligenztest zum Kleben: Wie lassen sich 2 Bretter nur mit Wasser verkleben? Antwort: Die Bretter nass machen, zusammenpressen und dann einfrieren.
Für all jene, die unterhalbs des Polarkreises leben, ist das keine besonders wertvolle Information, aber es illustriert die Qualitäten, die ein Kleber haben muss:

1. Der Kleber muss gute Benetzungseigenschaften haben
2. Der Kleber muss gut auf den zu verklebenden Oberflächen haften
3. Nach dem Auftrag muss der Kleber aufhören flüssig zu sein
   und in sich fest und stark werden.

Intuitiv nehmen wir an, dass der Kleber haftet, indem er mit seinen flüssigen „Wurzeln" in Poren der Oberfläche eindringt, wo nach dem Abbinden die Wurzeln sich mechanisch einrasten. Dies ist nur die Hälfte der Wahrheit. Kleber wirken auch auf molekularer Ebene, und in der Welt der Moleküle herrschen elektrostatische Anziehungskräfte. Oberflächen müssen zueinander passen, bevor sie sich binden. Kleber haften besser auf porösen Oberflächen, und mechanische Verzahnung spielt eine Rolle. Aber viele der Vorteile einer porösen und welligen Oberfläche leiten sich von der Tatsache ab, dass eine größere Fläche mehr Molekülen erlaubt, sich zu verbinden.

Die Hälfte der Kleber auf dem Markt behauptet von sich, „stärker als Holz" zu sein. Und für den größten Teil trifft das auch zu. Viele Kleber sind stärker als viele Hölzer, wenn sie richtig angewendet werden.
Verklebungen versagen am häufigsten, weil die Oberflächen nicht korrekt vorbereitet wurden, oder weil der Kleber nicht korrekt angesetzt oder verarbeitet wurde. Falls ein „Romeo" Molekül nach seiner „Julia" greift, aber statt dessen einen für uns unsichtbaren Film aus Öl oder Staub vorfindet, war's das mit der Hochzeit. Um das Meiste aus dem Kleber heraus zu holen, sollten vor dem Verkleben Hölzer mit natürlichem Ölgehalt (wie Osage) kurz zuvor entfettet werden. Andere Hölzer müssen vorher geschliffen werden.
Wenn diese letzte Ermahnung unnötig erscheint, hier ein einfacher Test, um die Relevanz dieses Sachverhaltes zu unterstreichen: Man nehme ein Stück glatten Hartholzes, das bereits mehrere Wochen an der freien Luft lag. Der eine Teil bleibt unbehandelt, der andere wird gehobelt oder so behandelt, dass nun Holz von innen eine glatte Oberfläche bildet. Man gebe nun auf beide Flächen je einen Tropfen Wasser. Der Tropfen auf der frischen Holzoberfläche wird sich ausbreiten und ins Holz einziehen, wohingegen der Tropfen auf der alten Oberfläche wie ein Regentropfen auf einem gewachsten Autolack sich zur Kugel zusammenziehen will. Klebstoffe finden derartige Oberflächen ähnlich anziehend oder abstoßend.
Im Gegensatz zur Intuition und der allgemeinen Praxis sollten zu verleimende Flächen nicht mit Raspeln, Sandpapier, Metallsägeblättern oder anderem aufgeraut werden. Das gleicht dem Versuch, auf losem Schotter Reibung zu erzielen.

Zwei Wassertropfen auf einer bearbeiteten und einer unbearbeiteten Oberfläche eines Ahornbretts (nach 10 sec). Das frische Holz saugt das Wasser auf wie ein Schwamm. Auf der „alten" Oberfläche ist der Tropfen auch nach 10 min noch deutlich erhaben.

Selbst perfekte, unbeschädigte Holzoberflächen reißen, bevor der Kleber versagt, durch Einkerben schwächt man die Oberfläche nur noch weiter. Den Bogenrücken vor dem Belegen mit Sehne aufzurauen scheint die Sehne/Holz-Bindung nicht zu schwächen, möglicherweise weil die Sehnen selbst das schwache Glied in der Holz-Leim-Sehne-Kette sind. Wenn ein Sehnenbacking vom Wurfarm abgezogen wird, versagt weder das Holz noch der Leim – die Sehnenfasern selbet reißen der Länge nach auf.

Die Oberfläche kann durch saubere, definierte und zusammenpassende Riefen vergrößert werden. Die am höchsten belastete Klebung im Bogenbau wurde bei türkischen Kompositbogen an der Holz/Horn-Grenze gefunden. Ungefähr $^1/_{16}$" (1,6 mm) tiefe sägezahnförmige Riefen waren in beide Klebeflächen eingeprägt. Damit wurde die Klebefläche vergrößert, und durch die saubere Passung trotzdem eine dünne Klebefuge erreicht.

Wie Bogenholz muss der Kleber eine hohe Bruchfestigkeit und Flexibilität aufweisen. Einige Anwendungen, so z. B. das Einkleben von Steinspitzen, benötigen eher flexible Kleber bei verringerter Bruchfestigkeit. In anderen Fällen, z. B. bei Verleimen von „Splices" wird eine hohe Bruchfestigkeit bei verringerter Flexibilität benötigt, und bei wieder anderen beides – wie z. B. dem Sehnenbelag von arbeitenden Recurves. Glücklicherweise existieren sowohl natürliche wie synthetische Kleber für (fast) alle Bedürfnisse.

Gründe für das Versagen der Kleber

- Ölige oder krümelige Oberflächen
- Ungenügende Dimensionierungen
- Große Spalten - Kleber ist (meistens) kein (guter) Spaltenfüller
- Verschiebungen der Oberflächen, wenn der Kleber bereits begonnen hat abzubinden oder, im Fall von tierischen Klebern, zu gelieren
- Zu frühes Entfernen der Klammern oder zu frühe Belastung der Verklebung
- Zu wenig oder zu viel Anpressdruck
- Zu hohe oder zu niedrige Verarbeitungstemperaturen

Wenn der Kleber zu dickflüssig ist, verringert dies die Benetzungseigenschaften und die Klebung wird schwächer. Aber darüber hinaus sind aus zwei Gründen dickere Mischungen stärker: Zum einen enthalten sie mehr Klebstoff im Verhältnis zum Lösungsmittel, zum anderen schrumpfen dünnere Mischungen stärker, da das Lösungsmittel verdunstet. Dadurch entstehen interne Spannungen, die einiges an Klebekraft aufbrauchen, nur um selbst zusammenzuhalten. Durch Schrumpfung entsteht Stress auch in der Klebefuge, was zu Fehlern an dieser Stelle beiträgt. Zu dicke Klebefugen leiden an denselben inneren Spannungen, was zu denselben Gefahren führt. Lücken können als sehr große, lokale Klebefugen angesehen werden. Für die meisten Kleber sollen die Klebefugen nicht mehr als ein paar Hundertstel Millimeter dick sein.
Allgemein benötigen Leime, die durch Trocknen binden, wie Tischlerleime, eine dünnere Klebefuge. Kleber, die chemisch aushärten, tolerieren eine dickere Klebefuge und Lücken. Epoxy ist besonders tolerant, da er nach dem Aushärten zu 100% aus Feststoff besteht. Allgemein sollte bei dünnflüssigeren Leimen ein geringerer, bei dickflüssigeren ein höherer Anpressdruck verwendet werden. Man lasse sich von der Dicke der Klebefuge leiten. Kleine und perfekt passende Oberflächen benötigen einen geringeren Druck. Je besser die Klebeflächen zusammen passen, desto stärker wird die Klebung.

Natürliche Leime und Kleber

Kollagen ist ein Protein, aus dem das Bindegewebe bei Tieren gebildet wird. Und es macht seine Sache gut, Tiere zusammen zu halten. Wenn man das Collagen isoliert, kann es genauso gut verwendet werden, um andere Dinge zusammen zu halten.
Wenn du an der Stärke eines derart primitiv hergestellten Stoffes zweifelst, bringe eine dünne Schicht Hautleim auf eine Glasscheibe auf und beobachte was passiert.
Während der Kleber trocknet und dabei schrumpft, reißt er kleine Splitter aus der Glasoberfläche heraus. Hautleim hat eine Zugfestigkeit von 10.000 lb. (~4,5 Tonnen) und mehr.

Einer der wertvollsten Eigenschaften von tierischen Klebern ist, dass das Aushärten je nach Bedarf beeinflusst werden kann: warm gehalten bleibt er flüssig, wenn er abkühlen darf, bindet er zu fester gallertartiger Konsistenz. Das ist z. B. beim Bau von asiatischen Kompositbögen besonders wertvoll, wenn die Hornlage auf den hölzernen Kern aufgeklebt wird. Es wird eine beträchtliche Zeitspanne zum zusammenfügen, binden und klammern von Horn und Kern benötigt, während der Kleber geliert und seine Benetzungsfähigkeit verliert. Wenn die Teile zusammengebunden sind, kann der Leim mit schwacher Hitze wieder flüssig gemacht werden, so dass er die Oberflächen wieder benetzt.
Für Backing aus Holz oder pflanzlichen Fasern wird der Tierleim bei 60 °C verwendet. Vorzeitiges Gelieren kann durch Aufheizen des zu verklebenden Materials auf 38 °C oder mehr verhindert werden. Für Sehnen oder andere Stoffe tierischen Ursprungs sollte der Kleber bei 49 °C verwendet werden.

Es ist wichtig, die Oberflächen vor dem Kleben vorzubereiten. Dies geschieht einfach mit einem ersten Anstrich aus Leim. Wie eine Grundierung zieht er in die Oberfläche ein und versiegelt sie. Ohne das kann eine saugfähige Oberfläche zu viel Leim aufnehmen, die Klebefuge „verhungert" und wird schwach. Für dichtes Holz sollte die Grundierung etwas dünner, für poröses Holz etwas dickflüssiger angesetzt werden.
Nach dem Kleben presse die Fläche mit etwa 100 lb./in^2 (ca. 7 kg/cm^2) Anpressdruck zusammen. Im Durchschnitt sollten die Flächen etwa 12 Stunden zusammengepresst belassen bleiben. Bevor du die Verbindung voll belastest, warte noch 6 Tage, weniger bei trockener Luft, länger in feuchter Umgebung.

Für dauerhaft flüssigen Hautleim füge Essigsäure oder Essig hinzu oder verwende Fischleim, der auch bei Zimmertemperatur flüssig bleibt.
Für flexiblen Hautleim fügt man Glyzerin in der Menge des Trockengewicht des Leimes hinzu. Das ist ein altes Buchbinderrezept.
Durch Zufügen von 1 Teil Zucker auf 4 Teile Leim kann sogenannter „Mundleim" hergestellt werden. Die Mischung schmilzt im Mund und ist ganz praktisch für's Kleben unterwegs.
Knox™ Gelatine ist ein extrem guter Kleber. Laut Hersteller wird die Gelatine je nachdem aus Knochen oder aus Schweinehäuten hergestellt, und ohne Tests kann nicht festgestellt werden, woraus die jeweilige Probe besteht. Beide Varianten sind jedoch sehr stark.

Hautleim wurde berechtigterweise für seine Eigenschaft kritisiert, bei Regen oder feuchter Luft weich zu werden. Aber für einen ansonsten rein ursprünglichen Holzbogen Kunststoffkleber verwenden zu müssen nimmt dem Ganzen den Glanz. Jeder Bogenbauer, dessen IQ seine Auszugslänge überschreitet, wird einen Weg finden seinen Bogen vor Feuchtigkeit zu schützen, zumindest für einen Tag.

Wasserfester Hautleim kann durch hinzufügen von Gerbsäure, Formalin oder Formaldehyd erhalten werden. Dies kann entweder auf die zu verklebenden Oberflächen gestrichen oder mit dem Leim vermischt werden. Gerbsäure kann aus Baumrinden, besonders Eichenrinde gewonnen werden. Alten Berichten aus der Literatur zufolge kann Hautleim durch zufügen von 40% Leinsamenöl wasserfest gemacht werden, jedoch zeigen eigene Versuche bestenfalls marginale Effekte.
Tung Öl klappt besser, vielleicht weil es schneller zu einem härteren Film aushärtet. Aber auch mit Tung Öl wird der der Leim nur schwach wasserfest.
Der berufsmäßige Leimkocher Bob Main glaubt, dass Formaldehyd, das in der Natur im Holzrauch auftritt, einen sehnenbelegten Bogen (etwas) wasserfest macht. Er bemerkt, dass ein sehnenbelegter Bogen, der zwischen den Dachsparren einer rauchgefüllten Jagdhütte aufbewahrt wird, in feuchter, dämpfiger Luft nicht so schnell nachgibt.

Von links nach rechts:
Leim aus Fischblasen, Sehnen, KnoxTM Gelatine und Knox Gelatine mit Tung Öl. Die Stärke scheint mit der Klarheit zu korrelieren. Der Fischblasenleim ist bernsteinfarben, aber sauber und transparent.
Sehnen- und Hautleim sind eher milchig und opak. Gelatine muss stark gefiltert werden, um klar zu werden. Sehnen- und Hautleim vom ersten Aufguss sind da schon transparenter. Mit Lauge angesetzt und für gerade mal 1 bis 2 Stunden gekocht, wird der Leim glasklar und von höchster Festigkeit.

Herstellung von Tierleimen

Die stärksten Tierleime können ganz einfach auf dem häuslichen Herd gemacht werden. Tierleim wird aus den faserförmigen Proteinketten im tierischen Bindegewebe gemacht. Wenn Bindegewebe in Wasser erhitzt wird, werden diese Proteinketten herausgelöst und bilden eine wässrige Lösung, den Tierleim. Wenn die Hitze zu hoch ist oder zu lange andauert, werden die Ketten zu kurz und der Leim zu schwach. Die Temperatur sollte also unter 82 °C bleiben.

Je weniger der Leim „gekocht“ wird, egal bei welcher Temperatur, desto stärker wird er sein. Um die Kochzeit zu verringern, kann man das Gewebe durch Einlegen in Wasser über mehrere Tage vollsaugen lassen. Dies kann noch verstärkt werden, indem eine milde Lauge zugefügt wird, was die Proteinketten leichter angreifbar durch das Wasser macht. Ein Nebeneffekt des Einweichens mit Lauge ist, dass Öl und Fette verseift werden, die leicht ausgewaschen werden können. Die Lauge muss vor dem Kochen gut ausgewaschen werden. Eine schwache Säure wie Essig wird zum Neutralisieren der restlichen Lauge verwendet. Eine derartige Vorbereitung braucht deutlich kürzere Kochzeiten, was einen stärkeren Leim ergibt, aber nicht allzu viel stärker. Schnellgemachter Leim aus uneingeweichtem Material ist nur wenig schwächer, aber erheblich einfacher herzustellen.

Sehnenleim:
Er wird aus Bein- oder Rückensehnen, oder Sehnenresten gemacht. Das Sehnenmaterial wird in einen Topf gegeben und mit Wasser bedeckt. Das Ganze bei 77 °C für ca. 24 Stunden vor sich hin köcheln gelassen, gelegentlich umrühren. Gegen Ende wird der Deckel entfernt und die Mischung zu einem sehr dünnflüssigen Sirup eingedickt, gerade eben etwas dickflüssiger

als Wasser. In der letzten Stunde des Köchelns werden immer wieder mal Schaum, Fett und Unreinheiten abgeschöpft. Für die letzten 10 min. wird die Mischung zu einem gemäßigten Kochen gebracht. Das verschlechtert nicht die Eigenschaften des Leims, wird jedoch die restlichen Verunreinigungen an die Oberfläche bringen, wo sie abgeschöpft werden können. Zum Abschöpfen dieser Reste soll die Temperatur hoch genug gehalten werden, damit sich an der Oberfläche keine Haut bildet. Der stärkste Teil der Leims verfestigt sich als erstes, und es wäre schade, gerade diesen Teil mit dem Abfall wegzuwerfen.

Je länger der Leim kocht, desto dunkler und schwächer wird er. Der erste Abguss, nach ca. 10 h köcheln, ergibt den stärksten Leim. Die Türken verwendeten diesen ersten Leim für ihre höchstbelasteten Kompositbögen aus Horn und Sehne. Sinnvollerweise wird dieser erste „Aufguss" für die anspruchsvollsten Arbeiten beiseite gelegt.

Sanft brodelndes Kochen bringt Fett, Schaum und Verunreinigungen an die Oberfläche. Die Hitze wird so eingeregelt, dass sich die Unreinheiten an einer diskreten Stelle sammeln. Unbrauchbares kann dann leicht und vollständig entfernt werden.

Stärkere Leime ziehen Wasser langsamer an, so dass Bögen, deren Sehnenbelag mit diesem Leim aufgebracht wurde, in dämpfigem Wetter ihre Zugkraft besser halten. Das Köcheln wird über 24 h fortgesetzt bis sich das Ausgangsmaterial nicht weiter verringert. Der daraus entstandene Leim ist etwas schwächer, aber immer noch hervorragend. Auch der schwächste Hautleim ist immer noch mehr als stark genug für fast alle Verleimungen.

Wenn's mal schnell gehen muss, brauchst du dich nicht mit dem Köcheln aufhalten. Koche die Sehne richtig auf und halte sie dort für 2 Stunden. Die Reste werden wie oben beschrieben abgeschöpft, das Ganze bis zu einen dünnen Sirup reduziert und fertig. Dieser Blitzleim wird im wesentlichen so stark wie langsam geköchelter sein. Der Rest wird wie oben beschrieben weitergeköchelt.

Diese Schnellmethode wird aus einer gegebenen Menge Sehne nicht genau soviel Leim ergeben, wie die obige Methode, so dass man mit mehr Sehne als gewöhnlich anfangen sollte.

Nach Belieben kann der dünne Sirup noch durch ein feines Tuch gesiebt werden (A.d.Ü.: Z.B. eine Stoffwindel). Dann wird der Sirup zum Gelieren auf große Tabletts oder Platten ausgegossen. Die Dicke sollte ½" (1,25 cm) oder weniger betragen.

Du hast jetzt eine große Petrischale. Bevor der Leim nun Zeit hat zu trocknen, können Bakterien ihn zu einen stinkenden Schleim zersetzen. Um das Trocknen zu beschleunigen, wird das Gel in Würfel von ½ auf ¼" (12 × 6 mm) geschnitten und zum Trocken auf eine saubere Oberfläche verstreut. Wind oder ein Ventilator beschleunigen diesen Prozess. Halte das Ganze kühl und aus der Sonne, um ein Aufschmelzen zu vermeiden.

Wenn alles hart und trocken ist, wird es außerhalb der Reichweite von Mäusen oder Insekten (A.d.Ü.: und Hunden!) gelagert. Trockene Lagerung vorausgesetzt ist die Haltbarkeit unbegrenzt.

Wenn du die Viskosität vor dem Auskippen falsch eingeschätzt hast – der Leim zu flüssig ist – wird er nicht gut gelieren und sich auch nicht schneiden lassen. Eine halbe Stunde im Kühlschrank behebt das.

Zum Gebrauch wird das eingeschrumpelte Granulat zum Einweichen mit genügend kaltem Wasser bedeckt. Nach ein paar Stunden haben sie sich vollgesogen und sind durchgängig gallertig. Erhitze die Stücke auf ca. 70 °C, rühre, bis sie zu einer homogenen Masse geworden sind, und lasse sie, abhängig vom zu verleimenden Material, bis zur Arbeitstemperatur von 43° bis 60 °C abkühlen. Bei ~80° C verliert Tierleim ca. 2% Stärke pro Stunde. Wiederholtes Aufschmelzen schwächt den Tierleim ebenfalls.

Zwei kommerzielle „Hautleime". Im Allgemeinen sind hellere Leime (links) stärker. Dunklere Leime sind wahrscheinlich Knochenleime. Stärkere Leime riechen auch „sauberer" während schwächere, besonders wenn sie warm und feucht sind, einen süßlichen, öligen Geruch haben.

Hautleim

Die selbe Verarbeitung wie bei Sehnen, der Leim ist etwas stärker. Hautfetzen, die beim Gerben[1] anfallen, können gut verwendet werden. Hautstückchen sollten pulverisiert werden, da papierdünn abgeschabte Hautstücke ihren Leim deutlich schneller freigeben als Sehnen. Schnellgekochter Hautleim vom ersten Aufguss dauert nur ca. 1 h. Andernfalls lass die Mischung bei 77 °C für 10 Stunden, oder bis sich die Masse der Hautfetzen nicht weiter verringert, köcheln.

Knochenleim

Knochenleim benötigt das Einschalten eines Säureprozesses, um das Collagen von den mineralischen Knochenbestandteilen zu trennen. Sehnen und Hautleime sind stärker als Knochenleim und wesentlich einfacher herzustellen.

Fischhaut-Leim:

Fischhaut-Leim ist ein mittelmäßig starker Leim, aber schwächer und brüchiger im Vergleich zum schwächsten Haut- oder Sehnenleim. In alten Büchern wird berichtet, dass Fischleim schwächer aber flexibler als anderer Tierleim ist. Möglicherweise waren die Fische damals anders. Der Fischleim, den ich kaufte, ist etwa so flexibel wie abblätternde Farbe. Andere Hersteller von selbstgekochtem Fischleim (der Welt zweitkleinste Minderheit) berichten ähnliches. Aber es macht Spaß, verschiedene Leime auszuprobieren, und es ist bequem, einen immer flüssigen Leim zur Hand zu haben.
Fleisch, Fett und Schuppen werden entfernt, die Häute gewaschen und in Streifen oder Quadrate geschnitten. Ansonsten weiter wie beim Haut- oder Sehnenleim. Fischhautleim geliert nicht bei Zimmertemperatur, sondern bleibt flüssig. Man kippt ihn in Pötte und lässt ihn bis auf mittlere Sirupdicke eintrocknen. Um ihn als Flüssigkeit aufzuheben, wird Borsäure als Desinfektionsmittel hinzugegeben.
Fischleim kann auch als fester Stoff getrocknet werden. Wenn er einmal in einem lederartigen Zustand angekommen ist, wird er von der Unterlage abgezogen. Wenn er dann hart und trocken ist, wird er zum Lagern in kleine Stückchen gebrochen. Wie Hautleim hat getrockneter Fischleim eine unbegrenzte Lagerzeit.

Leim aus Schwimmblasen

Dieselbe Verarbeitung wie Sehnen-, Haut- und Fischleim. Schwimmblasenleim geliert wie tierischer Leim. Er ist ebenso stark und flexibel. Nach alten Berichten wurde der Schwimmblasenleim von den Komposit-Bogenbauern bevorzugt. Meine nicht identifizierten Schwimmblasen ergaben einen etwas stärkeren Leim als Hautleim und waren etwas mehr gelblich/bernsteinfarben. Fischblasenleim-Kocher (der Welt kleinste Minderheitengruppe) sagten das auch.
Früher wurden verschiedene Arten des Störs bevorzugt, und der Fisch mag auch stärkeren Kleber ergeben, aber ich bezweifele, dass es einen signifikanten Unterschied macht.

1 Gerben und die Herstellung der Hautfetzen ist eine eigene Geschichte (siehe auch Literaturliste).

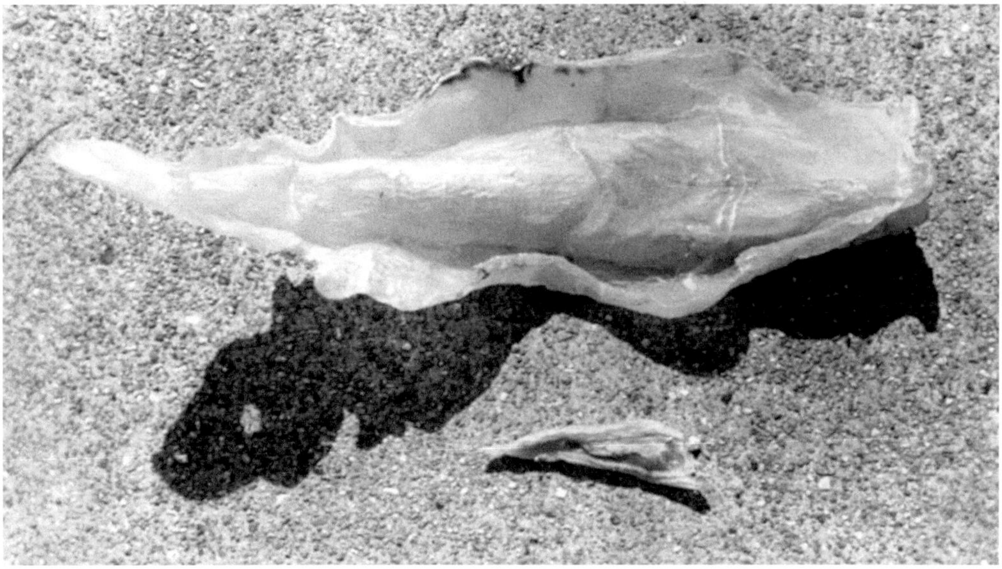

Ein chinesischer Fischmarkt wird Schwimmblasen führen. Zeige das Bild, einfach nach Fischblase fragen wird nicht immer reichen. Die Größenverteilung ist extrem. Mittelgroße Schwimmblasen, 4 bis 7" (10 bis 18 cm) kosten ca. 10 $ das Pfund. Falls eine Quelle hierfür in der Nähe ist, wirst du es bequemer finden, Schwimmblasen anstatt Sehne oder Hautfetzen zu verwenden.

Jeff Schmidt vollendete neulich einen asiatischen Kompositbogen, der einen leichten Pfeil 500 Schritte (etwa 450 m) weit warf. Er verwendete Sehnenleim, den er auf dem Küchenherd herstellte. Jeff hat nicht das Gefühl, dass die Dicke seiner Leimfuge oder der Anpressdruck unbedingt perfekt waren, der Leim jedoch hatte seinen Zweck erfüllt.
Früher, im letzten Jahrhundert, wurden Kompositbögen mit Kaseinleim gemacht, zwar ist er erheblich schlechter als Hautleim, aber diese Bögen haben eine ganze Zeit gehalten.
Der Punkt ist, dass auf dem Herd gemachter Hautleim beeindruckend stark ist, wahrscheinlich stärker als du es jemals benötigen wirst. Es gibt deshalb also keinen Grund, die Winkel der Erde nach exotischen Schwimmblasen abzusuchen.

Seidenleim

Hautleim wird aus Eiweiß gemacht, Sehnenleim wird aus Eiweiß gemacht, Fischleim wird aus Eiweiß gemacht. Und woraus besteht Seide? Aus Eiweiß!
Als ich Seide in kochendes Wasser plumpsen lies, war die Luft geladen mit Wundern und Erfindungsgeist. Ich versuchte mir die Stärke und die exotischen Qualitäten vorzustellen, die dieser Leim haben müsste. Sehr fest, sehr elastisch, rein weiß, sehr schön. Das würde großartig werden.
6 Stunden später schaute ich wieder in den Topf und fand zwei Dinge: kochendes Wasser und eine makellose, völlig unbeeinflusste Seide.

Zwei weitere „Nichtquellen" für Leim sind Hufe und Hörner. Trotz allgemeiner Ansicht, Lexika und Enzyklopädien, sowie sonstiger Literatur kann Leim nicht aus Hufen gemacht werden.

Kaseinleim

Kaseinleim kann aus geronnener Magermilch oder fettarmem Hüttenkäse gemacht werden. Milch wird durch Gerinnen in gewisser Weise wasserfest. Getrocknete Milch verliert ein gutes Stück ihrer Festigkeit, wenn sie eingeweicht wird, löst sich aber nicht vollständig auf. Quark ergibt keinen glatten Kleber, aber wenn ca. 5 Vol % Kalk beigemischt werden zerfällt der Quark zu einer glatten Konsistenz. Zudem macht Kalk den Quark einigermaßen wasserfest. Möbel in Ägyptischen Gräbern waren mit Klebern aus Sauermilch und Kalk verklebt. Den Grund kann man nur raten, da stärkere tierische Kleber zur Verfügung standen. Möglicherweise auf Grund der längeren Montagezeiten der Kaseinkleber. Fischleim hat eine fast ebenso lange Verarbeitungszeit, ist jedoch nicht wasserfest. Und anders als Fischleim ist der Kaseinkleber geruchlos.

Kaseinkleber kann bei Hölzern bis zu einer Restfeuchtigkeit von 15 % sowie bei öligen Hölzern verwendet werden.

Meinen bisher stärksten Kaseinkleber habe ich aus aus fettarmem Hüttenkäse gemacht. Man wasche und siebe den Hüttenkäse, bis die Körner sauber sind. 15 min. trocknen lassen, wenn möglichst viel freies Wasser entfernt wird, ergibt das einen dickeren, stärkeren Kleber. 5 Vol % Kalk hinzugeben, gut durchrühren und unter gelegentlichem Umrühren eine Stunde stehen lassen, abgießen und verwenden. Großzügig anwenden, kein vorheriges Einlassen mit Leim nötig. Nur so viel Druck anwenden, damit die Werkstücke zusammengehalten werden. Zubereitung von Hautleim mit Kaseinleim anstatt Wasser ergibt einen vernachlässigbaren Gewinn an Feuchtigkeitsschutz.

Kommerzieller Kaseinkleber enthält getrocknetes Quark-Kasein, Kalk, Natrium, Salze und Fungizide. Das Natriumsalz macht das Kasein wasserlöslich, so dass der Leim gemischt werden kann. Der Kalk sorgt dann wieder für die Wasserfestigkeit. Kommerzieller Kaseinleim ist schwer zu bekommen, er ist aber noch auf dem Markt. Insekten, Motten, Mäuse und Bakterien fressen Kasein.

Um deinen eigenen trocknen lagerfähigen Kaseinkleber zu machen, wird Kasein getrocknet und gemahlen. Zum Gebrauch wird das Pulver in eine Lösung aus Wasser, Kalk und Natronlauge eingerührt.

Blutkleber

Blut, das mit Holz- oder Kalkstaub eingedickt ist, trocknet zu einem mittelstarken, wasserfesten Kleber. Bis in die 40er Jahre des vergangenen Jahrhunderts wurde Schweine- und Rinderblut für die Herstellung von Sperrholz verwendet.

Pflanzliche Klebstoffe

Verletzte Nadelbäume, besonders Kiefern und Fichten, „bluten" Harz (Kolophonium) aus, und auch wenn es nicht besonders stark ist, ist korrekt verarbeitetes Harz flexibel und wasserfest. Harz wird zum Anheften von Spitzen und Klingen verwendet. Es kann auch Sehnen, Rohhaut und Darm wasserfest machen.

Frisches Harz ist extrem klebrig und muss zum Eindicken erhitzt oder gekocht werden (Vorsicht: Kolophonium ist sehr feuergefährlich und sollte nur im Freien mit großer Vorsicht erhitzt werden). Das Kolophon wird nur soweit erhitzt, dass es nach dem Abkühlen fest, aber nicht brüchig wird. Altes, hartes Pech kann durch Schmelzen und Zufügen von frischem Kolophonium oder Bienenwachs weich gemacht werden. Um die Festigkeit zu erhöhen, kann ca. 10% pulverisierte Holzkohle beigemischt werden. Um die Klebrigkeit zu verringern, kann nach der Anwendung ebenso Holzkohlepulver in die Oberfläche eingedrückt werden. Der Feuersteinschläger Scott Silsby fügt ¼" (6 mm) Fasern von *dogbane* (Hundsgiftgewächse - Apocynaceae) hinzu, um die Festigkeit und Flexibilität zu erhöhen. Flachs, Wolfsmilchgewächse, Brennnessel oder andere Pflanzenfasern tun es auch.

Synthetische Kleber

Epoxy

Vielseitig verwendbar, exzellent um Bogenteile (im Griffstück) zu verleimen. Er ist wasserfest und schrumpft nicht beim Aushärten. Recht gute, fugenfüllende Eigenschaften. Fließt mittelprächtig. Keine Leimfuge, teuer, riecht, und die Topfzeiten betragen Minuten bis Stunden, abhängig vom Typ. Mittlerer bis geringer Anpressdruck. Durch die verschiedenen Topfzeiten und Viskositäten ein sehr vielseitiger Kleber. Sehr bequem durch „Doppelspritzen-Spender-Systeme". Abhängig vom Typ kurze oder lange Montagezeiten, lange Lagerzeit.

Cyanacrylat Kleber - Sekundenkleber

Nur begrenzt verwendbar. Klebt sofort, ist teuer, giftig und entwickelt z. T. stechende Dämpfe. Keine Klebefuge. Verläuft sehr gut. Schlechte Fugenfüllung. Gut geeignet zum Füllen kleinerer Risse, Ankleben von Federn, zum Fixieren von Fäden und punktuelle Reparaturen. Um verklebte Körperteile ohne medizinische Hilfe zu lösen ist es sinnvoll, ein passendes Lösungsmittel zur Hand zu haben.

Resorcinol™

Exzellent zum Verkleben von Bogenteilen im Griffstück. Mittelmäßig fugenfüllend. Verläuft nicht, ist aber 100% wasserfest. Dunkle Klebefuge. Verhältnismäßig billig. Holzfeuchte muss unter 12% liegen. Hoher Anpressdruck nötig, Verarbeitungstemperatur oberhalb von 21 °C, für gerbstoffreiche Hölzer, wie Eiche über 38 °C. Toleriert höhere Temperaturen. Lange Montagezeiten. Kann mit Wasser abgewaschen werden. Ein Jahr lagerfähig.

Weißer Holzleim
Ziemlich gebräuchlich. Kann zum Verleimen von Griffstücken, Backings und anderem verwendet werden. Ist billig und gibt keine Klebefuge. Geruchlos und trocknet schnell. Fließt schlecht. Kurze Montagezeiten. Nicht geeignet für höhere Temperaturen oder Luftfeuchtigkeit. Verarbeitung bei Raumtemperatur oder höher. Lässt sich mit Wasser abwaschen, lange Lagerzeit.

Gelber Tischlerleim
Sehr gebräuchlich. Ist temperaturfester und feuchigkeitsresistenter als weißer Holzleim. Fließt besser als Hautleim. Für Verklebungen im Griffstück besser als Weißleim, die Klebefuge ist schwach bernsteinfarben. Billig, geruchlos und trocknet schnell. Er hat eine kurze Montagezeit, lässt sich mit Wasser abwaschen und hat eine lange Lagerzeit.

Kleber auf Basis von Harnstoffharzen
Stärker bei weniger dichten Hölzern. Wird aus Pulver gemischt und ist hoch wasserfest. Billig, brüchig und schrumpft beim Trocknen. Schlechte Fugenfüllung. Giftiger Staub. Mittlerer Anpressdruck. Holzfeuchte sollte zw. 8 % und 12 % liegen. Verarbeitung bei Raumtemperatur. Erträgt keine hohen Temperaturen, lange Montagezeiten. Lässt sich mit Wasser abwaschen. Lange Lagerzeit.

Polyesterharz - „Fiberglas Kleber"
Schlechte Haftung auf Holz, schrumpft beim Aushärten, wird brüchig und bekommt leicht Risse.

Der Klebe-Test für zu Hause

Dieser Test ist ziemlich grob, aber er erlaubt bei einer Genauigkeit von bis zu 10%, verschiede Kleber und verschiedene Ansätze von tierischen Klebern zu vergleichen. Dieser Test hilft den Prozess der Leimherstellung, Auswahl, Mischung, Anwendung und Fehlerbehandlung zu optimieren.
Wenn es um Tierleime geht sind Gel-Festigkeitstests unter Laborbedingungen zwar aussagekräftig bezüglich der inneren Kohäsionskräfte, aber nicht so geeignet, um festzustellen, wie gut welcher Kleber auf einer gegebenen Oberfläche haftet.

Durch Verwendung realitätsnaher Materialproben gibt dieser Klebetest verlässlichere Aussagen. Für diesen Test wurde Stein- oder Zuckerahorn (*Acer Saccharum*) verwendet, da es nicht ringporig, ziemlich stark und weit verbreitet ist. Die Proben waren in 1" × 1" Quadrate 0,5" dick geschnitten (25 × 25 × 12,5 mm). Es ist wichtig, kurz vor dem Kleben die zu verklebende Fläche mit einem Hobel oder ähnlichem zu bearbeiten. Auf unbearbeiteten „verschmutzten" Holzoberflächen versagt der Kleber ca. 30% früher als auf frischen Oberflächen.

Da es fast unmöglich ist, einzelne 1" Quadrate ohne gerundete Oberflächen zu bekommen, schneidet man erst 1" (2,5 cm) breite Streifen, hobelt den ganzen Streifen und schneidet dann die Quadrate.
Der Kleber wird nach Anleitung vorbereitet und angewendet. Man verklebe beide Quadrate nach Anleitung bei der vorgeschlagenen Temperatur und Druck und lasse den Kleber die vorgeschriebene Zeit trocknen bzw. reagieren.
Überflüssiger Kleber wird abgekratzt oder gefeilt, so dass eine saubere Klebelinie erscheint. Überschüssiger Kleber kann die Messung verfälschen. Dann stemmt man, wie dargestellt, ein quadratisches Loch (1" = 2,5 cm) in ein Hickory- Brett als Basis und eines in einen Hickory-Hebel (10 Minuten Arbeit mit einem angeschliffenen Schraubenzieher).
Die Probe wird in die quadratische Aufnahme eingesetzt, so dass sie an allen 4 Seiten fixiert ist. Wenn sie nur auf 2 Seiten in einem Schraubstock gehalten wird, versagt das Holz bereits bei Klebern mittlerer Stärke.
Eine Seite der quaderförmigen Probe wird in den Sockel des Basisbretts gesetzt, auf die andere Seite kommt der Hickory-Hebel. Der Abstand zwischen Grundplatte und Hebel sollte ca. 1/8" (3 mm), mit der Leimfuge in diesem Bereich, sein. Eine Federwaage wird ca. ½" (1,25 cm) vom Ende des Hebels senkrecht zur Hebelachse angesetzt und gezogen, bis entweder die Klebefuge oder das Holz versagt. Das benötigte Zuggewicht wird abgelesen und notiert.
Die im Folgenden gezeigten relativen Stärken verschiedener synthetischer und natürlicher Kleber wurden mit obigem Testverfahren bestimmt. Die Oberflächen waren sauber präpariert und die Anleitungen wurden sorgfältig befolgt. Wenn notwendig wurden die Oberflächen vorgeleimt. Für jeden Kleber wurden wenigstens 3 Tests durchgeführt.

Leimtest-Apparatur mit Federwaage und Probestückchen.

Kerzenwachs	1 lb.	450 g
Doppelseitiges Klebeband	1 lb.	450 g
Kontakt-Kleber	3 lb.	1,3 kg
Reiner Hüttenkäse, gepresst	4 lb.	1,8 kg
Paste aus Magermilchpulver und Kalk	5 lb.	2,25 kg
Kiefernharz	6 lb.	2,7 kg
Eis	9 lb.	4,1 kg
Duco™ „Flugzeugkleber“	10 lb.	45 kg
Quark mit Kalk	16 lb.	7,2 kg
Handelsübliches Kasein	18 lb.	8,1 kg
Harnstoff-Harz-Kleber	18 lb.	8,1 kg
Hüttenkäse mit Kalk	20 lb.	9 kg
Epoxy Kitt	23 lb.	10,4 kg
Resorcinol™	25 lb.	11,3 kg
Weißleim, auf unbehandelten Oberflächen	25 lb.	11,3 kg
Epoxy Kleber, „Five-minute“™	28 lb.	12,6 kg
Cyanacrylat, „Slow-Ga.p“™	30 lb.	13,5 kg
Fischleim	33 lb	14,9 kg
Kaninchenhaut Leinwandgrundierung	34 lb.	15,3 kg
Weißleim auf vorbereiteter Holzoberfläche	35 lb.	15,8 kg
Flüssiger Hautleim	35 lb.	15,8 kg
Sehnenleim	36 lb.	16,2 kg
Knochenleim (verkauft als Hautleim)	36 lb.	16,2 kg
Gelber Tischlerleim	38 lb.	17,1 kg
Hautleim	38 lb.	17,1 kg
Cyanacrylat: „Zap-Gap“™	40 lb.	18 kg
Fischblasenleim	40 lb.	18 kg
Knox™ Gelatine	42 lb.	19 kg
Epoxy „Two-Ton“™	44 lb.	19,9 kg

Da das Ahornholz der Proben oberhalb von etwa 36 lb. selbst versagt, sind die Festigkeitswerte der stärksten Kleber relativ wenig verlässlich.

Zu Beginn des 20. Jahrhunderts wurden gespleißte Bogenstäbe in der Regel mit Kaseinleim verklebt. Da nur von wenigen Fehlern berichtet wurde, kann man annehmen (auf Basis des hier beschriebenen Tests), dass eine Bruchfestigkeit von 20 lb. ausreichend ist, um zwei Bogenstücke im Griff zu verleimen.

8 Übersetzt von Axel Küster

Spleiß-Verbindungen

John Strunk

Es gibt etliche Arten und Möglichkeiten, wie man halbe Bogenrohlinge zusammenfügen kann. Ich habe viele unterschiedliche Arten von Spleißen gesehen, und obwohl alle mehr oder weniger gehalten haben, haben manche mehr Holz-zu-Holz Kontakt gehabt als andere und waren deshalb belastbarer. Logischerweise erreicht man um so stärkere Verbindung, je mehr Kontaktfläche man hat.

Früher war ein zusammengeleimter Bogen nicht so erstrebenswert wie ein einteiliger, weil die Hautleime, die damals verwendet wurden, um die beiden Teile zu leimen, zwar stark waren, aber nicht wasserfest.
Es gibt viele Geschichten von Bogenschützen in den 1920ern, die Hautleim verwendet haben um ihre Bögen zu leimen. An feuchten Tagen fielen diese Bögen einfach an den Verbindungsstellen auseinander. Man konnte die Schützen beobachten, wie sie mit den beiden Bogenteilen unter den Armen zu ihren Fahrzeugen zurückgingen. Natürlich hatten sie Ersatzbögen mit, so dass sie weiterschießen konnten. Der auseinander gegangene Bogen wurde dann daheim kurzerhand wieder zusammengeleimt.
Eine andere Geschichte erzählt uns von Bogenschützen, die Handschuhe tragen mussten, damit ihr Schweiß nicht den Hautleim aufweiche. Noch einmal, Hautleim ist recht stark, aber eben nicht wasserfest.

Ein großer Vorteil eines zusammengesetzten Bogens ist, dass es einfacher ist, zwei 40" (1m) Stücke ohne Äste und andere Fehler aus einem Stamm zu bekommen, als ein sauberes, gerades 72" (183 cm) Stück. Eine andere Sache ist, dass ein Stamm mit 50 kg leichter zu handhaben ist als einer mit 100 kg. Wenn man Holz zusammenleimt, kann man auch einen gebrochenen Wurfarm ersetzen und so einen zerstörten Bogen wieder instand setzen. Mein erster schießbarer Langbogen bestand aus den jeweils noch guten beiden Hälften meiner beiden ersten Fehlschläge.

Ein weiterer Vorteil ist, dass man zwei vom Holz her zusammenpassende Wurfarme hat. Das ist insbesondere von Bedeutung, wenn man einen sogenannten 'Schlangenbogen' oder eben einen Bogen mit vielen Krümmungen hat. Es erlaubt einem auch, eine gewisse Vorspannung in die Wurfarme einzubauen. Bei Osage oder einem der weißen Hölzer sollte man zuerst die Rücken der beiden halben Stäbe auf einen einzigen Jahresring herunterarbeiten, bevor man sie zusammenfügt.

Wie man eine Spleißverbindung macht

Es gibt verschiedene Arten, ein Paar halbe Rohlinge zusammenzufügen. Hier kommt eine Methode, die sich gut für den angehenden Bogenbauer eignet. Es ist aber festzuhalten, dass nur die 'Z'-förmige Verbindung mit dieser Methode richtig funktioniert, weil sie die einzige ist, bei der die beiden Enden völlig gleich sind.

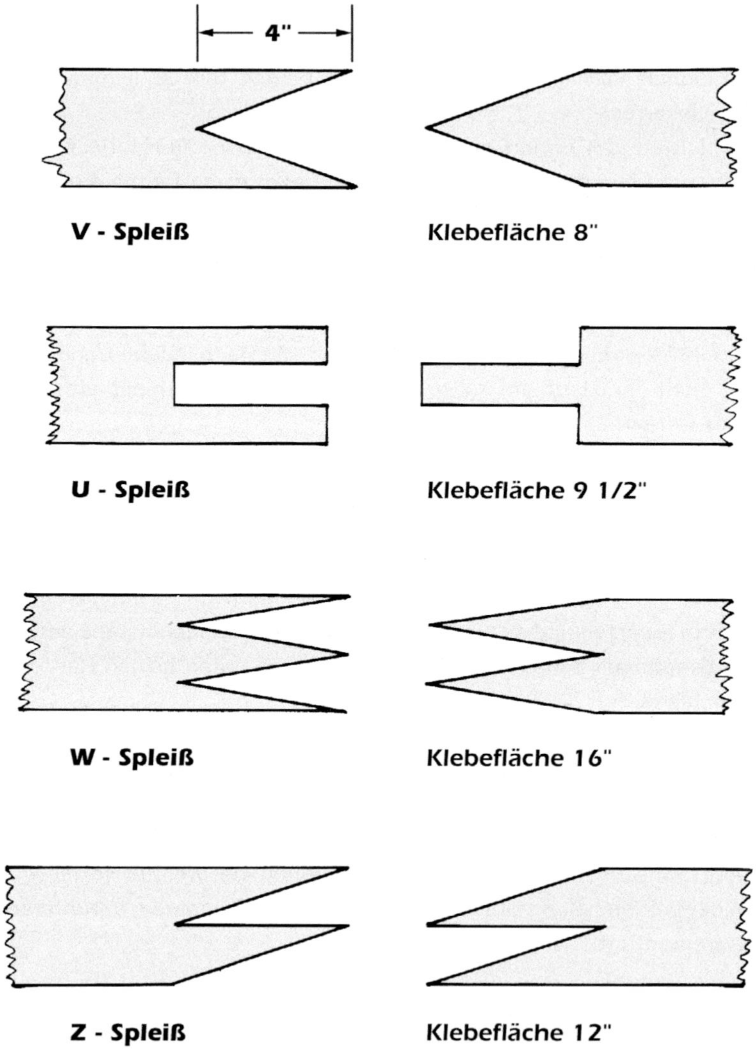

Verschiedene Arten von Holzverbindungen, bei denen man die Klebeflächen im Vergleich sieht.

Stutze die halben Rohlinge an den Enden, um alle kleinen Trockenrisse zu entfernen, und schneide sie auf ca. 38" (96,5 cm) Länge. Mit 2 Stäben dieser Länge erhältst du nach dem Leimen einen Bogenrohling von 72" (183 cm). Wenn du meinst, dass der Rohling zu lang ist kannst du ihn ja später noch immer kürzen.
Jetzt zeichne eine Mittellinie auf den Rücken jedes Rohlings und ziehe diese weiter über die Enden bis auf die Bauchseite. Mache es so wie auf der Zeichnung und für jeden der beiden halben Rohlinge.

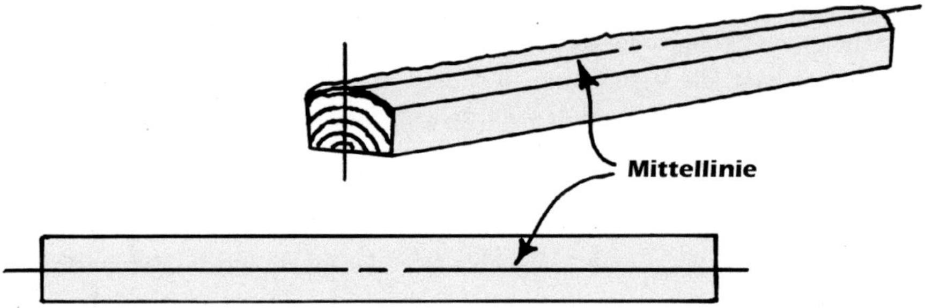

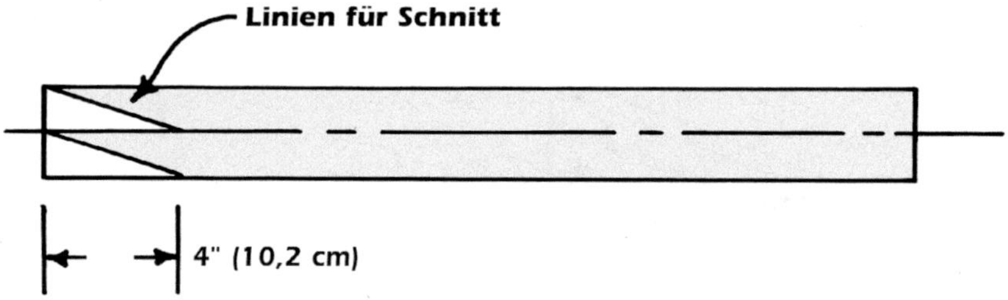

Z-Spleiß auf den oberen Halbrohling aufgezeichnet.

Nun schaue sie dir an und bestimme die Enden für den Griff. Jedes Ende, das eine natürliche Biegung zum Splintholz aufwärts hat, wäre für mich das Wurfarmende meiner Wahl.
Miss 4" (10 cm) von den griffseitigen Enden und zeichne die Verbindung an (wie in der Zeichnung). Ich zeichne dies nur auf einem einzigen Halbrohling an. Nun lege diesen auf den anderen und befestige die beiden aufeinander mit einer Schraubzwinge oder mit Klebeband.

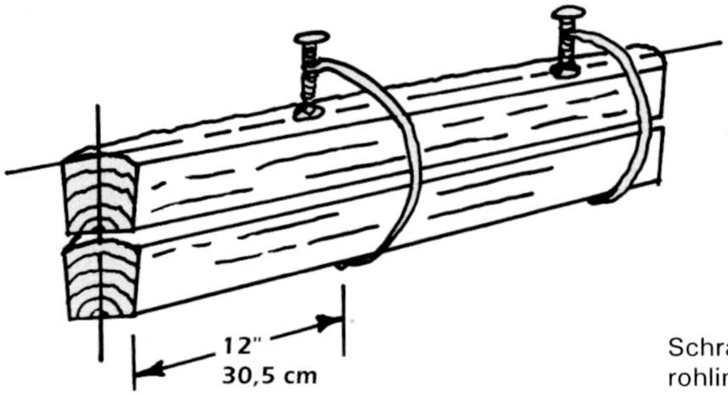

Schraubzwingen halten die beiden Halbrohlinge zum Sägen zusammen.

Stelle sicher, dass Zwinge oder Band etwa 12" (30 cm) von der Verbindungsstelle weg sind, damit du Platz hast, die Verbindung zu sägen. Anmerkung: Die halben Rohlinge müssen Bauch zu Rücken zusammengehalten werden, so wie in der Zeichnung gezeigt. Nun bist du soweit, den Umriss der Verbindung auszusägen.

Ich mache das mit einer Bandsäge, aber natürlich kann man das auch mit einer scharfen Handsäge machen. Man kann die Halbrohlinge auch einzeln sägen. Wenn du mit dem Sägen fertig bist, kannst du die beiden Teile schleifen oder feilen, bis der Sitz perfekt ist. Da ich sehr viele Spleiß-Verbindungen mache, habe ich mir eine Einspannvorrichtung ausgedacht, die gut zu meiner Bandsäge passt. Mit diesem Plan kann man diese Vorrichtung an jede Bandsäge anpassen, die einen Gehrungsschlitz in der Mitte hat. Wenn du aber nur weinige Rohlinge sägst, zahlt sich diese Arbeit nicht aus.

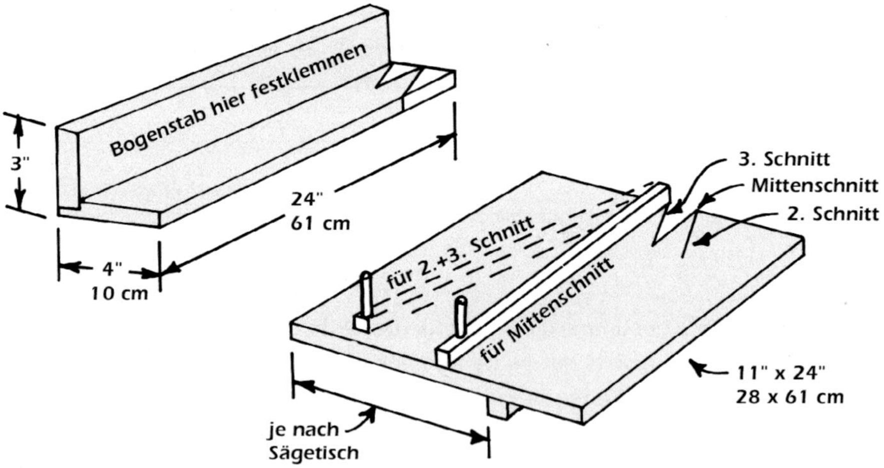

Ein Halter für halbe Rohlinge für die Bandsäge.

Nachdem die Verbindungsschnitte gemacht wurden, sorgen ein paar Striche mit dem Hobel für ein gutes Zusammenpassen der Teile. Das Hobeln ist nur an der Außenseite der Schrägflächen jedes Teiles nötig.
Wenn irgendeine andere Verbindungsart als die Z-Verbindung benützt wird, müssen die unterschiedlichen Umrisse auf die jeweiligen Halbrohlinge gezeichnet werden und dann einzeln mit Band- oder Handsäge gesägt werden.
Achte darauf, dass die beiden Mittellinien fluchten, wenn du den Sitz der Verbindung probierst. Wenn die Verbindung wegen schlampiger Schnitte Spalten aufweist, mache dünne Unterlegstücke und passe sie in die Spalten ein. Das geht recht gut und ergibt einen Holz zu Holz-Kontakt.
Versuche nicht, die Spalten mit Leim aufzufüllen, das wird brüchig und wird dir später Sorgen bereiten. Ein anderer Trick besteht darin, die Enden 5–10 Minuten in Wasser einzuweichen und sie dann fest ineinander zu pressen. Die Feuchtigkeit lässt das Holz aufquellen und veranlasst die Passung, sich zu schließen. Aber Achtung: Du musst das Holz dann ein paar Tage trocken lassen, bevor du es leimen kannst.

Das Leimen der Verbindung

Die möglicherweise besten Leime für eine Holzverbindung sind Urac185™, Weldwood Resorcinol™ oder ein warm aushärtender Epoxykleber. Resorcinol™ war schon fast das ganze letzte Jahrhundert erhältlich und wurde in erster Linie zum Instandsetzen von Holzbooten verwendet. Er hat einen typischen dunkelvioletten Farbton, den man in vielen alten Bögen erkennen kann.
Halte immer die Gebrauchsanweisung des Klebstoffherstellers genau ein, sonst kann die Klebestelle versagen, und auch du marschierst mit deinem Bogen unter dem Arm zum Fahrzeug zurück. Ich ziehe es vor, einen 12-Stunden-Epoxykleber für die Klebeverbindung zu verwenden. Ein weiterer Tipp ist, die zu verklebenden Enden vorher in Azeton einzutauchen, um alle Öle und Fette des Holzes zu entfernen, die die Festigkeit der Klebung beeinträchtigen könnten.

Fertige Z-Verbindung.

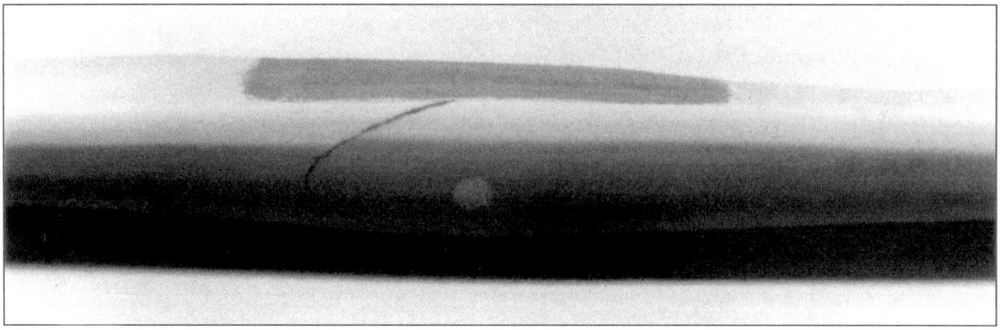

Verbindung mit einem Holzstäbchen, das in ein seitliches Loch geleimt wurde.

Wenn die Teile gut zusammenpassen, trage den Kleber auf und schiebe sie zusammen bis ein satter Sitz erreicht ist. Bohre von einer Seite zur anderen ein ¼" (6 mm) Loch durch die Verbindung. Setze einen ¼" (6 mm) Dübel in dieses Loch ein, um die beiden Teile am auseinander rutschen zu hindern, während sie von den Schraubzwingen gehalten werden. Jetzt drehe die Schraubzwingen fest zu, so dass sie die Verbindung ordentlich halten. Einige dünne Kartonstreifen sollten zwischen die Schraubzwingen und das Bogenholz gesetzt werden, um ein Zusammenkleben zu verhindern.

Nun richte eine Lampe darauf, um die Verbindung zu erwärmen, oder stecke den Rohling in eine Wärmekiste und lasse den Kleber über Nacht bei ca. 50 °C aushärten.

Die Verbindung ist nun fertig und du kannst mit deinem Bogen weitermachen, als wäre der Rohling aus einem Stück.

Der Sehnenbelag

Jim Hamm

Habt ihr kürzlich versucht ein Telefongespräch zu führen und wieder einmal die Stimme vom Band gehört: „Alle Leitungen belegt!“, so muss ich wohl ein Geständnis machen. Das liegt wahrscheinlich an den langanhaltenden Gesprächen eurer treuen Autoren von Texas nach Kalifornien nach Alaska, Ohio oder Oregon und vielen Zwischenstationen. Diese drehen sich alle nur um die Eignung verschiedenster Hölzer zum Bogenbau und um Myriaden verschiedener Bogendesigns. Theorien und Gegentheorien flattern wild und rasendschnell umher, obgleich wir, wie meine Frau entgegenhält, lieber diskutieren sollten, wie viele Bögen auf einem Stecknadelkopf tanzen können.

Einige der Hauptgesprächsthemen ranken sich um die Vorzüge sehnenbelegter Bögen. Jay Massey, ein Mann mit weitreichenden praktischen Erfahrungen unter Jagdbedingungen, versieht seine Bögen immer mit einem Sehnenbacking. Paul Comstock, wiederum ein perfekter Jäger, macht dieses fast nie. Der Rest von uns folgt dem einen oder anderen Weg, abhängig von unserem letzten toxophilischen Erfolg (oder Misserfolg).

Der Grund dafür sind die vielen Pros und Contras des Sehnenbelages. Es ist schwer gegen Sehne zu argumentieren, denn werden einige Spielregeln in Zusammenhang mit ihr eingehalten, ist Sehne ein unglaubliches Material. Die durch das Schrumpfen der Sehne während des Trockenvorganges auf den Bogen übertragende Spannung reduziert oder eliminiert das „Stringfollow“ des Bogens. Wie bereits im Kapitel über die Leistung beschrieben, ist „Stringfollow“ der Erzfeind der Pfeilgeschwindigkeit. Einige meinen „Stringfollow“ lässt den Bogen sanfter schießen, aber wenn du in erster Linie an einem schnellen Bogen interessiert bist, kann Sehne eine der Antworten hierauf sein.

Bei hochempfindlichen, gestressten Static-Recurves oder Hornbögen ist die elastische Sehne unentbehrlich um ein Brechen des Bogens zu verhindern. Die oberen 10% des Rückens mit dem Sehnenbelag übernehmen 50% der Entlastung des Holzes und erlauben es, den Bogen ohne Gefahr weiter auszuziehen. Ein Sehnenbacking macht einen Bogen fast unzerbrechlich, ebenso bewahrt es einen Bogen, mit sich fatal abhebenden Splittern zu brechen. Die Kombination der Sehnenfasern und des Hautleims halten den Bogenrücken zusammen und verhindern es, einen Splitter in einen Bogenbruch zu erweitern.
Die Vorteile der Sehne sind klar, sie erlauben es dem Bogenbauer, kürzere, hochgestresste Bögen, die praktisch unverwundbar sind, herzustellen. Das schließt jedoch nicht aus, dass schlecht getillerte Bögen trotz Sehne brechen können.

Unglücklicherweise sind die Nachteile der Sehne genauso klar.
Bei Bögen die länger als 64" (1,63 m) bei einer Auszugslänge von 28" (71 cm) sind, verliert Sehne ihre Wirkung. Je länger der Bogen ist, desto weniger wird er gestresst und macht dabei das Dehnungsvermögen der Sehne weniger offensichtlich. Tatsache ist, dass Sehne

und Hautleim schwerer als Holz sind und sich deshalb, ab einer bestimmten Bogenlänge, wegen der zunehmenden Masse negativ auswirken.
Außerdem neigt ein langer, gut proportionierter, getillerter Bogen ohnehin nicht zum Bruch. Abgesehen hiervon, ist der Arbeitsaufwand gewöhnlich doppelt so groß wie für einen unbelegten Bogen. Außerdem ist es für einige Bogenbauer schwierig oder unmöglich, Sehne und Hautleim zu bekommen.
Der größte Negativpunkt ist jedoch die Wasserempfindlichkeit des Leims. Ist der Bogen Wasser oder längere Zeit Nebel oder feuchtem Wetter ausgesetzt, zieht die Sehne Wasser und die Leistung lässt nach, die Sehne dehnt sich und der Bogen kann sogar brechen. Dieses ist aber wohl doch ein lösbares Problem, denn Jay Massey benutzt in den unbeschreiblichen Wetterverhältnissen Alaskas seinen belegten Bogen. Es ist jedoch sehr nützlich zu wissen, wie Sehne verarbeitet wird, selbst wenn man nicht vorhat, einen klassischen sehnenbelegten Kurzbogen zu machen. Aber mit dieser Technik kann man auch einen längeren Lieblingsbogen retten, bei dem sich ein lebensbedrohlicher Span vom Rücken abhebt.

Vorbereiten der Sehne

Jedes Tier hat Sehnen. Die von Antilopen oder Hirscharten eignen sich am besten. Pferde- und Rindersehnen funktionieren genauso, obgleich ich Wildtiersehnen von Wapiti, Elch oder Büffel bevorzuge, denn die Dehnbarkeit und Leistung erscheint mir hierbei besser. Ein mit Büffel- oder Wapitisehnen belegter Bogen hat zweifellos größere „Medizin", obwohl dieses schwerer zu prüfen ist.

Sehnen liefern in erster Linie zwei Körperzonen. Die erste ist das **Bein**, mit der Achillessehne, die vom Fußgelenk bis zum Knie verläuft. Die Hinterlaufsehnen sind dabei etwas länger als die des Vorderlaufes. Rotwildsehnen sind ca. 8–10" (20–25 cm) lang, währenddessen die von größeren Tieren 10–14" (25–35 cm) lang sind. Die meisten Schlachtereien entfernen die Beine und entsorgen sie. Ein freundlicher Schlachter wird gerne Zugang zu diesen Abfällen gewähren und ein Fass davon wird, nach ein paar Stunden Arbeit Hunderte von Sehnen liefern. Einfach mit einem Messer zwischen Sehnen und Knochen einstechen, die Haut aufschneiden, die Enden an Fuß- und Kniegelenk abschneiden. Vorsicht ist geboten, um möglichst viel von der Sehne herauszulösen, speziell am Fußgelenk wo sie sich „Y"- förmig teilt. Mit etwas Erfahrung erledigt man diese Arbeit in ca. 30 Sekunden.

Die ausgelösten Sehnen werden, ohne sich gegenseitig zu berühren, auf einer ebenen Fläche getrocknet und nach 1–2 Tagen umgedreht, um sicher zu sein, dass sie vollständig trocken sind. Dabei sollte man sie vor Hunden und anderen Räubern schützen. Steve Allely teilt die frischen Sehnen mit einem stumpfen Messer in kleine Stränge, um sie schneller zu trocknen und um beim späteren Klopfen und Auffasern Zeit zu sparen.
Die vollständig getrockneten Sehnen sehen bernsteinfarben aus und können gelagert oder zu Fasern weiterverarbeitet werden. Mehr dazu später.

Hinterbein vom Weißwedelhirsch.

Die weggeschnittene Haut zeigt die Sehne auf der Hinterseite des Beines.

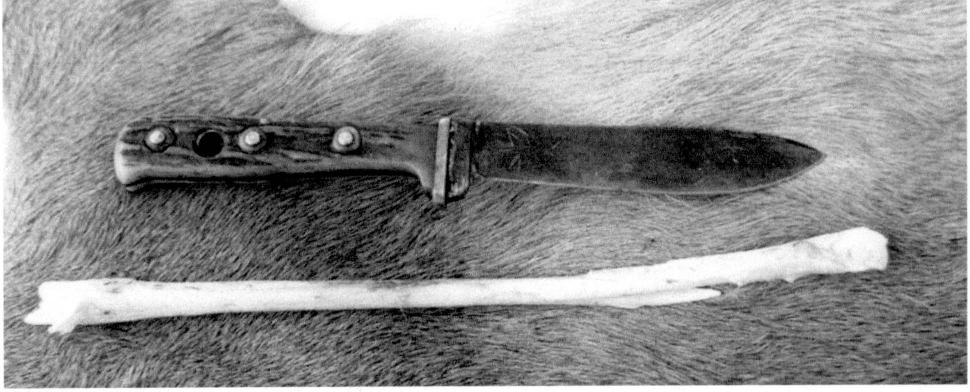

Frische Beinsehne.

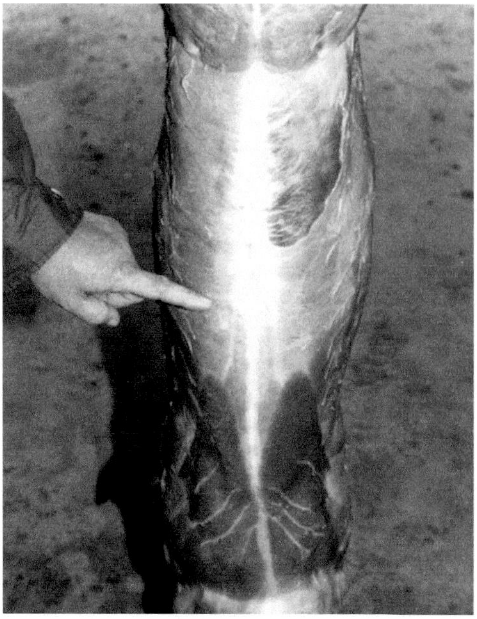

Die Rückensehne beim Weißwedelhirsch.

Sehne kann auch aus dem Bereich der **Rückenmuskulatur** gewonnen werden. Nachdem die Haut abgezogen ist, sieht man zu beiden Seiten der Wirbelsäule die beiden, silberfarbigen Rücken- oder Lendensehnen. Im Vergleich zur daumendicken Beinsehne ist sie breit, flach und lang. Sie wird im Nackenbereich losgeschnitten, vorsichtig vom darunter liegendem Fleisch bis in den Beckenbereich gezogen und freigeschnitten. Rothirschsehnen sind zwischen 12–15" (30–33 cm) lang, bei größeren Tieren, wie zum Beispiel Wapitis bis 18" (46 cm) und länger. Die entfernte Sehne muss nun von allen Fleischresten befreit werden. Am einfachsten geschieht dieses auf einem flachen Brett, indem man mit der rechtwinklig gehaltenen Messerklinge das Fleisch abschabt. Dieses hat beidseitig zu geschehen, da die Fleischreste sonst ranzig werden.

Alle Fleisch- oder Fettreste werden von der Rückensehne abgeschabt.

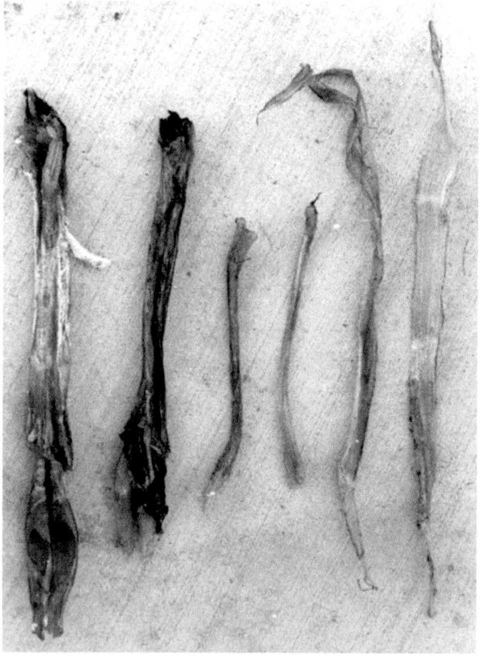

Getrocknete Sehnen
Links: 2 Sehnen vom Wapitibein, Mitte: Beinsehne und rechts: Rückensehne vom Weißwedelhirsch.

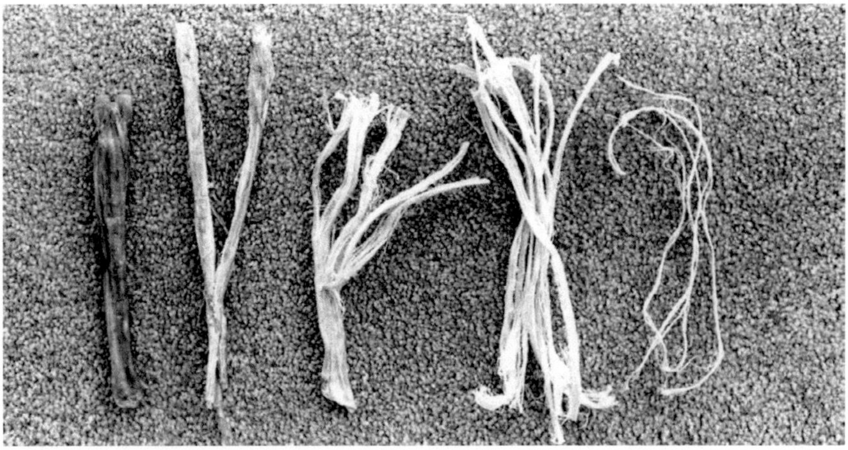

Bearbeitungsprozess bei Beinsehnen, von links:
getrocknete Sehne, von äußerer Hülle befreit, innere Sehne wird aufgefasert, in etwa 8 einzelne Stränge aufgeteilt, und endgültige Fadenstärke.

Man kann Rückensehnen für den Belag verwenden, aber auch zur Herstellung von Bogensehnen und Befestigen von Federn oder Pfeilspitzen ist sie zu gebrauchen. Dann sollte man sie jedoch einfrieren. Nach dem Auftauen ist sie dann wie frische Sehne, leicht klebrig und sehr dehnbar. In diesem Zustand kann man dann sehr sauber Federn an Pfeilschäfte wickeln oder stärkere, feinere Bogensehnen damit machen.
In gewissem Maße hat auch getrocknete Rückensehne diese Qualität, ist jedoch nicht mit frischer oder gefrorener Sehne zu vergleichen. Falls sie jedoch als Backing verarbeitet wird, so verfahre man wie mit der Beinsehne (durch trocknen lassen und lagern).

Um getrocknete Sehne als Backing zu verwenden, muss sie aufgefasert werden, dazu klopft man sie mit dem Hammer, um die äußere Hülle zu lösen. Auch diese Hülle besteht aus Sehne, es ist jedoch äußerst schwer, diese aufzufasern. Hat man jedoch genügend Sehnenmaterial, kann man sich diese Arbeit ersparen. Das Innere der Hülle ist bei Wapitis etwa so stark wie der kleine Finger und wird mit dem Hammer solange bearbeitet, bis sich die Fasern voneinander trennen. Ich benutze einen zwei Pound schweren Hammer (ca. 910 g) und ein Stück Eisenbahnschiene als Amboss, jedoch funktioniert auch ein Stein als Hammer und ein glattes Hartholzstück, obwohl das mehr Anstrengung erfordert. Ebenso kann auch ein Holzhammer und ein Steinamboss verwendet werden. Was auch immer zu diesem Zweck benutzt wird, es muss vorsichtig gearbeitet werden, um mit der Kante des Hammers die Sehnenstränge nicht zu durchtrennen.
Nun trennt man die Fasern voneinander. Manchmal kann man den Strang in zwei Hälften teilen, meistens muss man aber kleinere Stücke vom Hauptstrang abziehen. Sehne ist zähes Material, die Fasern sind fest miteinander verbunden, da sind zwei große Zangen in dieser Anfangsphase sehr hilfreich. In diesem Stadium teilt man das Hauptbündel in 6–8 Stränge.

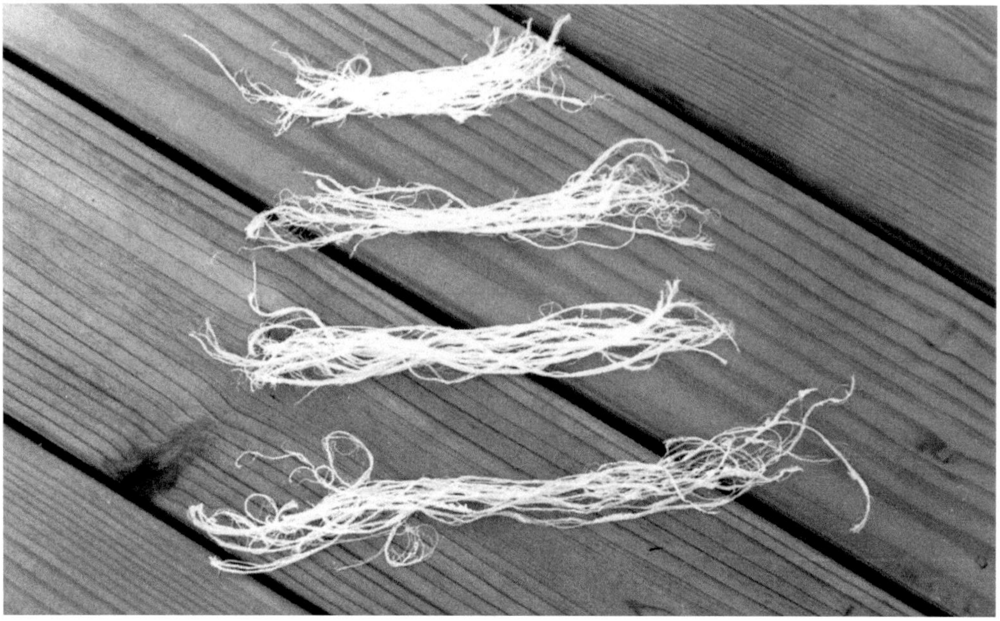

Wie viele Sehnen braucht man, um ein Backing herzustellen? Es hängt von Länge und Breite des Bogens und der Stärke des Belages ab. Für einen durchschnittlichen Bogen reichen drei bis vier Wapiti-Beinsehnen, bzw. ca. acht Rothirschsehnen aus.
Es ist besser, zu viel als zu wenig Sehne zu haben, deswegen mache ich immer ein paar mehr fertig. Ich persönlich verarbeite alle Sehnen auf einmal während des Belegeprozesses.

Die Stärke der Fasern wird jetzt auf Bindfadenstärke reduziert. Bisonsehne ist viel weicher und einfacher zu trennen als die steiferen, drahtigeren Wapiti- und Rothirschsehnen. Je feiner die Fasern sind, desto ordentlicher wird das Endergebnis.
Wenn eine Schlangenhaut den Sehnenbelag abdeckt oder Aussehen nicht wichtig ist können längere Sehnenstränge verwendet werden, das spart viel Zeit. Die Funktion scheint nicht durch die Länge der Sehne beeinträchtigt zu werden, nur das spätere Aussehen.
Die Fasern werden nach der Länge sortiert, wobei ich gewöhnlich drei bis vier verschiedene Längen auf einmal verarbeite. Jetzt bündelst du zehn bis fünfzehn Faserstränge zu einem und legst jeweils ein solches Bündel zwischen die Seiten einer Zeitschrift. Das hilft die verschiedenen Längen voneinander zu trennen und bewahrt sie vor dem verknoten. Nicht nur auf lange Bündel konzentrieren, die zwar schnell Flächen bedecken, auch einige kürzere Bündel sind wichtig, um die Enden und Seiten auszufüllen.

Das Separieren der Fasern ist ein langweiliger, zeitintensiver Job, der vier bis acht Stunden für einen Bogenbelag verschlingt. Auf halber Strecke stellst du dir vielleicht die Frage, welcher Teufel dich geritten hat, einen Holzbogen oder speziell einen mit Sehnenbacking zu bauen.

War doch alles okay mit dem Compound oder deinem zuverlässigen, alten 30–06. Aber nicht verzweifeln, je mehr Sorgfalt in dieser Phase aufgewendet wird, desto feiner das Resultat. Wenn du dann den ersten Pfeil von deinem, mit deinen Händen geschaffenen, Bogen abschießt, verstehst du, vielleicht zum ersten Mal, warum du solche Strapazen durchgemacht hast.
Rückensehne aufzufasern ist fast mit dem Prozess der Beinsehnen gleichzusetzen. Es gibt jedoch ein paar Unterschiede. Zum einen kann die Rückensehne ohne zu hämmern und mit weniger Anstrengung, von Hand zerfasert werden. Aber bedenke, du brauchst viel mehr Rücken- als Beinsehnen, etwa fünfzehn bis zwanzig Stück, für einen durchschnittlichen Bogen.
Beschleunigt werden kann der Vorgang durch einen selbstgefertigten **Kamm**. Er besteht aus kurzen Nägeln, die durch ein Brett geschlagen werden. Die ganze Rückensehne wird zwischen den Händen gerieben, bis die Fasern sich trennen, dann ein Ende fassen, die Sehne auf die Nägel legen, mit der anderen Hand davor festhalten, und das Sehnenstück wiederholt über die Spitzen der Nägel ziehen. Die Fasern werden fein ausgekämmt, und haben noch am Ende der Sehne einen Zusammenhalt. Die Sehne so belassen, denn so verwirren sich die Fäden nicht, bis sie benötigt werden.

Für diesen „Kamm" treibt man scharfe Nägel durch eine dünne Latte.

Die Sehne in Leim tauchen, das „feste" Ende abschneiden und auflegen. Das Zerfasern der Rückensehne geht viel schneller als das einer Beinsehne. Jedoch wird der letztendliche Zeitaufwand in etwa gleich sein, denn es müssen ja viel mehr Rücken- als Beinsehnen vom Tier entfernt und verarbeitet werden. Jedoch ist es aufgrund moderner Schlachtmethoden, wobei die Rückensehne durchtrennt wird, schwer genug, Material zu beschaffen.
Ist die Vorbereitung der Bein- oder Rückensehne abgeschlossen, können sie bis zur Weiterverarbeitung unbegrenzt lange aufbewahrt werden.

Die Sehne wird durch die Nagelspitzen gezogen.

„Gekämmte" Sehne, fertig zum Belegen.

Vorbereiten des Bogens

Der Bogenrücken, vorzugsweise mit einem herausgearbeitetem Jahresring, muss vorbereitet werden, um Sehne und Kleber eine Oberfläche zu bieten, auf der sie gut haften. Der Rücken wird vorsichtig mit einem rechtwinklig zur Längsrichtung gezogenem, neuen Sägeblatt geschabt, ohne eine Sägebewegung zu machen. Die gesamte Länge wird, ohne tiefe Riefen zu hinterlassen, aufgeraut.
Manche rauen den Rücken gar nicht auf, sondern legen die Sehnen direkt auf die geglättete Oberfläche. Basierend auf den Ausführungen im Leimkapitel, kann das eine gute Methode sein, und man behält einen intakten Jahresring. Ich habe festgestellt, wenn ich die getrocknete Sehne vom Bogen entfernen musste, kamen Holz und Sehne hoch. Somit ist der Hautleim nicht das schwache Glied in der Kette.

Ob aufgeraut oder glatt, der Bogenrücken muss unbedingt entfettet werden. Hölzer wie Osage oder Zeder beinhalten ein öliges Harz, welches vor Zerfall schützt. Aber auch andere Hölzer können durch schmierige Hände, Staub und Fett, verunreinigt sein. Also, egal welches Holz verwendet wird, Entfetten ist ein Muss. Eine schlecht vorbereitete Oberfläche ist hauptverantwortlich für Klebefehler.
Früher wurde eine Lauge aus Hartholzasche und Wasser zum Entfetten und Säubern des Bogenrückens genommen. Heute kann Lauge in Form von Abflussreiniger in Kristallform genommen werden. Eine Mixtur aus vier Teilen Wasser und einem Teil Reiniger wird auf den Bogenrücken gepinselt. Es ist unbedingt zu vermeiden, die wie Säure brennende Lauge in die Augen oder auf die Haut zu bekommen.
Auch das Reinigen mit Naphta-Seife (Kernseife) wirkt. John Strunk hat auch Aceton erfolgreich hierfür angewendet. Egal, welches Mittel man wählt, nach dem Waschen muss der Bogen mit kochendem Wasser abgespült werden, woraufhin Rücken und Bauch ordentlich trocknen sollen.

Das Belegen eines Bogens beginnt immer mit dem Kleber, in diesem Fall mit Hautleim. In einem vorangegangenen Kapitel wurden die Eigenschaften und die Herstellung des Leims beschrieben. Ich möchte nur hinzufügen, dass jede Güteklasse die Sehne auf dem Bogen haften lässt, je besser jedoch die Klasse oder Kraft des Klebers, desto besser die Haftung und Leistungsfähigkeit der Sehne. Flüssiger Hautleim kann nicht benutzt werden, da er niemals durchtrocknet.

Das Leimgranulat (ca. 225 g für einen Bogen) wird mit genügend kaltem Wasser überdeckt und muss für eine halbe Stunde ziehen. Dann wird der Mix auf einem „Doppelkochtopf" auf ca. 60–68 °C erhitzt und solange heißes Wasser hinzugefügt, bis der Leim sich aufgelöst hat.

Werkbank mit zum Belegen vorbereitetem Bogen, Sehnenbündeln verschiedener Längen und „Doppelkochtopf" für den Leim.

Die Konsistenz sollte die von dünnem Sirup haben. Dann wird die Temperatur auf 42–50 °C herab gesetzt oder gerade so warm, dass der Leim ohne Schmerzen berührt werden kann.

Nachdem der Bogen trocken ist, wird heißer Leim auf den Rücken aufgepinselt und an der Luft getrocknet. Diese Grundierung ist einfach aber wichtig. Ohne diesen Schritt würden die Holzporen den Leim aus der aufgelegten Sehne aufsaugen und keine erfolgreiche Verleimung vom Holz und Belag zulassen, welches wiederum Bluthochdruck wegen eines gebrochenen Bogens hervorruft. Die Poren und Unebenheiten werden durch Leim ausgeglichen und geben der Sehne Halt auf dem Holz. Du kannst den Stresslevel in deinem Leben niedrig halten, einfach indem du den Bogenrücken grundierst.

Nach dem Trocknen des Leims kann die Sehne verarbeitet werden.

Auflegen der Sehne

Ich bevorzuge es, alle benötigten Sachen für diese Arbeit sauber geordnet vor mir liegen zu haben. Den Bogen in einer sicheren Position und, wenn nötig, auf zwei kleinen Klötzen, den doppelten Topf für den Leim – ideal mit regelbarer Heizplatte oder Thermostat (deine Frau wird ihr Geschirr dafür wohl ausleihen, solange sie keinen Wind davon bekommt, wofür du es benutzt). Lege einige Dutzend Sehnenbündel verschiedener Längen bereit, zusammen mit einer isolierten Tasse heißen Wassers und einem Rührstock. Lasse diesen in der Tasse, so kann sich kein Leim daran absetzen. Zum Glätten der Sehne brauchst du noch ein Stäbchen aus Metall, Knochen oder Holz.

Beginne damit, eines der längeren Sehnenbündel in den Leim zu tauchen, wende es und sättige die Fäden komplett mit Leim. Wenn nach zwanzig bis dreißig Sekunden das Bündel vollgesogen ist, quetsche mit den Fingern der freien Hand den überschüssigen Leim leicht aus, wobei du gleichzeitig die Sehne glättest und gerade ziehst. Besonders bei der ersten Schicht ist darauf zu achten, nicht zu viel Leim herauszudrücken, um eine ordnungsgemäße Haftung am Bogen zu erzielen.

Lege das Bündel der Länge nach über der Bogenmitte aus. Fasse es mit beiden Händen in der Mitte an und strecke die Sehne durch Aufpressen auf das Holz, während du gleichzeitig mit den Fingern die Sehne nach beiden Seiten ausstreichst. Dabei immer von der Mitte aus zu den Enden hinarbeiten, das streckt die Sehne und bewahrt die Enden davor, sich abzulösen. Es ist wichtig, dass sich die Enden nicht aufstellen, um ein Maximum der Sehnenlänge zu haben.

Jetzt mit dem Streichwerkzeug die Sehne flach und glatt streichen und dabei nach wie vor von der Mitte ausgehen. Danach stellst du das Stöckchen wieder in die Tasse, um es vor Leimaufbau zu schützen, und beginnst mit einem neuen Bund, welches dann am Ende des ersten angelegt wird. Die Bündel sind ausgestrichen ca. ¾" breit (ca. 19 mm). Mache damit weiter, bis ein durchgehender Streifen auf der Bogenmitte liegt. Die kürzeren Bündel finden so am Ende der Wurfarme ihren Platz. An den Tips überhängende Sehne einfach auf den Bauch hinüberlegen.

Jetzt werden die Bündel neben der Mittelsehne aufgelegt und zwar in Form eines Ziegelmauerwerks, wobei die Seiten in die Seiten der Mittellinie sanft übergehen. Auch diese Sehnenreihe verläuft von Ende zu Ende oder bis sie die Verschmälerung am Rande des Tips oder des Griffbereichs erreicht. Die Spleißzonen sollen nie auf einer Ebene verlaufen, sondern versetzt wie Ziegelsteine in einer Mauer. Das ist wahrlich natürliches Fiberglas. Ein sauberes Auflegen der Sehne ergibt ein solides Geflecht ohne Schwachstellen. So wird der ganze Rücken belegt, und die Sehne überlappt auch an den Seiten. Dieses verhindert die Splitterbildung, die an den Kanten auftreten kann.

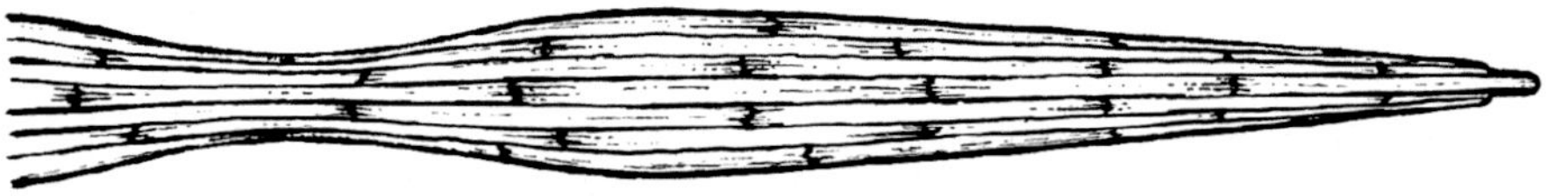

Die Übergänge der Bündel werden wie Ziegel versetzt.

Nachdem die erste Schicht aufliegt, ein paar Gedanken am Rande. Einige Bogner meinen, jede Sehnenschicht müsse (teils mehrere Wochen) komplett durchtrocknen, bevor die nächste Lage kommt. Ich habe es ausprobiert und kann keine Vorteile dabei finden. Alle Schichten auf einmal zu machen, ist viel zeitsparender und ebenso effektiv.
Einige beharren darauf, und haben darüber geschrieben, sehr lange Sehnen nur in feuchter, hochtemperierter Umgebung aufzulegen. Manche sind soweit gegangen, dass sie diese Arbeit, in einem, zum gigantischen Dampfbad umfunktionierten, Badezimmer bei laufender, heißer Dusche, erledigt haben. Dies ist zwar meines Erachtens gut gemeint, aber falsch. Haben wir die Sehnenbündel gestreckt und sauber platziert, werden sie vom Kleber in Position gehalten und geben sämtliche Spannung auf den Bogen ab, während sie trocknen und schrumpfen. Da die Flüssigkeit des Leimes durch seinen Wassergehalt und seine Temperatur bestimmt wird, würde Wärme und Feuchtigkeit den gestreckten Sehnen wieder erlauben sich zu bewegen - das ist genau das Gegenteil von dem, was wir wollen: wir wollen, dass der Leim abkühlt und geliert, sobald die Sehne an ihrem Platz ist.
Ich habe viel bessere Ergebnisse beim Bogenbelegen an kühlen und trockenen Tagen erzielt, als an heißen und schwülen. Ein Dampfbad wäre also genauso schlecht wie ein schwüler Tag, denn die Sehne kann so ihren positiven Effekt beim Schrumpfen dann nicht auf den Bogen übertragen.

Eine Variante ist, die Sehne in Wasser vorzuweichen, zum Beispiel wenn sie steif und drahtig ist, wie Wapitibeinsehnen oder die meisten Rückensehnen. Mehrere Bündel werden gleichzeitig in einer Schale eingeweicht. Wenn sie weich sind, nimm eines der Bündel, quetsche so viel Wasser wie möglich heraus und tauche es in den warmen Leim. Sättige es durch und durch mit Leim, durch mehrmaliges Eintauchen und Abstreifen und dann lege es auf den Bogen. Diese Methode ist nicht schneller als die vorher beschriebene, jedoch ist bei steiferer Sehne das Resultat viel feiner. Du wirst bemerken, dass deine Finger nach zehn bis fünfzehn aufgeleimten Bündeln äußerst klebrig werden. Deshalb wasche sie zwischendurch im warmen Wasser (aber ich kann nichts dafür, wenn du die neuen Geschirrhandtücher zum Händetrocknen nimmst).
Auch neigt der Leim durch Wasserverdunstung zum Verdicken. Gebe einige Spritzer heißes Wasser dazu und rühre die Lösung bis zur richtigen Konsistenz auf. Ich mache das jedesmal, wenn ich meine Hände wasche.
Wenn du willst, kannst du sofort eine zweite Schicht auflegen, verfahre wie bei der ersten Schicht. Die Schicht kann am Rand enden, anstatt dort zu überlappen.

Um einen schönen Abschluss zu erzielen, ist es nützlich, die gesamte Mitte des Bogens leicht mit Sehne zu erhöhen, falls nicht schon eine natürliche Erhöhung vorhanden ist. Nachdem die zweite Schicht platziert ist, wird dazu ein einzelner Streifen, ein Bündel breit entlang der Mitte verklebt. Zwei weitere Bündel können danach links und rechts über den Mittelstreifen gelegt werden. Danach kann noch eine weitere komplette Schicht über den ganzen Rücken verteilt werden.

Wie viele Sehnen bekommt ein Bogen? Eine Schicht reicht schon aus, um den Bogen vor einem Bruch zu bewahren, jedoch um Effekte auf die Geschwindigkeit eines Kurzbogens zu erzielen, sollten drei bis vier Lagen verklebt werden.
Man kann noch mehr Lagen verkleben, zu bedenken ist aber, je mehr Sehne aufliegt, desto empfindlicher reagiert der Bogen mit Gewichtsverlust bei warmer Witterung, und um so schwerer wird er, wenn es kalt ist. Ebenso wird auch mehr Zuggewicht bei feuchtem oder regnerischem Wetter verloren gehen. Ist der Belag durchgetrocknet, sollte die Dicke des Sehnenbelags, Hornbogen ausgenommen, nicht mehr als 25% der gesamten Dicke des Bogens ausmachen. Hat man das Backing gerade frisch fertiggestellt, sieht es nach einem enorm dicken Belag aus. Er wird aber noch ein Vielfaches schrumpfen und sich den Konturen des Bogenrückens anpassen, wenn die Feuchtigkeit verschwunden ist. Ein vierfacher Belag ist ein guter Ausgangspunkt.
Ist der Belag komplett, tauchst du die Finger in den warmen Leim und streichst damit den Rücken und die Seiten großzügig ein.
Ist das Belegen abgeschlossen, kannst du den übrigen Leim im Kühlschrank mehrere Wochen abgedeckt aufbewahren. Um ihn zu reaktivieren einfach im „Doppeltopf" aufwärmen, oder vorsichtig in der Mikrowelle unter Zugabe von etwas Wasser in die richtige Konsistenz zurückversetzen. Wird der Leim jedoch zu lange im Kühlschrank gelagert, fängt er an zu schimmeln, deshalb sollte er lieber von vornherein tiefgefroren werden, zum Gebrauch aufwärmen. Ebenso kann man den Kleber vollständig trocknen lassen und vor erneutem Gebrauch mit warmen Wasser vierundzwanzig Stunden vorher bedecken.

Aushärten und Vollendung

Nachdem der Belag vervollständigt ist, beginnt sofort der Austrocknungsprozess. Belasse den Bogen dazu vierundzwanzig Stunden an der Werkbank, damit der Leim gelieren und der Belag in Ruhe aushärten kann. Setze den Bogen in dieser Anfangsphase keinem direkten Sonnenlicht oder Wärme aus, es würde den Leim flüssig halten und die Sehne würde anfangen zu arbeiten und schrumpfen, ohne die Spannung an den Bogen zu übertragen. Den Bogen vor ein Klimagerät zu stellen wäre keine schlechte Idee, kühle, trockene Luft würde den Leim ordnungsgemäß trocknen.
Einige Bogner umwickeln den frischen, noch feuchten Bogenrücken mit einer elastischen Binde, oder wie die Westküstenindianer mit Rindenbast, um eine glatte Oberfläche zu erhalten. Ich habe dies nie für notwendig gehalten und in manchen Fällen kann es das Aushärten verlangsamen. Eine perfekt glatte Oberfläche kann auch ohne Umwicklung erzielt werden.

Nach vierundzwanzig Stunden ist das Backing leicht hart und gibt noch etwas nach, wird es mit dem Finger eingedrückt. Jetzt kann der Bogen Sonne und Wind ausgesetzt werden, um die Feuchtigkeit aus Leim und Sehne zu vertreiben. Ist es kalt oder regnerisch, kann auch ein Ventilator in einem warmen Raum diesen Effekt erzielen.

Es gibt einen Trick, mehr Spannung während der Sehnentrocknung in den Bogen zu bringen. Hierzu werden die Tips mit Klötzen unterlegt und in die Mitte des Bogens ein Gewicht gehängt. Dieses muss jedoch ganz vorsichtig geschehen, denn ein zuviel an Gewicht lässt den Bogen brechen. Aber es erlaubt der Sehne, stärker zu schrumpfen und Extraspannung auf die Waffe zu übertragen.
Tiere lieben Sehnen und Hautleim, bewahre deinen Bogen vor ihnen. Einmal reparierte ich den Bogen eines Doktors, der seinen Bogen in den Wäldern verloren hatte. Als er ihn nach einer Woche wiederfand, hatte ein Kojote von einem Wurfarm die komplette Sehne und den Leim abgefressen, während der andere Wurfarm unberührt blieb. Ich legte den Bogen in einem mit Wasser gefüllten Pferdetrog, um die verbliebene Sehne an dem anderen Wurfarm ablösen zu können, und belegte dann den ganzen Bogen neu. Und ich dachte schon, dass ich bis zu diesem Zeitpunkt alles gesehen hätte...

Wie lange dauert nun der gesamte Trocknungsprozess? Bis der Belag trocken ist! Dies ist von Faktoren wie Dicke des Belages, Leimqualität, Menge des verwendeten Leims, Luftfeuchtigkeit, Temperatur, Luftbewegung, um nur einige zu nennen, abhängig. Unter günstigen, trockenen Umständen ist das Backing in ca. zehn Tagen durchgetrocknet. Für stärkere Beläge und bei höherer Luftfeuchtigkeit können es auch vierzehn Tage sein. Einige asiatische Compositbögen wurden ein Jahr lang getrocknet. Brach jedoch ein Bogen während einer Schlacht, so wurde der Bogner der Überlieferung nach enthauptet, deshalb war eine peinlich genaue Verarbeitung erforderlich. Eine Trocknungszeit von zwei Wochen ist nor-malerweise ausreichend. Längere Zeit ist möglich, bringt jedoch nichts an entscheidenden Vorteilen. Sei dir aber bewusst, dass die Sehne noch einige Monate weiter trocknet und das Zuggewicht leicht zunimmt. Selbst nach einigen Jahren wird der Reflex während Zeiten niedriger Luftfeuchtigkeit etwas zunehmen.
Gut ist es einen Recurvebogen an den Tips mit Sehne zu umwickeln, wenn der Belag getrocknet ist. Dazu nimmt man ein Bund Sehne, taucht es wie beim Belegen in den Leim ein, umwickelt fest die gesamte Biegungsfläche, um zu verhindern, dass sich eventuell die schrumpfende Sehne vom Holz löst. Auch kann hierzu dünne Rohhaut oder Seide verwendet werden, dieses ist aber nicht so effektiv.

Ist der Trocknungsprozess abgeschlossen, beginnt die Endbehandlung. Setze eine Messerklinge rechtwinklig auf die Sehne und schabe sie glatt. Wird später Schlangenhaut auf die Sehne geklebt, müssen nur die unebensten Stellen bearbeitet werden. Ein bemalter oder glatter Rücken sollte jedoch, genau wie bei Raspelspuren im Holz geglättet werden. Trockene Sehnen und Leim verhalten sich ähnlich wie Holz bei diesem Arbeitsschritt.
Nach dem Schleifen nimmt man 120er Sandpapier auf einem Schleifklotz und bearbeitet das Backing weiter. Hierbei bemerkt man, dass ein leicht erhobenes Backing einfacher zu bearbeiten ist, als ein ebenes oder mit Vertiefungen darin. Nach dem Schleifen hat man eine stumpfe, aber ebene Oberfläche mit feinen Sehnenhärchen, die hin und wieder aus dem Belag hervortreten.

Jetzt taucht man einfach zwei Finger in eine dünne, warme Hautleimlösung und reibt den ganzen Rücken damit ein. Nach eins bis zwei Minuten wird der Leim fest und klebt nicht mehr und nun nimmt man ein Papiertaschentuch oder einen Baumwolllappen, taucht ihn in warmes Wasser, drückt ihn leicht aus und reibt einmal fest über den ganzen Bogenrücken. Wie von Zauberhand vollendet dieses den Sehnenbelag, deckt die Sehnenhärchen ab und hinterlässt eine glatte und glänzende Oberfläche.

Es gibt einige zusätzliche Punkte, die beim Sehnenbacking zu erwähnen sind. Nachdem der Bogen getillert ist und erstmals auf vollen Auszug gebracht wird, hörst du wahrscheinlich ein Geräusch, das an brechendes Holz erinnert. Wenn dann dein Herz wieder anfängt zu schlagen, wirst du merken, dass der Bogen heil ist, dass jedoch feine Risse über den Belag durch den Leim verlaufen. Das Geräusch, welches du gehört hast, war das Brechen des Leims, und auch wenn es sich genauso anhört, als würde der Bogen gleich explodieren, beeinträchtigt dieses weder Leistung noch Dauerhaftigkeit. Extreme Fälle davon sind aber ein sicheres Zeichen, dass der Bogen von einem Anfänger gemacht wurde.
Die Risse sind ein Hinweis auf zuviel Leim, was wiederum bedeutet, dass nicht genug überschüssiger Kleber herausgequetscht wurde, nachdem die Sehne sich vollgesaugt hatte. Oder die Leimqualität war nicht die Beste. Zwar ist dies nicht so tragisch, obgleich das Knacken des Leims genug Krach machen kann, um das Wild zu verscheuchen!
Wo wir gerade dabei sind, es ist höchst amüsant, hinter einem Freund zu stehen, der zum ersten Mal seinen neuen Bogen auszieht, und hinter ihm einen Pfeil zu zerbrechen. Seine Knie werden schlottern. Ich brauche wohl nicht zu erwähnen, dass es höchst gefährlich werden kann, wenn er nicht die genügende Portion Humor besitzt.

Spannungsrisse an den Bogenbäuchen eines Eiben- bzw.Osagebogens.

Ich ziehe niemals einen Bogen aus, der belegt werden soll, bevor das Backing darauf ist. Es stresst das Holz, gibt ihm mehr oder weniger Set, welches den Eigenschaften der Sehne entgegenwirkt. Einige Bogenbauer tillern den Bogen vollständig und schießen ihn sogar bei vollem Auszug. Das ist unnötiger Stress für das Holz und birgt auch die Gefahr des Bruchs. Ein sehnenbelegter Bogen ist üblicherweise kürzer als ein unbelegter bei gleicher Auszugslänge. Weil die Sehne es dir ja gerade erlaubt, einen Kurzbogen zu bauen, wäre ein Ausziehen vor dem Belegen wie eine „Bitte um Ärger". Ärger wie zum Beispiel mit einem „toten Bogen", der saft- und kraftlos ist. Ein sanftes Boden-Tillern, um beide Wurfarme in ein Gleichgewicht zu bringen, wäre noch akzeptabel, aber unbedingt notwendig ist es nicht.

Der größte Nachteil eines Sehnenbelags, nämlich seine Nässeempfindlichkeit, kann durchaus eingeschränkt werden. Als erstes sollte die beste Leimqualität genommen werden, die man bekommen oder selbst machen kann, um so beständiger ist er gegen Feuchtigkeit.
Vielleicht ist die praktischste Möglichkeit, das Backing mit Schlangenhaut zu belegen. Der Arbeitsablauf hierfür steht im Kapitel „Andere Backings" aber ich weise hier schon mal darauf hin, möglichst wenig Leim und Wasser zu verwenden, da die Schlangenhaut ja wasserfest ist. Zuviel Wasser wird vom Leim dann unter der Haut gebunden, macht die Sehne weich, die sich dadurch verlagert und Spannung verliert und letztlich das Zuggewicht des getillerten Bogens schwächt.
Ich habe einmal den Fehler begangen, Schlangenhaut auf die frische Sehne zu kleben, was mir zu diesem Zeitpunkt sinnvoll erschien. Nach zwei Wochen, die Feuchtigkeit konnte nicht entweichen, war die Sehne immer noch weich und fing an zu faulen (und zu stinken). Ich musste sie ablösen und ab dem Arbeitsschritt „Kratzen" neu beginnen. Je weniger Feuchtigkeit zwischen Haut und Sehne, um so besser.
Ich habe herausgefunden, dass frische oder eingefrorene Häute die beste Wahl sind. Reibe mit den Fingern eine dünne Schicht Leim auf die Haut, und nachdem diese fast trocken ist, nach ein paar Minuten, lege sie aufs Backing auf. Die Restfeuchtigkeit in der Schlangenhaut bindet sich mit dem Leim und lässt sie sicher halten.
Auch ein mit Schlangenhaut geschütztes Backing ist jedoch immer noch gegen Feuchtigkeit anfällig, besonders an den Kanten. Diese Stellen mit besonderer Sorgfalt behandeln, wenn der Bogen versiegelt wird. Ein anderes Problem finden wir in dem Bereich der Sehnenschlaufe. Auch beim Abspannen verlieren oft die Nocken ihre Versiegelung durch die Bogensehne. Einige moderne Urethan- und Verathanlacke sind zwar sehr dauerhaft, aber wenn du eine traditionelle Art der Versiegelung wählst, musst du diesen Stellen, speziell bei schlechtem Wetter, viel Aufmerksamkeit schenken.
Jay Massey, ein Traditionalist bis zur Endbehandlung, sagt, dass es ein stetiger Kampf gegen den Regen und Nebel in der Jagdsaison Alaskas ist, um das Backing trocken und funktionell zu halten.

Es ist gut einen fertigen Bogen, wenn immer das möglich ist, in die Sonne zu legen. Die Wärme verdrängt die Feuchtigkeit, die Sehnenspannung steigt und somit die Leistung.

Erfahrene Bogenjäger, die diese Art von Bögen nutzen, legen ihre abgespannten Waffen in die Sonne, sofern nicht in Gebrauch. Die Türken mit ihren berühmten weitschießenden Horn- Kompositbögen trieben dieses Spiel noch weiter. Sie wärmten ihre Bögen in extra beheizten Behältern einige Stunden auf, um das letzte an Zuggewicht zu mobilisieren, obgleich der Bogen vor dem Schuss auf eine angemessene Temperatur abkühlen musste. Ein künstlich erwärmter Bogen verhält sich weich und schlaff, wenn man ihn gleich aufspannt und schießt. Als ich einmal einen Bogen aus einem geschlossenen Fahrzeug im texanischen Sommer herausholte, war ich ziemlich geschockt, als ich ihn sogleich spannte und schoss, denn der Fünfundsechzigpfünder machte gerade noch fünfundvierzig Pfund, der Pfeil hatte die Flugbahn eines Ziegelsteins.

Wird ein Eibenbogen mit Sehne belegt, sollte das Splintholz vor dem Belegen entfernt werden. Ein kräftiger Belag könnte das Splint- vom Kernholz reißen.

Ein weiteres Phänomen sind **Risse auf dem Bogenbauch**. Es tritt nicht bei jedem sehnenbelegten Bogen auf, ist aber nicht ungewöhnlich und manchmal sehr ausgeprägt. Die trocknende Sehne zieht die Seiten hoch und daraus resultieren die Risse.
Jay Massey hatte beobachtet, dass sehr altes, trockenes Holz besonders anfällig für Risse ist, denn es nimmt Feuchtigkeit schlagartig auf. Nachdem er dieses geäußert hatte, dämmerte es mir, dass meine älteren Bogenhölzer, die ich belegte, ebenso verstärkt zu Rissen neigten. Tim Baker äußerte sich dazu ebenso eindrucksvoll. Jedes Material, das gedehnt wird, längt sich wie Gummiband, es wird dünner, so wird auch das Sehnen-Backing des gespannten Bogens schmaler und gibt diese seitlichen Kräfte an das Holz ab, die dann den Bauch reißen lassen.
Ein letztendlicher Beweis für diese Theorien fehlt mir, aber einzeln oder in Kombinationen könnten sie hierfür verantwortlich sein. Erwähnenswert ist, dass mit Rückensehnen belegte Bögen seltener diese Risse aufweisen. Klar jedoch ist, dass die Risse keine Probleme darstellen. Sie beeinträchtigen den Bogen nicht, zeigen nur, dass die Sehne ihre Arbeit macht indem sie Spannung auf den Bogenrücken bringt. Falls Risse auftreten, sollten diese, damit der Bogen wettertauglich wird, wasserfest versiegelt werden.

Manchmal ist ein Sehnenbelag erforderlich, um das Zuggewicht zu steigern. Ein durchschnittlicher Belag von drei Lagen steigert dieses um fünf bis zehn Pfund. Um noch mehr herauszuholen, kürzt man den Bogen zusätzlich. Ein Bogen kann so weit gekürzt werden, bis er gerade noch doppelt so lang wie der Pfeil ist, und manchmal kann das Zuggewicht bis um zwanzig Pfund und mehr gehoben werden.

Ein Selfbow, auf dem sich ein Span abhebt, kann oftmals mit ein oder zwei Schichten Sehne gerettet werden. Ich habe einmal getestet, wie weit man einen Selfbow ziehen kann, bevor er bricht. Der Rücken hatte mindestens ein Dutzend Knoten und als Ergebnis des überlangen Auszugs erhoben sich jeweils zu beiden Seiten der meisten Knoten Splitter, fast zwanzig an der Zahl, die das Leben eines Bogens drastisch verkürzen würden.
Ich belegte ihn mit Sehne und war überrascht, die Splitter verschwanden wie weggezaubert. Der Bogen, welcher vorher an der Schwelle des Todes stand, war plötzlich komplett geheilt.

Ein Sehnenbacking ist nicht für jede Anwendung geeignet, jedoch wirst du früher oder später die Vorzüge des Backings schätzen lernen: für einen Kurzbogen, einen Bogen mit zweifelhaftem, fehlerhaftem Rücken, oder einem Bogen, bei dem sich ein Span abhebt. Sehne ist ein Material, welches in die Trickkiste eines jeden Bogenbauers gehört.

10 Übersetzt von Uwe Karstens

Andere Backings

Paul Comstock

Von den lange vergangenen Tagen des steinzeitlichen Europa bis zum heutigen Tag, in ganz Europa, Afrika, Südamerika, im östlichen Nordamerika und auf den Südseeinseln haben Menschen Bögen aus Holz gebaut und benutzt, die nicht mit Sehne belegt waren. Das kannst du genauso machen.

In den 80er Jahren wurde Sehne so hoch gelobt, dass sich mancher fragen wird, ob ein Holzbogen überhaupt schnell und haltbar sein kann, wenn er kein Sehnenbacking hat. Die Antwort auf diese Frage lautet: Das hängt vom Bogen und seinem Design ab.
Wenn ein Bogen recht kurz ist und eine große Zuglänge haben soll, dann hast du ein Stück Holz, das extrem belastet wird. Ein solcher Bogen, ohne Sehnenbacking, erfährt normalerweise einen hohen Grad an Kompression am Bauch. Diese Kompression kann leicht zu großem Stringfollow führen, das dem Bogen seine gute Spannkraft auf den ersten Zentimetern des Auszuges raubt und so die Wurfkraft pro Pfund Zuggewicht verringert. Dazu kommt noch, dass der Rücken, wenn der Bauch überbeansprucht wird, ebenfalls große Belastung erfährt. Jedes kleine Problem bei einem solchen Bogen ohne Backing kann dazu führen, dass auf dem Rücken ein Splitter aufsteht oder der Bogen bricht. Wenn wir diesen Bogentyp jedoch nehmen und ihm ein gutes Sehnenbacking verpassen, ändern sich ein paar Dinge.
Es fängt damit an, dass das Sehnenbacking schrumpft, während es trocknet und dadurch den Bogenstab in größeren Reflex zieht, als er vorher hatte. Die Sehne kann außerdem einen Großteil der Zugbelastung des Bogenrückens aufnehmen. Je stärker die Sehne belastet wird, um so mehr wird das Holz entlastet. Sogar der Bogenbauch wird dadurch geschützt, weil das Sehnenbacking die Größe des belasteten Wurfarmteilstückes, das die Kompression aushalten muss, verringern kann. Üblicherweise ist das Stringfollow deshalb minimal. Zusätzlich leistet die harte Sehne dem Holz im Bogenrücken noch gute Dienste, indem sie Splitter niederhält.
Unser kurzer Holzbogen gewinnt deshalb durch ein Sehnenbacking an Leistung und Haltbarkeit. Ohne ein solches sind die Chancen hoch, dass er einfach unter zu großer Belastung steht, um eine gute, brauchbare Waffe zu sein.

Man kann schon ein Sehnenbacking vermeiden, indem man einen Bogen baut, der eben kein Sehnenbacking braucht, um leistungsstark und haltbar zu sein. Dazu reduziert man die Belastung im Bogenholz. Am einfachsten erreicht man das, indem man den Bogen lang und breit genug macht, um die Belastung des Holzes zu minimieren. Bei einer verhältnismäßig geringen Druckbelastung des Bogenbauches ist das Stringfollow ebenfalls gering und die Wurfkraft pro Pfund maximal. Auch die Belastung auf dem Bogenrücken wird um vieles geringer und damit das Risiko des Bogenbruches.

Wie lange ist lange genug?
In den meisten Fällen sind 66" (167 cm) bei einem Bogen mit flachen Wurfarmen und schmalem, steifen Griff ausreichend. Ein besonders geschickter Bogenbauer kann einen schnellen, unbelegten Bogen mit 63" oder 64" (158 oder 160 cm) machen, der sehr wenig Stringfollow hat. Am einfachsten geht das, indem man die Breite der Wurfarme erhöht. Sind die Wurfarme eher schmal, wäre es klug, den Bogen 68" (170 cm) lang zu machen. Die Längenangaben dieser Beispiele erlauben eine Zuglänge von 28" (70 cm).

Wie breit ist breit genug?
Wenn man einen Bogen will, der 60 lb. oder mehr zieht, und ein Holz wie Osage Orange, Eibe oder Zitronenholz verwendet, mache ich die Wurfarme gerne mindestens 1 ¼" (3,2 cm) breit. Diese Breite hätten die Arme mindestens vom Griff bis zur Wurfarmmitte und wären in der Dicke für einen guten Tiller gleichmäßig verjüngt.
Wenn ich Esche, Ulme, Hickory, Birke oder ein ähnliches Holz nähme, würde ich für einen Bogen, der 60 lb. oder mehr ziehen sollte, die Wurfarme bis über die Mitte 2" (5cm) breit machen. Bei Zuggewichten unter 60 lb. würde ich die Wurfarme etwa 1 ¾" (4,5 cm) breit machen. Das sind persönliche Erfahrungen, die unter fast allen Umständen gute Erfolge sicherten.

Keiner, sei er tot oder lebendig, hat eine größere Anzahl von unterschiedlichsten Bögen ausprobiert als Tim Baker aus Oakland, Kalifornien. Baker schrieb das Kapitel über Design und Leistung in diesem Buch. Darin kannst du mehr darüber lesen, wie man einen Holzbogen entwirft, so dass das Holz allein mit der Belastung des Schießens fertig wird.
Oder du kannst ihn mit etwas von dem Folgenden belegen.

Dünne Luft

Es spricht viel dafür, einen Bogen mit dünner Luft zu belegen, das heißt, ihn mit überhaupt nichts zu belegen.
Wenn es bei einem Holzbogen darum geht, eine Kombination aus Präzision, Geschwindigkeit, Haltbarkeit und Wirtschaftlichkeit (einfache Herstellung) zu erreichen, dann ist der mannsgroße Bogen mit geraden Wurfarmen der unangefochtene Champion unter den Holzbögen, und war das auch schon viele Tausend Jahre lang. Kein anderes Design kann so viele Aufgaben gleich gut und mit gleichbleibender Leistung erfüllen, insbesondere wenn dieser mannsgroße Bogen ein Flachbogen ist. Diese Bogenart ist ein idealer Kandidat für einen unbelegten Bogen. Ein solcher Holzbogen muss lang genug für die Zuglänge und breit genug für das Zuggewicht und das verwendete Holz sein. Wenn so ein Bogen nicht überbeansprucht wird, das heißt, wenn er richtig entworfen wurde, wird er nur wenig Stringfollow haben.
Ein richtig gemachter Bogen ohne Backing ist ungeheuer robust. Darin liegt hauptsächlich auch seine Schönheit und Anziehungskraft. Du kannst ihn ohne Sorge bei strömendem Regen, Schnee, Feuchtigkeit und Nebel tragen. Das Backing wird sich nie lösen. Weil es keines gibt.

Viele Jäger/Bogenschützen wissen, wie es ist, wenn man von einem derartigen Regenguss überrascht wird, dass sie ihre Unterhosen auswringen können, wenn er vorüber ist. Unter solchen Bedingungen kann es eine nervenaufreibende Erfahrung sein, einen Bogen mit Backing zu führen, wenn das Backing mit diesen wasserlöslichen Haut- oder Holzleimen aufgeleimt ist. Mit einem unbelegten Bogen ist das kein Problem.

Jeder gute Bogenbauer wird irgendeine Form von wasserabstoßendem Finish auftragen, sei es Öl, Firnis, oder mehrmaliges Einreiben mit Fett, oder was auch immer. Alle diese Behandlungen schützen das Holz, wenn sie oft genug aufgetragen werden. Aber schützen sie auch das Backing gut genug? Vielleicht ja, vielleicht nein.
Ich habe schon Backings aus Rohhaut, Sehne und Schlangenhaut gesehen, die sich an manchen Stellen lösten. Rohhaut und Schlangenhaut sind besonders empfindlich, weil sie als eine ganze Schicht aufgeleimt werden. Eine Schicht hat Kanten. Dinge können unter diese Kanten kriechen. So wie z. B. Wasser. Bingo! Keine feste Verbindung mehr.

Meine große Vorliebe für unbelegte Bögen entstand teilweise während eines Abends bei strömendem Regen und so heftigem Wind, dass er einem buchstäblich den Pfeil von der Sehne blies. Als ich zu meinem Auto zurückgestapft war, war die Rohhaut von einem Wurfarm meines Osagebogens abgegangen. Ich hatte sie mit Holzleim aufgeleimt und gut mit Firnis eingestrichen und jetzt war sie vom Griff bis zur Wurfarmspitze total abgeblättert.
Im Vergleich dazu ist Sehne eine Masse, die aus einzelnen Fäden gebildet wird. Meiner Erfahrung nach ist es statistisch weniger wahrscheinlich, dass an den Ecken Wasser eindringt, vorausgesetzt sie hat einen wasserfesten Anstrich. Dass aber feuchte Sehne den Bogen schwächer macht, ist eine andere Geschichte.

Wenn es bei einem Bogen keine Probleme gibt, kann man ihn ohne Backing lassen. Manchmal kann man ihn auch ohne Backing lassen, wenn es Probleme gibt.
Die hauptsächliche Frage ist die: Ist der Zustand des Bogenrückens so, dass es einen Splitter geben könnte? Wenn die Antwort ja ist, leime ein Backing auf. Der Hauptgrund für die meisten Backings und auch für Sehne ist, Splitter am Bogenrücken niederzuhalten und dadurch den Bruch zu verhindern.
Einem unbelegten Bogen kann man noch ein Backing aufleimen, wenn sich ein Splitter abhebt. In den meisten Fällen ist der Splitter vollständig fixiert und der Bogen wird noch lange leben. Auf manche Probleme des Bogenrückens trifft man, egal welches Holz man nimmt. Das häufigste sind Knoten. Wenn ein Knoten auf dem Bogenrücken auftaucht, der nicht höher ist als der Rest des Rückens, besteht die Gefahr, dass um den Knoten herum Splitter aufstehen. Bei manchen Holzarten findet man Knoten oft in der Mitte einer Erhöhung, die schon von Natur aus höher ist als die restliche Fläche des Rückens. Eine solche Erhöhung erfährt weniger Zug als der Rest des Holzes auf dem Rücken, weshalb die Belastung geringer ist. Wenn ein Knoten in diesen Umständen nicht größer ist als etwa 10 oder 15 % der Wurfarmbreite, kannst du davon ausgehen, dass der Bogen recht haltbar wird.

Ein großer Knoten bringt zusätzliche Belastung für das Holz zwischen dem Knoten und den Ecken des Wurfarmes, was man dadurch kompensieren kann, dass man den Arm an dieser Stelle breiter macht. Wenn der Knoten so flach wie die Umgebung ist, kann man das tun, was der Baum versäumt hat: Lass den Knoten auf einem Hügel aus Holz sitzen, der höher ist, als die Oberfläche des Rückens. Das erreicht man, indem man Jahresringe vom Bogenrücken abnimmt und um den Knoten herum Extraholz stehen lässt. Sind die Jahresringe besonders dick, braucht man vielleicht nicht einmal durch einen Ring schneiden. Das heißt, man kann den Knoten erhöhen und derselbe Jahresring wird das Extraholz bilden. Das könnte bei einem stark beanspruchten Bogen jedoch Probleme geben.
Erfahrene Bogenbauer, die sich auf Osage-Orange-Holz spezialisiert haben, welches üblicherweise sehr knotiges Zeug ist, sind die hauptsächlichen Anwender dieser Technik. Sogar kleine Knoten, Pins genannt, werden oft auf dem Bogenrücken von unbelegten Osagebögen erhöht, weil auch sie Splitter erzeugen können.

Bei den weißen Hölzern wie Eiche, Ulme, Esche, Hickory, Birke und ähnlichen Bäumen, die hauptsächlich aus weißem Splintholz bestehen, sind Knoten bei einem unbelegten Bogen viel seltener ein Problem. Hauptsächlich kommt das daher, weil es sehr viel leichter ist, von diesen Bäumen knotenfreies Holz zu finden, als knotenfreies Osage Orange aufzutreiben. Wenn ich lange, breite Flachbogen aus weißem Holz baue, mache ich mir normalerweise nicht die Mühe, einen Knoten zu erhöhen. Ich hatte bei einem solchen Bogen nie ein Problem mit Splittern. Es könnte jedoch passieren, wenn man den Bogen überbeansprucht. Wenn die Wurfarme breit sind und der Bogen aus einem recht dünnen Stamm gemacht ist, wird er in der Mitte des Rückens sehr hoch sein, eine sog. Krone haben. Um es anders auszudrücken, die Mitte des Wurfarmes wird dicker sein als die Ecken. Unter diesen Umständen ist es grundsätzlich sicherer, den Bogen so zu entwerfen, dass irgendwelche Knoten und Pins nicht auf dieser hohen Krone liegen werden. Vermeide bei einer solchen hohen Krone auch unregelmäßige Verläufe der Längsmaserung, da Holz an solchen Stellen gern bricht. Bei einem Rücken mit flacher Oberfläche ist jede Verwindung der Maserung viel unproblematischer.

Die nächste Entscheidung, die man bei einem unbelegten Bogen treffen muss, ist die, ob die Jahresringe dick genug sind. Im Idealzustand hat ein Bogen ohne Backing einen Rücken, der einem Jahresring von einem Ende zum andern folgt. Oder zumindest von jeder Wurfarmspitze bis zum Griff. Wenn der äußere Jahresring jedoch dünn wie Papier ist, könnte er zu schwach für einen unbelegten Bogen sein. Bei solchem Holz kann der Bogen sehr schnell abbrechen, da einem dünnen Jahresring von fast allem das Genick gebrochen werden kann, z. B. einem leichten Kratzer, den der Schaber hinterlassen hat, oder dem kleinsten bisschen Überbeanspruchung. Nach meiner Erfahrung kann ich bei äußeren Jahresringen, die mindestens $^{1}/_{16}$" (1,5 mm) dick sind (außer bei Eibe oder anderen Nadelhölzern), einen Bogen ohne Backing aus dem Holz machen.

Damit wir besser verstehen, wovon wir hier reden, wollen wir uns genauer über Jahresringe unterhalten. Die meisten Bäume sind ringporig. Das bedeutet, dass es zwei Arten von Ringen gibt. Die schwammig aussehenden Ringe sind Frühholz. Die harten, massiv aussehenden Ringe sind das Sommer- oder Spätholz. Ringe von Spät- und Frühholz wechseln einander bei ringporigem Holz ab. Wenn du einen unbelegten Bogen baust, brauchst du einen äußeren Ring aus Spätholz. Wenn wir von einen äußeren Ring von 1,5 mm sprechen, meinen wir einen massiven Ring aus Spätholz. Nimmt man ein Stück weißes Holz, das im Sommer geschlagen wurde, ist es auf dem Rücken recht einfach, einem Jahresring zu folgen. Wird das Holz sofort gespalten und die Rinde abgezogen, geht auch die innere Rinde mit ab. Was darunter stehen bleibt, ist der äußere Ring.
Bei Osage ist es üblich, das weiße Splintholz zu entfernen. Wenn die Kernholzringe dünn sind, wird eine ganz beträchtliche Arbeit daraus, das Holz auf einen Ring herunterzuarbeiten. Viele Osage-Bogenbauer versuchen es erst gar nicht. Sie schneiden durch die dünnen Ringe des Rückens und leimen ein Backing auf. Für unbelegte Bögen nehmen sie lieber Osage mit dickeren Ringen. Das macht es viel einfacher, den Rücken auf einen Ring zu bringen.
Sind die äußeren Ringe dünn und die inneren Ringe dick, hat man eine andere Möglichkeit. Schäle die äußeren Ringe ab und arbeite dich auf einen dicken herunter, der viel einfacher zu verfolgen ist. Das kann man mit Osage und auch mit weißem Holz machen, wenn es der Aufbau der Ringe erlaubt.
Auf dem Bogenrücken einem Jahresring zu folgen, ist immer noch die beste Versicherung. Aber muss ein unbelegter Bogen wirklich 100prozentig unter allen Umständen einem Ring folgen? Nein. Die eigentliche Gefahr beim Schneiden durch einen Ring am Rücken entsteht dann, wenn die Kante des durchschnittenen Ringes nicht parallel zum Wurfarm verläuft. Sieh dir die Abbildung A (nächste Seite) an. Die Kanten der durchschnittenen Ringe laufen quer über den Wurfarm. Jede der Kanten auf dieser Abbildung könnte brechen.

Schau dir jetzt Abbildung B an. Die Kante des durchschnittenen Ringes ist parallel mit dem Wurfarm. Bei dieser Kante ist es viel unwahrscheinlicher, dass sie bricht. Schau auf Abbildung C. Bei diesem Wurfarm ist es wahrscheinlicher, dass er bricht, als der Wurfarm auf B, weil mehr Jahresringe durchschnitten wurden. Je mehr Ringe du verletzt, um so riskanter wird die Sache. Schau dir Abbildung D an. Dieser Wurfarm wird nicht so leicht brechen wie A, weil nur ein Ring verletzt wurde.
Der Wurfarm von Abbildung E folgt einem Ring. Man kann aber Teile eines anderen Ringes auf der Oberfläche des äußeren Ringes sehen. Ein Bogen, der so gemacht ist, ist nicht in Gefahr abzubrechen. Das Bruchrisiko in A bis D kann sich unter bestimmten Umständen erhöhen. Wäre z. B. das Frühholz sehr dick, so dick wie das Spätholz, wäre das Bruchrisiko höher im Vergleich zu einem ähnlichen Bogen, der viel dünneres Frühholz hat. Man kann auch davon ausgehen, dass das Risiko des Brechens zunimmt, wenn man durch einen dickeren Ring schneidet, verglichen mit dem Verletzten eines dünneren Ringes.

Ein Bogenbauer kann manchmal einen Jahresring verletzen und damit durchkommen, das Ideal ist aber immer noch, beim Bogenrücken einem Jahresring zu folgen. Es ist auch vorteilhaft, den unbelegten Bogenrücken mit feinem Schmirgelpapier und Stahlwolle spiegelglatt zu polieren, weil jede Schramme und jede Werkzeugspur eine mögliche Bruchstelle werden kann, wenn der Bogen stark beansprucht wird. Ebenso hilft das Polieren des Rückens mit einem Stück rundem Glas, etwa einer kleinen Flasche, beim Glätten und Komprimieren der Holzfasern.

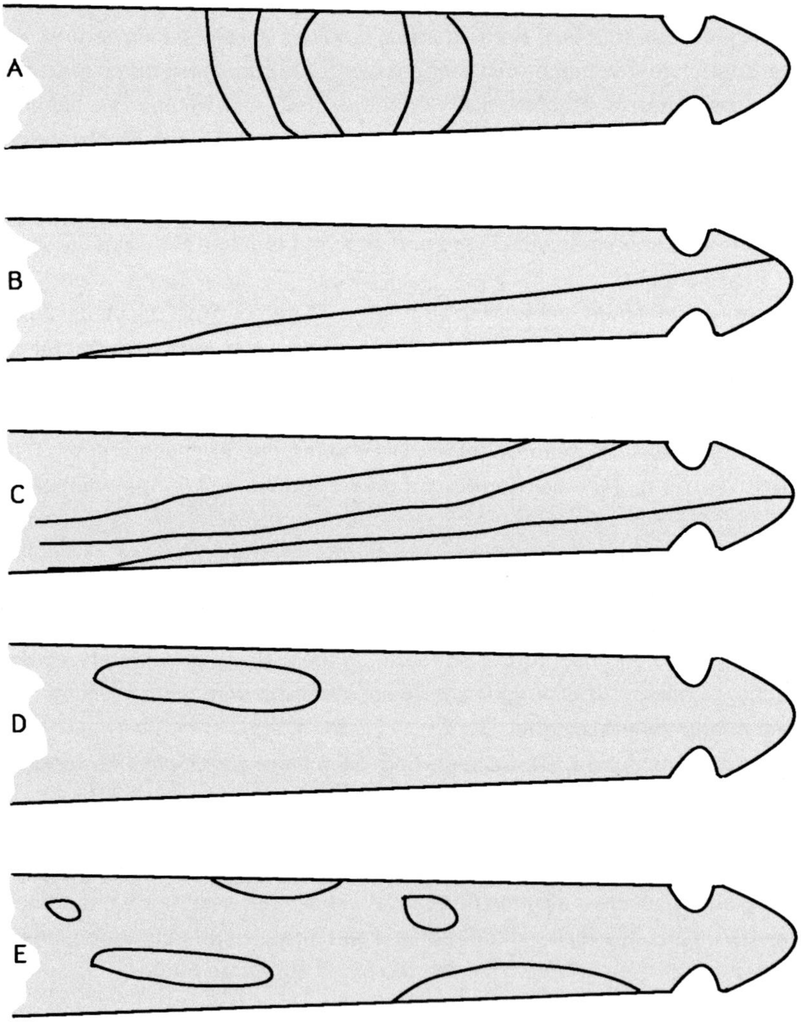

Wenn ein Bogenbauer einen unbelegten Bogen aus weißem Holz macht, muss er erst genau prüfen, ob das Holz schon von Fäulnis befallen ist. Ein Osage-Baum, der im Wald herumlag, seit er vor drei Jahren gefällt wurde, kann einen Bogen ergeben, weil Osage sehr widerstandsfähig gegen Fäulnis und Verrottung ist. Esche, Ulme, Hickory u. a. dagegen werden verrotten und sie verrotten schnell.

Wenn diese Hölzer verrotten, nehmen sie oft ein faules, pulveriges Aussehen an. Hohlräume können im Frühholz auftauchen. In extremen Fällen gibt es Hohlräume im Spätholz. Solchermaßen geschädigtes Holz mag manchmal einen Bogen ergeben, wenn man ein Backing aufleimt. Bei unbelegten Bögen ist es ein sehr schlechter Kandidat.

Die beste Methode, solches Holz zu vermeiden, ist die, nur lebendige Bäume zu fällen. Es können zwar auch lebende Bäume von Fäulnis befallen sein, wenn sie beschädigt oder krank sind, aber das ist selten.

Ich habe mal ein Stück Holz in die Finger bekommen, das in den äußeren Lagen kein Spätholz hatte. Natürlich musste ich es ausprobieren. Und natürlich brach es ab.

Manche Holzarten haben kein schwaches, poröses Frühholz. Eibe ist eines davon. Wenn man Frühholz freilegt, indem man bei ringporigem Holz durch einen Spätholzring schneidet, erhöht das bei einem Holzbogen die Bruchgefahr. Weil aber bei Eibe das Frühholz auch recht stark und kompakt ist, ist es bei Eibe im Verhältnis weniger gefährlich. Trotzdem kann auch Eibe abbrechen, wenn die Ringe schlimm verletzt wurden.

Aus welchem Grund auch immer, haben Eibenbogenbauer seit vielen, vielen Jahren stets die Dicke des weißen Splintholzes auf dem Rücken eines Eibenbogens verringert. Das Splintholz von Eibe ist am Baum oft einen ½" (13 mm) dick und die Bogenbauer neigten immer dazu, das Splintholz auf etwa ¼" (6 mm) zu herunterzuarbeiten.

Vor vielen Jahren stellte Saxton Pope Tests mit Eibenkern- und Splintholz an. Er fand heraus, dass sich Splintholz leichter bog, aber schwerer abbrechen ließ als Kernholz. Das mag die Praktik, Splintholz dünner zu machen, ausgelöst oder zumindest unterstützt haben.

Die Ringe von guter Pacific Eibe sind normalerweise beängstigend dünn. Es ist wirklich eine Herausforderung, einem Jahresring eines Eibenrohlings zu folgen, wenn man das Splintholz dünner machen möchte. Es ist so schwierig, dass es für den durchschnittlichen Bogenbauer schon fast unmöglich ist. Normalerweise erscheinen vielmehr auf dem Bogenrücken eine ganze Anzahl verletzter Jahresringe, die das Risiko des Abbrechens enorm erhöhen. Unter diesen Umständen ist es am sichersten, ein Backing aufzuleimen.

Wenn du Eibenbögen machen willst und die Bögen unbelegt lassen möchtest, dann lass die Finger vom Splintholz. Lass es genau so, wie es am Baum auch war. Damit folgt man automatisch einem Ring auf dem Rücken und reduziert die Bruchgefahr gewaltig. Es gibt auch noch einen anderen mächtig guten Grund. Dickeres Eiben-Splintholz, bis zu einer Dicke von etwa 13 mm, verringert das Stringfollow und macht den Eibenbogen effizienter, wenn alle anderen Eigenschaften gleich sind.

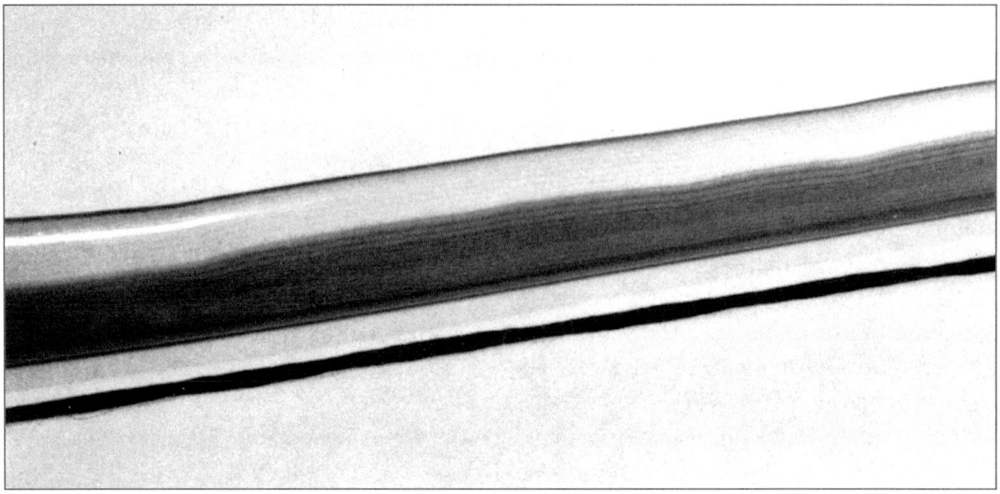

Dieser Eibenbogen wurde gebaut, ohne etwas von dem dicken Splintholz zu entfernen. Das machte es bei dem unbelegten Bogen einfacher, auf dem Bogenrücken einem Jahresring zu folgen, und half sehr dabei, das Stringfollow zu verringern.

Dieser kleine Leckerbissen ist ein lange gehütetes Geheimnis der Holzbogen-Zunft. Soweit ich herausgefunden habe, ist diese Innovation einzig und allein auf Arthur Lambert Jr. zurückzuführen. Lambert war ein auffälliger und hochtrabender Bursche, der in den 20er Jahren Scheibenschütze war. Aber er war kein Dummkopf.
Er schrieb 1929 ein Buch, das er *Modern Achery* nannte, und obwohl es ein eher unbedeutendes Werk ist, kann man es als eines der besten Bogenbücher dieser Zeit ansehen. Lange bevor sich Hickman, Nagler und andere mit der physikalischen Seite des Bogenschießens befassten, hatte Lambert einige klare und auch zutreffende Ideen darüber, wie Holzbögen funktionieren.

In seinem Buch bricht Lambert eine Lanze für dickeres Splintholz auf Eibenbögen und nennt sie „gesunde Konstruktion". Er schrieb, dass es bei einem Englischen Eibenbogen absolut in Ordnung sei, wenn das Splintholz bis zu einem Drittel der Gesamtdicke des Bogens ausmachen würde. Er erzählt, wie er so einen Bogen zu einem Wettschießen mitnahm. Zuerst kritisierten ihn die anderen Bogenschützen, weil er das Splintholz so dick gelassen hatte. Als sie aber sahen, wie gut der Bogen schoss, wurden sie plötzlich still.

Weil Eiben-Splintholz schwächer ist als das Kernholz, biegt es sich leichter. Wir könnten auch sagen, man braucht weniger Kraft (oder Pfunde Zuggewicht), um Eiben-Splintholz zu biegen. Mit Splintholz auf dem Rücken verschiebt sich die Neutrale Ebene in einem Eibenbogen näher zum Bauch als bei einem Bogen, der nur aus Kernholz besteht. Lass das Splintholz etwa einen halben Zoll hoch stehen und die Neutrale Ebene bewegt sich noch weiter in Richtung Bauch.

Die Neutrale Ebene teilt die Bereiche des Wurfarmes, in denen er Zugbelastung oder Kompression erfährt, voneinander. Kompression ist es, was bei einem Holzbogen das Stringfollow verursacht. In Lamberts Bogen mit dickem Splintholz wird ein größerer Prozentsatz der Arbeit von dem Holz unter Zugbelastung erledigt. Indem man die Kompression verringert, verringert man auch das Stringfollow. Es gibt kaum Eibe, bei der das Splintholz dicker ist als einen ½" (13 mm), aber manchmal eben doch. Wenn du also Lamberts Erfolg nachmachen willst, musst du aufpassen, dass genug Kernholz für den Bogenbauch vorhanden ist, damit nicht das Splintholz unter Kompressionsbelastung kommt. Splintholz von der Eibe kann Kompression nicht so gut aushalten, wie es das Kernholz kann.Wer einen Bogen nur aus EibenSplintholz gebaut hat, weiß nicht viel Gutes darüber zu sagen.

Ich habe einen Englischen Eibenlangbogen ohne Backing, 68" (173 cm) lang und 65 Pfund stark, gebaut nach Lamberts Anweisungen. Dieser Bogen ist die reine Freude! Ich machte ihn aus einem geraden Stück Holz mit einem leichten Deflex in einem Arm. Nachdem ich ihn gut eingeschossen hatte und ihn volle zehn Stunden gespannt ließ – zeigte dieser Bogen nur ganz leichtes Stringfollow. Ich wünschte, Lambert hätte mich sehen können, als andere Holzbogenbauer meine Waffe untersuchten und konsterniert feststellten: „Auf gar keinen Fall kann das Ding 65 lb. ziehen und nur so wenig Stringfollow haben!" An den Wurfarmspitzen dieses Bogens misst das Splintholz 3/8" (9 mm) und das Kernholz 1/8" (3 mm) dick. Trotz der Vorteile von langen, unbelegten Bögen sollte man sich fragen, ob sie die richtige Wahl für einen Einsteiger im Bogenbau sind. Mehr als nur ein paar Bogenbauer machen auf Anhieb einen guten Bogen ohne Backing. Wenn ein Anfänger jedoch Zweifel an seinen Fähigkeiten hat, wäre es klüger, wenn er bei seinem ersten oder zweiten Bogen ein Backing auflegen würde. Ohne Backing kann ein Bogen abbrechen, wenn er nicht gut getillert ist. Ein Bogen mit Backing, der haargenau so gemacht wurde, kann überleben. Es könnte den Unterschied ausmachen, ob du einen Holzbogen hast oder Brennholz.

Es ist auch eine gute Idee, einen unbelegten Bogen nicht gleich schnell und ungestüm zu spannen, bevor er nicht gut eingeschossen ist. Das kann man beschleunigen, indem man den Bogen aufgespannt vier bis acht Stunden lang stehen lässt oder den neuen Bogen ein paar Mal nur halb auszieht und die Zugweite dann schrittweise erhöht. Wenn der Bogen etwas taugt (damit meine ich, gut gebaut und richtig entworfen), wird keine dieser Methoden das Stringfollow wesentlich erhöhen.

Rohhaut

Während des ganzen „Goldenen Zeitalters" der zivilisierten Holzbögen in Amerika, vom späten 19ten Jahrhundert bis zur Erfindung von Fiberglas war die Rohhaut das gebräuchlichste Backing, das für Holzbögen verwendet wurde. Sehne war unter weißen Bogenbauern bis 1930 oder 1940 nicht sehr populär.

In seinem Buch *„Jagen mit Bogen und Pfeil"* berichtet der legendäre Saxton Pope, dass ihm und seinen Kameraden zahlreiche Bögen in der Hand zerbrochen waren, bis sie anfingen, sie mit Rohhaut zu belegen. Das macht die Schwierigkeiten deutlich, mit denen ein Anfänger konfrontiert werden kann, wenn er nicht irgendeine Art von Backing verwendet.
Pope und viele andere Oldtimer, die über diese Sache berichteten, beschrieben die Rohhaut, die sie benutzten, als sehr dünne, durchsichtige Kalbshaut. In den 90er Jahren ist durchsichtige Kalbshaut den Weg alles Irdischen gegangen. Ich kenne Leute, die lang und intensiv nach durchsichtiger Kalbshaut gesucht haben und nie auch nur einen Fetzen von diesem Zeug auftrieben.

Ein Bogen, den ich einmal ansah, war mit etwas belegt, das mich an Rohhaut erinnerte, aber so klar war wie Glas. Einer, der dabeistand, sagte, das sei durchsichtige Kalbshaut. Ich bin nicht recht überzeugt. Auch kann ich mir nur schwer vorstellen, dass man Rohhaut ohne irgend eine chemische Behandlung total durchsichtig machen kann.
Vermutlich kommt es nur von den alten Geschichten, dass jeder scharf auf diese durchsichtige Kalbshaut ist. Nach Robert Elmer, einer anderen Bogenschützenlegende, war es möglich, ein bisschen Leim auf den Rücken eines Bogens zu streichen, feuchte, durchsichtige Kalbshaut darauf zu drücken und das Ganze würde zu einem perfekten Backing trocknen.
Für diejenigen, die Erfahrung im Belegen von Bögen mit normaler Rohhaut haben, ist das eine erstaunliche Aussage. Normale Rohhaut braucht nämlich Abschleifen, Umwickeln, Nachleimen und Sachverstand. Stell dir bloß mal vor, es gäbe so etwas Einfaches! Die einzig mögliche Antwort auf so eine Aussage ist: Träum weiter.

Nur für den Fall, dass dein Leben davon abhängt, durchsichtige Kalbshaut aufzutreiben, habe ich einen Informanten, der zu wissen glaubt, wo man sie vielleicht kriegen könnte. Er meint, Musikinstrumentenbauer oder -verkäufer wären eine Quelle, da (seiner Aussage nach) solche Kalbshaut zu Herstellung von Banjos verwendet wird.
Während durchsichtige Kalbshaut vom Markt verschwunden sein könnte, ist es recht einfach, Rohhaut zu bekommen. Die Sorte, die ich benutzte, war weiße Rinderrohhaut. Andere haben auch Rinderrohhaut verwendet, die braun und durchscheinend ist. Die Dicke dieser beiden Sorten kann von ziemlich dünn bis ziemlich dick variieren.
Wieder andere hatten gute Erfolge damit, ihre eigene Rohhaut aus Hirschhaut herzustellen. Meine Informanten erzählen mir, dass sie sehr stark und dünn ist.
Einen Bogen mit normaler Rohhaut zu belegen, muss nicht mehr Arbeit machen, als einen Bogen mit Sehne zu belegen.
Meine frühen Bögen hatten ein Rohhautbacking, das ich mit weißem Holzleim aufgeleimt hatte. Die Ergebnisse reichten von ziemlich jämmerlich bis gerade mal brauchbar. Ich fing an, viel bessere Ergebnisse zu erzielen, als ich die Rohhaut mit Hautleim aufklebte. Es ging viel einfacher und sauberer als mit dem dünnflüssigen Holzleim und hielt besser. Die Rohhaut schabte ich dünner, nachdem das Ganze trocken war.

Es gibt auch Leute, die mit Holzleim gute Erfolge erzielen, sie machen jedoch die Rohhaut dünner, bevor sie sie aufleimen. Das macht man üblicherweise, indem man die Haut mit einem Bandschleifer behandelt und sie so gleichmäßig dünner macht. Der talentierte Bogenbauer John Strunk zum Beispiel klebt seine Rohhaut mit Weißleim auf seine Englischen Langbögen. Zuerst schleift er aber die Fleischseite der Rohhaut mit einer Schleiftrommel auf einer Bohrmaschine ab, bis sie nur mehr 1/16 Zoll (1,5 mm) dick ist. John klebt sie mit der Fleischseite auf, weil die Haarseite, die dann außen ist, die glattere Oberfläche hat.
Als nächstes weicht Strunk die Rohhaut in Wasser ein und streicht Leim auf den Rücken des Bogens. Er warnt davor, zuviel Leim zu nehmen, weil er sonst in alle Richtungen davonläuft und heruntertropft, ein Fehler, den man kaum zweimal machen möchte. Meistens ist Rohhaut so kurz, dass man für jeden Wurfarm einen eigenen Streifen schneiden muss. Ich war lange der Meinung, dass man die Streifen 10 oder 12 cm am Griff überlappen lassen müsste, weil es bei meiner frühen, unausgereiften Klebetechnik notwendig war, um die Haut an Ort und Stelle zu halten. Man muss das jedoch nicht immer machen.

Strunk benutzt eine keilförmige Verbindung der Rohhautstreifen am Griff, indem er die Enden der Streifen schräg abschleift und eine abgeschrägte Fläche auf die andere klebt, wodurch die Verbindung nicht dicker wird als der Rest des Rohhautbackings. Der überlappende Teil braucht nicht länger sein als ¼ Zoll (6 mm) und wenn es richtig gemacht wird, sieht man es kaum, wenn es fertig ist.

Strunk umwickelt Bogen und Rohhaut mit Mullbinde. Er fängt am Griff an und legt die Wicklungen so, dass jede Umwicklung die Hälfte der vorherigen bedeckt. Hat er erst ein paar Wicklungen gemacht, zieht er am Nockende der Rohhaut, um Luftblasen zu vermeiden. Nach 24 Stunden wickelt er den Bogen wieder aus. Normalerweise ist die Rohhaut in diesem Stadium noch ein bisschen feucht, weshalb er den Bogen noch mal 24 bis 48 Stunden trocknen lässt. Man kann den Bogen auch in eine Wärmebox legen, um bei 38° C das Trocknen zu beschleunigen.

Ich habe versucht, Bögen mit dicker Rohhaut in einer Wärmebox zu trocknen und fand, dass sich die Rohhaut verdrehte und vom Bogen abhob. Der maßgebliche Unterschied liegt darin, dass Strunk seine Rohhaut auf 1,5 mm dünner macht, bevor er sie aufleimt.
Wenn die Rohhaut trocken ist, trimmt Strunk die Ecken manchmal mit einem fein eingestellten Hobel zurecht. Er sagt aber, ein Schaber (so wie Richard Baugh's Bogenschaber) wäre besser und natürlich stimme ich dem zu. Ich habe beim Trimmen von Rohhaut auch schon mit einem Stanley Surform Werkzeug (eine Art feiner Raspel mit auswechselbaren Klingen) und Schmirgelpapier auf einem Schleifklotz gute Arbeit geleistet.

Ein Fürsprecher für Hirschrohhaut ist Ron Hardcastle, ein weiterer Bogenbauer, der wahnsinnig schöne Holzbögen macht. Nichts geht über Hirschrohhaut, sagt er. Mit Hautleim klebt er die eingeweichten Streifen auf die Wurfarme. Hardcastle nimmt oft Rohhaut, um damit Bögen zu belegen, die stehende Jahresringe haben. Da der Rücken von Rohlingen dieser Art absolut flach ist, nimmt er einfach ein anderes Brett als Gegenlager. Die Rohhaut wird mit Schraubzwingen zwischen dem Rohling und dem Brett festgeklammert, nachdem der Leim aufgebracht und die Rohhaut aufgelegt worden ist.

Ich habe diese Methode auch bei Rohlingen aus Brettern benutzt. Dabei fand ich es hilfreich, wenn ich Filz, Stoff oder Papier zwischen Rohhaut und Anpressbrett legte, für den Fall, dass überschüssiger Leim die Rohhaut am Brett festklebt. Auch ist es hilfreich, Strunks Beispiel zu folgen und das Anpressbrett nach 24 Stunden abzunehmen, damit die Rohhaut darunter besser trocknen kann. Eine lange Planke aus Eichenholz eignet sich gut als Anpressbrett. Hardcastle findet es praktisch, auf Rohlinge aus Brettern die Rohhaut gleich aufzuleimen und so beim Ausschneiden der Umrisse des Bogens gleichzeitig die Ecken der Rohhaut zu trimmen. Auch er wickelt seine Rohhautbackings mit Verbandmull ein, bis sie trocken sind. Mein Freund und Nachbar Dean Torges hat bewundernswerte Arbeit beim Aufleimen von Rohhaut geleistet. Er macht die Rohhaut mit einem Bandschleifer dünner, bevor er sie mit weißem Holzleim aufleimt. Ihm ist es lieber, die feuchte Rohhaut mit Schnur zu umwickeln, was auch meine bevorzugte Methode ist. Wenn man Schnur nimmt, bleibt viel von der Oberfläche der Rohhaut an der Luft, wodurch sie zwar schneller trocknet, aber Abdrücke der Schnur auf der Rohhaut bleiben können. Ist die Schnur aber nicht zu dünn oder zu fest gedreht, werden die Abdrücke kaum sichtbar sein. Normalerweise schabe ich die Rohhaut nach dem Aufkleben dünner. Das lässt die Abdrücke der Schnur verschwinden und gibt eine raue, nicht glänzende Oberfläche, die ich so mag. Ich habe die besten Erfahrungen gemacht, wenn ich Bogen und Rohhaut mit 8 Umwicklungen pro Zoll (25,4 mm) einwickelte.

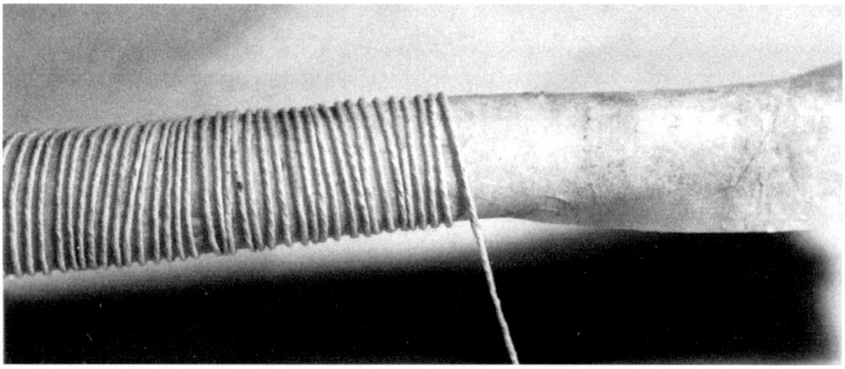

Umwickeln mit Schnur mit 8 Umwicklungen pro Zoll ist eine Methode, um Rohhaut auf einem Bogen zu fixieren, während sie trocknet.

Die weiße Rohhaut wird am fertigen Bogen immer noch weiß sein. Zur Tarnung kann man den Bogenrücken anmalen oder mit Farbe gemischten Firnis auftragen. Wenn du irgend einen Firnis oder Lack aufträgst, wäre es eine gute Idee, vorher zu testen, ob er nicht bricht. Streiche etwas davon auf Papier und lasse es gut trocknen. Dann biegst du das Papier, um zu sehen, ob der Überzug bricht. Wenn er bricht, dann tut er es auch auf dem Bogenrücken und wird sehr unansehnlich aussehen.
Es ist von entscheidender Bedeutung, dass die Rohhaut und der Bogenrücken sauber sind, bevor du das Backing aufleimst. Wenn entweder die Rohhaut oder das Holz wochenlang herumgestanden sind und Staub und Schmutz ausgesetzt waren, ist es besser, die Klebeflächen abzuschleifen, damit ja nichts Störendes daran ist.

Ich schoss einmal einen sehr guten 65-Pfund-Ulmenbogen. Er war sehr gut mit einer Ausnahme. Die Rohhaut war schmutzig, als ich sie aufleimte. Ich merkte zwar, dass das Backing sich stellenweise an den Ecken leicht ablöste, machte mir aber nichts draus und schoss weiter, bis sich plötzlich vom unteren Wurfarm die Rohhaut ablöste und einen Teil des Holzes mitnahm. Es gab eine Wolke von Holzsplittern und einen lauten, krachenden Knall.

Ein rohhautbelegter Eibenlangbogen.

Schlangenhaut

Schlangenhaut wird hauptsächlich zur Zierde verwendet. Die meisten Schlangenhäute sind dünn, schwach, und reißen leicht, was es zweifelhaft macht, dass sie Splitter gut niederhalten können.
Manche leimen Schlangenhaut als natürliche Tarnung auf einen ansonsten unbelegten Bogen. Andere kleben es auf ein Sehnenbacking, um es zu schützen und wasserdicht zu machen. Schlangenhaut kommt in verschiedenen Formen. Eine davon ist ungegerbte Schlangenhaut, was eigentlich Schlangenrohhaut ist. Eine andere Form ist gegerbte Schlangenhaut mit einer ledrigen Innenseite, die sehr zäh und schwer zu zerreißen ist. Ich würde nicht zögern, ein solches Stück Schlangenleder anstelle von Rohhaut zu nehmen. Jim Hamm sagt außerdem, dass die Haut von Bullenschlangen dick und stark und bestimmt gut zum Niederhalten von Splittern sei.

Mit Schlangenhaut belegte Bögen. Von oben nach unten; Bullenschlange, Klapperschlange und eine exotische Haut aus Malaysia.

Eine weitere Art ist glyzeringegerbtes (zumindest meiner Information nach) Schlangenleder. Glyzeringegerbte Schlangenhaut hat keine Lederschicht darauf. Es ist wie rohe Schlangenhaut, ist aber weich und fühlt sich ölig an. Ich würde annehmen, dass man eine glyzeringegerbte Schlangenhaut nicht aufkleben kann, ohne dass man vorher das Glyzerin herauswäscht und ich weiß nicht, ob das überhaupt möglich ist.

Hamm nimmt zusammenpassende, frische Schlangenhäute und friert sie ein, und taut sie auf, bevor er sie mit Haut- oder Schreinerleim auf den Bogen klebt.

Dean Torges hat ungegerbte Schlangenhäute auf blanke Bogenrücken geklebt und dazu mit Wasser verdünnten Holzleim genommen. Die Schlangenhäute weicht er zuerst in Wasser ein und dann hat Torges gern eine zweite Person dabei, die ihm hilft, die Häute aufzuleimen. Während einer die Häute am Griff niederhält, drückt der andere die Haut fest und drückt alle Luftblasen heraus. Wenn alle Blasen ausgedrückt sind, kann man die Haut noch bewegen, bis sie in der richtigen Lage ist, sagt Torges.

Torges hält es nicht für notwendig, rohe Schlangenhaut zu umwickeln, und er trimmt sie an den Ecken, wenn sie noch feucht ist. Wenn am fertigen Backing doch noch eine Luftblase auftaucht, macht Torges einen kleinen Schnitt hinein und praktiziert mit einer Hohlnadel ein bisschen Leim darunter. Den überschüssigen Leim drückt er heraus.

An der rohen Schlangenhaut sind noch die Schuppen. Torges wartet, bis das Backing trocken ist, bis er die Schuppen entfernt. Als Alternative kann man 5 cm breites Klebeband über die Schlangenhaut kleben und etwa zwei Stunden warten. Ziehe dann das Klebeband ab und die Schuppen werden mit abgehen. Eine andere Möglichkeit ist die, Aceton oder Farbverdünner auf ein raues Tuch zu tun, damit gegen den Strich der Haut zu reiben und so die Schuppen abzuheben.

Hamm lässt die Häute ein paar Stunden trocknen, nachdem sie an Ort und Stelle sind, dann trimmt er die Ecken mit einer Rasierklinge ab. Strunk sind ebenfalls rohe Schlangenhäute lieber, weil sich die Ecken leichter zuschneiden lassen, sagt er.

Gegerbte Schlangenhaut könnte man wahrscheinlich trocken aufkleben, man kann aber davon ausgehen, dass die Verleimung besser wird, wenn man die Häute erst einweicht.

Fischhaut

John Strunk ist ein moderner Pionier in der Verwendung von Fischhaut als Backing auf einem Holzbogen. Es ist klar, dass man schon einen ansehnlichen, großen Fisch braucht, der genug Haut hat, damit es für ein Bogenbacking reicht. Rochen ist Strunks erste Wahl und er hat viele eindrucksvolle Osage- und Eibenbögen, mit Rochenhaut belegt, angefertigt. Rochenhaut ist genau so attraktiv wie Schlangenhaut und es scheint, als wäre sie stärker. Strunk zumindest glaubt, dass sie dem Bogenrücken einigen Schutz bietet.

Er benutzt getrocknete Rochenhaut, eigentlich Rochenrohhaut, die zum Trocknen gestreckt und mit Aceton entfettet worden ist. Ist sie trocken vom Entfetten, kann die Fleischseite abgeschliffen werden.

Nicht jede Rochenhaut ist groß genug für einen ganzen Wurfarm. Kein Problem, sagt Strunk. Er schneidet die Streifen so lang er kann und fügt sie auf dem Bogenrücken zusammen, wie er es braucht, wobei er den selben Spleiß verwendet, der bei der Rohhaut beschrieben wurde. Strunk betont, dass die Verbindung möglichst kurz sein soll, weil es sonst eine Beule auf dem Backing gibt. Er leimt die Fischhaut genau so auf, wie er Roh- oder Schlangenhaut aufleimt. Wenn die ganze Arbeit fertig ist, umwickelt er jede Verbindung mit Angelschnur. Rot ist seine Lieblingsfarbe, nach den Bögen, die ich von ihm gesehen habe. Wenn ein Bogenarm eine Wicklung braucht, um eine Verbindung zu kaschieren, bringt er aus Gründen der Symmetrie an der selben Stelle des anderen Wurfarmes eine ähnliche Wicklung an.

Wicklungen an einem Holzbogen mögen denjenigen, die an glasbelegte Bögen gewöhnt sind, komisch vorkommen. Es ist aber eine sehr empfehlenswerte Technik mit langer Tradition. Der prähistorische Meare Heath Bogen (im Kapitel über andere Bogenhölzer beschrieben) war sowohl mit Leder als auch mit Sehne umwickelt, wenn man den Archäologen glauben darf. Viele Holzbögen im frühen 20sten Jahrhundert waren umwickelt.

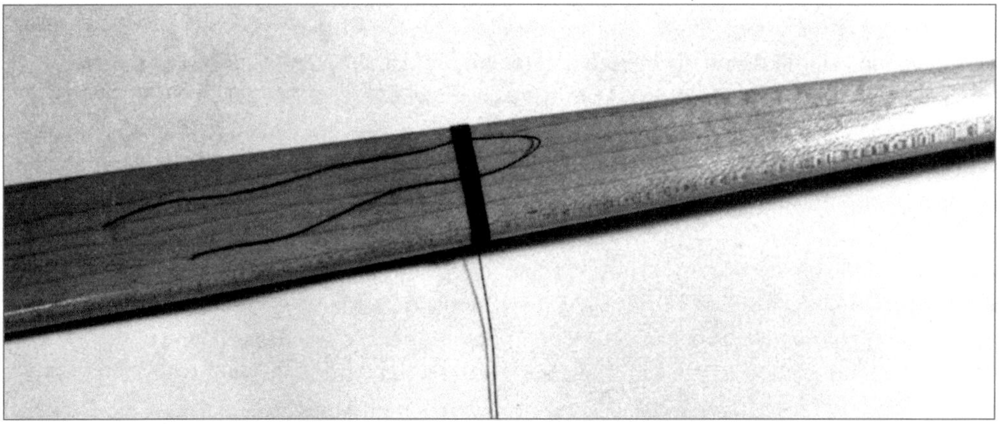

Das ist eine gute Methode, eine Schnurwicklung an einem Bogen zu befestigen, wo die Backingstreifen zusammenstoßen. Ein Stück Schnur wird über ein zweites gewickelt, das ein U formt. Das Schnurende wird durch das geschlossene Ende des U gesteckt. Wenn man an den offenen Enden des U zieht, wird das Endstück unter die Wicklung gezogen. Alle losen Enden schneidet man ab und das Ergebnis ist eine saubere Wicklung.

Saxton Pope sagte, ein mit Hickory belegter Zedernholzbogen solle alle paar Zoll (25,4 mm) umwickelt werden, so ähnlich, wie es auch die Angelruten der damaligen Zeit waren. Er hatte das wegen der wasserlöslichen Holzleime geraten, mit denen die damaligen Bögen verleimt waren.

Strunk benutzt dieselbe Art von Wicklung, die man von Angelruten kennt. Er beginnt damit, dass er ein Stück Schnur der Länge nach auf den Wurfarm legt. Die Schnur ist wie ein U geformt. Dann nimmt er ein zweites Stück Schnur und umwickelt den Wurfarm, wobei er das U mit einwickelt und nur eine Schlinge freilässt, die vom geschlossenen Ende des U geformt wird. Er fängt mit der Wicklung beim offenen Ende des U an und beendet das Ganze damit, dass er das Ende der Schnur durch die Schlinge steckt. Wenn er jetzt am offenen Ende des U zieht, wird das Ende der Schnur unter die Wicklung gezogen. Was übrig bleibt, sind die zwei offenen Enden des U, die er abzwickt. Es ist eine einfache und gefällige Methode, einen Wurfarm zu umwickeln.

Strunk benutzt solche Wicklungen manchmal auch dort, wo Hornnocken am Holz befestigt sind. Vielleicht hast du ein Paar Hornnocken aufgeleimt und bist mit der Passung nicht zufrieden. Wenn es so ist, kann eine Wicklung an der Basis der Nocken das Aussehen wesentlich verbessern. Wie bei vielen anderen Bogenbauern liegt auch Strunks Erfolg bei einer neuen Technik im Experimentieren. Wenn du große Fische bekommen kannst, entdeckst du vielleicht andere Arten, die ein gutes Bogenbacking ergeben.

Baumrinde

Noch einmal zeigt uns John Strunk den Weg zu einer neuen Technik: das Belegen von Bögen mit der Rinde von wilden Kirschbäumen. Außerordentlich zäh und schwer zu zerreißen, gibt sie ein sehr funktionales Backing für Holzbögen.

Die Fasern in Wildkirschenrinde laufen nur in einer Richtung – rund um den Baum herum. Und so schneidet Strunk auch seine Backing-Streifen. Die Streifen der Länge nach vom Baum zu schneiden, würde durch die Fasern schneiden und so die Stärke der Rinde zerstören.

Um sich die Rinde zu beschaffen, sucht er nach toten Wildkirschbäumen, besonders nach solchen, die schon 4–6 Monate tot sind. Die Rinde wird sich ziemlich leicht ablösen lassen. Wenn nicht, hilft er mit seinem Messer nach, als würde er einen Hirsch abhäuten. Nach dem Ablösen stapelt er sie zwischen Bretter gelegt auf, so dass sich die Rinde beim Trocknen nicht verdreht.

Weil die Streifen um den Baum herum und nicht der Länge nach heruntergeschnitten werden, sind sie im Durchschnitt nur 14 bis 16" (35–40 cm) lang. Mit seiner Keilpassung, die oben beschrieben worden ist, fügt er die Rinde auf dem Bogenrücken zusammen.

Weil er die Rinde so trocknet, dass sie flach bleibt, kann Strunk die Rindenstücke auf den Bogen legen und die Umrisse der Wurfarme aufzeichnen. Dann schneidet er die Umrisse mit einer Schere aus. Er sagt, man solle nicht versuchen, die Rinde an den Bogenseiten überlappen zu lassen, weil sie sonst bricht.

Weil die Rinde nur 1/32" (0,8 mm) dick ist, kann sie trocken aufgeleimt werden. Dazu bevorzugt er einen Epoxydkleber, der ihm eine lange Arbeitszeit erlaubt. Wenn er Weißleim nimmt, streicht er immer nur das Rindenteil mit dem Leim ein, das er grade auflegen will.
Am Anfang umwickelte Strunk das Backing mit Verbandmull und ließ es dann trocknen. Heute nimmt er Luftschläuche von Reifen für die Umwicklung, die beim Anpressen der Rinde in alle Vertiefungen viel bessere Dienste leisten.
Ist das Backing fertig, reibt er es mit Stahlwolle ab. Das entfernt alle überstehenden Schuppen und macht die Oberfläche glänzend. Das Ergebnis ist ein attraktives Backing, das in der Farbpalette von weiß, braun, türkis und grau bis silbern reicht.
Es sprechen alle Anzeichen dafür, dass Wildkirschenrinde außerordentlich stark ist. Strunk sagt, es sei sehr schwierig, einen Wildkirschenstamm zu spalten, ohne vorher die Rinde abzuziehen.
(Es ist zwar nicht die gleiche Methode, die Strunk benutzt, aber Dwight Bundy hat einen Bogen aus Shagbark Hickory gemacht, bei dem er die intakte Rinde drangelassen hat.)
Strunk kann auch ein Bogenbacking aus Ahornfurnierstreifen machen, wenn die Maserung gerade genug ist.

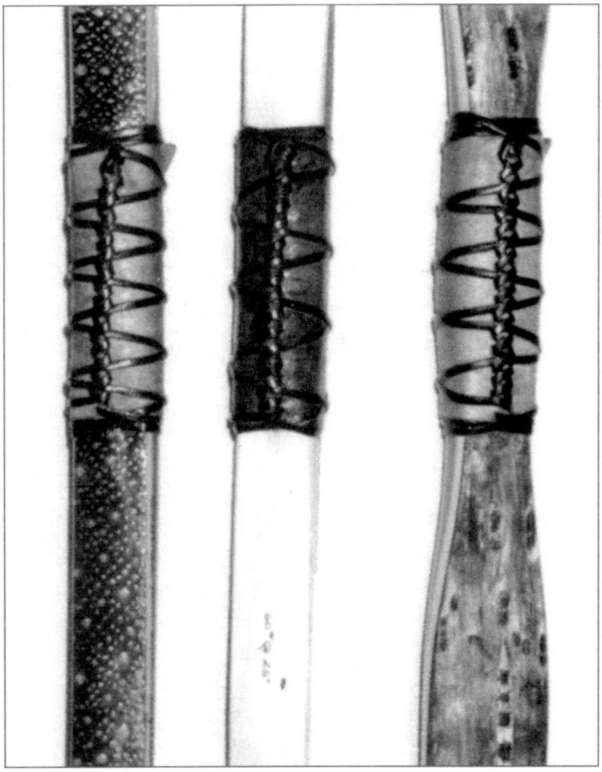

Belegte Bögen, von links nach rechts: Rochenhaut, Rohhaut und Kirschbaumrinde, alle von John Strunk gemacht.

Seide

Robert Elmer zufolge wurde das Belegen von Bögen mit Seide 1939 von Clarence Hickman eingeführt. Hickman war ein Physikprofessor, der zusammen mit Forest Nagler und Paul Klopsteg 1930 bis 1940 eine beträchtliche Anzahl von technischen Untersuchungen mit Pfeil und Bogen anstellte. Maurice Thompson und Saxton Pope waren in ihrem Herzen richtige Wilde. Aber Hickman und die anderen waren kühle, berechnende Wissenschaftler, die es dazu trieb, jeden möglichen Fuß (30, 48 cm) pro Sekunde aus ihren Bögen herauszukitzeln. Die Poesie, Romantik und Seele, die so lange Zeit Teil des Bogenschießens war, interessierte die Physiker offenbar wenig. Ihr Nachlass, ein Buch mit dem Titel *„Archery the technical side"* ist eine Sammlung wissenschaftlicher Artikel, vollgestopft mit Tabellen, Diagrammen und Hochgeschwindigkeitsfotografien, in denen sie Holzbögen und Pfeile mit allem möglichen Labor-Firlefanz testeten, den es gab.
Dieses Werk hatte zumindest einen Vorteil. Die Ergebnisse der Physiker beschleunigte den Wandel vom D-förmigen, Englischen Langbogenquerschnitt zum rechteckigen Flachbogenquerschnitt. Die Leute hielten den rechteckigen Querschnitt für effektiver. Auf gut Deutsch: Ein rechteckiger Wurfarmquerschnitt ermöglicht es einen Bogen mit viel weniger Stringfollow zu machen, wenn alle anderen Umstände gleich sind verglichen mit einem D-förmigen Querschnitt. Indem man das Stringfollow verringert, verbessert man die Wurfleistung pro Pfund. Die Physiker übersahen jedoch, dass diese geheimnisvolle Neuerung schon seit Jahrhunderten bei amerikanischen Ureinwohnern in Gebrauch war (heute wissen wir, dass sie auch schon im steinzeitlichen Europa genutzt wurde). Die Arbeit der Physiker hatte noch größere und dunklere Auswirkungen. Ihr Streben, die Pfeilgeschwindigkeit zu erhöhen, und sei es nur um minimale Werte, schuf eine Denkweise, die für die Einführung von synthetischen Werkstoffen reif war. Für die Begeisterung für Geschwindigkeit um jeden Preis waren Visiere, Releases, Compoundbögen und andere Spielereien die logische Folge.

Hickmans Seidenbacking wurde kommerziell und fertig zum Aufleimen auf Holzbögen hergestellt. Dieses Backing hatte aber nur ein kurzes Leben. Ein paar Jahre, nachdem er es eingeführt hatte, zwang der 2. Weltkrieg zu strenger Rationierung von Seide und für Bögen war keine mehr übrig. Als wieder Frieden war, fing Hickman an, aus dem Kunststoff Fortisan Backingmaterial herzustellen (siehe auch nachstehendes Kapitel über nicht mehr erhältliche Backings).
Wieso? Weil Fortisan einen Bogen ein kleines bisschen schneller schießen ließ als Seide. Die meisten alten Berichte über Hickmans Seidenbacking sind deprimierend dürftig. Meistens heißt es, es sei „rohe Seidenfasern, in Leim getränkt und unter Spannung aufgelegt". Der geneigte Leser kann nur raten, was das für ein Leim sein soll, mit welchem Leim das Ganze an den Bogen geleimt werden soll und wie man das unter Spannung macht.
In Elmers „Scheibenschießen" findet man, dass Seidenbacking ziemlich dünn war, 0.035" (0,9 mm) und seine Zugstärke pro Zoll in der Breite bei 1,25 Pfund (562 Gramm) lag. Ziemlich starkes Zeug!

Elmer sagte, man konnte es um 3% strecken, ohne dass es ausleierte, was gut über der Leistung eines gutgemachten Holzbogenrückens liegt. Das Backing sollte um 1% gestreckt werden, wenn man es auf den Bogen aufbringt. Für die meisten Bögen bedeutet das nach seinen Angaben, dass man das Backing ½ bis ¾" (12,7–18 mm) strecken müsse.
Der Effekt war dem eines Sehnenbackings sehr ähnlich.
Die professionellen Bogenbauer von 1930 benutzten eine Vorrichtung zum Aufleimen eines Seidenbackings. Alton Saffort, der in der Nähe von Los Angeles wohnte, arbeitete vor dem 2. Weltkrieg für mehrere Hersteller von Holzbögen. Einer davon war das James Easton Sen. Geschäft in Los Angeles, dem späteren Gründer der Easton Aluminiumpfeil-Gesellschaft. Saffort erzählte mir, dass die Bogenbauer bei Easton eine Vorrichtung benutzten, die den fertigen Seidenstreifen horizontal zwischen zwei Halterungen hielt. Die Halterung an einem Ende war eigentlich eine Kurbel, mit der man ein Ende des Streifens um eine Rolle wickeln und so strecken konnte.
Der nächste Arbeitsgang mit dem Streifen, der jetzt unter Spannung stand, war der, den Bogenrücken mit Kaseinleim einzustreichen. Den Bogen setzte man auf den Backing-Streifen mit dem Bauch nach oben und umwickelte das Ganze mit Streifen aus Luftschläuchen, bis der Leim trocken war.

Wenn du auch einen Bogen mit Seide belegen willst, kannst du es machen wie Tim Baker, der ein Seil aus Seide dazu genommen hat. Solche Seile oder Kabel sind eine Technik, die hauptsächlich bei Eskimobögen benutzt wird (die Eskimos benutzten allerdings Sehnenseile). Baker ließ sich von Richard Baugh, dem Erfinder des Bogenschabers, zur Verwendung von Seidenseilen inspirieren. Baugh hatte einen Bogen mit einem Nylonseil gemacht, der gut funktionierte.
Das erfordert einen Bogen mit einem Rücken, der normalerweise nicht brechen würde, obwohl das Seil ein wenig Schutz bietet, weil es etwas von der Zugbelastung vom Bogenrücken wegnimmt. Man braucht auch große Stab- oder Schulternocken, die die dicken Schlingen des Seiles festhalten. Die Schlingen der Bogensehne kann man in dieselben Nocken einhängen, so dass sie auf den Schlingen des Seiles liegen.
Der Seidenfaden wird um eine Nocke gewickelt, über den Bogenrücken geführt, um die andere Nocke gewickelt, wieder zurückgeführt, um die erste Nocke gewickelt usw., bis etwa 50 oder 60 Stränge auf dem Rücken sind. Die Seide kann man festziehen, wenn man sie um die Nocken schlingt. Dann steckt man eine Art kurzen Hebel (etwa aus Knochen, Horn oder Geweih) zwischen die zwei dicken Bündel aus Strängen. Mit diesem Hebel drehst du jetzt die zwei Bündel zusammen, ganz ähnlich wie ein Kind, das in einer Schaukel sitzt und die Schaukelketten verdreht.
Die Seide kannst du drehen und immer weiter drehen, bis sie wirklich fest ist. Wenn der Hebel lang genug ist, kannst du ihn drin lassen und so das entstandene Seil vor dem Aufdrehen bewahren. Das Seil kann man an mehreren Stellen an die Wurfarme binden, damit es an seinem Platz bleibt.

Ich habe so ein Seil an einem 64 Zoll langen (160 cm) und 45 lb. starken Flachbogen mit breiten Wurfarmen ausprobiert. Das zusammengedrehte Kabel brachte das Zuggewicht auf 50 lb. und beseitigte jede Spur von Stringfollow. Der Bogen schoss auch sehr gut, jedoch mit einer Einschränkung. Dieser Bogen hatte eine ziemlich hohe Krone, d. h. der Wurfarm war in der Mitte dicker als an den Kanten. Bei jedem dritten oder vierten Schuss rutschte das Kabel aus der Mitte auf die Seite der Wurfarme und ich konnte es anbinden, wie ich wollte, es ließ sich nicht verhindern. Die beste Lösung für dieses Problem ist ein Bogen mit einem ziemlich flachen Rücken.
Baker hat auch Leinen mit Erfolg bei solchen Kabelbögen eingesetzt (siehe auch das nächste Kapitel).

Pflanzenfasern

Als Tim Baker anfing, mit natürlichem Bogensehnenmaterial zu experimentieren, fragte er sich, ob Pflanzenfasern irgend einen Wert als Backing für Holzbögen haben würden.
Als Quintessenz erfuhr er, dass jede Pflanzenfaser, aus der man eine Schnur machen kann, in der Tat ein gutes Bogenbacking ergibt. Genauer gesagt, diese Fasern kann man auf einen Bogenrücken kleben, um das Aufstehen von Splittern zu verhindern.
Brauchbare Fasern schließen Leinen, Jute, Yucca, Sisal und Hanf ein. Baker hat sich hauptsächlich mit Leinen beschäftigt.
Am liebsten besorgt er sich sein Leinen von unbearbeiteten Flachspflanzen (obwohl fertige Leinenschnur auch eine Möglichkeit wäre). Leinenfasern laufen durch die ganze Länge der Flachspflanze und sind umgeben von härterem Material, das den Rest des Stengels bildet. Baker breitet den Flachs in seinem Hof aus, wo ihn Tau und Regen feucht halten (ein alter Vorgang, den man „retting" nennt), dreht sie gelegentlich, bis die Stengel nach ein paar Wochen teilweise verfault sind und zieht dann die Leinenstränge heraus.

Tim Baker machte diesen Bogen, belegt mit parallelen, zusammengedrehten Leinensträngen.

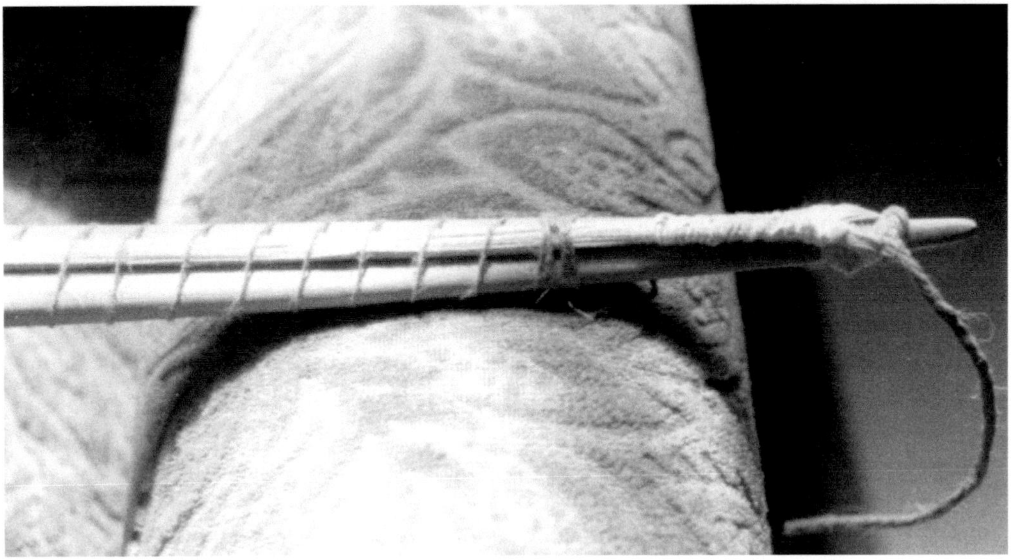

Dieser Bogen hat ein Kabelbacking aus Leinen, fertig zum Zusammendrehen.

Seine Methode, das Backing aufzuleimen, ist dem Aufleimen von Sehne sehr ähnlich. Falls nötig, schneidet er die Leinenfasern auf die richtige Länge der Wurfarme zu. Dann taucht er ein Bündel Fasern in Hautleim, drückt den Überschuss heraus und legt die Bündel längsweise auf den Bogenrücken, wobei er die Enden der Bündel überlappen lässt. Baker hat auch Leinen zu Schnüren zusammengedreht und diese Schnüre nebeneinander auf den Bogenrücken geleimt, was ein sehr interessantes Aussehen ergibt.

Ein fertiges Leinenbacking hat eine dunkle Farbe und eine raue Oberfläche, eine Kombination, die auf der Jagd gut tarnt. Man kann davon ausgehen, dass andere Pflanzenfasern ähnlich aussehen. Baker sagt, dass Leinen besonders an einem reflexen Rohling gut funktioniert. Das streckt das Leinen vor und ermöglicht ihm, etwas von der Zugbelastung des Bogenrückens zu übernehmen.Er hat auch Leinen zu Kabelbögen verwendet, die im Kapitel über Seide besprochen wurden.

Holz

Einen Bogen mit einem anderen Stück Holz zu belegen ist eine Technik mit langer Tradition und ist besonders nützlich, wenn man Bögen aus Brettern macht.

Das gebräuchlichste Holz für Bogenbackings ist immer Hickory gewesen. Ron Hardcastle ist ein erfahrender, moderner Fürsprecher für Hickorybackings. Hardcastle sagt, man könne ein Hickorybacking auf drei Arten aufbringen: mit liegenden Jahresringen (wenn man die Ecken der Jahresringe auf beiden Seiten des Backingstreifens sieht), mit stehenden Jahresringen (wenn man die Ecken der Jahresringe innen und außen auf dem Streifen im Winkel von etwa 90° sieht), und mit schrägstehenden Jahresringen (weniger als 90°, z. B. 45°).

Hardcastle sagt, alle diese Kombinationen funktionieren gut, solange die Längsmaserung nicht aus dem Backingstreifen herausläuft, was man nur dadurch erreichen kann, dass man keine Bäume mit Spiralwuchs zerschneidet. Wenn du die Hickorybäume selber fällst, wirst du Spiralwuchs sofort erkennen, wenn du die Stämme spaltest, weil sich die Maserung wie die Streifen einer Zuckerstange um den Stamm herum windet. Diesen Spiralwuchs kann man normalerweise beim stehenden Baum an der ebenfalls spiraligen Rinde erkennen.

Wenn jemand anderes den Hickory für dich schneidet, meint Hardcastle, dass es die beste Versicherung sei, ihm beizubringen, dass er Holz mit Spiralwuchs in Ruhe lassen soll.

Wenn Hickory mit Spiralwuchs zu Backingstreifen geschnitten wurde, warnt Hardcastle, dass es schwierig sein könne, das nur mit dem bloßen Auge zu erkennen. Bei einem solchen Stück wäre es möglich, die offenen Poren des Frühholzes zu sehen, die in eine andere Richtung zeigen als die Maserung, wenn man genau hinsieht.

Hardcastle nimmt üblicherweise Hickorystreifen, die $^3/_{16}$" (4,5 mm) dick sind. Um brauchbare Streifen zu bekommen, lass sie dir von einem guten Schreiner auf einer Tischsäge zuschneiden. Mit einem Hobel kannst du sie richtig eben machen.

Entweder nimmt er Streifen, die lang genug für den ganzen Bogen sind, oder er lässt zwei kürzere Streifen am Griff zusammenstoßen. Als erstes schrubbt er das Hickorybacking mit Seife ab, um alle Spuren von Öl zu entfernen. Wenn der Bogen aus Osage ist, schrubbt er auch den ab.

Am liebsten klebt er das Hickorybacking mit Weldwood Resorcinol auf, möglicherweise dem besten Epoxydharz zum Holzbogenbau.

Der belegte Bogen kann mit gutem Erfolg entweder gerade oder reflex gemacht werden, sagt Hardcastle. Normalerweise klammert er den Bogen mit Schraubzwingen auf seiner ganzen Länge fest, während der Leim trocknet. Er hat aber auch zufriedenstellende Resultate erzielt, indem er das Backing auf den Boden legte, darauf den Bogen mit dem Bauch nach oben, und darauf drei Lagen Ziegelsteine schichtete, bis der Leim trocken war.

Er warnt davor, dass manche Hölzer, die für Hickory gehalten werden, in Wirklichkeit Pecan sind. Pecan hat nicht die Zugfestigkeit von Hickory und man sollte sie nicht als dünnes Backing verwenden.

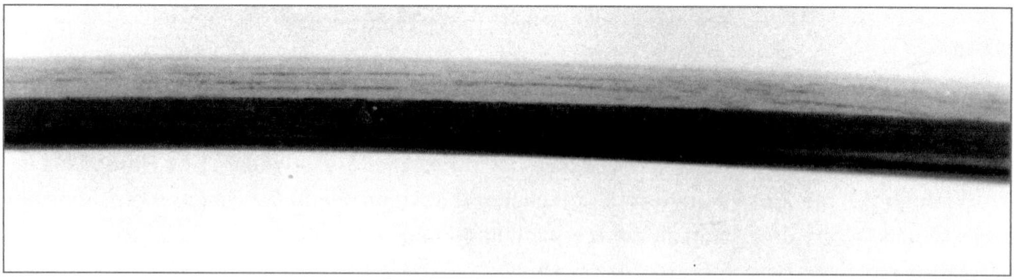

Osagebogen, belegt mit einem Streifen Hickoryholz.

Zusätzlich zu Hickory wurde in der Vergangenheit Ulme als Backing verwendet. Ich konnte nie genauere Einzelheiten darüber finden, wie diese Ulmenbackings aufgeleimt wurden, aber in den alten Tagen war bekannt, dass Ulme eine ziemlich hohe Zugfestigkeit hat.
Ich habe recht umfangreiche Erfahrungen mit massiven Ulmenbögen und ich habe nicht den leisesten Zweifel, dass man dauerhafte Erfolge nur dann erzielen kann, wenn die Maserung im Ulmenholz der Backing-Streifen nicht irgendwie durchschnitten wurde. Die Antwort darauf ist, gutgewachsene Ulmenstämme zu nehmen und dünne Streifen von der Außenseite zu schneiden, so dass das Backing einem Jahresring folgt. Diese Arbeitsweise bedeutet, dass der große Vorteil des Hickorybackings, nämlich die Möglichkeit, eine ganze Anzahl von Streifen zu bekommen, wenn man tiefer in den Stamm schneidet, bei Ulmenholz verloren geht.
Man muss jedoch bedenken, dass diese Ulmenbackings in den alten Tagen in Gebrauch waren. Damals hatte kaum jemand eine blasse Ahnung davon, wie man einen guten Ulmenbogen macht. Heute wissen wir es (siehe auch das Kapitel „Andere Bogenhölzer"). Deshalb könnte dieser Ulmenstamm, aus dem man Backingstreifen machen könnte, genauso gut einen feinen, massiven Ulmenbogen ergeben, wenn es er gut gemacht werden würde. Aus diesem Grund würde ich sagen, dass es in den 90er Jahren reine Zeitverschwendung ist, einen Bogen mit Ulme zu belegen.

Bambus

Genau wie ein Hickorybacking kann ein Bambusbacking aus einem Brett einen feinen Bogen machen. Man schneidet Streifen aus Bambusstämmen mit großem Durchmesser. Mach die Innenseite dieser Streifen flach und leime den Bambus auf den Rohling, so dass die Außenseite den Bogenrücken bildet. Bei dicken Bambusstämmen ist ein einzelner Streifen breit genug für den ganzen Bogen. Man muss sich vor Augen halten, dass es Hunderte von Bambusunterarten gibt, die nicht alle zum Belegen von Bögen taugen.

Ich halte es für einen recht zuverlässigen Test für Bambus, wenn man einen Streifen nimmt und ihn stark biegt, wobei die Außenseite des Bambus auch die Außenseite der Biegung sein muss. Wenn er in seine ursprüngliche Form zurückspringt, ist er ein guter Kandidat für ein Backing. Wenn er durch eine solche Biegung gebogen bleibt, halte ich ihn nicht unbedingt für das beste Backingmaterial. Wenn er gebogen bleibt, kann er aber auch nur zu feucht sein.
Ich habe einmal ein Stück Zitronenholz mit einem solchen Streifen Bambus belegt. Nach Jahren prüfte ich den Bogen mit einem Feuchtigkeitsmesser. Das Zitronenholz hatte 9% Feuchtigkeit, der Bambus 13%. Das Stringfollow des Bogens war beträchtlich.
Theoretisch wäre ein Bambusstreifen ohne Kompressionsbelastung, wenn er nur gestreckt wird, und würde deshalb auch kein starkes Stringfollow verursachen. Für diejenigen von uns, die mehr an guten Ergebnissen interessiert sind, als an der Theorie, ist es besser, wenn sie den besten Bambus verarbeiten, den sie kriegen können.

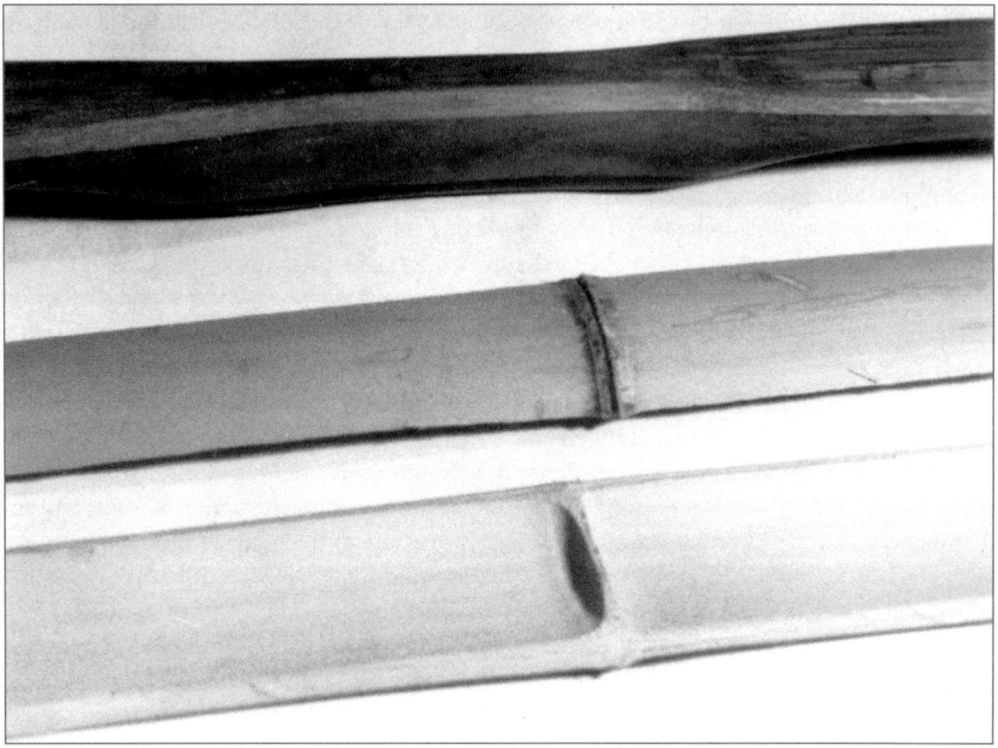

Von oben nach unten:
Ein Bogen, mit Bambus belegt, ein Stück Bambus, das die hohen Schwellungen an der Außenseite zeigt, und ein Stück Bambus, an dem man die konkave Innenseite sieht.

Hat der Bambusstreifen durch den Biegetest eine Krümmung behalten, wäre eine Möglichkeit, den Bambus auszutrocknen. Wenn man ihn in eine Wärmebox oder sonst an einen warmen Platz steckt, wird das den Feuchtigkeitsgehalt verringern. Besteht der Streifen danach den Biegetest, mach einen Bogen draus.

Bambus kann leicht an den Kanten des Backingstreifens splittern. Wenn ein Bogen an den Nocken schmäler wird, ist es klüger, mit den Werkzeugen nur in eine Richtung zu arbeiten, nämlich auf die Nocken zu. Die Neigung zum Splittern ist eigentlich weniger ein Problem, wenn man die Innenseite des Bambus flach macht. Dieses Abflachen ist notwendig, weil Bambus innen hohl ist und die ursprünglichen Streifen sicherlich innen konkav sind.

Man kann Bambus mit mehreren Methoden flach machen. Ein scharfer Speichenhobel oder eine Raspel sind prima. Ein Bandschleifer oder Elektrohobel werden die Sache auch hinkriegen.

Der fertige Bambusstreifen wird fast immer an den Kanten dünner sein als in der Mitte. Das stellt jedoch für einen gut entworfenen und gut gemachten Bogen kein Problem dar. So ein zäher Bambusstreifen kann in der Tat eine sehr starke Biegung aushalten, ohne dass er abbricht. Die hohen Schwellungen auf dem Rücken kann man völlig wegschleifen und der

Bogen kann trotzdem ganz bleiben. Auf jeden Fall ist es jedoch sicherer, die Schwellungen möglichst so hoch zu lassen, wie sie ursprünglich waren. Sie bilden so auch ein attraktives Äußeres, denke ich, und zeigen, dass es sich wirklich um Bambus handelt. Ich nehme Weldwood Resorcinol und einen ganzen Haufen Schraubzwingen, wenn ich Bambus auf einen Rohling aufleime. Die Schraubzwingen sollten nicht zu fest angezogen werden, weil das zu viel Leim herausdrückt, was zu einer trockenen oder schwachen Klebenaht führt.

Nicht mehr erhältliche Backings

Es gibt eine ganze Reihe von Backingarten, die früher gebräuchlich waren, aber jetzt so ausgestorben wie ein T-Rex sind. Eins davon ist das schon erwähnte, früher im Handel erhältliche Seidenbacking, wie es von Hickman entwickelt wurde.
Eine andere wurde in den alten Tagen *Fiber* genannt. Genaueres darüber, wie *Fiber* hergestellt wurde, ist schwer zu finden. Die meisten Quellen sprechen nur über komprimierte Holzfasern oder vulkanisierte Fasern. Im Grunde war es dickes, starkes Papier. Ein Werkstoff dieser Art scheint früher auch anders genutzt worden zu sein. Aus Metall gegossene Drucktypen, ebenfalls kaum mehr in Gebrauch, wurden gemacht, indem man geschmolzenes Blei in Formen goss, die genau wie das Fiber-Material aussahen. *Fiber* wurde auch zu elektrischen Schalttafeln und Dämmaterial für Elektromotoren verarbeitet.

Alte Bücher erzählen, dass sie ähnlich wie Rohhaut aufgeleimt wurde, sogar genau so vorher in Wasser eingeweicht worden ist. Ich habe einen solchen alten Lemonwood-Bogen mit einem Fiberbacking. Solche Waffen wurden vor der Erfindung von Glasfiber tonnenweise hergestellt. Fiberbackings waren normalerweise weiß, braun, schwarz oder grau (die Gussformen aus *Fiber* waren gewöhnlich gelb, rosa oder blassblau). In dem 1946 erschienenen Buch *„Target Archery“* bezeichnete Robert Elmer Fiberbackings bei einem gut gemachten Lemonwood-Bogen als total überflüssig. Sie sorgten aber für ein gutes Aussehen, halfen, Bögen an den Mann zu bringen und wurden auch bei Eibe und Osage verwendet.
Ohne Zweifel liegt irgendwo auf einem Dachboden genug *Fiber*, um ein paar Dutzend Bögen damit zu belegen.
Früher wurde auch Fortisan verarbeitet, manchmal auch Celanese Fortizan genannt und auch geschrieben (die Celanese Gesellschaft entwickelte Fortisan während des 2. Weltkrieges). In den 50er Jahren wurde Fortisan nicht mehr produziert und durch Glasfiber ersetzt. Elmer beschrieb Fortisan als Plastik, das durch feine Löcher gepresst wurde, um Fäden zu erzeugen. *„Archery, the technical side“* beschreibt Hickmans Erfahrungen mit Fortisan. Es war elastischer als Nylon oder Seide und das bei einer Zugfestigkeit vom Doppelten von Seide. Hickman fing an, Fortisan kommerziell mit einer Dicke von 0,025 und 0,037" (0,64 und 0,93 mm), 11,5" breit (29 cm) und 72" lang (182 cm), herzustellen. Es wird empfohlen Fortisanbacking mit 1,5 % Vorspannung aufzuleimen.

Mit Fortisan belegter Bogen aus den 40er Jahren.

Fischbein

Krill fressende Wale filtern ihre Mahlzeit mit Barten, sog. Fischbein, aus vielen tausend Litern Meerwasser. Man kann damit auch Bögen belegen. Die Barten, die ich gesehen habe, sehen genauso aus wie schwarzes Horn. Es ist eine Masse aus zusammengepressten, haarähnlichen Strängen. Ein großer Wal kann über 300 Barten in seinem Maul haben, die drei bis 12 Fuß (90 bis 360 cm) lang sein können.
Wenn du nicht die letzten paar Jahre in einer Höhle gelebt hast, weißt du wahrscheinlich, dass Waljagd genau so wie das Totschlagen von Robbenbabies politisch geächtet und außerdem illegal ist. Der U. S. Fish and Wildlife Service hat eine Dienststelle in Ann Arbor, Michigan. Ich habe mit einer Dame in dieser Dienststelle telefoniert, die sich nur als „Agent Lavin" vorgestellt hat. Frau Lavin sagte mir, dass das Gesetz zum Schutz von Seetieren die Jagd auf Wale seit 1972 verboten hat (mit bestimmen Ausnahmen wie der Waljagd durch amerikanische Ureinwohner). Seit dieser Zeit ist es auch illegal, Teile von Walen zu importieren, aber sie sagte, es sei legal, Walteile zu besitzen, die bereits in den USA waren, bevor das Gesetz in Kraft trat. Fr. Lavin erklärte aber auch, dass eine Anzahl von Walarten vom Gesetz über bedrohte Tierarten von 1973 als bedroht eingestuft worden seien. Darunter fielen der Blau-, Finn-, Grau-, Buckel-, Seihwal und einige andere. Der zwischenstaatliche Handel mit Produkten dieser Tiere ist absolut verboten, egal, wann sie erlegt wurden, und die forensischen Labore der Regierung kriegen heraus, von welchem Wal ein Stück Fischbein stammt. Sie rät jedem, der spezielle Fragen über Walbarten hat, sich an den U. S. Fish and Wildlife Service zu wenden.

Fischbein war nie allgemein gebräuchlich oder billig. In den späten 40er Jahren sagte Elmer, eine Tonne Barten koste 10 000 Dollar, das Pfund 5 Dollar. Ein stolzer Preis in einer Zeit, in der eine gute Mahlzeit 20 Cent kostete. Bevor der Walfang unterbunden wurde, sind tausende von Walen erlegt worden. Es ist deshalb gut möglich, dass noch hier und dort etwas von dem Zeug herumliegt. Wenn du also in Opas Abstellkammer noch ein paar Stücke findest, kannst du damit einen Bogen belegen. Es ist fast unzerbrechlich und ein solcher Streifen kann sich immens weit biegen, ohne gebogen zu bleiben.

John Strunk hat Bögen mit Fischbein belegt. Er sagt, es habe oft einen leicht s-förmigen Querschnitt und die Enden fransen zu losem Haar aus. Er benutzt eine Schleifscheibe, um die Fischbeinstreifen auf eine gleichförmige Dicke zu bringen. Da der Fischbeinstreifen flach ist, macht er den Bogenrücken ebenfalls flach, wobei er versucht, durch so wenig Jahresringe wie möglich zu schneiden.

Strunk leimte das Fischbein mit Epoxydharz auf, umwickelte das Ganze mit Mullbinde bis der Kleber fest war und trimmte dann die Ränder des fertigen Backings mit einer Schleifscheibe oder einer Feile zurecht, wobei er aufpasste, beim Trimmen keine Haare aus dem Backing zu reißen.

Man sollte auch erwähnen, dass man einen Bogen mit Fischbein als Bauch machen kann. Genauer gesagt, man kann einen kurzen Kompositbogen mit tiefem Reflex bauen. Diese Art Bogen würde ein gutes Sehnenbacking und einen Holzkern erfordern. Weil Fischbein so schwer zu kriegen ist, wäre ein Bogenbauer, der ein oder zwei Stücke aufgetrieben hat, gut beraten, wenn er ein asiatisches oder arabisches Design wählen würde. Wenn er so einen Bogen baut, wäre er ein Mitglied in einer sehr kleinen Bruderschaft.

Ersatzmaterialien

Natürliche Materialien zu verwenden, soweit es irgend geht, ist normalerweise das Ziel aller Holzbogenbauer. Das ist schließlich gerade der Reiz, der in erster Linie die Leute zu Holzbögen hinzieht.

Diejenigen, die schon ein paar Jahre diesem Hobby nachgehen, haben normalerweise einen beneidenswerten Vorrat an Holz, Sehne, und anderen Materialien, dazu noch die richtigen Verbindungen, um bei Bedarf noch andere Rohstoffe besorgen zu können.

Mit Anfängern dagegen ist das eine andere Sache. Es ist oft schwer für sie, sich die schwer zu findenden Rohstoffe zu besorgen, wenn sie nicht die manchmal recht saftigen Preise dafür zahlen wollen. Dabei halte ich es für ziemlich unfair, wenn jemand nicht zum primitiven Bogenschießen kommt, bloß weil er gerade knapp bei Kasse ist.

Aus diesem Grunde würde ich jedem Anfänger raten, zu schummeln, wenn es sein muss. Die Erfahrungen, die du dabei sammelst, sind die Sache wert und es wird dich bei der Stange halten, bis du Sehnen, Rohhaut oder was auch immer in die Finger kriegst.

Marschiere in die nächste Weberei, wo du für ein oder zwei Dollar genug Nylon kriegst, um mehrere Bögen damit zu belegen.

Rip-Stop Nylon, aus dem man Fallschirme macht, ist so dünn, dass es fast durchsichtig ist. Nimm das nicht, sondern kauf dir das stärkste Nylongewebe, das es gibt. Wenn sich das Gewicht des Nylons so schwer anfühlt wie das Material, aus dem Nylonrucksäcke sind, wird es funktionieren.

Obwohl Nylon sehr zäh ist, sind Sehne oder Rohhaut besser, weil sie stärker sind und Nylon im Laufe der Zeit von Sonnenlicht zersetzt wird. Es ist vermutlich keine gute Idee, einen Bogen aus einem Brett mit Nylon zu belegen. Bei einem Rohling aus einem Stamm funktioniert es aber gut, wenn die Jahresringe nicht all zu schlimm verletzt worden sind.

Weißer Holzleim eignet sich gut für Nylon, wenn man ihn mit heißem Wasser verdünnt, bis er richtig dünnflüssig wird. Diesen Leim pinselst du auf den Bogenrücken. Binde ein Ende des Nylonstreifens mit Schnur an den Bogengriff. So kannst du am anderen Ende des Streifens ziehen und ihn unter Spannung halten, während du ihn am Bogenrücken festdrückst. Wenn du das so machst, kriegst du keine Luftblasen. Wenn der ganze Wurfarm belegt ist, umwickelst du die Spitze mit Schnur. Dann belegst du den anderen Wurfarm genauso. Wenn dein Bogenrücken Buckel oder Täler hat, umwickelst du besser das ganze Nylonbacking, bis es trocken ist. Du kannst dazu auch irgendwas dünnes, z. B. Nähgarn, nehmen.

Gut ist es auch, dünnen Leim über das Backing zu pinseln, bevor du es umwickelst. Den überschüssigen Leim kannst du mit einem Lappen oder der Hand wegwischen. Wenn der Leim trocken ist, nimmst du die Wicklung ab. Das Nylon hängt jetzt über die Kanten der Wurfarme. Aber bevor du es passend zuschneidest, solltest du es mit Lack einstreichen und den Lack trocknen lassen. Das ist deshalb ratsam, weil Nylon gern ausfranst, wenn man hineinschneidet. Wenn du es erst lackierst und etwas Rasiermesserscharfes nimmst, etwa eine Rasierklinge, um es zuzuschneiden, kannst du unansehnliches Ausfransen verhindern.

Leder kann man auch verwenden, obwohl es, genau wie Nylon, nicht so widerstandsfähig wie Sehne oder Rohhaut ist. Nimm das dünnste, stärkste Leder, das du auftreiben kannst und leime es wie Rohhaut auf.

Wenn du dir Leder oder Nylon nicht leisten kannst, hast du vielleicht einige dieser braunen Lebensmitteltüten irgendwo herumliegen. Klebe Streifen davon auf deinen Bogenrücken, um Splitter niederzuhalten (bedenke, dass Fiber im Prinzip nichts anderes war als sehr dickes, starkes Papier). Ron Hardcastle hat mit Epoxydharz so ein Papiertütenbacking aufgeklebt und die Chancen stehen gut, dass sich auch Holzleim gut eignen würde.

Hautleim würde auch gehen. Keine Ahnung, wo du Hautleim hernehmen sollst? Kein Problem. Du brauchst nur in das nächste Lebensmittelgeschäft zu marschieren und etwas pulverisierte Knox-Gelantine kaufen. Tim Baker hat herausgefunden, dass sie genauso funktioniert, wenn man sie zur selben Konsistenz wie Hautleim mixt.

In der „schnellstes-Backing-das-es-gibt"- Kathegorie rangiert glasfiberverstärktes Paketklebeband weit vorne. Schneide dir ein langes Stück von dem Band ab, klebe es auf den Bogenrücken, schneide die Kanten zu, fertig! Ron Hardcastle gewinnt mit dieser Entdeckung den „schnell-wie-der-Teufel-Bogenbauer-Preis".

Wie dieses Kapitel zeigt, gibt es viele Antworten auf Probleme, die man beim Bau von Holzbögen kriegen kann. Bei Holzbögen gibt es so viele Möglichkeiten und Abwandlungen, dass man von einer einzigen Methode oder Anweisung nie erwarten kann, in jedem denkbaren Fall gute Ergebnisse zu garantieren. Ein Bogenbauer muss in der Lage sein, für sich selbst zu denken, damit er sich das für ihn richtige auswählt. Eigentlich steckt darin viel von dem Spaß und der Befriedigung, die man beim Bau von Holzbögen hat.

11 Übersetzt von Manfred Ebner

Tillern

Jim Hamm

Bis zu diesem Punkt wurde mit der Arbeit nur die Basis für das Folgende gelegt. Das eigentliche Bogenbauen beginnt hier, und unglücklicherweise für viele Anfänger endet es auch viel zu oft hier. Wie Steward White, ein Gefährte von Art Young und Saxton Pope aus dem ersten Teil des vorherigen Jahrhunderts schrieb: Die beste Art deinen ersten Bogen zu bauen ist: ohne Hoffnung, aber voll Beharrlichkeit.

Obwohl es erfahrene Bogenbauer lieben, sich darüber in Horrorgeschichten zu ergehen, ist Tillern nicht so schwer, wie es auf den ersten Blick erscheint. Obwohl es den erstmaligen Bogenbauer fast immer beeindruckt, die Form bestimmen, das Zuggewicht und im weitesten Sinne die Dauerhaftigkeit, ist es ebenso einer der simpelsten Schritte. (Mit einiger Ironie in der Stimme erzählte ich einst einer zuschauenden Menge, dass Bogenbauen ganz einfach sei: Man nehme ein Stück Holz und ein Beil und hacke all das weg, was nicht nach Bogen aussieht.).

Die zermürbende Kunst des Tillerns lässt sich zu folgendem Satz reduzieren: Nimm Holz an den Stellen weg, an denen sich der Wurfarm nicht genug biegt und lass die Stellen in Frieden, an denen er sich zu stark biegt.

Das ist alles. Keine Magie, keine Zauberkunststücke mit Rauch und verborgenen Spiegeln. Wenn du irgendwann während des Tillerns unsicher bist erinnere dich daran: Nimm Holz an den Stellen weg, an denen sich der Wurfarm nicht genug biegt und lass die Stellen in Frieden, an denen er sich zu stark biegt.

Zu Beginn mag Tillern überwältigend erscheinen, da viele verschiedene Dinge zum gleichen Zeitpunkt beachtet werden müssen. Jeder der beiden Wurfarme muss sich in einem korrekten Bogen biegen. Beide Wurfarme müssen sich gleich biegen und der Bogen muss zum richtigen Zuggewicht gebracht werden. Der Prozess vereinfacht sich, wenn du im Gedächtnis behältst, dass sich die Wurfarme zuerst einmal gleichmäßig biegen müssen, ohne steife oder weiche Stellen. Dann wenn sich beide Wurfarme in gleicher Weise korrekt biegen, kann das Zuggewicht eingestellt werden.

Zum Anfang nehmen wir an, dass das zur Verfügung stehende Holzstück gerade, ohne Knicke, Verdrehungen, Knoten oder anderen Unregelmäßigkeiten ist. Mit diesen Dingen werden wir uns später befassen, wenn die Basis des Tillerns „abgedeckt" ist. Die Silhouette des Bogen soll ausgeschnitten sein und die Dicke der Wurfarme, für einen Bogen mit einem Zuggewicht von ca. 60 lb., mit Handsägen, Beil, Schabhobel oder Raspel auf ¾" (18 mm) reduziert werden.

Bodentillern ist der erste Schritt in dem Prozess. Nimm den Bogen und setze ihn mit einer Spitze auf den Boden auf. Dann greife ihn in der Mitte und lehne dich in ihn hinein, während du die Biegung des unteren Wurfarmes und die dabei aufgewendete Kraft achtest. In diesem Schritt wird sich wahrscheinlich nicht viel biegen, was bedeutet, dass mehr Holz weggenommen werden muss.

Sodann fixierst du den Bogen in einem Schraubstock, mit der Bauchseite nach oben und nimmst mit einer groben Raspel mit langen, weit ausholenden Schüben Holz weg. Am leichtesten geht es mit einer halbrunden Raspel mit Griff und einer Länge von 8–10 inch (20 bis 25 cm). Arbeite von beiden Kanten her mit der flachen Seite der Raspel und achte darauf, nicht an einer Stelle zu viel Holz weg zu nehmen. Wenn du von der Spitze her am Wurfarm entlang blickst werden Höcker und tiefe Stellen augenscheinlich. Hilfreich kann es sein, die Höcker mit einem Bleistift zu markieren, so dass sie entfernt und dem restlichen Wurfarm angepasst werden können.

Geh so etwa zwanzigmal mit der Raspel drüber und tillere den Bogen wieder auf dem Boden. Wahrscheinlich wird er sich immer noch nicht biegen. Diesen Prozess, raspeln und Bodentillern wiederholen, bis der Wurfarm anfängt sich zu biegen. Es kann sein, dass du das etwa zehnmal wiederholen musst.

Ron Hardcastle beim Bodentillern

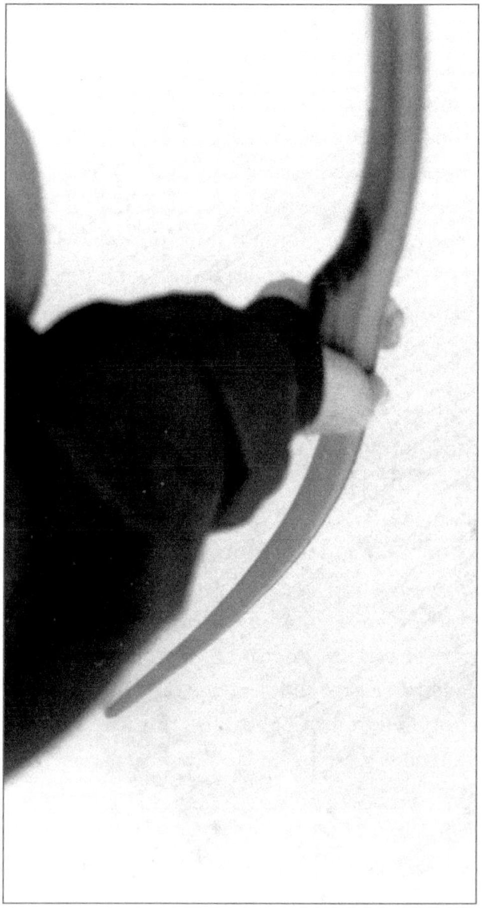

Die Biegung im unteren Wurfarm aus seinem Blickwinkel.

Wenn du ein Anfänger in Bogenbauen bist und bemerkst wie du zu dir sagst: „Das dauert ja viel zu lange. Jetzt nehme ich mal ein ordentliches Stück Holz weg und dann wird sich das Miststück schon biegen lassen", dann solltest du dein Werkzeug vorsichtig weglegen, dir einen großen Eimer mit Wasser füllen und deinen Kopf hinein stecken, denn du bist auf dem besten Wege einen 30 lb. Bogen statt eines 60 lb.ers zu machen.
Der Dickenunterschied zwischen einem 30 lb. und einem 60 lb. Bogen ist überraschend klein und der Grund dafür überraschend einfach. Wenn du einen Bogen doppelt so breit machst wird er auch doppelt so schwer werden. Wenn du ihn doppelt so dick machst wird er *achtmal* so stark werden. Es ist leicht zu sehen, dass eine kleine Menge Holz von der Bauchseite weggenommen einen merklichen Unterschied für das Biegen des Holzes macht, besonders wenn die Wurfarme breit und dünn sind.
Der springende Punkt ist: **Beim Tillern langsam vorangehen.**

Bei einem Bogenbau-Anfänger ist der häufigste Fehler, dass er den Bogen zu schwach macht und dieses ist fast immer Resultat der Ungeduld. Der Anfänger tastest sich im Grunde blind an den Rand einer Klippe vor. Wenn du mal einige Bögen bebaut hast, wirst du erkennen können, wenn viel zu viel Holz übrig ist. Beim Bogenbauen geht es aber nicht um Zeit. Also zumindest jetzt, mache es langsam und überprüfe häufig den Fortschritt durch häufiges Bodentillern.
Schreite nun fort im Bodentillern und Raspeln bis sich der Wurfarm biegen lässt. Dann wiederhole dieses mit dem anderen Wurfarm. Es ist sehr hilfreich, wenn du einen anderen Bogen ähnlicher Länge und Zuggewichts (und Bauart, A. d. Ü.), sei es ein Holz- oder ein Fiberglasbogen, für einen Vergleich zur Hand hast. So wird es ziemlich leicht zu erkennen sein, ob der Bogen an dem du arbeitest noch viel zu stark ist. In diesem Fall machst du weiter mit Raspeln und Bodentillern bis er ca. 20 lb. am Zielgewicht ist.

Ich zögere fast, es zu erwähnen, aber erfahrene Bogenbauer verwenden öfters ihre Bandsäge als „Power Raspel" während dieses anfänglichen Bodentillerns. Sie nehmen kleine Mengen Holz weg durch wohlerwogenen, geschickten Gebrauch der Bandsäge. Obwohl dieses den Prozess des Bogenbaus beschleunigt, ist beachtliche Erfahrung und Überlegung notwendig, Fähigkeiten, die der Anfänger noch nicht besitzt. Solange du noch nicht 20 bis 30 Bögen gebaut hast, bleibe bitte bei der Raspel und vermeide die holzfressende, zeitsparende, bogenfressende Bandsäge bis später. Vertrau mir in dem Punkt.

Wenn die Raspel zu mühselig ist, ist der Schabhobel evtl. eine sicherere Option, wenn er so eingestellt ist, dass er nur feine Späne abnimmt. Er leistet gute Dienste bei sauberem, geradem Holz, bei Osage jedoch rattert und springt er gewöhnlich und hinterlässt eine „Waschbrettoberfläche" auf dem Bogen. Aber während der Phase des Bodentillerns ist er eine Option, die in Betracht gezogen werden kann, besonders wenn es mit der Raspel zu langsam geht und du in Versuchung kommst, Holz mit der Bandsäge weg zu nehmen.

Es ist vorteilhaft, den Bauch des Bogens eher flach zu machen, als mit einer erhabenen Wölbung, besonders bei Eibe, Zeder oder anderem, eher weichem Holz (Dies gilt *nur* für Flachbögen, für Englische Langbögen gelten andere Regeln). Eine gerundete Bauchseite konzentriert die Kompression in ihrem höchsten Punkt. Ein Holz wie Eibe, das zu Kompressionsbrüchen bzw. Stauchbrüchen neigt, wird diese Defekte eher bei einem gerundeten als einem flachen Bauch zeigen. Der flache Bauch verteilt die Kompressionskräfte gleichmäßig über den ganzen Wurfarm, unabhängig vom verwendeten Holz, was die Dauerhaftigkeit des Bogens vergrößert und den Stringfollow verringern wird.

Die Wachstumsringe auf der Bauchseite sollten erwähnt werden. Große Mühe und viel Zeit wird aufgewendet, um auf dem Rücken einen durchgehenden, unverletzten Jahresring zu erhalten. Auf der Bauchseite jedoch werden die Jahresringe selbstverständlich durchtrennt, da der Wurfarm zur Spitze hin dünner wird.

Bei geradem, gleichmäßigem Holz können die auslaufenden Jahresringe manchmal auf der Bauchseite als Maß für das Tillern genommen werden. Esche, Hickory Ulme und andere normalerweise fehlerfreie Hölzer eignen sich für diese Technik, Osage und Eibe nicht.

Die Jahresringe sollten in der Mitte des Wurfarms zu einem Punkt auslaufen. Wenn sie auf einer Seite des Wurfarms auslaufen, ist diese Seite zu dick, wenn sie Sanduhr-förmige Ringe oder übriggebliebene Inseln bilden, deutet dieses auf eine zu dicke und damit zu steife Stelle hin.

Manchmal können die auslaufenden Jahresringe auf der Bauchseite als Maß zum Tillern genommen werden.

Richtiger Tiller

Die obere Kante ist zu dick

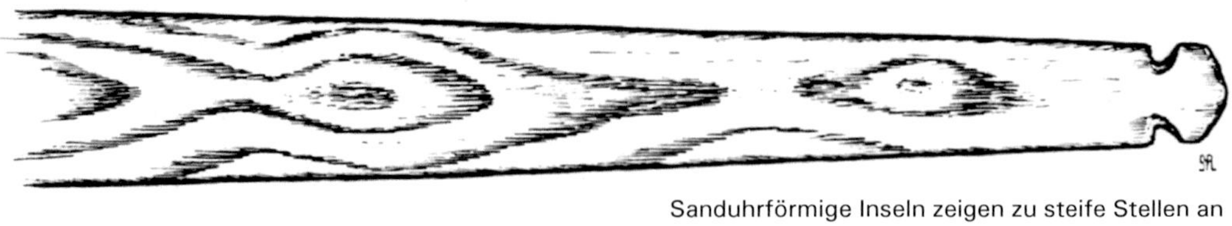

Sanduhrförmige Inseln zeigen zu steife Stellen an

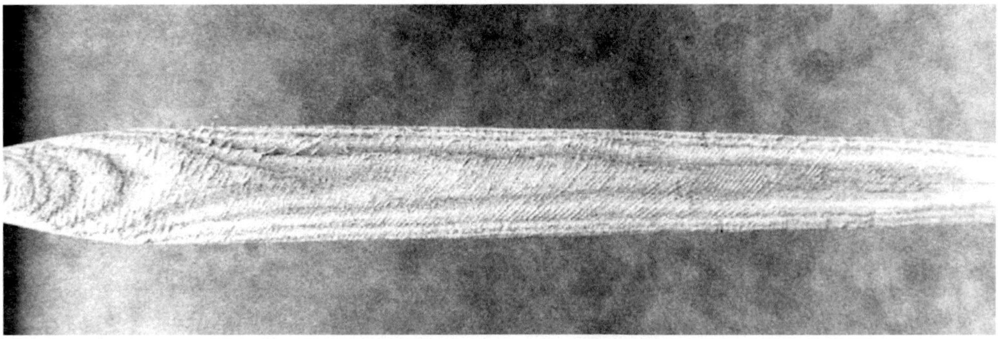

Die Bauchseite eines korrekt getillerten Eschenbogens.

Behalte im Hinterkopf, dass diese Daumenregel *nur* bei geradem, fehlerfreien Holz gilt. Verdrehungen, Knoten oder ungleichförmige Wachstumsringe machen diese Technik nutzlos wenn nicht gar gefährlich. Wenn es aber das Holz erlaubt, ist dieses ein schneller, einfacher Weg festzustellen, ob die Wurfarme die richtige Form haben und sich die Dicke richtig verjüngt. (Eine historische Notiz: In den 30er und 40er Jahren des vergangenen Jahrhunderts war ein Bogendesign populär, bei dem die Wurfarme durchgehend dieselbe Dicke hatten. Das Tillern erfolgte durch Anpassen der Breite des Wurfarms mit Schabern, Raspeln oder Schmirgeln, ähnlich dem Tillern moderner fiberglaslaminierter Bögen).

Während des Tillerprozesses beobachte sorgfältig die Seiten der Wurfarme. Ihre Dicke sollte sich gleichmäßig von der breitesten Stelle des Wurfarmes hin zur Spitze verjüngen. Beide Seiten der Wurfarme sollen dieselbe Dicke haben, ohne Vertiefungen oder „Hügel".
Wenn sich beide Wurfarme zu einem gewissen Grad biegen, sollen die Nocken eingeschnitten werden, so dass der Bogen auf einem Tillerstock gezogen werden kann (einem Stück Holz mit Kerben auf dem der Bogen aufgespannt und in verschiedenen Auszugslängen gespannt gehalten werden kann). Die Nocken kann man mit einer Kettensägenfeile (5716 geht ganz gut), einem Dremel Multitool oder sogar mit einem Taschenmesser einschneiden, wobei man aufpassen muss, dass die Kanten gut abgerundet werden, damit die Sehne dort nicht beschädigt wird. Ebenso muss man sorgfältig darauf achten, nicht einen Jahresring auf dem Bogenrücken zu durchschneiden und so den integralen Jahresring zu verletzen.

In diesem Stadium wird eine lange Sehne verwendet, die es erlaubt, den Bogen auf dem Tillerstock zu ziehen, ohne dass der Bogen zuvor aufgespannt wird. Eine echte, ausreichende Bogensehne soll hier verwendet werden, da diese unter beträchtlichem Zug steht, der Bogen ist ja noch viel zu stark.
Du wirst dir nur für das Tillern eine extra Sehne anfertigen wollen: 14 oder 16 Stränge Dacron sind angebracht. Setze die Mitte des Handstücks in den Tillerstock und ziehe die genaue Mitte der Bogensehne 10 bis 12" (25 bis 30 cm) und sichere sie in einer der Kerben.

Lehne die Konstruktion an die Wand und gehe einen Schritt zurück. Die relative Biegung der Wurfarme erscheint so deutlicher. Manchmal ist es sinnvoll, die Konstruktion auf ein Gitter zu legen, wie einen gefliesten Boden oder eine quadratische Zeichnung an der Wand, so dass die Biegung leichter erkannt werden kann.

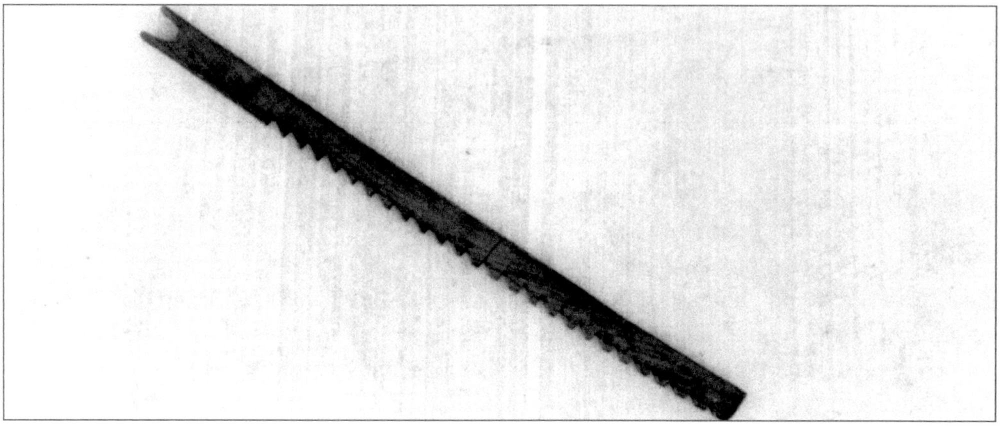

Tillerstock

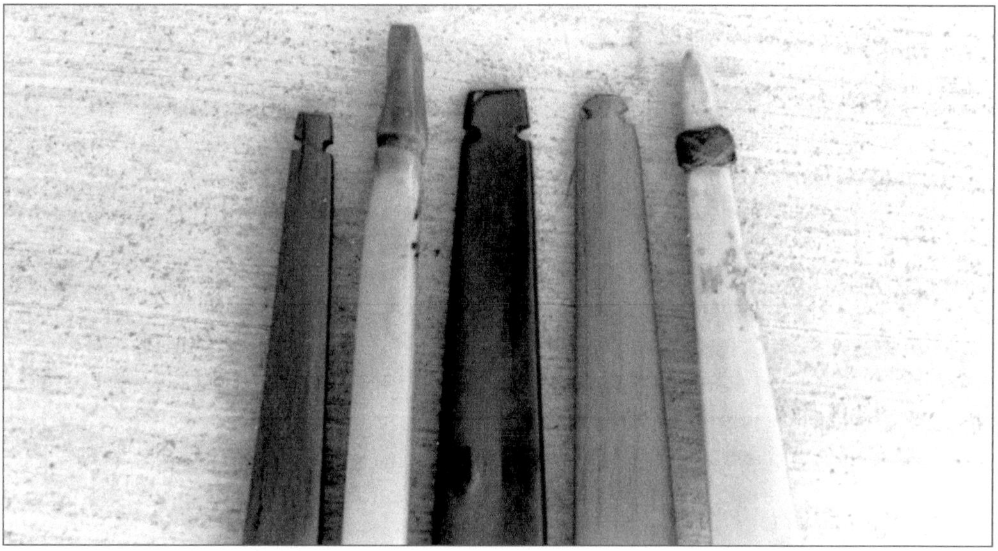

Nocken (von links nach rechts):
Schmale Selfnocke[1] | Hornnocke auf Eiben-Langbogen | breite Selfnocke | Selfnocke | Ring aus in Leim getauchtem Flax, der zu einer Nocke geformt wurde, um nicht in das schmale Wurfarmende eines Eibenbogens einschneiden zu müssen.

1 Selfnocke als Begriff für eine Nocke, die in das Holz des Wurfarmendes eingeschnitten wurde

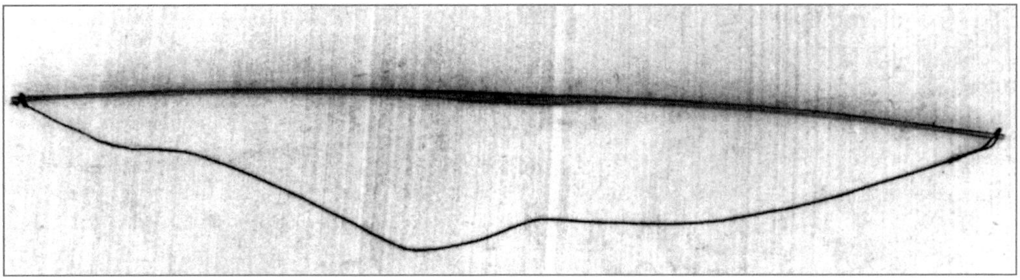

Bogen mit einer langen Sehne zum Tillern.

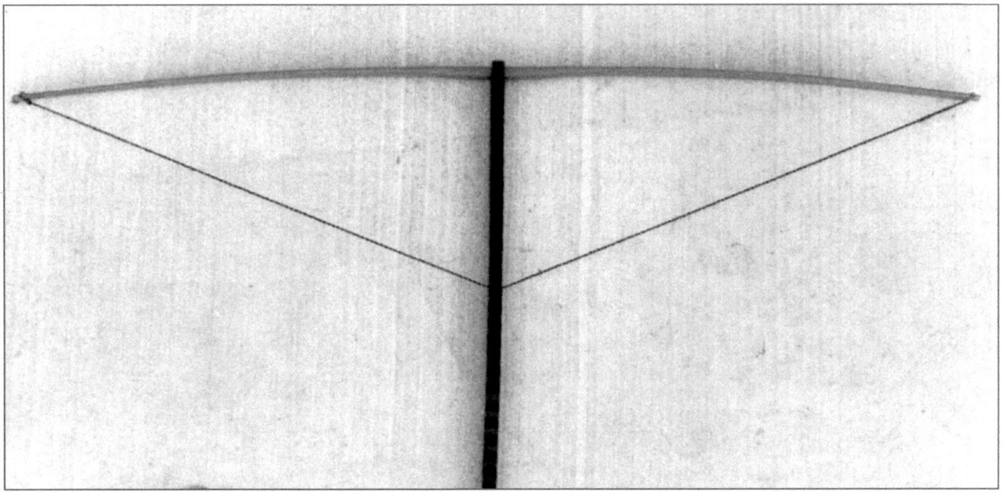

Bogen mit langer Sehne auf dem Tillerstock.

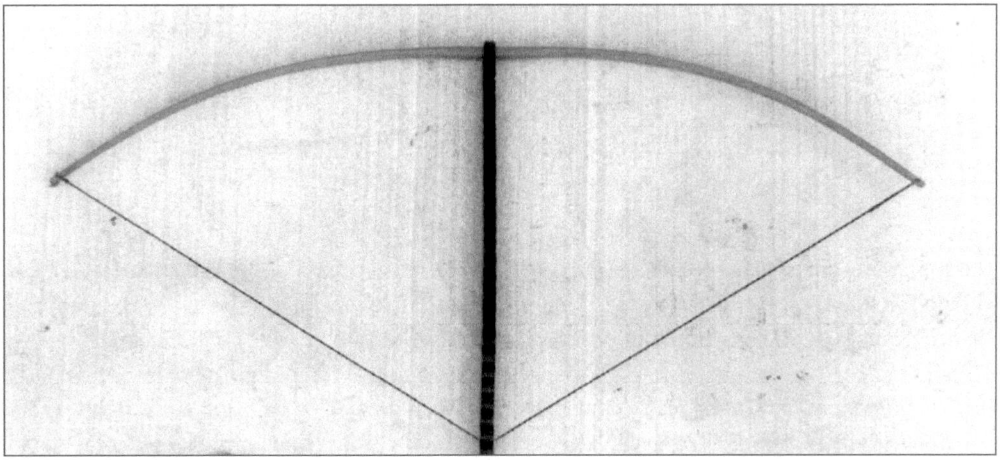

Mit der langen Sehne kann man den Bogen ziehen, ohne ihn erst aufspannen zu müssen.

Ein Wurfarm wird möglicherweise deutlich stärker oder steifer sein als der andere. Vom steiferen Wurfarm wird auf der ganzen Länge solange Holz weggenommen, bis beide Wurfarme gleich erscheinen, wenn der Bogen auf dem Tillerstock gezogen wird.
Wenn beide Wurfarme bei dem kurzen Auszug von 10 –12" (25 bis 30 cm) korrekt erscheinen kann die Sehne ein wenig weiter gezogen werden. Für einen Bogen mit einem schmalen, dicken Griffstück sollte das Mittelteil steif bleiben bis hin zur breitesten Stelle des Bogens. Ab hier soll sich der Wurfarm „graziös" biegen. Bei einem D-förmigen Bogen oder einem Bogen ohne tiefes, schmales Griffstück, soll die Biegung über die gesamte Länge verlaufen, wobei sie am Griff evtl. etwas flacher sein kann. Bei beiden Bogentypen sollen sich ca. die letzten 6" (15 cm) vor den Wurfarmspitzen nicht biegen. Allerdings sollen sie in einem gewissen Maße dünner und schmaler werden um, wie im Kapitel „Leistungsfähigkeit und Design" beschrieben, Gewicht zu sparen, das sonst auf Kosten der Geschwindigkeit gehen würde.

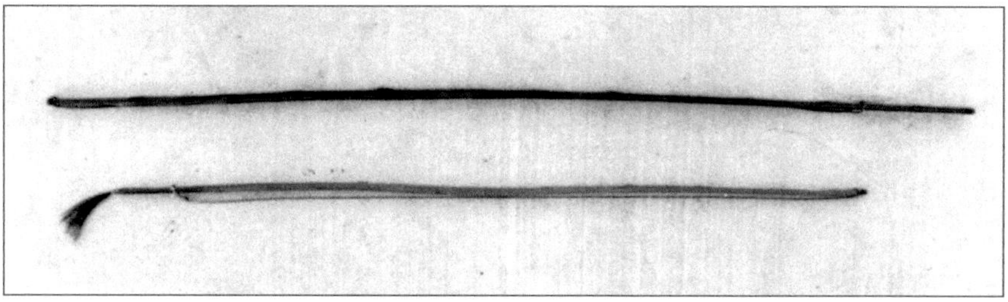

D-förmige Bogen. Das Mittelteil verdickt sich nicht.

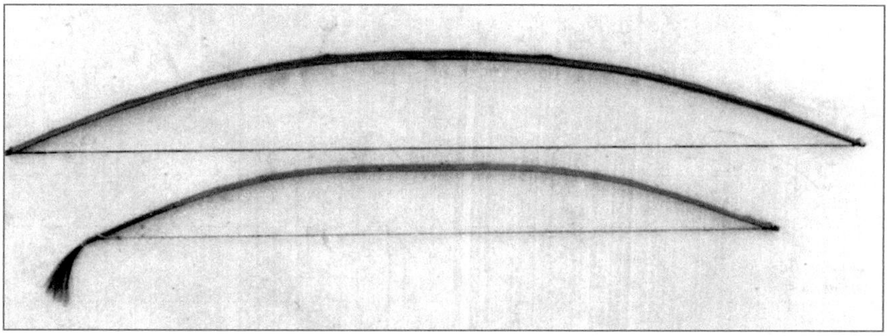

D-förmige Bogen aufgespannt. Sie biegen sich über die gesamte Länge.

Während des ganzen Tillerprozesses solltest du auf Knicke oder auf Bereiche achtgeben, die sich deutlich mehr als angrenzende Bereiche biegen. Ein Knick zeigt sich als winkelförmige Biegung, anstelle einer gleichmäßigen und anmutigen Kurve. Beim Umgang mit Knicken erinnere dich an die Grundregel, mit der wir begonnen haben: Nimm dort Holz weg, wo sich der Wurfarm nicht genügend biegt, und lasse die Finger da weg, wo er sich zu stark biegt. Da sich der Wurfarm an einem Knick viel zu stark biegt, nimm rechts und links davon Holz weg bis sich die Stelle korrekt biegt. Zieh den Bogen auf keinen Fall weiter, falls ein merklicher Knick erscheint. Ansonsten wird das Holz an dieser Stelle permanent komprimiert und gebogen. Es ist eine gute Idee, eine Knickstelle auf der Bauchseite mit einem Bleistift zu markieren, so dass nicht aus Versehen hier Holz weggenommen wird.

Ein Knick entspricht einem schwachen Glied einer Kette. Der schwächste Teil des Bogens bestimmt das schlussendliche Zuggewicht. Ein 65 lb. Knick in einem 75 lb.Bogen bedeutet, dass der Bogen maximal 65 lb. ziehen wird, wenn er korrekt getillert ist und die Wurfarme gleich sind. Wenn ein 45 lb. Knick in einem 65 lb. Bogen auftritt, zieht dieser auch maximal nur 45 lb. Extreme Fälle wie dieser werden nur auftreten, wenn der Bogenbauer in Eile ist. Natürlich ist mir das noch nie passiert – zumindest nicht mehr als ein paar Dutzend Male. Aus diesen langen und manchmal traurigen persönlichen Erfahrungen würde ich gerne Hamms Gesetz in Erz gießen:
2 Minuten Ungeduld oder Unachtsamkeit – 10 sec mit einem Elektrowerkzeug – werden 8 Stunden sorgfältige Arbeit zunichte machen.

Bogen mit einem Knick im linken Wurfarm. Wenn so ein Knick auftaucht darf der Bogen nicht mehr gezogen werden, bis dieses korrigiert ist.

Wenn die Wurfarme gleichmäßig ziehen, ist es Zeit den Bogen das erste Mal auf zu spannen. Ein Wort zu Sehnen. Ich bevorzuge eine flämisch gespleißte Bogensehne mit Öhrchen am oberen Ende und einem Bogenbauerknoten unten. Der Bogenbauerknoten kann, wenn entspannt, leicht in der Länge justiert werden. Die Standhöhe, der Abstand zwischen Sehne und Griff also, kann in diesem frühen Stadium niedrig sein, etwa 3–4" (7,5 bis 10 cm). Später, wenn wir uns dem Zielgewicht nähern und der Bogen weiter ausgezogen wird, sollte die Sehne gekürzt werden, so dass die Standhöhe ca. 5 bis 6" (12,5 bis 15 cm) beträgt oder soviel, dass die Federn eines eingenockten Pfeils den Bogen nicht mehr berühren.
Falls du beim Spannen des Bogens rot anläufst oder es dir schwarz vor Augen wird, ist der Bogen immer noch zu stark. Ich schaffte es mal, im Stuhl sitzend, einen 90 lb. Bogen zu spannen. Ich sah Ishi im Himmel vor meinen Augen und mir hat noch drei Tage später alles weh getan.

Oben abgebildet, das gespleißte Sehnenöhrchen für den oberen Wurfarm, unten gezeigt der Bogenbauerknoten für den unteren Wurfarm.

Wenn dein Bogen noch zu steif ist, sollte Holz von beiden Wurfarmen abgenommen werden, sorgfältig darauf achtend, dass er weiterhin gleichmäßig und ohne Knicke biegt, bis der Bogen gezogen werden kann.
Nochmals, oberste Priorität beim Tillern heißt, dass sich beide Wurfarme gleichmäßig biegen. Wenn der Bogen sich in einem gleichmäßigen Kreisbogen biegt wird die Stärke gewogen. Eine Konstruktion mit Rollen, Seil und einer Federwaage kann verwendet werden, so dass du nicht nur das Zuggewicht bestimmen, sondern den Bogen auch aus der Distanz betrachten kannst. Das ist die sinnvollste Methode. Aber eine Badezimmerwaage geht ebenso genau, und jeder hat eine. Schneide eine Kerbe in ein Ende einer 2 × 2" (5 × 5 cm) Holzstange zur Aufnahme der Mitte der Bogensehne und markiere die Auszugslängen auf der Holzstange. Es ist zwingend notwendig, eine Sperrholzplatte von 4 × 4" (10 × 10 cm) an das andere Ende der Holzstange zu schrauben und darauf ein Blatt Sandpapier zu kleben, um ein Abrutschen zu verhindern. Stange und Bogen werden auf die Waage gestellt und die Anzeige auf Null eingestellt.

Ein Bogen mit ungleichem Tiller. Beide Wurfarme biegen sich gleichförmig ohne Knicke, aber der rechte Wurfarm ist steifer, bzw. stärker als der andere.

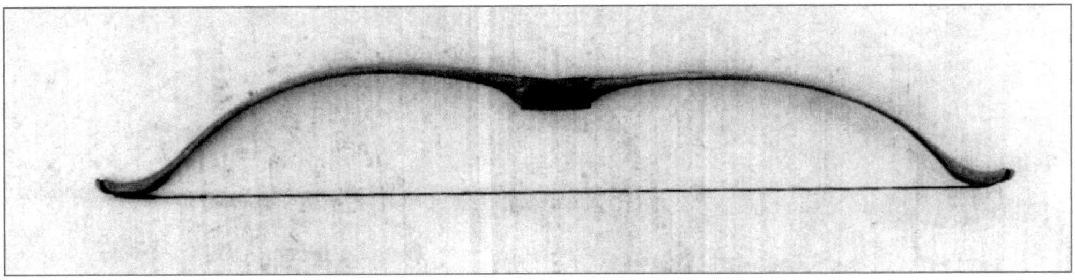

Ein Recurvebogen mit ungleichmäßigemTiller.

Welche Methode auch immer verwendet wird, Badezimmerwaage oder Seilzug mit Rolle, achte während du den Bogen ausziehst sorgfältig auf die Anzeige der Waage. Der Bogen wird nicht weiter als bis zur Hälfte des Zielgewichts ausgezogen, bei einem 60 lb. Bogen also bis 30 lb. Dieses Gewicht wird bei einer kurzen Auszugslänge, möglicherweise 10 bis 15" (25 bis 37,5 cm) erreicht sein. Falls der Tiller nach dem ersten Biegen gleichmäßig bleibt dann zieh ein wenig weiter - bis 40 lb. und überprüfe die Biegung. Wenn einer der Wurfarme sich bei diesem Biegen als stärker erweist, was ganz normal ist, dann entferne Holz vom stärkeren Wurfarm und zieh den Bogen wieder zum gleichen Auszug, wobei du die Biegung sorgfältig überprüfst. Wenn die Wurfarme sich dem korrekten Tiller nähern, werden die Unterschiede zwischen den Wurfarmen, genauso wie zwischen schwachen und steifen Stellen, sehr fein. Untersuche den Bogen mit kritischem, äußerst sorgfältigem Blick.

Die Waage misst das Zuggewicht. Beachte das Quadrat aus Sperrholz, welches am unteren Ende des Stabes angeschraubt ist. Es verhindert das Abrutschen.

12

Die Bogensehne wird in die Kerbe des Stabes eingehängt.

Der Bogen wird nach unten gezogen.

Wenn der Tiller bei gegebener Zuglänge gleichmäßig ist, wird der Auszug in 10 lb. Schritten erhöht bis das endgültige Zuggewicht erreicht ist. Der Bogen wird anfänglich die 60 lb. wahrscheinlich bei einer kurzen Zuglänge, vielleicht 15 bis 18" (38 bis 46 cm) erreichen. Zieh den Bogen nicht über 60 lb. aus, sondern nimm von beiden Wurfarmen gleichmäßig Holz ab. Dann wird der Bogen wieder bis 60 lb. gezogen. Dieses Mal wird er sich etwas weiter ziehen lassen, vielleicht 18 bis 20", bevor das Zielgewicht erreicht ist. Wenn der Bogen nie über das Zielgewicht hinaus gezogen wird, kann er nicht überdehnt werden.

Zwei Gedanken zu dieser Methode, die erste zur Vorsicht. Die Wurfarme *müssen* gleichmäßig, ohne Knick sein, bevor sie in diesem Maße belastet werden. Die Knickstelle oder sogar ein ganzer Wurfarm, der schwächer als der andere ist, kann eine unnötige, dauerhafte Biegung erleiden. Zum Zweiten ist es ein großer Vorteil dieser Methode, dass es nahezu unmöglich ist, über das Zielgewicht hinauszuschießen und den Bogen zu schwach zu machen. Und der Bogen ist bereits „eingeritten" wenn das endgültige Zuggewicht erreicht ist, und er wird nur sehr wenig an Zuggewicht verlieren.
Mit anderen Worten: Wenn die Wurfarme über den ganzen Prozess gleich (stark) gehalten werden, ist es ein narrensicheres Verhalten, den Bogen auf der Waage bis zu seinem endgültigen Zuggewicht zu ziehen, zuerst nur eine geringe Auszugslänge, zunehmend wird das Holz entfernt, bis der endgültige Auszug erreicht ist.
Ab jetzt zieh den Bogen jedes Mal von Hand, wenn Holz weggenommen wurde. Nicht über das endgültige Zuggewicht hinaus, aber zieh ihn jedes Mal, wenn du Holz entfernst, acht- bis zehnmal teilweise aus, da sich das Ergebnis des Holzwegnehmens erst zeigt, wenn das Holz durch Biegen belastet wird.

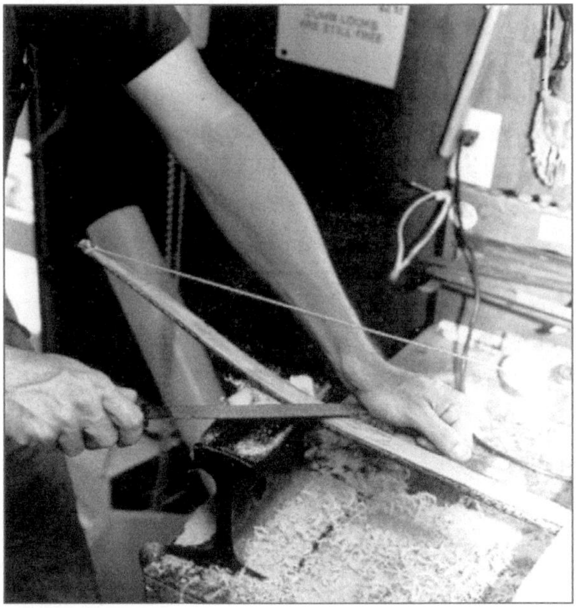

Der Bogen ist in einen Schraubstock gespannt. Mit einer Raspel wird Holz auf der Bauchseitez abgetragen.

Das Holz *muss* durch Ausziehen des Bogens belastet werden, damit sich die wahre Biegung der Wurfarme zeigt, jedes Mal wenn Holz weggenommen wurde. Dadurch können die Wurfarme ihre „eigentliche" Form zeigen, da sie auf die Wegnahme des Holzes antworten.

Die kritischsten Bereiche beim Tillern eines Bogens mit breitem, flachen Wurfarm und einem schmalen, tiefen Griffstück sind die *Fade-Outs*[2] (Übergänge) an denen das dicke Griffstück dünner wird und in den breitesten Teil des jeweiligen Wurfarms übergeht. In diesem Bereich ist die runde Seite der Raspel besonders hilfreich.
Die Fotos, welche die Beziehung zwischen Breite und Dicke zeigen, sollten besonders sorgfältig studiert werden. Die Dickenabnahme darf nicht zu weit in das Griffstück reichen und den Bereich sowohl dünn als auch schmal machen, was einen tödlich schwachen Bereich ergeben würde. Auf der anderen Seite soll der Wurfarm deutlich jenseits seiner breitesten Stelle nicht zu steif und unbiegsam sein, sondern sollte direkt ab der breitesten Stelle beginnen, sich eben so zu biegen. Die Regel hier sind weiche, gleichmäßige Übergänge, keine abrupten Änderungen in der Dicke noch in der Breite.

Um das Gewicht des Bogens weiter zu reduzieren, wird, sobald ein Auszug von 20" (51 cm) erreicht ist, die Raspel gegen einen Schaber ausgetauscht. Gut geht eine Ziehklinge oder ein scharfes Taschenmesser. Da der Schaber präziser arbeitet und weniger Holz wegnimmt, ist es schwierig zu viel Holz wegzunehmen. Das ist bei Bögen mit breiten, dünnen Wurfarmen besonders wichtig, da hier gegenüber einem Bogen mit schmalen, dicken Wurfarmen die Abnahme einer gewissen Holzmenge einen viel größeren Unterschied macht.
Arbeite mit langen, weichen Zügen und halte den Schaber im richtigen Winkel zum Holz. Falls das Werkzeug zu rattern beginnt oder ein Waschbrettmuster hinterlässt, wechsele den Winkel oder/und schabe das Holz von der anderen Richtung her. Knoten und Drehungen benötigen mehr Mühe, da das Holz hier gewöhnlich härter ist.
Als Alternative zum Schaber kann auch von der groben Raspel zu einer feinen Raspel gewechselt werden, manchmal als *cabinetmakers rasp* bezeichnet. Dieses Werkzeug nimmt kleine Mengen Holz weg während es gleichzeitig die Bauchseite völlig flach hält, was beim Schaber nicht immer der Fall ist.
Erfahrene Bogenbauer bringen häufiger den Bogen mit einer groben Raspel und einem Schabhobel zum endgültigen Zuggewicht und Tiller, aber diese Fähigkeiten kommen erst nach vielen Jahren... und zahlreichen fehlgegangenen Bögen. Wenn du nur die geringste Unsicherheit hast, bleibe beim Schaber oder wenigstens bei der feinen Raspel. Man kann die Sache vertretbar verkürzen, wenn man erst einen Durchgang mit dem Schaber macht, dann das Zuggewicht testet und den nächsten Durchgang mit der feinen Raspel ausführt. Das hält die Bauchseite perfekt flach und gleichzeitig wird die Gefahr, zu viel Holz wegzunehmen, minimiert.

2 A.d.Ü. Fade-Out als Begriff für abnehmende Dicke bzw. abnehmende Breite eines Bogens. Hier wird damit der Bereich zwischen Griff und Wurfarm bezeichnet, in dem die Dicke auf Wurfarmdicke abnimmt und die Breite auf die anfängliche Wurfarmbreite zunimmt.

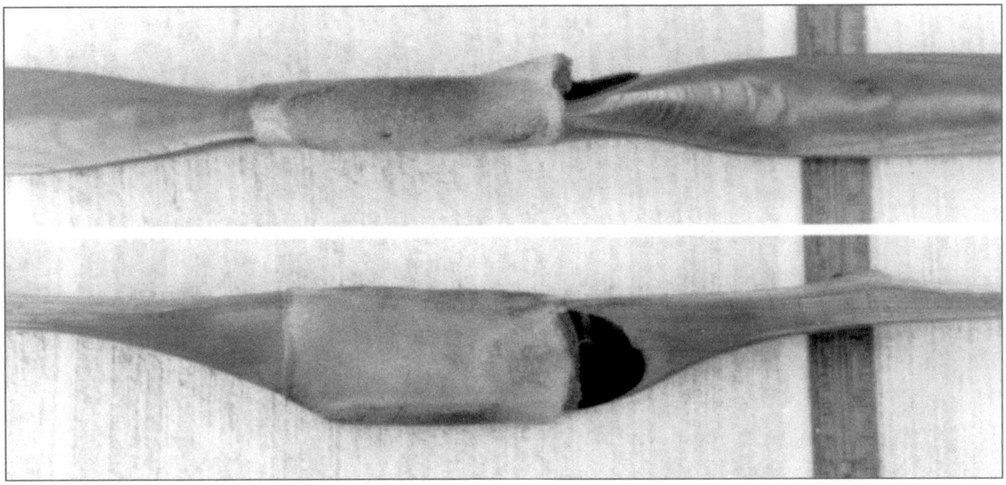

Dieses Fade-Out am Griffstücks zeigt die richtige Beziehung zwischen Dicke und Breite. Beachte, dass der Maßstab an der breitesten Stelle des Bogens liegt.

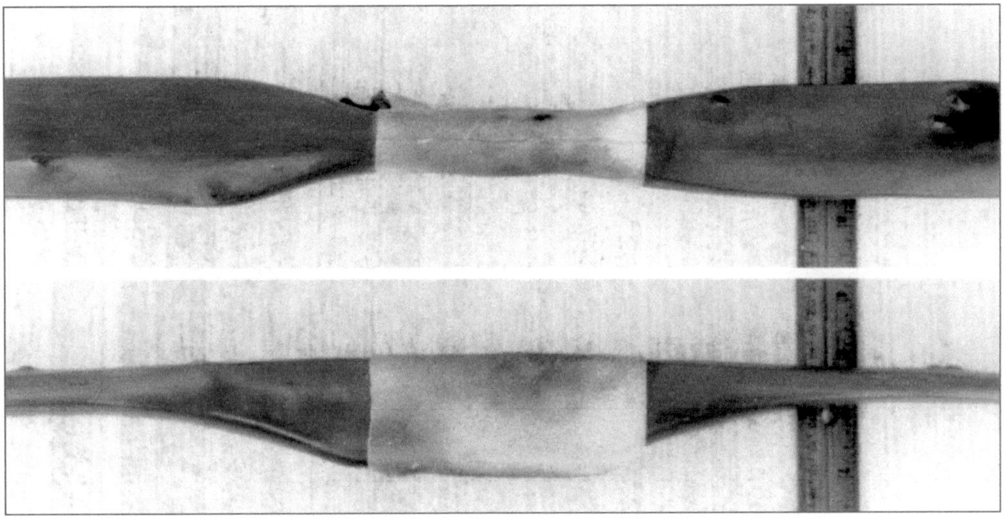

Gleich mit welchem Werkzeug, es sollen nur 10 bis 20 Hiebe auf jeder Seite gemacht werden, bevor der Bogen 10 mal teilweise ausgezogen und das Gewicht überprüft wird.
Jetzt wird der Bogen beim Zielgewicht etwas weiter ausgezogen sein. Ebenso muss die Biegung am Tillerstock überprüft werden. Es ist ziemlich hilfreich, am Tillerstock die Auszugslängen zu markieren, so dass der Bogen mit der Bogenwaage zum selben Auszug gezogen werden kann. Ab jetzt sollte der Bogen, wenn er auf dem Tillerstock ist, von beiden Seiten betrachtet werden. Manchmal erscheint ein Wurfarm zu steif während er von der anderen Seite her perfekt aussieht.

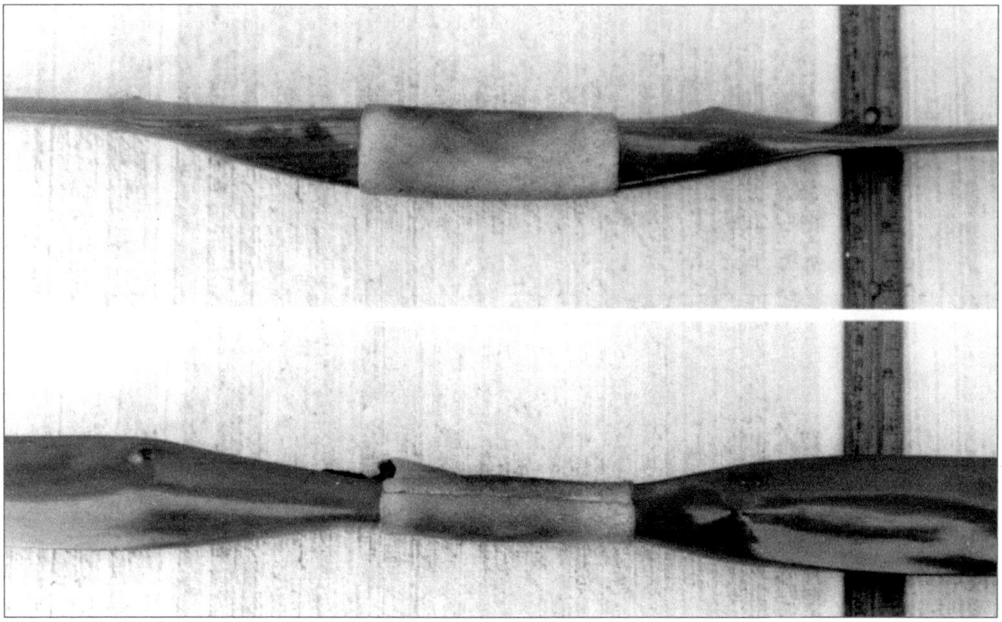

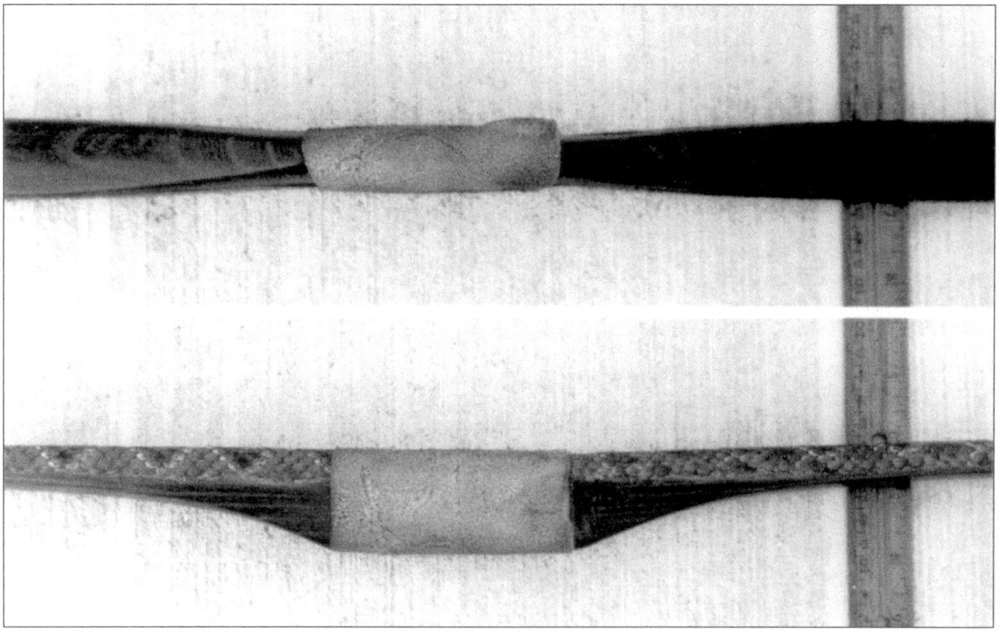

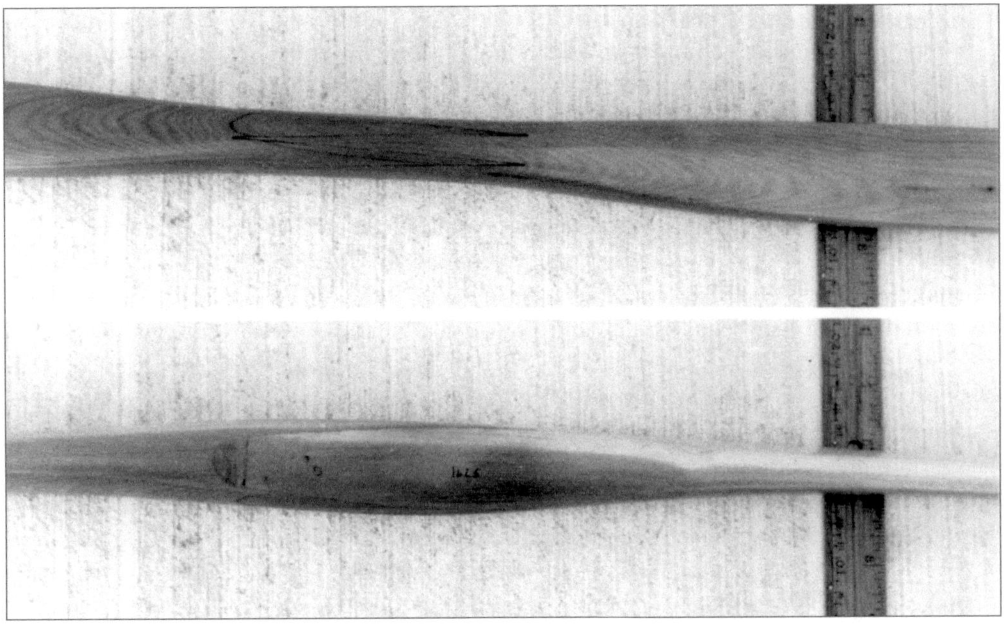

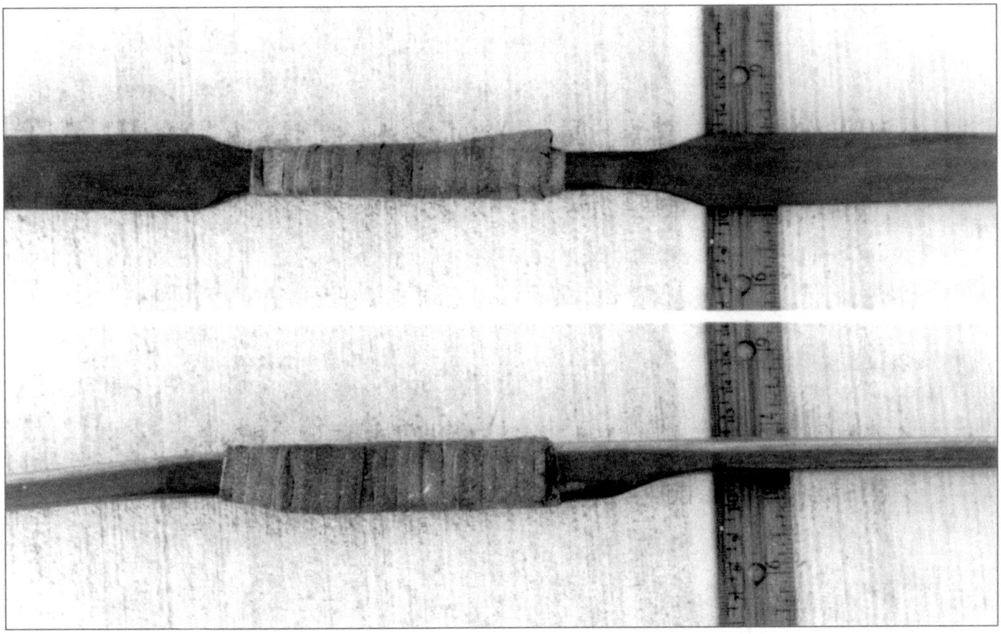

Falscher Fade-Out. Beachte, dass der Wurfarm immer noch dünn ist, wenn er am Maßstab beginnt schmaler zu werden. Das Resultat ist ein Bereich, der sich, da zu schwach, zu stark biegt. Bei einem Bogen mit schmalem Griffstück sollte die Biegung erst hinter dem breitesten Teil des Wurfarms beginnen.

In diesem Stadium können ein paar Hiebe den kritischen Unterschied machen, so dass das Fortschreiten mit der Annäherung an das endgültige Zuggewicht zum Kriechen wird. Fahre mit dem Schaben fort, zieh den Bogen allmählich weiter und weiter bis das Zuggewicht auf ca. 4 lb. über dem Zielgewicht reduziert ist. Es ist wünschenswert, dieses Gewicht erreicht zu haben wenn der Bogen das erste Mal ganz ausgezogen wird. Das belastet die Wurfarme weniger als wenn der Bogen bei einem höherem Gewicht voll ausgezogen wird, und erlaubt dem Bogen seine beste Leistung zu erreichen. Das ist auch der Grund warum wir uns an das korrekte Zuggewicht „angeschlichen" haben. Der Bogen wird jetzt 30 bis 40 mal gezogen. Gelegentlich kann sich der Tiller noch etwas ändern. Korrigiere es, indem du am steiferen Wurfarm durch vorsichtiges Schaben mit der Ziehklinge etwas Material wegnimmst.

Wie sollte der Bogen aussehen wenn er jetzt gezogen wird? Für einen Bogen mit geraden Wurfarmen ist die einfachste und effektivste Form eine sanfte elliptische Biegung, wobei die Wurfarmenden etwas gerader bleiben. Ein „D–förmiger" Bogen oder einer mit mehr oder weniger schmalem Griffstück wird sich gleichmäßig über die gesamte Länge biegen, wobei der mittlere Abschnitt vielleicht etwas steifer bleibt. Bei einem Bogen mit tiefem, steifem Mittelteil biegen sich die Wurfarme in symmetrischem Bogen und werden durch das steife Mittelteil verbunden. Ein Recurve wird bei vollem Auszug durch den verkürzten, aktiven Teil der Wurfarme wieder anders erscheinen. Verwiesen sei hier auf die Fotos, die für verschiedene Bögen die richtige Form bei verschiedenen Auszugslängen zeigen.

Wenn dann Tiller und Zuggewicht passen, schieße den Bogen und und prüfe die Form, nach ca. jedem Dutzend Pfeile. Ein Bogen ohne Backing wird normalerweise, wenn er nach obiger Methode getillert wurde, nur ein paar Pfund Zuggewicht verlieren und noch ein oder zwei Pfund beim Schmirgeln und bei der Oberflächenbehandlung. Ich schieße einen Bogen gerne erst mal ein oder zwei Tage, um sicher zu gehen, dass Gewicht und Tiller stabil sind. Dann ist der Bogen fertig und kann abschließend bearbeitet werden.
Wenn du das abschließende Tillern mit einer feinen Raspel oder sogar, um Himmelswillen, mit einer groben durchgeführt hast, wird sich das Gewicht des Bogens nur sehr wenig, wenn überhaupt, ändern, wenn die Raspelspuren vor dem Schmirgeln abgeschabt werden. Aus der Nähe betrachtet erscheint die raue Innenseite wie aus Bergen mit Tälern dazwischen. Wenn die Bauchseite unter Kompressionsdruck ist, kann das Holz der „Hügel" dem Druck nichts entgegensetzen und trägt so nichts zur Leistungsfähigkeit des Bogens bei. Obwohl man scheinbar viel Holz mit der Ziehklinge wegnimmt, ändert sich das Zuggewicht nur wenig, weil dieses Holz kaum arbeitet.

Nun, das wäre der Tillerprozess für perfektes Holz. Langsam und gleichmäßig, ohne Überraschungen und Fallgruben. Hübsche, allmähliche Verjüngung der Wurfarme. Das Ideal bleibt: Nimm Holz weg, wo sich der Wurfarm nicht genug biegt, und Finger weg von Stellen, an denen er sich zu stark biegt.

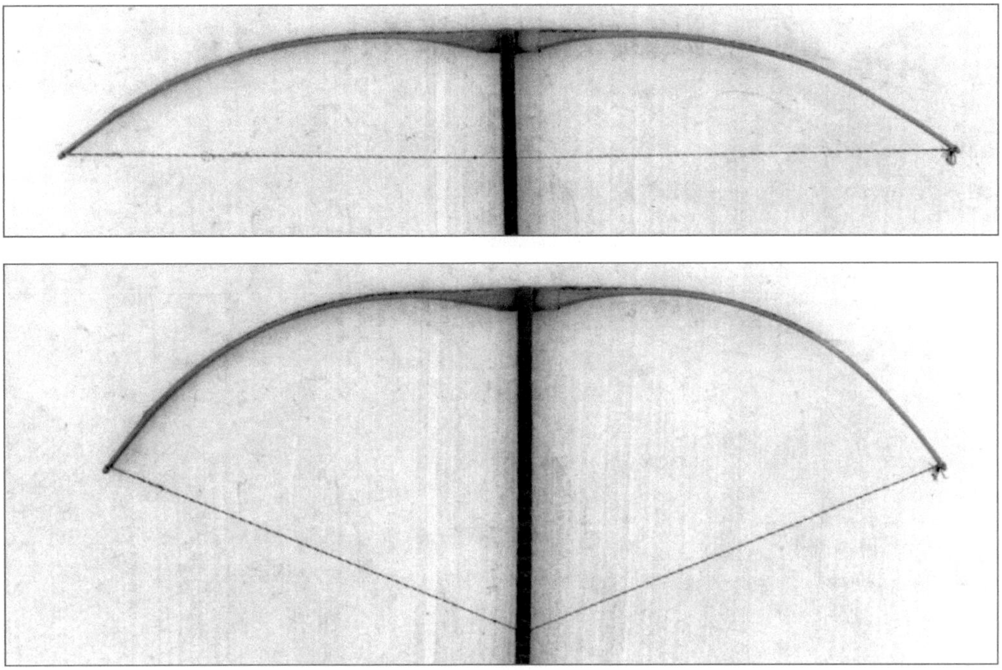

Korrekter Tiller für einen Bogen mit einem schmalen Griffstück. Dieser Osage Selfbow[3] wurde von der neunjährigen Reed Hamm gemacht.

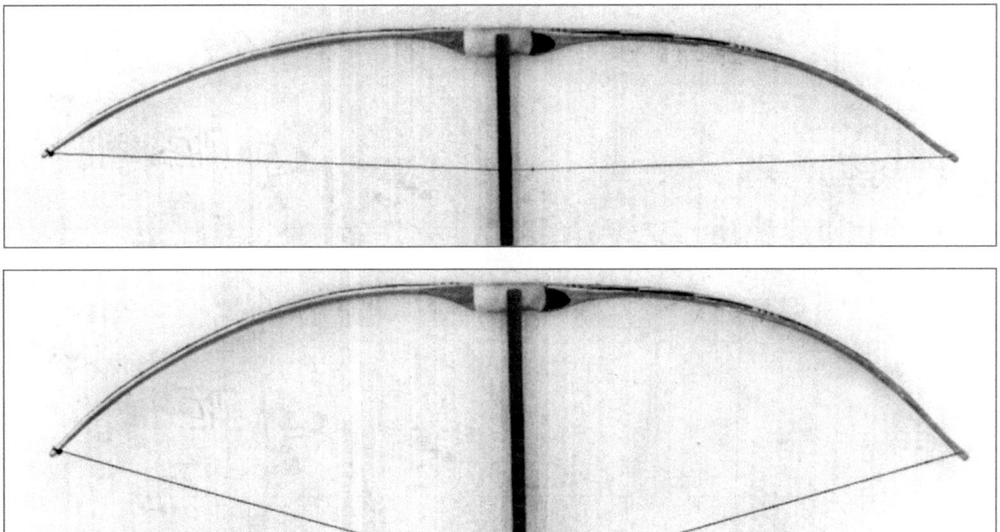

Sehnenbelegter Zedernbogen mit korrektem Tiller.

3 A. d. Ü.: „Selfbow": ein Bogen aus einem gewachsenen Stück Holz

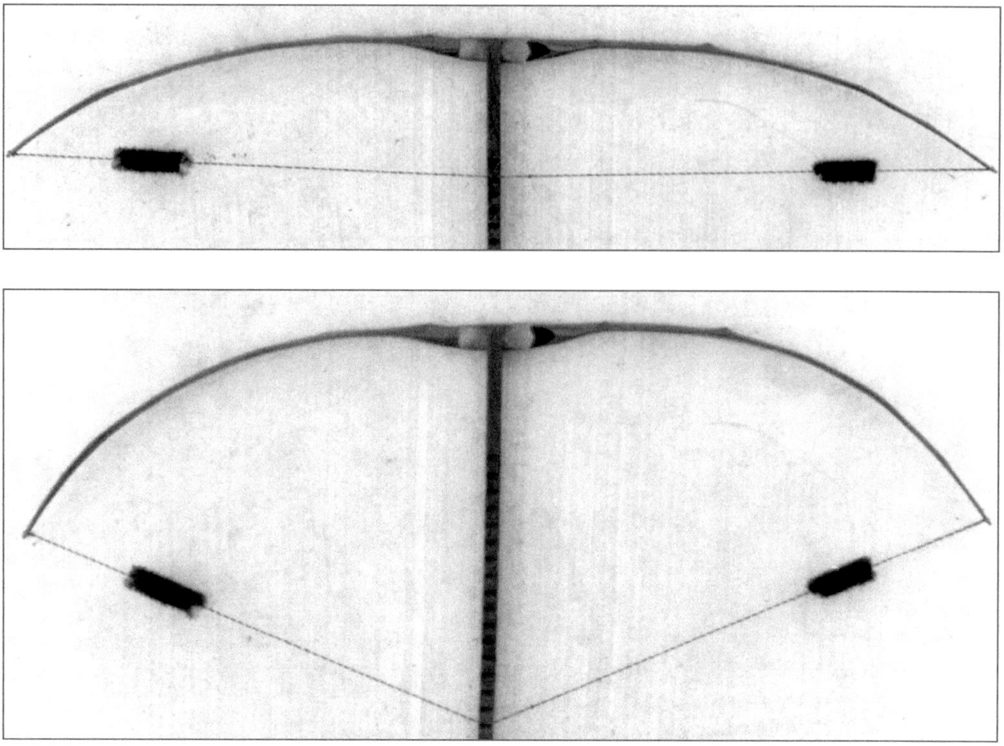

Dieser Bogen hat einen schönen Tiller, ist jedoch etwas schwach an den äußeren Wurfarmen (*whip-ended*)

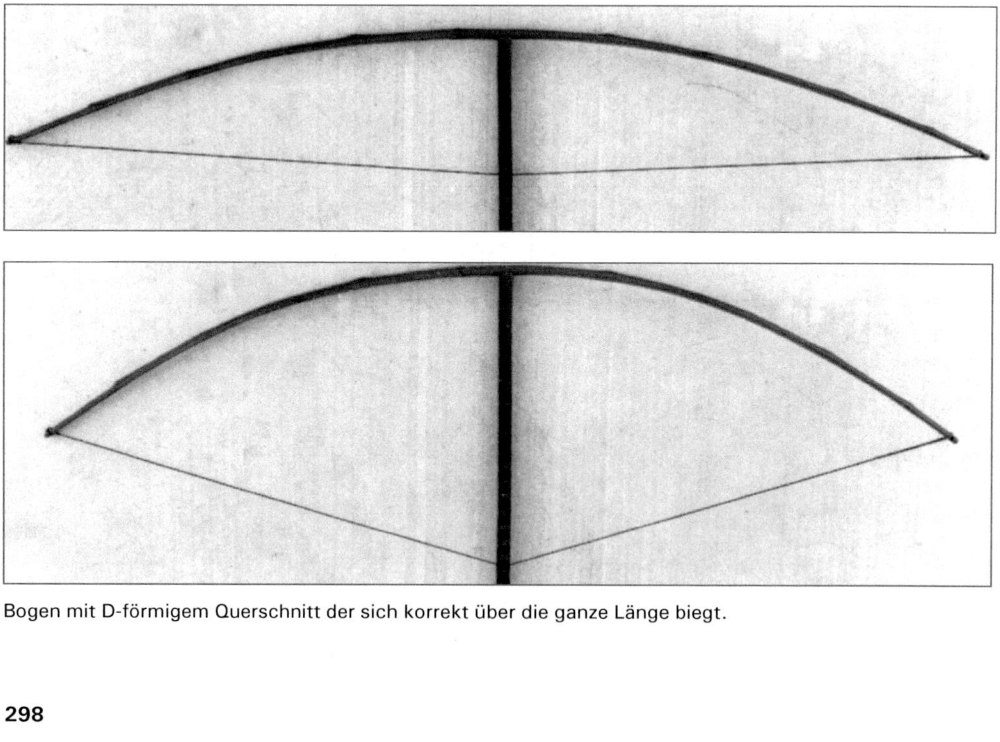

Bogen mit D-förmigem Querschnitt der sich korrekt über die ganze Länge biegt.

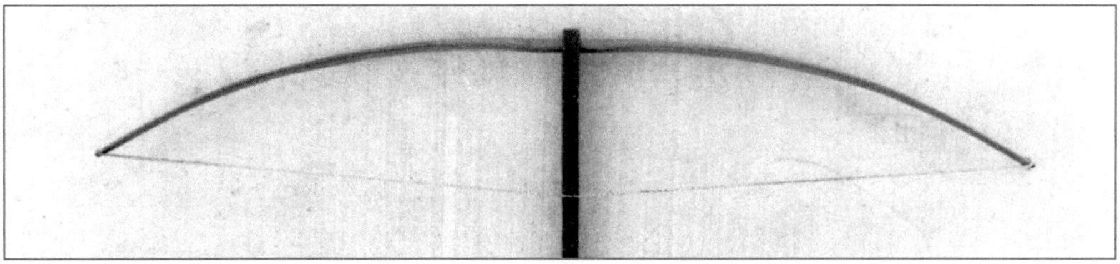

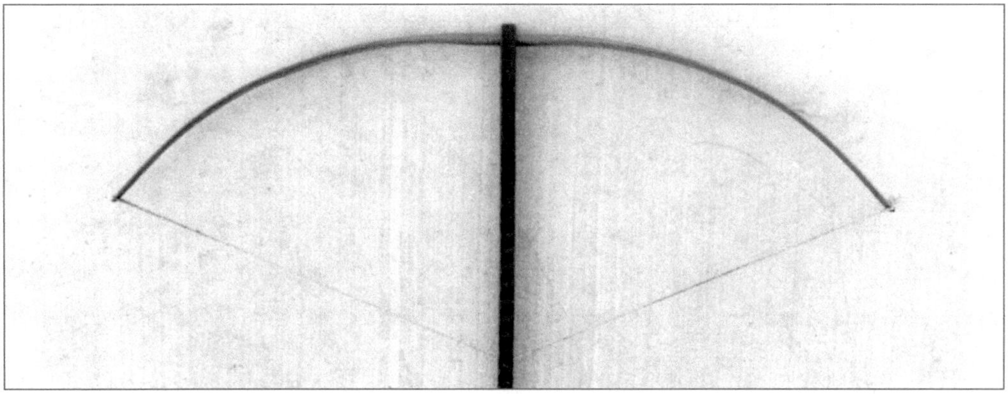

Bogen mit D-förmigem Querschnitt mit einem etwas stärkeren und somit steiferen Griffstück.

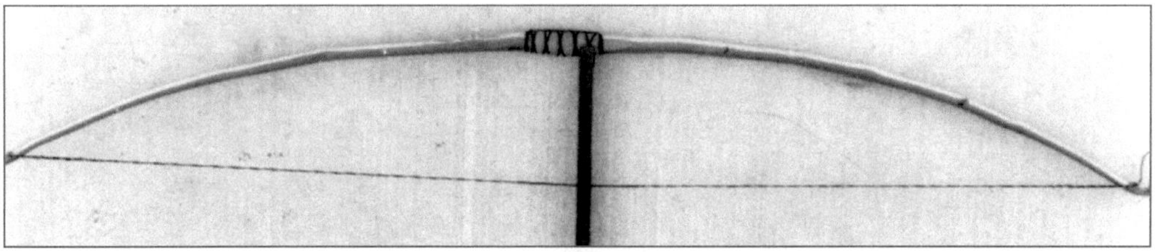

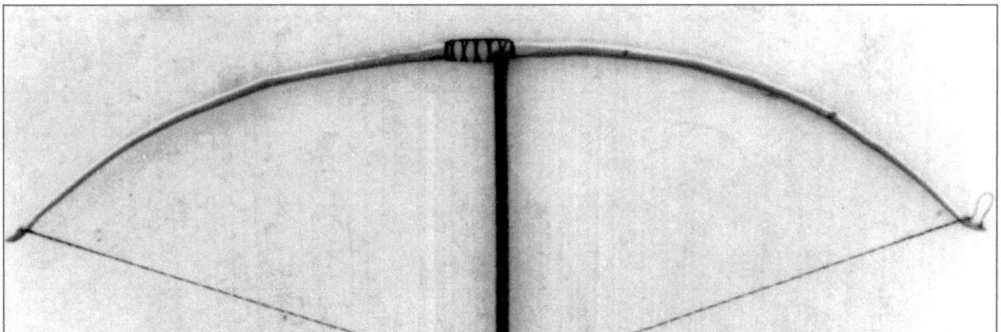

Eibenlangbogen. Beachte, dass der linke, untere Wurfarm etwas kürzer und steifer ist als der obere Wurfarm.

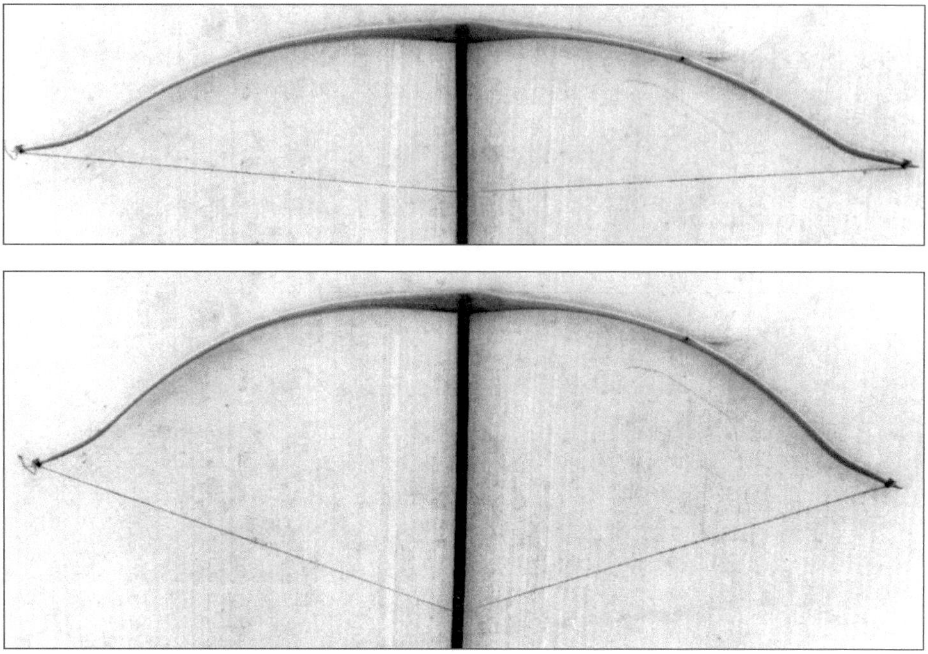

Eibenbogen mit einem „arbeitenden Recurve“ (A. d. Ü.: ein Recurve bei dem sich auch die entgegen der Zugrichtung gebogenen Wurfarmenden, beim Ziehen, in sich biegen.

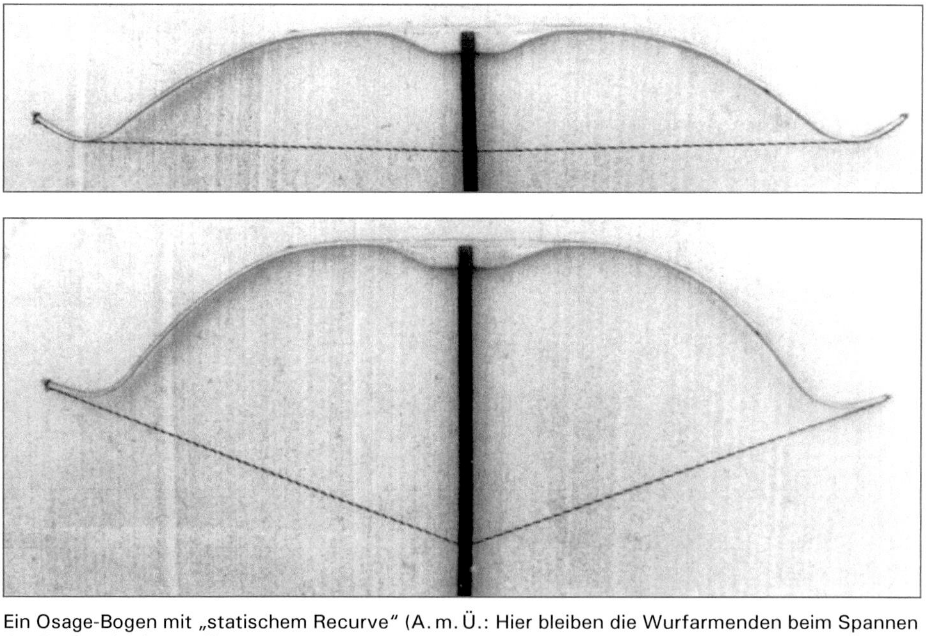

Ein Osage-Bogen mit „statischem Recurve“ (A. m. Ü.: Hier bleiben die Wurfarmenden beim Spannen des Bogens in sich steif.

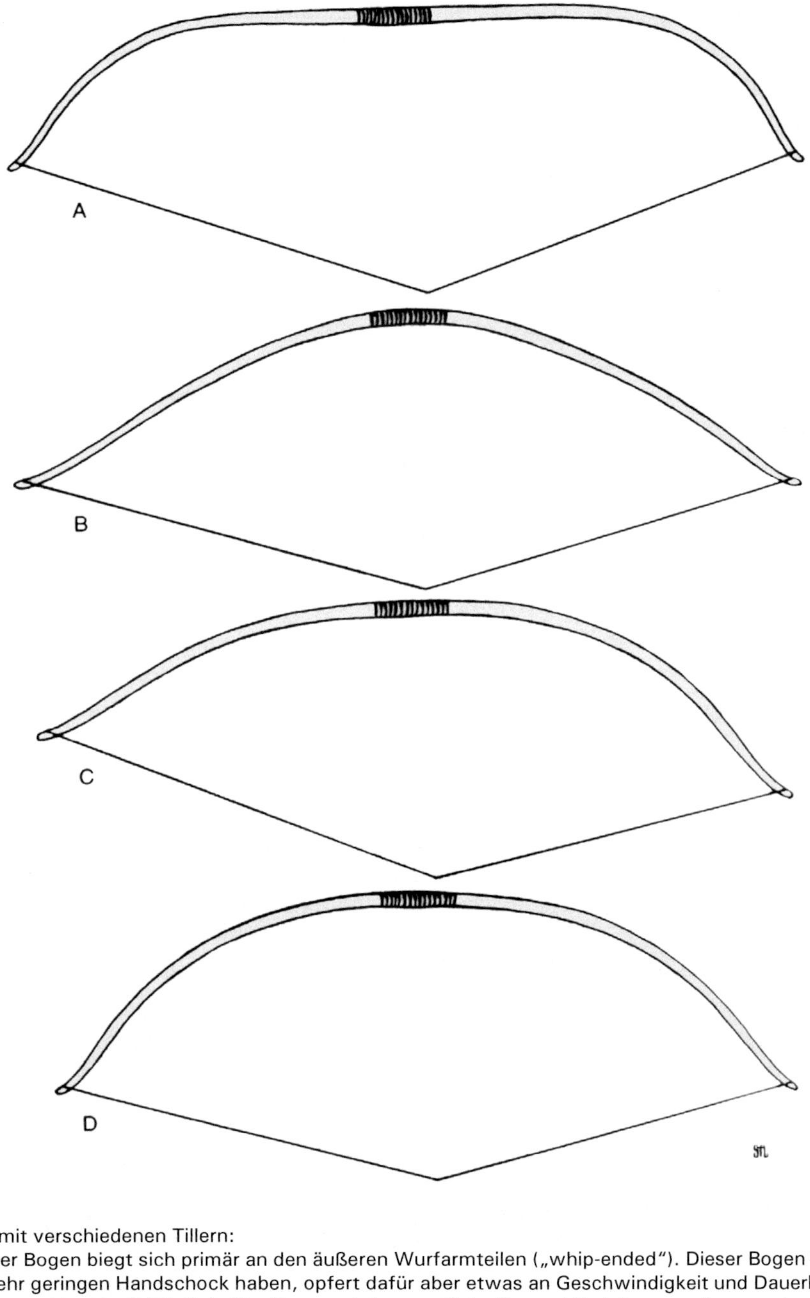

Bögen mit verschiedenen Tillern:

A) Der Bogen biegt sich primär an den äußeren Wurfarmteilen („whip-ended"). Dieser Bogen wird einen sehr geringen Handschock haben, opfert dafür aber etwas an Geschwindigkeit und Dauerhaftigkeit.

B) Bogen biegt im Griffstück. Der Bogen wird vermutlich „Knorpel-Zertrümmerer" genannt werden für seinen gnadenlosen Handschock.

C) Ungleicher Tiller. Dieser Bogen wird einen höheren (wenn auch nicht so wie bei B) Handschock als normal und ein kürzeres Leben haben.

D) Richtiger Tiller, dieses ergibt die beste Kombination aus Geschwindigkeit, Dauerhaftigkeit und Handschock.

Aber wie du zweifellos bereits festgestellt hast ist Bogenholz selten perfekt. In Wirklichkeit sogar manchmal das krasse Gegenteil davon, gesprenkelt mit Knoten, mit runzeligem Faserverlauf und Verdrehungen, so dass die Sehne aus der Mitte läuft.
So beunruhigend diese Probleme manchmal auch sein mögen, kann man damit umgehen oder sie zulassen ohne schädliche Effekte. Tatsächlich gibt die Arbeit mit sonnendurchtränkten, windbelastetem, regendurchnässtem Holz traditionellen Bögen ihren Charakter und in der Tat ist es das, was viele von uns bezaubert und uns anfänglich zu den natürlichen Bögen zieht. Ein Holzbogen hat eine Persönlichkeit, eine Seele, die in nüchternen, voraussagbaren, langweiligen Materialien wie Aluminium, Graphit oder Fiberglas fehlt.

Die gewöhnlichsten Hindernisse denen man begegnet sind Knoten. Sie werden durch kleine Zweige verursacht oder im Fall von Osage auch von Dornen, und sollten als eine mögliche Schwachstelle betrachtet werden. Die Natur hat in den meisten Fällen diese Schwäche durch „Hubbel" in diesen Bereichen in den Jahresringen kompensiert.
Ein hervorragendes Beispiel hierfür ist Osage. Wenn ein Spaltling von einem kleinen Osage-Baum ist und der Bogenbauer einen Jahresring gut herausgearbeitet hat, wird der Rücken einen Hubbel oder eine Warze haben, wo immer ein Ast ist. Je größer der Ast ist, desto stärker ist das Kompensationswachstum, also der Hubbel.
In Erinnerung an die Tatsache, dass ein doppelt breiter Bogen doppelt so stark ist, ein doppelt so dicker dagegen achtmal so stark, wird klar, dass schon ein geringes Ansteigen in der Dicke einen gewaltigen Anstieg in der Biegesteifigkeit oder relativen Flexibilität zur Folge hat.

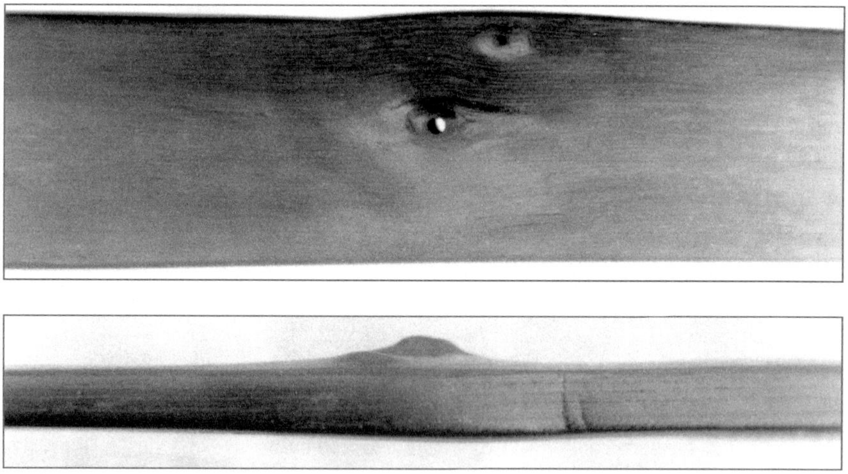

Ein Astloch, das ganz durch einen Wurfarm eines Osage Bogens geht. Beachte wie sich ein Hügel ergibt, wenn dem Faserverlauf (A. d. Ü. und dem Jahresring) gefolgt wird. Zudem wurde der Bogen auf der Bauchseite etwas dicker, sowie um den Ast herum etwas breiter gelassen.

Im Falle von Ästen verwandeln sich die zusätzlich erhabenen Bereiche in erhöhte Stärke und weniger Biegung als der Rest des Bogenrückens. Dies verursacht weniger Spannung in den Problemzonen, was es uns erlaubt, wunderschöne Bögen übersäht mit Ästen zu machen. Mit dieser natürlichen Kompensation benötigt der normale Ast keine Kompensation beim Tillern auf der Bauchseite.

Auf einen Punkt muss man achten: Wenn der Bogen viele Knoten hat und damit korrespondierend viele steife Bereiche, sollte er ein wenig länger oder breiter als normal gemacht werden, so dass die verringerten arbeitenden Bereiche der Wurfarme zwischen den Knoten nicht überlastet werden.

Gelegentlich ist jedoch ein schlechter Ast ganz flach auf der Rückseite des Bogens, ohne dass ein verstärkender Hubbel durch den Baum eingebaut wurde. Oder manchmal hinterlässt ein kleiner, verrotteter Zweig ein Loch durch den ganzen Wurfarm. In diesen Fällen ist es Sache des Bogenbauers, diese Stellen durch Stehenlassen von etwas Material zu verstärken. Bedenke jedoch, dass es nicht viel zusätzliche Dicke benötigt, nur eine von der Seite gesehen sehr schwache Schwellung in den Problemzonen.

Um die Festigkeit zu erhöhen, kann man den Bogen an diesem Problempunkt auch etwas breiter machen. Die radiale Maserung fließt sowieso öfter um den Ast herum, wie Wasser um einen Felsen im Strom, was dem Bogenbauer erlaubt ihr zu folgen und den Defekt zu kompensieren. Es ist nirgends in Stein gemeißelt, dass die Seitenlinien eines Bogens perfekt gerade sein müssen. Es ist nichts falsch daran, Probleme über die Breite oder/und der Dicke der Wurfarme anzugehen. Viele Bögen, die aus kleinen, herausfordernden Bäumen gemacht sind, haben auf der ganzen Länge einen welligen Verlauf der Seiten.

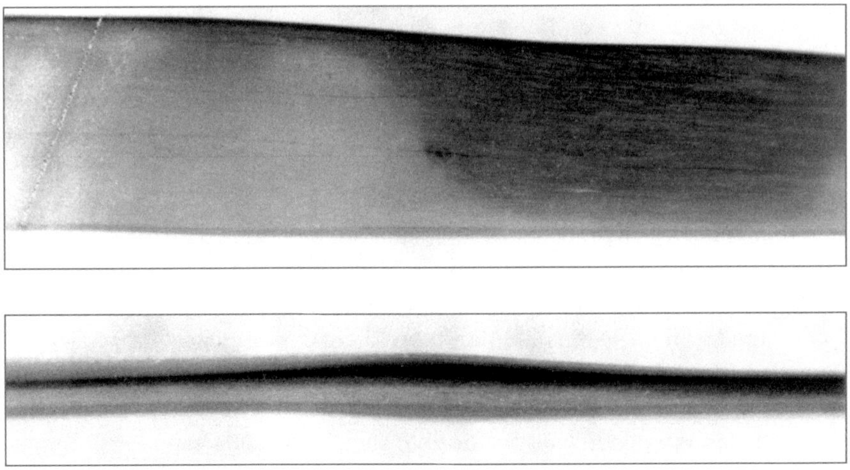

Ein Ast in einem Osage Bogen bei dem der Baum kein extra Holz zur Verstärkung auf der Außenseite gebildet hat. Beachte das sanfte „Anschwellen" im Astbereich aus seitlicher Sicht. Hier wurde der Bogen um das zu kompensieren auf Rücken und Bauch etwas dicker gelassen.

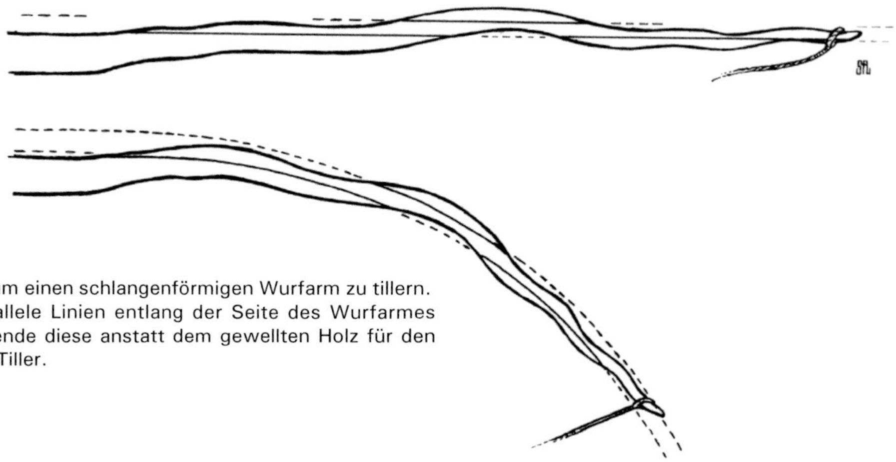

Methode um einen schlangenförmigen Wurfarm zu tillern. Ziehe parallele Linien entlang der Seite des Wurfarmes und verwende diese anstatt dem gewellten Holz für den korrekten Tiller.

Die Schießeigenschaften werden in keiner Weise hiervon beeinträchtigt. Ich habe Oldtimer in flüsterndem Tonfall von einem Weitschussbogen in den Dreißiger Jahren des vergangenen Jahrhunderts erzählen hören. Er war aus einem verwurzelten Stück Osage gemacht, hatte wellenförmige Seiten über die ganze Länge, mit einen durchgehenden Loch im unteren Wurfarm. Und während diese Waffe für manche moderne Augen minderwertig ausgesehen haben wird, hat der Eigentümer doch die Konkurrenten im Weitschießen regelmäßig geschlagen. Auch schwere Probleme können manchmal, um Schwachstellen zu kompensieren, über mehr Breite oder Dicke angegangen werden. Eines von Ron Hardcastles Meisterstücken war ein Osage Selfbow mit einem daumengroßen Loch mitten im arbeitenden Bereich eines Wurfarmes. Das Holz war ansonsten perfekt, abgesehen von diesem einen schrecklichen Fehler; ein Fehler der den Rohling bei mir wahrscheinlich zum Feuerholz verurteilt hätte. Aber John hielt durch und baute mit seinen Fähigkeiten und Erfahrungen einen auserlesenen, eindrucksvollen Bogen. Der springende Punkt ist: Betrachte Äste, Verdrehungen, Löcher oder andere Fehler nicht notwendigerweise als unüberwindlich, sondern betrachte sie als Zeichen der Schönheit und kalkuliere sie ein.

Ein Problem, das gelegentlich in der realen Welt des Holzes auftritt, ist ein Rohling mit runzeligem Faserverlauf. Derartige Bögen mit schweren „Runzeln" wurden in früheren Zeiten als Schlangenbogen bezeichnet. Die üblichen Hölzer hierfür sind Eibe und Osage, und sie wurden und werden noch immer für ihren Charakter hoch geschätzt.
Derartige Rohlinge sind wegen der Drehungen und Richtungswechsel schwer auf einen Jahresring herunter zu arbeiten, wie auch dem Faserverlauf zu folgen. Genau so schwierig sind sie jedoch zu tillern, weil die Runzeln als eine Abfolge von steifen Stellen und Knicken erscheinen. Ein Weg fürs Tillern ist es ein wenig zu schielen, so dass die Biegung nur noch verschwommen wahrgenommen wird. Die Idee dahinter ist, nach der mittleren Biegung des Wurfarms zu arbeiten anstatt auf jeden Hubbel zu starren, wobei Sorge zu tragen ist, dass der Bogenbauch über alle Biegungen parallel zum Rücken bleibt.

Eine andere, noch bessere Methode, die von Tim Baker ausgetüftelt wurde, ist auf die Seite des Bogens parallele Linien zu zeichnen und diese Linien als Maßstab für die korrekte Biegung zu nehmen, anstatt den Verwerfungen des Holzen zu folgen. Das erlaubt ein präzises Tillern, und jeder Teil des Holzes trägt einen gleichen Anteil an der Last.
Solche Holzstücke sind herausfordernd und benötigen vollendete Fähigkeiten vom Bogenbauer, bringen aber einige der begehrenswertesten, interessantesten Bögen hervor. Viel öfters aber wird der Rohling nur einen oder zwei Falten haben. Behandele sie in derselben Weise, tillere auf die mittlere Biegung, und die Falten werden kein Problem darstellen.

Tillern oder Holz wegzunehmen hat normalerweise den Zweck, das Zuggewicht zu verringern, obwohl es Fälle gibt in denen das Zuggewicht oder die Steifigkeit erhöht werden müssen. Ein Beispiel ist, wenn der Bogen bereits das Zielgewicht erreicht hat, die Wurfarmen jedoch aus dem Gleichgewicht sind, einer biegt mehr als der andere. In diesem Fall sollte der schwächere gekürzt werden, was ihn relativ steifer macht, und neue Sehnennocken eingeschnitten werden.
Um wieviel soll nun der Wurfarm gekürzt werden? Das hängt davon ab, um wieviel er schwächer ist, aber ½ bis ¾" (1,25 bis 2 cm) sind ein guter Ausgangswert. Oft bringt diese Methode den Tiller ohne weitere Reduktion des Zuggewichts ins Lot. Tatsächlich wird das Zuggewicht sogar manchmal etwas ansteigen.

Ein weit häufigeres Problem ist ein Bogen, der sich als zu schwach herausstellt. Es gibt ein paar Optionen das Zuggewicht zu erhöhen. Eine ist das Sehnenbacking. Das Zuggewicht kann um 5 bis 10 lb., abhängig von der Menge der Sehnen, erhöht werden. Aber denke daran, dass ein Bogen, der von Anfang an für Sehnenbacking vorgesehen ist, nicht getillert wird, bevor die Sehne aufgebracht und getrocknet ist. Ein derartiger Bogen ist in der Regel zu kurz und nicht in der Lage, die Spannung des Tillerns ohne Backing auszuhalten.

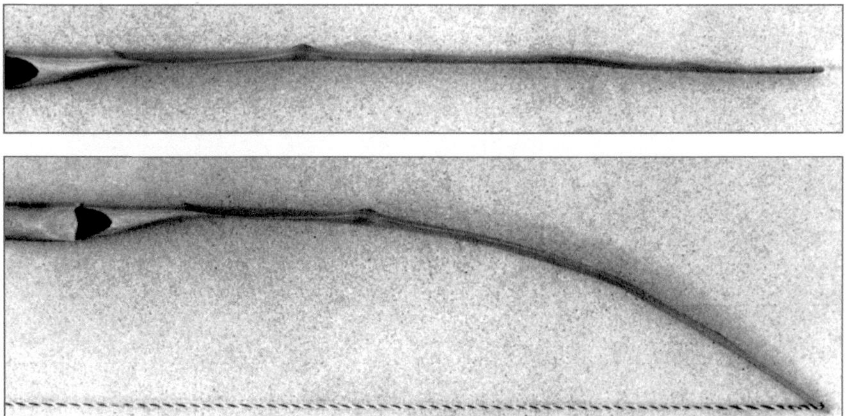

Wurfarm mit einer gemäßigten, schlangenförmigen Maserung.

Links:
Ein Bogen der von Chester Stevenson in den 1940er Jahren gemacht wurde (mit Dank an Bear Archery und das Frank Bear Museum).

Rechts:
W. I. King und Chester Stevenson untersuchen schlangenartigen („snaky") Pfeil und Bögen, ca. 1940 (mit Dank an Bear Archery und das Frank Bear Museum).

Ein anderer Weg das Zuggewicht zu erhöhen, ist es, die Wurfarmenden zum Recurve zu biegen, was effektiv den Arbeitsbereich des Bogens verkürzt. Das ergibt eine stärkere Biegung des Bogens und erhöht so das Zuggewicht. Auf diese Weise kann das Zuggewicht, abhängig von Länge und Winkel des Recurves, um 15 bis 30 lb. erhöht werden, wobei sich allerdings die Gefahr des Versagens des Holzes drastisch erhöht.

Es gibt jedoch einen andere und viel einfachere Methode. Von beiden Wurfarmen werden gleich lange Stücke abgeschnitten und neue Sehnenkerben eingeschnitten. Der Bogen bleibt im Tiller und das Zuggewicht steigt. Aber wieviel ist abzuschneiden? Hierfür eine einfache Formel: für jede Verkürzung um 1% steigt das Zuggewicht um 5%. Teile das Wunsch-Zuggewicht durch das aktuelle, die Zahl rechts von Dezimalpunkt ist die Prozentzahl, um die das Zuggewicht ansteigen soll. Teile diese Dezimalzahl durch 5 für die Länge, um die Prozentzahl, um die der Bogen verkürzt werden soll, zu erhalten. Multipliziert mit der Bogenlänge ergibt es die abzuschneidende Länge. Die Hälfte hiervon ist an jeder Seite abzuschneiden.

Als Beispiel nehmen wir einen Bogen von 66" Länge, der 52 lb. zieht, mit einem Wunschgewicht von 58 lb.. Die Division vom Wunschgewicht durch das aktuelle ergibt 1,1153. Die Zahl rechts vom Dezimalpunkt, 1153, ergibt die Prozentzahl für den gewünschten Anstieg im Zuggewicht. Durch 5 ergibt die prozentuale Änderung in der Bogenlänge, 0,023 multipliziert mit der Bogenlänge von 66" ergibt, dass der Bogen um 1,5" kürzer werden muss, entsprechend 0,75" auf jeder Seite. Der Bogen wird nun 58" ziehen, und wenn der Tiller vor dem Abschneiden der Wurfarmenden gut war, wird er auch so geblieben sein.
Natürlich bedeutet ein kürzerer Wurfarm mehr Belastung im Holz. Wenn der Bogen allerdings bereits ursprünglich an den Grenzen des erlaubten Bereiches war, mag Sehnenbacking oder eine Kombination von Verkürzen und Sehnenbacking die bessere Methode sein. Aber die meisten Designs haben genügend Toleranzen in Breite und Länge, so dass man diese Methode kennen sollte. Und wenn es für keinen anderen Sinn als diesen ist, wird der kluge Bogenbauer seine Waffe einen oder 2" länger machen als notwendig.
Angenommen der Bogen ist sowohl zu schwach als auch aus dem Tiller. Es ist dann möglich, ungleiche Längen an den Wurfarmenden abzuschneiden, mehr vom schwächeren Wurfarm. Das kann jedoch kitzlig werden, so dass, außer du hast dich in dieses spezielle Stück Holz verliebt, es besser ist, du beendest den Bogen mit dem geringeren Zuggewicht. Der Bogen als Geschenk an einen 10-jährigen wird dich zum Lieblings-onkel, -nachbar oder -vater machen. Bogenbauer, besonders welche, die gerade angefangen haben, sind bei Kindern sehr beliebt.

Ein anderer Punkt, der während des Tillerns ins Spiel kommt, ist die Ausrichtung der Sehne entlang des Bogens. Mit geradem, fehlerfreien Holz und einem sorgfältigen Design wird die Sehne gewöhnlich perfekt in der Mitte des Bogens verlaufen. Gewöhnlich, aber nicht immer. Und wie wir gesehen haben, ist perfektes Holz nicht immer erhältlich oder sogar gewünscht, da Stücke mit Fehlern viel Charakter haben.

Zuerst sollte verstanden sein, dass mit einem breiten, rechteckigen Querschnitt eine fehlerlose Ausrichtung der Sehne wünschenswert aber längst nicht entscheidend ist. John Strunk hat vorher gezeigt, dass beim (Englischen) Langbogen die Sehnenausrichtung kritischer ist. Bei einem flachen Design (Flatbow) rangiert es hinter dem richtigen Zuggewicht, dem sauberen Tiller und dem Handschock, um nur einige der wichtigeren Merkmale zu nennen. Das soll nicht heißen, dass eine Sehnenausrichtung, die krass aus der Linie ist, nicht korrigiert werden sollte und wir widmen uns diesem Thema ja gerade, aber gemäßigte Abweichungen der Sehnenführung von der exakten Mittellinie der Wurfarme wird nicht das geringste Problem zur Folge haben. In der Tat wird es beim Schießen des Bogens nicht mal bemerkt werden. Idealerweise halbiert die gespannte Sehne das Griffstück und die Wurfarme der Länge nach. Wenn sie zu einer der beiden Seiten neigt, sollte diese die sein, an der der Pfeil den Bogen passiert. Hier ist es ein Vorteil, um geringe Abweichungen der Sehne zuzulassen, wenn beide Wurfarme gleich lang sind, da dann der Bogen einfach umgedreht werden kann, so dass der untere Wurfarm zum oberen wird.
Ein Trick zum Ausrichten der Sehne ist es, das Griffstück beim Tillern auf voller Breite zu belassen bis der Bogen fertig getillert ist. Das Griffstück biegt sowieso nicht, so dass das extra Holz keinen Einfluss auf das Tillern hat. Einmal getillert, testest du die Ausrichtung der Sehne. Wenn die Sehne aus der Mitte ist, kann das Griffstück so angezeichnet und ausgeschnitten werden, dass es zu der Sehnenlage passt.

Hin und wieder ist die Sehne aus der Mitte, weil eine Drehung in einem Wurfarm durch einen falschen Tiller verursacht ist, oder um genauer zu sein, durch falsche Verjüngung eines Wurfarmes. Wenn ein verdrehter Wurfarm auftritt, ist als erstes zu testen, ob die Dicke auf beiden Seiten (des Wurfarmes) gleich ist. Falls eine Seite dünner und deshalb schwächer ist, wird sich der Wurfarm immer zur schwächeren Seite hin verdrehen. Als Abhilfe wird einfach die Dicke auf der stärkeren Seite reduziert, bis beide Seiten gleich sind. Die Verdrehung wird im Verlauf des Tillerns dann verschwinden oder sich zumindest stark verringern.

Ganz gelegentlich ist die Sehne völlig aus der Mitte, außerhalb des Griffstücks als Ergebnis von krummem Holz, oder weil sich der Wurfarm beim Ziehen verdreht. Ron Hardcastle hat sich eine Methode ausgedacht, die wir über die Jahre zusammen verfeinert haben, um dieses Problem zu beheben.
Zuerst schaust du am Bogen entlang, um zu bestimmen, um wieviel die eine Wurfarmspitze bewegt werden muss, damit die Sehne in die Mitte kommt. Möglicherweise 1 oder 2" (2,5 bis 5 cm). Plane, jede Spitze um die Hälfte dieser Stecke zu korrigieren, also 1" (2,5cm) in diesem Beispiel. Bring das ausgeformte, schmale Griffstück über einen Topf kochendes Wasser und forme ein „Zelt" aus Aluminiumfolie darüber, um das Mittelteil im Dampf zu halten. Dreh den Bogen nach 15 Minuten um, so dass beide Seiten der Hitze ausgesetzt sind. Stell sicher, dass der Dampf nur auf das Griffstück einwirkt, so dass die Wurfarme später nicht noch getrocknet werden müssen.

Methode zum Dämpfen und Klammern von Wurfarmen die aus der Flucht sind. Die Sehne des Bogens lag mehr als 1" (2,5 cm) außerhalb des Wurfarmes. Nachdem das Griffstück gedämpft wurde und mit den Zwingen der richtige Druck angewendet wurde, sind die Wurfarme richtig ausgerichtet und die Sehne geht über die Mitte des Bogens.

Zwischenzeitlich baue 2 hölzerne Auflagen, jeweils mit einem großen V- oder U-Einschnitt auf einer Seite, und setze sie ca. 18" (45cm) auseinander auf die Kante eines Tisches. Polstere die Ausschnitte, so dass das Holz nicht beschädigt wird. Nach 30 Minuten Kochzeit, nicht weniger (das gilt nur für Osage, andere Hölzer benötigen bis zu einer Stunde), setze den Bogen mit der Kante auf die Unterlagen und setze eine Schraubklemme in die Mitte des Griffstücks. Eine große C-Schraubzwinge funktioniert, aber eine normale Schraubzwinge hat eine geringere Tendenz abzurutschen. Es ist hilfreich, wenn jemand anderes, während man die Schraubzwinge anzieht, mit einem Meterstab misst, um wie viel sich die Wurfarmspitzen verschieben. Die Wurfarmspitzen müssen sich ca. 50% weiter bewegen als den Betrag, den man schlussendlich erreichen will, in unserem Beispiel 1,5" (3,75 cm), wenn eine abschließende Verschiebung von 1" (2,5 cm) herauskommen soll. Wenn einmal genügend Druck mit der Schraubzwinge aufgebracht wurde, lasse man das ganze für wenigstens eine Stunde unter Druck bis es vollständig abgekühlt ist (Paul Comstock empfiehlt für die hellen Hölzer, dass die Schraubzwinge 24h bleibt). Wenn die Schraubzwinge entfernt wird, beobachtet man, dass sich die Wurfarmenden etwas (zurück) verschieben, der Grund warum zuvor um 50% über die Zielmarke hinaus gegangen wurde. Der Bogen kann nun aufgespannt werden und die Sehne sollte fast korrekt ausgerichtet sein, wenn nicht gar perfekt.

Ein Wurfarm mit einer propellerförmigen Verdrehung (der eigentlich gerade, aber um die Längsachse verdreht ist), taucht manchmal während des Tillerns auf, wenn der Bogen auf einmal aufgespannt ist. Das ist nicht Folge von falschem Tiller, sondern eine Eigenheit die diesem speziellen Stück Holz innewohnt.

Es gibt 2 Ansätze, wie mit dem Problem verfahren werden soll. Der eine empfiehlt, mit den Schultern zu zucken und das Problem völlig zu ignorieren. Ich bin ein Anhänger dieser Methode, und auch wenn berechtigterweise vermerkt wird, dies sei nur aufgrund meiner natürlichen Faulheit der Fall, so kann ich doch ehrlicherweise schreiben, dass eine solche Verdrehung keinen merklichen Einfluss auf Leistungsfähigkeit und Schießeigenschaften hat. Ich glaube nicht, dass es möglich ist, beim Schießen zweier ansonsten identischer Bögen einen Unterschied festzustellen. Ich habe so gelernt, mit diesem Problem ziemlich bequem zu leben. Andere Bogenbauer schauen jedoch mit Schrecken auf solche Bögen und bestehen darauf, dass sie besser an einer „Sopwisth Camel“[4] angebracht würden. Falls solch eine Verdrehung jemandes Zartgefühl verletzen sollte, kann sie gewöhnlich mit Hitze entfernt werden, wobei sich allerdings ein zu sehr verdrehter Wurfarm unter energischem Protest in seine Bestandteile zerlegen wird. Darum lässt es sich mit kleinen Problemen, wie Verdrehungen der Wurfarme oder Abweichungen der Sehne aus der Mittellage, besser leben wenn man sie ignoriert, anstatt sie zu beheben.

Ein weiterer abschließender Punkt ist, dass ein unausgeglichener Bogen, der aus dem Tiller ist, gewöhnlich mehr Handschock hat, als einer, der sauber getillert ist. Tatsächlich solltest du, wenn ein Bogen beim Abschuss ungewöhnliche Erschütterungen zeigt, zuerst den Tiller prüfen. Oft kann man einen Bogen, um den Handschock zu verringern, kürzen und er muss nicht notwendigerweise viel gekürzt werden, ehe sich eine merkliche Verbesserung einstellt. Manchmal genügen schon ¾" (1,8 cm) auf jeder Seite.
Ohne jede Ausnahme hat ein erfahrener Bogenbauer schon eine Menge Bögen mit einem Zuggewicht von 10 bis 15 lb. unter dem Zielgewicht gebaut, oder Bögen sind beim Tillern zerbrochen, oder beim Auswiegen, oder ein Bogen kam ziemlich anders heraus als er geplant war. Also lass dich durch Rückschläge oder Fehler nicht entmutigen. Freue dich am Erfolg und lerne von den gelegentlichen Fehlern, wobei du immer im Hinterkopf haben solltest, dass das Ziel ist, einen verwendbaren und langlebigen, aber nicht notwendigerweise *den* perfekten Bogen zu bauen, wenn es so etwas überhaupt geben sollte.

Dieses wunderbare Bestreben ist mehr Kunst als Wissenschaft, und die Unterschiede im Holz sind es, die es interessant machen und den Spaß bringen. Gingen wir den Pfad des geringsten Widerstandes und suchten unsere Zuflucht in reiner Wissenschaft, dann hätten unsere Bögen Kabel anstatt Sehnen und Rollen aus Raumfahrtlegierungen an den Enden. Unsere Finger würden nie die Sehne berühren und der Schuss käme durch das Drücken eines Knopfes zustande. Das Visier wäre ein Punkt aus einem Laser, so dass wir mit hohlen Metallpfeilen auf 55 bis 65m schießen könnten. Es gäbe in der ganzen Ausrüstung keine natürlichen, ehrenvollen Materialien.
Der bloße Gedanke daran lässt einen frieren und die Herausforderung an der Arbeit mit Holz schätzen lernen.

12 Übersetzt von Axel Küster

4 A. d. Ü. Britisches Doppeldecker Jagdflugzeug aus dem ersten Weltkrieg, in unserer Zeit bekannt geworden durch Snoopy!

Endbehandlung und Griffe

John Strunk

Die Endbehandlung (Finish)

Wenn dein Bogen fertig getillert ist und du ungefähr 50 mal damit geschossen hast, ist er bereit für das Finish. Den Bogen darauf vorzubereiten ist ein wichtiger Schritt.
Stelle sicher, dass alle Kratzer, Feilspuren, Fingerabdrücke usw. entfernt wurden. Am besten ist es, wenn man den Bogen im Freien überprüft und dazu das volle Sonnenlicht nutzt. Zur Winterszeit, wenn die meisten von uns die Bögen bauen, verwenden wir eben ein künstliches Licht, welches die Oberfläche des Bogens gut beleuchtet. Denke daran, das Finish der Oberfläche kann keine Risse verbergen, sondern verstärkt diese eher noch. Wenn es am Bogen noch Feilspuren oder Kratzer gibt, wird man die nachher umso deutlicher sehen. Beim Eibenholz sind Feil- und Raspelspuren schwer durch Abschleifen wegzubekommen. Eine Art mit diesem Problem umzugehen, ist, ein scharfes Messer zu nehmen und die Oberfläche des Bogens vor dem Abschleifen abzuschaben. Fange beim Abschleifen mit einem 50er Schleifpapier an, dieses sollte alle Werkzeugspuren beseitigen. Setze dann mit 80er, 120er und 180er Schleifpapier fort. Ein Trick beim Abschleifen besteht darin, das Holz mit einem nassen Papierhandtuch jedes Mal anzufeuchten, bevor man ein anderes Schleifpapier verwendet. Dadurch stellen sich die Fasern auf, und man bekommt nach dem Schleifen eine glattere Oberfläche. Dem Holz sollte man eine halbe Stunde Zeit geben, damit es vor dem Schleifen wieder trocknen kann.
Wenn **Eibenholz** kein Backing bekommt, sollte man das Splintholz polieren. Man nimmt einen kleinen, glänzenden und glatten Stein oder eine kleine Glasflasche als Polierwerkzeug und reibt es der Länge nach am Bogenrücken fest vor und zurück. Wende entsprechenden Druck an, um die Holzmaserung in das Holz selbst hineinzudrücken. Dieser Vorgang härtet auch die Oberfläche, indem die einzelnen Holzfasern miteinander verbunden werden, und verhindert damit, dass sie sich wieder aufstellen, wenn der Bogen geschossen wird. Ein anderer Trick, den ich durch das Auspolieren erreiche ist, dass dabei kleine Dellen entfernt werden. Eibe ist ein weiches Holz und neigt dazu, kleine Kratzer und Dellen im täglichen Gebrauch zu bekommen. Diese können mit dieser Poliertechnik entfernt werden, als ob es sie nie gegeben hätte. Das kann man machen, ohne dass man die Endbehandlung beschädigt.
Mit **Osage Orange**, welches äußerst hart ist, fängt man am besten mit einem 120er Schleifpapier an, nachdem alle Raspelspuren weggekratzt wurden. Das Schleifen setzt sich mit 220er, 320er und 400er Papier fort, bis man schließlich zum 600er kommt. Das Holz ist dann poliert, was sein 'Feuer' und die Farbe zu einem bemerkenswerten Grad herausbringt.

Helle Hölzer beize ich üblicherweise vor dem Oberflächenfinish. Das ist recht passend für einen Jagdbogen und erhöht auch die natürliche Schönheit des Holzes. Bei Hözern wie Esche, dringt die Beize in die Poren ein und wertet das Aussehen auf. Du kannst das Holz auch mit einer ganz feinen Stahlwolle polieren, nachdem die Beize eingezogen ist. Das hebt die Maserung hervor. Die besten Beizen, die ich für Bögen finden konnte, waren braune und schwarze Ölfarben, die eigentlich für Leder gemacht sind.

Signiere deine Arbeit bevor du das Finish aufträgst.

Welche Beize du auch immer verwendest, probiere sie vorher auf kleinen Mustern deines Holzes aus. Das gibt dir die nötige Übung in der Anwendung, außerdem wirst du dann sehen, ob alle Oberflächenbehandlungen zueinander passen.

Es gibt etliche Arten, wie du das Oberflächenfinish deines neuen Bogens gestalten kannst. Lasse immer auch den Verwendungszweck und deine Umgebung mitentscheiden, wie du vorgehst. Zum Beispiel lebe ich in einer Gegend, wo es 2000–2500 mm pro Jahr regnet. Ich verwende meine Bögen das ganze Jahr hindurch zum Jagen und auch einfach so zum Bogenschießen. Daher muss mein Oberflächenfinish möglichst haltbar und so wasserfest wie nur irgend möglich sein. Als ich anfing Bögen zu bauen, habe ich viele verschiedene Oberflächenbehandlungen angewendet und festgestellt, dass alle ihre eigenen Vor- und Nachteile haben.
Ob du ein Mittel verwendest, das eindringt oder eines, das einen Film bildet, ist allein dir selbst und deinen Anforderungen überlassen. Eine eindringende Behandlung zieht in das Holz hinein und erfordert mehrere Anwendungen, die über einen längeren Zeitraum aufgetragen werden, bis endlich ausreichender Feuchtigkeitsschutz besteht. Das kann durchaus ein Jahr dauern, bis es wirklich wasserfest ist. Aber sie sind ein Teil der romantischen Bogenbauer-Vergangenheit und einfach anzuwenden.

Die ersten eindringenden Mittel, die einen Bogen wasserfest machten, waren ohne Zweifel tierische Fette. Und obwohl diese Behandlung recht urtümlich ist, ist sie noch immer so wirksam wie sie es damals war. Ein heutiger Anwender dieser Methode ist Al Herrin, der fast ausschließlich tierische Fette für seine Bögen verwendete, die er über viele Jahre hinweg gebaut hat. Er zieht Bärenfett vor, hat aber genauso Fett von Rotwild und Schweinen (in Form von Speck) verwendet. Das Fett wird in einem Topf mit Wasser erhitzt, bis das geschmolzene Öl zur Oberfläche aufsteigt, wo man es abschöpft und in einem dichten Behälter aufbewahrt. Das Öl wird dann mit der Hand eingerieben, wobei die Reibungswärme hilft, dass es eindringt. Oder man lagert den Bogen vorher an einem warmen Platz, in der Nähe des Ofens beispielsweise. Al bringt anfangs mehrere Aufträge auf den Bogen auf und erneuert diese zweimal jährlich. Während der Jagdsaison wird wöchentlich neues Öl

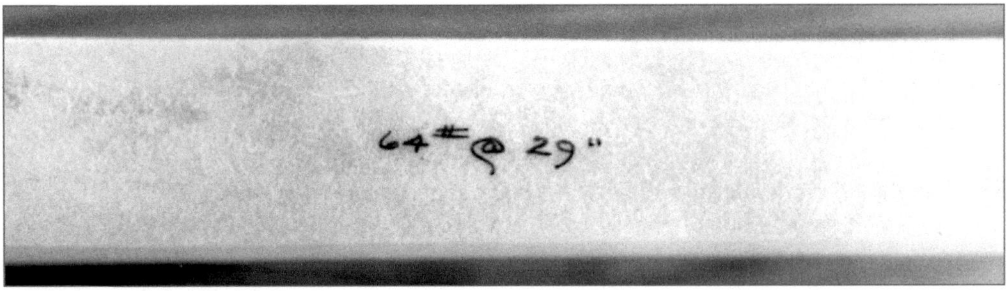

Ebenso ist es eine gute Idee, Gewicht und Ausszuglänge vor dem Finish auf dem Bogen zu vermerken.

aufgebracht, bei Schlechtwetter sogar täglich. Er meint, dass das tierische Fett viel mehr ist als nur eine Notlösung, es ergibt einen ausgezeichneten Schutz vor den Elementen, indem es das Wasser vom Bogen abperlen lässt, statt dass es in das Holz eindringt. Obwohl er davor warnt, das Fett auf einem Sehnen- oder Rohhautbelag anzubringen, empfiehlt er es als traditionelle und wirksame Oberflächenbehandlung für Holz.

Wir lesen über frühe Bogenschützen und Jäger, die ihre Bögen mit einer Mischung aus Tungöl, Leinöl, Zedernöl und ebenso 'French polish' einölten. 'French polish' ist eine Mischung aus Schellack und Leinöl. Ich selbst habe damit nur Erfahrung auf Drechselteilen gemacht, aber man benötigt jahrelange Anwendung, bis man ausreichenden Nässeschutz erreicht. Tungöl ist einfach anzuwenden und zusätzliche Aufträge sind schnell gemacht. Es hinterlässt einen schönen Glanz auf dem Holz und macht es leicht, kleinere Kratzer auszubessern, die der Bogen so im Gebrauch bekommt. Aber ich habe herausgefunden, dass jedwede Beschriftung am Bogen schnell verschwand, da sich an der Oberfläche keine Schutzschicht aufbaut. Es bietet auch keinen Schutz, wenn es den ganzen Tag lang regnet.

Ich habe auch eine Mischung aus Bootslack, Glykol und Leinöl benutzt. Zu gleichen Teilen gemischt ergibt es eine ausreichend eindringende Behandlung. Ich habe dies in der Vergangenheit für Gewehrschäfte benützt und herausgefunden, dass es ebenso wie Tungöl und andere eindringende Behandlungen viele, viele Schichten benötigt bis es wirklich die Nässe abwehrt.

Während alle diese eindringenden Behandlungen in das Holz hinein und die Poren abdichten müssen, wobei eine große Anzahl von Anwendungen nötig sind, um wirksam zu werden, erreicht eine filmbildende Behandlung dies, indem sie das Holz in eine Schutzschicht einhüllt. Für mich sind das die besten Behandlungen, die auch Schutz vor ständiger Nässe bieten. Lacke wie Bootslack, Varathane (ein Acryllack auf Wasserbasis) oder Polyurethan gehören in diese Gruppe und sind gleichzeitig die besten Oberflächenbehandlungen, die ich finden konnte. Bootslack braucht eine lange Zeit zum Trocknen und ist recht schwierig glatt aufzutragen, für den geübten Heimwerker jedoch geht er gut.

Jim Hamm war recht erfolgreich bei der Herstellung seiner eigenen Lacke und erklärt seine Methode folgendermaßen: „Es gibt zwei Arten von Lacken, ölbasierende und spiritushaltige. Der Öllack wird in einem schwierigen Vorgang hergestellt, bei dem man Baumharze, Leinöl und Verdünner genau auf bestimmten hohen Temperaturen über einen längeren Zeitraum hält. Für den Heimwerker ist dieser Vorgang nicht nur recht arbeitsaufwendig, sondern auch gefährlich, weil das Ganze explodieren oder sich entzünden kann. Der Spirituslack ist jedoch leicht herzustellen und erfüllt seine Aufgabe, den Bogen wasserfest zu machen und ihm eine schöne Oberfläche zu geben, recht gut.

Sammle das Harz von Zedern oder Kiefern, wo es aus Verletzungen des Stammes herausquillt. Auch andere Bäume, oder verschiedene Obstbäume zum Beispiel, haben einen harzigen Saft und sind einen Versuch wert. Das Harz wird getrocknet bis es hart ist, dann so fein wie möglich in einem Mörser zerstoßen. Schütte das Pulver in ein Glasgefäß und füge genug Spiritus dazu, um es zu bedecken. Ich verwende dazu Reinigungsalkohol und das funktioniert gut, aber in früheren Tagen wurde dazu Terpentin verwendet, und da dieser aus Nadelbaumsaft destilliert wird, wird er wohl die authentischere Wahl sein. Wenn du ein eingefleischter Tradtioneller bist, kannst du natürlich schwarz gebrannten Schnaps aus deiner eigenen Brennerei verwenden. Diese Mischung wird während 24 Stunden immer wieder umgerührt, bis sich das Harz aufgelöst hat. Dann wird es durch ein Stück Stoff in ein anderes Glasgefäß gesiebt. Der dadurch entstehende Lack hat ein durchscheinendes Bernsteingelb. Um es auf den Bogen aufzutragen, tauche ich ein Stückchen Baumwollstoff mit dem Zipfel in die Flüssigkeit ein und reibe es dann sanft auf das Holz auf. Stelle sicher, dass jeder Teil gleichmäßig abgedeckt wird. Das einzige was noch schlechter als gar kein Nässeschutz ist, ist ein ungleichmäßiger Nässeschutz. Diese erste Schicht trocknet recht schnell. Wenn sie völlig getrocknet ist, wird eine weitere Schicht aufgetragen.
Nach drei bis vier Schichten beginnt der Lack sich aufzubauen und sieht glatt aus. In dieser Phase braucht dann jede Anwendung immer länger zum Trocknen, bisweilen einen oder zwei Tage. Wenn sich das Oberflächenfinish mehr und mehr aufzubauen beginnt, sollte man vor jedem neuen Auftragen mit feiner Stahlwolle leicht drüberfahren. Wenn der Lack zu dick ist, kann man mehr Spiritus hinzutun und umrühren. Üblicherweise reichen sechs bis acht Schichten dieses Lackes um einen schönen Glanz zu erreichen und den Bogen wasserfest zu bekommen. Der Jäger kann vor jeder Jagdsaison eine neue Schicht auftragen und dann den Glanz mit feiner Stahlwolle mattieren.

In den alten Tagen wurde Anilinfarbe zum Spirituslack dazu gemischt, um das Holz zu beizen und für diejenigen, die mit Bögen aus weißem Holz (wie Esche oder Hickory) jagen gehen, kann die zusätzliche Färbung sinnvoll sein.
Die einzige Schwierigkeit, die ich mit diesem selbstgemachten Lack hatte, war die, eine glatte und ebene Oberfläche zu erlangen. Eine größere Anzahl Schichten mit dünnerem Lack erwies sich als besser als wenige mit dickem Lack. Außerdem bleibt beim dickeren Lack dann auch leicht Staub haften, da er während der längeren Trocknungszeit klebrig

bleibt. Eine saubere Arbeitsumgebung und Stahlwolle zwischen den Schichten behob die meisten Staubprobleme.
Als ich Versuche mit diesem Lack anfing, hatte ich Bedenken, inzwischen hat sich aber herausgestellt, dass er sehr schön aussieht und einen sehr guten Schutz für das Holz bietet. Das Beste daran ist aber, dass er dem Bogenbauer die Möglichkeit gibt, seinen Bogen gänzlich selbst zu machen, mit nur geringfügiger Hilfe und Einfluss von außen.
Obwohl Lacke recht gut funktionieren, habe ich herausgefunden, dass man den besten und vollständigsten Holzschutz mit Varathane bekommt. Dieses ist als Spray erhältlich. Es ist schnell anzuwenden, macht eine glatte Oberfläche und trocknet staubfrei in einer halben Stunde. Ich trage sieben Schichten auf, ohne dazwischen zu schleifen. Wenn die letzte Schicht mehrere Stunden trocken ist, schleife ich die Oberfläche mit 400er Trocken- oder Nassschleifpapier. Weiteres Glätten mit feiner Stahlwolle entfernt den Glanz und hinterlässt eine samtige Oberfläche.

Du kannst es dann entweder so lassen oder mit einem Scheuermittel weiter polieren. Ich verwende eine geringe Menge Bimssteinpulver mit Speiseöl vermischt. Nimm ein kleines Stofffetzchen, tauche es in das Öl und dann in das Bimssteinpulver. Reibe den ganzen Bogen sorgfältig mit dieser Mischung ab, das bringt die Schönheit der Oberfläche heraus.
Eine Schutzschicht aus Wachs macht die Oberflächenbehandlung vollständig, und viele Jäger nehmen sich das Wachs mit ins Gelände. Paul Comstock verwendet Möbelwachs und schwört darauf, dass es auch dann noch schützt, wenn es einmal so richtig schüttet. Wenn das Wetter schlecht wird, bringt er lediglich eine großzügige Menge davon neu auf und jagt weiter. Er trägt auch eine Schicht auf, wenn die Jagdsaison zu Ende ist und stellt dann den Bogen weg. Wachs wird schon seit Jahrhunderten benutzt, es war Bienenwachs, mit dem die Langbögen im frühen England geschützt wurden.

Eine Empfehlung zum Schluss: Probiere die Behandlung deiner Wahl an einem kleinen Stück Bogenholz aus. Du gewinnst dadurch einen guten Eindruck, wie der Bogen aussehen wird.

Die Brauchbarkeit und die eigenen Bedürfnisse müssen einen leiten, wenn man die richtige Oberflächenbehandlung aussucht. Keine Behandlung kann das Wasser auf alle Zeiten aussperren, nur das Eindringen einige Zeit verlangsamen. Je wirksamer eine Oberflächenbehandlung ist, desto länger währt diese Zeit, in der das Wasser davon abgehalten wird, in das Holz einzudringen. Wo du lebst und mit dem Bogen schießt, entscheidet, was du verwendest. Du musst selbst wissen, was für dich am besten ist, und dann dabei bleiben. Die Oberflächenbehandlung hebt deine Kunstfertigkeit heraus und erhält sie. Wende deswegen soviel Zeit dafür auf wie nötig ist, um es richtig zu machen.

Griffe

Gebrauch und persönliche Wünsche entscheiden über die Art des Griffes bei einem Holzbogen. Wenn du einen Bogen baust, der ein genaues Replikat einer historischen Waffe ist, dann entscheidet eben dies über alle Einzelheiten.
Mit der Form des Bogengriffes kann man auch Einfluss darauf nehmen, wie sich der Bogen biegt. Durch die Größe und Form des Griffes kannst du einen Bogen dazu bringen, dass er über die gesamte Länge arbeitet (sich biegt). Vielleicht willst du auch den Griffbereich steif lassen, so dass die gesamte Biegung nur in den Wurfarmen stattfindet. Ich habe es gerne, wenn der Griff etwas mitarbeitet, um dem Bogen eine schöne kreisförmige Form zu geben, wenn er gezogen wird.

Griffgröße und -form sollten auch im Verhältnis zur Hand des Bogenschützen stehen, so dass ein angenehmes und gleichmäßiges Greifen des Bogens möglich ist. Eine andere Einflussgröße ist, wo der Pfeil aufgelegt wird. Dies beeinflusst, wie der Pfeil den Griff passiert und dadurch auch den Pfeilflug.
Es werden hier einige Griffarten gezeigt, die frühere Ausführungen darstellen, aber auch einige zeitgemäßere Änderungen, die sich bewährt haben.

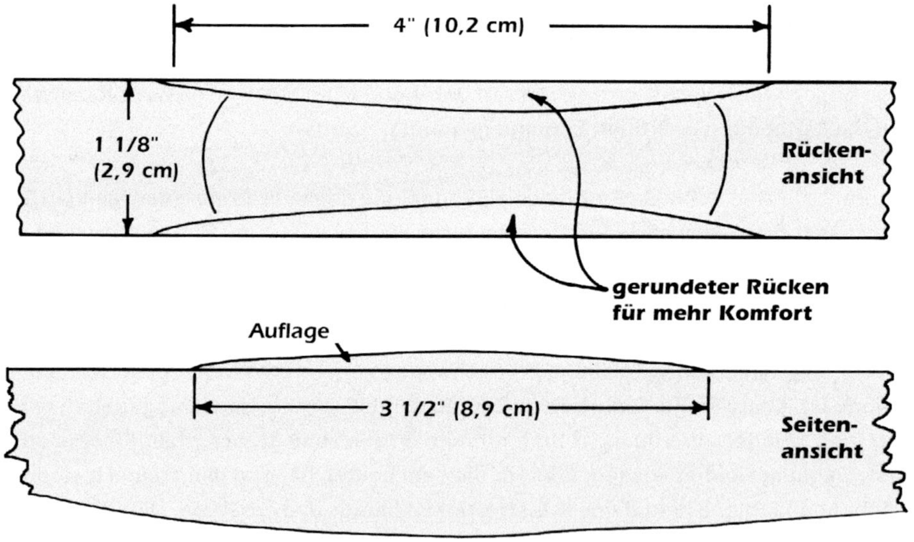

Griff für einen Langbogen nach englischer Art, zusätzlich ein Lederüberzug für bessere Griffigkeit.

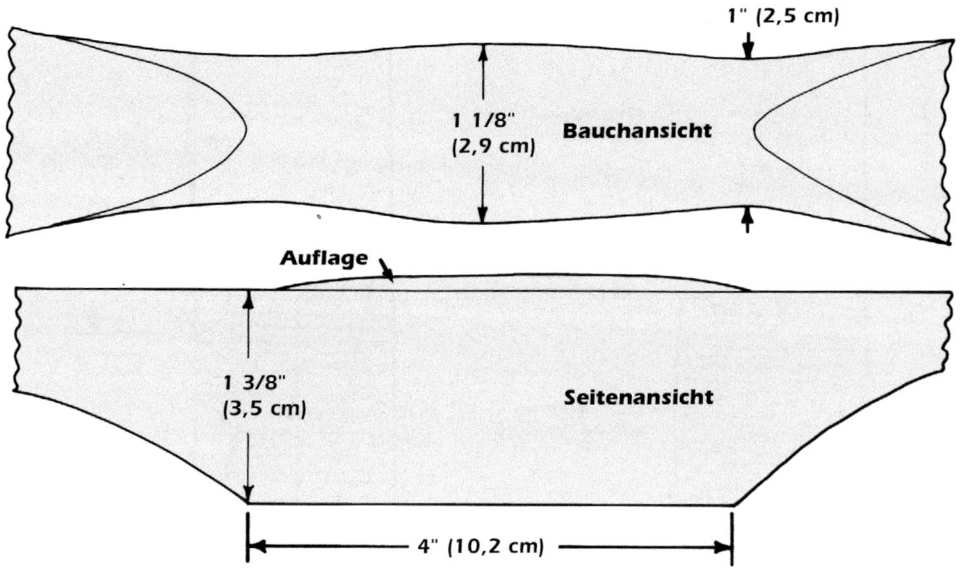

Griffausführung für einen Flachbogen.

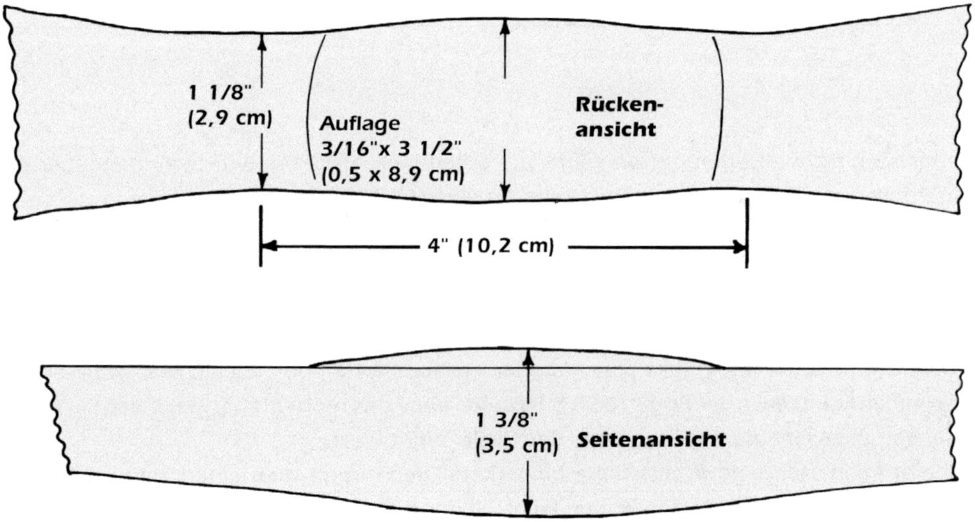

Abgewandelte Ausführung für einen Flachbogen.

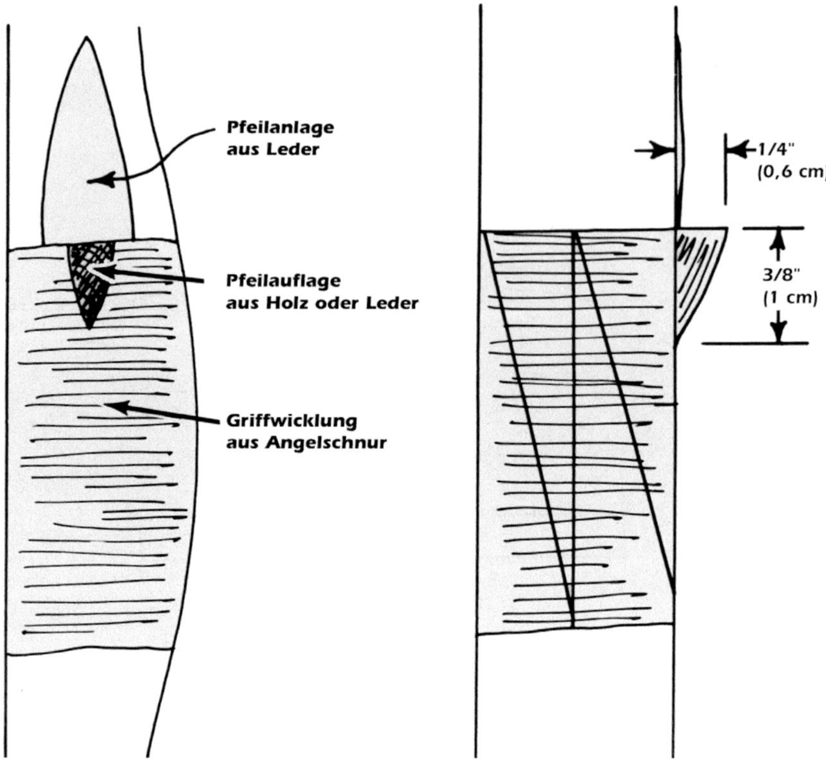

Ausmaße einer zusätzlichen Pfeilauflage.

Die meisten frühen Bögen hatten keinerlei Pfeilauflage, der Pfeil wurde einfach über den Handrücken geschossen. Mit etwas Übung ist diese Methode überraschend genau, sie geht zurück bis in die Anfänge des Bogenschießens.

Eine andere Möglichkeit wäre es, den Griff so zu formen, dass er eine kleine Pfeilauflage bereitstellt.

Wenn man seitlich in den Bogen hineinschneidet, kann man eine kleine 6 mm breite Auflagefläche herstellen. Man muss aber Vorsicht walten lassen, da dies die Maserung soweit schwächen kann, dass der Bogen dort bricht. Ich habe das recht oft bei glasbelegten Bögen gesehen, und es ist meines Erachtens das Risiko nicht wert.

Sicherer kann man eine Pfeilauflage bewerkstelligen, wenn man einen kleinen Keil aus Leder oder Holz seitlich an den Bogen leimt. Jeder Kleber, wie z. B. Alleskleber, Weißleim oder Kontaktkleber ist gut dafür. Der Keil kann wie gezeigt geformt werden. Wenn der Griff später umwickelt wird, wird auch der Keil überdeckt. Die Pfeilauflage erlaubt eher ein konstanteres Schießen und sollte von denjenigen verwendet werden, denen es in erster Linie um Genauigkeit geht.

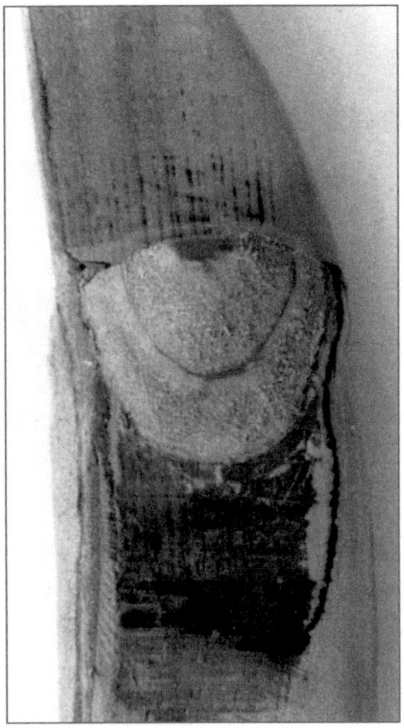

Seiten und Rückenansicht von Sattlerleder als Pfeilauflage, mit Kontaktkleber geklebt.

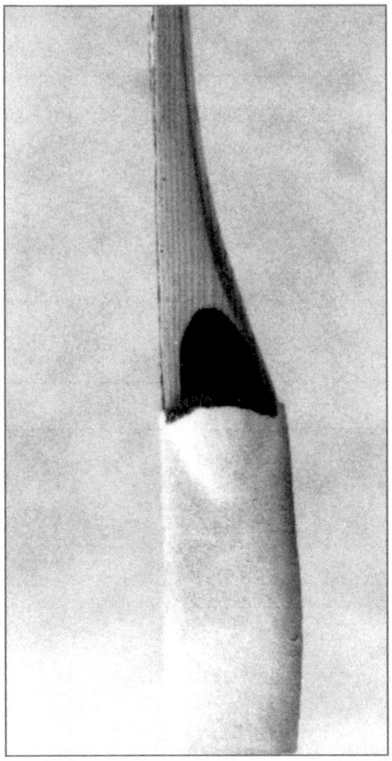

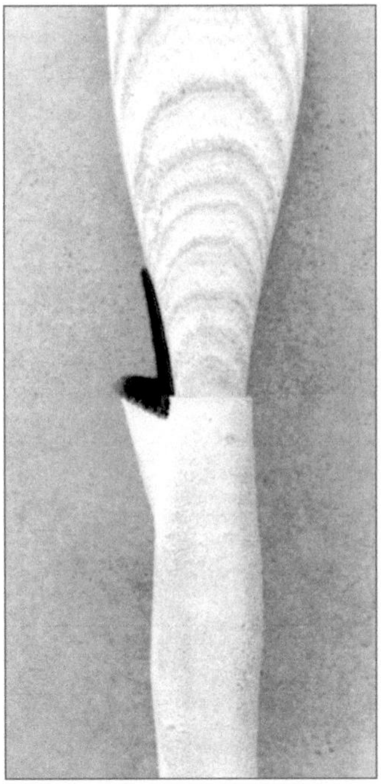

Seiten und Rückenansicht der fertigen Pfeilauflage mit Leder.

Oben: Griff aus einem langen Lederband, das um den Bogen gewickelt wurde
Unten: 50 Jahre alter Bogen mit farbigem Leder über den Griff geklebt, man beachte die Perlmutteinlegearbeit als Pfeilanlage.

Die Stelle, wo sich der Pfeil am Bogen seitlich anlehnt, kann auf einige Arten behandelt werden. Am einfachsten klebt man ein Stück Leder mit Kontaktkleber auf das Holz, oder man benützt eines der handelsüblichen selbstklebenden kurzgeschorenen Kalbsfellstücke. Diese weichen Oberflächen helfen, das Geräusch des vorbeifliegenden Pfeils zu dämpfen, eine wichtige Überlegung für den Jäger.

Am Anfang des vorigen Jahrhunderts wurde gerne Leder verwendet, bisweilen wurde sogar Perlmutt oder Elfenbein in das Holz als Pfeilanlage eingelegt. In alter Zeit wurde, bevor der Griff in Leder gehüllt wurde, manchmal eine ganz dünne Korkplatte auf den Griff geleimt um ein weicheres Greifen zu bekommen.

Ein modernere Version davon wäre es, eine Schaumgummischuheinlage zu zerschneiden und ein Stück davon auf den tiefsten Punkt des Griffes zu kleben, damit er etwas nachgibt. Dies vermindert das Schlagen etwas und kann denjenigen helfen, die unter einem lästigen Handschock leiden, wenn sich der Bogen sonst gut verhält.

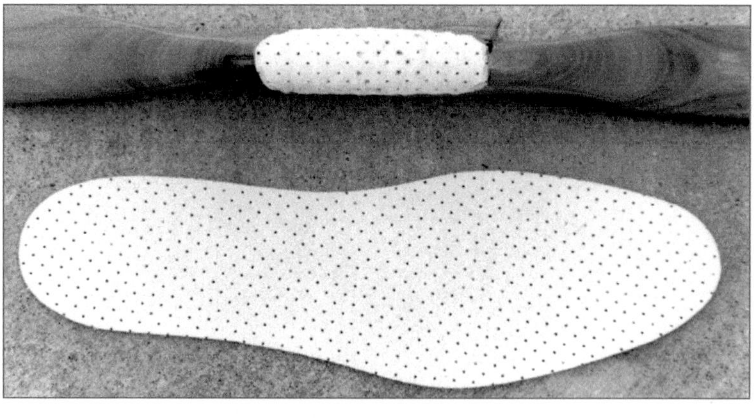

Das Schaumgummistück wird auf den Griff geklebt und dann mit Wildleder umhüllt, ergibt einen besseren Griff und dämpft den Handschock.

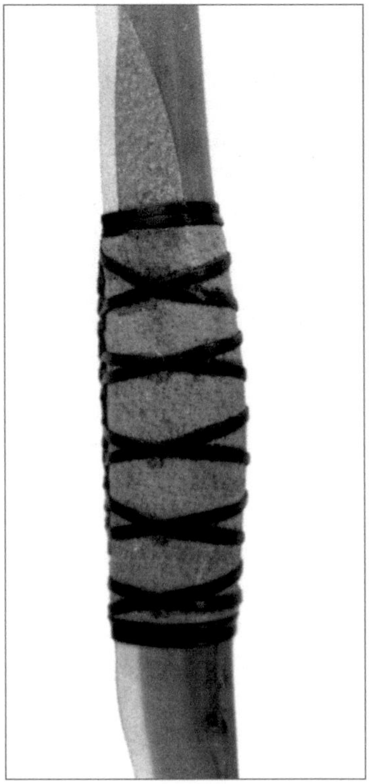

Seitenansicht eines Ledergriffes, mit Lederstreifen umwickelt, man beachte die Lederpfeilanlage.

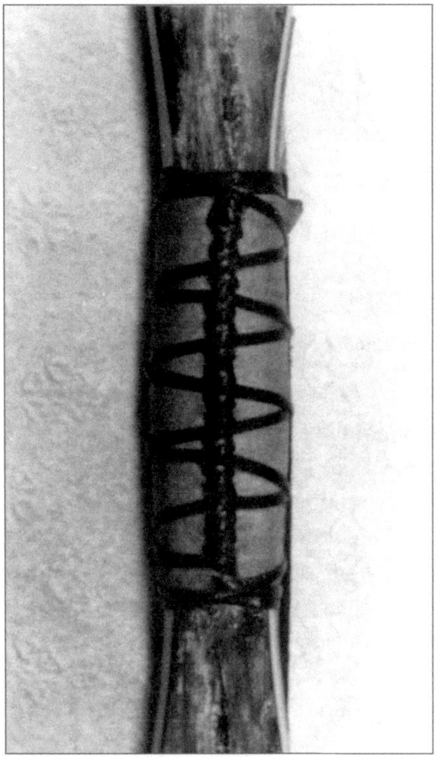

Rückenansicht der Schnürung und der Knoten, dies ergibt einen schönen und sicheren Griff.

Ein Bogengriff kann mit Schweinsleder umhüllt werden, rund um einen kleinen Lederkeil und dann noch mit Ziegenhaut-Riemen umwickelt werden. Als erstes klebe und forme den Lederkeil, dann schneide und stutze ein Stück Schweinsleder zurecht, welches genau zur Form des Bogengriffes passt. Beachte, dass sich das Leder dehnt, wenn du es draufwickelst, es mag dann notwendig sein, es etwas kürzer als den Umfang des Griffes zu schneiden. Dann schneide Löcher zum Schnüren in die beiden senkrechten Kanten der Lederumhüllung (z. B. mit einem Sticheisen). Diese sichern die Ziegenlederriemen. Trage rund um den Keil und der dazugehörigen Lederumwicklung Kontaktkleber auf. Wenn der Kleber angetrocknet ist, fange vorsichtig damit an, den Ledergriff rund um den Keil zu formen. Wenn das einmal gemacht ist, wickle das restliche Leder rund um den Griff und beginne den Riemen von oben nach unten zu schnüren.

Es bleibt dem Bogenbauer überlassen, ob man hier aufhört und die Riemenenden lediglich sichert, um das Ganze abzuschließen oder ob man den Riemen noch schraubenförmig über den Griff schnürt, so wie man es auf den Bildern sieht.

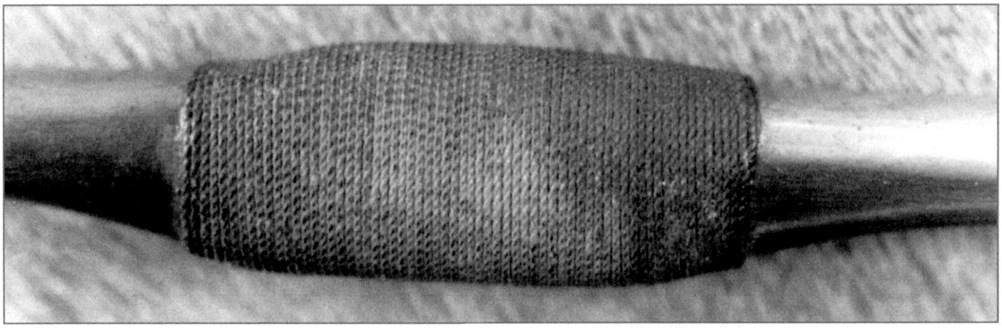

60-jähriger Bogen mit geflochtener Anglerschnur rund um den Griff gewickelt, dann gebeizt. Das ergibt einen einfachen, wirksamen und schönen Griff (Dank an Glenn Parker).

Eine Schlangenhaut kann man mittels Kontaktkleber in schmalen Streifen, ca. 13 mm breit am Bogengriff anbringen. Bedecke den Griffbereich des Bogens und die Rückseite des Schlangenhautstreifens mit Kontaktkleber. Wenn der Kleber trocken ist, fange unten beim Griff an und wickle die Schlangenhaut langsam schraubenförmig den Griff hinauf. Es kann sein, dass man zwei, drei oder mehr Streifen Schlangenhaut dazu benötigt um den ganzen Bereich zu bedecken. Die Schlangenhautwicklung sollte ungefähr 2,5 cm unterhalb beginnen und bis 4 cm oberhalb des Bereiches gehen, wo dann der Griff später angebracht wird. Mache das obere und untere Ende der Schlangenhaut mit Angelgriffmaterial fertig. Dann wickle den Riemen derart um den Griff, dass er in deine Hand passt. Das bedeckt ungefähr 10 cm der Schlangenhautwicklung.

Die wahrscheinlich einfachste Art eines Griffes ist, ein Stück Rehleder mittels Kontaktkleber aufzukleben. Auch geflochtene Anglerschnur kann rund um den Griff gewickelt und dann mit Beize versiegelt werden, wie es früher im vorigen Jahrhundert bisweilen gemacht wurde. Wie du siehst, es gibt viele beliebte Arten von Griffen. Baue einen davon nach, wenn er zu deinem Bogen passt, aber stelle sicher, dass er auch für deine Handgröße geeignet ist. Mache Versuche und benütze deine eigenen Einfälle.
Schließlich ist der Griff, ebenso wie der Bogen, deine eigene Schöpfung. Solange Funktion und Stil in Harmonie miteinander sind, kann nichts mehr schief gehen.

13 Übersetzt von Peter Ludwig

Selbstgebaute Pfeile

Jay Massey

„Gutes Schießen" schrieb Maurice Thompson im Jahre 1878, „hängt vom Pfeil ab. Es kommt nicht darauf an, wie gut du zielst, wie zuverlässig dein Bogen ist oder wie sicher deine Hand, ohne perfekte Pfeile wirst du nicht ordentlich treffen."

Wie wahr – und wie oft scheinen wir Bogenschützen diese einfache Tatsache zu vergessen! So viele Bogner/Handwerker – ich selbst eingeschlossen – verbringen zahllose Stunden damit, einen handgefertigten Bogen zur Perfektion zu bringen. Wir arbeiten sorgfältig die Form heraus, stimmen die Wurfarme in perfekter Harmonie aufeinander ab und polieren und wienern den Bogen schließlich, bis er wie ein Juwel leuchtet. Dann, wenn es soweit ist, unseren funkelnagelneuen Bogen zu schießen, schnappen wir uns hastig eine Handvoll Pfeilschäfte aus irgendeiner Kiste, befiedern sie, und los geht's.

Natürlich wirft unser Bogen den Pfeil wie eine Kugel – ein Pfeil, der nur all zu oft ein bisschen schwänzelt, wenn er auf das Ziel zusegelt, und es um Zentimeter verfehlt.

Es gibt ein altes Bogner-Sprichwort, das ungefähr so lautet: Aus jedem simplen Stock kann man einen Bogen bauen, aber es steckt ein Haufen Arbeit darin, einen guten Pfeil zu machen. In dieser Feststellung liegt ein gutes Stück Wahrheit.

Einen Satz akkurater Jagd-, Feld- oder Scheibenpfeile ganz und gar selbst herzustellen, ist in der Tat eine Menge Arbeit. Ich spreche hier von einem vollständigen Pfeil, nicht davon, im Laden gekaufte Einzelteile mittels einer Tube Kleber zusammenzubasteln. Das Pfeilmachen, das ich meine, beinhaltet das Schneiden und Lagern deines eigenen Holzes, das Herunterarbeiten der Schäfte auf einen passenden Durchmesser, Schneiden der Nocken, Ankleben oder Wickeln der Befiederung usw. Wenn man einen zueinander passenden Satz von zwölf Pfeilen von Beginn an selbst gebaut hat, kommt einem das Bogenbauen auf einmal gar nicht mehr so gewaltig vor.

Geeignete Hölzer für den Pfeilbau

Beim Pfeilbauen gilt es, wie im Bogenbau, viele Probleme zu lösen und Entscheidungen zu treffen. Die erste Schwierigkeit, mit der sich ein Pfeilmacher konfrontiert sieht, liegt darin, ein geeignetes Holz auszuwählen, aus dem die Schäfte gemacht werden sollen.

Welches Holz kommt infrage? Jeder Bogenschütze scheint seine eigene persönliche Vorliebe zu haben. Ishis Favorit war Haselnuss; Saxton Pope und Art Young benutzten fast ausschließlich Birke. Die Langbogenschützen im mittelalterlichen England bevorzugten Esche, Birke und Eiche – zumindest für Kriegszwecke. Die Türken in der Antike verwendeten meistens Kiefer. Viele amerikanische Indianerstämme hielten Hartriegel für das allerbeste.

Welches Pfeilholz ist also das Beste? Kein erfahrener Bogner wäre wohl so kühn, auf diese Frage eine unumstößliche Regel zum Besten zu geben.

Die Wahrheit in dieser Sache scheint zu sein, dass kein einzelnes Pfeilholz in allen Situationen ideal ist. Zum Beispiel wählten die Türken und die mittelalterlichen englischen Langbogner völlig verschiedene Holzarten für ihre Pfeile.

Die Türken bevorzugten eine Art Kiefer. Englische Langbogenschützen mochten Esche lieber als jedes andere erhältliche Holz. Wer hatte recht und wer nicht?
Beide – und keiner.
Die türkische Bogenwaffe entwickelte sich aus den Bögen, die von den reitenden Bogenschützen der zentralasiatischen Steppe benutzt wurden. Diese antiken Bogenreiter verwendeten kurze, kraftvolle reflexe Kompositbögen – hergestellt aus Horn, Holz, Sehne, Knochen und Leim – die Pfeile über große Entfernungen werfen konnten. Diese Reiterschützen waren die leichte Artillerie der damaligen Zeit. Ihre Art der Kriegführung wurde einige tausend Jahre vorher von kriegerischen Nomadenvölkern wie den Skythen eingeführt und dann von zahllosen anderen imitiert, darunter auch Hunnen und Mongolen, die nahe daran waren, ganz Europa und Asien zu erobern. Horden von berittenen Bogenschützen sprengten heran, schossen einen Pfeilhagel ab, rissen die Zügel herum und galoppierten sicher aus der Reichweite der gegnerischen Kräfte heraus, die oftmals aus speertragenden Fußsoldaten bestanden. Kriegführung auf große Entfernung war ideal für diese Bogenreiter, weil sie mit leichtem Gepäck unterwegs waren und nur schwache Rüstungen trugen. Bei solch einer Taktik war es besser, Pfeile über 300 Yards (ca. 274 m) zu verschießen als einen Kampf auf kurze Entfernung zu riskieren.
Der kurze reflexe Kompositbogen war für das Schießen vom Pferd aus sehr geeignet, und die Türken entwickelten ihn zu höchster Perfektion. Ihre Weitschussrekorde, 800 Yards (ca. 730 m) und mehr, hätten niemals mit schweren Pfeilen aus Hölzern wie Esche oder Birke erreicht werden können.

Auf den Britischen Inseln jedoch entschieden sich die englischen Langbogenschützen für die dichten, schweren Pfeilhölzer. Diese mittelalterlichen Bogner schossen für gewöhnlich Holzbögen, die ein Zuggewicht von 80–150 lb. aufwiesen und schwere Schäfte werfen konnten, versehen mit gewaltigen Broadheadspitzen oder Bodkins, die Rüstungen durchschlugen. Schwere Schäfte dringen tief ein, und der Langbogen wurde natürlich gut mit ihnen fertig. Roger Ascham, der im 16. Jh. den *Toxophilus* verfasste, schrieb, dass von allen Hölzern Esche das beste sei, weil es „eynen hartten Streych versetzen" konnte, d. h. der Einschlag war ziemlich heftig. Also passten sowohl die schweren Schäfte der englischen Langbogner als auch die leichteren Pfeile der asiatischen Bogenreiter zu den jeweils besonderen Umständen. Beide stellten das ideale Pfeilmaterial für ihren speziellen Zweck dar.
Ein anderer Faktor, der bestimmte, welches Pfeilholz verwendet wurde, ist die Verfügbarkeit des Materials. Dass Ishis Lieblingspfeilholz Hasel war, kam wohl daher, dass er meinte, es sei das beste Pfeilholz, das in seiner unmittelbaren Umgebung wuchs. In der Tat ist Hasel ein feines Holz für Pfeile – eins der besten, um Pfeile aus Schösslingen von jungen Bäumen herzustellen. Es war unzweifelhaft für seine Zwecke gut geeignet. Einige Indianerstämme bevorzugten *River cane* (Flussschilf), das schwer und hart ist und überall im gesamten Südwesten der Vereinigten Staaten wächst. Es ergibt ebenfalls gute Pfeile. Vielleicht bevorzugten Saxton Pope und Art Young einfach deshalb Birkenholz, weil es nicht nur widerstandsfähig, sondern auch zu ihrer Zeit in Form von Dübelstangen leicht erhältlich war.

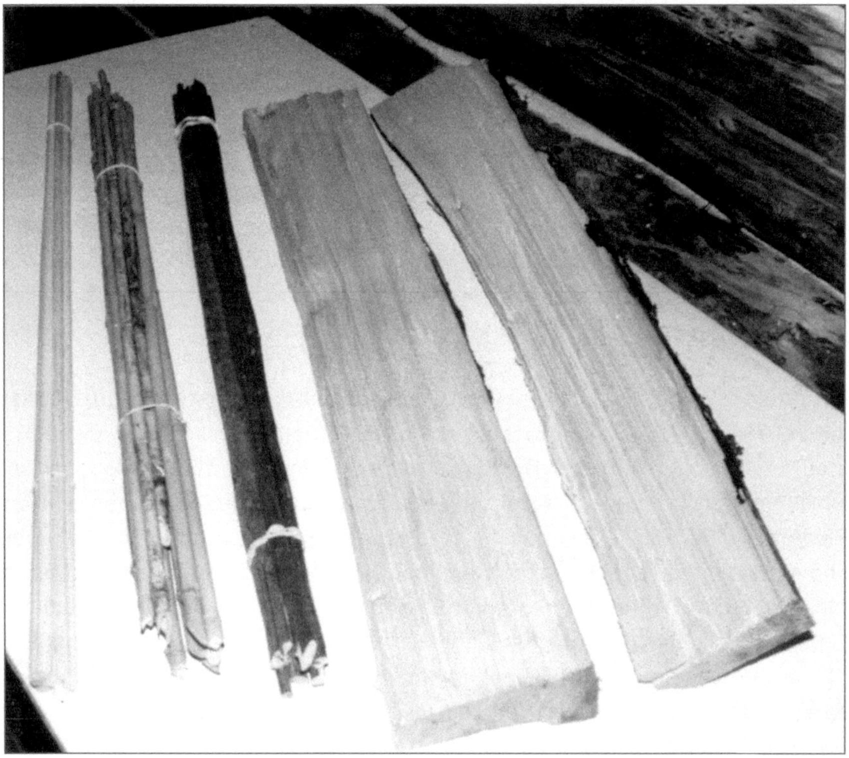

Pfeilmaterial – (von l. nach r.) Fertige handgehobelte Schäfte aus Sitka-Fichte, Bündel von River Cane und Ocean-Spray-Schösslinge und zwei Spaltlinge luftgetrockneter Sitka Fichte.

Heutzutage haben wir die große Auswahl aus sehr guten Pfeilhölzern, die in Nordamerika wachsen. Fast jedes geradwüchsige, mittelharte Holz kann für die Pfeilherstellung verwendet werden. Die Liste der bekannten guten einheimischen Pfeilhölzer umfasst Sitka-Fichte, Douglasie, Port Orford Zeder, Birke, Hartriegel, Osoberry, Ocean Spray (holodiscus discolor), Chokecherry (Traubenkirsche), Osier (genannt rote Weide, aber eigentlich eine Hartriegelart), Hasel, River Cane (Rohrkolben, amerikanische Variante mit solidem Rohr – nicht zu vergleichen mit dem europäischen Rohrkolben) Elsbeere, Schneebeere, Flieder, Wilde Rose, Esche, Hickory, Robinie Locust, Osage orange, Eiche, Ahorn, Cascara, Schilfrohr (Phragmites), roter Holunder und sogar Weide. Gutes importiertes Pfeilmaterial ist Bambus aus Südostasien, Ramin aus Malaysia und Norwegische Kiefer.

Meine ersten Pfeile bestanden, wie die vieler anderer Bogenschützen auch, aus Birkendübelstangen, die ich für 25 US Cent das Stück in einem örtlichen Baumarkt kaufte. Ich sortierte Hunderte von Dübeln auf Geradheit und Steifheit (oder Spine) hin durch.

Heutzutage sind die „Birkendübel", die du in den meisten Baumärkten findest, eigentlich aus Ramin, das aus Malaysia kommt. Auch das ist ein gutes Holz für Pfeilschäfte. An echte Birkendübel kommt man heute jedoch schwer heran, und wenn du Birke willst, musst du sie wahrscheinlich selber fällen.
Wenn du deine Pfeile auf traditionelle Art machen willst, solltest du die Schäfte sowieso selbst machen, indem du Nutzholz von einem Händler oder Material nimmst, das du selbst geschnitten hast. Ansonsten kannst du die blanken Schäfte – aus Port Orford Zeder, Douglasie, Sitka-Fichte oder anderen Pfeilhölzern – auch bei Bogenhändlern kaufen. Wenn du das tust, wirst du dich allerdings um viele Freuden (und auch viel Arbeit) der traditionellen Bognerei bringen.

Es gibt zwei Wege, Pfeilschäfte von Grund auf selbst herzustellen: Entweder schneidest du die Schäfte am Stück (von Sträuchern wie Hartriegel, River Cane, Osoberry, wilder Rose etc.), oder du schneidest den Rohschaft aus einem massiven Stück Holz. Mit self arrow meine ich einen Pfeil, der ganz aus Holz und aus einem Stück besteht. Footed arrows (gespleißte Pfeile, d. Übers.), also Pfeile, die meistens aus weicheren, zerbrechlicheren Hölzern bestehen und einen Vorschaft aus Hartholz besitzen, werden in einem folgenden Band behandelt.
Meine eigenen Erfahrungen mit dem Pfeile machen (eigentlich Pfeil zusammenbauen) begannen damit, Birkendübel von Hand zu befiedern und die Nocken einzuschneiden. Aber bald wollte ich genauere Pfeile haben und machte Fortschritte, indem ich passende Schäfte aus Port Orford Zeder verwendete, die ich bei verschiedenen Bogensportgeschäften kaufte. Danach probierte ich komprimierte Schäfte aus Port Orford Zeder aus (Pressholzschäfte von Bill Sweetland, die wesentlich kräftiger und schwerer waren als gewöhnliche Zeder) und kam dann zum Fiberglas. Nachdem ich des Fiberglases überdrüssig wurde, begann ich, meine Pfeile aus Ramindübeln (die in den meisten Baumärkten als „Birken"-Dübel verkauft werden) und Douglasie herzustellen. Während der letzten paar Jahre habe ich fast ausschließlich Sitka-Fichte verwendet.

Einst kaufte ich sogar ein Dutzend Aluminiumschäfte und probierte sie aus. In meinen Augen sind sie die schlechtmöglichste Wahl für Roving, Feldschießen und Jagd. Das kalte Metall fühlte sich bei Frostwetter furchtbar an, aber was ich an Aluminium wirklich hasste, war, dass ich niemals sicher sein konnte, dass der Schaft noch gerade war, wenn ich in den Wäldern geschossen hatte. Für mich scheinen Aluminiumpfeile den Typ Bogenjäger zu repräsentieren, der sich keinen Deut um Geschichte, Traditionen und Romantik des Bogenschießens schert, sondern nur daran interessiert ist, eine beeindruckende Anzahl Abschüsse zu erzielen, indem er – natürlich – die neueste Hightech-Bogenausrüstung benutzt, um leichter ans Ziel zu kommen.
Eines Tages, in einem Anfall von Zorn, sammelte ich die Alupfeile, die mein Heim verseuchten, zusammen und schoss sie weit hinaus auf das trübe Gletscherwasser einer Gezeitenbucht nördlich von Anchorage. Die hässlichen Schlammbänke schienen mir ein passender Lagerplatz für diese verachtenswerten Dinger zu sein.

Nicht lange darauf hörte ich sogar auf, Schäfte aus Fiberglas zu benutzen und kehrte endgültig zu Holzschäften zurück.
Seit ich begann, meine Pfeilschäfte ganz und gar selbst zu machen, ziehe ich Sitka-Fichte allem anderen Holz vor. Dies ist wirklich ein zauberhaftes amerikanisches Pfeilholz, das aus Gründen, die ich nicht verstehen kann, bei Bognern nie Anklang gefunden zu haben scheint. Einige seiner vielen Vorzüge sind erhöhte Festigkeit, gleichmäßige Beschaffenheit (sowohl in puncto Gewicht als auch Biegefestigkeit), Geradheit des Wuchses und seine Verfügbarkeit (zumindest für jeden, der an der Westküste lebt).
In Artikeln aus der alten *„American Bowhunter Review"*, die in Dr. C. N. Hickmans Buch *„Archery - The Technical Side"*, nachgedruckt wurden, nannte man als beste Pfeilhölzer Sitka-Fichte, Douglasie, Norwegische Kiefer und Port Orford Zeder – in dieser Reihenfolge. Aus diesen vier scheint sich Port Orford Zeder als das bei traditionellen Bogenschützen beliebteste Pfeilholz herausgestellt zu haben. Nachdem ich drei dieser Holzarten vielfach in Gebrauch gehabt habe – Norwegische Kiefer habe ich nie probiert – ist mir der Verdacht gekommen, dass Port Orford Zeder seine Beliebtheit nur einer einzigen Tatsache verdankt: seinem angenehmen Aroma. Schneide mit einem Messer oder Hobel in einen Zedernschaft, und du wirst sehen, was ich meine. Sein Geruch packt dich sofort und erzeugt ein Gefühl der Nostalgie für das alte traditionelle Bogenschießen. Der Geruch von Port Orford Zeder ist für den Bogner das, was Waffenöl für einen Gewehrschützen ist.
Aber ich würde niemals Port Orford Zeder nur wegen des wundervollen Geruchs verwenden. Das Holz ist längst nicht so fest wie Sitka-Fichte oder Douglasie. Auch ist es ein bisschen leicht vom Gewicht her, wenn man Schäfte von 600 Grains (etwa 39 g) und mehr bevorzugt. Was das anbetrifft, ist Sitka-Fichte zwar auch ein leichteres Holz, hat aber andere Qualitäten, welche diese Tatsache mehr als ausgleichen. Douglasie ist schwer und das kräftigste der drei Holzarten, aber nach meinem Empfinden fehlt ihm eine wichtige Eigenschaft: Gleichmäßigkeit von Schaft zu Schaft.

Gleichmäßigkeit ist eine der Eigenschaften (oder sollte es vielleicht sein), auf die ein Pfeil"schmied", der alles selbst macht, zuerst sein Augenmerk richten sollte. Es kann einen zur Verzweiflung treiben, wenn man einen Baum fällt, den Stamm nach Hause karrt und ihn aufsägt – nur um festzustellen, dass die Dübel, die man davon herunterschneidet, eine Biegefestigkeit irgendwo zwischen 40 und 100 lb. besitzen! Vereinfacht gesagt bezieht sich der Ausdruck „Spine" auf die Steifheit des Pfeilmaterials. Ein Pfeil, der von der Biegefestigkeit (vom Spine) her zu einem 80-lb.-Bogen passt, ist viel zu steif für einen 40-lb.-Bogen und wird weit am Ziel vorbeifliegen.
Was mich an Sitka-Fichte so erstaunt, ist die Tasache, dass ich aufs Geratewohl Schäfte aus Holz von verschiedenen geographischen Lagen gemacht habe und trotzdem der Spine ausnahmslos im üblichen Bereich zu liegen scheint. Wenn ich ein oder zwei Dutzend Schäfte von einem Sitka-Klotz herunterspalte oder –säge und sie dann auf $^{11}/_{32}$ oder $^{3}/_{8}$" (8,7 bzw. 9,5 mm) Dicke reduziere, kann ich davon ausgehen, dass mindestens drei Viertel von ihnen vom Spine her zwischen 60 und 80 lb. liegen. Und das Gewicht scheint niemals

um mehr als höchstens 50 Grains (etwa 3 g) zu variieren, obwohl ich die Schäfte von Hand herunterhobele. Das bedeutet, dass ich nicht Stunden darauf verschwenden muss, einen Stapel Schäfte zurecht zu schnitzen, um dann die Hälfte von ihnen ins Feuer zu werfen. Andere Dinge, die ich an Sitka-Fichte mag, sind seine Elastizität und Bruchfestigkeit. Das Holz wird nicht nur für Gitarrendecken verwendet, sondern auch für Flugzeugspanten! Ich bin überzeugt davon, dass es doppelt so bruchfest ist wie Port Orford Zeder; zumindest ist es nur halb so leicht zu zerbrechen, wenn ich draußen umherziehe und auf Baumstümpfe schieße. Ich erinnere mich an einen Hirschbock, den ich einst mit einem Schaft aus Sitka-Fichte auf Kodiak Island geschossen habe. Ich sah wie der Hirsch, wie wild, 50 Yards (ca. 45 m) weit durch dichtes Erlengestrüpp rannte, während der Schaft aus der Brust des Hirsches herausschaute, und hörte, wie er laut gegen das Gebüsch knallte. Ich folgte der Blutspur durch die Erlen und fand den vollständigen Schaft ein paar Fuß weit vom Hirschen entfernt liegen. Bis auf ein paar Kratzer nahe bei der Befiederung war der Schaft in einem perfekten Zustand. Wenn ich Großwild mit Pfeilen aus Port Orford Zeder geschossen habe, schien der Schaft schon bei der leisesten Berührung mit Gebüsch zu brechen.

Der Betreiber einer Sägemühle bei Seward, Alaska erzählte mir einmal, dass er während 30 Jahren Holzfällerei in Minnesota, Washington und Alaska niemals irgendein Holz von vergleichbarem Gewicht gefunden hätte, das es in puncto Festigkeit mit Sitka-Fichte aufnehmen konnte. Wie er so in seiner Mühle stand und über verschiedene Holzarten sprach, zeigte er auf einen großen Sitka-Stamm von 4 Fuß (ca. 1,20 m) Durchmesser.
„Siehst Du den Stamm dort drüben? Ich könnte ihn mit einer Motorsäge anschneiden und nur einen Zoll (2,54 cm) Holz stehenlassen, und wenn ich ihn dann mit dem Verladekran anhebe, wird er nicht am Schnitt brechen. Er wird einen Inch Holz auf der ganzen Stammlänge abspalten!"
Probieren geht über Studieren, sagt man, und ich weiß nur, dass ich draußen, beim Schießen viel weniger Pfeile zerbrochen habe, seit ich Sitka-Fichte verwende. Und meine Treffgenauigkeit hat sich enorm verbessert.

Was ich außerdem an dieser Fichte schätze, ist ihr gerader Wuchs und ihre Tendenz, gerade zu bleiben, ohne sich zu verziehen. Das trifft besonders auf Schäfte zu, die vom Stamm heruntergespalten statt gesägt wurden. Die langen Fasern des Holzes haben etwas damit zu tun. In verschiedenen Museen im pazifischen Nordwesten und in Alaska kann man viele Schäfte der Ureinwohner sehen, die aus Sitka-Fichte gemacht sind. Die meisten von ihnen sind noch genauso gerade wie an dem Tag, als sie hergestellt wurden. Einer der ältesten Pfeile, die je gemacht wurden, ein 10.000 Jahre alter Schaft, der vor dem 2. Weltkrieg in Deutschland gefunden wurde[1], war von einem Stamm gespalten worden. Also sind Schäfte, die auf diese Art hergestellt sind, so traditionell, wie sie aussehen.

1 Bei Stellmoor (d. Übersetzer)

Eine weitere gute Sache an Fichte ist, dass es sehr gut mit schneidenden Werkzeugen zu bearbeiten ist. Ein scharfer Handhobel schneidet sehr sanft hindurch, ohne große Späne zu reißen.

Hier hast du also meine vorgefasste Meinung über Sitka-Fichte. Es mag andere Hölzer da draußen in anderen Teilen des Landes geben, die genauso gut sind.

Al Herrin, ein Bogner aus Oklahoma, besitzt einige Pfeile der Cherokee aus Robinie, die auf die alte Art und Weise hergestellt sind – aus einem Stamm herausgespalten und mit einem Messer vollendet. Es sind einige der schönsten Pfeile, die ich je gesehen habe. Ich bezweifle, dass irgendein nordamerikanisches Hartholz sie an Festigkeit übertrifft.

Naturschäfte

Die meisten amerikanischen Indianerstämme mühten sich nicht damit ab, Schäfte aus Spaltholz herzustellen, sondern benutzten stattdessen, was man als natürliche Pfeilschäfte bezeichnen könnte – also Schäfte aus kleinen Schösslingen und Trieben. Solche Pfeile stehen unverdienterweise in dem Ruf, schlecht gemacht und ineffizient zu sein, vielleicht wegen der krummen Pfeile der Ureinwohner, die wir als Staubfänger im Museum betrachten können. Pfeile aus Schösslingen neigen dazu, sich im Laufe der Zeit zu verwinden, und müssen von Zeit zu Zeit gerichtet werden. Aber wenn sie begradigt und gerade gehalten werden, fliegen gut gemachte Naturpfeile genauso gut wie ein feiner Scheibenpfeil.

In *The Witchery of Archery* erzählt Maurice Thompson von einem Jagdausflug, den er einst mit einem Indianer vom Stamm der Seminolen unternahm – ein Ausflug, bei dem der Indianer viel besser schoss als Thompson, obwohl dieser die besten Bögen und maßgefertigte Pfeile benutzte. Als er die Ausrüstung des Indianers schilderte, schrieb Thompson: „Seine Pfeile waren ein wahres Wunder an exakter Arbeit."

Und in dem Buch *Lions in the Path* berichtet Stewart Edward White von einem Weitschusswettbewerb zwischen Saxton Pope und einem Afrikaner. Pope schoss seinen schweren Eibenbogen und die besten Weitschusspfeile, während der Afrikaner einen einheimischen Bogen und seine regulären Jagdpfeile benutzte. Die Pfeile des Schwarzen, die anscheinend aus Schösslingen gemacht waren, flogen über eine Distanz von 243 Schritt – mehrere Yards weiter als Popes Weitschusspfeile. Pope war ziemlich überrascht, wechselte auf seinen schwersten Eibenbogen, und sie schossen noch einmal. Diesmal konnte er den Afrikaner, der immer noch seine Standard-Jagdschäfte schoss, übertreffen, aber nur um etwa 10 Yards (ca. 9 m).

Es ist also keine Frage, dass Pfeile aus Schösslingen effizient und treffgenau sein können, wenn sie gut gemacht und gerade sind. Solche Pfeile sind auch sehr bruchsicher und haltbar, besonders wenn sie aus Trieben von Hartriegel, Hasel, Osoberry, River Cane, Ocean Spray und Chokecherry gemacht sind.

Ein großer Vorteil der Nutzung von Schösslingen für Pfeile ist, dass sie schnell und einfach hergestellt werden können. Man muss weder spalten noch sägen oder hobeln. Die Schäfte werden einfach geschnitten, zusammen gebündelt und für ein paar Monate getrocknet.

Dann muss man sie mittels Hitze geraderichten, die Rinde herunterschaben und sie fertig stellen. Wenn sie gründlich getrocknet wurden, werden diese Naturschäfte hart und bruchsicher. Schau bei der Auswahl der Schösslinge nach solchen, die an der Basis mindestens einen Durchmesser von $^3/_8$ Inch (ca. 9,5 mm) haben, weil der Schaft um einiges dünner wird, wenn er erst mal getrocknet und die Rinde weg ist. Schneide sie sechs bis acht Inches (ca. 15–20 cm) länger, als deine normale Pfeillänge beträgt. Die meisten Pfeilhölzer reißen während des Trocknens an den Enden ein wenig ein, du kannst die Enden dann später abschneiden. Pfeilschäfte, die während des Winters geerntet wurden, reißen weniger als solche, die du im Frühjahr und Sommer geschnitten hast.

Nach der Ernte werden die Schäfte zu einem Dutzend oder so gebündelt, locker mit Klebeband oder Gummibändern umwickelt und an einem kühlen, trockenen Ort zum Trocknen gelagert. Die Schäfte werden mit zunehmendem Alter immer härter, sie sollten aber nach zwei oder drei Monaten gebrauchsfertig sein. Während der anfänglichen Trocknung sollten sie in der Rinde belassen werden. Wenn die Schäfte teilweise trocken sind, sollte die Rinde mit einem scharfen Messer abgeschabt werden. Triebe einiger Holzarten neigen furchtbar zum Reißen, wenn die Rinde sofort nach dem Schneiden entfernt wird. Wenn sie dann gründlich getrocknet sind, sollten die Schäfte gerichtet werden und durch Schleifen oder Hobeln mit einem feinen Handhobel geputzt werden, um Unebenheiten zu beseitigen. Jetzt kann man Pfeile aus ihnen machen.

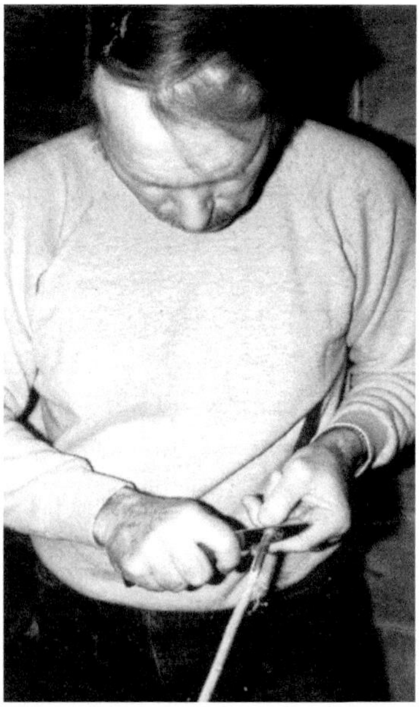

Nach der anfänglichen Trocknung können die Schösslinge mit einem scharfen Messer von der Rinde befreit werden.

Die Triebe werden nun erhitzt und gerichtet. Dieser Pfeilrichter wurde aus einem Stück Caribou-Geweih gemacht, in das ein Loch gebohrt wurde.

River Cane

River Cane wächst im größten Teil des Südostens und Mittelwestens der Vereinigten Staaten und wurde weitverbreitet von vielen Indianerstämmen genutzt, um gute Pfeile zu machen. Eine alte Broschüre für Bogenbedarf, die in den 1920er Jahren vom Meisterbogner E. F. Pope herausgegeben wurde – er belieferte Art Young mit Osage-Stäben und -Bögen, führt Preise für seine besten Bögen und Pfeile auf. Die teuersten Pfeile, die in der Broschüre aufgelistet sind, waren Popes Spezial-Weitschusspfeile – hergestellt aus Southern Cane – die für 2 Dollar das Stück verkauft wurden. Popes Jagdpfeile aus Osage, aus reinem Osage gemacht und mit Adlerfedern befiedert, lagen bei 20 Dollar das Dutzend. Seine Hickory-Jagdpfeile kosteten 15 Dollar pro Dutzend. E. F. Pope (wahrscheinlich nicht verwandt mit Saxton Pope) und andere frühe Bogenschützen kannten den Wert guter Pfeile aus Rohr, aber dieses gute Pfeilmaterial wird heutzutage kaum noch benutzt.

Einer der Günde dafür könnte sein, dass Rohr, weil es hohl ist, einen separaten Vorschaft benötigt, der am vorderen Pfeilende eingefügt wird – zumindest, wenn man moderne oder Indianerpfeilspitzen benutzt, die festgebunden werden. Spitzen mit rundem Dorn, wie die antiken, aus Bronze gegossenen asiatischen Pfeilspitzen, werden einfach direkt in das Rohr oder den Bambus eingesetzt und mit Sehne oder Garn festgebunden.

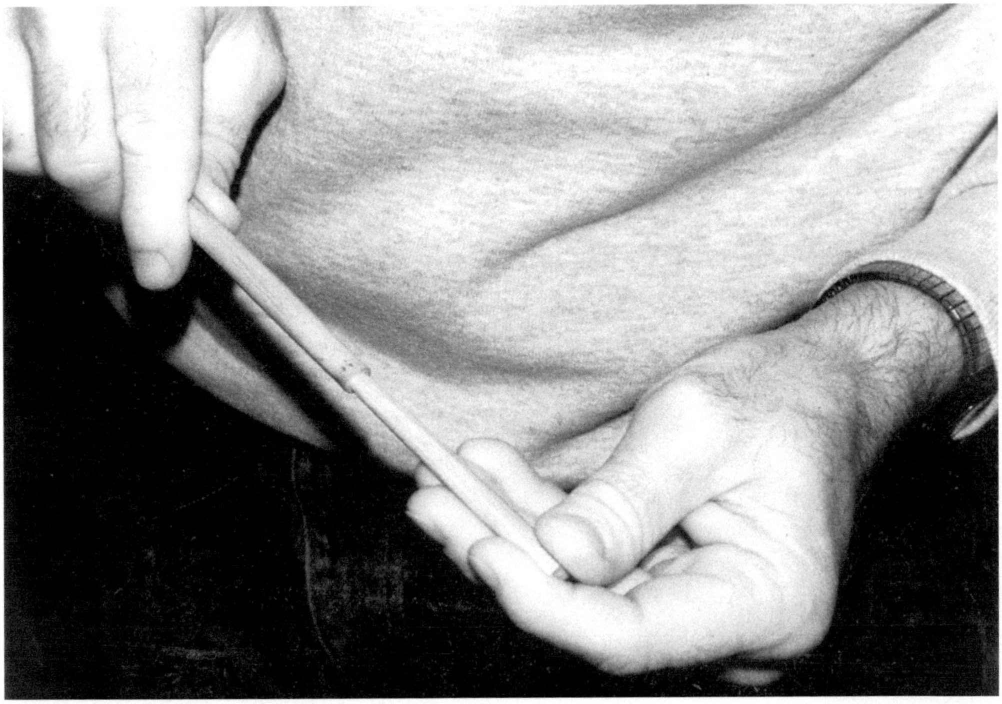

Der Vorschaft für einen Pfeil aus River Cane sollte aus Hartholz gemacht und am vorderen Pfeilende befestigt werden. Die Verbindung wird später sorgfältig mit Sehne umwickelt.

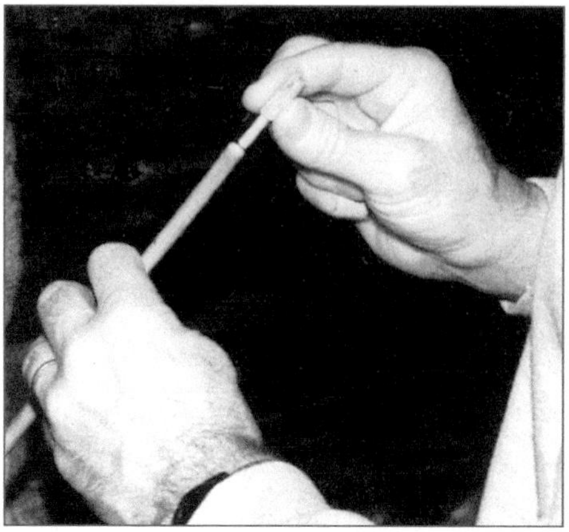

Die Nocken können direkt in das River Cane eingeschnitten werden, aber es ist besser, einen Nockeneinsatz zu nehmen, der eingepasst und -geleimt wird. Dieser Nockeneinsatz ist aus Osage orange.

Eigentlich ist ein Vorschaft aus Hartholz nicht allzu schwer herzustellen und einzupassen, also lass dich nicht durch diese Kleinigkeit davon abhalten, Schäfte aus River Cane zu verwenden. Die Nocke kann sowohl oberhalb eines Astknotens direkt eingeschnitten als auch aus einem Stück Hartholz hergestellt werden, das am Nockennede eingesetzt und festgeleimt wird. Die Triebe von River Cane sollten geschnitten und gebündelt für mindestens sechs Monate getrocknet werden, bevor man sie benutzt. Die äußere Haut dieses Materials ist hart und dicht, und es trocknet langsamer als andere Arten von Naturschösslingen.

River Cane kann geglättet und gerichtet werden, indem man es auf einem gekerbten heißen Stein „bügelt".

Wähle die geradesten Rohre aus und schneide sie extra lang, dann richte sie erstmal, bevor du sie zum Trocknen beiseite stellst. Rohrschäfte können sowohl gerichtet werden, wenn sie noch grün sind, als auch in getrocknetem Zustand, aber es geht wesentlich leichter, wenn sie eben geerntet wurden, wie ich kürzlich herausgefunden habe. Ein ganzer Stapel grünen Rohres kann schnell gerichtet werden, indem sie fünfzehn bis zwanzig Minuten über einem geheizten Holzofen platziert werden. Achte darauf, eine Art Abstandshalter anzubringen, um den direkten Kontakt zwischen Rohr und Ofen zu vermeiden. Wenn dein Ofen breit genug ist, kannst du das Rohr auf der ganzen Länge gleichmäßig auf einmal erhitzen.
Wenn sie erwärmt sind, können sie im Nu gerichtet werden, aber versuche nicht, sie gleich beim ersten Mal 100-prozentig gerade zu bekommen. Mach es in zwei Stufen. Sonst besteht die Gefahr, dass du das Rohr an den Nodien/Knoten zerbrechen oder es schwächen würdest. Einmal gerichtet, scheinen Rohrschäfte ihre Form bemerkenswert gut zu behalten. Nachdem sie getrocknet sind, kannst du die Nodien abschleifen, um sie zu glätten.

Von einigen Indianerstämmen ist bekannt, dass sie gekerbte und erhitzte Steine verwendeten, um die Knoten zu glätten. Die Steine wurden zuerst erhitzt, dann wurde das Rohr in Wasser getaucht, in die Kerbe gelegt und mit abwärts gerichtetem Druck und Drehbewegungen „gebügelt". Der gekerbte Stein sollte soweit erhitzt werden, dass der angefeuchtete Schaft „dampft", wenn er durch die Kerbe gezogen wird, aber nicht so sehr, dass er den Schaft ansengt. Diese Methode gibt dem Schaft einen gleichmäßigeren Durchmesser und begradigt ihn gleichzeitig.

Der Spaltholz-Schaft

Der erste Schritt, um einen Schaft aus gespaltenem Holz herzustellen ist, dass du dir Rohmaterial besorgst – Sitka-Fichte, Douglasie, Zeder, Hickory, Black Locust oder was auch immer. Du kannst das Holz sowohl bei einem Holzhändler kaufen als auch in den Wald gehen und es selbst fällen. Im Gegensatz zu Holz, das für Bögen verwendet wird, kann Pfeilmaterial in ein paar Wochen vollständig getrocknet und gebrauchsfertig gemacht werden. Du brauchst dich nicht damit abzumühen, den Stamm zu spalten und die Schnittflächen zu versiegeln wie bei der Behandlung von Bogenholz. Bei Pfeilholz genügt es, den rohen Stamm in Bretter aufzusägen oder in „Scheite" aufzuspalten, die einen oder zwei Inch (ca. 2,5–5 cm) breit sind. Ob du spaltest oder sägst, liegt bei dir. Ich habe auf beide Arten Pfeilschäfte gemacht. Beim Spalten produziert man etwas mehr Abfall, aber es ermöglicht dir, dem Faserverlauf präzise zu folgen; Sägen geht schneller und einfacher und spart Material.

Einige Hölzer werden reißen und sich verdrehen, wenn sie luftgetrocknet werden, also musst du ausprobieren, welche Hölzer dazu gehören und welche nicht. Zu meinem Glück besitzt Sitka so gut wie keine Tendenz zum Verziehen während des Trocknens.

Ich habe frischgeschnittene Bretter von 2" (ca. 5 cm) Dicke genommen und einen ganzen Haufen auf einem trockenen Dachboden aufgestapelt, ohne dass sich auch nur 10 Prozent davon verdreht haben.
Nach dem Spalten oder Aufsägen sollten die Bretter aufgestapelt werden, was heißt, dass sie abwechselnd mit einer Lage Stapelleisten dazwischen aufgelegt werden, um es der Luft zu ermöglichen, frei zwischen den Lagen zu zirkulieren. Lege die erste Lage Bretter auf zwei Reihen Abfallleisten und lass dabei ungefähr einen Inch (2,54 cm) Platz zwischen den Brettern. Lege danach weitere „Stapelleisten" oben auf die Bretter als Abstandhalter zur nächsten Lage, und so weiter.

Während das Holz trocknet, sollten die Bretter etwa jede Woche umgedreht und gewendet und werden, um ein eventuelles Verziehen kontrollieren zu können. Solchermaßen an einem trockenen Ort aufgestapelt, werden die Bretter in ein paar Wochen gebrauchsfertig sein. Egal, ob du spaltest oder sägst, die Bretter sollten gründlich getrocknet werden. Wenn du die grünen Bretter sofort in kleine rechteckige Pfeilrohlinge aufschneidest, ohne ihnen die Chance zum Trocknen zu geben, werden sie mit ziemlicher Sicherheit verziehen.

Das Abspalten der Pfeilrohlinge vom Brett kann mit einem großen Messer und dem Nacken eines Handbeils oder einem Klüpfel (Holzhammer) durchgeführt werden. Spalte 2,5 cm dicke Stäbe vom Brett herunter, indem du die Klinge wie einen Spaltkeil benutzt. Wenn das Holz geradwüchsig ist, geht das problemlos. Wenn der Wuchs nicht gerade ist, bleibt dir nichts anderes übrig, als die Rohlinge auf einer Tischkreissäge oder Bandsäge mit Parallelanschlag abzusägen.

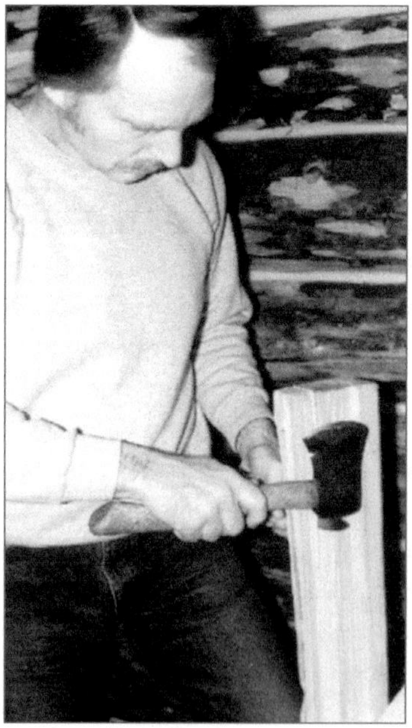

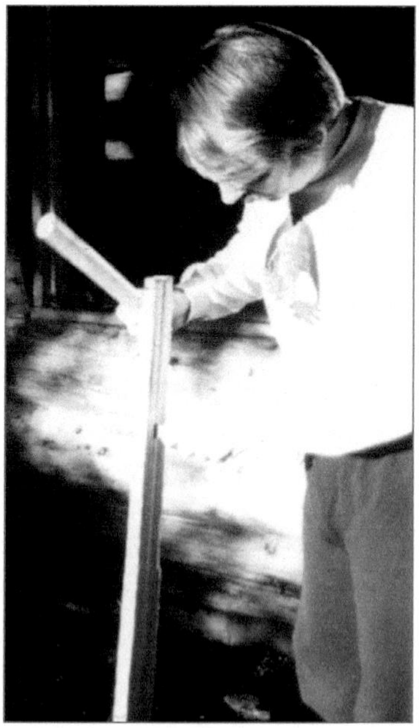

Einen Rohschaft herauszuspalten ist einfach bei geradwüchsigen Hölzern wie Sitka-Fichte.

Der erste Schritt, um einen Spaltholzschaft herzustellen, besteht darin, eine Seite des Rohlings perfekt plan zu hobeln.

Achte darauf, dass alle Seiten des Rechteckstabes gerade und maßhaltig sind.

Anschließend wird der Rohling mit einem Handhobel zu einem quadratischen Stab mit den richtigen Maßen ausgehobelt. Für Schäfte mit Jagd-Gewicht beträgt es ungefähr 3/8" (9,5 mm), abhängig von der Holzart, die du verwendest. Schäfte aus Hartholz wie z. B. Birke, Black Locust oder Osage orange werden bei einem vorgegebenen Spine dünner sein als solche aus Sitka-Fichte oder Kiefer.
Jetzt geht es daran, den Rohpfeil zu einem quadratischen 3/8" (1 cm) -Stab zu reduzieren. Diesen Viereckstab kannst du schnell mit einer Tischkreissäge zurechtschneiden; Wenn du einen Elektrohobel besitzt, kann die Arbeit noch schneller erledigt werden.
Wenn du dich dafür entschieden hast, den Rohling herauszuspalten, hast du am Ende einen langen Holzsplitter, der alles andere als viereckig ist. Um einen quadratischen Stab daraus zu machen, legst du den Rohling auf eine plane Fläche und machst eine Seite mit einem Handhobel perfekt eben und gerade. Vergewissere dich, dass sie plan ist, indem du an der Kante entlang schaust oder sie auf eine ebene Fläche legst.

Wenn du eine Seite perfekt auf Maß gebracht hast, lege diese Seite auf die Werkbank und arbeite die entgegengesetzte Seite auf die gewünschte Dicke von 3/8" (1 cm) herunter. Hoble nun die beiden übrigen Seiten auf dieselbe Art glatt, und plötzlich hast du einen quadratischen Stab. Eine Schablone aus Sperrholz oder einem Abfallstück ermöglicht es dir, die Abmessungen des Stabes zu überprüfen, während du daran arbeitest.

Ein leicht zu bearbeitendes Holz wie Fichte kann so in 10–15 Minuten von Hand ausgehobelt werden. Bei festem, hartem Holz wie Osage orange oder Hickory wird es länger dauern. Achte bei Harthölzern darauf, den Hobel sehr fein einzustellen, um zu vermeiden, dass er Späne reißt. Nachdem du nun deinen quadratischen Stab hast, besteht der nächste Schritt darin, ihn rund zu machen. Das ist überraschend einfach. Leg einfach den Viereckstab auf die Kante – oder in eine V-Nut, die sich aus zwei zusammengenagelten Brettern (mit schrägen Kanten) herstellen lässt - und nimm die oberste Kante mit einem kleinen Handhobel ab. Die Erfahrung wird dir zeigen, wie viel Holz entfernt werden muss.

Nun dreh den Stab um die eigene Achse und hoble die anderen drei Kanten ab, so wie die erste. Jetzt hast du einen Achtkantstab. Von hier aus ist es eine einfache Sache, die verbleibenden Kanten abzuhobeln und so aus dem Achtkantstab einen mit sechzehn Kanten zu machen. Der Schaft ist jetzt so gut wie rund und kann durch Schleifen geputzt werden, zuerst mit mittelkörnigemSchleifpapier (60er oder 80er Körnung), dann mit feinkörnigem (120er–150er). Buckel und Unregelmäßigkeiten im Schaft können entfernt werden, indem man ihn auf eine absolut ebene Fläche legt und ihn mit einem kleinen Schleifklotz schleift, wobei man den Stab schnell um die eigene Achse dreht. Während des letzten Schliffs sollte der Durchmesser des Schaftes überprüft werden, in dem man ihn durch ein Loch in einem Holzstückchen schiebt. Wenn der Schaft zu dick ist, lässt er sich leicht auf die gewünschten Dimensionen herunterschleifen.

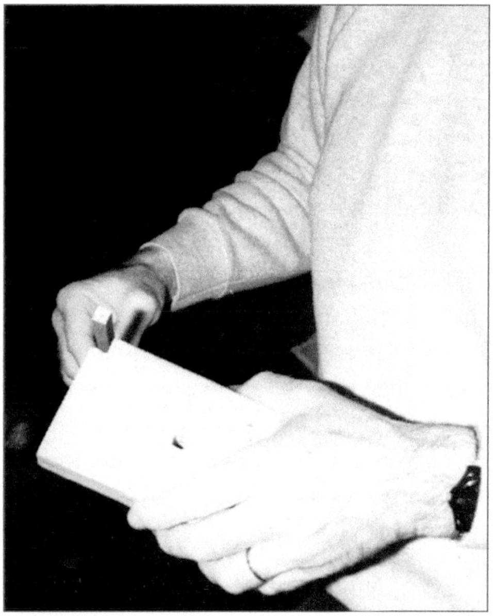

Eine Schablone aus einem Stück Kantholz ermöglicht es dir, die Maße des 3/8 Zoll-Quadratstabes (ca. 1 cm) schnell zu überprüfen.

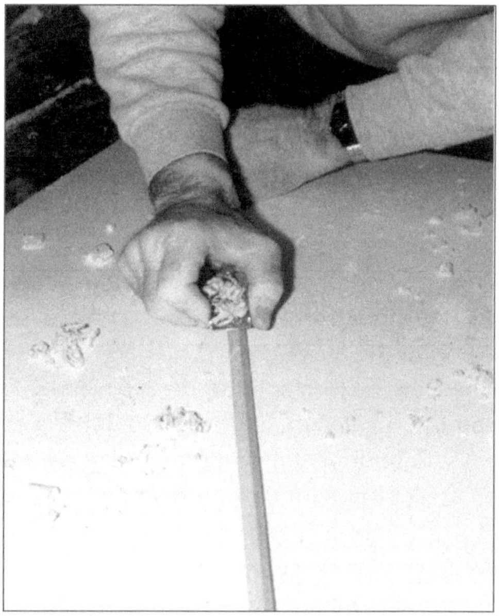

Wenn du die vier Kanten des Quadratstabes abhobelst, erhältst du einen ...

Wenn du saubere Arbeit geleistet hast, wird der Schaft jetzt nicht nur völlig gerade sein, sondern auch über die ganze Länge gleichmäßig rund. Getaperte (konische, d.h. sich zu der Nocke hin verjüngende) oder gebarrelte (von Barrel = Fass; in der Seitenansicht doppelt konische) Schäfte sind leicht zu machen, wenn du diese Methode benutzt: Nimm einfach etwas mehr Material an den Enden ab, wenn du die scharfen Kanten des Viereckstabes abhobelst.
Wie du unschwer erkennen kannst, lässt sich der Herstellungsvorgang eines handgehobelten Schaftes merklich dadurch beschleunigen, dass die rohen Bretter auf ein Maß von $^3/_8$ " (ca. 1 cm) im Quadrat zugeschnitten werden, anstatt sie zu spalten.

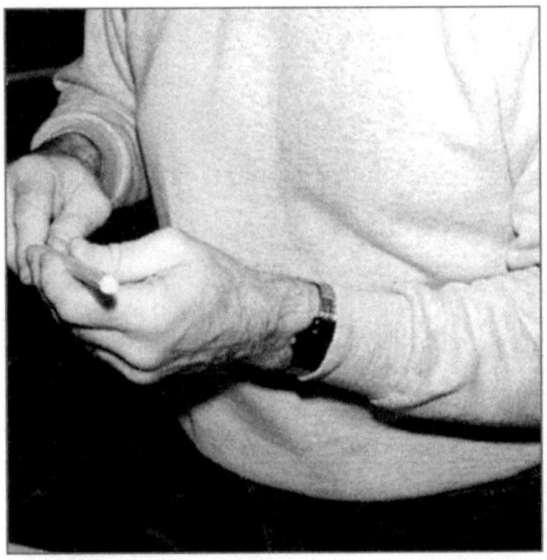

...Achtkantstab. Wenn man die verbleibenden Kanten wieder abhobelt, kommt ein 16-seitiger Schaft heraus, der eigentlich schon rund ist.

Während des abschließenden Schleifens wird der Durchmesser des Schaftes überprüft, indem man ihn durch ein Loch in der Schablone schiebt.

Ich habe herausgefunden, dass man weniger als die halbe Zeit braucht, um einen gesägten Pfeilschaft herzustellen – höchstens 15 Minuten, im Gegensatz zu einer halben Stunde beim Spalten. Wenn du sägst, schaffst du ein Dutzend Pfeile in 3 Stunden. Mit der Spaltmethode kann es doppelt so lange dauern.

Sechs Stunden scheinen ein ziemlich großer zeitlicher Aufwand für ein Dutzend Schäfte zu sein, aber, wie ich vorhin schon erwähnte, bricht das Holz, das ich benutze, nicht so leicht. Ich glaube nicht, dass mir während des ganzen Sommers beim Roving oder Baumstumpfschießen mehr als ein halbes Dutzend Pfeile kaputt gehen. Ich brauche selten mehr als ein Dutzend Schäfte im ganzen Jahr, vom Frühjahr an die ganze Jagdsaison hindurch.

Zugegeben, sechs Stunden sind eine lange Zeit, um zwölf Schäfte zu machen – die dann auch noch lackiert und befiedert werden müssen. Aber was würdest du sonst mit den sechs Stunden machen – fernsehen? In einer Kneipe rumsitzen? Nein Danke. Lass die High-Tech-Jungs ruhig damit prahlen, dass sie ihre „P & Y"-Böcke mit lasergeschnittenen Spitzen auf XXY-21000 Metallschäften und ihren Compound-Schießmaschinen erlegen. Ich genieße lieber die gute altmodische Erfüllung und Zufriedenheit, die sich einstellt, wenn ich ein Tier mit Werkzeugen erlege, die ich mit meinen eigenen Händen geschaffen habe.

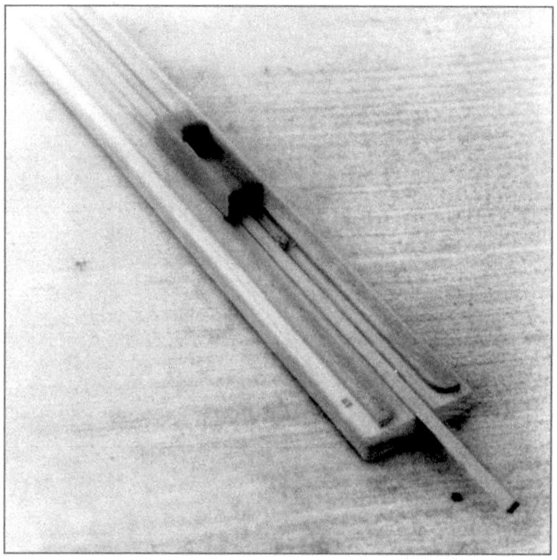

John Strunks Pfeilmacher, ein lohnende Investition, wenn du viele Pfeile selbst machen willst. Das abgerundete Eisen im Hobel entfernt nur das überstehende Holz, und wenn es keine Späne mehr abnimmt, hat der Stab die richtigen Maße.

Wenn kein Spine-Messgerät zur Hand ist, kann man die Schäfte auch von Hand durch Biegen auf Festigkeit und Steifheit testen.

Das Pfeilgewicht und der Spine

Bis jetzt ist noch nichts über das Auswiegen der Schäfte und das Testen auf Spine (Biegefestigkeit) oder Steifheit gesagt worden. Der präziseste Weg, unbrauchbare Schäfte auszusortieren – bevor du dir die Arbeit machst, sie zu befiedern – ist, einen Spinetester zu benutzen. Dieses Gerät ist eine gute Investition, wenn du vorhast, viele Pfeile zu machen. Wenn du keinen Spinetester hast, kannst du deine Rohschäfte „nach Gefühl" testen – indem du sie im Vergleich zu einem Pfeil biegst, der für ein bekanntes Zuggewicht gespined ist. Mit einiger Übung solltest du bald in der Lage sein, den Spine eines Pfeils auf etwa 10 lb. genau zu schätzen. Wenn du einen Stapel Schäfte befiedert und mit Spitzen versehen hast, solltest du sie wiederholt unter kontrollierten Bedingungen schießen, um ihre Flugeigenschaften zu beobachten. Pfeile, die krumm sind oder den falschen Spine haben, werden diese Fehler schon nach ein paar Schüssen offenbaren. Markiere sie und stell sie entweder beiseite oder wirf sie weg. Achte darauf, dass die Luschen nicht zwischen deine guten Jagdpfeile geraten!
Schäfte, die sich sehr im Gewicht unterscheiden, sollten ebenso vermieden werden, weil ein Pfeil, der um mehr als 50 Grain (3,2 g) von seinen „Brüdern" abweicht, deine Treffsicherheit stark beeinträchtigen kann. Wenn ich einen neuen Satz Pfeile mache, wiege ich sie gern gleich nachdem sie befiedert sind – noch bevor die Spitzen angebracht werden. Auf diese Weise kann ich einen meiner leichteren Broadheads für einen Schaft nehmen, der ein bisschen schwer ist. Meine Spaltholzschäfte aus Sitka-Fichte wiegen zwischen 375 und 425 Grains (24,3 und 27,5 g), nachdem sie befiedert und auf Länge geschnitten sind. Meine hausgemachten Broadheads liegen irgendwo zwischen 160 und 190 Grains (10,4 und 12,3 g). Also wiegen meine fertigen Pfeile aus Sitka-Fichte zwischen 550 und 600 Grains (35,6 und 38,9 g). Wenn ich auf 35 Yards (ca. 32 m) oder darunter schieße, kann ich den Unterschied von 50 Grains (ca. 3,2 g) nicht ausmachen. Wenn ich aber Pfeile aus Sitka geschossen habe und danach einen meiner alten Ramin-Schäfte nehme, die 650 Grains (42,1 g) wiegen, dann schieße ich sogar auf 20 Yards (ca. 18 m) zu tief.

Verschiedene Pfeilnocken

Nachdem du nun also den Sprung in das kalte und fordernde Wasser des traditionellen Pfeilmachens gewagt und mehrere Stunden in die Herstellung eines Stapels Rohschäfte investiert hast, bist du bereit, deinen Pfeilen ein sehr wichtiges Merkmal hinzuzufügen: die Nocke. Ich mache meine Nocken, indem ich zuerst einen Schlitz von ½" (ca. 1,2 cm) Tiefe in den Schaft säge – das kann man mit zwei oder drei zusammengeklebten Bügelsägeblättern machen – und diesen Schlitz dann mit einer kleinen Rundfeile vergrößere. Wenn die Nocke fast, aber nicht ganz auf meine Bogensehne passt, lege ich die Feile zur Seite und arbeite mit feinem Schleifpapier weiter, bis die Nocke bei leichtestem Druck auf der Bogensehne „einrastet". Wenn die Nocke zu stramm ist und zu fest sitzt, könnte sie brechen, wenn die Sehne losgelassen wird. Wenn die Nocke zu weit für deine Bogensehne ist, könnte der Pfeil im entscheidenden Moment herunterfallen.

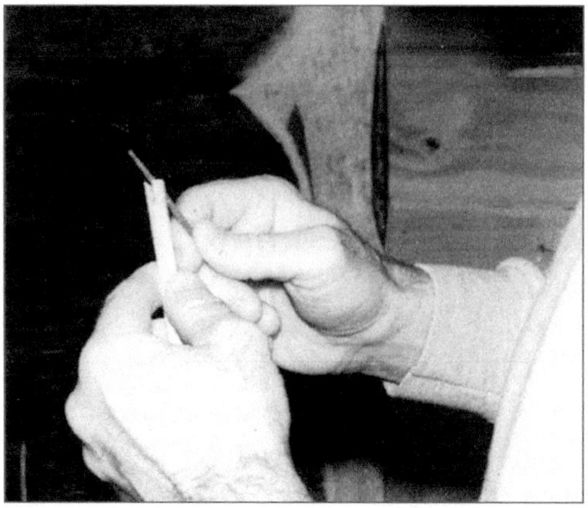

Pfeilnocken werden gemacht, indem man einen Schlitz in den Schaft sägt und diesen mit einer kleinen Rundfeile erweitert. Die abschließende Arbeit an den Nocken wird mit feinem Sandpapier durchgeführt.

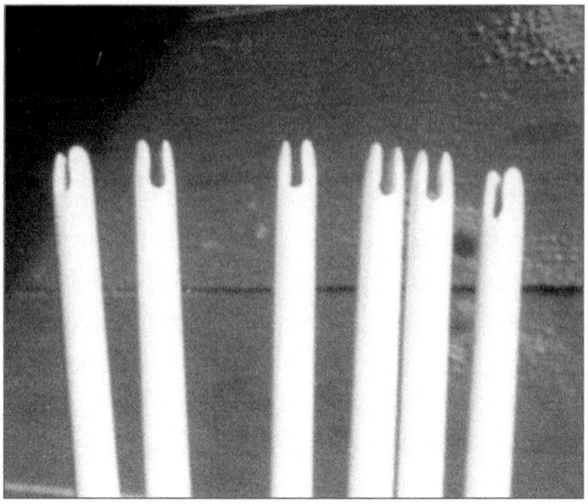

Fertige Pfeilschäfte, klar zum Befiedern.

Die Nocke kann auf einfache Art gemacht – also direkt in das Holz selbst eingeschnitten – oder ausgearbeitet werden, indem sie aus einem Extrastück Hartholz oder Horn ausgesägt und an den Schaft angeleimt wird. Egal welchen Typ du wählst, sollte die Nocke des fertigen Pfeils senkrecht zur Maserung am Ende des Schaftes sitzen. Mit anderen Worten, die Jahrringlinien des Schaftes sollten im 90°-Winkel zur Bogensehne stehen. Das nutzt die maximale Stärke des Holzes aus, weil der Schaft ziemlich beansprucht wird, wenn man die Sehne bei vollem Auszug loslässt.

Nocken, die aus einem gesonderten Stück Hartholz oder Horn geschnitten und an den Schaft angeleimt werden, verleihen einem handgemachten Pfeil ein schöneres Aussehen, aber sie sind keineswegs nötig, wenn dein Schaft am Nockenende einen Durchmesser von 11/32 Inch (ca. 8,7 mm) oder mehr aufweist. Das trifft sogar zu, wenn du ein weicheres Holz wie Zeder, Fichte oder Kiefer benutzt. Wenn du aber um die Festigkeit deiner aus dem ganzen Holz geschnitzten Nocken besorgt bist, kannst du etwa den letzten Inch des Schaftes mit Sehne oder feinem, in Leim getränktem Garn umwickeln. Seidengarn kann man, obwohl es heutzutage nicht leicht zu finden ist, besonders gut für diesen Zweck nehmen und auch, um Federn anzuwickeln. Pfeile vieler asiatischer Bogenschützen waren mit Seidengarn gewickelt. Pfeilnocken im Türkischen Stil, die eher knollenförmig waren und breiter als der hintere Teil des Schaftes, wurden getrennt auf den Schaft geleimt. Danach wurde das allerletzte Ende des Schaftes sorgfältig bis zu einem Punkt fast in der Mitte des eigentlichen Nockenschlitzes mit Sehne umwickelt. Der Grund der Nocke wurde ausgearbeitet, wenn die Sehne getrocknet war, indem an zwei Seiten des Schaftes richtig durch die Sehne hindurchgeschnitten wurde. Solche Nocken waren offensichtlich in der Lage, dem extremen Druck sehr kraftvoller Kompositbögen zu widerstehen.

Eine von nur zwei Self Nocks, die dem Autor in einem Jahr brachen, als er solche Nocken benutzte. Man beachte, dass die Nocke nur bis zur Sehnenwicklung ausgesplittert ist.

Ich habe festgestellt, dass Self Nocks für Bögen bis zu 75 lb. ausreichend fest sind, sogar ohne solche Verstärkungen. Während der Jahre, in denen ich Self Nocks benutzte, brachen mir nur zwei, obwohl ich das Holz nie irgendwie verstärkt habe. Ein Pfeil – aus dem ersten Satz Pfeilen mit Self Nocks, die ich je gemacht habe – hatte einen krummen Faserverlauf im Holz, der eben unterhalb der Nocke komplett aus dem Schaft herauslief. Natürlich splitterte die Nocke nach dem zweiten oder dritten Schuss aus.
Die einzige andere Nocke, die ich zerbrach, tat dies aus unbekannten Gründen, obwohl ich immer den Verdacht hatte, dass ich sie schon früher mit einem anderen Pfeil getroffen und teilweise angebrochen hatte. Aber im Großen und Ganzen sind zwei kaputte Nocken auf Zehntausende von Schüssen nicht schlecht. Über die Jahre habe ich Dutzende von Plastiknocken geschrottet, darunter auch welche, die angeblich unzerbrechlich waren.

Wie dem auch sei, wenn Du immer noch Angst vor Nocken aus einem Stück hast, kannst du parallel zu den Jahrringen (also rechtwinklig zur Nocke selbst) einen Schlitz in den Pfeil sägen und dann einen dünnen Streifen Horn oder Hartholz einleimen. Das wird das Holz an der Nocke sehr gut verstärken. Oder du kannst ungefähr den letzten Zoll des Pfeils bis genau unterhalb der Nocke mit Sehne umwickeln.

Befiederung und Oberflächenbehandlung

Bevor du deinen Satz Pfeile befiederst, wirst du sie zuerst mal auf deine Auszugslänge kürzen wollen. Miss vom Nockengrund bis zur Basis deines Broadheads. Vergiss nicht, den einen Zoll oder so einzurechnen, den du verlierst, wenn du den Schaft für die Aufnahme einer Spitze oder eines Broadheads anspitzt oder schlitzt. Die Auszugslänge deiner Pfeile ist eine streng persönliche Sache, die davon abhängt, was für einen Bogentyp du verwendest, wie du schießt usw. Bei den meistens von uns liegt diese Auszugslänge zwischen 26" und 29" (ca. 66 und 73 cm).
Damals, als ich fiberglaslaminierte Recurve-Bögen schoss, praktizierte ich einen offenen, bedächtigen Schießstil mit einem Auszug von 29 ½" (75 cm).

Nachdem ich zum Langbogen zurückgewechselt hatte und mit angebeugtem Arm schoss, verringerte sich mein Auszug auf 28" (71 cm). Nun, da ich vollständig zu kürzeren Bögen nach Indianerart übergegangen bin - meine Lieblingsbögen haben alle eine totale Länge von 56" (etwa 142 cm) - hat sich mein Auszug sogar noch weiter auf 27" (68,5 cm) verkürzt.

Deine Auszugslänge ist also eine ganz persönliche Angelegenheit und wird einiges Experimentieren erfordern. Wenn sie sich für dich natürlich und bequem anfühlt, lass dir von niemand erzählen, dass du dich an eine unumstößliche Regel für die Pfeillänge halten musst. Nachdem die Pfeile auf Länge geschnitten worden sind, kannst du dich ans Bemalen machen, indem du sie in Lack oder einen anderen Überzug tauchst, der sie vor Feuchtigkeit schützt. Ich habe ein Dutzend verschiedene Möglichkeiten der Oberflächenversiegelung von Pfeilschäften ausprobiert, und die meisten haben sehr gut funktioniert. Heutzutage mache ich es auf die einfachste Art: ich reibe den Schaft mehrfach mit Watco-Öl[2] oder Schellackpolitur ein. Watco-Öl, erhältlich in den meisten Baumärkten und Farbenhandlungen, wird auf der Basis von Tung-Öl (das Öl des japanischen Tung-Baumes, d. Übers.) hergestellt; Schellackpolitur kann man sich aus einem Teil Leinöl und einem Teil Schellack selbst mischen. Sowohl Watco-Öl als auch Schellackpolitur schützen den Schaft, ohne ihm eine glänzende Oberfläche zu geben – was für den Bogenjäger ein Gräuel ist. Fast alle kommerziellen Pfeillacke verursachen diesen Glanz, ein guter Grund, sie zu meiden. Es ist gut, die Schäfte zu bemalen, vorausgesetzt, die Farbe erzeugt eine matte oder seidenmatte Oberfläche.
Wenn du deine Pfeile tauchlackieren möchtest, kannst du dir eine günstige Tauchröhre aus einem ¾" (1,9 cm)-Rohr machen, mit einem Deckel am einen Ende und einem Trichter obendran. Ich glaube jedoch, dass Finish und Bemalung von Hand traditioneller sind und mehr Spaß machen. Idealerweise sollte die Herstellung von Pfeilen eine Winterbeschäftigung sein, warum also die Sache übereilen.

Befiedern

Jetzt kommt die nächste Entscheidung – welche Art Federn man für die Befiederung nimmt. Ich bevorzuge zwei Typen: graugestreifte Federn des wilden Truthahns hauptsächlich für das Roving und die Jagd und den altbewährten „Graugansflügel" – von wilden Kanadagänsen – für die Jagd bei regnerischem und rauhem Wetter. Die Truthahnfedern sind stabiler und bleiben besser senkrecht stehen, wenn ihnen bei trockenem Wetter übel zugesetzt wird, während die Wildgansfedern bei nassen Bedingungen besser sind. Der Ölgehalt der Gänsefedern ist weitaus größer, wodurch sie in feuchtem Klima besser abschneiden als alle anderen.

---

2 Der Übersetzer nimmt Natur-Hartöl-Imprägnierlasur von AURO, Tungöl siehe Bezugsadressen

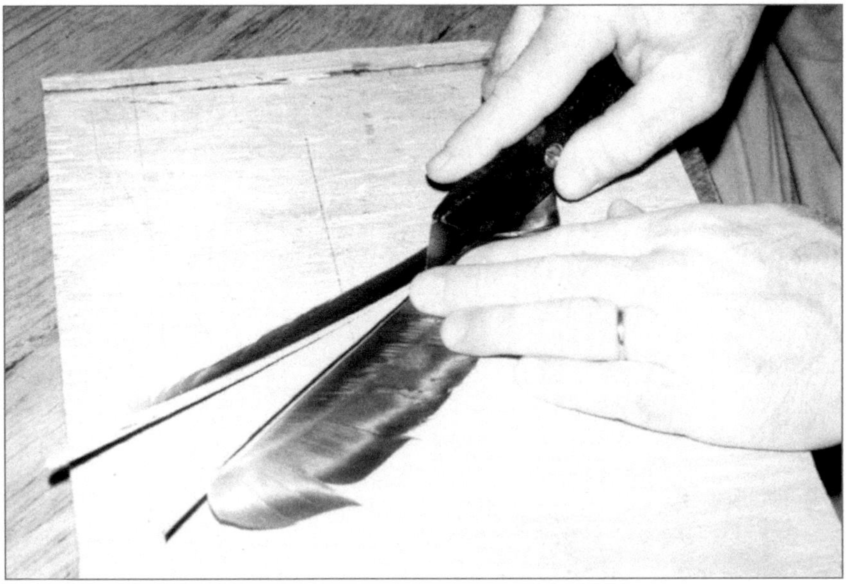

Federn von voller Länge werden zuerst mit einem scharfen Messer gespalten, dann schleift man die Kiele auf Sandpapier flach.

Ein anderes Thema sind Leime. Naturleime wie Hautleim oder Fichtenharz werden vorzugsweise benutzt, wenn du die Methoden primitiver Bogner nachempfinden willst. Wenn du jedoch die Befiederung ankleben willst und du keine Sorge tragen willst, ob sich die Federn lösen, kannst du moderne Kleber benutzen. Ich für meinen Teil gebe Kontaktkleber den Vorzug, der nach meiner Meinung für jagdliche Zwecke am besten geeignet ist.
In jedem Fall wickle ich meine Befiederung immer vorn und hinten mit feinem, in warmen Hautleim getauchten Sehnenfaden an. Dann streiche ich die Sehnenwicklung mit Fichtenharz oder einem synthetischen Lack von der Sorte ein, mit denen man die Wicklungen von Angelruten überzieht. Nicht ist ärgerlicher, als wenn sich auf einem Jagdausflug weit weg von Zuhause die Federn vom Schaft lösen. Mit den Methoden, die ich über die Jahre durch Versuch und Irrtum herausgefunden habe, brauche ich mir darüber keine Sorgen zu machen.

Die Federn können entweder von Hand am Schaft befestigt werden, indem man sie im Winkel von 120° zueinander aufklebt, oder mit einem Befiederungsgerät, das sauberer arbeitet. Die erste Methode erfordert entweder eine exzellente Fingerfertigkeit oder aber die Hilfe eines trainierten Tintenfisches! Dies ist ein Arbeitsbereich, wo du eigentlich vier Hände bräuchtest. Nichtsdestotrotz kann die Arbeit mit ein wenig Übung ziemlich schnell erledigt werden.

Federn von Kanadagänsen werden mit in warmem Hautleim getränkter Sehne angewickelt.

Auf drei Dinge musst du achten, wenn du dich ans Befiedern machst: erstens darauf, dass der Kiel deiner Feder glatt und plan geschnitten oder geschliffen ist; zweitens, dass deine „Cock-Feder"[3] im rechten Winkel zur Pfeilnocke und Bogensehne sitzt; drittens, dass du nicht Federn von einem rechten und einem linken Flügel zusammen auf einem Pfeil verwendest. Ein Pfeil, der auf diese Weise gemacht ist, wird schwänzeln und in der Gegend herumsausen, manchmal auf gefährliche Art. Wenn du die Federn schräg oder mit einer spiraligen Drehung auf den Schaft setzt, damit der Pfeil sich um die eigene Achse dreht, dann achte darauf, dass die raue oder untere Seite der Feder dem Wind zugewandt ist.

Ich benutze immer Naturfedern von ganzer Länge. Zuerst spalte ich den Kiel der Feder mit einem scharfen Messer und schleife dann sowohl den Kiel als auch seine Innenkante mit einem kleinen Schleifklotz ab. Wenn ich es eilig habe, schleife ich die Federn oft mit einem kleinen Trommelschleifer, der in einer Tischbohrmaschine eingespannt ist, und befiedere die Pfeile mit einem Befiederungsgerät.
Wenn ich die Feder in die Klammer eingesetzt habe, bestreiche ich die Kielfläche großzügig mit Kontaktkleber und drücke sie dann sofort kurz auf den Schaft, um etwas Klebstoff auf das Holz zu übertragen. Ich hebe dann schnell die Klammer wieder an und lasse den Kleber für etwa 10 Minuten trocknen, bis er nicht mehr klebrig ist. Ist er grifftrocken, klammere ich die Feder für einen kurzen Moment an den Schaft, nehme sie aus dem Befiederungsgerät heraus und streiche mit dem Zeigefinger darüber, um sie zu glätten. Dann kann ich die zweite

3 Die Leit- oder Hahnen-Feder (cock = Hahn) steht senkrecht zur Nocke, weist so immer vom Bogen weg und unterscheidet sich häufig (zum leichteren Einnocken) farblich von den anderen Federn.

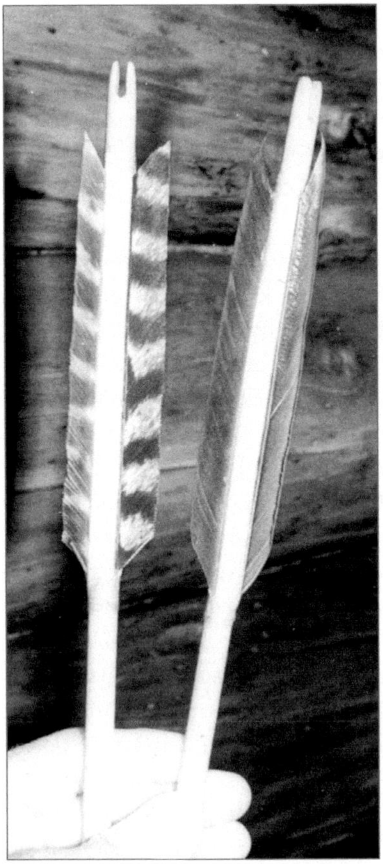

Befiederung links: Federn vom Truthahn, rechts: Kanadagans.

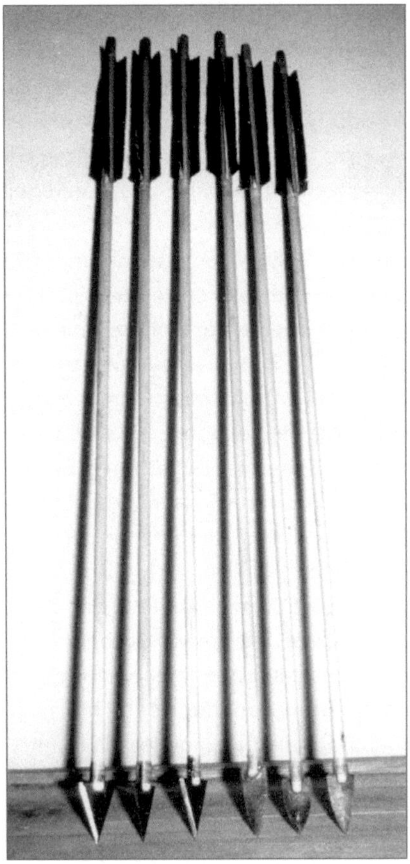

Fertige Pfeile, bereit für die Jagd.

Feder anbringen. Auf diese Art kann man in wenigen Minuten eine ganze Serie Pfeile machen. Wenn ich einen Satz Pfeile von wahrhaft ursprünglichem Aussehen herstellen will, verzichte ich einfach auf all die mechanisierten Hilfen – die elektrische Säge, um den Schaft herauszuschneiden, den elektrischen Schleifer zum Schleifen des Kiels, das Befiederungsgerät zum Ankleben der Federn etc. – und mache alles von Hand. Das ist kein Problem; Es dauert halt nur ein bisschen länger. Einer der zeitaufwendigsten Schritte ist das Anwickeln der Federn. Das scheint leichter zu gehen, wenn man zuerst die hinteren Enden der Federn und dann die vorderen anwickelt. Ich beginne mit der Cockfeder, platziere sie auf dem Schaft und wickle das hintere Ende mit ein paar Streifen Sehne an, die ich mit warmem Hautleim feucht und weich gemacht habe. Dann füge ich die zweite Feder hinzu, wickle zweimal drumherum, und dann die dritte. Wenn ich sie alle drei schön in einer Reihe ausgerichtet habe, umwickle ich den Schaft mehrfach mit Sehne. Sie trocknet schnell und hält nun die Enden der Federn am Schaft fest.

Als nächstes bestreiche ich den Kiel der Cockfeder mit warmem Hautleim, richte sie am Schaft entlang aus und lege ein paar Wicklungen um das vordere Ende. Die zweite und dritte Feder sollten mit Leim bestrichen und angewickelt werden wie zuvor die hinteren Enden. Alle drei Federn können noch feinjustiert werden, während du die Sehne wickelst. Ebenso müssen die Enden der Sehnenstreifen nicht verknotet werden. Die Fäden werden natürlicherweise dicht am Schaft anliegen, wenn die Sehne trocknet und schrumpft.

Lass die Sehnenwicklungen ungefähr einen Tag lang trocknen, dann mach sie durch einen Überzug wie oben erwähnt wetterfest. Die Federn können jetzt mit einem handelsüblichen Federbrenner, einer Schere (meine Vorliebe) oder sogar einem scharfen Messer getrimmt werden. Dein Pfeil ist jetzt fertig, bis auf das Montieren der Spitze.
Bluntspitzen nach traditionellem Muster können aus Horn oder Knochen angefertigt werden, sie werden ausgebohrt, bis sie auf den Schaft passen. Broadheads zum Binden, ausgeschnitten aus Federstahl oder alten Sägeblättern, erfüllen genauso ihren Zweck wie die besten modernen Stahl-Broadheads. Es gibt zwei Dinge, auf die du achten solltest, wenn du dich für Broadheads zum Festbinden entscheidest: Stelle erstens sicher, dass dein Stahl nicht so dünn ist, dass er sich wie ein Lockenwickler aufdreht, wenn er eine Rippe in der Jagdbeute trifft. Setze zweitens den Schäftungsdorn fest in den Schaft ein, rechtwinklig zu den Jahrringen, und umwickle ihn stramm mit Sehne, damit die Spitze bei einem Aufprall nicht den Schaft spaltet. Ich habe mit beidem nie Probleme gehabt, weil ich für die Bindespitzen immer Stahl benutze, der dicker als 0,08" (ca. 2 mm) ist, und den Dorn immer mit Pech oder Klebstoff einsetze sowie den Schaft dann fest mit Sehne umwickle.

So, jetzt hast du also deinen ersten Satz handgemachter Pfeile hergestellt – ganz von Anfang an! Und während du sie gebaut hast, hast du auch etwas in dir selbst aufgebaut – ein bisschen Wissen, ein kleines bisschen mehr Geduld, eine neu entdeckte Fähigkeit – und eine Stärkung des Willens.

Jemand hat mal gesagt, dass die wahre Bewährungsprobe für einen Bogenjäger ist, ob er in die Wälder hinausgehen, sich aus Dingen, die er in der Natur findet, seine eigene Ausrüstung zusammenstellen und dann abends Fleisch auf den Teller legen kann. Du weißt, dass du es könntest, wenn du es müsstest. Wie viele Bogenschützen können das in unserer modernen Zeit noch wahrheitsgetreu von sich sagen?

14 Übersetzt von Wulf Hein

Jagdglück

Jim Hamm

Ich bin unsichtbar. Wieder einmal.
Das Unsichtbarsein macht süchtig, schätze ich, genau wie Holzbogen süchtig machen. Soweit ich weiß, ist es auch nicht gut für die Leber. Aber es hilft ungemein, wenn man sich an Weißwedel ranschleichen will. So jedenfalls lautet der Plan. Eine halbe Meile von meinem Haus entfernt äsen die Hirsche zwischen abgestorbenen und grünen Eichen. Ich habe vor, unsichtbar zu bleiben, bis ich auf 20 Yards an den Hirsch heran bin. Ich nehme an, dass es ein Bulle ist, den Spuren nach zu urteilen. Ich behaupte nicht, der große Fährtenleser zu sein, aber in den letzen paar Tagen konnte man die Spuren der Tiere leicht unter den Bäumen verfolgen. Man konnte sehen, wo sie umhergezogen sind und Eicheln aufgelesen haben oder von den niedrigen Zweigen abgebissen haben. Eines der Tiere ist deutlich größer als die anderen. Die Tiere selbst habe ich bis jetzt noch gar nicht gesehen, aber diese großen Spuren sind an den Vorderläufen breiter als an den Hinterläufen. Und deshalb glaube ich, dass es ein Bulle ist. Wenn man eine Stelle findet, wo die Tiere in einer Linie hintereinander laufen, kann man an den Abdrücken sehen, was Sache ist. Diese Methode ist aber auch alles andere als fehlerfrei. Ich umgehe das Gebiet also in südlicher Richtung und komme gegen den Nordwind zurück. Hoffentlich finde ich die Tiere, und hoffentlich ist tatsächlich ein Bulle in der Herde. Ich trage Moccasins, und die Blätter rascheln nur leise unter meinen Füßen, als ich meinen Weg zwischen den Bäumen suche. Die Pirschbedingungen sind ideal nach dem Regen, der mit der momentanen Kaltwetterfront gekommen ist. Der Boden ist feucht und die spröden Blätter sind nass und weich. Es ist windig, die Bäume und Sträucher rascheln und machen ein gutes Hintergrundgeräusch.
An manchen Tagen könnte ich mich nicht mal an ein Autowrack anschleichen, aber heute fühlt sich alles genau richtig an: Die Luft ist ganz klar und trägt einen Hauch des kommenden Winters mit sich, in der Ferne höre ich die Schreie der aufsteigenden Kraniche, es schient ein größerer Schwarm zu sein, der vor dem schlechten Wetter nach Süden zieht. Und da ist auch noch das bunte Laub, die leuchtenden Farben, das Blutrot der Eichen und des Sumachs und das helle Gelb der Ulmen.

Es ist schön, zu dieser Zeit leise, unsichtbar durch die Wälder zu streichen, selbst wenn man kein Wild findet. Ich habe keine Ahnung, wann sie zum Fressen draußen sind, ein besserer Fährtenleser wüsste das vermutlich. Meines Wissens äsen die Tiere um Mitternacht und sind momentan etwa eine Meile weit weg. Das glaube ich aber doch irgendwie nicht, denn man findet Eicheln am Boden leichter, wenn es etwas heller ist.
Ich ziehe den Bogen ganz leicht und fühle die Spannung der Sehne, gerade als ob sie lebendig wäre. Der Name des Bogens passt: Old Ugly ist ein sehr frei gestalteter Nachbau des Holmegard-Bogens aus einem knotigen, verwachsenen Stück Osage. Der dänische Holmegard-Bogen, den man in einem vergrabenem Schiffswrack gefunden hat, ist ziemlich breit und massig. Ein Kollege meinte, dass ich mit diesem Bogen mein Auto gut freihebeln könnte, wenn ich mal stecken bleibe. Kann sein. Aber es ist ein guter Bogen, mit einem kompletten

Astloch im oberen Wurfarm. Den gleichgültigen Compoundern erkläre ich, dass es ein Lochvisier ist. Wenn sie sich darüber ein paar Gedanken machen würden, käme bald heraus, dass man mit einem solchen Visier gerade mal zwei Schritte vor sich in den Boden schießen würde. Die Compounder können es im Prinzip nicht verstehen, dass jemand so viel Arbeit investiert um sich so einen Bogen zu bauen. Das ist ihrer Meinung nach viel zu aufwendig und schwierig, und zu schwierig ist es für diese Bogner ohne Frage. Sie halten traditionelle Bogen für ungenau, obwohl ich mich auf einem 3-D-Parcours gegen sie behaupten kann. Sie meinen, meine Bogen seien archaisch, seien Gegenstände, die in die Vergangenheit gehören. Das nehme ich als Kompliment.

Wenn jemand wirklich nachhakt, sage ich, dass diese Bögen eine Herausforderung sind, dass jeder mit einem Hightech-Bogen auf die Jagd gehen kann. Aber da ist auch noch etwas anderes, etwas, was nur schwer in Worte zu fassen und von einem Kritiker nicht leicht nachzuvollziehen ist. In manchen Menschen bringen Holzbogen eine Seite zum schwingen, genauso wie Beagle-Hunde auf Hasen reagieren. Das ist ein alter, sehr tief sitzender Instinkt, der nicht vermittelt werden kann, sondern nur verfeinert wird, wenn er im Menschen angelegt ist. Viele Jäger, die heute mit dem Gewehr oder einem Compound losziehen, haben dieses Empfinden nicht. Sie würden auch mit einem Kanonenboot jagen, wenn das erlaubt wäre.

Mir scheint, dass sich die Leute, die sich zum Holzbogen hingezogen fühlen, in einen Rhythmus integrieren wollen, anstatt ihn zu zerbrechen oder ihn mit Hilfe von Technik und Hilfsmitteln umgehen wollen. Wenn sich diese Leute ihre Ausrüstung selbst machen, dann ist das für sie ein weiterer Schritt in die Realität der Wildnis und in die Wildheit hinein. Und das bedeutet, zumindest für einen Moment, auch eine Art von Freiheit. Diese Menschen haben sich im wahrsten Sinn des Wortes auf eine Ebene von Raubtieren begeben, sie sind im Gegensatz dazu nicht einfach nur Killer...

Von einem nahen Baum aus beschimpft mich ein Eichhörnchen. Ich halte an, lange Minuten verstreichen. Die Hirsche müssten ziemlich dicht vor mir sein, wenn sie überhaupt da sind. Ich wage einen ersten langsamen Schritt, dann noch einen. Das Hörnchen hat anscheinend sein Interesse an mir verloren, denn es rührt sich nicht. Die Sonne geht langsam unter und ich ertaste meinen Weg durch die dünnen Sohlen der Moccasins.

Langsam. Sei jetzt vorsichtig. Beweg dich noch bedächtiger und geschmeidiger. Die Bewegung verrät dich noch schneller als das Geräusch. Halte alle paar Schritte an, um durch die Bäume vor dir zu spähen.

Dort, wo ich die Tiere vermutet habe, ist der Wald still und leer, bis auf das entfernte Krächzen eines Eichelhähers und das Geräusch des Windes, der durch die Bäume geht. Schließlich gebe ich die gebückte Pirschhaltung auf, stehe aufrecht, strecke mich und gehe zwei Schritte.

Mitten im Schritt verhalte ich in der Bewegung, als ich vor mir und rechts etwas wahrnehme.

Vierzig Yards vor mir frisst ein Hirsch unter einem Baum.

Es trifft mich wie ein Schlag, als ich bemerke, dass es ein Bulle ist, obwohl ich das Geweih nicht sehen kann. Sein Körperbau und seine Bewegungen sind sichere Zeichen. Ich habe keine Ahnung, wie er dort plötzlich aufgetaucht ist, denn ich muss mindestens ein Dutzend mal zu diesem Baum hingeschaut haben.
Ganz langsam setze ich mein Bein ab. Der Kopf des Hirschs schießt nach oben und er schaut aufgeschreckt nach links, die Ohren wie Antennen aufgestellt. Jetzt kann ich sehen, dass sein Geweih seitlich über die Ohren hinaus steht. Ein dunkles Braun, die Spitzen sind weiß poliert. Ich weiß jetzt, wer die kleinen Weidenbäume entlang des Baches demoliert hat.
Er scheint mir dreieinhalb Jahre alt zu sein, ein Achtender. Er ist kräftig und hat glattes Fell, kein Riesenhirsch, aber eine schöne Trophäe, besonders wenn man mit einem archaischen Bogen jagt. Ich muss mich bewusst zurückhalten, ihn nicht zu sehr anzustarren, denn ich bin zu der Überzeugung gekommen, dass Tiere merken, wenn sie ein Raubtier intensiv anstarrt. Zumindest scheinen sie dadurch nervös zu werden.
Beruhig dich, sei geduldig, sage ich zu mir. Sei diszipliniert. Mein Herz scheint mir nicht zuzuhören und schlägt jetzt in einer Rate, die wohl im dreistelligen Bereich liegt. Er legt ein Ohr an, wedelt mit dem Schwanz und widmet sich dann wieder der Suche nach Eicheln. Ich atme lange aus und bemerke erst jetzt, dass ich den Atem angehalten hatte. Wie kann ich ihm näher kommen? Möglicherweise wird er irgendwann in meine Richtung laufen, aber das Licht wird schwächer, und in 20 Minuten wird es zu dunkel zum Schießen sein. Die einzige Möglichkeit, einen Schuss zu setzten, ist näher zu ihm zu gehen. Vor mir und zu meiner Linken wächst ein Zedern-Busch, und während er seinen Kopf noch unten hat, trete ich hinter den Busch.

Ich fühle mich sicherer, da er mich nun unmöglich sehen kann und bewege mich aus der Deckung des Busches vorwärts. Ich beginne den inneren Dialog, während ich mich auf den Schuss vorbereite: „Such dir einen Punkt. Konzentriere dich auf den Punkt."
Nach zehn ewig wirkenden Minuten schaffe ich es an die Zeder, ohne dass der Hirsch Anzeichen macht abzuhauen. Ich spähe durch das Laub und sehe ihn, 25 Yards entfernt, wie er seine Flanke leckt.
Such dir einen Punkt.
Mein Herz rast, und ich hoffe, einen Schuss abgeben zu können, bevor es explodiert.
Er blickt flüchtig auf, wedelt mit dem Schwanz und senkt seinen Kopf wieder.
Such dir einen Punkt.
Langsam beginne ich zu ziehen. Mein Magen glaubt, ich wäre gerade von einem Hochhaus gesprungen. Meine Knie haben sich auf unerklärliche Weise in Wackelpudding verwandelt. Mein rechter Zeigefinger berührt den Ankerpunkt an meinem Mundwinkel.
Langsam lehne ich mich hinter dem Baum hervor, dann fliegt der Pfeil los.
Die Zeit steht still. Nun, vielleicht nicht vollkommen still, da ich sehen kann wie sich der Pfeil in der Luft dreht und windet. Aber auf jeden Fall habe ich ein Zeitloch betreten, in dem alles zähflüssig kriecht. Wie in Zeitlupe hebt der Bulle ein Vorderbein, um einen Schritt zu machen. Außer dem sanften Zischen des Pfeils gibt es keine Geräusche.

Immer noch konzentriere ich mich auf den Punkt über seiner Schulter, gerade dort wo das Fell ein wenig dunkler ist. Aber der Pfeil scheint ein Stück zu hoch zu fliegen. Vielleicht ein ziemlich großes Stück zu hoch.
Die Zeit fängt nun wieder an normal zu fließen, während die Federn harmlos seinen Rücken streifen. Sofort bäumt er sich auf wie ein Rodeo-Pferd, als würde er versuchen den unsichtbaren Angreifer abzuschütteln, der sich unbemerkt angeschlichen hat. Fünfzig Yards weiter bleibt er stehen und starrt ungläubig in meine Richtung. Seine Schultern beben wie gespannte Federn.
„Pass bloß auf, Kumpel", krächze ich ihm nach," in diesen Wäldern gibt es auch ein paar echte Raubtiere." Offensichtlich glaubt er mir und springt nun mit einem wahnsinnigen Tempo auf und davon. Er verschwindet aus meiner Sicht, doch für einen Moment höre ich noch das Trommeln seiner Hufe.
Es wird wieder still.

Das Licht der untergehenden Sonne lässt die wenigen Wolken über mir orange glühen. Mein Herzschlag wird langsamer und kehrt wieder zu seiner normalen Rate zurück. Vielleicht werde ich heute doch nicht den großen Fang machen. Eine Grille zirpt erst leise, wird dann aber selbstbewusster und lauter.
Meine Hände fangen an zu zittern.
Ich finde meinen Pfeil tief in der Erde steckend, etwas hinter dem Platz, an dem vor kurzem noch der Hirsch stand. Keine Spur von Blut oder Haaren, genau wie ich vermutet hatte: ein sauberer Fehlschuss.
Ich wische die Erde vom Schaft, stecke den Pfeil zurück in den Köcher und entspanne dann Old Ugly. Während ich nach Hause laufe machen die Wolken einem wunderschönen, schillernden Blau platz. Wie nach Plan beginnen ein paar Sterne aufzublinken, während im Westen das kupferne Glühen langsam verblasst.
Ein Visier, ein mechanischer Release und ein Dutzend andere Wunder der modernen Technik hätten die Jagd heute zweifellos einfacher und den tödlichen Schuss wahrscheinlicher gemacht.
Doch nachdem man einen Holzbogen gemacht hat und mit der Absicht zu jagen in den Wald gegangen ist, erscheint einem das Töten an sich, so seltsam es auch klingen mag, einfach nicht mehr so wichtig. Klar, ich habe mir viel Mühe gegeben, um dem Bullen den gefiederten Tod zu bringen, und vielleicht werde ich es an einem anderen Tag wieder versuchen. Aber obwohl die Meisten diesen Nachmittag als einen totalen Misserfolg bezeichnen würden, sehe ich das überhaupt nicht so.
Ich kann mir das Schmunzeln nicht verkneifen, als ich durch die Abenddämmerung schlendere, denn in diesen Wäldern gibt es in der Tat ein Raubtier.

15 Übersetzt von E. Höhn/ H. Hörnig

Bibliografie

ASCHAM, ROGER	Toxophilus; The School of Shooting 1544, In deutscher Übersetzung von Wiethase Verlag 2005
BAUGH, DICK	A Cordage-backed Bow., Bulletin of Primitive Technology, Spring 1992.
CLLAHAN, ERRETT	Archery in the Arctic, Bulletin of Primitive Technology, Spring 1991.
CLARK, W. // LEWIS, M.	The Journals of Lewis and Clark, 1804–1806.
COMSTOCK, PAUL	Der gebogene Stock, Herstellg. von Jagdbogen aus weißen Hölzern, 2004 Verlag A. Hörnig, Übersetzung Manfred Ebner
DUFF, JAMES	Bows and Arrows, MacMillan Co., New York, NY, 1927.
ELMER, ROBERT P.	Archery, Penn Publishing Co., Philadelphia, PA, 1926.
ELMER, ROBERT P.	Target Archery, Alfred A. Knopf, New York, NY, 1946.
HAMM, JIM	Bogen und Pfeile der nordamerikanischen Indianer, Hudsons's Bay, Zell, 1998. Übersetzung von Thomas Peukert.
HENERY, ALEXANDER	The Journal of Alexander Henery, Astoria Journal, 1814.
HEIZER, R. F. // KROEBER, T.	Ishi the last Yahi – A Documentary History, University of California Press, Berkely, CA, 1979.
HERRIN, AL:	Cherokee Bows and Arrows – How to Make and Shoot Primitive Bows and Arrows, White Bear Publishing, CA, 1989.
HICKMAN, C.N. // NAGLER, F. // KLOPSTEG, PAUL E.	Archery: The Technical Side, National Field Archery Association, 1947.
HOADLEY, R. BRUCE	Understanding Wood, The Taunton Press, Newtown, CT, 1980.
HODGKIN, ADRIAN ELIOT:	The Archer's Craft, A. S. Barnes and Co., New York, NY, 1940.
HUNT, W. // METZ, JOHN J.	The Flatbow, Bruce Publishing Co., New York, NY, 1936
KLOPSTEG, PAUL E.	Turkish Archery and the Composite Bow, Private Printing, 1934.
LAMBERT, ARTHUR JR.	Modern Archery, 1929.
MASSEY, JAY	The Book of Primitive Archery, Bearpaw Publications, Girdwood
MASSEY, JAY	The Bowyer's Craft. Bearpaw Publications, Girdwood, 1987.
	National Association of Glue Manufacturers: Animal Glue in Industry 1951.
POPE, SAXTON	Jagen mit Bogen und Pfeil, Verlag Robin Sport, Dorsten 1985. Übersetzung aus dem Amerikanischen von L. und F. Niessner.
RIGGS, JIM	Make Your Own Hide Glue, Bulletin of Primitive Technology, Fall 1991.
SCHMIDT, JEFFREY R.	Animal and Fish Glues, Bulletin of Primitive Technology, Fall 1991.
SILSBY, SCOTT K.	Mummy Varnish, Spruce Gum, and Other Sticky Stuff, Bulletin of Primitive Technology, Fall 1991.
THOMPSON, MAURICE	The Witchery of Archery, 1879.
WHITE, STEWART EDWARD	Lions in the Path, Doubleday, Page, and Co 1926.
WILKE, PHILIP J.	Bow Staves Harvested from Juniper Trees By Indians of Nevada, Journal of California and Great Basin Anthropology, 1988.

Die Bibeln des Traditionellen Bogenbaus - Inhalte aller 4 Bände

TBB 1

TBB 2

TBB 3

TBB 4

BOGENMANUFAKTUR
BOGENBAUKURSE

- Nachbau von historischen und modernen Holzbögen
- Bogenbaukurse derselben für Groß und Klein
- Alles für den Bogenbau

BOMBIX Michel Bombardier
Hauptstraße 16
D-55595 Boos

Tel. +49 6758 2144975
Mobil: 0176 61084296

info@bombix.de
www.bogenbau-bombix.com

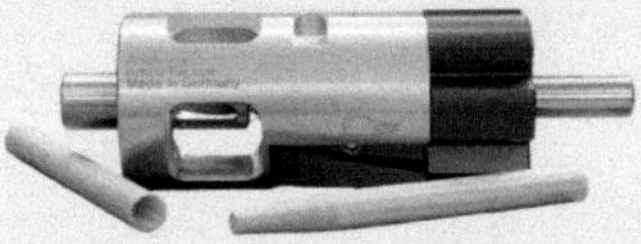

Die Lösung für die Reparatur und Optimierung von Holz- & Bambuspfeilschäften

- Werkzeuge (Spitzer, Nockschneider ...)
- Spitzen und Nocks
- Bambusschafte, Footings

ARROW-FIX © Arrow Engineering UG
Helmut Dittrich
Lange Furche 13
D-70736 Fellbach
Tel. +49 171 53 86 301
sales@arrow-fix.com
www.arrow-fix.com

---

siebert
BOGENSPORTFACHGESCHÄFT
mit Kompetenz leichter ins Ziel

Beratung, Verkauf, Tuning,
Bogen u. Zubehör aus eigener Herstellung

BOGENSPORT SIEBERT
Wolfgangstraße 8
D-86650 Wemding
Tel.: +49 9092-433
shop@bogensport-siebert.de
www.bogensport-siebert.de

- Leistungsstarke und schöne Bögen
- Bogenbaukurse:
  in 3 Tagen einen Langbogen bauen
  (schön auch als Geschenk)

FRITZBOGEN Fritz Preuß
St. Nikolausstr. 52
D-86934 Reichling

Tel. +49 8194 99 91 32
Mobil +49 170 55 23 873
www.fritzbogen.de

Holzbogenbau, Bogenbaukurse, Bogenholz

KONRAD VÖGELE
Hohbäumleweg 18
D-88416 Bellamont
Tel: +49 7358 9616199

konrad-voegele@gmx.de
www.holzbogenbau.com

Bambuslaminate, Holzlaminate, Furnier,
Griffhölzer, Staves: natur und mit Backing.

ALKMONA WOODART Thomas Steindl
Albertshofen 5
D-93155 Hemau
Tel: +49 8464642865
holzmagier@freenet.de
www.alkmona-woodart.de

ABENTEUER BOGENBAU - Selbermachen leicht erklärt

Alle Bände auch als E-BOOK erhältlich

Je 19,99 €

DIE BIBELN DES TRADITIONELLEN BOGENBAUS Band 2, 3, 4

Themen Band 2
·Bogen aus Brettern
·Die Bogen des östl. Waldlands
·Bogen der europ. Vorgschichte
·Komposit-Bogen
·Holz biegen
·Recurve-Bogen
·Sehnen
·Stahlspitzen
·Köcher und Zubehör
ISBN 9783938921715

Themen Band 3
· Werkzeuge
· Bogen der Welt
· Koreanischer Bogenbau
· Bogen der Plains-Indianer
· Afrikanisches Bogenschießen
· Teilbare Bogen
· Ein Steinzeit-Bogen
· Holzpfeile
· Selbst gemachte Schäfte
· Pfeilspitzen aus Stein
ISBN 978-3-938921-63-0

Themen Band 4
· Bogenholz
· Wärmebehandlung von Bögen
· Bogen aus der Kupferzeit
· Das Bogenmasse-Prinzip
· Leistung und Design
· Bogen für das Weitschießen
· Laminierte Holzbögen
· Pfeile aus aller Welt
· Ishis Ausrüstung
· Dein erster Holzbogen
ISBN 978-3-938921-07-4

Alle Bände in s/w, mit sehr vielen Abbildungen, 356 bis 416 Seiten.

1, 2, 3 Softcover
Je 29,- €

4 Hardcover **34,- €**

HOLZBOGEN BAUEN!

Was ich vorher gerne gewusst hätte...

Das letzte Buch von Jim Hamm!

Jim Hamm war einer der bekanntesten und erfahrensten Holzbogenbauer Nordamerikas.
Aus seinen über 40 Jahren Erfahrung im Bogenbau hat Jim Hamm nun drei einfache Grundregeln herausdestilliert, die jedes Bogenbauprojekt zuverlässig gelingen lassen.
Von der Auswahl des Holzes bis hin zum Schießen: In einfachen Worten und mit konkreten Maßangaben für Bögen aus den verschiedensten Holzarten vermittelt dieses Buch genau das, was man unbedingt wissen muss - oder was man so gerne gewusst hätte, als man mit dem Bogenbauen anfing.
68 farbige Seiten DIN A5 | 978-3-9838921-59-3
Bestellnr.: 050 **18,80 €**

10,99 €

DER GEBOGENE STOCK

Von Paul Comstock

Auch Hölzer wie Esche, Ulme, Hickory, Walnuss uvm. ergeben gute Bögen wie die angeblichen Spitzenhölzer. Für Anfänger im Bogenbau, die sicher gehen wollen, dass es ihnen auch gelingt. 248 Seiten, Din A5.

ISBN 978-3-9808743-6-6

19,80 €

AUF DER SPUR DES OSAGE-BOGENS

Von Dean Torges

Bogenbau vom Feinsten, von einem echten Könner, mit vielen wertvollen Tipps, und noch dazu unterhaltsam geschrieben. 219 Seiten, Din A5.

ISBN 978-3-9808743-3-5

19,80 €

MEIN PFEIL- & BOGENBUCH

Bogenbau für Kinder, Jugendliche und Einsteiger
Von Wulf Hein

Dieses Buch beschreibt den Bau eines einfachen Bogens, samt Pfeilen geeignet für Kinder von 8 bis 12 Jahren und allen, die ins Selbermachen einsteigen wollen. Für ältere Kinder/Jugendliche ist der steinzeitliche Bogen gedacht. Beide Anleitungen eignen sich sehr gut als Freizeit- oder Schulprojekt.
Auch Lehrer, Gruppenleiter oder Therapeuten können das Buch sehr gut für den Unterricht nutzen.
200 farbige Seiten, im Querformat 21 × 27 cm, gebunden.

ISBN 978-3-938921-18-0 **39,80 €**

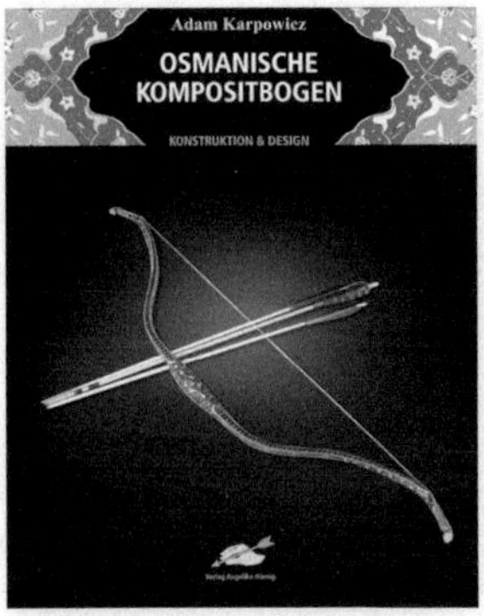

OSMANISCHE KOMPOSITBOGEN

Konstruktion und Design

Der Osmanische Bogen vereint höchste Leistung und Schönheit und gilt als Höhepunkt in der Kunst des Bogenbaus.
Das Buch bietet detaillierte Anleitungen zu Konstruktion und Bau dieser Bögen und deren Verzierung.
224 Seiten, HC, 21 × 27 cm

ISBN 978-3-938921-19-7 **39,80 €**

BOGENSCHIESSEN MIT DEM DAUMENRING

Schießtechnik für kurze Reflexbogen

Detaillierte Beschreibungen von Reflexbogen und diese spezielle Schießtechnik.Informationen über die Stellung des Schützen beim Schießen, den korrekten Griff und Methoden des Ablasses.
160 Seiten, HC, 21 × 27 cm.

ISBN 978-3-938921-33-3 **39,80 €**

PFEIL UND BOGEN

Von der Altsteinzeit bis zum Mittelalter

Erstmals werden alle archäologischen Funde von Pfeilen und Bögen in Europa in detailreichen Zeichnungen, Fotos und Beschreibungen vorgelegt.
430 Seiten, geb., SC, 21 x 27cm

ISBN 978-3-938921-88-3 **85,-€**

VERLAG ANGELIKA HÖRNIG

pplications - Bridging Mathematical Theory and Real-World Problem-Solving
5772/intechopen.1009078
ouch

a, Ana López-Palencia, Anderson Alvarenga de Moura Meneses, Babar Hayat,
z, Chuizhou Meng, Fabián A. Ortega-Quintana, Francisco Badea-Romero,
Shah, Jesús A. Perez-Fernandez, Jorge L. Díaz Calle, Lenilson Moreira Araujo, Li
ich, Olivier Deblecker, Peng Wang, Roger Mestas Chávez, Shijun Ji, Xiaoyu Cao,

d in London, United Kingdom, 2026 by IntechOpen
s the global imprint of INTECHOPEN LIMITED, registered in England and Wales,
number: 11086078, 167-169 Great Portland Street, London, W1W 5PF, United Kingdom

t safety concerns: IN TECH d.o.o., Prolaz Marije Krucifikse Kozulić 3, 51000 Rijeka,
o@intechopen.com or visit our website at intechopen.com.

ary Cataloguing-in-Publication Data
record for this book is available from the British Library

ent Method Applications - Bridging Mathematical Theory and Real-World Problem-Solving
ahboub Baccouch

978-1-83635-932-6
N 978-1-83635-931-9
F) ISBN 978-1-83635-933-3

ing of this product, please recycle the paper responsibly.

Finite Elemen[t]
Applications -
Mathematical
and Real-World
Solving

Edited by Mahboub B[...]

Published in London, United Kingdom

Finite Element Method
http://dx.doi.org/10.
Edited by Mahboub Bac

Contributors
Aldo Sarmiento Guevar
Carlos Reales-Martíne
Geoffrey Lossa, Imran
Chen, Mahboub Bacco
Xiufeng Li, Yu Lv

First publish
IntechOpen i
registration

For EU produ
Croatia, in

British Libr
A catalogue

Finite Elem
Edited by M
p. cm.
Print ISBN
Online IS
eBook (PD

If dispos

Meet the editor

Mahboub Baccouch is a Professor of Mathematics at the University of Nebraska at Omaha. He earned his Ph.D. in Mathematics from Virginia Tech in 2008 and specializes in applied and computational mathematics, focusing on numerical methods for deterministic and stochastic differential equations, including finite element and discontinuous Galerkin methods. He has authored more than 75 peer-reviewed publications, two textbooks, four book chapters, and one encyclopedia article. His contributions have been recognized with the Isaacson Professorship, the James Earl Diamond Professorship in Mathematics, the College of Arts and Sciences Excellence in Research Award, and the Kerrigan Award for Excellence in Teaching. Dr. Baccouch is also dedicated to mentoring and guiding students in both research and education.

Contents

Preface

The finite element method (abbreviated FEM) has emerged as one of the most versatile and widely used numerical techniques for the approximation of solutions to partial differential equations (PDEs) across science, engineering, and technology. This edited volume aims to provide both a comprehensive introduction to the fundamental principles of FEM and an exploration of its diverse applications, ranging from classical numerical formulations to cutting-edge industrial and biomedical implementations. The chapters are organized to guide the reader from foundational concepts to specialized applications, reflecting both theoretical rigor and practical relevance.

The volume begins with **Overview of the Finite Element Method for a Class of Partial Differential Equations**, which introduces the core ideas and framework of FEM. This chapter covers the historical development of the method, its mathematical foundations, and its application to key classes of PDEs, including second-order elliptic problems, the heat equation, the reaction-convection-diffusion equation, the wave equation, and the Navier-Stokes equations. This chapter establishes a solid conceptual basis for readers, preparing them for more advanced formulations and applications discussed in subsequent chapters.

In **The Classical Galerkin Finite Element Method Applied to the Neutron Diffusion Theory**, the reader is introduced to the Galerkin finite element method (GFEM) and its application to reactor physics. The chapter presents a step-by-step variational formulation of the neutron diffusion equation and demonstrates implementation using triangular and quadrilateral elements. Benchmark problems illustrate convergence properties and the practical accuracy of the classical FEM approach compared to finite difference methods.

The chapter **Numerical Analysis of the Enriched Mixed Method, Evaluating Computational Costs and Errors through Comparisons with Formulations in Continuous Functions, Discontinuous Functions, and Mixed Finite Elements** explores advanced FEM formulations for diffusion problems. Here, enriched mixed methods are compared with classical, continuous, and discontinuous FEM approaches, highlighting computational costs and approximation errors for both primal and dual variables. The chapter provides valuable insights into the optimization of FEM formulations, offering guidance for choosing methods that balance accuracy and computational efficiency.

Applications of FEM in real-world scenarios are explored in the next part of the volume. **FEM Modeling Techniques for Industrial Applications** presents practical strategies for engineering simulations, including element selection, meshing approaches, material modeling, and connection modeling. Emphasis is placed on techniques that achieve reliable results while minimizing computational cost, reflecting the practical constraints of industrial engineering practice.

Finite Element Method Applied to Heat Transfer in Food Processing illustrates the use of FEM for axisymmetric and multi-domain heat transfer problems in food engineering. The chapter demonstrates the use of open-source FEM software, such as FEniCS, Gmsh, and ParaView, to model blanching and cooling processes for various food products, providing readers with both methodological guidance and practical examples.

Finite Element Analysis for Micromixing Applications focuses on microfluidic systems, where efficient fluid mixing is essential for biomedical, chemical, and energy applications. The chapter presents FEA simulations of various micromixer designs, including Y-shaped split-and-recombine, Cantor fractal-based, and obstacle-based geometries. Comparative analyses highlight optimal design parameters, mixing performance, and practical implementation considerations.

In **Finite Element Method for Design of Flexible Tactile Sensors Toward Wearable Monitoring Applications**, FEM is applied to the design and optimization of flexible sensors for wearable electronics. The chapter emphasizes multiphysics coupling, constitutive modeling, and structural optimization strategies. Applications include piezoresistive, capacitive, triboelectric, and temperature sensors, showcasing how FEM can accelerate sensor development, reduce experimental cost, and support system-level integration.

Finally, **Uncertainty Quantification in Electromagnetic Computation** integrates probabilistic modeling with FEM to assess the sensitivity of electromagnetic simulations to uncertain input parameters. The chapter introduces techniques such as polynomial chaos expansion and Bayesian inference, providing readers with tools to quantify uncertainty and improve the robustness of numerical predictions.

This volume would not have been possible without the dedicated contributions of all chapter authors, whose expertise and diligence have produced clear and comprehensive expositions across theory, computation, and application. I am grateful to the Co-Editors and the editorial team for their support throughout the editorial process.

It is our hope that this book will serve as a valuable resource for students, researchers, and practitioners in applied mathematics, engineering, and computational sciences, providing both a solid foundation in FEM theory and a practical perspective on its diverse applications.

Mahboub Baccouch
Department of Mathematical and Statistical Sciences,
University of Nebraska at Omaha,
Omaha, Nebraska, USA

Section 1

Foundations of the Finite Element Method

Chapter 1

Overview of the Finite Element Method for a Class of Partial Differential Equations

Mahboub Baccouch

Abstract

The Finite Element Method (FEM) is a numerical framework commonly employed to approximate solutions of differential equations that describe complex physical and engineering phenomena. Originating in the 1950s as a tool for addressing difficult problems in structural mechanics and elasticity – particularly those governed by elliptic partial differential equations (PDEs) – it has since evolved into a general numerical framework applicable to a broad range of scientific and engineering disciplines. Today, FEM is employed in diverse areas such as electromagnetics, fluid dynamics, structural analysis, heat transfer, aerospace, biomechanics, automotive, computer graphics, biomedical research, manufacturing, and construction. This chapter offers a concise introduction to the fundamental principles of FEM, serving as the foundation for the topics developed in later chapters. Our goal is to present FEM as a unified approach for approximating the solutions of key classes of PDEs. In particular, we apply the method to second-order elliptic PDEs, the heat (or diffusion) equation, the reaction-convection-diffusion equation, the wave equation, and the Navier-Stokes equations.

Keywords: Finite Element Method, elliptic problems, error estimation, heat/diffusion equation, convection-diffusion equation, wave equation, Navier-Stokes equations

1. Introduction

Partial differential equations (PDEs) provide a fundamental framework for modeling real-world phenomena across numerous disciplines, including engineering, applied mathematics, the physical and life sciences, economics, and many other areas. They provide a natural framework for describing processes that evolve over time or space, such as heat transfer, fluid flow, population dynamics, chemical reactions, financial markets, and mechanical vibrations. Unfortunately, exact solutions to PDEs can seldom be obtained in closed form. In many practical situations, the equations are too complex – owing to nonlinearities, irregular geometries, variable coefficients, or complicated boundary conditions – to be solved analytically. As a result, the development and use of numerical methods have become essential for approximating their solutions and making meaningful predictions.

A wide variety of numerical techniques have been designed for this purpose. Some of the most commonly employed include the finite difference method (FDM), which replaces derivatives with difference quotients defined on a computational grid; the finite element method (FEM), which subdivides the domain into elements and uses piecewise polynomial approximations; the finite volume method (FVM), which enforces conservation laws over control volumes; spectral methods, which employ global basis functions to achieve high accuracy for smooth problems; and the discontinuous Galerkin method (DGM), which unites the best features of the FEM and the FVM, offering exceptional flexibility in solving complex problems. These methods provide powerful tools for tackling differential equations that are analytically intractable, making it possible to approximate and study problems of practical importance across science, engineering, and industry. This chapter offers an introduction to the FEM, highlighting its use as a general framework for solving boundary value problems (BVPs). The main ideas are presented through simple model equations to build intuition for more advanced applications in later chapters.

The FEM has become the standard numerical scheme for approximating the solutions of many mathematical problems; see, for example, [1–11] and the references therein. The FEM is one of the most powerful and widely used numerical techniques for solving PDEs encountered in science and engineering. It provides a systematic framework for approximating solutions of BVPs through the use of local basis (shape) functions defined over a mesh partition of the computational domain. Through this process, the PDE is converted into a discrete algebraic system, whose solutions approximate the values of the unknown function at the mesh nodes. The method was initially developed to tackle difficult problems in structural analysis and elasticity, especially within the fields of civil and aeronautical engineering. Its early development can be traced to the pioneering work of Hrennikoff [12] and Courant [13], who introduced the idea of approximating variational problems using piecewise polynomial functions. Although Hrennikoff and Courant adopted different approaches (Hrennikoff through lattice models and Courant through variational principles), they both arrived at the same fundamental concept: dividing a continuous domain into smaller subdomains, now known as elements. In the 1950s, Turner, Clough, Martin, and Topp developed FEM as a practical computational tool for structural mechanics, laying the foundation for its broad adoption in engineering. The term *finite element method* was first used by Clough [14]. During the 1960s and 1970s, the method rapidly evolved both mathematically and computationally. The Dayton conferences (1965–1970) helped unify researchers in the field, while major advances such as isoparametric elements, numerical integration, and hybrid formulations were developed by Zienkiewicz, Irons, and Oden [15, 16]. A fundamental mathematical foundation for the FEM was later established by Gilbert Strang and George Fix [17], whose work provided rigorous justification for the method's effectiveness. Over time, the FEM has evolved and expanded into a versatile computational framework, now serving as a fundamental tool for simulating physical processes in many branches of engineering, such as fluid mechanics, heat conduction, and electromagnetics.

The mathematical theory of FEM was established during the 1960s and 1970s through the seminal contributions of Strang and Fix [17], Ciarlet [5], and Babuška and Aziz [18]. These works provided rigorous error analysis, convergence theory, and stability results, giving the method a firm theoretical basis. The 1980s and 1990s witnessed further developments in FEM theory and applications. Mixed and hybrid finite element methods were developed and analyzed in the influential monograph by Brezzi and Fortin [19]. Adaptive finite element methods, driven by a posteriori error estimation, were introduced by Babuška and Rheinboldt [20] and further developed by Verfürth [21].

Since then, FEM has evolved into a general framework for the numerical approximation of a wide variety of BVPs. Over the years, numerous extensions and refinements have been developed. Mixed and hybrid finite element methods [19] were introduced to handle constraints such as incompressibility. Discontinuous Galerkin (DG) methods [22, 23] combine the flexibility of finite volume schemes with the accuracy of FEM. Adaptive finite element techniques [20, 21] have further improved computational efficiency by locally refining the mesh based on a posteriori error estimates.

Modern developments have expanded FEM into new domains, including high-order and isogeometric analysis [24], stochastic finite element methods for uncertainty quantification [25], and applications in computational biology, materials science, and finance. Comprehensive treatments of the finite element method can be found in standard references such as Strang and Fix [17], Ciarlet [5], Brenner and Scott [4], and Johnson [6].

In recent decades, FEM has continued to evolve in several directions. High-order and spectral element methods [26] have improved accuracy and efficiency for smooth problems. The advent of isogeometric analysis [24] has bridged the gap between computer-aided design (CAD) and analysis. Stochastic finite element methods [25] have been developed to quantify uncertainty in physical systems, while domain decomposition and parallel algorithms [27] have enabled large-scale computations. Modern treatments, such as those by Ern and Guermond [28] and Hughes [29], provide comprehensive overviews of both theoretical and computational aspects. Today, the finite element method stands as a mature and flexible computational framework applicable to a wide range of disciplines, from fluid dynamics and electromagnetics to biomechanics, materials science, and data-driven modeling. The continued development of adaptive, stochastic, and high-performance FEM algorithms ensures its central role in modern computational science and engineering.

The FEM offers several important advantages, which can be outlined as follows:

(1) **Numerical efficiency:** Dividing the computational domain into finite elements produces system matrices that are typically sparse and symmetric. Consequently, the method enables highly efficient management of both storage requirements and the solution of the resulting algebraic system.

(2) **Treatment of nonlinearities:** The FEM provides a robust framework for capturing nonlinear material behavior, such as stress-strain nonlinearity and hysteresis effects.

(3) **Flexibility with complex geometries:** The method can efficiently handle domains of any geometry, using triangular elements for 2D problems and tetrahedral elements for 3D problems.

(4) **Broad applicability:** The FE method is highly versatile and has been successfully applied in numerous fields, including structural mechanics, heat transfer, electromagnetics, fluid flow, acoustics, and multiphysics problems.

At the same time, the FEM has certain limitations, such as high computational cost and the need for careful mesh design, which make it particularly appropriate for specific classes of PDEs, like the ones presented in this chapter.

There are many widely used FEM software packages, including ANSYS, Abaqus, NASTRAN, and ADINA, each offering specialized capabilities for different engineering applications. Among these, COMSOL Multiphysics (formerly known as FEMLAB until 2005) stands out as a versatile tool for simulating a broad spectrum of physical phenomena. It has become a standard in both academia and industry for research, development, and design. COMSOL is particularly well-suited for multiphysics problems, where several coupled physical processes must be modeled simultaneously by numerically solving the underlying PDEs using the FEM. It supports one-, two-, and three-dimensional simulations and offers a modern graphical user interface that allows users to define geometries, boundary conditions, materials, and physics with ease. In addition, it provides flexible options for customization and automation, including integration with MATLAB and scripting through its native Java API, making it suitable for both interactive modeling and advanced computational workflows. One of COMSOL's key strengths lies in its ability to seamlessly couple different physical processes – such as thermal, structural, fluid, and electromagnetic phenomena – within a single simulation framework, enabling accurate modeling of complex real-world systems.

This chapter introduces the FEM through simple two-dimensional model problems. We begin with the formulation of the FE method, including the weak form, domain discretization, and assembly of the algebraic system. We also discuss basis functions, interpolation, shape functions, and numerical integration. Finally, we recall key error estimates and convergence properties, illustrating how mesh size and polynomial degree affect solution accuracy. Throughout, examples highlight the method's application to structural mechanics, heat conduction, fluid flow, and electromagnetic problems, providing a foundation for more advanced topics in later chapters. For further details, the reader is referred to classical textbooks such as [1, 7, 15, 29, and 30].

2. The FEM for elliptic PDEs

In this section, we present the application of the finite element method to an elliptic boundary value problem. Our aim is to determine a function $u = u(x), x \in \Omega \subset \mathbb{R}^d, d = 2, 3$ that satisfies [1]

$$-\nabla \cdot (a(\mathbf{x})\nabla u) + b(\mathbf{x})u = f(\mathbf{x}), \quad \text{in } \Omega, \quad \mathbf{n} \cdot a\nabla u = \epsilon(g(\mathbf{x}) - u) + q(\mathbf{x}), \quad \text{on } \partial\Omega, \quad (1)$$

where the functions $a > 0$ and $b \geq 0$ are smooth, the parameter $\epsilon \geq 0, f \in L^2(\Omega)$, and $g, q \in C(\partial\Omega)$. Next, we express the equation in its variational form and seek an approximate solution within the space of continuous piecewise polynomials.

2.1 Meshes

Suppose the domain $\Omega \subset \mathbb{R}^2$ is bounded and has a polygonal boundary $\partial\Omega$. A triangulation $\mathcal{T}_h$ of the region Ω is a collection of elements (or triangles) T satisfying $\Omega = \cup_{T \in \mathcal{T}_h} T$, where any two distinct elements intersect only at a shared edge E, a shared node vertex (or node), or not at all. The vertices of the triangles are referred to as *nodes*. For each triangle T, we define its diameter as $h_T = \operatorname{diam}(T)$, typically defined by the length of the triangle's longest edge.

Suppose that the triangulation $\mathcal{T}_h$ has N nodes and M triangles. The data can be represented on a computer in two matrices. The point matrix $P \in \mathbb{R}^{2\times N}$ contains the coordinates of the nodes $N_i = (x_i, y_i)$ for $i = 1, 2, \dots, N$, while the connectivity matrix $K \in \mathbb{R}^{3\times M}$ encodes the triangles, indicating which vertices (numbered from 1 to N) constitute each element T and the triangle's orientation. These matrices have the following forms

$$P = \begin{bmatrix} x_1 & x_2 & \cdots & x_N \\ y_1 & y_2 & \cdots & y_N \end{bmatrix}, \quad K = \begin{bmatrix} n_1^\alpha & n_2^\alpha & \cdots & n_M^\alpha \\ n_1^\beta & n_2^\beta & \cdots & n_M^\beta \\ n_1^\gamma & n_2^\gamma & \cdots & n_M^\gamma \end{bmatrix}.$$

This implies that each triangle T_i in the mesh $\mathcal{T}_h$ is defined by its three nodes n_i^α, n_i^β, and n_i^γ, numbered in a counterclockwise order.

MATLAB's built-in Delaunay function forms a triangulation in which the triangles are defined by the given points as their vertices. A Delaunay triangulation is regarded as optimal since it maximizes the smallest angle among all triangles, thereby preventing the formation of overly sharp angles.

MATLAB includes a built-in PDE Toolbox, which provides a mesh generation algorithm for creating finite element meshes. The toolbox supports both two- and three-dimensional domains, enabling the generation of triangular and tetrahedral meshes, with options for mesh refinement to enhance simulation accuracy.

2.2 Continuous piecewise polynomial spaces

Consider a triangle T in the mesh $\mathcal{T}_h$ with vertices $N_i = (x_i, y_i)$ for $i = 1, 2, 3$. Define

$$P^1(T) = \{v \in C(T) : v(x,y) = c_1 + c_2 x + c_3 y, (x,y) \in T, c_1, c_2, c_3 \in \mathbb{R}\},$$

to be the vector space of linear polynomials in two dimensions on T, where $C(T)$ is used to denote the space of continuous functions on the triangle T. Define $v_i = v(N_i), i = 1, 2, 3$. Observe that any $v \in P^1(T)$ is uniquely defined by the nodal values $\{v_i\}_{i=1}^3$. Indeed, once the nodal values are specified, the coefficients c_i, $i = 1, 2, 3$ can be found by solving the linear system of equations:

$$\begin{bmatrix} 1 & x_1 & y_1 \\ 1 & x_2 & y_2 \\ 1 & x_3 & y_3 \end{bmatrix} \begin{bmatrix} c_1 \\ c_2 \\ c_3 \end{bmatrix} = \begin{bmatrix} v_1 \\ v_2 \\ v_3 \end{bmatrix}.$$

We observe that the above system has a unique solution since

$$\det\begin{bmatrix}1 & x_1 & y_1\\ 1 & x_2 & y_2\\ 1 & x_3 & y_3\end{bmatrix} = 2|T| \neq 0, \quad \begin{bmatrix}1 & x_1 & y_1\\ 1 & x_2 & y_2\\ 1 & x_3 & y_3\end{bmatrix}^{-1}$$
$$= \frac{1}{2|T|}\begin{bmatrix}x_2y_3 - x_3y_2 & x_3y_1 - x_1y_3 & x_1y_2 - x_2y_1\\ y_2 - y_3 & y_3 - y_1 & y_1 - y_2\\ x_3 - x_2 & x_1 - x_3 & x_2 - x_1\end{bmatrix},$$

where $|T| = \frac{1}{2}(x_2y_3 + x_3y_1 + x_1y_2 - x_3y_2 - x_1y_3 - x_2y_1)$, whose absolute value represents the area of T.

Define $\lambda_i \in P^1(T)$ by the nodal conditions $\lambda_i(N_j) = \delta_{ij}$, where δ_{ij} denotes the Kronecker delta symbol. With this definition, any $v \in P^1(T)$ can be expressed as

$$v = \alpha_1\lambda_1 + \alpha_2\lambda_2 + \alpha_3\lambda_3,$$

where $\alpha_i = v(N_i), i = 1,2,3$. In order to find the basis functions λ_i, we assume it has the form

$$\lambda_i = a_i + b_ix + c_iy, \quad i = 1,2,3, \quad (x,y) \in T.$$

Applying the nodal conditions $\lambda_i(N_j) = \delta_{ij}$ gives

$$B\begin{bmatrix}a_1\\ b_1\\ c_1\end{bmatrix} = \begin{bmatrix}1\\ 0\\ 0\end{bmatrix}, \quad B\begin{bmatrix}a_2\\ b_2\\ c_2\end{bmatrix} = \begin{bmatrix}0\\ 1\\ 0\end{bmatrix}, \quad B\begin{bmatrix}a_3\\ b_3\\ c_3\end{bmatrix} = \begin{bmatrix}0\\ 0\\ 1\end{bmatrix}, \quad \text{where } B = \begin{bmatrix}1 & x_1 & y_1\\ 1 & x_2 & y_2\\ 1 & x_3 & y_3\end{bmatrix}.$$

Upon solving the system, we obtain

$$\lambda_1 = \frac{1}{2|T|}\Big(x_2y_3 - x_3y_2 + (y_2 - y_3)x + (x_3 - x_2)y\Big),$$

$$\lambda_2 = \frac{1}{2|T|}\Big(x_3y_1 - x_1y_3 + (y_3 - y_1)x + (x_1 - x_3)y\Big),$$

$$\lambda_3 = \frac{1}{2|T|}\Big(x_1y_2 - x_2y_1 + (y_1 - y_2)x + (x_2 - x_1)y\Big).$$

If $\mathcal{T}_h$ is a triangulation of the computational domain Ω. Then we introduce the finite element space

$$V_h = \{v \in C(\Omega) \,:\, v|_T \in P^1(T), \forall\, T \in \mathcal{T}_h\}.$$

Thus, members of V_h are continuous and piecewise linear function. Moreover any $v \in V_h$ is uniquely defined by its nodal values $\{v(N_i) : i = 1,2,\ldots,N\}$. Define the nodal basis functions $\phi_j \in V_h$ by the condition $\phi_j(N_i) = \delta_{ij}$ for $i,j = 1,\ldots,N$. Then the set $\{\phi_j\}_{j=1}^N$ forms a basis for V_h (the so-called hat functions). Consequently, any function $v \in V_h$ is expressed as

$$v(x,y) = \sum_{i=1}^{N}\alpha_i\phi_i(x,y),$$

where, for each $i = 1,2,\ldots,\ N,\ \alpha_i = v(N_i)$.

2.3 Interpolation

Let u be a continuous function defined on a triangle $T \in \mathcal{T}_h$. Suppose its nodes are $N_i = (x_i, y_i)$ for $i = 1, 2, 3$. We define the interpolant of u by

$$\pi u(x,y) = \sum_{i=1}^{3} u(N_i)\phi_i(x,y).$$

Note that $\pi u(N_i) = u(N_i)$ for $i = 1, 2, 3$. To estimate the interpolation error, defined by $u - \pi u$, we first define the following norms:

$$\|u\|^2_{L^2(\Omega)} = \int_\Omega |u|^2 dxdy, \quad \|Du\|^2_{L^2(\Omega)} = \|u_x\|^2_{L^2(\Omega)} + \|u_y\|^2_{L^2(\Omega)},$$

$$\|D^2u\|^2_{L^2(\Omega)} = \|u_{xx}\|^2_{L^2(\Omega)} + 2\|u_{xy}\|^2_{L^2(\Omega)} + \|u_{yy}\|^2_{L^2(\Omega)}.$$

The proof of the following theorem can be found in standard textbooks on the FEM, such as [30].

Theorem 2.1 [1] Let $u \in C^2(T)$. Then we have the following interpolation error estimates:

$$\|u - \pi u\|_{L^2(T)} \le C_1 h_T^2 \|D^2u\|_{L^2(T)}, \quad \|D(u - \pi u)\|_{L^2(T)} \le C_2 h_T \|D^2u\|_{L^2(T)},$$

where C_1 and C_2 are positive constants that do not dependent on the mesh size h_T or the function u, but depends on the ratio of the smallest to the largest interior angles of the triangle T.

Next, we provide the error estimates for the continuous piecewise interpolant defined by $\pi u = \sum_{i=1}^{N} u(N_i)\phi_i$.

Theorem 2.2 Let $u \in C^2(\Omega)$. Then the global interpolation error satisfies the following estimates

$$\|u - \pi u\|^2_{L^2(\Omega)} \le C_1 \sum_{T \in \mathcal{T}_h} h_T^4 \|D^2u\|^2_{L^2(T)}, \quad \|D(u - \pi u)\|^2_{L^2(\Omega)} \le C_2 \sum_{T \in \mathcal{T}_h} h_T^2 \|D^2u\|^2_{L^2(T)},$$

where C_1 and C_2 are positive constants (independent of the solution u and the mesh size h_T), but depend on the ratio of the smallest to the largest interior angles of the triangles in the mesh $\mathcal{T}_h$. Here, the global H^1-seminorm is defined as $\|u - \pi u\|^2_{H^1(\Omega)} = \|D(u - \pi u)\|^2_{L^2(\Omega)} = \sum_{T \in \mathcal{T}_h} \|D(u - \pi u)\|^2_{L^2(T)}$. Next, we introduce the L^2-projection, which is fundamental to the theoretical error analysis of the FEM.

2.4 L^2-projection

Suppose that $\Omega \subset \mathbb{R}^2$. Then, for $u \in L^2(\Omega) = \left\{ v : \int_\Omega v^2(x,y)\, dxdy < \infty \right\}$, the L^2-projection $P_h : L^2(\Omega) \to V_h$ with $V_h = \{ v \in C(\Omega) : v|_T \in P^1(T),\ \forall T \in \mathcal{T}_h \}$ is defined by finding $P_h u \in V_h$ such that $P_h u \in V_h$ such that [1]

$$\int_{\Omega} (u - P_h u) v \, dxdy = 0, \quad \forall v \in V_h.$$

With the basis $\{\phi_i\}_{i=1}^N$ chosen for V_h, the condition can be expressed as the following linear system:

$$\int_{\Omega} (u - P_h u) \, \phi_i \, dxdy = 0, \quad i = 1, 2, \ldots, N.$$

Since $P_h u \in V_h$, it can be expressed as $P_h u = \sum_{j=1}^N c_j \, \phi_j(x, y)$, where the coefficients $c_j \in \mathbb{R}$. The coefficients $c_j, j = 1, 2, 3$ satisfy

$$\sum_{j=1}^{N} c_j \int_{\Omega} \phi_i \phi_j \, dxdy = \int_{\Omega} u \, \phi_i \, dxdy, \quad i = 1, 2, \ldots, N,$$

and can equivalently be written in matrix form as:

$$M\mathbf{c} = \mathbf{b}, \quad \text{where } \mathbf{c} = [c_1, c_2, \ldots, c_N]^{\mathrm{T}},$$

and the entries of the $N \times N$ matrix M and the $N \times 1$ vector $\mathbf{b}$ are determined by

$$m_{ij} = \int_{\Omega} \phi_i \phi_j \, dxdy, \qquad b_i = \int_{\Omega} u \, \phi_i \, dxdy, \quad i,j = 1, 2 \ldots, N.$$

In practice, integrals are usually approximated using a quadrature rule. More generally, a function f defined on a triangle T can be approximated as follows:

$$\int_{T} f(x, y) \, dxdy \approx \sum_{i=1}^{N} w_i f(\overline{N}_i),$$

where w_i are the quadrature weights and $\overline{N}_i$ denote the associated quadrature points.

Lemma 2.1 [1] The matrix M with entries $m_{ij} = \int_{\Omega} \phi_i \phi_j \, dxdy$ is SPD (symmetric and positive definite).

Theorem 2.3 [1] For all $u \in L^2(\Omega)$, the L^2-projection $P_h u$ of u exists and is uniquely defined.

2.5 A priori error estimate

We now discuss the error estimates for the L^2-projection, which play a central role in the theoretical analysis of finite element approximations. The following result demonstrates that the L^2-projection gives the *best approximation* of u in the L^2-norm among all functions in the finite-dimensional space V_h.

Theorem 2.4 [1] Suppose that $u \in L^2(\Omega)$. Let $P_h u$ be the L^2-projection of u onto V_h. Then, the projection error satisfies

$$\| u - P_h u \|_{L^2(\Omega)} \leq \| u - v \|_{L^2(\Omega)}, \quad \forall v \in V_h.$$

The next a priori error estimate provides a quantitative bound on the projection error using the mesh size h_T and the smoothness of u. In practice, it implies that refining the mesh (reducing h_T) improves the accuracy of the approximation.

Theorem 2.5 [1] Suppose $u \in C^2(\Omega)$. Then, a positive constant C, independent of the mesh parameter, exists such that

$$\| u - P_h u \|^2_{L^2(\Omega)} \leq C \sum_{T \in \mathcal{T}_h} h_T^4 \| D^2 u \|^2_{L^2(T)}.$$

2.6 The FEM for elliptic problems

The FEM was initially developed to approximate solutions to complex problems in elasticity and structural mechanics, often modeled by elliptic PDEs on geometrically intricate domains. Since its inception, the method has been extended to a broad range of additional applications.

To simplify the chapter, we focus on the two-dimensional elliptic model problem (1) and look for a (weak) solution, u, in the vector space

$$V = H^1(\Omega) = \left\{ v \in L^2(\Omega) : \|v\|_{L^2(\Omega)} < \infty, \|\nabla v\|_{L^2(\Omega)} < \infty \right\}.$$

To obtain the variational formulation, we multiply (1) by a smooth test function $v \in V$, integrate over the domain Ω, and use Green's formula, yielding

$$\int_\Omega fv\, dxdy = -\int_\Omega \nabla \cdot (a\nabla u)\, v\, dxdy + \int_\Omega buv\, dxdy$$

$$= \int_\Omega a\nabla u \cdot \nabla v\, dxdy - \int_{\partial\Omega} v\, \mathbf{n} \cdot (a\nabla u)\, ds + \int_\Omega buv\, dxdy$$

$$= \int_\Omega a\, \nabla u \cdot \nabla v\, dxdy + \int_\Omega buv\, dxdy + \int_{\partial\Omega} (\epsilon(u-g) - q)v\, ds.$$

Then, the problem in weak form reads: find $u \in V$ satisfying [1]

$$\int_\Omega a\nabla u \cdot \nabla v\, dxdy + \int_\Omega buv\, dxdy + \epsilon\int_{\partial\Omega} uv\, ds = \int_\Omega fv\, dxdy + \int_{\partial\Omega} (\epsilon g + q)vds, \quad v \in V. \tag{2}$$

We formulate the FEM using the weak formulation (2). The two-dimensional FEM is then constructed as follows: determine $u_h \in V_h$ such that (2). The FEM in 2D read as follows: find $u_h \in V_h = \{v \in V : v|_T \in P^1(T), \forall\, T \in \mathcal{T}_h\}$ satisfying

$$\int_\Omega a\nabla u_h \cdot \nabla v\, dxdy + \int_\Omega bu_h v\, dxdy + \epsilon\int_{\partial\Omega} u_h v\, ds = \int_\Omega fv\, dxdy + \epsilon\int_{\partial\Omega} gv\, ds, \quad v \in V_h. \tag{3}$$

Implementation: Here, we discuss the practical implementation of the FEM. For simplicity, let $a = 1$ and $b = g = q = 0$. Substituting the FEM solution expansion $u_h = \sum_{j=1}^N c_j\phi_j$ into (3) and taking the test function $v = \phi_i$, we get

$$\sum_{j=1}^N c_j \left(\int_\Omega \nabla\phi_i \cdot \nabla\phi_j\, dxdy + \int_{\partial\Omega} \epsilon\, \phi_i\phi_j\, ds \right) = \int_\Omega f\phi_i\, dxdy, \quad i = 1, 2, \ldots, N.$$

This results in a linear system of the form:

$$(A + R)\mathbf{c} = \mathbf{b},$$

where the unknown vector $\mathbf{c} = [c_1, c_2, \ldots, c_N]^{\mathrm{T}} \in \mathbb{R}^N$ is to be determined. The entries of the stiffness matrix $A \in \mathbb{R}^{N\times N}$, the boundary matrix $R \in \mathbb{R}^{N\times N}$, and the load vector $\mathbf{b} \in \mathbb{R}^N$ are defined by

$$a_{ij} = \int_\Omega \nabla\phi_j \cdot \nabla\phi_i \, dxdy, \quad r_{ij} = \epsilon\int_{\partial\Omega} \phi_j\phi_i \, ds, \quad b_i = \int_\Omega f\phi_i dxdy, \quad i,j = 1, 2, \ldots, N.$$

Assembly of the stiffness matrix A**:** We begin by identifying the local contributions from each triangle $T \in \mathcal{T}_h$. For a single triangle T we define

$$a_{ij}^T = \int_T \nabla\phi_j \cdot \nabla\phi_i \, dxdy, \quad i,j = 1, 2, 3,$$

where $N_i = (x_i, y_i)$ are the vertices of T and ϕ_i are the associated hat functions satisfying $\phi_j(N_i) = \delta_{ij}$. Each linear hat function ϕ_i can be written as $\phi_i(x, y) = \alpha_i + \beta_i x + \gamma_i y, i = 1, 2, 3$, where the coefficients $\alpha_i, \beta_i, \gamma_i$ are computed by solving $B\alpha_i = \mathbf{e}_i, i = 1, 2, 3$, with

$$B = \begin{bmatrix} 1 & x_1 & y_1 \\ 1 & x_2 & y_2 \\ 1 & x_3 & y_3 \end{bmatrix}, \quad \alpha_i = \begin{bmatrix} \alpha_i \\ \beta_i \\ \gamma_i \end{bmatrix}, \quad \mathbf{e}_1 = \begin{bmatrix} 1 \\ 0 \\ 0 \end{bmatrix}, \quad \mathbf{e}_2 = \begin{bmatrix} 0 \\ 1 \\ 0 \end{bmatrix}, \quad \mathbf{e}_3 = \begin{bmatrix} 0 \\ 0 \\ 1 \end{bmatrix}.$$

Since $\nabla\phi_i = [\beta_i, \gamma_i]^{\mathrm{T}}$, the local stiffness entries are

$$a_{ij}^T = \int_T (\beta_i\beta_j + \gamma_i\gamma_j) \, dxdy = (\beta_i\beta_j + \gamma_i\gamma_j)|T|, \quad i,j = 1, 2, 3,$$

with $|T|$ being the area of the triangle T.

Assembly of the boundary matrix R**:** Let Γ_h^{out} be the collection of all boundary edges of thepartition, *i.e.*, $\Gamma_h^{\mathrm{out}} = \{E : E = T \cap \partial\Omega, \forall T \in \mathcal{T}_h\}$. Let ϵ be a constant on each edge $E \in \Gamma_h^{\mathrm{out}}$. For each such edge E, we define $R^E \in \mathbb{R}^{2\times 2}$ with entries

$$r_{ij}^E = \int_E \epsilon\phi_j\phi_i \, ds = \epsilon\frac{|E|}{6}(1 + \delta_{ij}), \quad i,j = 1, 2,$$

where δ_{ij} is the Kronecker delta symbol and $|E|$ denotes the length of the edge E.

Assembly of the load vector b: To approximate the element-wise contributions we employ a corner quadrature rule. For each $T \in \mathcal{T}_h$ we obtain

$$b_i^T = \int_T f\phi_i \, dxdy \approx \frac{|T|}{3} f(N_i), \quad i = 1, 2, 3.$$

Finally, once A, R, and $\mathbf{b}$ have been assembled, we solve the global system $(A + R)\mathbf{c} = \mathbf{b}$ and reconstruct the finite element solution as $u_h(x, y) = \sum_{j=1}^N c_j\phi_j(x, y)$.

2.7 The Dirichlet problem

We now discuss the Dirichlet BVP: find u satisfying [7]

$$-\Delta u = f(x, y), \quad (x, y) \in \Omega, \quad u = g, \quad (x, y) \in \partial\Omega, \tag{4}$$

where the input functions $f \in L^2(\Omega)$ and $g \in C(\partial\Omega)$. We would like to find a weak solution u in the affine space $V_g = \{v \in V : v|_{\partial\Omega} = g\}$. To derive the variational formulation, we multiply (4) by a smooth test function $v \in V_0 = \{v \in V : v|_{\partial\Omega} = 0\}$ and integrate over Ω:

$$\int_\Omega fv\, dxdy = -\int_\Omega v\, \Delta u\, dxdy = \int_\Omega \nabla u \cdot \nabla v\, dxdy - \int_{\partial\Omega} v\, \nabla u \cdot \mathbf{n}\, ds = \int_\Omega \nabla u \cdot \nabla v\, dxdy,$$

since $v|_{\partial\Omega} = 0$. Thus, the variational formulation consists of finding $u \in V_g$ with [7]

$$\int_\Omega \nabla u \cdot \nabla v\, dxdy = \int_\Omega fv\, dxdy, \quad \text{for all}\, v \in V_0.$$

Finite element formulation: Suppose that g is piecewise linear on the boundary $\partial\Omega$. Then the FEM consists of finding $u_h \in V_{h,g} = \{v \in V_h : v|_{\partial\Omega} = g\}$ satisfying

$$\int_\Omega \nabla u_h \cdot \nabla v\, dxdy = \int_\Omega fv\, dxdy, \quad \forall\, v \in V_{h,0} = \{v \in V_h : v|_{\partial\Omega} = 0\}.$$

Matrix formulation: If N is the total number of nodes and J is the total the number of boundary nodes. Then the discrete system can be expressed in the following block-matrix form [1, 7]:

$$\begin{bmatrix} A_{0,0} & A_{0,g} \\ A_{g,0} & A_{g,g} \end{bmatrix} \begin{bmatrix} \mathbf{c}_0 \\ \mathbf{c}_1 \end{bmatrix} = \begin{bmatrix} \mathbf{b}_0 \\ \mathbf{b}_1 \end{bmatrix},$$

where $A_{0,0}$ is $(N-J) \times (N-J)$ matrix, $A_{0,g}$ is $(N-J) \times J$ matrix, $A_{g,0}$ is $J \times (N-J)$ matrix, and $A_{g,g}$ is $J \times J$ matrix. Observe that the vector $\mathbf{c}_1 \in \mathbb{R}^J$ is prescribed since it has the prescribed boundary values of g at the boundary vertices. Consequently, the reduced system to be solved is $A_{0,0}\mathbf{c}_0 = \mathbf{b}_0 - A_{0,g}\mathbf{c}_1$, where the unknown vector $\mathbf{c}_0 \in \mathbb{R}^{N-J}$ correspond to the interior nodes.

2.8 Error estimates

Let us examine the following model elliptic BVP. The task is to find a function $u = u(x,y)$ satisfying

$$-\Delta u = f, \quad \text{in } \Omega, \quad u = 0, \quad \text{on } \partial\Omega.$$

The variational formulation consists of finding $u \in V_0 = \{v \in V : v|_{\partial\Omega} = 0\}$ satisfying

$$\int_\Omega \nabla u \cdot \nabla v\, dxdy = \int_\Omega fv\, dxdy, \quad \text{for all}\, v \in V_0.$$

Let $V_h = \{v \in V : v|_T \in P^1(T), \forall T \in \mathcal{T}_h\}$ and $V_{h,0} = V_h \cap V_0$. The FEM consists of finding $u_h \in V_{h,0}$ satisfying

$$\int_\Omega \nabla u_h \cdot \nabla v\, dxdy = \int_\Omega fv\, dxdy, \quad \forall\, v \in V_{h,0}.$$

Expanding u_h in the nodal basis $\{\phi_j\}_{j=1}^N$ as $u_h = \sum_{j=1}^N c_j\phi_j$, and testing with $v = \phi_i$ gives

$$\sum_{j=1}^N c_j \left(\int_\Omega \nabla\phi_i \cdot \nabla\phi_j\, dxdy \right) = \int_\Omega f\phi_i\, dxdy, \quad i = 1, 2, \ldots, N.$$

This leads to a linear system of equations, which can be expressed as $A\mathbf{c} = \mathbf{b}$, where A is the $N \times N$ stiffness matrix and $\mathbf{b}$ is the $N \times 1$ load vector. The entries of A and $\mathbf{b}$ are given by

$$a_{ij} = \int_\Omega \nabla\phi_i \cdot \nabla\phi_j dxdy, \quad b_i = \int_\Omega f\phi_i dxdy, \text{ for } i, j = 1, 2, \dots, N.$$

Theorem 2.6 [1, 7] The stiffness matrix A, whose entries are given by $a_{ij} = \int_\Omega \nabla\phi_j \cdot \nabla\phi_i \, dxdy$ is symmetric and positive definite.

Theorem 2.7 (Galerkin orthogonality condition [1, 7],) Suppose that $u \in V_0$ is the weak solution of the weak form and $u_h \in V_{h,0}$ its finite element approximation. Then

$$\int_\Omega \nabla(u - u_h) \cdot \nabla v \, dxdy = 0, \quad \forall v \in V_{h,0}.$$

For convenience, we introduce the *energy norm* on the space V_0 by

$$|||v|||^2 = \int_\Omega \left|\nabla v\right|^2 dxdy = \int_\Omega \nabla v \cdot \nabla v \, dxdy = \| \nabla v \|^2_{L^2(\Omega)} .$$

Error estimates can be classified into two main types:

A priori error estimates: estimates that bound the error in terms of norms of the exact solution u;

A posteriori error estimates: estimates that bound the error using quantities derived solely from the computed finite element solution u_h.

Theorem 2.8 (A priori error estimate [1, 7]) Assume that $u \in V_0$ is the weak solution and $u_h \in V_{h,0}$ denoting its finite element approximation. Then

$$|||u - u_h||| \leq |||u - v|||, \quad \forall v \in V_{h,0}.$$

Theorem 2.9 (Interpolation error estimate [1, 7],) Suppose that $u \in V_0$ is the weak solution of the weak form and $u_h \in V_{h,0}$ is its finite element approximation. Let $u \in C^2(\Omega)$. Then there exists a positive constant C independent of u and h_T such that [1]

$$\| u - u_h \|^2_{L^2(\Omega)} \leq C \sum_{T \in T_h} h_T^4 \| D^2 u \|^2_{L^2(T)} .$$

2.9 The Neumann problem

Here, we study the Neumann boundary-value problem, which consists of finding $u = u(x, y)$ satisfying [7]

$$-\Delta u = f, \quad (x, y) \in \Omega \quad \text{subject to} \quad \mathbf{n} \cdot \nabla u = g, \quad (x, y) \in \partial\Omega, \tag{5}$$

where we assume the functions $f \in L^2(\Omega)$ and $g \in C(\partial\Omega)$. Our goal is to find a weak solution in the vector space $V = \{v : \| v \|_{L^2(\Omega)} < \infty, \| \nabla v\|_{L^2(\Omega)} < \infty\}$. To derive the weak form, we multiply (5) by a smooth test function $v \in V$, integrate over Ω, and apply Green's identity to obtain

$$\int_\Omega fv\,dxdy = -\int_\Omega v\,\Delta u\,dxdy = \int_\Omega \nabla u\cdot\nabla v\,dxdy - \int_{\partial\Omega}\mathbf{n}\cdot\nabla u\,v\,ds$$
$$= \int_\Omega \nabla u\cdot\nabla v\,dxdy - \int_{\partial\Omega} vg\,ds.$$

Thus, the weak formulation reads as follows: determine u in V satisfying

$$\int_\Omega \nabla u\cdot\nabla v\;dxdy = \int_\Omega fv\;dxdy + \int_{\partial\Omega} vg\;ds,\quad \forall v\in V.$$

Solvability and compatibility condition: To ensure solvability, consider $v = 1$:

$$0 = \int_\Omega \nabla u\cdot\nabla 1\;dxdy = \int_\Omega f\;dxdy + \int_{\partial\Omega} g\;ds.$$

Consequently, the problem requires the satisfaction of the following *compatibility condition*:

$$\int_\Omega f\;dxdy + \int_{\partial\Omega} g\;ds = 0.$$

Non-uniqueness and normalization [1, 7]: If u is a solution, then $u + c$ is also a solution for any constant $c\in\mathbb{R}$. Thus, the solution is only defined up to an additive constant. A common way to get uniqueness is to impose the normalization $\int_\Omega udxdy = 0$. Accordingly, we define the new subspace

$$\hat{V} = \left\{v\in V\;:\;\int_\Omega v\;dxdy = 0\right\},$$

which consists of all functions that have zero mean value. This new space, known as a quotient space, ensures the uniqueness of the weak solution. The Neumann problem can now be stated as follows: determine $u\in\hat{V}$ such that

$$\int_\Omega \nabla u\cdot\nabla v\;dxdy = \int_\Omega fv\;dxdy + \int_{\partial\Omega} vg\;ds,\quad \forall v\in\hat{V}.$$

Define $\hat{V}_h\subset\hat{V}$ to be the space of continuous piecewise linear polynomials with zero mean. The finite element method is defined as follows: determine $u_h\in\hat{V}_h$ satisfying

$$\int_\Omega \nabla u_h\cdot\nabla v\;dxdy = \int_\Omega fv\;dxdy + \int_{\partial\Omega} vg\;ds,\quad \forall v\in\hat{V}_h.$$

2.10 FEM for mixed (Dirichlet-Neumann) boundary conditions

Here, we explain how mixed boundary conditions are treated within the 2D finite element framework. Let Ω be the computational domain in either $\mathbb{R}^2$ or $\mathbb{R}^3$, and suppose its boundary is partitioned into two disjoint parts, $\partial\Omega = \Gamma_1\cup\Gamma_2$ with $\Gamma_1\cap\Gamma_2 = \varnothing$. We consider the following BVP:

$$-\nabla \cdot (a(\mathbf{x})\nabla u) = f(\mathbf{x}), \text{ in } \mathbf{x} \in \Omega, \text{ subject to } u = 0, \text{ for } \mathbf{x} \in \Gamma_1, \text{ and } \mathbf{n} \cdot \nabla u = 0, \text{ for } \mathbf{x} \in \Gamma_2, \tag{6}$$

where $a(\mathbf{x})$ is a given coefficient function and $f \in L^2(\Omega)$. Dirichlet conditions are referred to as *essential boundary conditions* since they must be imposed explicitly in the finite element formulation. In contrast, Neumann conditions are called natural boundary conditions, which are automatically incorporated into the weak formulation. Accordingly, we introduce the following vector space of test functions

$$\hat{V} = \{v \in C^2(\overline{\Omega}) : v(\mathbf{x}) = 0 \text{ for all } \mathbf{x} \in \Gamma_1\}.$$

We multiply (6) by a smooth test function $v \in \hat{V}$, integrate over the domain Ω, and use Green's Theorem to get

$$\begin{aligned}\int_\Omega fv\, dxdy &= -\int_\Omega \nabla \cdot (a(\mathbf{x})\nabla u)v\, dxdy \\ &= \int_\Omega a(\mathbf{x})\nabla u \cdot \nabla v\, dxdy - \int_{\partial\Omega} a(\mathbf{x})\mathbf{n} \cdot \nabla u\, v\, ds \\ &= \int_\Omega a(\mathbf{x})\nabla u \cdot \nabla v\, dxdy - \int_{\Gamma_1} a(\mathbf{x})\mathbf{n} \cdot \nabla u\, v\, ds - \int_{\Gamma_2} a(\mathbf{x})\mathbf{n} \cdot \nabla u\, v\, ds.\end{aligned}$$

Because $v = 0$ on Γ_1 and also $\mathbf{n} \cdot \nabla u = 0$ on Γ_2, the boundary terms vanish. Therefore, the weak formulation of (6) is: find $u \in \hat{V}$ satisfying [1]

$$\int_\Omega a(\mathbf{x})\nabla u \cdot \nabla v\, dxdy = \int_\Omega fv\, dxdy, \quad \forall v \in \hat{V}. \tag{7}$$

We now focus on two-dimensional polygonal domains. To implement the FEM, we select a discrete subspace of $\hat{V}$. Due to the presence of mixed boundary conditions, certain points on $\partial\Omega$ mark transitions between Dirichlet and Neumann boundaries. We assume that the mesh is constructed so that these transition points coincide with mesh nodes, which are then assigned to Γ_1. This ensures that Γ_1 includes its endpoints. Accordingly, the finite element trial space is defined as

$$V_h = \{v \in C(\overline{\Omega}) : v \in P^1(T),\ \forall T \in \mathcal{T}_h, v(N) = 0 \text{ for all nodes } N \in \Gamma_1\}.$$

A convenient basis for the finite-dimensional space V_h is given by the standard hat functions associated with all interior nodes and boundary nodes not on Γ_1. It is important to note that if the problem involves only Neumann boundary conditions, the resulting stiffness matrix becomes singular. This occurs because the PDE either has no solution or admits infinitely many solutions differing by an additive constant. Therefore, special care is required to ensure uniqueness and to obtain a meaningful solution for the resulting discrete system.

2.11 Shifting the data method

In two dimensions, nonhomogeneous Dirichlet boundary conditions are handled using the shifting-the-data method, which employs a suitably chosen auxiliary function. By contrast, nonhomogeneous Neumann conditions are incorporated directly into the weak formulation. In both cases, the primary effect is a modification of the load vector in the finite element method.

2.11.1 Inhomogeneous Dirichlet conditions on a rectangle

The key idea is to transform a problem with inhomogeneous Dirichlet conditions into an equivalent problem with homogeneous conditions. This approach is analogous to the one-dimensional case, although, in two dimensions, constructing a function that satisfies the prescribed boundary data is more involved.

To illustrate the method, we focus on the following inhomogeneous boundary-value problem [1]:

$$-\Delta u = f(\mathbf{x}), \text{ in } \Omega = (0,a)\times(0,b), \text{subject to } u(\mathbf{x}) = g(\mathbf{x}) = \begin{cases} g_1(\mathbf{x}), & \mathbf{x}\in\Gamma_1, \\ g_2(\mathbf{x}), & \mathbf{x}\in\Gamma_2, \\ g_3(\mathbf{x}), & \mathbf{x}\in\Gamma_3, \\ g_4(\mathbf{x}), & \mathbf{x}\in\Gamma_4, \end{cases} \quad (8)$$

where Γ_1, Γ_2, Γ_3, and Γ_4 are used to denote the bottom, right, top, and left edges of the rectangle $\Omega = (0,a)\times(0,b)$, respectively. We assume throughout that the boundary conditions are consistent *i.e.*,

$$g_1(0) = g_4(0), \quad g_1(a) = g_2(0), \quad g_2(b) = g_3(a), \quad g_3(0) = g_4(b).$$

If it is possible to construct a function $w = w(\mathbf{x})$, defined on $\overline{\Omega}$, such that $w(\mathbf{x}) = g(\mathbf{x})$, for all $\mathbf{x}\in\partial\Omega$, then the new function $v = u - w$ satisfies

$$-\Delta v = -\Delta u + \Delta w = f(\mathbf{x}) + \Delta w = \hat{f}(\mathbf{x}),$$

with homogeneous boundary conditions $v(\mathbf{x}) = 0$ on $\partial\Omega$. Thus, instead of solving (8), we solve the equivalent homogeneous problem

$$-\Delta v = \hat{f}(\mathbf{x}), \quad \text{in } \Omega, \quad v(\mathbf{x}) = 0, \quad \text{on } \partial\Omega, \quad (9)$$

and recover the original solution via $u = v + w$.

We now turn to the construction of a suitable function, w, that satisfies the given boundary conditions. First, observe that there exists a bilinear polynomial of the form $q(x,y) = c_0 + c_1 x + c_2 y + c_3 xy$ that interpolates the given boundary data at the four corners of the domain Ω:

$$g_1(0) = q(0,0) = g_4(0), \quad g_1(a) = q(a,0) = g_2(0), \quad g_2(b) = q(a,b) = g_3(a),$$
$$g_3(0) = q(0,b) = g_4(b).$$

A straightforward calculation gives

$$c_0 = g_1(0), \quad c_1 = \frac{g_1(a) - g_1(0)}{a}, \quad c_2 = \frac{g_4(b) - g_4(0)}{b},$$

$$c_3 = \frac{g_2(b) + g_1(0) - g_1(a) - g_4(b)}{ab}.$$

Next, we modify the boundary data by subtracting appropriate linear functions so that the corrected functions vanish at the endpoints:

$$h(\mathbf{x}) = \begin{cases} h_1(x) = g_1(x) - (g_1(0) + \frac{g_1(a) - g_1(0)}{a} x), & \mathbf{x} \in \Gamma_1, \\ h_2(y) = g_2(y) - (g_2(0) + \frac{g_2(b) - g_2(0)}{b} y), & \mathbf{x} \in \Gamma_2, \\ h_3(x) = g_3(x) - (g_3(0) + \frac{g_3(a) - g_3(0)}{a} x), & \mathbf{x} \in \Gamma_3, \\ h_4(y) = g_4(y) - (g_4(0) + \frac{g_4(b) - g_4(0)}{b} y), & \mathbf{x} \in \Gamma_4. \end{cases}$$

By construction, each h_i vanishes at the two endpoints of its edge:

$$h_1(0) = h_1(a) = h_2(0) = h_2(b) = h_3(0) = h_3(a) = h_4(0) = h_4(b) = 0.$$

Finally, we define

$$w(x, y) = (c_0 + c_1 x + c_2 y + c_3 xy) + \left(h_4(y) + \frac{h_2(y) - h_4(y)}{a} x\right) + \left(h_1(x) + \frac{h_3(x) - h_1(x)}{b} y\right).$$

The second term provides interpolation between the boundary data on Γ_1 and Γ_3, while the third term interpolates between the edges Γ_2 and Γ_4. To prevent overlap, the modified data h_i are chosen to vanish at the corners, and the first term restores the correct corner values. It can be readily verified that the resulting function w satisfies the prescribed inhomogeneous Dirichlet conditions.

2.11.2 Inhomogeneous Neumann boundary conditions on a rectangle

The data-shifting technique can also be used to transform a boundary-value problem with inhomogeneous Neumann conditions into one with homogeneous Neumann conditions. Compared to the Dirichlet case, this construction requires additional care. We examine the boundary-value problem given by [1]:

$$-\Delta u = f(\mathbf{x}), \quad \text{in} \Omega = (0, a) \times (0, b), \text{subjectto} \mathbf{n} \cdot \nabla u = g(\mathbf{x}) = \begin{cases} g_1(x), & \mathbf{x} \in \Gamma_1, \\ g_2(y), & \mathbf{x} \in \Gamma_2, \\ g_3(x), & \mathbf{x} \in \Gamma_3, \\ g_4(y), & \mathbf{x} \in \Gamma_4, \end{cases} \tag{10}$$

where, as before, $\Gamma_1, \Gamma_2, \Gamma_3$, and Γ_4 are the bottom, right, top, and left edges of the rectangular domain $\Omega = (0, a) \times (0, b)$, respectively. Explicitly, the Neumann conditions are

$$-u_x(0, y) = g_4(y), \quad u_x(a, y) = g_2(y), \quad - u_y(x, 0) = g_1(x), \quad u_y(x, b) = g_3(x).$$

A consistency condition arises from the equality of mixed partial derivatives $u_{xy} = u_{yx}$. For example,

$$-u_{xy}(x, 0) = g_1{}'(x), \qquad - u_{yx}(0, y) = g_4{}'(y),$$

which yields $g_1{}'(0) = g_4{}'(0)$. Repeating this argument at the other corners leads to the set of compatibility conditions

$$g_1{}'(0) = g_4{}'(0), \quad -g_3{}'(0) = g_4{}'(b), \quad -g_1{}'(a) = g_2{}'(0), \quad g_2{}'(b) = g_3{}'(a). \tag{11}$$

We assume throughout that these conditions are satisfied. The main idea is again to design a suitable function, w, that satisfies the given Neumann conditions. As in the Dirichlet case, we will interpolate boundary data in such a way that contributions from different edges do not interfere with each other. A useful ingredient is the one-dimensional function

$$\psi(x) = -\alpha x + \frac{\alpha + \beta}{2a} x^2, \tag{12}$$

which satisfies $\psi'(0) = -\alpha$ and $\psi'(a) = \beta$. As a first step, the boundary data are modified to ensure that their derivatives vanish at the endpoints. Specifically, each g_i is transformed into h_i, with $h_1{}'(0) = 0 = h_1{}'(a)$, and also for h_2, h_3, and h_4. Since these endpoint derivatives correspond to mixed partial derivatives of u, we then seek a function $q(x, y)$ such that

$$u_{xy}(0,0) = -g_1{}'(0), \quad u_{xy}(a,b) = -g_2{}'(b), \quad u_{xy}(a,0) = -g_1{}'(a), \quad u_{xy}(0,b) = -g_3{}'(0).$$

This can be achieved with $q(x,y) = c_0 xy + c_1 x^2 y + c_2 xy^2 + c_3 x^2 y^2$, where the coefficients are determined by the corner conditions:

$$c_0 = -g_1{}'(0), c_1 = \frac{1}{2a}(g_1{}'(0) - g_1{}'(a)), c_2 = \frac{1}{2b}(g_1{}'(0) + g_3{}'(0)),$$
$$c_3 = \frac{1}{4ab}(g_2{}'(b) + g_1{}'(a) - g_1{}'(0) - g_3{}'(0)).$$

Next, we define the modified data along each boundary edge:

$$h_1(x) = g_1(x) + c_0 x + c_1 x^2, \quad h_2(y) = g_2(y) - (c_0 + 2ac_1)y - (c_2 + 2ac_3)y^2,$$

$$h_3(x) = g_3(x) - (c_0 + 2bc_2)x - (c_1 + 2bc_3)x^2, \quad h_4(y) = g_4(y) + c_0 y + c_2 y^2.$$

Finally, we interpolate to construct w:

$$w(x,y) = q(x,y) - h_1(x)\,y + \frac{h_3(x) + h_1(x)}{2b} y^2 - h_4(y)\,x + \frac{h_2(y) + h_4(y)}{2a} x^2 y.$$

By direct verification, w satisfies the original Neumann boundary conditions.

2.12 Eigenvalue problem

We now turn our attention to an eigenvalue problem for the Laplacian subject to homogeneous Neumann boundary conditions. Specifically, we want to find $\lambda \in \mathbb{R}$ and a nontrivial function u satisfying

$$-\Delta u = \lambda u, \quad \text{in } \Omega, \quad \mathbf{n} \cdot \nabla u = 0, \quad \text{on } \partial\Omega. \tag{13}$$

To derive the weak formulation, we multiply (13) by a smooth test function v in V, we integrate over the domain Ω, and we invoke Green's Theorem:

$$\lambda \int_\Omega uv\,dxdy = -\int_\Omega \Delta u\, v\,dxdy = \int_\Omega \nabla u \cdot \nabla v\,dxdy - \int_{\partial\Omega} \mathbf{n} \cdot \nabla u\, v\,ds.$$

Since $\mathbf{n} \cdot \nabla u = 0$ on $\partial\Omega$, the boundary term vanishes, leaving

$$\lambda\int_{\Omega} uv\, dxdy = \int_{\Omega} \nabla u \cdot \nabla v\, dxdy.$$

The variational formulation reads: determine $u \in V$, $u \neq 0$, and $\lambda \in \mathbb{R}$ such that

$$\int_{\Omega} \nabla u \cdot \nabla v\, dxdy = \lambda\int_{\Omega} uv\, dxdy, \quad \forall\, v \in V. \tag{14}$$

Let $V_h = \{v \in V : v|_T \in P^1(T), \forall T \in \mathcal{T}_h\}$ be the classical piecewise linear finite element space. The discrete problem becomes: Find $\lambda_h \in \mathbb{R}$ and $u_h \in V_h$ with $u_h \neq 0$ such that

$$\int_{\Omega} \nabla u_h \cdot \nabla v\, dxdy = \lambda_h\int_{\Omega} u_h v\, dxdy, \quad \forall v \in V_h. \tag{15}$$

Expanding the approximate solution as $u_h = \sum_{j=1}^{N} c_j\phi_j$ and testing with $v = \phi_i$ yields

$$\sum_{j=1}^{N} c_j \int_{\Omega} \nabla\phi_j \cdot \nabla\phi_i\, dxdy = \lambda_h \sum_{j=1}^{N} c_j \int_{\Omega} \phi_i\phi_j\, dxdy, \quad i = 1, 2, \ldots, N,$$

which can be written as a classical eigenvalue problem:

$$A\mathbf{c} = \lambda_h M\mathbf{c},$$

where the entries of the mass matrix M are $m_{ij} = \int_{\Omega} \phi_i\phi_j\, dxdy$, the entries of the stiffness matrix A are $a_{ij} = \int_{\Omega} \nabla\phi_j \cdot \nabla\phi_i\, dxdy$, and $\mathbf{c} = [c_1, c_2, \ldots, c_N]^{\mathrm{T}}$.

2.13 The FEM for convection-diffusion problems

Here, we examine the following reaction-convection-diffusion problem, where the goal is to determine a function u such that [1]

$$-\nabla \cdot (a\nabla u) + \mathbf{b} \cdot \nabla u + cu = f, \quad \mathbf{x} \in \Omega, \text{subjectto } u = 0, \quad \mathbf{x} \in \partial\Omega, \tag{16}$$

where $a > 0$ is the diffusion coefficient, $\mathbf{b}$ is a given convection field, and $c \geq 0$ is a reaction coefficient. We determine a weak solution $u \in V_0 = \{v \in V : v|_{\partial\Omega} = 0\}$. Multiplying (16) by v in V_0, integrating over the domain Ω, and applying Green's Theorem to the diffusion term, we obtain

$$\int_{\Omega} fv\, dxdy = -\int_{\Omega} v\nabla \cdot (a\nabla u)\, dxdy + \int_{\Omega} v\, \mathbf{b} \cdot \nabla u\, dxdy + \int_{\Omega} cuv\, dxdy$$

$$= \int_{\Omega} a\nabla u \cdot \nabla v\, dxdy - \int_{\partial\Omega} \mathbf{n} \cdot (a\nabla u)\, v\, ds + \int_{\Omega} v\, \mathbf{b} \cdot \nabla u\, dxdy + \int_{\Omega} cuv\, dxdy$$

$$= \int_{\Omega} a\nabla u \cdot \nabla v\, dxdy + \int_{\Omega} v\mathbf{b} \cdot \nabla u\, dxdy + \int_{\Omega} cuv\, dxdy,$$

since $v = 0$ on $\partial\Omega$. Observe that it is not necessary to integrate the convection term by parts. Consequently, the weak formulation consists of determining u in V_0 with

$$\int_{\Omega} a\nabla u \cdot \nabla v\, dxdy + \int_{\Omega} v\mathbf{b} \cdot \nabla u\, dxdy + \int_{\Omega} cuv\, dxdy = \int_{\Omega} fv\, dxdy, \quad \forall v \in V_0.$$

Let $V_h = \{v \in V : v|_T \in P^1(T), \forall T \in \mathcal{T}_h\}$ and $V_{h,0} = V_h \cap V_0$. Then we define the discrete problem as follows: Find $u_h \in V_{h,0}$ such that

$$\int_\Omega a\nabla u_h \cdot \nabla v \, dxdy + \int_\Omega v\mathbf{b} \cdot \nabla u_h \, dxdy + \int_\Omega c u_h v \, dxdy = \int_\Omega f v \, dxdy, \quad \forall v \in V_{h,0}. \quad (17)$$

Expanding u_h in the nodal basis $\{\phi_j\}_{j=1}^N$, $u_h = \sum_{j=1}^N c_j \phi_j$, and testing with $v = \phi_i$ yields

$$\sum_{j=1}^N c_j \left(\int_\Omega a\nabla\phi_i \cdot \nabla\phi_j \, dxdy + \int_\Omega \phi_i \mathbf{b} \cdot \nabla\phi_j \, dxdy + \int_\Omega c\phi_i\phi_j \, dxdy \right) = \int_\Omega f\phi_i \, dxdy,$$
$$i = 1, 2, \ldots, N.$$

Consequently, the problem is reduced to a linear system of the form $(A + B + C)\mathbf{c} = \mathbf{d}$, where the unknown vector $\mathbf{c} = [c_1, c_2, \ldots, c_N]^{\mathrm{T}} \in \mathbb{R}^N$, and the matrices A, B, $C \in \mathbb{R}^{N\times N}$ together with the load vector $\mathbf{d} \in \mathbb{R}^N$ are defined as [1, 7]

$$a_{ij} = \int_\Omega a\nabla\phi_i \cdot \nabla\phi_j \, dxdy, \quad b_{ij} = \int_\Omega \phi_i \mathbf{b} \cdot \nabla\phi_j \, dxdy, \quad c_{ij} = \int_\Omega c\phi_i\phi_j \, dxdy,$$
$$d_i = \int_\Omega f\phi_i \, dxdy,$$

for all $i, j = 1, 2, \ldots, N$. It is important to note that the convection matrix B is generally nonsymmetric, *i.e.* $b_{ji} \neq b_{ij}$.

3. The FEM for the heat (or diffusion) equation

We design a FEM for the classical diffusion (heat) problem: determine $u(\mathbf{x}, t)$ satisfying [1]

$$\frac{\partial u}{\partial t} - \Delta u = f, \quad \text{in } \Omega \subset \mathbb{R}^2, \quad t \in [0, T], \quad (18)$$

$$u(\mathbf{x}, 0) = u_0(\mathbf{x}), \quad \mathbf{x} \in \Omega, \quad (19)$$

$$u(\mathbf{x}, t) = 0, \quad \text{on } \partial\Omega, \quad t \in [0, T]. \quad (20)$$

Our goal is to determine a weak solution $u \in V_0 = \{v \in V : \| v \| < \infty, \| \nabla v \| < \infty, v|_{\partial\Omega} = 0\}$. Multiplying (18) by a smooth test function $v \in V_0$, integrating over the domain Ω, and applying Green's formula to the diffusion term, we get, for $t \in [0,T]$:

$$\int_\Omega f v \, d\mathbf{x} = \int_\Omega v \frac{\partial u}{\partial t} d\mathbf{x} + \int_\Omega \nabla u \cdot \nabla v \, d\mathbf{x} - \int_{\partial\Omega} v\mathbf{n} \cdot \nabla u \, ds = \int_\Omega v \frac{\partial u}{\partial t} d\mathbf{x} + \int_\Omega \nabla u \cdot \nabla v \, d\mathbf{x},$$

since $v = 0$ on the boundary $\partial\Omega$. Hence, the variational formulation consists of finding $u(\cdot, t) \in V_0$ such that [1]

$$\int_\Omega v \frac{\partial u}{\partial t} v d\mathbf{x} + \int_\Omega \nabla u \cdot \nabla v \, d\mathbf{x} = \int_\Omega f v \, d\mathbf{x}, \quad \forall v \in V_0, \quad \forall t > 0. \quad (21)$$

Define $V_h = \{v \in V : v|_T \in P^1(T), \forall T \in \mathcal{T}_h\}$ and $V_{h,0} = V_h \cap V_0$. The semi-discrete problem is defined as follows: determine $u_h(\cdot, t) \in V_{h,0}$ satisfying

$$\int_\Omega \frac{\partial u_h}{\partial t} v \, d\mathbf{x} + \int_\Omega \nabla u_h \cdot \nabla v \, d\mathbf{x} = \int_\Omega f \, v \, d\mathbf{x}, \quad \forall v \in V_{h,0}. \tag{22}$$

Expanding u_h in the nodal basis $\{\phi_j\}_{j=1}^N$, *i.e.*, $u_h(\mathbf{x}, t) = \sum_{j=1}^N c_j(t)\phi_j(\mathbf{x})$, and choosing $v = \phi_i$, we get

$$\sum_{j=1}^N \dot{c}_j \int_\Omega \phi_i \phi_j \, d\mathbf{x} + \sum_{j=1}^N c_j \int_\Omega \nabla\phi_i \cdot \nabla\phi_j \, d\mathbf{x} = \int_\Omega f \phi_i \, d\mathbf{x}, \quad i = 1, 2, \ldots, N.$$

This gives a linear system of ODEs for $\mathbf{c}(t)$

$$M\dot{\mathbf{c}}(t) + A\mathbf{c}(t) = \mathbf{b}(t), \quad t \in [0, T], \quad \mathbf{c}(0) = \mathbf{c}_0,$$

where $\mathbf{c} = [c_1, c_2, \ldots, c_N]^{\mathrm{T}} \in \mathbb{R}^N$ is the unknown vector whose coefficients corresponding to the nodal values of u_h at a fixed time, and the matrices and vector are given by

$$a_{ij} = \int_\Omega \nabla\phi_i \cdot \nabla\phi_j \, d\mathbf{x}, \quad m_{ij} = \int_\Omega \phi_i \phi_j \, d\mathbf{x}, \quad b_i = \int_\Omega f \phi_i \, d\mathbf{x}, \quad i, j = 1, 2, \ldots, N.$$

Time discretization: Consider the time discretization of $[0, T]$ as follows:

$$0 = t_0 < t_1 < \cdots < t_M = T$$

with step sizes $k_m = t_m - t_{m-1}$, $m = 1, 2, \ldots, M$. Let $\mathbf{c}^{(m)} \approx \mathbf{c}(t_m)$. If we use the backward Euler method, then the time-stepping scheme reads

$$(M + k_m A)\mathbf{c}^{(m)} = M\mathbf{c}^{(m-1)} + k_m \mathbf{b}_m, \quad m = 1, \ldots, M,$$

with the initial vector $\mathbf{c}^{(0)}$ is computed using the initial condition $u_0(\mathbf{x}) = u(\mathbf{x}, 0)$. This can be achieved by direct evaluation at the nodes, $\mathbf{c}^{(0)} = [u_0(N_1), \ldots, u_0(N_N)]^{\mathrm{T}}$, or by computing the L^2-projection of u_0 onto $V_{h,0}$:

$$\sum_{j=1}^N c_j^{(0)} \int_\Omega \phi_i \phi_j \, d\mathbf{x} = \int_\Omega u_0 \phi_i \, d\mathbf{x}, \quad i = 1, 2, \ldots, N.$$

Theorem 3.1 (Stability): The following stability estimates hold for both the continuous and discrete problems:

$$\| u(\cdot, t)\|_{L^2(\Omega)} \leq \| u(\cdot, 0)\|_{L^2(\Omega)} + \int_0^t \|f(\cdot, s)\|_{L^2(\Omega)} ds,$$

$$\| u_h^{(m)}\|_{L^2(\Omega)} \leq \| u_h^{(m-1)}\|_{L^2(\Omega)} + k_m \|f_m\|_{L^2(\Omega)} \leq \| u_h^{(0)}\|_{L^2(\Omega)} + \sum_{i=1}^m k_i \|f_i\|_{L^2(\Omega)}.$$

4. The FEM for the wave problem

Many physical systems exhibit behavior that propagates in the form of waves. A familiar example is light, an electromagnetic wave that can spread out (disperse) and form diffraction patterns-distinct signatures of wave motion. To illustrate the method, we focus on the wave problem defined as follows: determine $u = u(\mathbf{x}, t)$ satisfying [1]

$$\ddot{u} - \nabla \cdot (c\nabla u) = f, \quad \text{in } \Omega \subset \mathbb{R}^2, \quad t \in [0, T], \tag{23}$$

$$u(\mathbf{x}, 0) = u_0(\mathbf{x}), \quad \dot{u}(\mathbf{x}, 0) = v_0(\mathbf{x}), \quad \mathbf{x} \in \Omega, \tag{24}$$

$$\mathbf{n} \cdot \nabla u(\cdot, t) = 0, \quad \text{on } \partial\Omega, \quad t \in [0, T]. \tag{25}$$

Here, f is a given source function, $c = c(\mathbf{x}, t) > 0$ is a material parameter, and the functions $u_0(\mathbf{x})$ and $v_0(\mathbf{x})$ are given initial conditions (at $t = 0$). The domain Ω is assumed to be bounded region, $\partial\Omega$ is the boundary of Ω, and $\mathbf{n}$ is its outward unit normal. We want to find a weak solution $u \in V$, where the space $V = H^1(\Omega) = \{v : \| v \| < \infty, \| \nabla v \| < \infty\}$. Multiplying (23) by a smooth test function v in V, integrating over the whole Ω, and applying Green's Theorem, we obtain, for $t \in [0, T]$,

$$\int_\Omega fv \, d\mathbf{x} = \int_\Omega \ddot{u} \, v \, d\mathbf{x} + \int_\Omega c\nabla u \cdot \nabla v \, d\mathbf{x} - \int_{\partial\Omega} c\nabla u \cdot \mathbf{n}v \, ds$$

$$= \int_\Omega \ddot{u} \, v \, d\mathbf{x} + \int_\Omega c\nabla u \cdot \nabla v \, d\mathbf{x}.$$

Hence, the variational formulation reads: determine $u(\cdot, t) \in V$ satisfying [1]

$$\int_\Omega \ddot{u} \, v \, d\mathbf{x} + \int_\Omega c\nabla u \cdot \nabla v \, d\mathbf{x} = \int_\Omega fv \, d\mathbf{x}, \quad \forall v \in V, \quad t > 0. \tag{26}$$

As before, let $V_h = \{v \in V : v|_T \in P^1(T), \text{for } T \in \mathcal{T}_h\} \subset V$ is used to denote the vector space of piecewise continuous linear polynomials on a triangular mesh of the domain Ω. Then, the so-called semi-discrete scheme consists of determining $u_h(\cdot, t) \in V_h$ such that

$$\int_\Omega \ddot{u}_h \, v \, d\mathbf{x} + \int_\Omega c\nabla u_h \cdot \nabla v \, d\mathbf{x} = \int_\Omega fv \, d\mathbf{x}, \quad \forall v \in V_h. \tag{27}$$

Expanding u_h in the nodal basis $\{\phi_j\}_{j=1}^N$, $u_h(\mathbf{x},t) = \sum_{j=1}^N c_j(t)\phi_j(\mathbf{x})$, and choosing $v = \phi_i$ gives

$$\sum_{j=1}^N \ddot{c}_j \int_\Omega \phi_i \phi_j \, d\mathbf{x} + \sum_{j=1}^N c_j \int_\Omega c\nabla\phi_i \cdot \nabla\phi_j \, d\mathbf{x} = \int_\Omega f\phi_i \, d\mathbf{x}, \quad i = 1, 2, \ldots, N.$$

This results in the following semi-discrete system of second-order ordinary differential equations (1):

$$M\ddot{\mathbf{c}}(t) + A(t)\mathbf{c}(t) = \mathbf{b}(t), \quad t \in [0, T], \tag{28}$$

where, as before, $\mathbf{c} = [c_1, c_2, \ldots, c_N]^{\mathrm{T}}$ is the vector of nodal unknowns, and the components of the mass matrix $M \in \mathbb{R}^{N \times N}$ and the stiffness matrix $A \in \mathbb{R}^{N \times N}$ and the load vector $\mathbf{b} \in \mathbb{R}^N$ are given by

$$m_{ij} = \int_{\Omega} \phi_i \phi_j \, d\mathbf{x}, \quad a_{ij} = \int_{\Omega} c\nabla\phi_i \cdot \nabla\phi_j \, d\mathbf{x}, \quad b_i = \int_{\Omega} f\phi_i \, d\mathbf{x}, \quad i,j = 1,2,\ldots,N.$$

To solve the system of second-order ODEs, we first reduce it to a first-order linear system of ODEs. Define $\mathbf{d} = \dot{\mathbf{c}}$, then

$$M\dot{\mathbf{c}}(t) - M\mathbf{d}(t) = \mathbf{0}, \quad M\dot{\mathbf{d}}(t) + A(t)\mathbf{c}(t) = \mathbf{b}(t), \quad t \in [0, T].$$

Let $\mathbf{w} = [\mathbf{c}, \mathbf{d}]^{\mathrm{T}}$. Thus, the linear system of equations can be expressed compactly as

$$\hat{M}\dot{\mathbf{w}}(t) + \hat{A}(t)\mathbf{w}(t) = \hat{\mathbf{b}}(t), \quad t \in [0, T],$$

where

$$\hat{M} = \begin{bmatrix} M & 0 \\ 0 & M \end{bmatrix}, \quad \hat{A} = \begin{bmatrix} 0 & -M \\ A & 0 \end{bmatrix}, \quad \hat{\mathbf{b}} = \begin{bmatrix} \mathbf{0} \\ \mathbf{b} \end{bmatrix}.$$

The backward Euler method: Let $0 = t_0 < t_1 < \cdots < t_M = T$ be a discretization of $[0, T]$ with time steps $k_m = t_m - t_{m-1}$. Let $\mathbf{w}^{(m)} \approx \mathbf{w}(t_m)$. Using the backward Euler method, we compute

$$(\hat{M} + k_m\hat{A}_m)\mathbf{w}^{(m)} = \hat{M}\mathbf{w}^{(m-1)} + k_m\hat{\mathbf{b}}_m, \quad m = 1,\ldots,M,$$

where the initial approximation $\mathbf{w}^{(0)}$ is determined using the initial conditions $u_0 = u(\mathbf{x}, 0)$ and $v_0 = \dot{u}(\mathbf{x}, 0)$. This can be done by either direct evaluation at the nodes

$$\mathbf{w}^{(0)} = [u_0(N_1), \ldots, u_0(N_N), v_0(N_1), \ldots, v_0(N_N)]^{\mathrm{T}},$$

or by computing the L^2-projection of u_0 and v_0 onto V_h.

Crank-Nicolson scheme: An alternative second-order accurate time-stepping method is.

$$\left(\hat{M} + \frac{k_m}{2}\hat{A}_m\right)\mathbf{w}^{(m)} = \left(\hat{M} - \frac{k_m}{2}\hat{A}_{m-1}\right)\mathbf{w}^{(m-1)} + \frac{k_m}{2}(\hat{\mathbf{b}}_{m-1} + \hat{\mathbf{b}}_m) \equiv \mathbf{g}_m.$$

[Conservation of energy] Suppose that $f = 0$. Then the discrete energy is conserved *i.e.*,

$$\| \dot{u}_h(\cdot, t) \|^2_{L^2(\Omega)} + \| \sqrt{c}\nabla u_h(\cdot, t) \|^2_{L^2(\Omega)} = \| \dot{u}_h(\cdot, 0) \|^2_{L^2(\Omega)} + \| \sqrt{c}\nabla u_h(\cdot, 0) \|^2_{L^2(\Omega)}.$$

5. The FEM for the Navier-Stokes equations

The motion of a viscous, incompressible fluid is governed by the Navier-Stokes equations, which can be written as follows [31–34]:

$$\frac{\partial \mathbf{u}}{\partial t} + (\mathbf{u} \cdot \nabla)\mathbf{u} - \nu\Delta\mathbf{u} + \nabla p = \mathbf{f}, \qquad \text{in } \Omega \times (0, T], \tag{29}$$

$$\nabla \cdot \mathbf{u} = 0, \quad \text{in } \Omega \times (0, T], \tag{30}$$

where $\mathbf{u}(\mathbf{x}, t)$ is typically the velocity vector field, $p(\mathbf{x}, t)$ is the pressure, $\nu > 0$ is the kinematic viscosity, $\mathbf{f}(\mathbf{x}, t)$ represents external forces, and $\Omega \subset \mathbb{R}^d$ (with $d = 2, 3$)

is the computational domain. Appropriate boundary and initial conditions must also be prescribed. For instance we may impose the following boundary and initial conditions:

Dirichlet (Velocity) Boundary Condition: On the portion of the boundary $\Gamma_D \subset \partial\Omega$, we prescribe the velocity: $\mathbf{u}(\mathbf{x}, t) = \mathbf{g}(\mathbf{x}, t)$ for $\mathbf{x} \in \Gamma_D$ and $t > 0$, where the function $\mathbf{g}$ is prescribed (*e.g.*, no-slip condition $\mathbf{u} = 0$ on walls).

Neumann (Stress) Boundary Condition: On the remaining boundary $\Gamma_N = \partial\Omega \backslash \Gamma_D$, we prescribe the traction (stress): $\mathbf{s}(\mathbf{u}, p) \cdot \mathbf{n} = \mathbf{h}(\mathbf{x}, t), \mathbf{x} \in \Gamma_N, t > 0$, where $\mathbf{n}$ is the outward unit normal and $\mathbf{s}(\mathbf{u}, p) = -p\mathbf{I} + \nu(\nabla\mathbf{u} + (\nabla\mathbf{u})^{\mathrm{T}})$ is the stress tensor.

Initial Condition: The velocity field must be initialized at $t = 0$: $\mathbf{u}(\mathbf{x}, 0) = \mathbf{u}_0(\mathbf{x}), \quad \mathbf{x} \in \Omega$, where $\mathbf{u}_0$ satisfies the incompressibility constraint $\nabla \cdot \mathbf{u}_0 = 0$.

We first apply the finite element method to discretize the Navier-Stokes equations in space, yielding a system of ODEs in time. This system can then be discretized in time using an ODE solver such as the implicit Euler scheme, a Runge-Kutta method, the Crank-Nicolson method, or a projection method.

By multiplying the momentum Eq. (25) by a test function $\mathbf{v}$ from the velocity space V, integrating over the domain Ω, and employing integration by parts, we obtain the weak (variational) form [35]:

$$\int_\Omega \frac{\partial \mathbf{u}}{\partial t} \cdot \mathbf{v}\, d\mathbf{x} + \int_\Omega (\mathbf{u} \cdot \nabla)\mathbf{u} \cdot \mathbf{v}\, d\mathbf{x} + \nu \int_\Omega \nabla\mathbf{u} : \nabla\mathbf{v}\, d\mathbf{x} - \int_\Omega p\nabla \cdot \mathbf{v}\, d\mathbf{x} = \int_\Omega \mathbf{f} \cdot \mathbf{v}\, d\mathbf{x}. \tag{31}$$

For incompressibility, the continuity Eq. (30) is enforced weakly by

$$\int_\Omega q\nabla \cdot \mathbf{u}\, d\mathbf{x} = 0, \quad \forall q \in Q, \tag{32}$$

where Q is the pressure function space.

Let $V_h \subset V$ and $Q_h \subset Q$ denote finite-dimensional subspaces for the velocity $\mathbf{u}$ and pressure p, respectively. A commonly used stable choice for the pair (V_h, Q_h) is the Taylor-Hood $P_2 - P_1$ elements, featuring quadratic approximation for the velocity and linear approximation for the pressure. The resulting semi-discrete finite element formulation is: find $\mathbf{u}_h(t) \in V_h$ and $p_h(t) \in Q_h$ such that [35]

$$\int_\Omega \frac{\partial \mathbf{u}_h}{\partial t} \cdot \mathbf{v}\, d\mathbf{x} + \int_\Omega (\mathbf{u}_h \cdot \nabla)\mathbf{u}_h \cdot \mathbf{v}\, d\mathbf{x} + \nu \int_\Omega \nabla\mathbf{u}_h : \nabla\mathbf{v}\, d\mathbf{x} - \int_\Omega p_h\nabla \cdot \mathbf{v}\, d\mathbf{x} = \int_\Omega \mathbf{f} \cdot \mathbf{v}\, d\mathbf{x}, \tag{33}$$

$$\int_\Omega q\nabla \cdot \mathbf{u}_h\, d\mathbf{x} = 0, \tag{34}$$

for all $\mathbf{v} \in V_h$ and $q \in Q_h$. The FEM approximates the velocity and pressure fields as

$$\mathbf{u} \approx \mathbf{u}_h = \sum_{i=1}^{N_u} \mathbf{U}_i \phi_i(\mathbf{x}), \quad p \approx p_h = \sum_{j=1}^{N_p} P_j \psi_j(\mathbf{x}),$$

where $\{\phi_i\}$ and $\{\psi_j\}$ are basis functions for velocity and pressure, and $\mathbf{U}_i$, P_j are the nodal coefficients to be determined.

Time Discretization: Using a time-stepping scheme such as the backward Euler method, we obtain a fully discrete system at each time step t^{n+1} [35]:

$$\int_\Omega \frac{\mathbf{u}_h^{n+1} - \mathbf{u}_h^n}{\Delta t} \cdot \mathbf{v}\, d\mathbf{x} + \int_\Omega (\mathbf{u}_h^{n+1} \cdot \nabla)\mathbf{u}_h^{n+1} \cdot \mathbf{v}\, d\mathbf{x} + \nu \int_\Omega \nabla \mathbf{u}_h^{n+1} : \nabla \mathbf{v}\, d\mathbf{x} - \int_\Omega p_h^{n+1} \nabla \cdot \mathbf{v}\, d\mathbf{x} = \int_\Omega \mathbf{f}^{n+1} \cdot \mathbf{v}\, d\mathbf{x}, \tag{35}$$

$$\int_\Omega q \nabla \cdot \mathbf{u}_h^{n+1}\, d\mathbf{x} = 0. \tag{36}$$

6. Remarks

The finite element spaces (V_h, Q_h) must satisfy the *inf-sup* (or Ladyzhenskaya-Babuška-Brezzi) condition to guarantee stability of the mixed formulation (see Brezzi and Fortin [36]).

- Nonlinear convective terms often require iterative solvers, such as Newton's method or Picard iteration, at each time step.
- The semi-discrete finite element formulation results in a system of ODEs in time, which can subsequently be integrated using standard time-stepping schemes.

7. Conclusion

In this chapter, we presented the core concepts of the classical FEM and illustrated its application to approximating solutions of various PDEs. We started with second-order elliptic problems in two dimensions and then extended the discussion to time-dependent equations, including the diffusion (heat) equation, the convection-diffusion equation, the wave equation, and the incompressible Navier-Stokes equations. The goal was to establish a solid foundation for understanding how FEM transforms differential equations into discrete systems that can be solved numerically. In the chapters that follow, we will build on these principles and apply the method to more advanced topics, particularly in elasticity and structural mechanics, where elliptic PDEs and complex geometries are central. For readers interested in exploring the theoretical background or more specialized applications, comprehensive treatments can be found in [1, 3–10] and the references therein.

DOI: http://dx.doi.org/10.5772/intechopen.1014191

Author details

Mahboub Baccouch
Department of Mathematics and Statistical Sciences, University of Nebraska at Omaha, Omaha, USA

*Address all correspondence to: mbaccouch@unomaha.edu

References

[1] Baccouch M. Finite Element Methods and Their Applications. London: IntechOpen; 2021

[2] Gockenbach MS. Understanding and Implementing the Finite Element Method. United States: SIAM; 2006

[3] Ainsworth M, Oden JT. A Posteriori error estimation in Finite Element Analysis. New York: John Wiley; 2000

[4] Brenner SC, Scott LR. The mathematical theory of Finite Element Methods. 3 ed. New York: Springer-Verlag; 2008

[5] Ciarlet PG. The Finite Element Method for Elliptic Problems. Amsterdam-New York-Oxford: North-Holland Pub. Co.; 1978

[6] Johnson C. Numerical solution of partial differential equations by the Finite Element Method. New York: Cambridge University Press; 1987

[7] Larson M. The Finite Element Method: Theory, implementation, and applications. Berlin New York: Springer; 2013

[8] Oden JT, Carey GF. Finite Elements, Mathematical Aspects. Englewood Cliffs: Prentice Hall; 1983

[9] Schwab C. P– and Hp– Finite Element Methods. New York: Oxford University Press; 1998

[10] Szabo B, Babuška I. Finite Element Analysis. New York: Wiley; 1991

[11] Kaltenbacher M. Numerical simulation of mechatronic sensors and actuators: Finite elements for computational multiphysics. Heidelberg: Springer; 2015

[12] Hrennikoff A.Solution of problems of elasticity by the framework method. Journal of Applied Mechanics. 1941;**8** (4):169–175

[13] Courant R. Variational methods for the solution of problems of equilibrium and vibrations. Bulletin Of The American Mathematical Society. 1943;**49**:1–23

[14] Clough RW. The finite element method in plane stress analysis. In Proceedings of the Second ASCE Conference on Electronic Computation, 345–378, Pittsburgh, 1960

[15] Zienkiewicz OC, Taylor RL. The Finite Element Method: Volume 1: The Basis. 5th ed. United States: Butterworth–Heinemann; 2000

[16] Oden JT. Finite Elements of Nonlinear Continua. United States: McGraw–Hill; 1972

[17] Strang G, Fix GJ. An Analysis of the Finite Element Method. United States. 1973

[18] Babuška I, Aziz AK. Survey lectures on the mathematical foundations of the finite element method. In The Mathematical Foundations of the Finite Element Method with Applications to Partial Differential Equations. United States: Academic Press; 1972

[19] Brezzi F, Fortin M. Mixed and Hybrid Finite Element Methods. New York, USA: Springer; 1991

[20] Babuška I, Rheinboldt WC. Error estimates for adaptive finite element computations. SIAM Journal on Numerical Analysis. 1978;**15**:736–754

[21] Verfürth R. A Review of A Posteriori Error Estimation and Adaptive Mesh-Refinement Techniques. UK: Wiley-Teubner; 1996

[22] Arnold DN, Brezzi F, Cockburn B, Marini LD. Unified analysis of discontinuous Galerkin methods for elliptic problems. SIAM Journal on Numerical Analysis. 2002;**39**(5): 1749–1779

[23] Cockburn B, Shu C-W. Runge–Kutta discontinuous Galerkin methods for convection-dominated problems. Journal of Scientific Computing. 2001;**16**:173–261

[24] Hughes TJR, Cottrell JA, Bazilevs Y. Isogeometric analysis: CAD, finite elements, nurbs, exact geometry, and mesh refinement. Computer Methods in Applied Mechanics and Engineering. 2005;**194**:4135–4195

[25] Ghanem RG, Spanos PD. Stochastic Finite Elements: A Spectral Approach. New York, NY: Springer; 1991

[26] Canuto C, Hussaini MY, Quarteroni A, Zang TA. Spectral Methods: Fundamentals in Single Domains. New York, NY: Springer; 2007

[27] Quarteroni A, Valli A. Domain decomposition methods for Partial differential equations. Oxford, United Kingdom: Oxford University Press; 1999

[28] Ern A, Guermond J-L. Theory and Practice of Finite Elements. New York, USA: Springer; 2004

[29] Hughes TJR. The Finite Element Method: Linear Static and Dynamic Finite Element Analysis. New Jersey, USA: Prentice Hall; 1987

[30] Ern A, Guermond J-L. Theory and Practice of Finite Elements. Vol. **159**. New York, NY: Springer; 2004

[31] Batchelor GK. An Introduction to Fluid Dynamics England. Cambridge University Press; 1967

[32] Ladyzhenskaya OA. The Mathematical Theory of Viscous Incompressible Flow. New York, USA: Gordon and Breach; 1969

[33] Temam R. Navier-Stokes Equations: Theory and Numerical Analysis. Amsterdam: North-Holland; 1977

[34] Lions P-L. Mathematical Topics in Fluid Mechanics, Volume 1: Incompressible Models. Cambridge, UK: Oxford University Press; 1996

[35] Temam R. Navier–Stokes Equations: Theory and Numerical Analysis. Providence, RI: AMS Chelsea Publishing; 2001

[36] Brezzi F, Fortin M. Mixed and Hybrid Finite Element Methods. In of Springer Series in Computational Mathematics. Vol. **15**. New York, NY: Springer-Verlag; 1991. p. 359

Section 2

Classical and Advanced FEM Formulations

Chapter 2

The Classical Galerkin Finite Element Method Applied to Neutron Diffusion Theory

Lenilson Moreira Araujo and Anderson Alvarenga de Moura Meneses

Abstract

This chapter aims to present a numerical strategy to solve the neutron diffusion equation (NDE) using the classical finite element method, also known as the Galerkin finite element method (GFEM). To this end, a particular case of the NDE in steady-state and two-dimensional geometry is presented. The mathematical development of the variational formulation of the NDE, when discretized by the GFEM, is then shown. A brief description of the GFEM implementation and a GFEM flowchart for the NDE considering two energy groups are provided. Two benchmark problems are solved using bilinear shape functions for triangular elements and quadrilateral elements. The results corroborate the good convergence rate of the GFEM when compared to the finite difference method (FDM).

Keywords: classical Galerkin, variational formulation, triangular elements, quadrilateral elements, accuracy analysis, reactor physics, neutron diffusion equation

1. Introduction

Nuclear power reactors operate through the fission of specific isotopes of uranium and plutonium, triggered by neutrons at certain energy levels. There are several concepts of nuclear power reactors, one of which is the pressurized water reactor (PWR) [1]. To control the fission rate, manage the neutron population, and prevent the spread of radiation, the core of nuclear reactors contains several essential structures, which are described as follows. Fuel assemblies (FAs): These structures house the nuclear fuel. Control rods: Made of materials with high neutron absorption capacity and these rods regulate the fission rate. Coolant: These are primarily used to remove heat, but can also act as a neutron moderator, reducing neutron energy levels. Reflectors: These components redirect neutrons escaping from the reactor core's periphery back into the core. Shielding: Designed to contain all radiation generated within the reactor core. To simplify the calculation of the neutron population inside the reactor core, the design often incorporates 1/2, 1/4, and 1/8 symmetry. **Figure 1** illustrates the

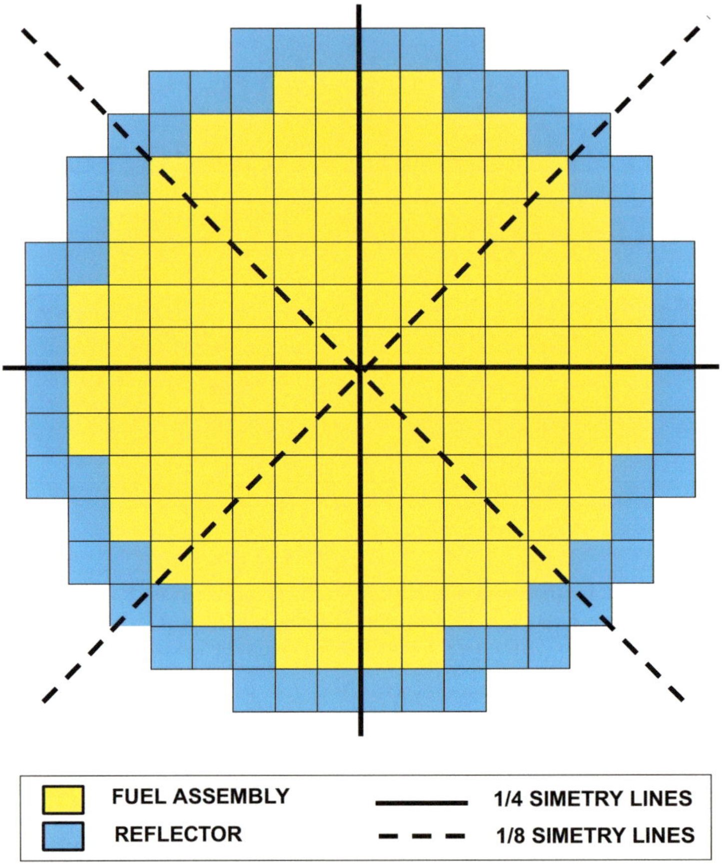

Figure 1.
Top view of a PWR core.

two-dimensional (2D) modeling of the reactor, as if viewed from above, with each yellow square representing an FA. **Figure 2** provides a detailed view of an FA.

One of the fundamental roles of reactor physics is to design nuclear reactors capable of maintaining fission reactions in a self-sustainable and safe manner. For this purpose, the main parameters are the neutron flux Φ_g and the effective neutron multiplication factor k_{eff}. The first corresponds to the neutron population within the reactor core; the second, as the ratio between the number of neutrons produced and the number of neutrons absorbed, indicates the criticality condition of the reactor [2]. If $k_{eff} < 1$, the reactor is said to be subcritical. If $k_{eff} = 1$, the reactor is said to be critical and if $k_{eff} > 1$, the reactor is said to be supercritical. In general, the supercritical PWR reactor is designed, and the criticality condition is reached using control rods or soluble Boro.

In the process of designing nuclear reactors, it is essential to obtain microscopic cross sections that represent with high fidelity the physical reactions that occur inside the reactor and that keep it operating properly. These parameters are obtained through the neutron transport equation (NTE), which is a first-order hyperbolic partial differential equation (PDE). Once the microscopic cross sections are generated, the macroscopic cross sections are obtained, which can be homogenized,

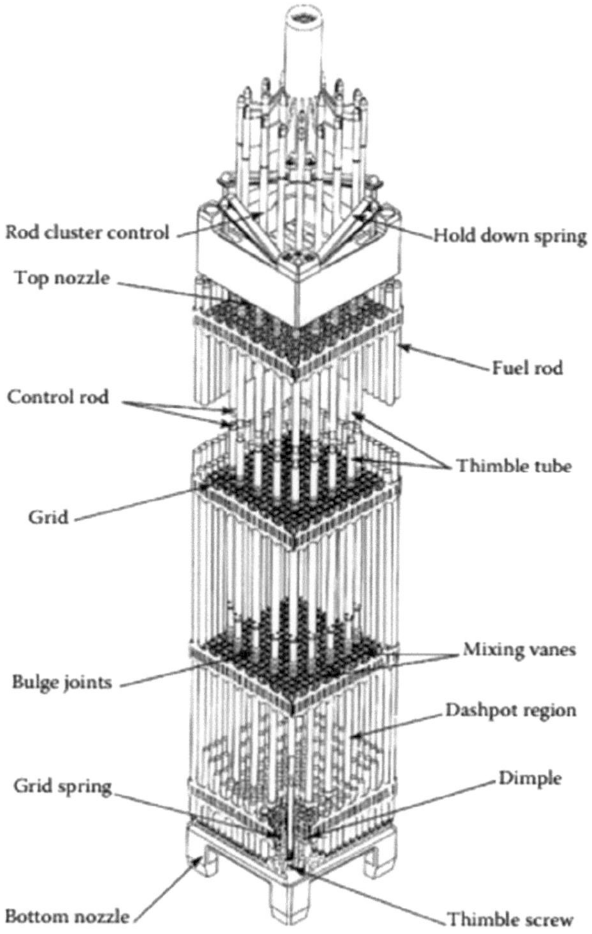

Figure 2.
Typical fuel assembly for a PWR [1].

considering the different types of materials that make up the reactor core, in order to simplify its physical composition with the aim of reducing the computational effort required to determine the parameters Φ_g and k_{eff}. To further reduce computational effort, in many situations, such as nuclear reactor design analysis, an approximation of the NTE known as neutron diffusion equation (NDE) is used, which, being mathematically and physically simpler, requires much less computational effort to solve [3].

The neutron flux in theoretical one-dimensional (1D) and 2D reactors essentially preserves the same behavior observed in three-dimensional (3D) reactors; that is, the flux is higher in the center of the reactor core and lower at the periphery. This fact makes it acceptable to perform a preliminary analysis of the reactor core in 1D or 2D before it is designed in 3D. In this chapter, prioritizing a more didactic approach, we will focus on the criticality and power analysis of two-dimensional reactors with homogenized nuclear parameters. Several numerical methods are used to solve the NDE, among which we can mention the finite difference method (FDM) [4], the nodal expansion method (NEM) [5, 6], analytical nodal methods (ANMs) [7–9], and several methods from the finite element method (FEM) family [10]. In this chapter, we adopt the Galerkin FEM (GFEM) [10, 11] to solve a particular case of the NDE. Below, we will briefly review the history of the FEM.

Having emerged in the middle of the last century in structural engineering, FEM has been increasingly used in several areas of engineering. This is mainly due to its ability to deal with non-regular geometries and unstructured meshes, in addition to the fact that it presents excellent convergence rates. Such characteristics make FEM very attractive when compared to its most common alternative, the FDM. As an example of the several areas in which the application of FEM has grown in recent decades, we can mention reactor physics. Much research has been carried out focusing on developing computational codes based on FEM, exploring its ability to deal with various types of geometry [10, 12]. Other research has sought to optimize FEM calculation time while preserving its accuracy [12, 13].

This chapter focuses on reactor physics and aims to present a numerical strategy for solving the NDE using GFEM. To this end, we will first introduce a particular case of the NDE in steady-state and two-dimensional geometry. Subsequently, we will detail the mathematical development of the variational formulation of the NDE when discretized by the GFEM. Next, a brief description of the GFEM implementation will be provided. The following step involves presenting the problems to be solved, followed by the presentation and discussion of the results. Finally, the conclusion will be drawn along with the final considerations.

2. Two-dimensional multigroup NDE in steady state

The NDE is an elliptic PDE that describes the variation in neutron density in a control volume Ω and represents the balance between neutron loss and production within that volume.

Let the spatial domain be denoted by $\Omega = \{(x,y) \in \mathbb{R}^2\}$, the strong formulation of the NDE for energy multigroup, in steady-state and in 2D Cartesian geometry, is given by

$$-\nabla \cdot D_g(x,y)\nabla \Phi_g(x,y) + \Sigma_{r,g}(x,y)\Phi_g(x,y) = Q_{S,g}(x,y) + Q_{F,g}(x,y) \tag{1}$$

$$g = 1, \ldots, G,$$

$$\forall\ (x,y) \in \Omega \subset \mathbb{R}^2,$$

where $Q_{S,g}$ is the scattering source term defined as

$$Q_{S,g}(x,y) = \sum_{g' \neq g}^{G} \Sigma_{s,g',g}(x,y)\Phi_{g'}(x,y), \tag{2}$$

and $Q_{F,g}$ is the fission source term, which for multiplicative media is given as

$$Q_{F,g}(x,y) = \frac{\chi_g}{k_{eff}} \sum_{g'=1}^{G} \nu\Sigma_{f,g'}(x,y)\Phi_{g'}(x,y). \tag{3}$$

For Equations (1), (2) and (3), we have the nuclear parameters defined in the usual way [2], as follows:

$D_g(x,y)$ is the diffusion coefficient in group g;

$\Phi_g(x,y)$ is the neutrons flux in group g;

$\Sigma_{r,g}(x,y)$ is the removal macroscopic cross section in group g;

$\Sigma_{s,g',g}(x,y)$ is the scattering macroscopic cross section from group g' to group g;

$\Sigma_{f,g'}(x,y)$ is the fission macroscopic cross section in group g';

ν is the average number of neutrons released in a fission reaction induced by a neutron in group g';

χ_g is the fission spectrum and means the probability that a fission neutron will be born with an energy in group g;

k_{eff} is the neutron effective multiplication factor.

In a nuclear power reactor, neutrons originating from fission are born with energies of up to 10 MeV and can be moderated to 0.001 eV. The macroscopic cross sections present in the NDE depend directly on the energy of the incident neutron. For this reason, the energy variable is discretized into intervals, or groups, with the aim of simplifying and standardizing the energy dependence of the reactions that occur within a nuclear reactor.

The discretization of the energy variable is performed according to the scheme shown in **Figure 3(a)**, considering that the neutron loses energy throughout its lifetime. For two energy groups, the structure is shown in **Figure 3(b)**.

In this chapter, we use two types of boundary conditions. The first is the vacuum boundary condition or zero reentrant current condition, which specifies that there are no neutrons entering the control volume and is given as follows:

$$J_g^{in}|_{\partial\Omega} = \frac{\Phi_g(x,y)|_{\partial\Omega}}{4} + \frac{D}{2}\frac{\partial\Phi_g(x,y)}{\partial n}|_{\partial\Omega} = 0, \tag{4}$$

where

$$\frac{\partial\Phi_g(x,y)}{\partial n} = \nabla\Phi_g(x,y).\vec{n}, \tag{5}$$

and $\vec{n}$ is the unit vector normal to the surface $\partial\Omega$. The second is a reflective boundary condition that establishes that the number of neutrons leaving the control

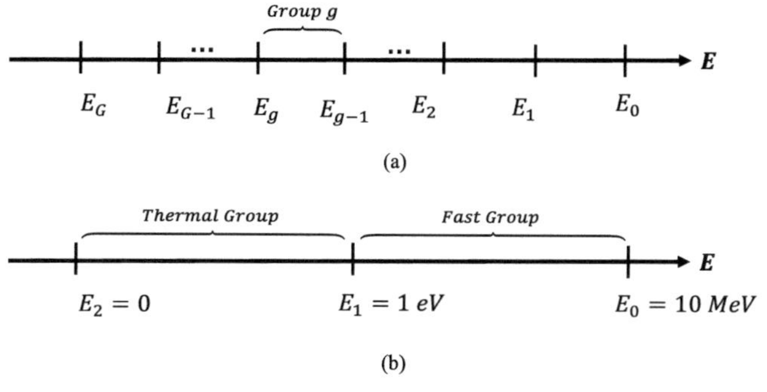

Figure 3.
(a) Discretization of the energy variable for G energy groups. (b) Discretization of the energy variable for two energy groups.

volume through the surface $\partial\Omega$ is equal to the number of neutrons reaching the control volume through that same surface and is given as follows:

$$J_{net}|_{\partial\Omega} = -D_g(x,y)\frac{\partial\Phi_g(x,y)}{\partial n} = 0 \Rightarrow \frac{\partial\Phi_g(x,y)}{\partial n} = 0. \qquad (6)$$

3. Discretization of the multigroup NDE with GFEM

In order to present the finite element formulation to be used for the spatial discretization of the problem defined by Equation (1), we will introduce the variational formulation of the NED with energy multigroup.

Consider Ω as an open set of $\mathbb{R}^2$, let $S(\Omega)$ be the space where the solution Φ_g is found and $V(\Omega)$ be the space of admissible variations where the projection functions w are found. The Galerkin variational formulation of the NDE can be defined as follows:

Seek $\Phi_g \in S(\Omega)$, such that

$$A(\Phi_g, w) = F(w), \quad \forall w \in \ V(\Omega), \qquad (7)$$

where

$$A(\Phi_g, w) = \int_\Omega D_g(x,y)\nabla\Phi_g(x,y)\nabla w(x,y)d_\Omega - \int_{\partial\Omega} D_g(x,y)\frac{\partial\Phi_g(x,y)}{\partial n}w(x,y)ds +$$

$$+\int_\Omega \Sigma_{rg}(x,y)\Phi_g(x,y)w(x,y)d_\Omega \qquad (8)$$

and

$$F(w) = \int_\Omega [Q_{Sg}(x,y) + Q_{Fg}(x,y)]w(x,y)d_\Omega. \qquad (9)$$

The bilinear form and functional are defined by Equations (8) and (9) and, respectively, are obtained by multiplying Equation (1) by the projection function $w(x,y) \in V(\Omega)$, integrating over the entire spatial domain Ω and using Green's Theorem on the differential term.

When applying the FEM to Equations (8) and (9), we proceed as follows:

- The domain Ω is partitioned as a set $\{\Omega_1, \ldots, \Omega_{Ne}\}$ consisting of Ne elements Ω_e which are non-degenerate and disjoint, that is, $\Omega_i \cap \Omega_j = \varnothing$ if $i \neq j$. Then we replace the integrals $\int_\Omega d\Omega$ in the interior of the domain and on its boundary $\int_{\partial\Omega} ds$ by the sum of integrals $\sum_{e=1}^{Ne} \int_{\Omega_e} d\Omega_e$ and $\sum_{e=1}^{Ne} \int_{\partial\Omega_e} ds_e$, respectively;
- The neutron flux Φ_g is established as a linear combination of the form $\Phi_g^e(x,y) = \sum_{i=1}^{Npel} N^{e,i}(x,y)\phi_g^{e,i}$, where Φ_g^e is the restriction of the function Φ_g to the element Ω_e. For each element Ω_e, $Npel$ is the number of vertices of the element Ω_e and each ϕ_g^i corresponds to numeric value of the flux Φ_g^e at the

vertex i of the element Ω_e. For each element Ω_e, the functions $N^{e,i}$ are the components of the base function $N^{eT}(x,y) = \sum_{i=1}^{Npel} N^{e,i}(x,y)$.

For the classical Galerkin formulations, the spaces $S(\Omega)$ and $V(\Omega)$ are coincident, so that $(\Omega) = V(\Omega) = H^1(\Omega)$, where $H^1(\Omega)$ is the usual Sobolev space as defined in the study by Adams [14], as:

$$H^1(\Omega) = \left\{ u : \Omega \to \mathbb{R}; u \in L^2(\Omega), \frac{\partial u}{\partial x_i} \in L^2(\Omega), i = 1,2 \right\} \tag{10}$$

where

$$L^2(\Omega) = \left\{ u : \Omega \to \mathbb{R}; \int_\Omega u^2 d\Omega < \infty \right\} \tag{11}$$

Thus, for each element Ω_e the projection functions $w(x,y) \in V(\Omega)$ and the base functions $N^e(x,y) \in S(\Omega)$ coincide.

With these considerations, one can finally present the special finite element discretization of the problem described by Equation (1) as follows:

Seek $\Phi_g \in S^h(\Omega) \subset H^1(\Omega)$, such that

$$\widetilde{A}(\Phi_g, w) = \widetilde{F}(w), \forall w \in V^h(\Omega) \subset H^1(\Omega). \tag{12}$$

S^h and V^h are finite element spaces and the bilinear forms as well as the functionals of the Galerkin method are defined by

$$\widetilde{A}(\Phi_g, w) = \sum_{e=1}^{Ne} \left[\int_{\Omega_e} D_g \nabla N^{eT} \Phi_g^e \nabla N^e d_{\Omega_e} - \int_{\partial\Omega_e} \frac{\Phi_g^e}{2} N^e ds_e + \int_{\Omega_e} \Sigma_{r,g}^e N^{eT} \Phi_g^e N^e d_{\Omega_e} \right] \tag{13}$$

and

$$\widetilde{F}(w) = \sum_{e=1}^{Ne} \int_{\Omega_e} \left[\frac{\chi_g}{k_{eff}} \sum_{g'=1}^{G} \nu \Sigma_{f,g'}^e N^{eT} \Phi_{g'}^e + \sum_{g' \neq g} \Sigma_{s,g',g}^e N^{eT} \Phi_{g'}^e \right] N^e d_{\Omega_e}. \tag{14}$$

3.1 GFEM implementation

In this chapter, triangular bilinear elements and rectangular bilinear elements are used to implement GFEM. The local matrices are defined by

$$A_{i,j}^e X_i^e = \int_{\Omega_e} D_g^e \nabla \mathrm{N}^{e,i} \phi_g^{e,i} \nabla \mathrm{N}^{e,j} d_{\Omega_e} + \int_{\Omega_e} \Sigma_{r,g}^e \mathrm{N}^{e,i} \phi_g^{e,i} \mathrm{N}^{e,j} d_{\Omega_e} \tag{15}$$

and

$$F_i^e = \int_{\Omega_e} \left(\frac{\chi_g}{k_{eff}} \sum_{g'=1}^{G} \nu \Sigma_{f,g'}^e \mathrm{N}^{e,i} \phi_{g'}^{e,i} + \sum_{g' \neq g} \Sigma_{s,g',g}^e \mathrm{N}^{e,i} \phi_{g'}^{e,i} \right) \mathrm{N}^{e,j} d_{\Omega_e} + \int_{\partial\Omega_e} D_g \frac{\partial \phi_g^{e,i}}{\partial n} \mathrm{N}^{e,j} ds_e. \tag{16}$$

In Equations (15) and (16), the element-level integrals Ω_e are computed through Gaussian quadrature using the change of variables known as isoparametric mapping. The integrals presented in Equations (15) and (16) are reorganized to form the local matrices $A^e_{i,j}X^e_i$ and F^e_i. Then, through the assembly process [15], the local matrices are structured to form the global matrices $\widetilde{A}$ and $\widetilde{F}$. Such procedures result in a large-scale linear algebraic system of the form $AX = F$. It is important to highlight that the global matrix A originated from GFEM is positive, symmetric, and sparse, which makes it possible to use solvers based on the LDU decomposition. In this chapter, we use a particular case of the LDU decomposition known as Crout's method [16]. The algorithm flowchart for the numerical solution of NDE by means of GFEM is shown in **Figure 4**.

For each iteration n the fission source is updated through Equation (17) as follows:

$$Q^n_F(x,y) = \frac{\chi_g}{k^n_{eff}} \sum_{g=1}^{G} \nu\Sigma_{f,g'}(x,y)\phi^n_g(x,y). \tag{17}$$

In turn, the eigenvalue *keff* is updated through Equation (18) as follows:

$$k^n_{eff} = k^{n-1}_{eff} \frac{\int_\Omega Q^n_F(x,y)d\Omega}{\int_\Omega Q^{n-1}_F(x,y)d\Omega}. \tag{18}$$

3.1.1. Linear basis functions for triangular elements

When using triangular elements, the element $\Omega_e(x,y)$ is parameterized in an isosceles right triangle $\hat{\Omega}_e(\xi,\eta)$ according to **Figure 5**. For bilinear triangular elements, the basis functions are defined as follows:

$$N^{e,i}(\xi,n) = \frac{a_i + b_i\xi + c_i n}{2\Delta^e}, \; i = 1,2,3, \tag{19}$$

where

$$a_1 = (\xi_2\eta_3 - \xi_3\eta_2), a_2 = (\xi_3\eta_1 - \xi_1\eta_3), a_3 = (\xi_1\eta_2 - \xi_2\eta_1),$$
$$b_1 = (\eta_2 - \eta_3), b_2 = (\eta_3 - \eta_1), b_3 = (\eta_1 - \eta_2),$$
$$c_1 = (\xi_3 - \xi_2), c_2 = (\xi_1 - \xi_3), c_3 = (\xi_2 - \xi_1)$$

and

$$2\Delta^e = \begin{vmatrix} 1 & \xi_1 & \eta_1 \\ 1 & \xi_2 & \eta_2 \\ 1 & \xi_3 & \eta_3 \end{vmatrix}.$$

3.1.2. Linear basis functions for quadrilateral elements

When using quadrilateral elements, the element $\Omega_e(x,y)$ is parameterized in a biunitary square $\hat{\Omega}_e(\xi,\eta) \in [-1,1] \times [-1,1]$, according to **Figure 6**. For bilinear quadrilateral elements, the basis functions are defined as follows:

$$\mathrm{N}^{e,i}(\xi,\eta) = \frac{1}{4}(1+\xi_i\xi)(1+\eta_i\eta), \; i = 1,2,3,4. \tag{20}$$

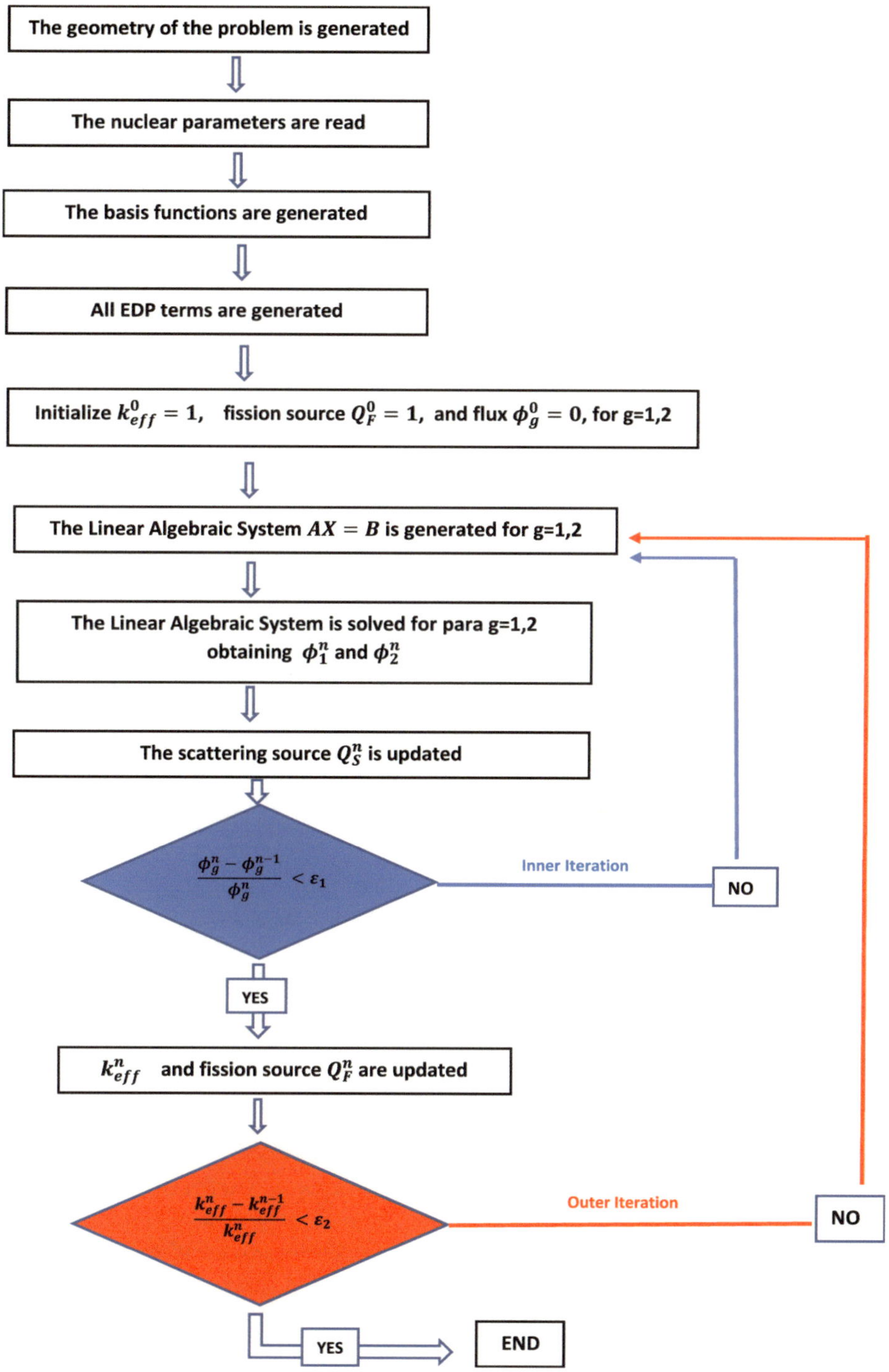

Figure 4.
GFEM flowchart for the two-energy group neutron diffusion problem.

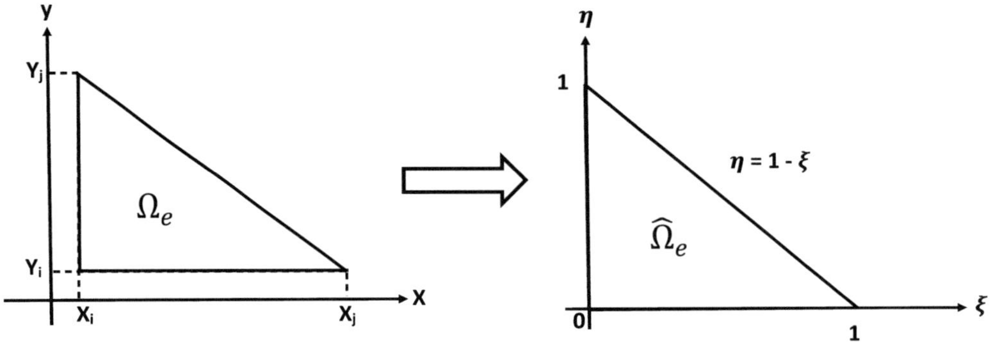

Figure 5.
Simplified isoparametric mapping scheme for triangular elements.

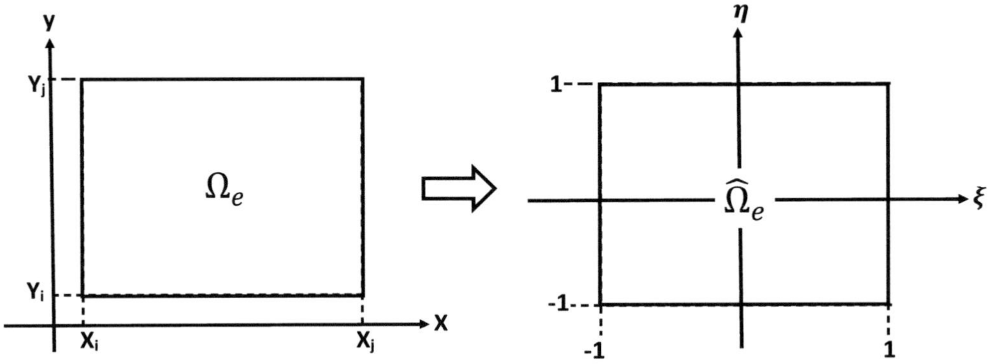

Figure 6.
Simplified isoparametric mapping scheme for quadrilateral elements.

4. Description of the problems

4.1 Homogeneous reactor 2D

The homogeneous reactor benchmark [17] is a square with dimensions of 200×200 cm^2. The problem is defined with two energy groups, and the nuclear data are presented in **Table 1**. This problem considers the condition of zero flux along the entire external boundary of the reactor and the condition of zero net current under the symmetry axes of ¼, as shown in **Figure 7**.

4.2 EPRI-9 2D reactor

This is a benchmark from a small PWR. Originally, it has eight FAs measuring 21×21 cm^2 surrounded by a 2.8 cm thick baffle and water reflector, without control

g	D_g(cm)	$\Sigma_{a,g}$(cm^{-1})	$\Sigma_{s,g',g}$(cm^{-1})	$\Sigma_{f,g}$(cm^{-1})	χ_g
1	1.35	0.001382	0.0000	0.0005832	1.0
2	1.08	0.005690	0.0023	0.0103148	0.0

Table 1.
Nuclear parameters for a homogeneous reactor.

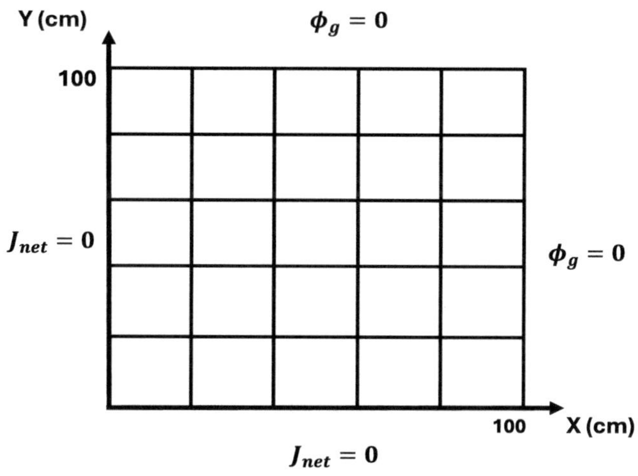

Figure 7.
A quarter of the homogeneous reactor 2D benchmark.

Region	g	D_g(cm)	$\Sigma_{a,g}$(cm^{-1})	$\Sigma_{s,g',g}$(cm^{-1})	$\Sigma_{f,g}$(cm^{-1})	χ_g
1	1	1.5089E + 00	1.2063E-02	0.0	5.9942E-03	1.0
	2	4.2521E-01	1.8142E-01	2.1063E-02	2.3556E-01	0.0
2	1	1.5079E + 00	9.2914E-03	0.0	4.6083E-03	1.0
	2	4.2105E-01	1.5067E-01	2.1049E-02	1.7531E-01	0.0
3	1	1.1635E + 00	1.5955E-03	0.0	0.0	0.0
	2	1.2099E + 00	2.1002E-01	1.8462E-02	0.0	0.0

Table 2.
EPRI-9 2D homogeneous nuclear parameters.

rods inserted, and two types of fuel FAs (C1 and C2) containing different enrichments. However, in this chapter, we are considering homogenized nuclear parameters where the baffle and water reflectors constitute Region 3, and there are no water holes inside the FAs, as in the study by Pessoa et al. [18]. The nuclear parameters are presented in **Table 2**, and **Figure 8** shows one-quarter of the geometry of this reactor as well as the boundary conditions used.

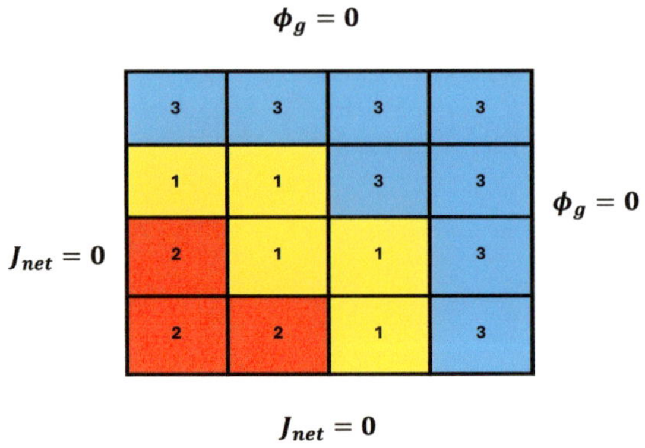

Figure 8.
One-quarter of the EPRI-9 2D benchmark.

5. Results and discussions

All simulations were performed using the convergence parameters $\varepsilon_1 = 10^{-6}$ and $\varepsilon_2 = 10^{-9}$. For GFEM, the triangular mesh grid was generated from rectangular mesh grid by inserting one diagonal in each rectangular element. The reference values were obtained through the FDM with 100 × 100 partitions for the homogeneous reactor and 120 × 120 partitions for the EPRI-9 reactor. The powers presented were calculated through Equation (21) as follows:

$$P = \sum_{g=1}^{G} \nu\Sigma_{f,g}(x,y)\Phi_g(x,y). \tag{21}$$

In turn, the percentage relative errors presented were obtained through Equation (22) as follows:

$$PRE(\%) = \left(\frac{\text{reference value} - \text{obtained value}}{\text{reference value}}\right) \times 100\%. \tag{22}$$

6. Homogenous reactor 2D

Figure 9 shows the neutron flux for $g = 1$ (fast flux) and $g = 2$ (thermal flux) for the homogeneous reactor. **Table 3** shows the convergence of the effective neutron multiplication factor. **Table 4** shows the power convergence. **Figure 10** shows the reference power values obtained with the FDM and the percentage relative errors calculated by comparing them with the power obtained with the GFEM using 50 × 50 partitions. The normalized average power in each FA was calculated considering that each FA has dimensions 20 × 20cm^2.

For the homogeneous reactor problem, in all simulations, the bilinear rectangular elements presented better convergence in both the k_{eff} eigenvalue analysis and the power analysis. For the bilinear triangular elements, the smallest error presented for

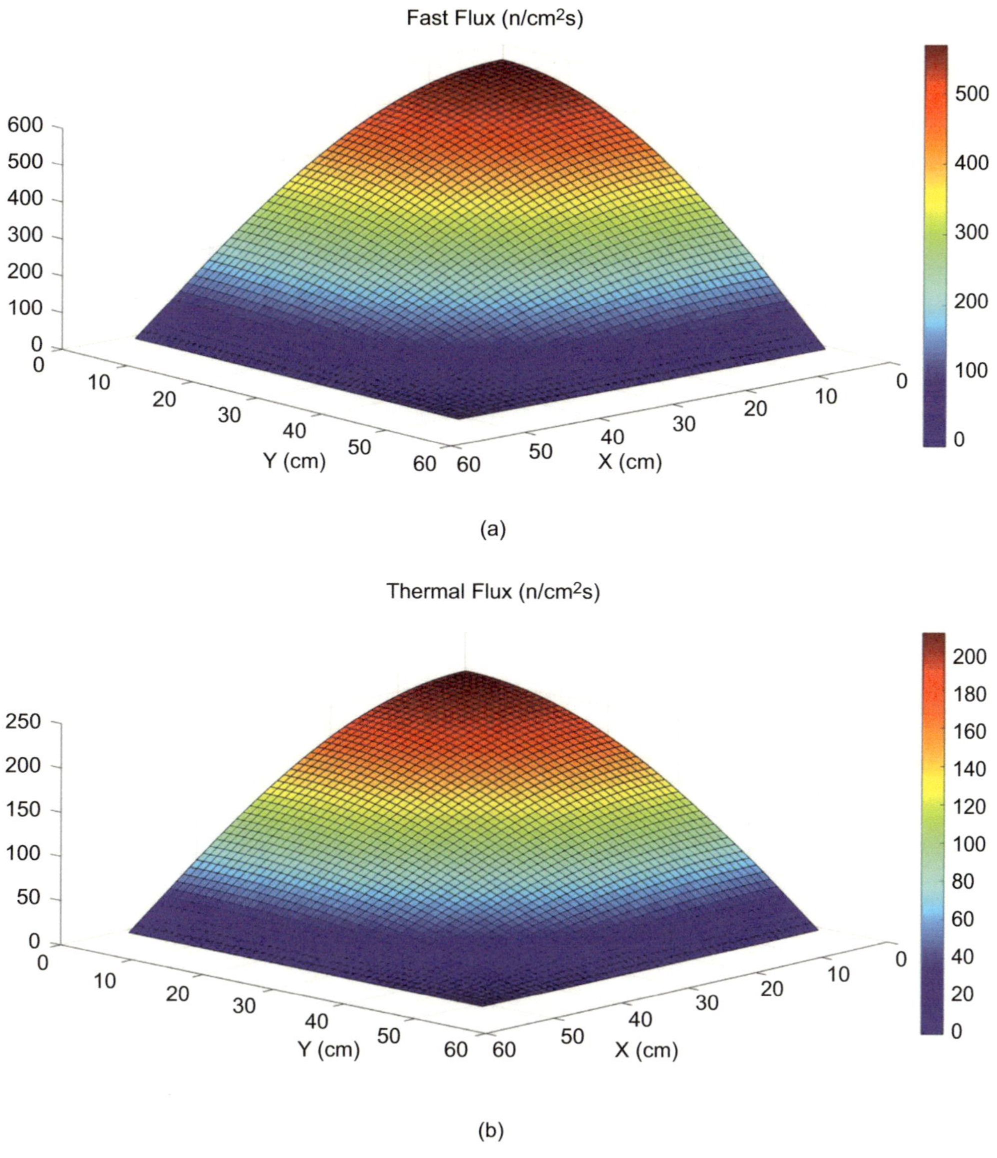

Figure 9.
Homogeneous reactor 2D (a) fast neutron flux and (b) thermal neutron flux obtained from the GFEM method with 50 × 50 partitions.

the eigenvalue and power are 0.015163 and 0.035616, respectively. In turn, considering the bilinear rectangular elements, the smallest error presented for the eigenvalue and power are 0.003961 and 0.058826, respectively. It is worth mentioning that when it comes to power distribution, even for the lowest discretization level, 05 × 05, the bilinear rectangular elements present an error of 0.058826.

Triangular elements			Quadrilateral elements		
Number of elements	k_{eff}	**PRE(%)**	**Number of elements**	k_{eff}	**PRE(%)**
05 × 05 × 02	1.006802	0.406187	05 × 05	1.008993	0.189521
10 × 10 × 02	1.009776	0.112009	10 × 10	1.010414	0.048887
15 × 15 × 02	1.010341	0.056092	15 × 15	1.010677	0.022883
20 × 20 × 02	1.010540	0.03642	20 × 20	1.010769	0.013785
40 × 40 × 02	1.010732	0.017434	40 × 40	1.010858	0.005014
50 × 50 × 02	1.010755	0.015163	50 × 50	1.010868	0.003961
Reference keff = 1.010909					

Table 3.
Neutron multiplication factor (k_{eff}) convergence for homogeneous reactor 2D.

Triangular elements		Quadrilateral elements	
Number of elements	PRE_{max} **(%)**	**Number of elements**	PRE_{max} **(%)**
05 × 05 × 02	1.311736	05 × 05	5.882691E-02
10 × 10 × 02	0.348277	10 × 10	5.882691E-02
15 × 15 × 02	0.160379	15 × 15	5.882691E-02
20 × 20 × 02	9.976203E-02	20 × 20	5.882691E-02
40 × 40 × 02	4.241142E-02	40 × 40	5.882691E-02
50 × 50 × 02	3.561607E-02	50 × 50	5.882691E-02

Table 4.
Power convergence for homogeneous reactor 2D.

2.3866 -0.3000E-01 -0.2883E-01	2.1531 -0.1677E-01 -0.2336E-01	1.7089 -0.1229E-02 -0.1223E-01	1.0973 0.1239E-01 -0.1458E-02	0.3781 -0.1728E-01 -0.2889E-01
	1.9426 -0.3964E-02 -0.9935E-02	1.5418 0.4540E-02 -0.6486E-03	0.9900 0.1148E-01 0.9828E-02	0.3412 0.1237E-01 0.3013E-01
		1.2238 0.1651E-01 0.1740E-01	0.7858 0.1537E-01 0.2656E-01	0.2708 -0.1248E-01 0.3829E-01
Subtitle: **Reference** **PRE**-GFEM (T) **PRE**-GFEM(Q)			0.5046 0.1147E-01 0.4348E-01	0.1739 -0.5026E-01 0.5883E-01
				0.0599 -0.3247E+00 0.2234E-01

T = triangular elements Q = quadrilateral elements

Figure 10.
Normalized assembly power distribution of ¼ of the homogeneous reactor 2D reactor core calculated using the GFEM with 50 × 50 × 02 triangular elements and 50 × 50 quadrilateral elements.

7. EPRI-9 2D reactor

Figure 11 shows the neutron flux for $g = 1$ (fast flux) and $g = 2$ (thermal flux) neutrons for the EPRI-9 reactor. **Tables 5** and **6** show the convergence of the eigenvalue and power, respectively. **Figure 12** shows the values of the reference

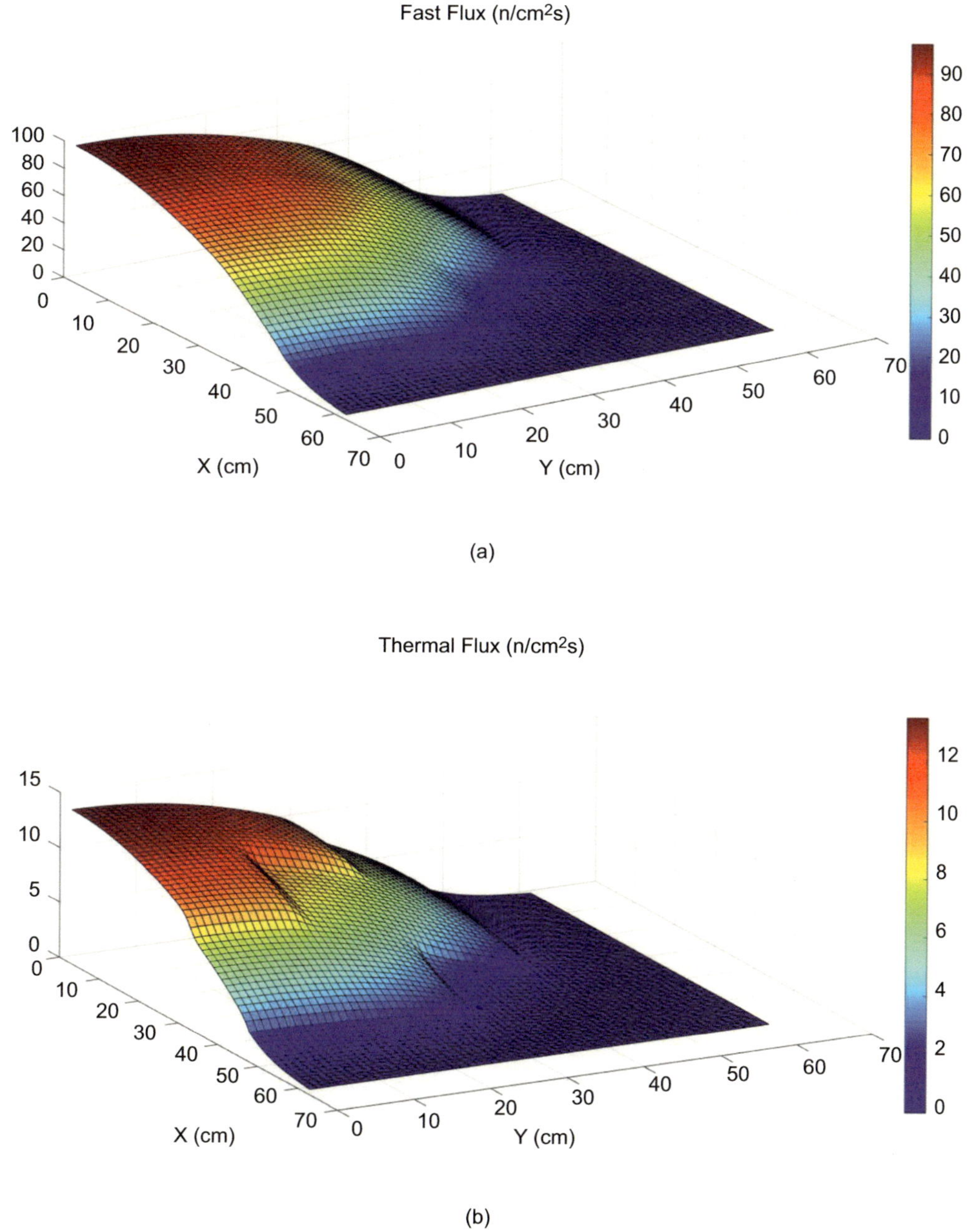

Figure 11.
EPRI-9 2D reactor (a) fast neutron flux and (b) thermal neutron flux obtained from the GFEM method with 60 × 60 partitions.

Triangular elements			Quadrilateral elements		
Number of elements	k_{eff}	**PRE(%)**	**Number of elements**	k_{eff}	**PRE(%)**
04 × 04 × 02	0.920963	0.67676574	04 × 04	0.922878	0.470277
08 × 08 × 02	0.9249506	0.24679503	08 × 08	0.9256897	0.167083
16 × 16 × 02	0.9265921	0.06975991	16 × 16	0.9268001	0.047323
32 × 32 × 02	0.9270473	0.02067240	32 × 32	0.9271132	0.013562
40 × 40 × 02	0.9271058	0.01436347	40 × 40	0.9271540	0.009163
60 × 60 × 02	0.9271649	0.00798826	60 × 60	0.9271954	0.004701
Reference keff = 0.927239					

Table 5.
Neutron multiplication factor (k_{eff}) convergence for EPRI-9 2D.

Triangular elements		Quadrilateral elements	
Number of elements	**PRE$_{max}$(%)**	**Number of elements**	**PRE$_{max}$(%)**
04 × 04 × 02	6.431370	04 × 04	11.178396
08 × 08 × 02	3.8945167	08 × 08	3.901778
16 × 16 × 02	1.4236291	16 × 16	1.423513
32 × 32 × 02	0.5641198	32 × 32	0.549069
40 × 40 × 02	0.4408529	40 × 40	0.429145
60 × 60 × 02	0.3119380	60 × 60	0.305763

Table 6.
Power convergence for EPRI-9 2D.

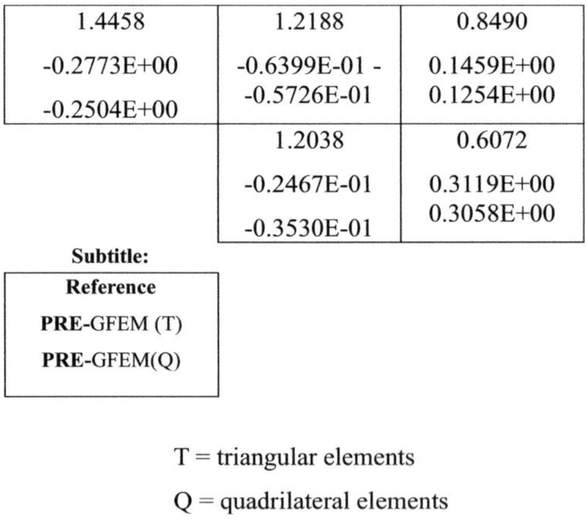

Figure 12.
Normalized assembly power distribution of ¼ of the EPRI-9 2D reactor core calculated using the GFEM with 60 × 60 × 02 triangular elements and 60 × 60 quadrilateral elements.

power obtained with the FDM and the percentage relative errors calculated through the comparison made with the power obtained with the GFEM using 60 × 60 partitions.

For the EPRI-9 problem, the bilinear rectangular elements presented better convergence in the analysis of the eigenvalue k_{eff}. However, when dealing with power, the bilinear triangular elements present results closer to the reference for cases with up to 8 × 8 partitions. For the bilinear triangular elements, the smallest error presented for the eigenvalue and power are 0.007988 and 0.311938, respectively. In turn, considering the bilinear rectangular elements, the smallest error presented for the eigenvalue and power are 0.004701 and 0.305763, respectively.

8. Conclusions

In order to solve the NDE in steady state, this chapter presents a numerical strategy based on GFEM using linear form functions for both triangular and quadrilateral elements. The results presented allow us to conclude that:

- Despite presenting a more complex mathematical formulation than FDM, GFEM can be adapted with relative ease to solve the NDE.
- Triangular elements, which are elements that have greater versatility in representing irregular geometries and generating unstructured meshes, can produce results as satisfactory as rectangular elements.

When it comes to numerically solving linear PDEs, FEM, despite having the ability to handle different types of geometry and presenting good convergence rates, also has the disadvantage of requiring greater computational effort compared to FDM, for example, both due to the amount of memory required for its implementation and execution and the calculation time, which is influenced by the characteristics of the large-scale linear system intrinsic to its mathematical formulation. Over the years, various research efforts have been conducted aiming to overcome these disadvantages. In the area of Reactor Physics, for example, there are power reconstruction techniques [11, 18] that treat the neutron diffusion problem as a Dirichlet problem, where the fluxes over the faces of the FAs are prescribed values generated through polynomial expansions based on solutions obtained with the NEM, a method that is widely used in Reactor Physics. Some research efforts seek to reduce computational effort by simplifying the mathematical formulation of FEM, ensuring that there is no loss of stability and/or accuracy [19]. Other research focuses on accelerating FEM calculation time through more modern computational resources, such as cloud computational parallelization [12]. As it is actually a family of methods, FEM remains a growing area of research in numerical methods, particularly in nuclear engineering and several other fields of engineering.

Author details

Lenilson Moreira Araujo* and Anderson Alvarenga de Moura Meneses
Federal University of Western Pará, Institute of Engineering and Geosciences, Laboratory of Computational Intelligence, Santarém, PA, Brazil

*Address correspondence to: lenilson.moreira1@gmail.com

References

[1] Kok KD. Nuclear Engineering Handbook. New York: CRC Press Taylor & Francis Group; 2009

[2] Duderstadt JJ, Hamilton LJ. Nuclear Reactor Analysis. EUA: John Wiley and Sons, Inc; 1976

[3] Lewis EE, Miller Jr WF. Computational Methods of Neutron Transport. New York: Jhon Wiley & Sons; 1985

[4] Pessoa PO, Silva FC, Martinez AS. Finite difference applied to the reconstruction method of the nuclear power density distribution. Annals of Nuclear Energy. 2016;**92**:378–390

[5] Finnemann H, Bennewitz F, Wagner MR. Interface current techniques for multidimensional reactor calculations. Atomkernegergie. 1977;**30**:123

[6] Wang Y, Chi H, Ma Y. Nodal expansion method based reduced-order model for control rod movement. Annals of Nuclear Energy. 2024;**198**:110279

[7] Smith KS, 1979. An Analytic Nodal Method for Solving the Two-group, multidimensional, Static and Transient Neutron Diffusion Equations. MassachusettsInstitute of Technology. Ph.D. Thesis

[8] Silva A, Pessoa PO, Silva FC, Martinez AS. Two-dimensional analytical solution for nodal calculation of nuclear reactors. Annals of Nuclear Energy. 2017;**100**:76–81

[9] Raj M, Ahmed N, Singh S. Analytical nodal method for solution of neutron diffusion equation in polar coordinates. Annals of Nuclear Energy. 2022;**165**:108659

[10] Hosseini SA, Derakhshandeh FS. Galerkin and generalized least squares finite element: A comparative study for multi-group diffusion solvers. Progress in Nuclear Energy. 2015;**85**:473–490

[11] Pessoa PIO, Araujo LM, Silva FC. A strategy for pin power reconstruction based on classic Galerkin variational formulation. Progress in Nuclear Energy. 2017;**104**:251–263

[12] de Moura Meneses AA, Araujo LM, Schirru R. A GPU-accelerated linear system solution for the Galerkin finite element method applied to neutron diffusion equation. Nuclear Engineering and Design. 2024;**421**:113103

[13] Trainor J, Eaton MD, Kópházi J, Wilson SG, Latimer C, Smith L, Baker D, Jordan I. NURBS-enhanced finite element spatial discretisation methods for the steady-state multigroup neutron diffusion equation. Annals of Nuclear Energy. 2025;**223**:2025

[14] Adams RA. Sobolev Spaces, Academic Press Inc. 1975

[15] Johnson C. Numerical Solution of Partial Differential Equation by the Finite Element Method. New York: *Cambridge University Press*; 1990

[16] Burden RL, Faires JD. Numerical Analyses, Ninth Editition. Boston: Brooks/Cole, Cengage Learning; 2010

[17] Aboanber AE, Hamada YM. Generalized Runge–Kutta method for o- and three-dimensional space–time

diffusion equations with a variable time step.Ann. Annals of Nuclear Energy. 2008;**35**:1024–1040

[18] Pessoa PIO, Araujo LM, Silva FC, Menezes AAM. Numerical methods applied to pin power reconstruction based on coarse-mesh nodal calculation. ANNALS OF NUCLEAR ENERGY. 2018;**118**:291–312

[19] Lenilson MA, Do Carmo EGD, da Silva FC. Galerkin partial least-square SN (GpLS - SN) method for fixed source problems in the neutrons transport theory. Annals of Nuclear Energy. 2016;**90**:175–190

Chapter 3

Numerical Analysis of the Enriched Mixed Method, Evaluating Computational Costs and Errors through Comparisons with Formulations in Continuous Functions, Discontinuous Functions, and Mixed Finite Elements

Jorge L. Díaz Calle, Roger Mestas Chávez and Aldo Sarmiento Guevara

Abstract

In diffusion problems, mixed finite element formulation are implemented to simultaneously approximate primal and dual variables. A new discrete mixed approximation has been devised by Devloo, which utilizes an enhanced version of conventional Poisson-compatible spaces. The objective of this chapter was to assess the computational cost of implementing this new formulation in conjunction with three other classical formulations to solve three Poisson problems that have known exact solutions in two and three dimensions. The goal is not to determine the preferable formulation, but rather to stress the computational expense and the errors that are derived for both the primal and dual quantities. Weak formulations include the mixed method, the enriched mixed method, and the finite element method, which uses both continuous and discontinuous functions. The computational expenses of the assembly and solution procedures are evaluated, and the errors in L^2 and H^1 norms are computed. It is evident that the computational expenditure of the enriched version is lower than that of the non-enriched version when these costs are compared to the resulting errors. However, their approximation errors are quite similar. The improved version is perceived as an optimized iteration of the mixed finite element method. Three of these formulations exhibit a close equivalence.

 IntechOpen

Keywords: enriched mixed method, mixed method, classical FEM, discontinuous Galerkin, computational cost

1. Introduction

The authors are presently engaged in research pertaining to the agro-industry in the Arequipa region of Peru. The mathematical models that facilitate our comprehension of the behavior of thermal and chemical processes of interest examine the transport equation in its transient form. Our analyses revealed the necessity for adaptability in the advanced finite element techniques we have created. The algorithms utilize the traditional finite element approach, namely its discontinuous Galerkin variation, as well as the mixed method and its enriched variant. A persistent inquiry arises: what is the computational expense associated with these finite element numerical methods, and what is the error ratio, particularly in comparison to the enriched variation of the mixed method? This chapter has been constructed to analyze the Poisson equation across three distinct problems: one smooth, one exhibiting a strong gradient, and a third that is highly oscillatory, all possessing known precise solutions. The objective is not to identify the most efficient formulation but to evaluate the computational expense and the mistakes associated with both the primal and dual variables while employing any of the examined techniques.

Finite element simulations produce approximate solutions by subdividing the domain into a mesh consisting of a finite number of elements. Numerous finite element formulations have been developed employing both continuous and discontinuous finite element approximation spaces. Two prior assessments were given at the XLI Cilamce Congress in 2020 [1, 2]. The H^1-conforming weak formulation has demonstrated efficacy in approximating the primal variable, and its computational cost can be optimized through static condensation. An alternative viable option is to employ approaches primarily reliant on discontinuous approximation spaces, specifically referred to as discontinuous Galerkin spaces (DG). These spaces comprise discontinuous piecewise polynomials. The utilization of these places offers advantages, including the ability to adopt h, p, and hp-adaptive techniques, as well as a local conservation property. A practical drawback is that the number of degrees of freedom (DoFs) is significantly more for a given mesh compared to classical conforming Galerkin algorithms, and static condensation is ineffective.

When the accuracy of the dual variable (flux) is paramount, approximation using the gradient of H^1 or DG solutions leads to reduced precision. An alternative formulation is the dual mixed H(div)-conforming approach, as cited in the studies by Brezzi and Fortin [3], Raviart and Thomas [4], and Nedelec [5]; it depends on simultaneous approximations of both the primal and dual variables. The approximation spaces for the primal and dual variables must be compatible and satisfy the equilibrium requirement to ensure a consistent and stable numerical method. Devloo has proposed to augment the dual variable space by increasing the polynomial order of the vector bubble polynomials in the finite elements, employing the H(div)-conforming formulation [6, 7]. To sustain the equilibrium condition, utilizing balanced spaces, Devloo must also elevate the order of the polynomials for the fundamental variable space.

This study aims to mathematically examine Devloo's new suggestion, an enriched mixed formulation. A preliminary research conducted in the study by Calle et al. [8] did not account for the formulation including discontinuous functions. Augmented by one degree the polynomials employed in the formulation of the vector bubble functions within the elements. Our analysis confirms the theoretical convergence rate for smooth solutions, and we present a graph illustrating exponential convergence as the interpolation order varies from $p = 2$ to $p = 7$, against the number of condensed DoFs required (CDoFs), utilizing three fixed uniform refinement levels. We also confirm that the quantity of condensed DoFs corresponds to that of the mixed formulation without enrichment.

Comparing the mistakes from the mixed and the enriched mixed methods reveals that the enriched method of order p corresponds with the mixed method of order $(p + 1)$. Therefore, we perform a direct analysis to determine the levels of the methods necessitating comparison. The improved version has fewer DoFs, leading to decreased computing costs while attaining virtually same error rates. Driven by these attributes, we opt to examine the processing time, assembly technique, and resolution of the linear system concurrently with three alternative formulations: the mixed non-enrichment, the classical H^1 formulation (Conforming H^1), and a discontinuous Galerkin (DG) formulation. The computing cost of the assembly and solver procedures was quantified in clock ticks.

The implemented formulations are: (1) the classical H^1-conforming weak formulation (continuous); (2) the non-symmetric discontinuous Galerkin formulation by Baumann, [9]; (3) a mixed H(div)-conforming formulation [6]; (4) an enriched mixed H(div)-conforming formulation [7, 10]. Static condensation is consistently employed for continuous, mixed H(div)-conforming and enhanced mixed H(div)-conforming formulations. For further information on the application of static condensation in continuous and mixed H(div)-conforming formulations, see the study by Forti et al. [11], and for the enriched mixed H(div)-conforming formulation, consult the study by Farias et al. [10].

All formulations were executed utilizing the object-oriented scientific computational environment NeoPZ, with development facilitated by the extensive resources offered by NeoPZ [12]. NeoPZ is a versatile scientific computing framework designed for the development of finite element algorithms, incorporating diverse element geometries, variational formulations, and approximation spaces. In three dimensions, it encompasses hexahedral, tetrahedral, prism, and pyramid elements [13]. The framework comprises modules for several technologies, encompassing system resolution, geometric approximation of finite elements, and finite element approximation spaces. It facilitates the execution of localized mesh refinements and the determination of the approximation order. To substantiate the concepts presented in this research, numerical experiments were conducted on a MacBook Pro, including a six-core Intel Core i7 CPU (2.2 GHz) and 32 GB of RAM (DDR4 2,400 MHz).

2. Finite element formulations

Examine the Poisson model defined within a polygonal domain Ω

$$-\nabla \cdot (\mathbf{D}\nabla u) = f, \text{in } \Omega \tag{1}$$

$$u = 0, \text{on} \quad \partial\Omega, \tag{2}$$

where $f \in L^2(\Omega)$. $\mathbf{D}$ is a symmetric and uniformly positive definite matrix. $\partial\Omega$, denotes the Lipschitz boundary of the Ω. The domain Ω may exists in either $\Omega \subset \mathbf{R}^2$ or $\Omega \subset \mathbf{R}^3$

Let M_h denote a mesh of finite elements on Ω, with each finite element denoted by Ω_E. A master element $\hat{\Omega}$ is linked to the elements Ω_E using a geometric diffeomorphism $F_{\Omega_E} : \hat{\Omega} \rightarrow \Omega_E$.

In two-dimensional (2D) scenarios, $\hat{\Omega}$ is a square defined as $[-1, 1]^2$, and in three-dimensional (3D) cases, it is a cube defined as $[-1, 1]^3$.

$U_p(\hat{\Omega})$ constitutes a collection of hierarchical polynomial functions of degree p defined on $\hat{\Omega}$. Induced by the diffeomorphism F_{Ω_E}, a conventional mapping of scalar functions $\mathbf{F}_{\Omega_E}$ is employed.

Subsequently,

$$U_p(\Omega_E) = \mathbf{F}_{\Omega_E}\left(U_p(\hat{\Omega})\right) = \left\{\varphi | \varphi \circ \mathbf{F}_{\Omega_E} \in U_p(\hat{\Omega})\right\} \tag{3}$$

is employed to establish the approximation space for the pressure in the four formulations presented below. For details about the construction of the aforementioned form functions, refer to the study by Devloo et al. [14].

2.1 Conforming H^1 formulation

The following is the conventional weak formulation for the Poisson model given by Eqs. (1) and (2):

Determine $u_h \in H_0^1(\Omega)$

$$(\mathbf{D}\nabla u_h, \nabla v_h)_{\Omega} = (f, v_h), \forall v_h \in H_0^1(\Omega). \tag{4}$$

The space $H_0^1(\Omega)$ is made up of all functions v_h defined on a domain Ω for which both v_h and its first weak derivative are square-integrable over (Ω), and have zero value on the boundary $\partial\Omega$.

2.2 Discontinuous Galerkin formulation

The discontinuous Galerkin weak formulation is developed within the framework of broken polynomial spaces.

$$V_p(M_h) = \{v \in L^2(\Omega); v|_{\Omega_E} \in U_p(\Omega_E), \forall \Omega_E \in M_h\}. \tag{5}$$

The discrete weak formulation defined in the study by Baumann [9] for the Poisson model given by Eqs. (1) and (2) is:

Determine $u_h \in V_p(M_h)$ such that

$$\sum_{E=1}^{N_E} \int_{\Omega_E} \nabla u_h \cdot \nabla v_h d\Omega_E + \int_{\partial\Omega} (u_h \nabla v_h \cdot \mathbf{n} - v_h \nabla u_h \cdot \mathbf{n}) ds +$$

$$+ \int_{\Gamma} (< \nabla v_h \cdot \mathbf{n}\_ > [u_h] - < \nabla u_h \cdot \mathbf{n}\_ > [v_h]) ds = \sum_{E=1}^{N_E} \int_{\Omega_E} f v_h d\Omega_E \tag{6}$$

for each $v_h \in V_p(M_h)$.

Γ represents the amalgamation of all interelement boundaries referred to as "interfaces." In the 2D scenario, each interface $\Gamma_{rl} \subset \Gamma$ serves as a common boundary between two quadrilateral elements designated as Ω_{E_r} (right element) and Ω_{E_l} (left element).

The operators include

$$<\nabla v_h \cdot \mathbf{n}\_> = \frac{1}{2}\left(\nabla v_{E_r} \cdot \mathbf{n}_{E_r} + \nabla v_{E_l} \cdot \mathbf{n}_{E_l}\right) \tag{7}$$

and

$$[v_h] = \left(v_h|_{\partial\Omega_{E_r}\cap\Gamma_{rl}} - v_h|_{\partial\Omega_{E_l}\cap\Gamma_{rl}}\right) \tag{8}$$

and $\mathbf{n}_E$ refers to the outward unit normal of the boundary $\partial\Omega_E$. Also, $\mathbf{n}$ refers to the outward unit normal of the boundary $\partial\Omega$.

This formulation will not be applicable to a 3D scenario.

2.3 H(div)-conforming mixed finite element formulation

A few of balanced spaces are required for a mixed formulation. Various classic families of suitable spatial layouts exist in the literature. This research utilizes the spaces constructed by de Siqueira et al. [6].

Considering finite-dimensional approximation spaces, a vector function space $\mathbf{V}_p \subset \mathbf{H}(\text{div},\Omega)$, and a scalar function space $U_p \subset L^2(\Omega)$, we examine the discrete mixed formulation for the Poisson model given by Eqs. (1) and (2):

Determine $\sigma_h \in \mathbf{V}_p \subset \mathbf{H}(\text{div},\Omega)$, $u_h \in U_p \subset L^2(\Omega)$ satisfying

$$(\sigma_h, \mathbf{q})_\Omega - (u_h, \nabla\cdot\mathbf{q})_\Omega = 0, \forall\ \mathbf{q} \in \mathbf{V}_p, \tag{9}$$

$$-(\nabla\cdot\sigma_h, v)_\Omega + (f, v)_\Omega = 0, \forall\ v \in U_p. \tag{10}$$

To establish U_p and $\mathbf{V}_p$, scalar and vector and polynomial approximation spaces $\hat{U}_p$ and $\hat{\mathbf{V}}_p$ are established within the master element $\hat{\Omega}$, which are presumed to be divergence compatible: $\nabla\cdot\hat{V}_p = \hat{U}_p$.

Local approximation spaces $\mathbf{V}_p(\Omega_E)$ and $U_p(\Omega_E)$ are defined on the computational elements Ω_E, tracing back to the polynomial spaces $\mathbf{V}_p(\hat{\Omega})$ and $U_p(\hat{\Omega})$. The Piola transformation $\mathbf{F}^{div}_{\Omega_E}$ is used.

$$\mathbf{V}_p(\Omega_E) = \mathbf{F}^{div}_{\Omega_E}\left(\mathbf{V}_p(\hat{\Omega})\right) = \{\mathbf{q}|\,\hat{\mathrm{q}} = |J_{F_{\Omega_E}}|J^{-1}_{F_{\Omega_E}}\mathbf{q}\circ\mathbf{F}_{\Omega_E} \in \mathbf{V}_p(\hat{\Omega})\},$$

where $J_{F_{\Omega_E}}$ denotes the Jacobian of F_{Ω_E}, and $|J_{F_{\Omega_E}}| = det(J_{F_{\Omega_E}})$ is presumed to be positive.

In a straightforward scenario, to construct $\mathbf{V}_p$ and U_p, the polynomial order in $\hat{\mathbf{V}}_p$ is $(p+1)$, whereas in $\hat{\mathbf{U}}_p$ it is p, to satisfy the *inf-sup* requirement. For further information, refer to the study by de Siqueira [6].

2.4 Enriched mixed finite element formulation

The case of the enriched formulation proposed by Devloo is described in somewhat greater detail. For further information, refer to the studies by Castro et al. [15], Devloo et al. [16], and Farias et al. [10].

Examine two divergence-compatible spaces: a vector polynomial space referred to as $\hat{\mathbf{V}}_p$ and a scalar polynomial space designated as $\hat{U}_p$, both delineated in $\hat{\Omega}$ (master element) as described in Section 2.3.

Let us consider that a direct decomposition

$$\hat{\mathbf{V}}_p = \hat{\mathbf{V}}_p^{\partial} \oplus \mathring{\hat{\mathbf{V}}}_p \tag{11}$$

is acceptable, where $\mathring{\hat{\mathbf{V}}}_p$ represents the flux functions with zero normal components on $\partial\hat{\Omega}$. In contrast, the vector functions in $\hat{\mathbf{V}}_p^{\partial}$ are anticipated to display normal components of degree p on $\partial\hat{\Omega}$.

In this context, an augmented version $\hat{\mathbf{V}}_p^{+}$ is created by integrating higher-degree internal form functions from the initial vector space at level $(p+1)$, while preserving the original boundary fluxes at level p

$$\hat{\mathbf{V}}_p^{+} = \hat{\mathbf{V}}_p^{\partial} \oplus \mathring{\hat{\mathbf{V}}}_{p+1}. \tag{12}$$

To define the pair of approximation spaces, at least four important aspects must be taken into account; see Section 3 in the study by Castro et al. [15].

Various configurations of mixed formulations can be developed, utilizing distinct approximation spaces $\hat{\mathbf{V}}_p$ and $\hat{U}_p$, based on regular meshes to achieve different accuracy orders for the primal variable, while maintaining a constant accuracy order for the dual variable. The elements may consist of quadrilaterals, triangles, tetrahedra, hexahedra, or prismatic geometries. In the original upgraded version, Devloo elevates the degree of the internal shape functions to level $(p+n)$, where $n \in \mathbf{N}$. Nevertheless, we found it very appealing to practically utilize the scenario where $n = 1$.

The associated enriched scalar spaces (potential) are now $\hat{U}_p^{+} = \nabla \cdot \hat{V}_p^{+} = \hat{U}_{p+1}$.

The two approximation spaces $\mathbf{V}_p \subset \mathbf{H}(\text{div},\Omega)$ and $U_p \subset L^2(\Omega)$ are delineated based on local spatial configurations $\left\{\mathbf{V}_p^{+}(\Omega_E), U_p^{+}(\Omega_E)\right\}$, derived from $\left\{\hat{V}_p^{+}, \hat{U}_p^{+}\right\}$ using Piola transformation. See Subsection 2.4. Transformations as shown in the study by Devloo et al. [16].

3. Numerical experiments using Poisson model

In the next subsections, we analyze the Poisson model with a source function f established to identify three distinct exact solutions. In the first scenario, we take into consideration an exact solution with sinusoidal behavior that is suitably smooth. The second solution possesses a exact solution characterized by a very high gradient. In the third scenario, the model possesses an exact solution characterized by pronounced oscillatory behavior. The second scenario considers one section with a 2D domain and another section with a 3D domain.

In the first subsection, when we examined the Poisson model with a smooth solution, we employed four algorithms: the H^1-conforming, the Discontinuous Galerkin, the mixed, and the enriched mixed methods. The aim is to ascertain the convergence rate of the enriched mixed algorithm and to verify the convergence rates of other algorithms documented in the scientific literature. The results are presented for the polynomial order $p = 2$ across three progressively evenly uniformly refined meshes.

The second subsection examines the Poisson model with a solution with a strong gradient in the 2D scenario. In this instance, when the errors are consistently substantial, a comparative analysis of the errors from the four methods in the $||.||_{L^2}$

and $||.||_{H^1}$ norms will be shown. A sufficiently refined mesh is employed, and the polynomial degree is changed from $p = 2$ to $p = 7$. The section finishes by presenting the computational expenses associated with the H^1-conforming, discontinuous Galerkin, and enriched mixed algorithms in comparison to those of the mixed algorithm.

Owing to the attributes of the discontinuous Galerkin algorithm, the second section demonstrates that its computational expense is significantly greater than that of the other three algorithms referenced; hence, this algorithm will be excluded from subsequent comparisons.

The third section examines the same Poisson model, characterized by a solution with a high slope in a 3D domain. Only the subsequent algorithms are employed: H^1-conforming, mixed, and enhanced enriched mixed. Errors are evaluated using the $||.||_{L^2}$ and $||.||_{H^1}$ norms. A coarser mesh is employed to prevent an excessive quantity of DoFs. The polynomial degree ranges from $p = 1$ to $p = 5$, hence decreasing processing time. The comparative computing expense of the three aforementioned techniques is also presented.

In the final section, we examine the Poisson model featuring a strongly oscillatory solution in two dimensions. This enables us to evaluate the efficacy and stability of the implementations within the NeoPZ computational framework. We persist in utilizing solely the three algorithms, excluding the Discontinuous Galerkin technique. A sufficiently fine mesh and polynomial orders ranging from $p = 2$ to $p = 7$ will be employed once more.

3.1 Two-dimensional Poisson model exhibiting a sinusoidal exact solution

Examine the Poisson model given by Eqs. (1) and (2) with the subsequent exact solution:

$$u_{exact}(x,y) = \sin(\pi x)\sin(\pi y), \tag{13}$$

The source function $f \in L^2(\Omega)$ corresponds to $f = -\Delta u_{exact}$ in the domain $\Omega = [-1,1]^2$, according to Dirichlet boundary conditions. The exact solutions for pressure and flow are illustrated in **Figures 1** and **2**, respectively.

In the context of the mixed approach, it is presumed that a direct decomposition $\hat{\mathbf{V}}_p = \hat{\mathbf{V}}_p^{\partial} \oplus \mathring{\hat{\mathbf{V}}}_p$ is valid, where $\mathring{\hat{\mathbf{V}}}_p$ denotes the flux functions with zero normal components on $\partial\hat{\Omega}$. Conversely, the functions in the existing model are utilized to verify the characteristics of the improved mixed method. The initial verification conducted pertains to the convergence behavior of the approach as the order increases from $p = 2$ to $p = 7$.

The theory illustrates convergence in **Figure 3**.

The mixed finite element method of order p and the enriched mixed finite element method of order p were confirmed to possess an equivalent quantity of condensed DoFs. The convergence rate of the mixed method exhibits a rate of p, whereas the enriched mixed method is determined to be $(p + 1)$, as illustrated in **Table 1**.

From this observation, we deduce that the comparison between the enriched mixed method of order p and the mixed method of order p is inequitable. The enhanced mixed method utilizes order $(p + 1)$ for constructing $\hat{U}_p^{+}$ and $\hat{\mathbf{V}}_p^{\partial}$, while it employs order $(p + 2)$ for the building of $\mathring{\hat{\mathbf{V}}}_{p+1}$.

Figure 1.
The exact solution given by Eq. (13).

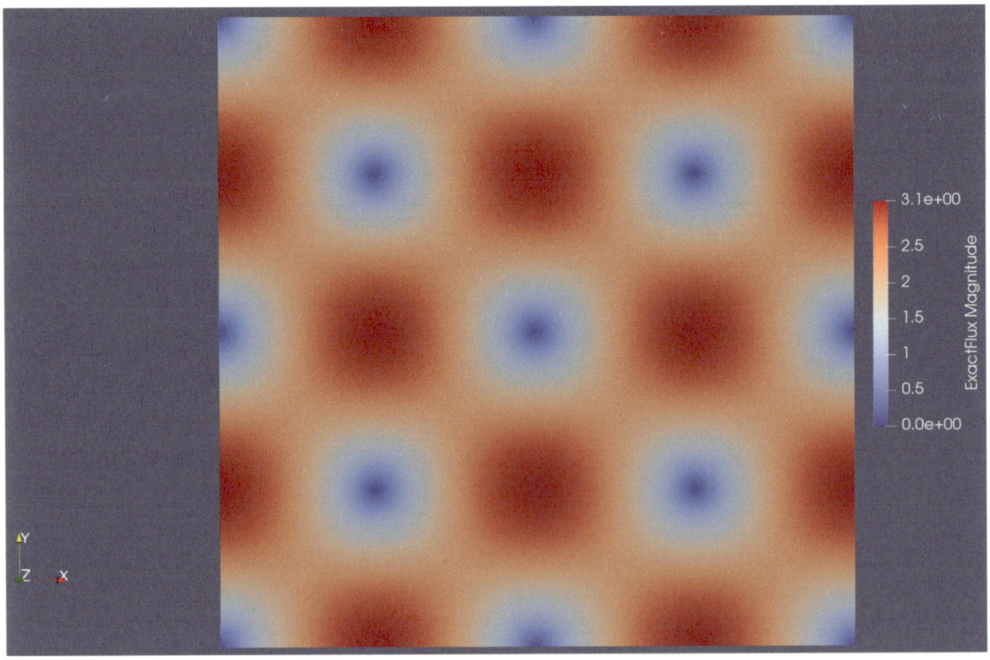

Figure 2.
The exact flux of the solution given by Eq. (13).

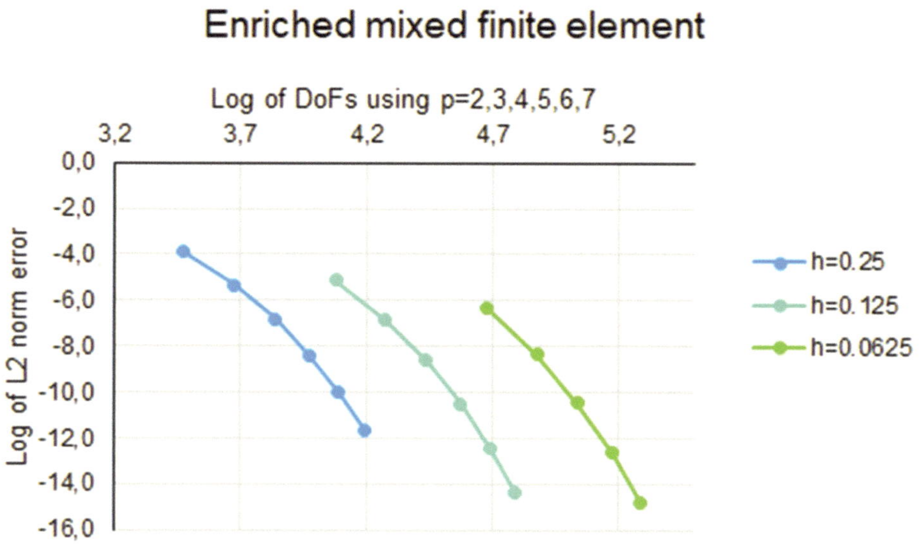

Figure 3.
Log(Error) versus Log(DoFs) for enriched mixed method, using three uniform h-refinements, varying $p = 2$ until $p = 7$.

	Enriched mixed		Mixed $H(div)$		Conforming H^1		Discontinuous Galerkin	
h	**Error**	**Conv. rate**	**Error**	**Conv. rate**	**Error**	**Conv. rate**	**Error**	**Conv. rate**
$(\frac{1}{2})^2$	1.249 E-04		2.138 E-03		3.858 E-03		7.536 E-02	
$(\frac{1}{2})^3$	7.887 E-06	3.9851	2.688 E-04	2.9916	4.901 E-04	2.9796	2.346 E-02	1.6835
$(\frac{1}{2})^4$	4.951 E-07	3.9936	3.368 E-05	2.9965	6.148 E-05	2.9948	6.268 E-03	1.9041
$(\frac{1}{2})^5$	3.095 E-08	3.9997	4.213 E-06	2.9989	7.688 E-06	2.9994	1.591 E-08	1.9781

Table 1.
Verification of the convergence rate (Conv. rate) of the error in the $||.||_{L^2}$ (error) using p=2.

This indicates that the corresponding version of the enhanced enriched mixed method of order p is the mixed method of order $(p+1)$. Consequently, we opt to compare the mixed technique of order $(p+1)$ with the conventional FEM (H^1-conforming) of order $(p+2)$, as well as the discontinuous Galerkin method, for a model that is not excessively smooth yet lacks any discontinuities. In the next sections, we analyze a model exhibiting pronounced oscillatory behavior and then a model distinguished by a strong gradient.

3.2 Two-dimensional Poisson model exhibiting a strong gradient in the exact solution

Examine the Poisson model given by Eqs. (1) and (2) with the subsequent exact solution:

$$u_{exact}(x,y) = \left(\frac{2}{5}\right)\left[\frac{\pi}{2} + \arctan[10 - 200(x^2 + y^2)]\right], \tag{14}$$

The function f corresponds to $f = -\Delta u_{exact}$ in the domain $\Omega = [-1,1]^2$, according to Dirichlet boundary conditions. High gradients encircling the origin, with a radius of $\frac{1}{4}$. The exact solutions for pressure and flow are illustrated in **Figures 4** and **5**, respectively.

Table 2 presents the errors using the $||.||_{L^2}$ for the four formulations of the strong gradient model. Compare the values of proximity in relation to the relevant sequence for the enriched mixed, mixed, and traditional FEM approaches. The disparities between mixed method and enriched mixed method are nearly comparable, differing by just millionths. The discontinuous Galerkin formulation demonstrates mistakes that are somewhat different from those of alternative approaches and involves diminished approximation.

Table 3 presents the errors in the $||.||_{H^1}$ norm for the strong gradient model. The approximation of the mixed approaches about the $||.||_{H^1}$ is highly accurate. The mixed-method approach is the best. The traditional FEM method is now more precise than the mixed methods, while the discontinuous Galerkin method exhibits the lowest accuracy.

Table 4 compares the computational cost (in clock ticks) of the enhanced mixed techniques, Discontinuous Galerkin, and conventional FEM to the time utilized by the mixed approach. The enhanced mixed methodology was observed to be up to 69% smaller than the mixed method, yet the resulting errors were significantly similar (see **Table 3**). The discontinuous Galerkin method exhibits the lowest effectiveness, attributed to the inadequacy of static condensation.

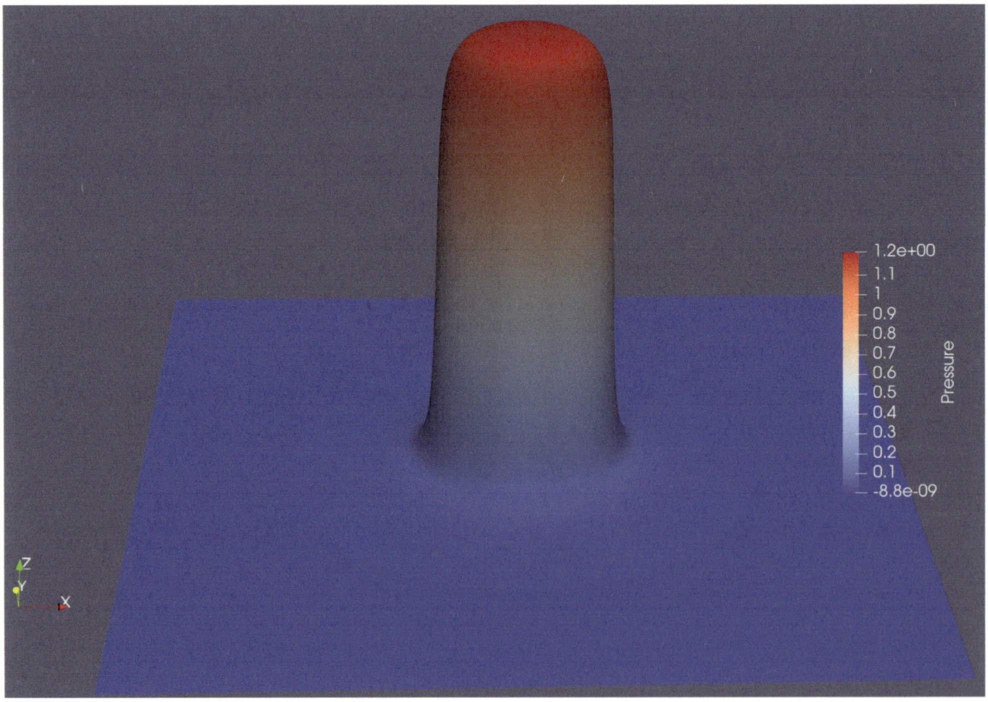

Figure 4.
The exact solution given by Eq. (14) with a strong gradient.

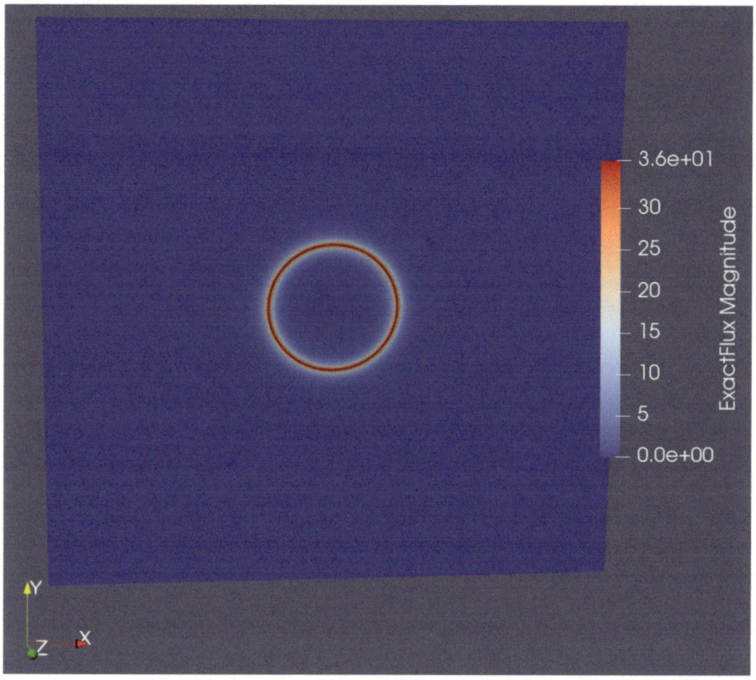

Figure 5.
The exact flux of the solution given by Eq. (14).

p	Enriched mixed (p)	Mixed ($p+1$)	H^1-conforming ($p+2$)	DG ($p+2$)
2	8.8852 E-01	8.8852 E-01	8.8853 E-01	8.9694 E-01
3	3.7536 E-01	3.7536 E-01	3.7535 E-01	3.7855 E-01
4	2.6311 E-01	2.6311 E-01	2.6311 E-01	2.6138 E-01
5	1.1421 E-01	1.1421 E-01	1.1420 E-01	1.1349 E-01
6	5.3405 E-02	5.3405 E-02	5.3403 E-02	5.3905 E-02
7	2.1689 E-02	2.1689 E-02	2.1687 E-02	2.1839 E-02

Table 2.
Model with strong gradient: Error in $||.||_{L^2}$ *for* $h = \left(\frac{1}{2}\right)^4$.

p	Enriched mixed (p)	Mixed ($p+1$)	$H1$-conforming ($p+2$)	DG ($p+2$)
2	2.6624 E + 00	2.6597 E + 00	2.9099 E + 00	2.9832 E + 00
3	1.3588 E + 00	1.3568 E + 00	1.4473 E + 00	1.4713 E + 00
4	8.8127 E-01	8.8046 E-01	9.754 E-01	9.8129 E-01
5	4.70638 E-01	4.6996 E-01	5.1467 E-01	5.2325 E-01
6	2.72517 E-01	2.7236 E-01	3.1024 E-01	3.1815 E-01
7	1.6494 E-01	1.6479 E-01	1.9155 E-01	1.9596 E-01

Table 3.
Model with strong gradient: Error in $||.||_{H^1}$ *for* $h = \left(\frac{1}{2}\right)^4$.

p	Mixed $(p+1)$ clock ticks	Enriched mixed (p) percent over mixed	H^1-conforming $(p+2)$ percent over mixed	DG $(p+2)$ percent over mixed
2	36.717.128	69%	17%	189%
3	61.787.577	75%	19%	288%
4	103.659.645	83%	23%	446%
5	184.153.128	86%	24%	529%
6	317.502.111	88%	27%	557%
7	536.418.532	92%	29%	589%

Table 4.
Comparing the computational cost of time processing for different formulations with that of the mixed method.

Given these considerations, we excluded the discontinuous Galerkin formulation and validated the remaining three formulations for both a 3D extension and a 2D scenario exhibiting highly oscillatory behavior.

3.3 Three-dimensional Poisson model exhibiting a strong gradient in the exact solution

Let us examine the 3D scenario to verify the findings derived from the 2D instance with a pronounced gradient, as discussed in Section 3.4. In this 3D scenario, we have excluded the discontinuous Galerkin formulation due to the high number of DoFs and the inability to implement static condensation.

Examine the Poisson model given by Eqs. (1) and (2) with the subsequent exact solution:

$$u_{exact}(x,y,z) = \left(\frac{2}{5}\right)\left[\frac{\pi}{2} + \arctan[10 - 200(x^2 + y^2 + z^2)]\right], \quad (15)$$

The source function f corresponds to $f = -\Delta u_{exact}$ in the domain $\Omega = [-1,1]^3$, according to Dirichlet boundary conditions. High gradients occur near the sphere centered at the origin with a radius of $\frac{1}{4}$. The exact solutions for pressure and flow are illustrated in **Figures 6** and 7, respectively.

Table 5 presents the errors in the $||.||_{L^2}$ norm derived from the three formulations for the strong gradient model. Examine the proximity of the mistakes when contrasting the traditional FEM approach of order $(p+2)$, the mixed method of order $(p+1)$, and the enriched mixed method of order p

Table 6 presents the errors in the $||.||_{H^1}$ norm for the 3D model exhibiting strong gradient. The approximation of the mixed approaches about the $||.||_{H^1}$ norm is highly accurate. The mixed methods approach is optimal. The classical H^1-conforming formulation is no longer as approximate as the mixed ones.

Table 7 comparison illustrates the computational cost of the time processing (clock ticks) of the enriched mixed method and H^1-conforming in relation to the time utilized by the mixed method. Our observations indicate that the enriched mixed method is significantly less expensive than the mixed finite element method, yet the resulting errors were remarkably comparable, as demonstrated in **Table 6**. We will confirm that the same behavior is observed in the case of a highly oscillatory solution in the subsequent section.

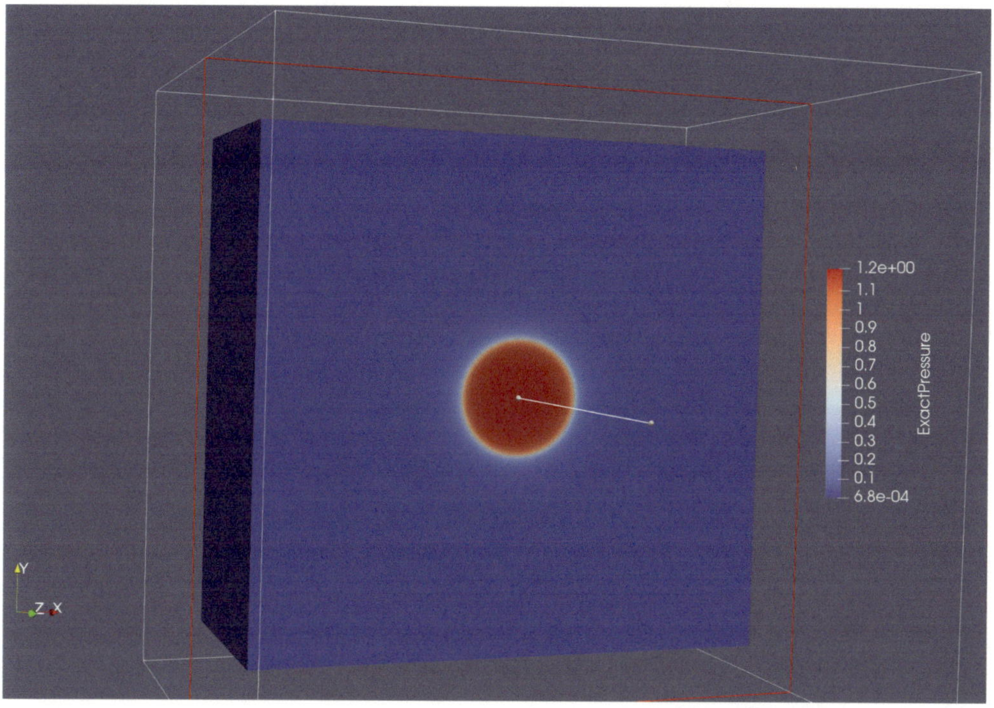

Figure 6.
The exact solution given by Eq. (15). The solution was bisected to illustrate the strong gradient.

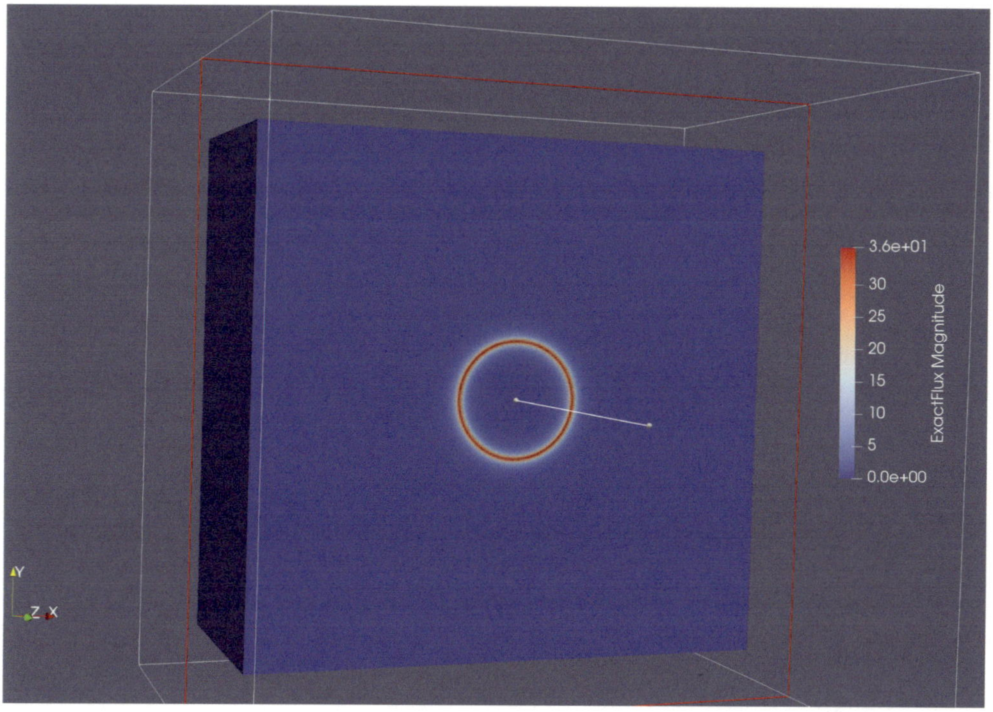

Figure 7.
The exact flux of the solution given by Eq. (15). The solution was bisected to exhibit the flux near the sphere.

p	Enriched mixed (p)	Mixed ($p+1$)	H^1-conforming ($p+2$)
1	1.9908 E + 00	1.9900 E + 00	1.9883 E + 00
2	1.9891 E + 00	1.9890 E + 00	1.9899 E + 00
3	4.6802 E-01	4.6794 E-01	4.6943 E-01
4	1.8186 E-01	1.8179 E-01	1.8268 E-01
5	5.1361 E-01	5.1361 E-01	5.1359 E-01

Table 5.
3D model with strong gradient: Error in $||.||_{L^2}$ *for* $h = \left(\frac{1}{2}\right)^3$.

p	Enriched mixed (p)	Mixed ($p+1$)	H^1-conforming ($p+2$)
1	8.38102	8.33697	8.60069
2	8.53888	8.53727	9.18953
3	3.76435	3.75397	4.38396
4	3.66037	3.65564	4.08231
5	3.66837	3.66809	3.78815

Table 6.
3D model with strong gradient: Error in $||.||_{H^1}$ *for* $h = \left(\frac{1}{2}\right)^3$.

p	Mixed ($p+1$) clock ticks	Enriched mixed (p) percent over mixed	H^1-conforming ($p+2$) percent over mixed
1	543.897.277	36%	13%
2	2.626.818.995	49%	5%
3	13.130.677.152	65%	6%
4	20.360.581.174	77%	7%
5	184.612.803.119	80%	10%

Table 7.
Comparing the computational cost of time processing for different formulations with that of the mixed method.

3.4 2D Poisson model exhibiting a highly oscillatory exact solution

Examine the Poisson model given by Eqs. (1) and (2) with the subsequent exact solution:

$$u_{exact}(x,y) = \left(\frac{2}{5}\right)[\sin(9\pi\, x)][1 + \cos(9\pi\, y)]\left[\frac{1}{2}\pi + \arctan\left[10 - 200\left(x^2 + y^2\right)\right]\right], \quad (16)$$

The function f corresponds to $f = -\Delta u_{exact}$ in the domain $\Omega = [-1, 1]^2$, according to Dirichlet boundary conditions. Highly oscillatory behavior is seen within the circle

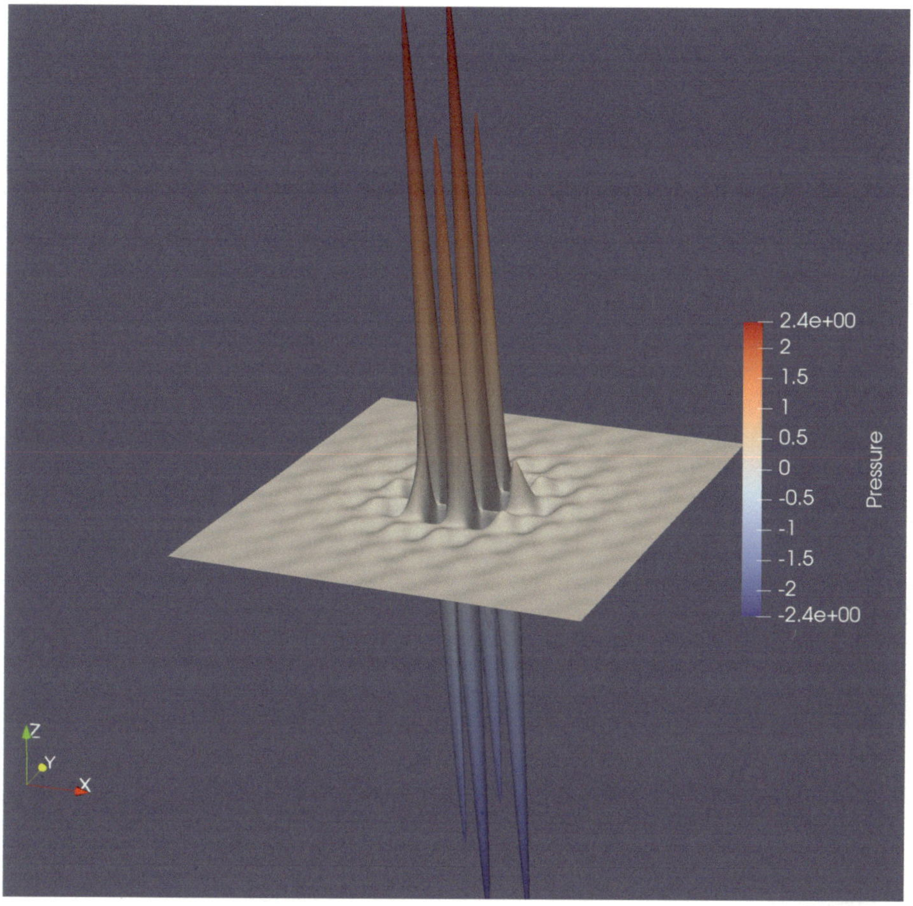

Figure 8.
The exact solution given by Eq. (16) exhibits highly oscillatory behavior.

centered at the origin, with a radius of $\frac{1}{4}$. The exact solutions for pressure and flow are illustrated in **Figures 8** and **9**, respectively.

Table 8 shows the very close errors in the $||.||_{L^2}$ norm obtained for the three formulations for the highly oscillatory model. **Figure 10** shows a plot of the errors.

Table 9 presents the errors in the $||.||_{H^1}$ norm for the highly oscillatory model. Similar to other instances, the mixed techniques regarding the $||.||_{H^1}$ norm exhibit a high degree of proximity. The classical H^1-conforming is no longer as approximate as the mixed ones. **Figure 11** shows a plot of the errors.

4. Conclusions

The enhanced mixed finite element methodology was confirmed to meet the theoretical convergence criteria. The enrichment mixed method of order p has demonstrated an approximation akin to that of the mixed finite element method of order $(p + 1)$. Nevertheless, its computational expense is reduced by as much as 30%, since it accounts for fewer DoFs owing to a diminished quantity of vector

Figure 9.
The exact flux of the solution given by Eq. (16).

p	Enriched mixed (p)	Mixed ($p+1$)	H^1-conforming ($p+2$)
2	3.6501 E-02	3.6503 E-02	3.6458 E-02
3	2.8593 E-02	2.8595 E-02	2.8421 E-02
4	6.7319 E-03	6.7340 E-03	6.6467 E-03
5	5.3172 E-03	5.3180 E-03	5.2985 E-03
6	4.9920 E-03	4.9920 E-03	4.8741 E-03
7	3.4295 E-03	3.4290 E-03	3.4059 E-03

Table 8.
Highly oscillatory model: Error in $||.||_{L^2}$ *for* $h = \left(\frac{1}{2}\right)^4$.

functions linked to the edges of the master element. The enriched version signifies an optimized iteration of mixed finite element methods. The traditional finite element method demonstrates markedly lower computational expenses, even for orders $(p + 2)$ or above, while delivering enhanced approximation in the $||.||_{L^2}$ norm of the primary variable. Nonetheless, it is recognized that the representation of indirectly derived flows in the classical finite element method is of substandard quality.

Given that the errors in the $||.||_{L^2}$ norm (which are quite similar) and the $||.||_{H^1}$ norm are comparable, we emphasize that the mixed enriched formulation of degree p is equivalent to the mixed formulation of degree $(p + 1)$, and it is also analogous to the traditional FEM formulation of degree $(p + 2)$.

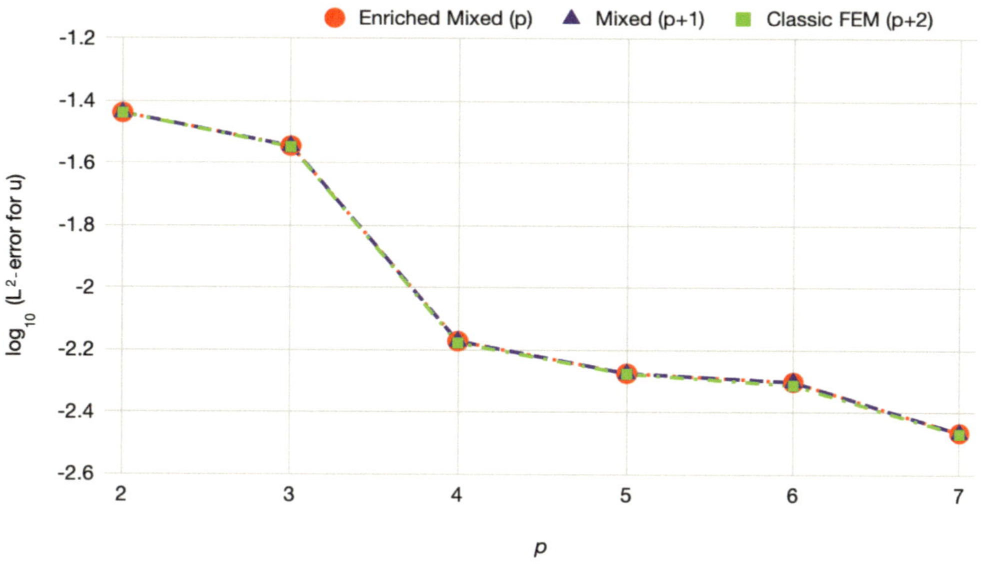

Figure 10.
Pressure variable: Error in $||.||_{L^2}$ *for the strongly oscillatory model with* $h = \left(\frac{1}{2}\right)^4$.

p	Enriched mixed (p)	Mixed ($p+1$)	H^1-conforming ($p+2$)
2	1.4551 E + 00	1.4350 E + 00	1.6868 E + 00
3	9.4273 E-01	9.3923 E-01	1.044 E + 00
4	6.0902 E-01	6.0810 E-01	7.1658 E-01
5	4.098 E-01	4.0876 E-01	4.6148 E-01
6	2.7115 E-01	2.7098 E-01	3.2247 E-01
7	1.8533 E-01	1.8465 E-01	2.1034 E-01

Table 9.
Highly oscillatory model: Error in $||.||_{H^1}$ *for* $h = \left(\frac{1}{2}\right)^4$.

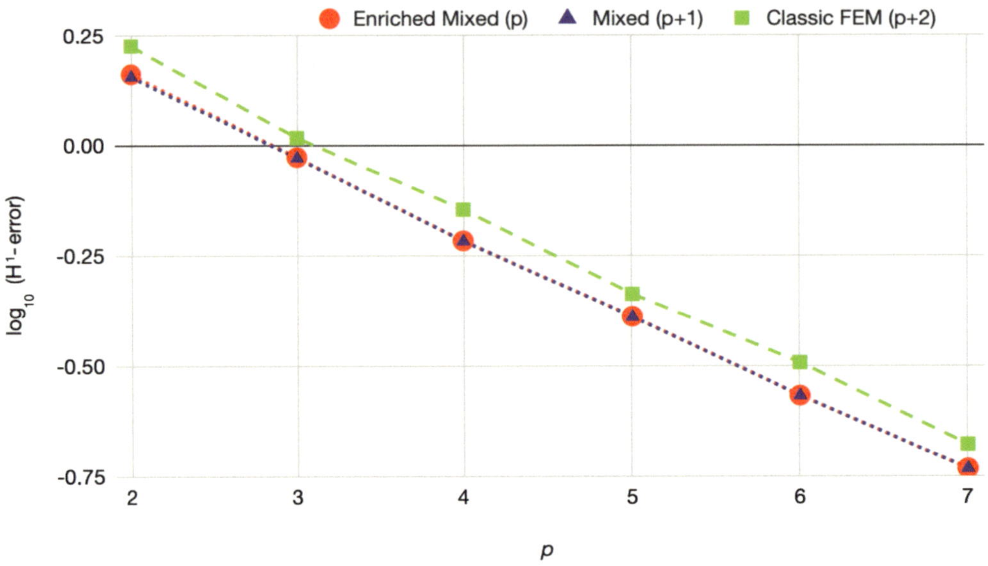

Figure 11.
Error in norm H^1 for the strongly oscillatory model with $h = \left(\frac{1}{2}\right)^4$.

Author details

Jorge L. Díaz Calle[1*], Roger Mestas Chávez[2*] and Aldo Sarmiento Guevara[3*]

1 Department of Basic Sciences - FZEA, University of São Paulo, Campus Fernando Costa da USP, Pirassununga, Brazil

2 Universidad Nacional de San Agustín de Arequipa y Universidad Católica de Santa María, Arequipa, Perú

3 Universidad Nacional de San Agustín de Arequipa, Arequipa, Perú

*Address all correspondence to: jorge.calle@usp.br; rmestas@ucsm.edu.pe; asarmientog@unsa.edu.pe

References

[1] Sarmiento A, Aynayanque J, Condori R, Diaz J. Study of the enriched mixed finite element method using comparisons of computational cost and errors with formulations in continuous and discontinuous functions and mixed scheme on quadrilateral finite elements. In: Proceedings of the XLI Ibero-Latin-American Congress on Computational Methods in Engineering; *ABMEC*: 2020

[2] Hancco R, Aynayanque J, Condori R, Velasquez E, Mestas R, Mamani F, Diaz J. Comparative analysis of the performance of a enriched mixed finite elementmethod with static condensation for poisson problems. In: Proceedings of the XLI Ibero-Latin-American Congress on Computational Methods in Engineering, *ABMEC*; 2020.

[3] Brezzi F, Fortin M. Mixed and hybrid finite element methods. In: Springer Series in Computational Mathematics. Vol. **15**. New York: Springer-Verlag; 1991

[4] Raviart AP, Thomas JM. A mixed finite element method for 2-nd order elliptic problems. In: Galligani I, Magenes E, editors. Mathematical Aspects of Finite Element Methods. Lectures Notes in Mathematics. 1977. p. 292–315

[5] Nedelec JC. A new family of mixed finite elements in r3. Numerische Mathematik. 1986;**50**:57–81

[6] de Siqueira D, Devloo PRB, Gomes SM. A new procedure for the construction of hierarchical high order hdiv and hcurl finite element spaces. Journal of Computational and Applied Mathematics. 2016;**240**:204–214

[7] Devloo PRB, Gomes SM, Quinelato TO, Tian S. Enriched two dimensional mixed finite element models for linear elasticity with weak stress symmetry. Computers and Mathematics with Applications. 2020;**79**:2678–2700

[8] Calle JL, Pastor J, Bustincio R, Ancori R. Study of the enriched mixed finite element method comparing errors and computational cost with classical fem and mixed scheme on quadrilateral meshes. Results in Applied Mathematics. 2021;**10**:100150

[9] Baumann CE. An Hp-adaptive Discontinuous Finite Element Method for Computational Fluid Dynamics. PhD thesis, University of Texas at Austin, Texas, USA, 1997

[10] Farias AM, Devloo PRB, Gomes SM, de Siqueira D, Castro DA. Two dimensional mixed finite element approximations for elliptic problems with enhanced accuracy for the potential and flux divergence. Computers and Mathematics with Applications. 2017;**74**:3283–3295

[11] Forti TLD, Farias AM, Devloo PRB, Gomes SM. A comparative numerical study of different finite element formulations for 2d model elliptic problems: Continuous and discontinuous galerkin, mixed and hybrid methods. Finite Elements in Analysis and Design. 2016;**115**:9–20

[12] Devloo PRB. PZ: An object oriented environment for scientific programming. Computer Methods in Applied Mechanics and Engineering. 1997;**150** (1–4):133–153

[13] Bravo CM, Pavanello R, Devloo PR, Jl C. Definition of a p-interpolating space of hierarchical bases of finite elements on the pyramid. Linear Algebra and Its Applications. 2014;**460**:174–204

[14] Devloo PRB, Bravo CMAA, Rylo EC. Systematic and generic construction of shape functions for p-adaptive meshes of multidimensional finite elements. Computer Methods in Applied Mechanics and Engineering. 2009;**198**:1716–1725

[15] Castro DA, Devloo PRB, Farias AM, Gomes SM, de Siqueira D, Duran O. Three dimensional hierarchical mixed finite element approximations with enhanced primal variable accuracy. Computer Methods in Applied Mechanics and Engineering. 2016;**306**:479–502

[16] Devloo P, Gomes S, Quinelato T, Tian S. Enriched two dimensional mixed finite element models forlinear elasticity with weak stress symmetry. Computers and Mathematics with Applications. 2020;**79**:2678–2700

Section 3

Applications in Engineering and Science

Chapter 4

FEM Modeling Techniques for Industrial Applications

Francisco Badea-Romero and Jesús A. Perez-Fernandez

Abstract

The finite element method (FEM) is a core tool in modern engineering, enabling structural evaluation before prototyping. In industries, its application is shaped by cost, time, and reliability, leading to streamlined modeling strategies. This chapter reviews practical FEM techniques for mechanical and manufacturing sectors, focusing on geometry preparation, element selection, connection modeling, meshing strategies, and material definition. Industrial practice favors beams and shells for efficiency, with solids, springs, dampers, and mass elements applied selectively. Connections are often simplified using rigid body elements (RBEs), multi-point constraints (MPCs), or contact elements, supported by post-processing. Meshes emphasize quadrilateral shells, hybrid solid meshes, and first-order elements. Materials are typically linear elastic, with nonlinear models reserved for critical cases. The chapter offers best-practice guidelines for achieving accurate, cost-effective FEM simulations under industrial constraints.

Keywords: finite element method (FEM), industrial simulation practices, element selection, meshing strategies, material modeling, connection modeling, structural analysis

1. Introduction

The Finite Element Method (FEM) has become one of the cornerstones of modern engineering, providing an indispensable tool for analyzing, optimizing, and validating designs before physical prototyping. Over the past few decades, constant advancements in computational power, software capabilities, and numerical techniques have significantly expanded the scope and accuracy of FEM simulations. A recent historical overview by Liu et al. [1] traces how this method has transformed from early formulations to its current role as a fundamental tool across many industrial applications.

In industrial environments, however, the theoretical potential of FEM is only part of the equation. Engineers often operate under strict constraints of time, cost, and manufacturability. In this context, simulation-driven design, where FEM tools guide design decisions and virtual prototypes replace physical iterations, has emerged as a powerful and practical strategy to accelerate project timelines in industrial environments [2]. Consequently, a set of unspoken rules and practical approaches exists – methods that may not always be explicitly documented in textbooks but which consistently prove to be effective, reliable, and cost-efficient in day-to-day operations.

This chapter presents a detailed overview of these commonly applied industrial practices in the mechanical sector. The discussion will focus on strategies for model preparation, meshing, material definition, load application, and result validation, with emphasis on balancing computational efficiency and engineering accuracy. Selected examples from mechanical and manufacturing industries will illustrate how these practices can be implemented to achieve optimal results with minimal resource expenditure.

2. Geometry preparation and model simplification

2.1 Importance of pre-processing in industry

In an industrial context, the efficiency and reliability of an FEM simulation often depend less on raw computational power and more on the quality of the pre-processing stage. Geometry imported directly from CAD is almost never ready for immediate simulation. While the CAD model serves as the authoritative representation for manufacturing, it typically contains fine details, small features, manufacturing tolerances, and decorative elements that may be critical for production but have negligible influence on the FEM model.

These extra details, such as embossed logos, small-radius fillets, small holes, or surface textures, are completely unnecessary for analysis purposes. They can significantly increase meshing complexity without adding value to the simulation and, in some cases, may even make meshing or analysis impossible. For this reason, an essential first step in industrial FEM is geometry simplification and defeaturing, ensuring that only features influencing the behavior under the studied load cases are retained.

It is also important to note that element-type selection is almost never performed by CAD designers. Their focus is on manufacturability and dimensional accuracy, not on numerical efficiency or stress resolution. The responsibility for deciding whether to use 1D beams, 2D shells, or 3D solids lies with the simulation engineer, who understands both the mechanical problem and the trade-offs between computational cost and accuracy. This separation of roles is a common industrial practice, ensuring that FEM models are tailored to engineering requirements rather than CAD esthetics.

2.2 Common industrial practices

In the industrial application of FEM, certain pre-processing techniques have proven to be both widely used and highly effective in improving simulation efficiency. Among these, defeaturing and model adaptation are the most relevant, while symmetry exploitation is less frequently applied. While these practices are conceptually straightforward, their implementation requires experience, engineering judgment, and meticulous attention to detail.

2.2.1 Defeaturing

Defeaturing, the removal of unnecessary geometric details from the CAD model, is by far the most common industrial pre-processing practice. Its purpose is to simplify the geometry without compromising the accuracy of the simulation. The specific defeaturing steps vary depending on the CAD software used, as each offers different tools and levels of automation. However, the most frequently applied modifications include:

- Removal of small fillets and rounds that do not significantly influence the stress or thermal distribution.
- Patching small holes that would create unnecessary mesh refinement.
- Correction of gaps between components, such as welding gaps, ensures continuous load transfer in the simulation.

An example of geometry defeaturing is shown in **Figure 1**, where rounds, fillets, gaps, and esthetic features with no structural relevance are removed. It is important to note that one fillet radius has been retained, illustrating the preservation of features with potential influence on the calculation results. In this case, the radius may affect stress concentration and, therefore, the peak stress values.

These operations often require manual or semi-manual intervention, with the engineer inspecting the model piece by piece to ensure that important features are preserved.

2.2.2 Model adaptation

Depending on the nature of the structure, the FEM model may require significant adaptation beyond defeaturing. For example:

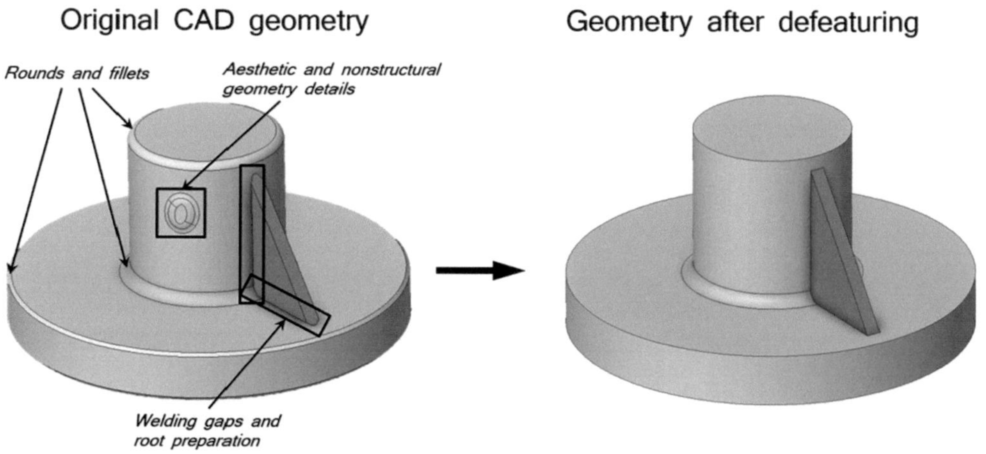

Figure 1.
Geometry defeaturing example.

- In tubular structures, all 3D beam solids from the CAD model are often discarded and replaced with keypoints and lines that will be used as guides for later 1D beam elements.

- When shell-type elements are chosen, mid-surface extraction is necessary. This operation, depending on the characteristics of the available CAD or FEM software, can be done semi-automatically or manually and can take significant amounts of time. Additionally, modifications such as artificially extending components so that their mid-surfaces maintain the intended contact are required.

Figure 2 illustrates a simple example of model adaptation involving beam-type and shell-type geometries. As a rule of thumb, in a three-dimensional Cartesian reference system, beam-type geometries are characterized by one dimension being significantly larger than the other two, while shell-type geometries are characterized by two dimensions being significantly larger than the third. In the adapted model, the junction between different components is no longer represented as a contact surface but rather as a single point. Consequently, the local stiffness of the joint is inherently modified during this process, as demonstrated in [3].

A decision must be made whether contacting shells should be merged into a single shell with combined thickness or kept as two separate shells with their actual thicknesses, connected via contact elements. This choice depends on accuracy requirements, contact stiffness considerations, and post-processing needs.

3. Element type selection and modeling characteristics

3.1 Importance of element selection in industry

In FEM, the choice of element type directly influences both the accuracy of results and the computational cost of the simulation. While textbooks present element selection as a purely technical decision based on geometry, boundary

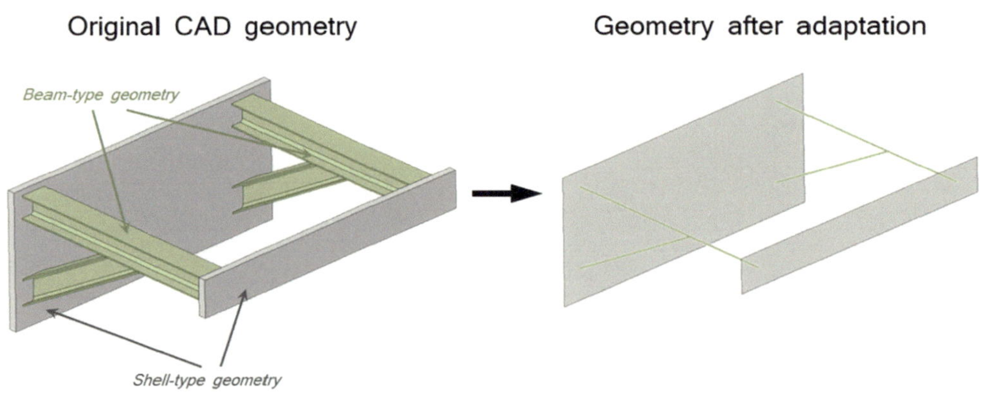

Figure 2.
Geometry adaptation example.

conditions, and physics, industrial practice adds further constraints such as project deadlines, licensing limitations, available computational resources, and the need for repeatable, efficient workflows.

In industrial environments, the main determining factor is cost, which is inherently tied to time, engineering effort, and project deadlines. This reality often forces trade-offs between theoretical precision and practical deliverables, with engineers selecting the simplest element configuration that meets the accuracy requirements while minimizing computational expense.

3.2 Main element selection in the industry

3.2.1 Beam elements

Beam-type elements are among the most simplified finite element formulations, defined by two nodes and governed by the mathematical models of Euler–Bernoulli or Timoshenko beam theory. While these elements significantly simplify the geometric characteristics of beams, particularly at joints and connections, they are not capable of providing detailed local stress or strain distributions, especially in complex joint regions or at welds.

Despite these limitations, beam elements remain a mainstay in industrial simulations whenever large tubular or frame-type structures need to be analyzed efficiently. Their low computational cost and ability to capture overall stiffness and deflection behavior make them ideal for applications such as:

- Upper structures of buses and coaches.
- Solar panel support structures.
- Long-span bridges.
- Tower cranes and gantry cranes.
- Large steel frames and truss systems.

Figure 3 shows some characteristic examples of a recent bibliography that illustrates typical applications of beam-type elements to finite element structural calculations.

It is worth noting that, despite significant software advancements that allow tubular structures to be modeled with shell-type elements for higher geometric fidelity, the complexity of the modeling process and the time required for geometry preparation, mid-surface extraction, and connection detailing make shell modeling impractical for most industrial timelines. As a result, beam elements remain the go-to choice for large tubular assemblies, striking the best balance between accuracy, speed, and resource efficiency in industrial environments.

3.2.2 Shell elements

Shell elements are by far the most widely used element type in industrial FEM simulations. Despite theoretical guidelines suggesting other approaches for certain

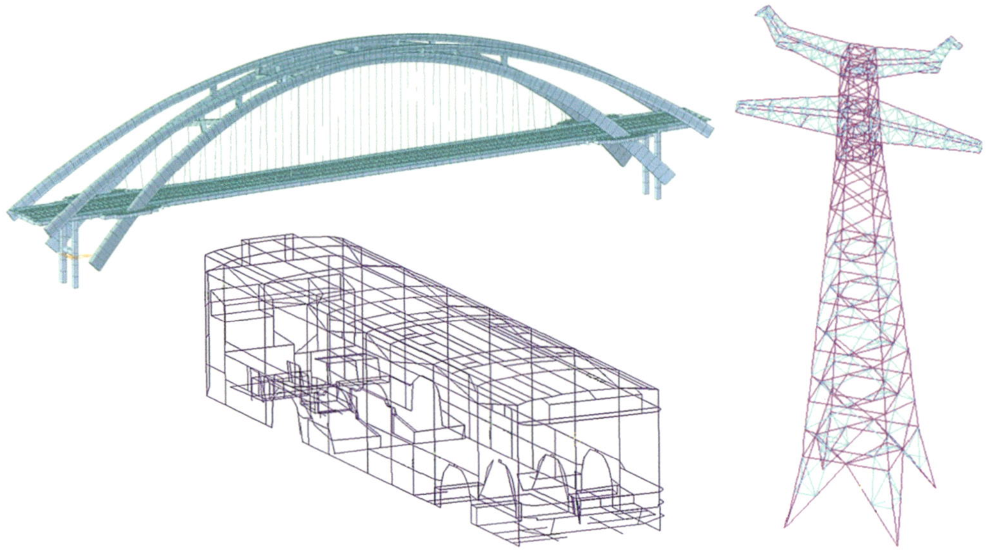

Figure 3.
Examples of beam-type elements in finite element models. Top-left: long span bridge [4]. Bottom-left: passenger transport urban bus [5]. Right: large transmission tower[6].

cases, shells dominate in sectors such as aerospace, railway, automotive, and general industrial machinery. **Figure 4** shows some characteristic examples of shell element-type utilization in actual industrial applications.

Their popularity stems from their ability to represent complex, thin-walled structures with a good balance between accuracy and computational efficiency, making them suitable for the vast majority of structural analyses performed in the industry.

Figure 4.
Examples of shell-type elements in the finite element model for a bus chassis, left: reference structure; right: FEM shell model.

From a mathematical standpoint, shell elements are derived from classical plate and shell theories, most notably Kirchhoff–Love (for thin shells, neglecting transverse shear deformation) and Mindlin–Reissner (for moderately thick shells, including shear effects). These formulations allow shell elements to capture both in-plane membrane and out-of-plane bending behaviors, making them versatile for a wide range of loading scenarios.

While they do require significant pre-processing and experience to use effectively, including mid-surface extraction, proper thickness assignment, and careful definition of connections or overlaps, shell elements provide a sufficiently accurate geometric representation of most industrial structures at a manageable computational cost. This combination of fidelity and efficiency explains why they are chosen even when other types of elements might theoretically offer higher accuracy.

Like all element types, shells still simplify the real structure and have certain limitations:

- They assume a constant thickness over each element.
- Through-thickness stress variations are not captured in detail.
- Local 3D effects at joints or discontinuities require complementary modeling (e.g., solid submodels).

Nevertheless, shells offer the best trade-off between required accuracy, modeling time, and computational resources in industrial practice, making them the default choice for many engineering teams.

3.2.3 Solid elements

Solid elements, also known as 3D continuum elements, are among the easiest to apply in FEM from a modeling perspective, as they require no mid-surface extraction or special geometric simplifications. However, despite their ease of use, they are one of the least utilized element types in industrial practice. Their use is generally confined to complex block-type geometries that cannot be effectively simplified into beam or shell representations. Typical examples include machined or forged components, as well as detailed simulations of biomedical or organic structures, such as the ones illustrated in **Figure 5**.

This limited usage is primarily due to their high computational cost; accurate simulations with solid elements require fine meshes to capture stress gradients, leading to large numbers of elements and correspondingly longer solution times. Although any structure that can be modeled with beam or shell elements could, in principle, be modeled using solids, in practice, this is almost never done because of the large resource requirements.

From a mathematical perspective, solid elements are based on 3D elasticity theory, supporting full-displacement fields and capable of representing complete stress and strain tensors throughout the volume of the component.

A critical factor when working with solid elements in industry is mesh quality. Poorly shaped elements can introduce numerical inaccuracies or cause convergence problems. The most important quality parameters are:

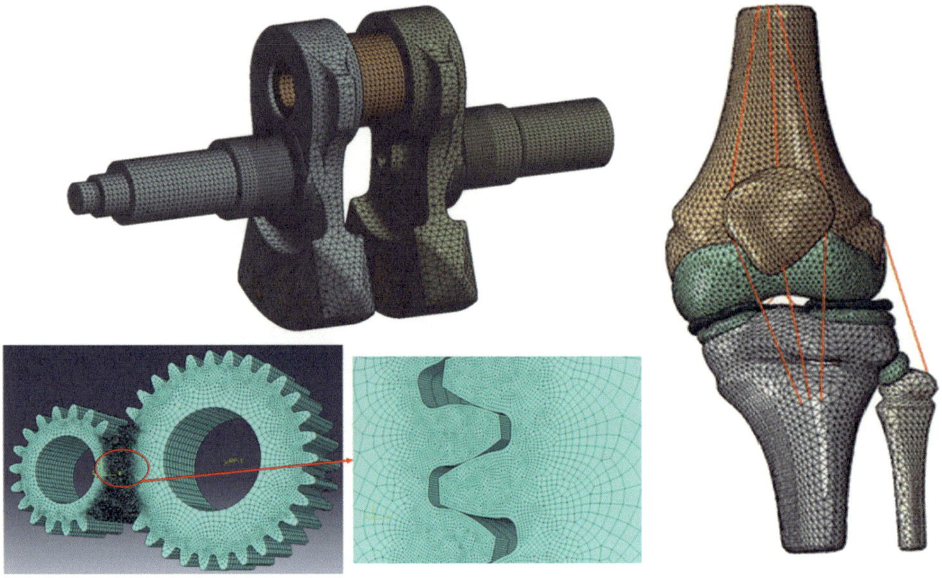

Figure 5.
Examples of solid elements in finite element models. Top-left: engine crankshaft [8]. Right: knee joint [9]. Bottom-left: gear transmission [10].

- Skewness: Excessive skew in element geometry can distort the displacement field and reduce accuracy.

- Aspect ratio: Large differences in edge lengths should be avoided, except in low-stress regions, to prevent stiffness errors.

In industrial workflows, solid elements are typically reserved for:

- Bulky components that cannot be represented by shell elements, such as castings, thick brackets, or solid machine parts.

- Localized submodels, where through-thickness stress variations are critical.

- Research and development tasks, where maximum geometric fidelity is prioritized over computational cost.

While solids are conceptually straightforward and versatile, their computational demands and sensitivity to mesh quality make them the least-used element type in most industrial structural simulations, where beams and shells dominate due to their efficiency and practicality.

3.2.4 Spring elements

Spring elements are specialized finite element formulations used to simulate elastic behavior between two points or components. They can be applied in a translational or rotational form, depending on whether they represent linear or angular stiffness.

Although a wide variety of mathematical models are available, including nonlinear elastic springs, viscoelastic springs, and frequency-dependent spring–damper systems, in industrial practice, the vast majority of applications use linear elastic spring elements. This is primarily because linear springs are computationally inexpensive, require no iterative solution procedures, and can be easily implemented without complex parameter definitions.

Nonlinear elastic springs, though theoretically more accurate for certain materials or connections, are rarely used in industrial workflows. Their use requires iterative simulations, which, in turn, increase computation time and resource consumption, making them impractical for most production schedules.

From a modeling standpoint, spring elements are most often implemented as single degree of freedom (1DOF) connectors, acting in either tension/compression or rotation. This 1DOF nature adds to their simplicity and versatility, allowing them to be inserted into large models without introducing unnecessary complexity.

Common industrial applications of spring elements include:

- Modeling actual mechanical springs.

- Representing flexible mounts, supports, or isolators.

- Simulating the stiffness of gaskets or compliant layers without detailed geometry.

- In some cases, modeling bolted or riveted joints as elastic connectors are used to approximate joint compliance.

Spring elements provide a fast and efficient method to include elastic behavior in an FEM model, especially when the goal is to capture global structural response without investing time and resources in detailed component modeling.

3.2.5 Damper elements

In most FEM software packages, damper elements share the same underlying formulation as spring elements, with the primary difference being the replacement of stiffness with a damping coefficient. From a modeling standpoint, defining a damper element is often as simple as setting the stiffness to zero and assigning a nonzero damping coefficient.

A notable feature is that these elements can also act as:

- Pure springs if the damping coefficient is set to zero.

- Pure dampers if the stiffness is set to zero.

- Spring–damper combinations if both stiffness and damping coefficients are nonzero, allowing them to represent systems that store and dissipate energy simultaneously.

Damper elements only contribute to the system response in dynamic analyses, such as transient simulations or frequency-response studies. In purely static simulations, which represent the majority of industrial mechanical analyses, damper elements have no effect because velocities are zero.

In industrial contexts, damper elements are used far less frequently than springs because static analysis dominates most mechanical engineering workflows.

When they are applied, damper elements typically appear in:

- Vibration isolation systems in machinery.
- Shock absorber and suspension system modeling in the automotive sector.
- Impact simulations where energy dissipation affects structural response.
- Rotating machinery simulations to study dynamic stability and reduce resonances.

In summary, damper elements are easy to implement, versatile in their configurations, and can model pure damping, pure elasticity, or combined spring–damper behavior. However, their use in industries is limited to problems where dynamic effects and energy dissipation are critical considerations.

3.2.6 Mass elements connected with RBE

In many industrial simulations, non-structural components, such as instrumentation, auxiliary equipment, or payloads, do not require detailed modeling of their geometry or stiffness but still contribute significantly to the overall mass distribution of the structure. In these cases, the most common practice is to represent such components using a lumped mass element with the corresponding total mass and connect it to the structural model using simple rigid body elements (RBEs).

The lumped mass element is typically placed at the center of mass of the component, and the RBE connection is defined between this mass node and a location on the structural model that best represents the real attachment point. This approach greatly reduces modeling complexity and computational cost while preserving the essential inertial effects in dynamic analyses.

Several RBE types can be used for the connection, each with its own advantages and limitations:

- Rigid Element (generic): Transfers all degrees of freedom without flexibility.
- RBE1: Distributes motion from independent nodes to dependent nodes while maintaining relative displacement.
- RBE2: Enforces rigid motion between connected nodes, distributing forces evenly.
- RBE3: Transfers loads and displacements without adding stiffness to the system.

The choice of RBE type is usually made by the simulation engineer based on experience, the specific objectives of the analysis, and the desired balance between stiffness representation and load transfer fidelity.

While this method is efficient, it can introduce local deviations in results due to the artificial stiffness or load distribution introduced by the RBE connection.

The most common industrial practice is to place the lumped mass element at the component's mass centre and connect it via the most realistic RBE configuration, avoiding unnecessary complexity while maintaining accurate inertial representation for the intended simulation purpose.

3.2.7 RBE elements for the simulation of bolted and riveted connections

In industrial FEM practice, bolted and riveted connections are often simplified using RBEs to connect two or more structural components at the joint location. This approach allows engineers to represent the load transfer mechanism of the connection without modeling the full bolt or rivet geometry, threads, contact surfaces, or preloads, which would require far more complex and computationally expensive simulations.

The most common procedure involves creating an RBE element (e.g., RBE2 or RBE3) instead of the real bolt or rivet. The choice of RBE type depends on the desired balance between stiffness fidelity and load transfer representation:

- RBE2: Enforces rigid motion between connected nodes and is typically used while simulating a very stiff connection.

- RBE3: Distributes loads without adding artificial stiffness; often preferred when the flexibility of the joint area needs to be maintained.

In terms of engineering evaluation, the FEM simulation typically serves to determine the global force or stress resultants acting at each connection. These values are then exported and used in post-processing calculations, either through specialized software or manual engineering formulas, to verify the capacity of the bolts or rivets according to relevant standards (e.g., EN, ISO, ASME, or company-specific design rules). This hybrid approach, combining simplified FEM representation with separate direct calculations, allows for accurate and certifiable connection verification without overburdening the simulation model.

3.2.8 RBE elements for the simulation of welds

In industrial FEM workflows, welded connections can be represented using RBEs to link the nodes of two components that are intended to be welded but do not share a common mesh line. This situation often arises when the mesh topology of each component differs, or when the CAD geometry does not have a continuous edge suitable for direct node merging.

The RBE-based approach involves creating rigid connections between the relevant nodes along the intended weld path, transferring displacements and loads between the two parts. While this procedure can be tedious if performed manually, most modern FEM software offer tools or macros to automate the process, making it possible to connect large numbers of weld seams quickly, consistently, and reliably.

Once the components are connected via RBEs, the evaluation of the welds is not performed directly from the FEM results alone. Instead, the engineer extracts forces and stress values at the connected nodes during post-processing. These values are then used in separate weld design calculations, either manually or via specialized software, to verify the weld capacity according to applicable standards [7] (e.g., EN ISO 5817, AWS D1.1, or company-specific specifications).

The RBE method for weld modeling offers significant advantages in terms of modeling speed, numerical stability, and compatibility with varying mesh topologies. However, it must be understood that this is a simplified global representation: it does not capture local stress gradients within the weld throat or detailed metallurgical effects, which require more advanced submodeling techniques if needed.

4. Advances and alternatives in bolt, rivet, and weld simulation

Mainstream FEM programs are in constant evolution, regularly introducing new interfaces, modules, and automated tools to assist engineers in simulating structural connections such as bolts, rivets, and welds. These developments aim to reduce modeling time, improve accuracy, and make simulation workflows more user-friendly. However, each approach has its own advantages and disadvantages, and the optimal method often depends on the type of analysis, available resources, and required result detail.

In the following paragraphs, the most common alternatives are presented.

4.1 Bolt and rivet simulation using beam elements

Several FEM programs allow the creation of bolts or rivets as beam-type elements between two nodes, with a defined radius and material characteristics.

Pros:

- Simple to implement and computationally efficient.
- Can represent the axial and bending stiffness of the fastener.
- Allows easy parameterization for quick design changes.
- Works well for large assemblies with many fasteners, where local stress detail is not required.

Cons:

- Does not capture local contact pressure or shear distribution in the joint.
- Thread geometry, preload, and friction effects are not modeled directly.
- Still requires detailed post-processing for the correct calculation of the bolted connection in accordance with applicable standards.

4.2 Bolt, rivet, and weld simulation through MPC elements

Multi-point constraint (MPC) elements connect multiple nodes through mathematical constraint equations, similar in purpose to RBEs but with greater flexibility in defining the degrees of freedom to be coupled. MPCs are often used to simulate the stiffness and load transfer of fasteners or welds without adding mass or excessive rigidity.

Pros:

- More control over which DOFs are constrained, allowing partial flexibility in the connection.
- No artificial mass or inertia is introduced.
- Suitable for cases where the connection is stiff in some directions but compliant in others.

Cons:

- Slightly more complex to define compared to standard RBEs.
- Still does not represent the local deformation of the fastener or weld material.
- The constraint equations may affect solution performance in very large models if overused.

4.3 Bolt, rivet, and weld simulation through contact elements with all DOF restrictions

Another approach is to simulate the joint using contact elements between the connected surfaces, with all degrees of freedom (DOFs) restricted to mimic a welded or bolted connection.

Pros:

- Captures local contact pressure distribution and realistic load paths.
- Can be combined with preload or friction modeling for more realistic simulations.

Cons:

- More complex to set up compared to the other methodologies.
- Greater potential for convergence issues exists if contact parameters are not tuned correctly.

While beam, MPC, and contact element methods each provide valid ways to simulate bolts, rivets, and welds, their suitability depends on the project requirements.

5. Meshing strategies

In industrial FEM practice, the primary priority, as mentioned previously, is to reduce cost and time. This objective also influences the meshing strategies ultimately adopted, which may differ from those most commonly recommended in academic literature. The chosen mesh type, density, and generation methods are often determined not only by accuracy requirements but also by project deadlines, available computational resources, and engineer experience.

5.1 Meshing for 1D elements

For 1D elements such as beams, meshing is generally straightforward. In most setups, a reasonable element size is selected based on the overall dimensions of the full model and the engineer's prior experience. Beam meshes rarely present quality issues, and the primary consideration is ensuring enough elements along with each member to capture global stiffness, deflection shapes, and modal behavior without oversizing the model.

5.2 Meshing for shell elements

For shell elements, meshing is also relatively simple in most industrial scenarios. Almost exclusively, quadrilateral elements are generated, as they provide good numerical performance and stable results. Modern FEM programs are capable of meshing even complex shell structures using quadrilaterals without any significant difficulty.

The element size is again determined by the structural dimensions and the engineer's experience. While triangular shell elements were more common in earlier FEM work, especially for irregular geometries, they are now almost never the preferred choice since they can yield less accurate results.

5.3 Meshing for solid elements

The meshing of solid elements varies significantly depending on the FEM software being used. Some programs can generate hex-dominant, high-quality meshes, which are generally more accurate and efficient. Others, however, rely mainly on tetrahedral elements for automated meshing of complex volumes.

The mesh size and refinement depend on the geometry of the component, structural requirements, and the engineer's judgment. In practice, it is common to find hybrid meshes, where some regions are meshed with tetrahedrons and others with hexahedrons. While this hybrid approach can solve meshing difficulties, it may introduce result deviations due to the different numerical properties of the element types—something that must be considered during post-processing and result interpretation.

5.4 Element order

In most industrial applications, first-order elements (linear elements) are used almost exclusively. They are computationally faster, more stable in large models, and easier to mesh without generating distorted shapes. Second-order elements (quadratic elements) are typically reserved for more detailed local models or research-grade simulations, where capturing curvature and high-stress gradients is essential. While second-order elements can provide better accuracy per element, they also increase the number of degrees of freedom, solution times, and the risk of convergence issues in nonlinear simulations.

6. Material modeling

In industrial FEM applications, material models are selected with the same cost and time-driven priorities discussed earlier. As a result, linear elastic models with standard material property values are used almost exclusively. These values are typically taken from material handbooks, supplier datasheets, or built-in FEM software libraries.

In rare cases, companies may introduce their own experimentally derived material characteristics. This requires physical testing and data processing, which is an expensive process, and is therefore reserved for high-value projects, critical components, or situations where standard data is not sufficiently accurate.

Occasionally, nonlinear material models are introduced for specific components or detailed local studies. In such cases, bilinear material models are most common, as they are simpler to implement and require less input data while still capturing basic plastic behavior. Multilinear and constitutive models, which more accurately follow the full stress–strain curve, are typically reserved for research or highly specialized engineering work, as they demand extensive material data and significantly increase computational effort. As an example, **Figure 6** shows how different material models compare when plotted against the actual stress–strain curve. As the elastic limit is approached, the gap between the linear models and real behavior becomes clear. Even so, linear models are still the most commonly used in industries. The reason is simple: in most applications, plastic strains are not allowed, so the design process usually involves adjusting and iterating until the stresses remain within the elastic range – where linear models provide results as reliable as those of more complex nonlinear models.

In industrial environments, engineers will almost always try to formulate the problem as linear if this produces results that are "good enough" for the project requirements. Nonlinear material definitions are used only when strictly necessary, as they increase analysis time, complexity, and the risk of convergence issues.

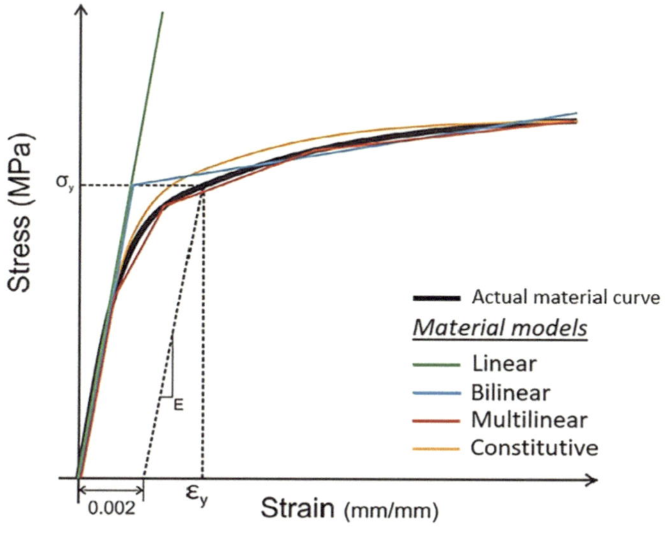

Figure 6.
Different material models over the material flow curve. Top-left: freight wagon frame. Adapted from [3].

7. Best practices summary for industrial FEM applications

The following table summarizes the most widely adopted best practices in industrial finite element modeling. It consolidates practical recommendations across all stages of FEM simulation from geometry preparation to material modeling

Category	Best practice	Industrial rationale
Geometry preparation	Remove non-critical details (logos, small fillets, tiny holes, textures).	Reduces meshing complexity, prevents convergence issues, and speeds up simulation.
	Adapt the model to the chosen element type (mid-surface extraction for shells, keypoint/line for beams).	Ensures that the geometry matches analysis requirements.
	Merge or contact shells appropriately, depending on accuracy needs.	Prevents artificial stiffness and preserves realistic load transfer.
Element selection	Use beams for large tubular or frame structures.	Fast to model and compute; sufficient for global stiffness/deflection analysis.
	Use shells for thin-walled structures across most industries.	Best balance between accuracy, efficiency, and geometric fidelity.
	Use solids only for bulky parts or localized studies.	High accuracy for 3D stress fields, but computationally expensive.
	Use springs, dampers, and lumped masses with RBEs for non-structural behavior.	Adds key behaviors without complex modeling.
Connection modeling	Use RBEs for simplified bolted, riveted, or welded joints.	Quick setup, scalable for large assemblies; post-process forces for code checks.
	Consider MPCs when partial DOF coupling is needed.	Offers stiffness control without artificial mass.
	Use contact elements with full DOF restrictions only if required.	More realistic, but time-consuming and prone to convergence issues.
Meshing strategies	Beams: select mesh size based on model dimensions and experience.	Prevents over-refinement while capturing the global response.
	Shells: use quadrilaterals as default; avoid triangles unless necessary.	Maintains accuracy in bending-dominated problems.
	Solids: prefer hex-dominant meshes; use tetrahedrons for complex volumes; accept hybrid meshes when unavoidable.	Balances accuracy with meshing ability.
	Use first-order elements for most industrial cases; second-order elements only for detailed/local models.	Reduces DOF count and solution time.
Material modeling	Use linear elastic models from trusted sources for most applications.	Fast, stable, and adequate for many design needs.
	Use bilinear models when basic plasticity needs to be captured.	Simple nonlinear approach without excessive complexity.
	Reserve multilinear or advanced nonlinear models for research or critical high-fidelity cases.	High data and computational costs.
General industrial approach	Always aim for the simplest model that meets accuracy requirements.	Saves time, reduces costs, and ensures repeatable workflows.
	Validate key results against physical tests or simplified calculations.	Ensures simulation credibility and compliance with standards.

highlighting the rationale behind each approach. These guidelines are derived from real world engineering workflows, emphasizing efficiency, accuracy, and repeatability under industrial constraints.

8. Conclusion(s)

The application of FEM in industrial environments is shaped as much by practical constraints as by technical capabilities. While modern FEM software and computational resources continue to evolve, providing increasingly sophisticated modeling tools, the driving factors in most industrial projects remain time, cost, and reliability. This reality fosters a set of pragmatic strategies that prioritize efficiency without compromising essential accuracy.

Geometry preparation is recognized as one of the most decisive stages in the simulation workflow. Models imported from CAD are rarely ready for direct analysis; therefore, defeaturing and model adaptation are standard practices aimed at removing non-critical details and tailoring the geometry to the intended simulation approach. Symmetry exploitation, although powerful, is seldom applied due to communication and validation challenges with clients and stakeholders.

Element-type selection is another cornerstone of industrial FEM. Beam and shell elements dominate due to their efficiency, flexibility, and ease of implementation. Solid elements, while theoretically versatile, are largely reserved for bulky parts or localized analyses because of their higher computational demands and sensitivity to mesh quality. Special-purpose elements, such as springs, dampers, mass elements with RBEs, and connection representations, enable engineers to include essential structural behaviors without unnecessary complexity.

The simulation of connections – bolted, riveted, or welded – follows the same philosophy. Engineers often favor simplified approaches using RBEs, MPCs, or beam-based connectors, supported by post-processing calculations to meet design standards. While more advanced methods, such as contact-based modeling, can provide higher fidelity, they are typically used only when required by the project scope or certification process.

Meshing strategies in industries reflect the same balance between accuracy and cost-efficiency. For beams, mesh sizing is straightforward. Shell models favour quadrilateral elements for stability and accuracy, while solid meshing varies with software capabilities, often resulting in hybrid meshes. First-order elements are the default choice for most industrial work, with second-order elements reserved for detailed studies where higher fidelity is essential.

Material modeling follows an equally pragmatic approach. Linear elastic properties from standard sources are used in the majority of cases. Nonlinear materials, whether bilinear or multilinear, are employed only when necessary, typically in detailed or research-level models, due to their higher computational requirements and data demands.

Author details

Francisco Badea-Romero[1*] and Jesús A. Perez-Fernandez[2]

1 Nebrija University, Madrid, Spain

2 Oviedo University, Oviedo, Spain

*Address all correspondence to: Fbadea@nebrija.es

References

[1] Liu WK, Li S, Park HS. Eighty years of the finite element method: Birth, evolution, and future. Archives of Computational Methods in Engineering. 2022;**29**:4431–4453. DOI: 10.1007/s11831-022-09740-9

[2] Gohlke MJAE. Practical aspects of finite element simulation. In Michigan. *USA*: *Altair*; 2015

[3] Alcalá E, Badea F, Martin Á, et al. Methodology for the accuracy improvement of FEM beam type T-junctions of buses and coaches structures. International Journal of Automotive Technology. 2013;**14**:817–827

[4] Li C, Wu LL, Chai S, Zhao Y, Zhou YJ. Analysis of the influence of boundary conditions on the mechanical characteristics of arch bridge with composite arch. IOP Conference Series: Earth and Environmental Science. 2020;**446**(5):052035

[5] Fernández JAP. Theoretical and experimental study of the fatigue behavior of large passenger transport vehicles under dynamic operating loads. Diss Universidad Politécnica de Madrid. 2017. DOI: 10.20868/UPM.thesis.47667

[6] Zhang N-L, Gao C, Qiu G, Yang J-G, Wu B-J, Cheng -X-X. Non-stationary wind loading identification for large transmission tower based on dynamic finite-Element model updating. Energies. 2025;**18**:357. DOI: 10.3390/en18020357

[7] Vega B, Pérez JÁ. Comparative analysis of fatigue strength of a freight wagon frame. Weld World. 2024;**68**:321–332. DOI: 10.1007/s40194-023-01577-5

[8] Horváth P, Égert J. Stress analysis and weight reduction of a one-cylinder engine crankshaft. Acta Technica Jaurinensis. 2015;**8**(3):201–217. DOI: 10.14513/actatechjaur.v8.n3.377

[9] Sun J, Yan S, Jiang Y, et al. Finite element analysis of the valgus knee joint of an obese child. Bio Medical Engineering OnLine. 2016;**15**(Suppl 2):158. DOI: 10.1186/s12938-016-0253-3

[10] El Amli A, El Yousfi B, Soualhi A, Guillet F. A novel hybrid FEM–dynamic modeling approach for enhanced vibration diagnostics in a two-stage spur gearbox. Energies. 2025;**18**(9):2176

Chapter 5

Finite Element Method Applied to Heat Transfer in Food Processing

Ana López-Palencia, Carlos Reales-Martínez and Fabián A. Ortega-Quintana

Abstract

This chapter presents finite element methods for solving engineering problems involving heat transfer mechanisms (conduction, convection, and radiation) in the context of food processing. It addresses problems governed by partial differential equations in blanching and cooling processes. The chapter begins with a general overview of the finite element method, followed by a focus on axisymmetric heat transfer problems. Cases with one and two subdomains in two dimensions are analyzed as an alternative approach to fully three-dimensional problems. Specifically, open-source finite element libraries (such as FEniCS, Gmsh, and ParaView) are employed to address issues in axisymmetric domains. Finally, examples of fruit blanching and cooling problems solved using the finite element method are provided.

Keywords: partial differential equations, *FEniCS*, heat transfer mechanism, blanching, cooling process, cucumber, carrot, avocado

1. Introduction

Transport phenomena (mass, energy, and momentum) form the essential foundation for the study and design of systems in process engineering. Their analysis is of great importance in areas such as chemical, mechanical, environmental, and food engineering, where physical processes are modeled and optimized using mathematical tools [1].

Within the field of food engineering, heat transfer (manifested by three mechanisms: conduction, convection, and radiation) stands out as a key process for ensuring thermal efficiency in preservation and processing operations. Temperature variations in food products directly affect their quality, organoleptic properties, nutritional profile, and shelf life. Therefore, the modeling and simulation of this phenomenon have been of special interest, particularly under realistic, non-ideal conditions and coupled with other mechanisms such as mass diffusion and fluid flow [2].

Thermal behavior in foods is closely linked to their geometry, composition, boundary conditions, and thermophysical properties. This requires the use of partial differential equations (PDEs) to describe heat transport as a function of space and time. Given that analytical solutions to PDEs are generally restricted to ideal cases, numerical methods are used for their resolution. The finite element method (FEM) stands out for its ability to address irregular geometries and complex boundary conditions typical of food systems. By discretizing the domain into small elements, FEM allows obtaining internal temperature distributions, profiling critical superheating or cooling zones, and designing efficient thermal strategies for food processing. Although many studies have been limited to two-dimensional domains in transient problems, there is an opportunity to move towards three-dimensional models, especially in heterogeneous foods, and this consists of taking advantage of the axial symmetry of objects, which is the main objective of this chapter [3].

On the other hand, many physical problems, such as those related to heat transfer, are formulated as boundary value problems within three-dimensional domains, which implies a high computational burden due to the number of unknowns involved. An efficient solution consists of applying numerical methods that take advantage of the axial symmetry of the system to reduce the domain to a two-dimensional configuration, which is possible when the variables, parameters, and conditions of the problem are independent with respect to a spatial dimension. This approach is especially valid in axisymmetric systems, typical in thermal and mechanical phenomena, where the geometry and material properties are homogeneous (i.e., exhibit isotropy), allowing well-structured two-dimensional models to faithfully represent real three-dimensional behavior, minimizing computational resources without compromising the accuracy of the analysis.

This chapter presents specific examples of heat transfer, as well as the mathematical foundations for modeling heat transfer using PDE and numerical techniques such as FEM. Sections 2.1 and 2.2 explain important details of domains in cylindrical coordinates and provide a general description of the two-dimensional finite element method. Section 2.3 presents the numerical solution of heat transfer problems in compound and irregular axisymmetric domains, with varied boundary conditions and discretized in meshes that respect the subdomains of the geometries under study.

2. Finite element method

Finite difference, finite element, and finite volume methods are often used to solve partial differential equations numerically because analytical solutions are generally limited to simple and idealized cases. The finite element method is used to solve partial differential equations that can be adapted to complex and irregular geometries and varied boundary conditions commonly found in food processing systems. The finite element method partitions the domain into smaller elements and approximates solutions to the equations, providing valuable information about temperature distributions, concentration profiles, and fluid flow patterns within the materials under study. The following briefly describes the preliminary and most relevant concepts when approaching the finite element method to solve heat transfer problems in food processes.

2.1 Preliminary concepts: Cylindrical coordinates and Sobolev spaces

In this context, it is assumed that the domain $\widetilde{\Omega}$ is axisymmetric in cylindrical coordinates (r, θ, z), that is, it is symmetric with respect to the z axis, and the problem parameters will be independent of the angular variable θ. Under these hypotheses, the solution will be axisymmetric and its derivatives with respect to θ will be zero. Therefore, it is sufficient to calculate the solutions in the two-dimensional domain $\Omega = \left\{(r, z) : (r, 0, z) \in \widetilde{\Omega}\right\}$. In solving the problems presented in this chapter, the edge of the domain $\partial\Omega$ intersects the axis of symmetry, a condition that must be considered in the mathematical and numerical formulation of the model.

Since, in the following methods, axisymmetric functions will be calculated, it is essential to express these functions in terms of the coordinates (r, θ, z). The unit vectors in cylindrical coordinates are denoted by e_r, e_θ and e_z. So, a vector function is written as $\mathbf{F} = (F_r, F_\theta, F_z)$ or $\mathbf{F} = F_r e_r + F_\theta e_\theta + F_z e_z$. Given a vector function $\mathbf{F} = F_r(r,\theta,z)e_r + F_\theta(r,\theta,z)e_\theta + F_z(r,\theta,z)e_z$ and a scalar function $f = f(r,\theta,z)$, we have

$$div\,\mathbf{F} = \frac{1}{r}\frac{\partial(rF_r)}{\partial r} + \frac{1}{r}\frac{\partial F_\theta}{\partial \theta} + \frac{\partial F_z}{\partial z} \tag{1}$$

$$\nabla f = \frac{\partial f}{\partial r}e_r + \frac{1}{r}\frac{\partial f}{\partial \theta}e_\theta + \frac{\partial f}{\partial z}e_z \tag{2}$$

In the following, a definition and a theorem necessary for the further development of the finite element methodology are stated [4]:

Definition: We introduce function spaces in Ω that contain the traces of axisymmetric functions of *Sobolev* spaces defined on $\widetilde{\Omega}$. Let $L^2_r(\Omega)$ be the weighted *Lebesgue* space of all measurable functions A defined in Ω such that

$$\|A\|^2_{L^2_r(\Omega)} := \int_\Omega |A|^2 r\,dr\,dz < \infty \tag{3}$$

the corresponding inner product is defined by:

$$(A, Z)_{L^2_r(\Omega)} = \int_\Omega A Z r\,dr\,dz \tag{4}$$

The weighted *Sobolev* space $H^k_r(\Omega)$ consists of all functions in $L^2_r(\Omega)$ whose derivatives up to order k are also in $L^2_r(\Omega)$. We define the norm and the seminorm in the usual way, in particular:

$$\|A\|^2_{H^1_r(\Omega)} := \int_\Omega \left(|\partial_r A|^2 + |\partial_z A|^2\right) r\,dr\,dz \tag{5}$$

Let $L^2_{1/r}(\Omega)$ be the weighted *Lebesgue* space of all measurable functions A defined in Ω such that:

$$\|A\|^2_{L^2_{1/r}(\Omega)} := \int_\Omega \frac{|A|^2}{r}\,dr\,dz < \infty \tag{6}$$

The Hilbert space $\widetilde{H}^1_r(\Omega)$ is defined by $\widetilde{H}^1_r(\Omega) = \left\{A \in H^1_r(\Omega) : A \in L^2_{\frac{1}{r}}(\Omega)\right\}$ with the norm

$$\|A\|_{\tilde{H}^{1}_{r}(\Omega)} := \left(\|A\|^{1}_{H^{1}_{r}(\Omega)} + \|A\|^{2}_{L^{2}_{1/r}(\Omega)}\right)^{1/2} \tag{7}$$

Theorem: Integration by Parts. For all $w \in \widetilde{H}^{1}_{r}(\Omega) \times H^{1}_{r}(\Omega)$ and $\varphi \in H^{1}_{r}(\Omega)$, we have

$$\int_{\Omega} div\, w\varphi\, r dr dz = -\int_{\Omega} w\, \nabla\varphi\, r dr dz + \int_{\partial\Omega} w.\boldsymbol{n}\, \varphi r\, dS \tag{8}$$

The reader is referred to the proof of this theorem found in [5].

2.2 Two-dimensional finite element method

This section presents the main features of the finite element method in a two-dimensional configuration. It explains how, starting from the partial differential equation, a variational formulation and its discretization are obtained. This description will be presented using a stationary problem in cylindrical coordinates, followed by the application of some of the results obtained.

2.2.1 Variational formulation

The boundary value problem to be studied is the *Poisson* problem in cylindrical coordinates (Eq. (9)):

Problem 1: Find $u(r,z)$ such that

$$\begin{cases} -div_{axi}(\nabla u) = \left(\dfrac{1}{r}\dfrac{\partial}{\partial r}\left(r\dfrac{\partial u}{\partial r}\right)\right) + \dfrac{\partial^2 u}{\partial z^2} = f, \quad in\ \Omega \\ u = 0, \ on\ \partial\Omega \end{cases} \tag{9}$$

The first step of the method is to provide a variational formulation. To do this, we multiply the differential equation in the value problem by the so-called test functions $v(r,z)$ and integrate both sides over the entire domain Ω:

$$\int_{\Omega} -div(\nabla u) v r dr dz = \int_{\Omega} f\, v r dr dz \tag{10}$$

Applying (Eq. (8)) to (Eq. (10)) we have:

$$\int_{\Omega} -div(\nabla u)\, v r dr dz = \int_{\Omega} \nabla u \nabla v r dr dz - \int_{\partial\Omega} \nabla u.\boldsymbol{n} v r dS = \int_{\Omega} f\, v r dr dz \tag{11}$$

and since $u = 0$ on the boundary of Ω, the test function v will also assume that value, leading to (Eq. (12)):

$$\int_{\Omega} \nabla u \nabla v r dr dz = \int_{\Omega} f\, v r dr dz \tag{12}$$

Therefore, Problem 1 has been transformed into the following variational problem, which will be called Problem 2:

Problem 2: variational formulation. Find $u \in \mathcal{V}_0 := \{v \in H^1_{r(\Omega)} : u = 0\, \partial\Omega\}$ such that $a(u, v) = \int_\Omega f\, v r dr dz\ \forall v \in \mathcal{V}$, where $a(u, v) := \int_\Omega \nabla u\, \nabla v\, r dr dz$.

As can be seen, compared to *Problem 1*, the unknown u is not required to be twice differentiable. The derivatives considered in *Problem 2* are weak derivatives instead of the classical ones of *Problem 1*. The pointwise equality on both sides has been replaced by an integral expression. For this reason, *Problem 2* is called a weak formulation and u a solution in the weak sense. However, it can be shown that under certain circumstances, a function u satisfying *Problem 2* also satisfies *Problem 1* classically [6].

2.2.2 Discrete formulation

Once the variational formulation is established, the next step in the finite element method is called *Galerkin* projection, with the goal of solving *Problem 2* on the computer. On the other hand, the infinite-dimensional space $\mathcal{V}$ is difficult to manipulate, so $\mathcal{V}$ is replaced by a finite-dimensional subspace $\mathcal{V}_h$.

For this purpose, $\{T_h\}_{h>0}$ is considered a regular family of triangulations of Ω, where h is the mesh size. Consider the space $\mathcal{V}_h := \{v_h \in \mathcal{V} : v_h|_K \in \mathbb{P}_1\, \forall K \in T_h\}$, where $\mathbb{P}_1$ are the real-valued linear functions in the coordinates r and z, i.e., $\mathbb{P}_1 := \{p(r, z) = c_0 + c_1 r + c_2 z : c_0, c_1, c_2 \in \mathbb{R}\}$.

The finite element approximation of *Problem 2* must be found in the subspace $\mathcal{V}_{h,0} := \{v_h \in \mathcal{V}_h : v_h = 0\, on\, \partial\Omega\}$, therefore, *Problem 2* becomes the following *Problem 3*:

Problem 3: Discrete variational formulation. Find $u_h \in \mathcal{V}_{h,0}$ such that $a(u_h, v_h) = \int_\Omega f v_h r dr dz$ for all $v \in \mathcal{V}_{h,0}$.

Since $\mathcal{V}_{h,0} \subset \mathcal{V}_0$ we have that $a(u, v_h) = \int_\Omega f v_h r dr dz$ for all $v_h \in \mathcal{V}_{h,0}$ and $a(u_h, v_h) = \int_\Omega f v_h r dr dz$ for all $v_h \in \mathcal{V}_{h,0}$, from where we have that $a(u - u_h, v_h) = 0$ for all $v_h \in \mathcal{V}_{h,0}$. This equation is known as *Galerkin* orthogonality [6].

2.2.3 Computational implementation

To construct a basis for the finite-dimensional space $\mathcal{V}_h$ it is important to note that a function $v \in \mathcal{V}_h$ is uniquely determined by its nodal values of $\{v(N_j)\}_{j=1}^{n_p}$. Reciprocally, for every set of nodal values, there exists a unique $v \in \mathcal{V}_h$ with those nodal values. For this reason, the nodal values will be the degrees of freedom and define a corresponding basis for $\{\varphi_j\}_{j=1}^{n_p} \subset \mathcal{V}_h$, such that

$$\varphi_j(N_i) = \begin{cases} 1 & i = j \\ 0 & i \neq j \end{cases} \tag{13}$$

with $i, j = 1, \ldots, n_p$ where n_p corresponds to the number of nodes in the mesh.

As shown in **Figure 1**, each function φ_j is continuous and piecewise linear, with support only on the set of triangles that have a common vertex N_j. Now, using the basis functions, any function $v \in \mathcal{V}_h$ can be written as (Eq. (14)):

$$v = \sum_{i=1}^{n_p} \alpha_i \varphi_i \tag{14}$$

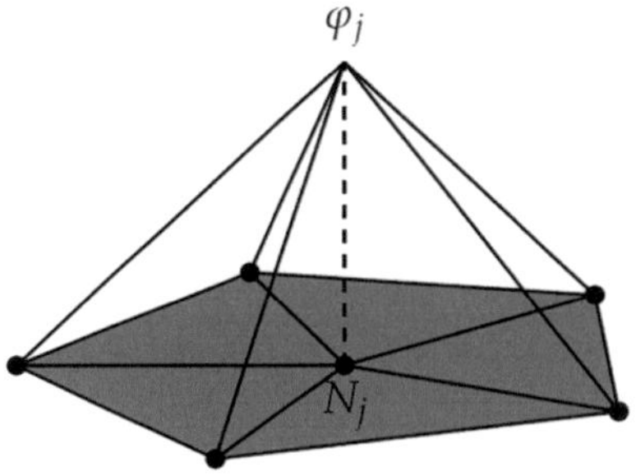

Figure 1.
Hat functions in 2D.

where $\alpha_i = v(N_i)$ with $i = 1, \dots, n_p$ are the nodal values of v.

To compute the finite element approximation u_h, let $\{\varphi_i\}_{i=1}^{n}$ be the basis for $\mathcal{V}_h$ consisting of the hat functions associated with the N_i interior nodes within the mesh. No hat functions are needed at the mesh boundary, since the functions in $\mathcal{V}_h$ vanish there. Now, using this basis, it is seen that the finite element method is equivalent to *Problem 4*:

Problem 4: Find $u_h \in \mathcal{V}_{h,0}$ such that $\int_\Omega \nabla u_h \nabla \varphi_i r dr dz = \int_\Omega f \varphi_i r dr dz \quad \forall_i = 1, \dots, n$

The finite element approximation u_h belongs to the set $\mathcal{V}_{h,0}$ so u_h is written as a linear combination of the basis functions, (Eq. (15)):

$$u_h(x) = \sum_{j=1}^{n_i} \xi_j \varphi_j(x) \tag{15}$$

with n_i and ξ_j $(j = 1, \dots, n_i)$, which are unknown to be calculated.

Therefore,

$$\int_\Omega f \varphi_i dx = \int_\Omega \nabla u_h \nabla \varphi_i dx = \int_\Omega \left(\sum_{j=1}^{n_i} \xi_j \nabla \varphi_j \right) \nabla \varphi_i dx = \sum_{j=1}^{n_i} \xi_j \int_\Omega \nabla \varphi_j \nabla \varphi_i dx \tag{16}$$

By introducing the notation $A_{i,j} = \int_\Omega \nabla \varphi_j \nabla \varphi_i dx \;\; (i,j = 1, \dots, n_i)$ and $b_i = \int_\Omega f \varphi_i dx \; (i,j = 1, \dots, n_i)$, we have $b_i = \sum_{j=1}^{n-1} A_{i,j} \xi_j \;\; (i = 1, \dots, n-1)$, which is a system of $(n_i + 1) \times (n_i + 1)$ equations for the $(n+1)$ unknown coefficients ξ_j, with $j = 0, 1, \dots, n$. In matrix notation, it is written as (Eq. (17)):

$$A\xi = b \tag{17}$$

where the entries of the matrix $(n_i + 1) \times (n_i + 1)$ of A are defined by the $A_{i,j}$ and b_j defined above. This linear system, which is usually of high order, is solved with the help of specialized software (for example, the freely available software *Fenics*, used to obtain the solutions to the problems addressed in this chapter), hence obtaining the unknown variables ξ and in turn u_h.

2.2.4 Finite element method in nonlinear problems.

Most of the physical, biological, and chemical processes occurring in nature are described by nonlinear mathematical models. Therefore, extensions of the finite element method to nonlinear equations are of particular interest. This section describes standard methods for addressing discretized nonlinear partial differential equations with finite elements, specifically the *Newton–Galerkin* method and its simplified variant, Picard, or fixed-point iteration [6].

-Picard iteration.

Consider the following problem: find u such that

$$\begin{cases} -div\left(q(u)\nabla u\right) = f, & in\, \Omega \\ u = 0, & on\ \partial\Omega \end{cases} \tag{18}$$

where $q(u)$ is a nonlinear function. Picard iteration is an easy way to handle nonlinear partial differential equations: simply use a known prior solution in the nonlinear terms to make them linear in the unknown u. This strategy is also known as the method of successive substitutions. For our problem, a known prior solution in the coefficient $q(u)$ is used.

Therefore, the problem in (Eq. (18)) is expressed as follows:

2.3 Problem 5. Variational formulation.

Given u^0, find $u^{k+1} \in \mathcal{V} := \{v \in H_r^1(\Omega) : u = 0 \ \ \partial\Omega\}$ such that

$$\int_\Omega q\left(u^k\right)\nabla u^{k+1}\nabla v r dr dz = \int_\Omega f\, v r dr dz \quad k = 0, 1, 2, \dots, \tag{19}$$

for all $v \in \mathcal{V}$.

Iterations stop when $\epsilon \equiv \|u^{k+1} - u^k\| < tol$, where tol is a small tolerance, say 10^{-5}, or when the number of iterations exceeds some critical limit. The latter case will detect divergence from the method or unacceptably slow convergence. **Table 1** shows Picard's algorithm for a nonlinear problem.

Picard iteration for a nonlinear problem
1: Choose an initial solution $u_h^0 \in \mathcal{V}_h$
2: for $k = 0, 1, 2, \dots,$ do
3: Find the solution to $$\int_\Omega q\left(u^k\right)\nabla u^{k+1}\nabla v r dr dz = \int_\Omega f\, v r dr dz$$
4: if $\lvert u^{k+1} - u^k\rvert < \epsilon$ then
5: Stop.
6: end if
7: end for

Table 1.
Picard's algorithm.

2.4 Newton–Galerkin method

Consider the problem described in (Eq. (18)). Given an approximation to the solution field, u^k, we seek a perturbation δu such that $u^{k+1} = u^k + \delta u$ satisfies the nonlinear partial differential equation. However, the problem for δu is still nonlinear, so the idea is to assume that δu is small enough to linearize the problem with respect to δu. Inserting u^{k+1} into the partial differential equation and linearizing the q term as shown in (Eq. (20)):

$$q(u^{k+1}) = q(u^k) + q'(u^k)\delta u + \mathcal{O}_{((\delta u)^2)} \approx q(u^k) + q'(u^k)\delta u \tag{20}$$

eliminating nonlinear terms in δu, and rearranging, we obtain

$$\nabla.\left(q(u^k)\nabla\delta u\right) + \nabla.\left(q'(u^k)\delta u\nabla u^k\right) = f - \nabla.\left(q(u^k)\nabla u^k\right) \tag{21}$$

The weak form of this partial differential equation is obtained by multiplying by a test function v and integrating over Ω the piecewise second-order derivatives:

$$\int_\Omega \left(q(u^k)\nabla\delta u.\nabla v + q'(u^k)\delta u\nabla u^k.\nabla v\right)dx = \int_\Omega fvdx - \int_\Omega q(u^k)\nabla u^k.\nabla vdx \tag{22}$$

Hence, the variational problem becomes: find $\delta u \in V$ such that $a(\delta u, v) = L(v)$ for all $v \in \hat{V}$, where:

$$\begin{cases} a(\delta u, v) = \int_\Omega \left(q(u^k)\nabla\delta u.\nabla v + q'(u^k)\delta u\nabla u^k.\nabla v\right)dx \\ L(v) = \int_\Omega fvdx - \int_\Omega q(u^k)\nabla u^k.\nabla v\,dx \end{cases} \tag{23}$$

The function spaces V and $\hat{V}$, being continuous or discrete, are as in the linear Poisson problem shown above in (Eq. (9)).

If an initial guess is given, for example, the solution of the partial differential equation with $q(u) = 1$, the corresponding weak form $a_0(u^0, v) = L_0(v)$ becomes:

$$a_0(u, v) = \int_\Omega \nabla u.\nabla v\,dx, \quad L_0(v) = 0 \tag{24}$$

From here, we enter a cycle and solve $a(\delta u, v) = L(v)$ for δu and so compute a new approximation $u^{k+1} = u^k + \delta u$. Identify that δu is a correction, so if u^0 satisfies the prescribed *Dirichlet* conditions somewhere Γ_D of the boundary, we must require $\delta u = 0$ on Γ_D. The *Newton–Galerkin* algorithm for solving a nonlinear problem is shown in **Table 2**.

***Newton–Galerkin* iteration for a nonlinear problem**
1: Choose an initial solution $u_h^0 \in \mathcal{V}_h$
2: for $k = 0, 1, 2, \ldots,$ do
3: Find the solution to
$$\int_\Omega \left(q(u^k)\ \nabla\delta u.\nabla v + q'(u^k)\delta u \nabla u^k.\nabla v\right)dx = \int_\Omega f\,v dx - \int_\Omega q(u^k)\nabla u^k.\nabla v\,dx$$
4: if $\lvert u^{k+1} - u^k \rvert < \epsilon$ then
5: Stop.
6: end if
7: end for

Table 2.
Newton–Galerkin *algorithm.*

2.5 Temperature distribution problems in food processing

2.5.1 Variational formulation in an axisymmetric domain

(Eq. (25)) is the general equation that represents energy transfer in a domain and in a transient state without chemical reaction in two dimensions [7]:

$$\begin{aligned} \rho C_p \partial_t T(t,r,z) &= \operatorname{div}\left(k\nabla T(t,r,z)\right) \text{ in } \Omega \\ T(0,r,z) &= T_0(r,z) \text{ in } \Omega \\ T &= T_1 \;\; t \geq 0 \text{ on } \partial\Omega \\ -k\frac{\partial T}{\partial \boldsymbol{n}} &= h\ (T - T_\infty)\ \ at\ t \geq 0,\ on\ \partial\Omega \end{aligned} \tag{25}$$

The geometry and axisymmetric domain of this system are shown in **Figure 2**. (Eq. (25)) is valid in the Ω domain, r and z are the geometric coordinates, Γ_1 and Γ_0

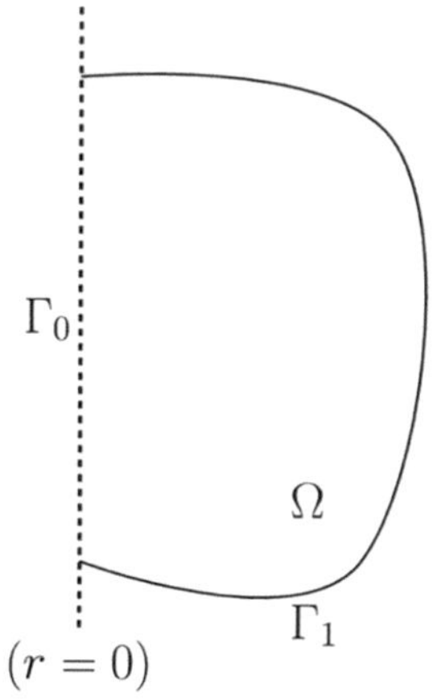

Figure 2.
2D geometry of an axisymmetric domain (Ω).

correspond to the convective interface and the interface where the temperature is prescribed, respectively, $n = (nr, nz)$ is the unitary normal vector outside the surface. It should be noted that Ω in this case corresponds to a surface and $\partial\Omega = \Gamma_0 \bigcup \Gamma_1$ to a line that represents some edge of the domain, where the $\Gamma_i \neq \varnothing$. The same notation can be extended to three dimensions, where volumes and surfaces are involved. In this way, the mathematical problem with partial derivatives represented by the differential microscopic energy balance is posed.

To construct the variational formulation of (Eq. (25)), the differential equation of the system is multiplied by a test function $v(r, z)$ and integrated over the entire domain Ω:

$$\int_{\Omega} \rho C_p \partial_t T v r dr dz = \int_{\Omega} \operatorname{div}(k\nabla T) v r dr dz \tag{26}$$

Applying (Eq. (8)), with $w = k\nabla T$, we obtain:

$$\int_{\Omega} \rho C_p \partial_t T v r dr dz = -\int_{\Omega} k\nabla T \nabla v r dr dz + \int_{\partial\Omega} \mathrm{k}\nabla T.\boldsymbol{n} v r dS \tag{27}$$

Substituting the natural boundary conditions given in (Eq. (27)) into the boundary integral $\partial\Omega$, (Eq. (27)) becomes (Eq. (28)):

$$\int_{\Omega} \rho C_p \partial_t T v(r, z) r dr dz + \int_{\Gamma_1} h(T - T_\infty) v dS + \int_{\Omega} k\nabla T.\nabla v r dr dz = 0 \tag{28}$$

It is observed that the essential boundary conditions (prescribed temperature) do not intervene in the variational formulation, hence integrating only over the boundary Γ_1, which establishes a flow condition at the interface (i.e., a derivative of the temperature). Therefore, the problem posed corresponds to finding function T that is T_1 in Γ_0 and that satisfies any admissible test function v:

$$\int_{\Omega} \rho C_p \partial_t T v r dr dz + \int_{\Omega} k\nabla T.\nabla v r dr dz + \int_{\Gamma_1} h\ T v r\ dS = \int_{\Gamma_1} h\ T_\infty v dS \tag{29}$$

Applying the *Dirichlet* boundary conditions on Γ_1, taking the space $\mathcal{V} = H_r^r(\Omega)$, the weak formulation is described by the following problem:

PROBLEM A. Find $T \in L^2(0, T, V)$ such that $(\rho C_p \partial_t T, v)_{L_r^2(\Omega)} + a(T, v) = \ell(v)$ $\forall v \in \mathcal{V}$, where: $a(T, v) = \int_{\Omega} k\nabla T.\nabla v r dr dz + \int_{\Gamma_1} hT v r dS$ and $\ell(v) = \int_{\Gamma_3} hT_\infty v dS$

2.5.2 Variational formulation in an axisymmetric domain composed of two or more subdomains

In the previous development, a homogeneous material with a constant thermal coefficient k was assumed. However, in numerous scientific and engineering applications, it is necessary to consider systems composed of two or more materials, each with its own constant value of k, which is often omitted in conventional analyses. Currently, this consideration has been incorporated as a more accurate strategy for estimating thermal solutions [8].

Below are problems in which determining factors are introduced that modify the classical formulation of the heat transport equation, such as the type of heat transfer mechanism, the presence of heat sources or losses, the geometry (regular or irregular), the differentiated compositions of the subdomains and their respective physicochemical properties, which will be properties of constant value or variable value.

Case 1: Let $T(r,z)$ be the temperature distribution in a domain Ω composed of the subdomains Ω_1 representing the inner region and Ω_2 representing the outer layer, **Figure 3** shows the relationship between the two subdomains.

Due to the discontinuous nature of the thermal conductivity parameter (k), the differential equation is formulated as a split into subdomains Ω_1 and $\Omega_{2.}$ Some continuity properties are provided along the interface, as shown in **Figure 3**. The domain boundaries are defined as follows: $\partial\Omega_1 := \Gamma_0 \cup \Gamma_1 \cup \Sigma$ and $\partial\Omega_2 := \Gamma_2 \cup \Sigma$ where Γ_0 is the boundary that coincides with the rotation axis ($r = 0$) and Σ is the interface or union of the two domains. The temperature $T(r,z)$ is the solution to the following problem:

$$
\begin{aligned}
\rho_1 C_1 \partial_t T(t,r,z) &= \operatorname{div}\left(k_1 \nabla T(t,r,z)\right) \text{ in } \Omega_1 \\
\rho_2 C_2 \partial_t T(t,r,z) &= \operatorname{div}\left(k_2 \nabla T(t,r,z)\right) \text{ in } \Omega_2 \\
k_1 \boldsymbol{n}.\nabla T|_{\Omega_1} &= k_2 \boldsymbol{n}.\nabla T|_{\Omega_2} \text{ on} \sum \\
T|_{\Omega_1}(r,z) &= T|_{\Omega_2}(r,z) \text{ on} \sum \\
T(0,r,z) &= T_0(r,z) \text{ in } \Omega_1 \cup \Omega_2 \\
-k_1 \frac{\partial T}{\partial \boldsymbol{n}}\bigg|_{\Gamma_1} &= h(T_\infty - T) \text{ on } \Gamma_1 \\
-k_2 \frac{\partial T}{\partial \boldsymbol{n}}\bigg|_{\Gamma_2} &= h(T_\infty - T) \text{ on } \Gamma_2
\end{aligned} \tag{30}
$$

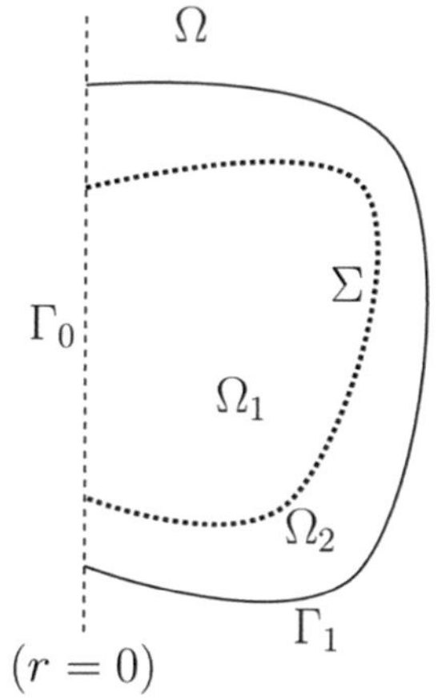

Figure 3.
Domain (Ω) and its boundary ($\partial\Omega$).

Multiplying the partial differential equations of expression (30) by a test function v, adding both and integrating over Ω_1 and Ω_2 separately, we obtain (Eq. (31)):

$$\int_{\Omega_1} \rho_1 C_1 \partial_t T v r dr dz + \int_{\Omega_2} \rho_2 C_2 \partial_t T v r dr dz - \int_{\Omega_1} \operatorname{div}(k_1 \nabla T) v r dr dz - \int_{\Omega_2} \operatorname{div}(k_2 \nabla T) v r dr dz = 0 \tag{31}$$

applying (Eq. (8)), we obtain (Eq. (32)):

$$\int_{\Omega_1} \rho_1 C_1 \partial_t T v r dr dz + \int_{\Omega_2} \rho_2 C_2 \partial_t T v r dr dz + \int_{\Omega_1} k_1 \nabla T . \nabla v r dr dz + \int_{\Omega_2} k_2 \nabla T . \nabla v r dr dz - \int_{\partial\Omega_1} k_1 \nabla T . \boldsymbol{n} v dS - \int_{\partial\Omega_2} k_2 \nabla T . \boldsymbol{n} v dS = 0 \tag{32}$$

In $\Gamma_3 := \Gamma_1 \bigcup \Gamma_2$, the natural boundary conditions are included, and together with the interface conditions, (Eq. (33)) is obtained:

$$\int_{\Omega_1} \rho_1 C_1 \partial_t T v r dr dz + \int_{\Omega_2} \rho_2 C_2 \partial_t T v r dr dz + \int_{\Omega_1} k_1 \nabla T . \nabla v r dr dz + \int_{\Omega_2} k_2 \nabla T . \nabla v r dr dz + \int_{\Gamma_3} h T v dS = \int_{\Gamma_3} h T_\infty v dS \tag{33}$$

Applying the *Dirichlet* boundary conditions on Γ_1, taking the space $\mathcal{V} = H_r^r(\Omega)$, the weak formulation is expressed as the following problem:

PROBLEM B. Find $T \in \mathcal{V}$ such that $m(\partial_t T, v) + a(T, v) = \ell(v) \quad \forall v \in \mathcal{V}$, where

$m(\partial_t T, v) = \int_{\Omega_1} \rho_1 C_1 \partial_t T v r dr dz + \int_{\Omega_2} \rho_2 C_2 \partial_t T v r dr dz$

$a(T, v) = \int_{\Omega_1} k_1 \nabla T . \nabla v r dr dz + \int_{\Omega_2} k_2 \nabla T . \nabla v r dr dz + \int_{\Gamma_3} h T v dS$

$\ell(v) = \int_{\Gamma_3} h T_\infty v dS$

Note that "h" refers to a subdomain parameter in the differential equation for calculating convective heat transfer. "h" is used as a notation to refer to the mesh size within the discretization, so it is important to clarify that these terms are not related.

For the finite element approximation of PROBLEMS A and B, we proceed as follows: $\{\mathcal{T}_{\mathrm{h}}\}_{\mathrm{h}>0}$ be a regular family of triangulations, where h is the size of the mesh that has a solution in the subspace $\mathcal{V}_{\mathrm{h}} := \{T_{\mathrm{h}} \in C(\overline{\Omega}) \bigcap \mathcal{V} : T_{\mathrm{h}|K} \in \mathbb{P}_1(K) \quad \forall K \in \mathcal{T}_{\mathrm{h}}\}$, where $\mathbb{P}_1$ are the complex-valued linear functions in the coordinates r and z, $\mathbb{P}_1 := \{p(r,z) = c_0 + c_1 r + c_2 z : c_0, c_1, c_2 \in \mathbb{R}\}$, [9].

On the other hand, given a positive integer N, let $\Delta t = t_{final}/N$, $t_n = n\Delta t$ for $0 \le n \le N$, the implicit Euler method is considered, that is, the time derivative is approximated from (Eq. (34)):

$$\partial_t u = \frac{u(t^{n+1}) - u(t^n)}{\Delta t} = \frac{u^{n+1} - u^n}{\Delta t} \tag{34}$$

Therefore, PROBLEM B is reduced to Problem C:

PROBLEM C. Given T_h^0, find $T_h^{n+1} \in \mathcal{V}_h$ such that

$$m(T_h^{n+1}, v) + \Delta t a(T_h^{n+1}, v) = \Delta t \ell(v) + m(T_h^n, v) \;\; \forall v \in \mathcal{V}_h$$

Regarding the initial vector, there are a few different choices: one, and perhaps the simplest option is to let T_h^0 be the nodal values of the interpolant $\pi_h T_0$ of the initial data T_0; another option is to let them be the nodal values of the L^2 projection, $P_h T_0$, of T_0, but this is, of course, more computationally expensive. The discrete variational formulation expressed in PROBLEM C is widely used directly in computational codes. In this case, there is no need to impose boundary conditions.

Case 2: Let $T(r,z)$ be the temperature distribution in a domain Ω composed of subdomains Ω_1 representing the inner region and Ω_2 representing the outer layer. **Figure 3** above shows the relationship between the two subdomains. In this case, the physical properties depend on the temperature of the solid. The temperature $T(r,z)$ is the solution to the following problem:

$$\begin{aligned}
\rho_1(T) C_1(T) \partial_t T(t,r,z) &= \operatorname{div}\left(k_1(T) \nabla T(t,r,z)\right), \text{ in } \Omega_1 \\
\rho_2(T) C_2(T) \partial_t T(t,r,z) &= \operatorname{div}\left(k_2(T) \nabla T(t,r,z)\right), \text{ in } \Omega_2 \\
k_1(T) \boldsymbol{n}.\nabla T|_{\Omega_1} &= k_2(T) \boldsymbol{n}.\nabla T|_{\Omega_2}, \text{ on } \sum \\
T|_{\Omega_1}(t,r,z) &= T|_{\Omega_2}(t,r,z) \text{ on } \sum \\
T(0,r,z) &= T_0(r,z) \;\text{ in } \Omega_1 \cup \Omega_2 \\
-k(T) \frac{\partial T}{\partial \boldsymbol{n}}\bigg|_{\Gamma} &= h(T_\infty - T) \text{ on } \Gamma
\end{aligned} \tag{35}$$

After multiplying (Eq. (35)) by a test function and integrating by parts, the following variational problem is obtained:

Find $T \in \mathcal{V}$ such that $m(\partial_t T, v) + a(T, v) = \ell(v) \quad \forall v \in \mathcal{V}$, where:

$$m(\partial_t T, v) = \int_{\Omega_1} \rho_1(T) C_1(T) \partial_t T v r dr dz + \int_{\Omega_2} \rho_2(T) C_2(T) \partial_t T v r dr dz$$

$$a(T, v) = \int_{\Omega_1} k_1(T) \nabla T.\nabla v r dr dz + \int_{\Omega_2} k_2(T) \nabla T.\nabla v r dr dz + \int_{\Gamma_3} h\, T v dS$$

$$\ell(v) = \int_{\Gamma_3} h T_\infty v dS$$

This variational problem is reduced to solving PROBLEM C described as follows:

PROBLEM C: Given T_h^0, find $T_h^{n+1} \in \mathcal{V}_h$ such that

$$m(T_h^{n+1}, v) + \Delta t a(T_h^{n+1}, v) = \Delta t \ell(v) + m(T_h^n, v) \;\; \forall v \in \mathcal{V}_h$$

The formulation of this problem is nonlinear, so a strategy must be implemented in the computational code to address the nonlinearity. In this case, the Picard iteration was used, that is:

$$a(T_h^{n+1}, v) = \int_{\Omega_1} k_1(T_h^n) \nabla T_h^{n+1}.\nabla v r dr dz + \int_{\Omega_2} k_2(T_h^n) \nabla T_h^{n+1}.\nabla v r dr dz + \int_{\Gamma_3} h T_h^{n+1} v dS$$

Case 3: Let $T(r,z)$ be the temperature distribution in a domain Ω composed of the subdomains Ω_1 representing the inner region and Ω_2 representing the outer layer, as shown in **Figure 3**. For this case, there is a nonlinear function, $Q_v(T)$, in the equation of the domain or domains that depend on the temperature of the solid. The temperature $T(r,z)$ is the solution to the following problem:

$$\begin{aligned} \rho_1 C_1 \partial_t T(t,r,z) &= \operatorname{div}\left(k_1 \nabla T(t,r,z)\right) + Q_v(T) \text{ in } \Omega_1 \\ \rho_2 C_2 \partial_t T(t,r,z) &= \operatorname{div}\left(k_2 \nabla T(t,r,z)\right) + Q_v(T) \text{ in } \Omega_2 \\ k_1 \boldsymbol{n}.\nabla T|_{\Omega_1} &= k_2 \boldsymbol{n}.\nabla T|_{\Omega_2} \text{on} \sum \\ T|_{\Omega_1}(r,z) &= T|_{\Omega_2}(r,z) \text{ on} \sum \\ T(0,r,z) &= T_0(r,z) \text{ in } \Omega_1 \cup \Omega_2 \\ -k\frac{\partial T}{\partial \boldsymbol{n}}\bigg|_{\Gamma} &= h(T_\infty - T) \text{ on } \Gamma \end{aligned} \tag{36}$$

The weak formulation of this problem, (Eq. (36)), is as follows:

Find $T \in \mathcal{V}$ such that $m(\partial_t T, v) + a(T,v) = \ell(v)\ \forall v \in \mathcal{V}$, where:

$$m(\partial_t T, v) = \int_{\Omega_1} \rho_1(T) C_1(T) \partial_t T v r dr dz + \int_{\Omega_2} \rho_2(T) C_2(T) \partial_t T v r dr dz$$

$$a(T,v) = \int_{\Omega_1} k_1 \nabla T.\ \nabla v r dr dz + \int_{\Omega_2} k_2 \nabla T.\ \nabla v r dr dz + \int_{\Omega_1} Q_v(T) v r dr dz + \int_{\Omega_2} Q_v(T) v r dr dz + \int_{\Gamma_3} h\ T v dS$$

$$\ell(v) = \int_{\Gamma_3} h T_\infty v dS$$

The time variable is discretized as in the previous cases, which generates the following problem:

Given T_h^0 find $T_h^{n+1} \in \mathcal{V}_h$ such that:

$$m\left(T_h^{n+1}, v\right) + \Delta t a\left(T_h^{n+1}, v\right) = \Delta t \ell(v) + m\left(T_h^n, v\right)\ \forall v \in \mathcal{V}_h$$

Notice that the term

$$\begin{aligned} a\left(T^{n+1}, v\right) = &\int_{\Omega_1} k_1 \nabla T_h^{n+1}.\nabla v r dr dz + \int_{\Omega_2} k_2 \nabla T_h^{n+1}.\nabla v r dr dz + \int_{\Omega_1} Q_v\left(T_h^{n+1}\right) v r dr dz \\ &+ \int_{\Omega_2} Q_v\left(T_h^{n+1}\right) v r dr dz + \int_{\Gamma_3} h T_h^{n+1} v dS \end{aligned}$$

is nonlinear due to the Q_v function. This requires finding a solution using one of the numerical methods described above. In the example presented in the next section to illustrate this case, the *Newton–Galerkin* method is employed, as it is efficiently implemented in the *FEniCS* library used in this work.

To conclude this section, it is clarified that there are heat transfer processes where cases 2 and 3 are combined, that is, the physical properties of the solid depend on the temperature, and there is a function in the subdomains that is also dependent on the temperature. These cases are left to the reader as a complementary exercise to this chapter.

2.5.3 Application of the finite element method in food processing

Case 1: Cucumber Blanching Process: Blanching is the process in which foods (usually fruits and vegetables) are briefly immersed in high-temperature water

(70–100°C) and then rapidly cooled to stop cooking. The technique deactivates enzymes that affect the flavor, color, and texture of products, allowing them to be stored in optimal conditions. This first example considers a thermal process of blanching a cucumber in hot water, whose information was taken from [9]. The mathematical model of heat transfer expressed in (Eq. (30)) was used. The dimensions of the cucumber taken for the resolution of the mathematical model were 0.20 m high and 0.036 m in diameter at the widest part of the fruit. The initial temperature of the cucumber is 25°C, the temperature of the blanching medium is 80°C, and the value of the convective heat transfer coefficient was 643.6W/m^2°C. The physical parameters, shown in **Table 3**, are considered constant over time.

The resolution of (Eq. (30)) by the finite element method is based on solving PROBLEM B, since it is considered that the cucumber is composed of two parts or domains (mesocarp and endocarp) with constant but different physical parameters. PROBLEM B is reduced to PROBLEM C, and this is solved with the computational code found in https://github.com/careales/BookHeatTransferExamples

Figure 4 shows the temperature dynamics at three different points on the cucumber: one in the center, one in the mesocarp, and one on the surface in contact with the blanching fluid, corresponding to the coordinates (0,0.1), (0.009,0.1), and (0.018,0.1), respectively. This behavior is typical of the heating processes of most foods: first, there is a slow increase in temperature; second, the temperature increases rapidly until, finally, the food reaches a steady state with the heating fluid. Furthermore, the three heating curves for each simulated point do not overlap, indicating a strong dependence of heat transfer on spatial coordinates.

The above is also visualized in a differential color diagram, such as **Figure 5**, which shows the temperature distribution of the cucumber at two different blanching times, at 100 s and 1,000 s.

Case 2: Carrot blanching process: The heat transfer equation presented in the cucumber blanching example represents a linear problem, since the values of the thermal properties are constant and therefore independent of temperature. In addition, the boundary conditions are also considered linear. An example of carrot blanching is presented below, whose heat transfer equation, (Eq. (35)), is posed for two domains (see **Figure 3**). The thermal properties are dependent on the temperature and the chemical composition of the food (water, carbohydrates, proteins, fats, ash, and fiber), that is, the problem is non-linear. The case was solved using the carrot dimensions shown in **Table 4**.

Furthermore, the initial food temperature and the blanching fluid temperature were 20.1°C and 80°C, respectively. The convective heat transfer coefficient was 433.6 W/m2°C. The physical properties of the carrot were calculated from the Choi and Okos Equations [10], considering the proximal composition of the two carrot

	Density (ρ), kgm^{-3}	Thermal conductivity (κ), W m^{-1}K^{-1}	Specific heat (C_p), J kg^{-1} K^{-1}
Mesocarp (Ω_1)	959	0.61	4130
Endocarp (Ω_2)	959	0.57	4120

Table 3.
Physical parameters of the cucumber.

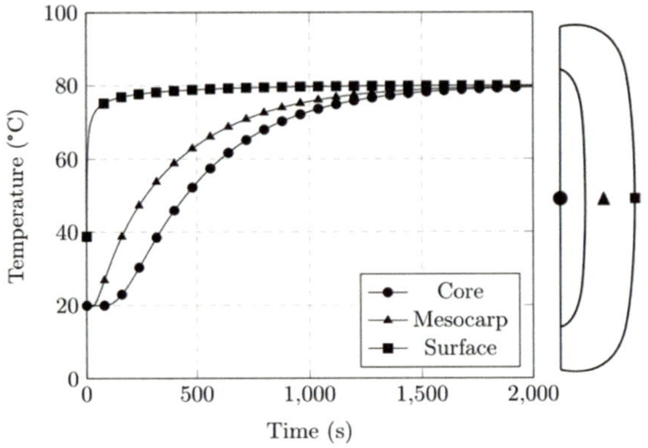

Figure 4.
Temperature profiles in blanched cucumber.

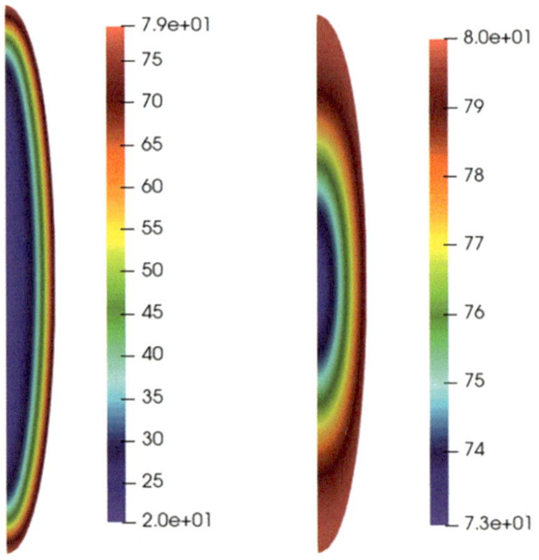

Figure 5.
Temperature distributions (°C) at 100 s and 1000 s in the cucumber blanching process.

Dimension	Value, m
Cylinder length	0.0538
Largest diameter in mesocarp	0.0436
Largest diameter in endocarp	0.0255
Smallest diameter in mesocarp	0.0380
Smallest diameter in endocarp	0.0200

Table 4.
Dimensions for the carrot.

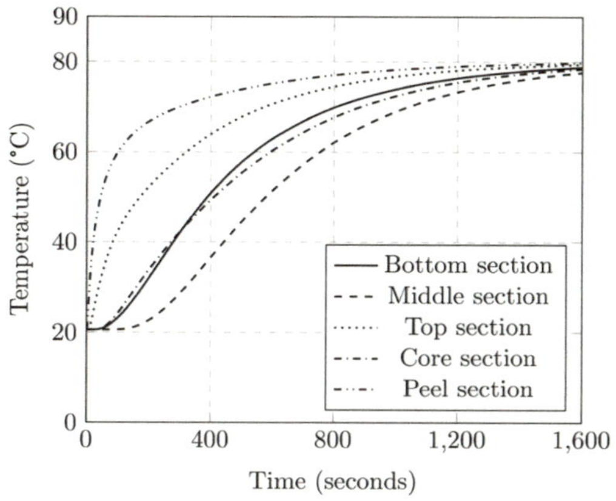

Figure 6.
Temperature profiles in blanched carrots.

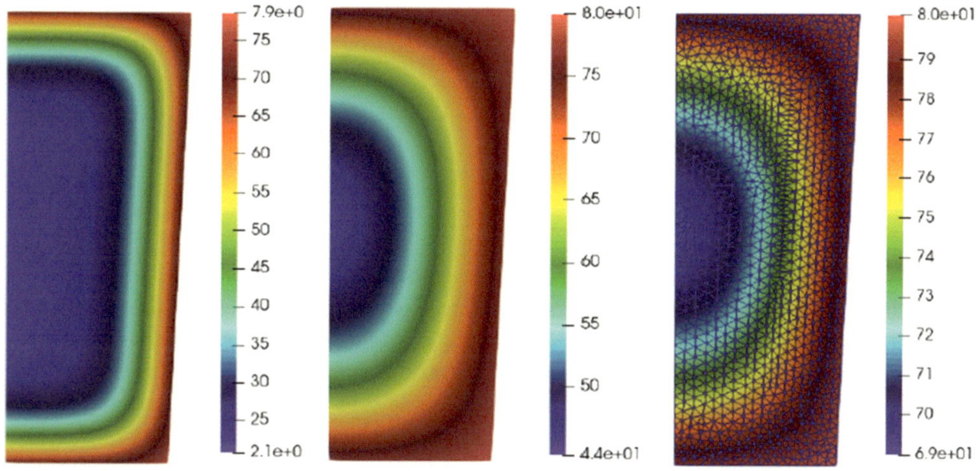

Figure 7.
Temperature distributions (°C) at t = 100 s, 500 s, and 1000 s.

layers reported in [11]. This is solved with the computational code found in https://github.com/careales/BookHeatTransferExamples

Figure 6 shows the temperature dynamics at different points in the carrot geometry studied: bottom point (0, 0.01), middle point (0, 0.027), top point (0, 0.05), heart point (0.0105, 0.027), and rind point (0.019, 0.027). This behavior is like what occurs in the blanching of a cucumber, which was already analyzed in the previous example..

On the other hand, **Figures 7** and **8** show the temperature distribution at different processing time values (100 s, 500 s, and 1000 s). It is observed that there are no abrupt temperature changes at the cortex/core interface, which is achieved thanks to the correct connection of the nodes at the interface between one domain and another.

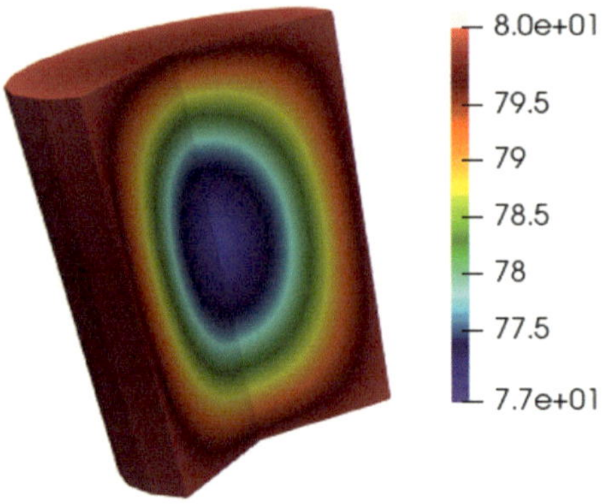

Figure 8.
Temperature distribution (°C) in three-dimensional domain, t = *1,500 s.*

	Density (ρ), kgm^{-3}	**Thermal conductivity (κ), W m^{-1}K^{-1}**	**Specific heat (C_p), J kg^{-1} K^{-1}**
Pulp (Ω_1)	977	0.425	3460
Seed (Ω_2)	1172	0.454	2765

Table 5.
Physical parameters of avocado.

Case 3: Avocado Cooling Process: In this last example of this section, an avocado undergoing air precooling is considered [12]. Heat generation resulting from respiration is accounted for, while radiative losses at the fruit surface are considered negligible. As in the previous examples, an axisymmetric model suitable for this type of fruit (Eq. (36)) is used, and a finite element method is also used to approximate the temperature distribution. Heat generation due to respiration is estimated from (Eq. (37)):

$$Q_v(T) = 513 - 142T + 12T^2 - 0.22T^3\left(Wm^{-3}\right) \tag{37}$$

The specific heat and thermal conductivities of the two components of the domain are estimated using the equations proposed for the avocado fruit based on the water and oil contents, shown in **Table 5**.

This problem is of constant physical parameters, however, the heat of respiration is dependent on the temperature and, in addition, the degree of the (Eq. (37)) makes it classified as a nonlinear problem, as indicated for the (Eq.(36)). The initial temperature is 30°C, the temperature of the cold air is 10°C and the value of the convective coefficient of heat transfer was 643.6 W/m^2°C. This is solved with the computational code found in https://github.com/careales/BookHeatTransferExamples

Figures 9, **10**, and **11** show the temperature profiles at five (5) points of the avocado: Point 1 (0,0.06), Point 2 (0.02,0.06), Point 3 (0.03,0.06), Point 4 (0.01,0.1), and Point 5 (0.02,0.03). This behavior is typical in the cooling processes of most foods: first, there is a slow decrease in temperature; second, the

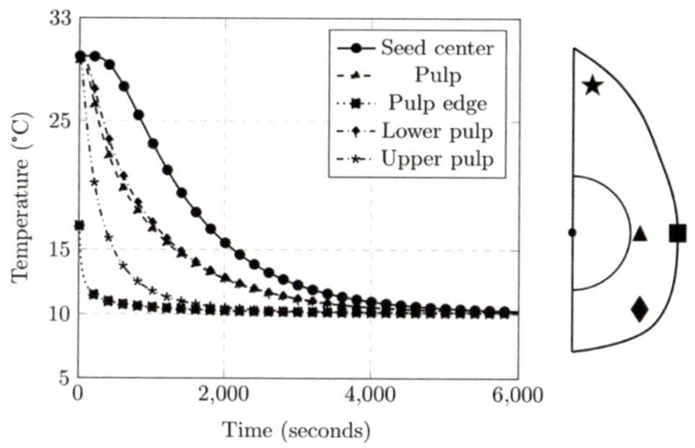

Figure 9.
Temperature profiles in avocado.

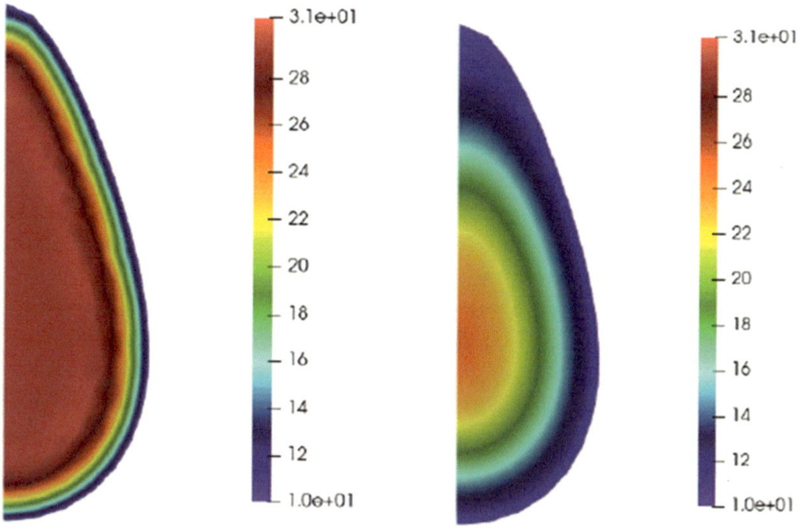

Figure 10.
Temperature distributions (°C) at t = *100 s and 1000 s.*

temperature decreases rapidly until the food reaches a steady state with the cooling fluid.

3. Conclusion

The application of the finite element method (FEM) to heat transfer in food processing represents a significant advance in the optimization of thermal processes. From a mathematical perspective, the use of partial differential equations (PDEs) and their solution using numerical techniques such as FEM allows for the approach to complex problems with irregular geometries and varied boundary conditions. This approach not only facilitates the derivation

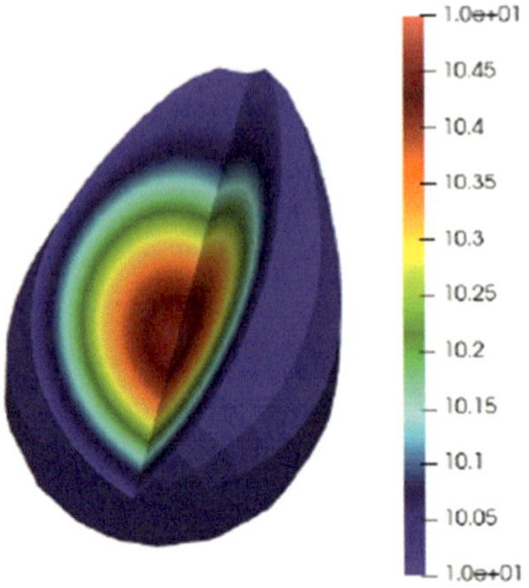

Figure 11.
Temperature distributions (°C) in three-dimensional domain, t = *5,000 s.*

of internal temperature distributions but also allows for the identification of critical zones of overheating or cooling, which is essential for designing efficient thermal strategies.

In the field of food engineering, heat transfer is a fundamental process that directly affects the quality, organoleptic properties, nutritional profile, and shelf life of food products. The ability of FEM to model and simulate this phenomenon under realistic and non-ideal conditions is crucial for ensuring thermal efficiency in preservation and processing operations. The examples presented, such as blanching cucumber and carrot, as well as cooling avocado, demonstrate the applicability of FEM in the food industry. In closing, the integration of advanced mathematical tools with specific food engineering knowledge allows for improved understanding and control of thermal processes, therefore contributing to innovation and optimization in the food industry.

Nomenclature

C_p	specific heat of the material ($Jkg^{-1}K^{-1}$)
h	convective heat transfer coefficient
t	time (s)
T	temperature (°C)
T_∞	temperature of the heating fluid (°C)
T_0	initial temperature (°C)

Greek letters

ρ	Density (kgm^{-3})
k	Thermal conductivity ($Wm^{-1}{}^{\circ}C^{-1}$)

DOI: http://dx.doi.org/10.5772/intechopen.1012532

Author details

Ana López-Palencia, Carlos Reales-Martínez and Fabián A. Ortega-Quintana*
Universidad de Córdoba, Montería, Colombia

*Address all correspondence to: fortega@correo.unicordoba.edu.co

References

[1] Bird R, Stewart W, Lightfoot E. Transport Phenomena. 1st ed. New York: Wiley; 2006. p. 928

[2] Castro A, Mayorga E, Moreno F. Mint: Mathematical modelling of convective drying of feijoa (*Acca sellowiana Berg*) slices. Journal of Food Engineering. 2019;**252**:44–52. DOI: 10.1016/j.jfoodeng.2019.02.007.

[3] Puri V, Anantheswaran R. 1993. Mint: The finite-element method in food processing: A review. Journal of Food Engineering. **19**(3):247–274. DOI: 10.1016/0260-8774(93)90046-M.

[4] Adams R, Fournier J. Pure and Applied Mathematics. 2nd ed. Amsterdam: Elsevier/Academic Press; 2003. p. 305

[5] Gopalakrishnan J, Pasciak J. Mint: The convergence of V-cycle multigrid algorithms for axisymmetric Laplace and Maxwell equations. Mathematics of Computation. 2006;**75**:1697–1719

[6] Khennane A. Introduction to finite element analysis using Matlab and Abaqus. 1st ed. Boca Raton: CRC Press; 2013. p. 453

[7] Çengel Y, Ghajar A. Heat and Mass Transfer. Fundamentals & Applications. 5th ed. New York: McGraw Hill; 2015. p. 968

[8] Yeo Y. Chemical Engineer Computation with Matlab. 2nd. Boca Raton: CRC Press; 2020. p. 847. DOI: 10.1201/9781003090601.

[9] Fasina O, Fleming H. Mint: Heat transfer characteristics of cucumbers during blanching. Journal of Food Engineering. 2001;**47**:203–210. DOI: 10.1016/S0260-8774(00)00117-5.

[10] Ortega-Quintana F, Pérez-Sierra O, Tarrá-Lozano L, López-Acosta E. Mint: Modelado Matemático de la Transferencia de Calor del Proceso de Escaldado de Zanahoria (*Daucus carota L.*). Información Tecnológica. 2017;**28**(6):3–10

[11] Valente M, Chambarel A, Cordonnier J, Pumborios M. Mint: Finite element modelling of heat transfer in avocados. International Agrophysics. 1996;**10**:123–129

[12] Choi Y, Okos M. Mint: Effects of Temperature and Composition on the Thermal Properties of Foods. Journal of Food Engineering and Process Applications. 1986;**1**:93–101

Chapter 6

Finite Element Analysis for Micromixing Applications

Imran Shah, Babar Hayat and Shijun Ji

Abstract

Micromixers play an important role in microfluidic systems by enhancing fluid mixing at the microscale. This fluid mixing is vital for applications in biomedical, thermal, chemical, and energy harvesting systems. Finite element analysis (FEA) provides efficient numerical methods and simulation tools for simulating fluid flow and mass transfer within various micromixers. This chapter focuses on the application of FEA for micromixing, including experimental and numerical studies on Y-shaped split-and-recombine (SAR) micromixers, Cantor fractal-based micromixers, and obstacle-based micromixers. The comparative critical discussions highlight the optimal parametric design, mixing index, and performance evaluation for different real-time applications. An index above 80% is acceptable as per micromixing criteria. All proposed designs studied and included in this chapter have a mixing index in the range of 80–99% for Reynolds numbers of 10–100. These designs, with efficient mixing capability, can be implemented for real-time applications.

Keywords: micromixers, mixing index, finite element analysis (FEA), computational fluid dynamics (CFD), microfluidics, and mixing efficiency

1. Introduction

Micromixers are the main components in microfluidic systems, which enable efficient fluid mixing at very small length scales called the microscale. At the microscale, fluid flows through small channels, and the flow is laminar [1]. On the macroscale, fluid flow is turbulent, and fluids are mixed due to convection and advection without the use of a micromixer. In microscale mixing, molecular diffusion and convection do not occur. Introducing convection and producing mixing effects in microchannels requires certain geometrical changes for passive mixing, while in active mixing [2], some external energy sources must be connected to produce a disturbance in the flow and create a mixing effect. There are advantages to passive micromixers, as they do not require external energy, but their geometry is difficult to fabricate. In the active case, fast mixing is possible, but the integration of the energy component is challenging. COMSOL is a finite element analysis (FEA)-based tool used for FEA, solving the Navier–Stokes and convection–diffusion equations to provide a robust numerical solution for micromixer flow. The concentration diluted module is used for mixing species of different concentration fluids; usually, 0 and 1 are used, and ultimately, 0.5 represents the mixed condition.

2. Background on micromixing and FEA

Micromixing can be categorized into two main types: active and passive [3]. Active micromixers work using external sources of energy, such as electricity and pressure. Similarly, acoustic fields and magnetic fields are used for active mixing. On the other hand, passive micromixers do not require any external source of energy and utilize geometric features to enhance fluid mixing. Y-shaped split-and-recombine (SAR) structures, Y-shaped Cantor fractals, and M-shaped obstacle designs are widely investigated and focused on in this chapter for their better mixing capability. The FEA tool, COMSOL, enables the simulation of these designs by modeling fluid dynamics and mass transport at microscale dimensions. The performance of these proposed designs is compared using line plots and surface plots to measure their mixing capability for the selection of a better design.

3. Finite element modeling methodology

3.1 Modeling steps

The finite element method (FEM) is used to model and solve the micromixer problem using stiffness matrices and other techniques. However, if matrices exceed 12 by 12, it becomes too difficult and time-consuming to solve the problem [4]. For these larger matrices, FEA tools like COMSOL are widely used for micromixer simulations to discretize complex geometries and solve them accurately in less time. The FEM techniques are coded and utilized for FEA analysis in the software [5]. The software is used as a black box by providing input, defining physics, and obtaining the solution as an output accordingly. The simulation methodology typically involves the following steps:

a) Geometry making of micromixer designs (Y-shaped, fractal, or obstacle-based).

b) Meshing/Discretization of the microchannel domain/geometry into finite elements.

c) Applying the boundary conditions, such as inlet velocity, outlet pressure, and no-slip walls, within the physics.

d) Solution of fluid flow by Navier–Stokes and species by transport (convection–diffusion) equations after computation and running the simulation.

e) The post-processing is conducted to evaluate the concentration and velocity profiles distribution, along with the mixing index calculation.

The details of all these steps are represented in **Figure 1**.

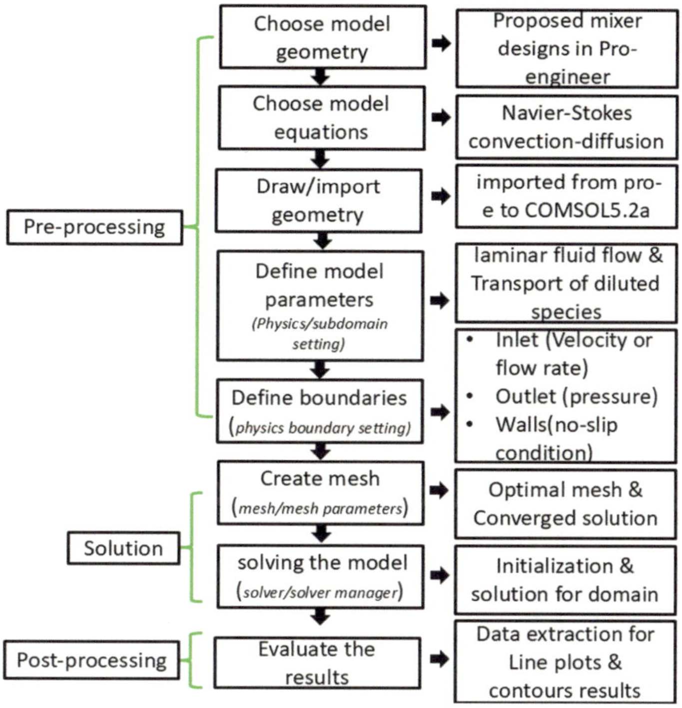

Figure 1.
Represents the flow diagram for simulation processes in different steps.

3.2 Physics for micromixers

The following equations of Navier-Stokes and the concentration of diluted species are utilized with boundary conditions of inlet velocity and outlet pressure. No no-slip boundary condition is used on the walls of the channel.

Steady equation:

$$\rho \nabla . \vec{V} = 0 \tag{1}$$

Navier-Stokes equation:

$$\rho(V.\nabla)V = \nabla.[-PI + \mu\left(\nabla V + (\nabla V)^T\right] + F \tag{2}$$

Convection-diffusion equation

$$\nabla.(-D\nabla C_i)C + V.\nabla C_i = R \tag{3}$$

$$V = V_0, \text{ at inlets} \tag{4}$$

$$V = 0, \text{ at walls} \tag{5}$$

$$P = 0, \text{ at outlet} \tag{6}$$

where V is velocity, P is pressure, F is the body force, and R is the source term.

3.3 Mixing index calculation

The mixing index calculation formula is given by Equations 7–9 as presented below [6]. A mixing index value of 0 represents an unmixed situation, while a value of 1 represents fully mixed conditions.

$$\sigma = \sqrt{\frac{1}{n}\sum_{i=1}^{n}(c_i - c)^2} \quad (7)$$

$$\boldsymbol{\sigma}_{max} = \sqrt{C(1 - C)} \quad (8)$$

$$M = 1 - \sqrt{\frac{\boldsymbol{\sigma}^2}{\boldsymbol{\sigma}^2{}_{max}}} \quad (9)$$

where M is the mixing index, σ is the standard deviation, $\boldsymbol{\sigma}_{max}$ is the maximum standard deviation, C is the concentration average value of the standard input of 0 and 1 at two inlets, and C_i represents any value on the cross-sectional plane as shown in **Figure 2**. Usually, 400 C_i values are enough for accuracy.

3.4 Mesh Independence test

The numerical simulation conducted through the FEM, based on COMSOL software, requires accuracy in results. To ensure this accuracy, the mesh is initiated with an initial normal or fine mesh, and then it is refined to finer and extremely fine mesh settings by default within the COMSOL mesh settings. Usually, an experienced user begins with a slightly fine mesh that leads to quick convergence and stability of results. The simple meaning of this test is that if the size of the mesh is changed, there will be no significant effect on the results, and this point is referred to as mesh independence. An optimal mesh: "A mesh with low computational cost and enough accuracy is called an optimal mesh." This optimal mesh is selected based on the results of the mesh independence test, and then all simulations are performed using this mesh exclusively. For example, **Figure 3** shows a meshing sample with

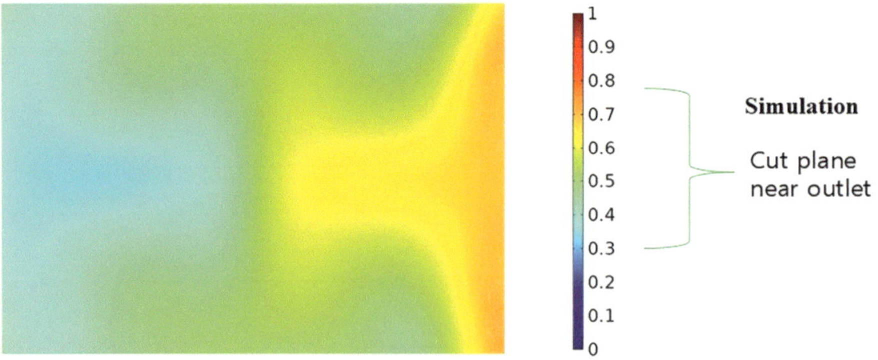

Figure 2.
Represents the cut plan result on the cross-sectional plan of the micromixer channel for mixing index calculation.

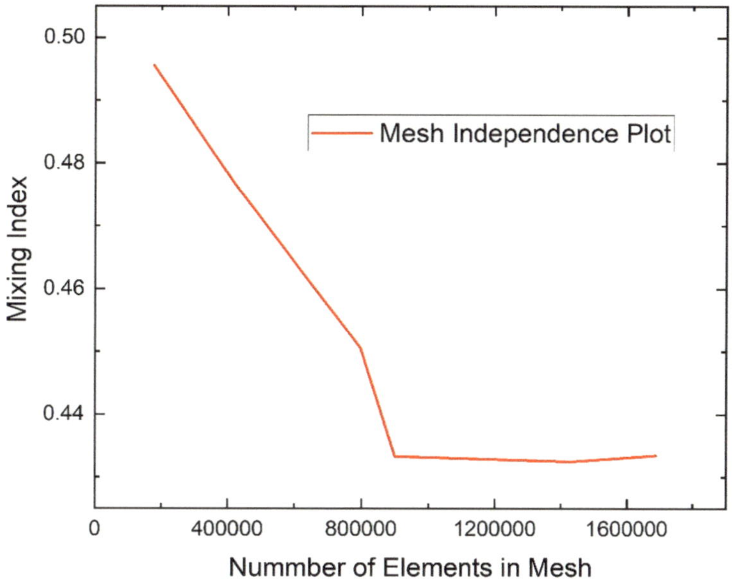

Figure 3.
Shows the mesh-independent test result for the number of elements versus mixing index.

several line plot results. The number of elements is changed from 177,359 to 1,688,555, and the results for the last three numbers of elements are very close. Therefore, the mesh with 900,150 elements is selected as the optimal mesh to save computation, and at this point, the accuracy of the results is sufficient or remains consistent.

Similarly, the optimal mesh detail can be added to research from mesh statistics, just like the number of elements, as discussed above. These may be vertices, faces, etc. An example of an optimal mesh with a magnified view of different portions for easy visualization is presented in **Figure 4**.

3.5 Validation of results

The FEA numerical model needs to be validated against experimental work or simulation. If the results are within a 10% error, they are considered authentic and acceptable. There are three kinds of solutions for any problem: analytical, simulation, and experimental. The strongest solution is analytical, but it is limited to regular geometry and areas where mathematical models are available. Experimentation involves fabricating and testing the material or structure through destructive or non-destructive testing. However, random, systematic, and apparatus errors may lead to inaccurate solutions. Proper care is required, and in some cases, repeated testing is necessary, which increases material costs, fabrication costs, labor, and equipment expenses. These factors make the solution very expensive, and experimental work requires cross-verification to ensure the authenticity of the results. The third approach is numerical simulation. In this case, many assumptions are made during the modeling phase, such as the flow being viscous and incompressible, and the absence of temperature effects on density, among others. Additionally, truncation errors and the neglect of higher-order derivatives in numerical schemes within the software can lead to predictive closure but not fully accurate results. These results

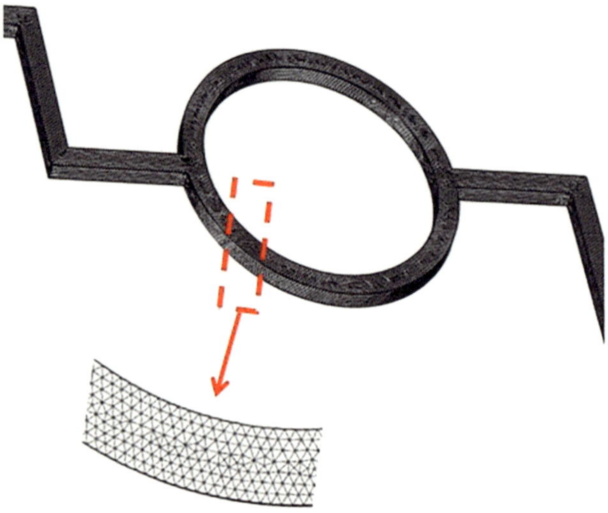

Figure 4.
Optimal mesh sample for the numerical simulation model with a magnified view.

can sometimes be misleading, so they also need to be cross-verified through analytical, experimental, or literature-based data. For example, in the case of an analytical model tested for simple regular geometry, once it works correctly, it can be applied to a complex case for which an analytical solution is not possible. The benefit of simulation lies in its requirement for skill and a high-specification PC, which can provide predictive results and even optimization before practical testing, thereby saving significant costs and time.

3.5.1 Why is validation needed

In order to validate the model for the case, there is no opportunity to verify results from analytical solutions or even experimental work. For example, in an analytical case, mathematical equations like turbulence advanced modeling are not yet available, or the geometry is so small that it cannot be fabricated, making testing through experiments impossible. In such a specific case, the only option is to validate with an already published paper in the literature, preferably experimental, but it can also be compared and validated with a previously published numerical paper as evidence that the model is working correctly. During validation, the same conditions used in the experiment or simulation are applied, such as creating the same size geometry and applying physics, etc., as per the technical problem. The results are then compared using surface color plots or line plots and presented in the research article. The same model, after verification, is applied to the proposed case to claim new research results for a new article as their own contribution to the existing literature.

3.5.2 Types of validation

The two types of validation for FEA numerical analysis results are qualitative and quantitative.

3.5.2.1 Qualitative validation

The result of the current model for validation is compared with the surface, arrow plot, and the pattern of color distribution, and the legend shows the same scale magnitude of values for the desired parameter. Then, these compared results of the current model with the literature are referred to as qualitative validation. An example of qualitative validation is shown in **Figure 5.**

3.5.2.2 Quantitative validation

The result of the current model for validation is compared with any of the line plots, and the trends remain the same, along with the % error being below 10%, which means the model is validated. Thus, these compared results of the current model with the literature line plot are called quantitative validation. An example of quantitative validation is presented below in **Figure 6**.

4. Case studies of different micromixer novel designs

4.1 Passive micromixers

4.1.1 Y-shaped split-and-recombine (SAR) micromixers

The experimental and numerical investigations of Y-shaped SAR micromixers demonstrate their effectiveness in enhancing the mixing effect by dividing and recombining the fluid flow channel in the micromixer design [9]. The results indicate that, upon completion of these studies, increasing the number of mixing units significantly improves the mixing index due to the availability of a more enhanced interfacial area between fluid layers. Additionally, an increase in the Reynolds number raises the speed of flow, and due to flow distribution and rotation, mixing is

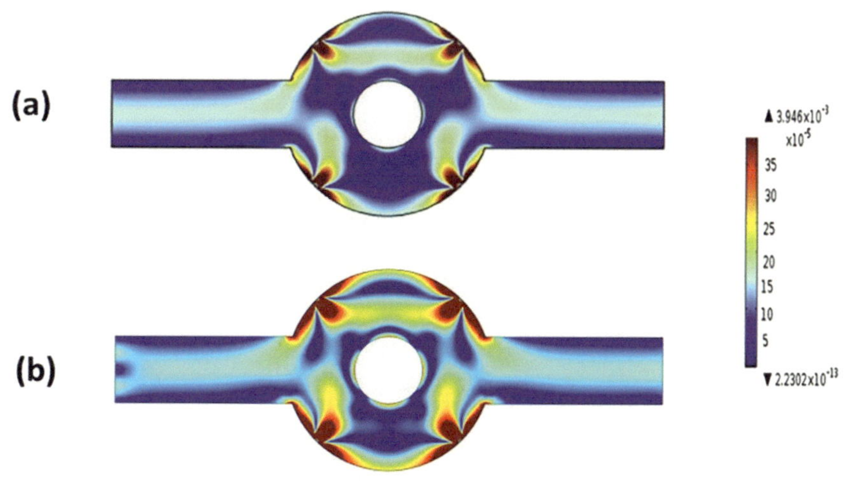

Figure 5.
Represents the qualitative validation of the (a) numerical model [7] and (b) current model results.

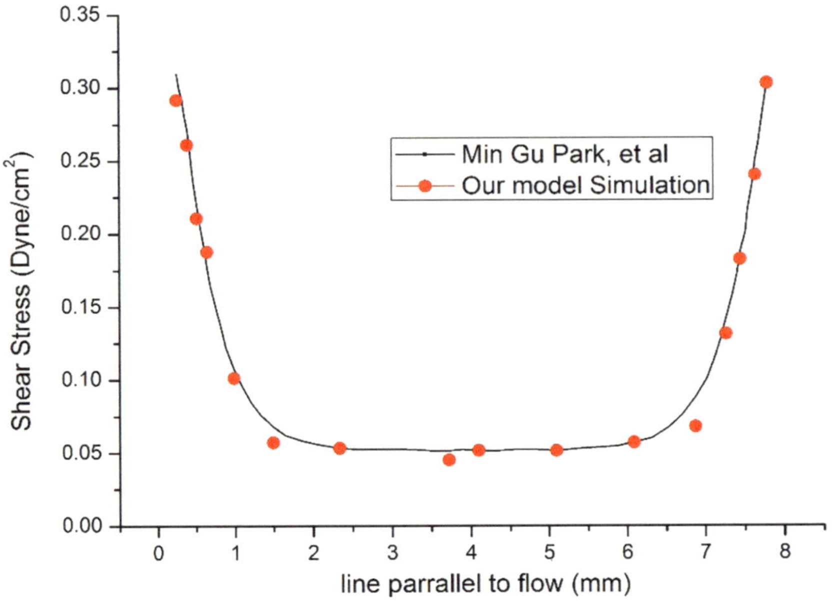

Figure 6.
Quantitative validation by comparing results with the published paper by Min Gu Park et al. [8].

enhanced as swirling and Dean flow effects are produced inside the channel. These two factors influence the mixing and improve the mixing index. In the initial two to three units, the mixing is at a low level; however, as the fluid progresses through additional mixing units, there is a significant increase in the mixing index as convection dominates over diffusion. The experimental setup for testing practical micromixers is shown in **Figure** 7. The fabricated chip and its magnified view during testing are shown in **Figure 8.**

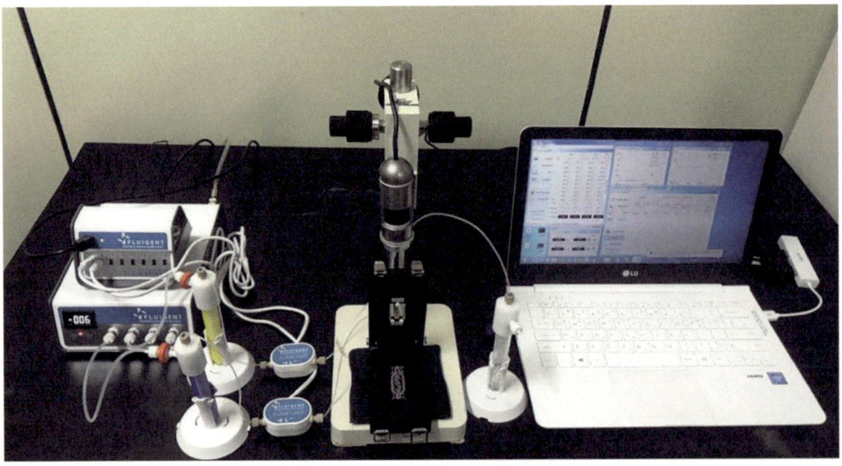

Figure 7.
Experimental setup for micromixer testing.

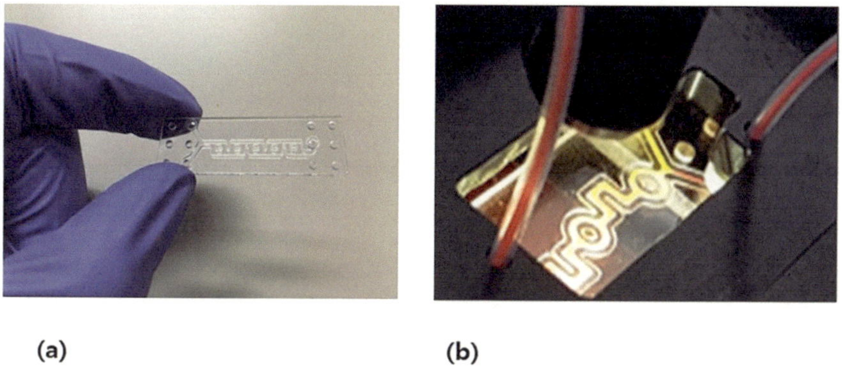

Figure 8.
(a) Fabricated chip and (b) magnified view of fluid flow testing during experiment.

The simulation of a straight-shaped, SAR-based proposed micromixer is presented below in **Figure 9**.

The straight channel shows very low-quality mixing, as there is only diffusion in the middle of the channel. Meanwhile, the proposed SAR demonstrates a good quality of mixing, achieving 93% due to both diffusion and convection occurring.

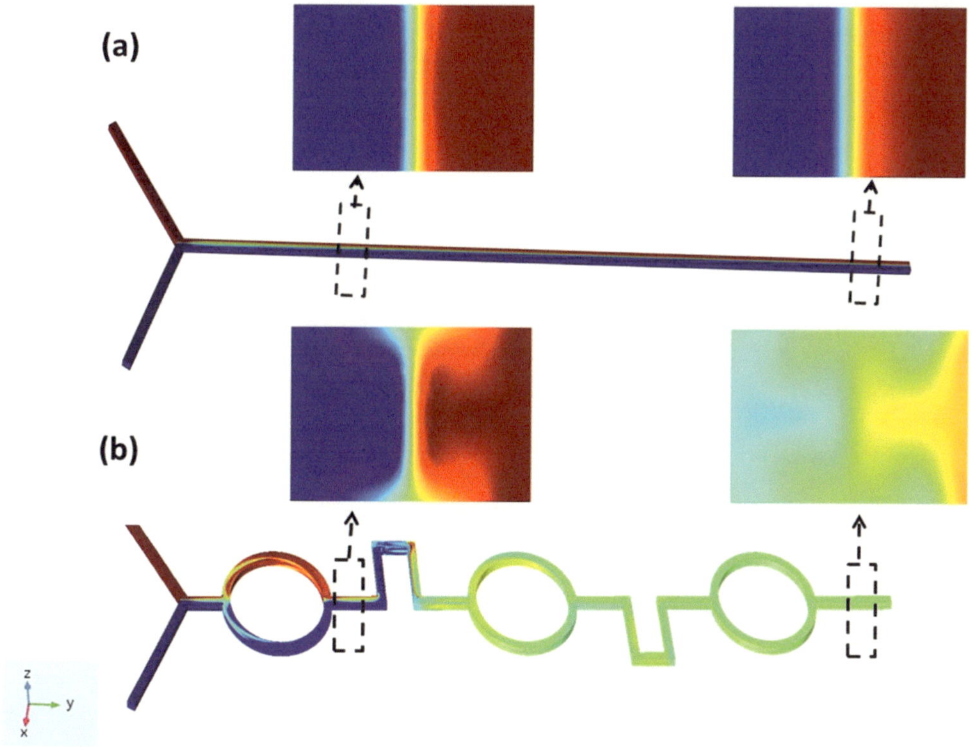

Figure 9.
Comparison of mixing quality between the straight and SAR-based micromixer.

This is attributed to the mixing units and the division of the channel, which produce rotation in the fluid flow.

4.1.2 Cantor fractal-based micromixers

The Cantor fractal-based micromixer designs have been investigated numerically in COMSOL 6.3 and then tested experimentally. These structures increase the interfacial area, producing chaotic advection that results in superior mixing performance. The finite element COMSOL models confirm the scalability of fractal-based micromixers for good mixing and were implemented in real-time for biodiesel synthesis applications [10]. The comparison of experimental and simulation designs of micromixers for Cantor fractal-based ideas is presented in **Figure 10**.

The mixing index is low in the lowest case of the Reynolds number, as there is only diffusion and no convection occurring [11].

4.1.3 Obstacle-based micromixers

Obstacle-based micromixers introduce M-shaped barriers within the channel of the mixer design. When fluid passes through these shapes, it creates secondary flows, rotation, swirling effects, and vortices that enhance the mixing performance. Numerical studies have been carried out using FEA on non-aligned M-shaped micromixers. The results show mixing improvement with a good level of mixing index [12]. These micromixers were used for biomedical applications in laminar flow regions, particularly at low and moderate Reynolds numbers. The M-shaped micromixer's best performance design is presented in **Figure 11**.

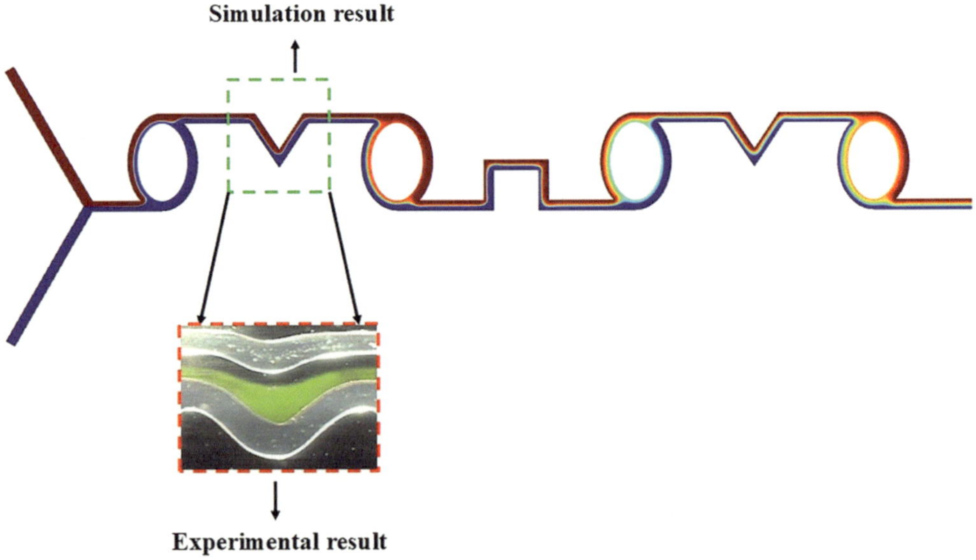

Figure 10.
Cantor fractal-based micromixer simulation and experimental comparison showing agreement at the lowest Reynolds number of 0.5.

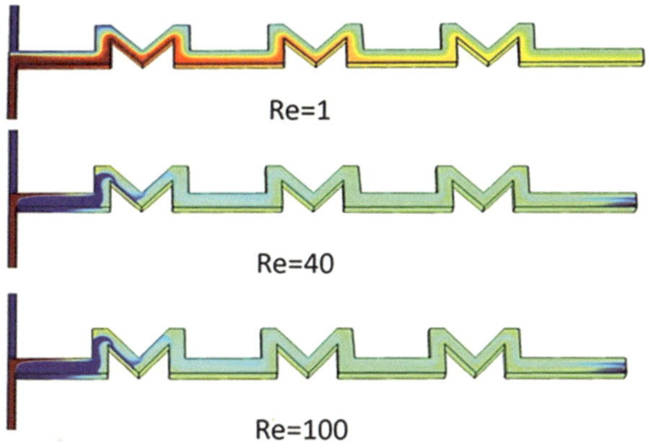

Figure 11.
Represents the M-shaped micromixer with the best performance of 95%.

4.2 Active micromixers

4.2.1 Parametric optimization of an active micromixer using the Taguchi method

The Taguchi method, using Minitab software, has been employed to optimize the active micromixers by studying the effect on mixing efficiency with different sets of input parameters for voltage, frequency, and velocity. Through COMSOL simulations and numerical studies, the optimal parameter sets were selected, which minimized the pressure drop and maximized the mixing index performance. **Figure 12** represents the active micromixer's geometry and results at an optimal set of input parameters selected based on the Taguchi method, along with a complete analysis and testing of nine cases. These nine cases were evaluated at different values of frequency, velocity, and voltage. The result is an obtained frequency of 8 Hz, velocity of 0.1 mms^{-1}, and voltage of 0.5 V [13].

4.2.2 Active mixing by surface acoustic wave

Active mixing is possible through external energy applied, producing a turbulence effect at low Reynolds numbers.

In **Figure 13**, a schematic diagram representing the mixing idea through the surface acoustic wave (SAW) approach is shown. The voltage is applied as an input to the interdigital transducer (IDT).

The voltage produces a vibration effect inside the piezoelectric substrate, and a transverse wave is generated on the surface of the substrate, called a SAW, which interacts with the fluid droplet. Due to the SAW interaction, a mixing effect is produced inside the droplet. This approach produces fast mixing with a high mixing index [14]. The mixing effect produced inside the droplet at different passages of time is presented in **Figure 14**. The results show that mixing is produced inside the droplet while the SAW interacts, and the piezoelectric substrate generates it in the y-direction.

Figure 15 shows the cut plan result in the middle of the droplet for checking the mixing effect inside it. These surface contours represent the y-direction displacement or deformation produced due to the SAW production in the substrate.

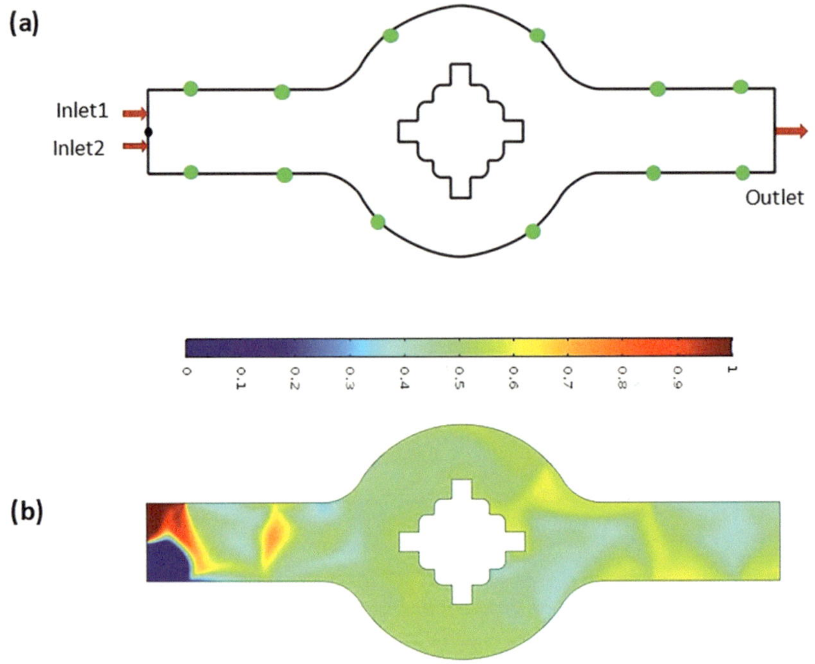

Figure 12.
Represents the active micromixer: (a) geometry with a green dot indicating electrode positions and (b) the optimal set for better mixing effect is frequency 8 hz, velocity 0.1 mm/s, and voltage 0.5 V, obtained based on the Taguchi optimization method.

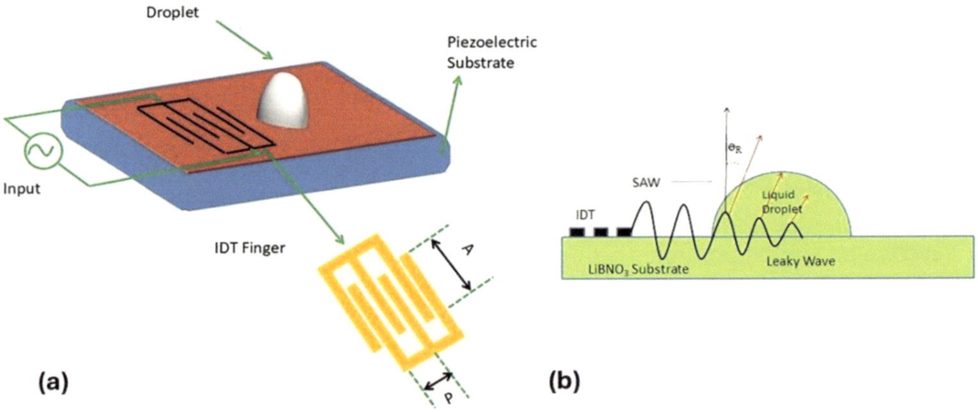

Figure 13.
Represents the active micromixing through surface acoustic wave (SAW).

The color legend, with a blue minimum value and a red maximum value, indicates that the displacement effect varies at different locations, and hence, the mixing effect also changes in the same manner. The y-direction displacement is directly proportional to the mixing effect. This means that the higher the displacement, the greater the ability to produce a mixing effect, and vice versa. Mixing through the SAW concept is very fast and can produce homogeneous mixing, which can be implemented in real-time applications for point-of-care (POC) devices.

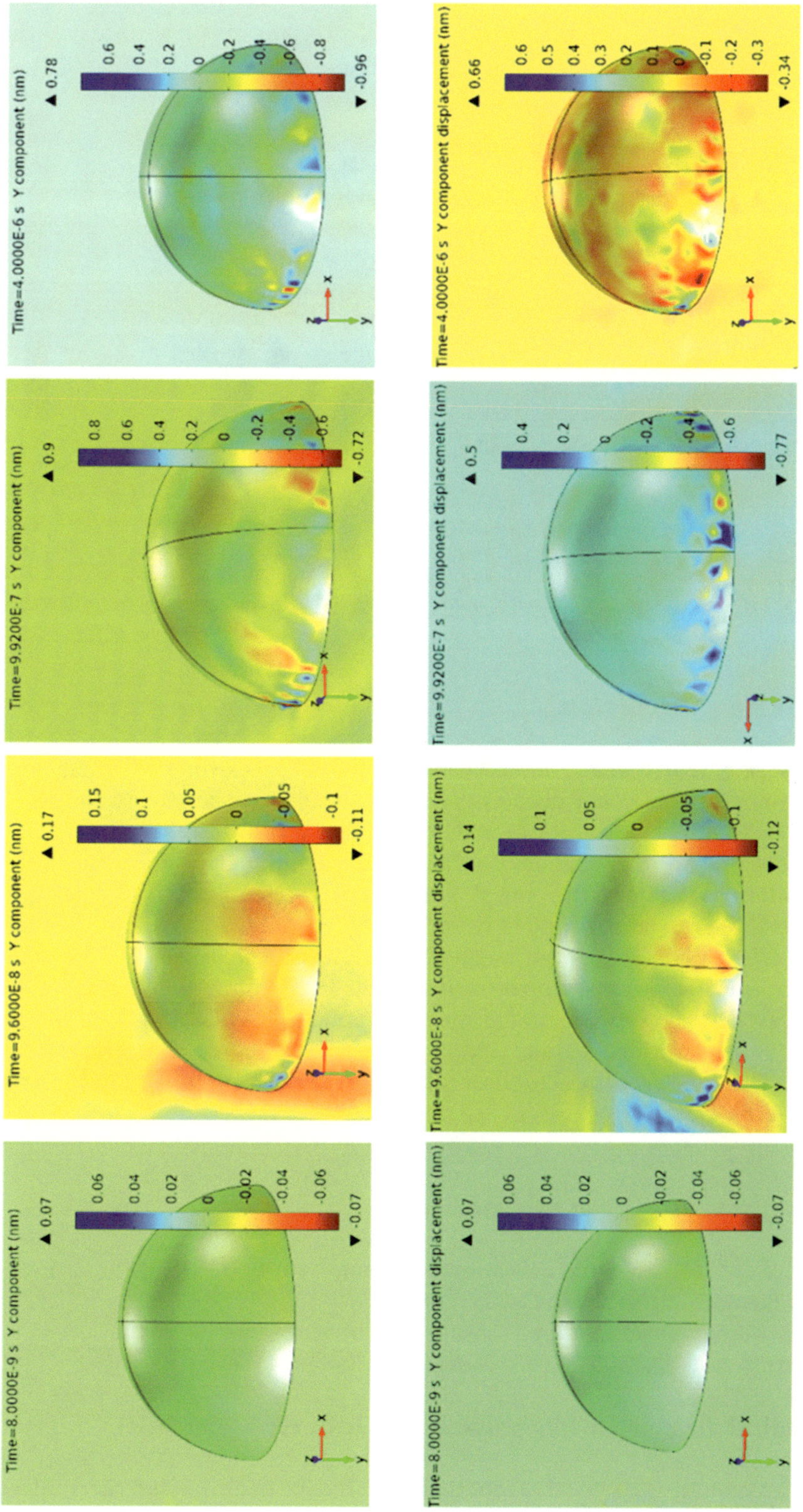

Figure 14.
Mixing effect inside the droplet at different times.

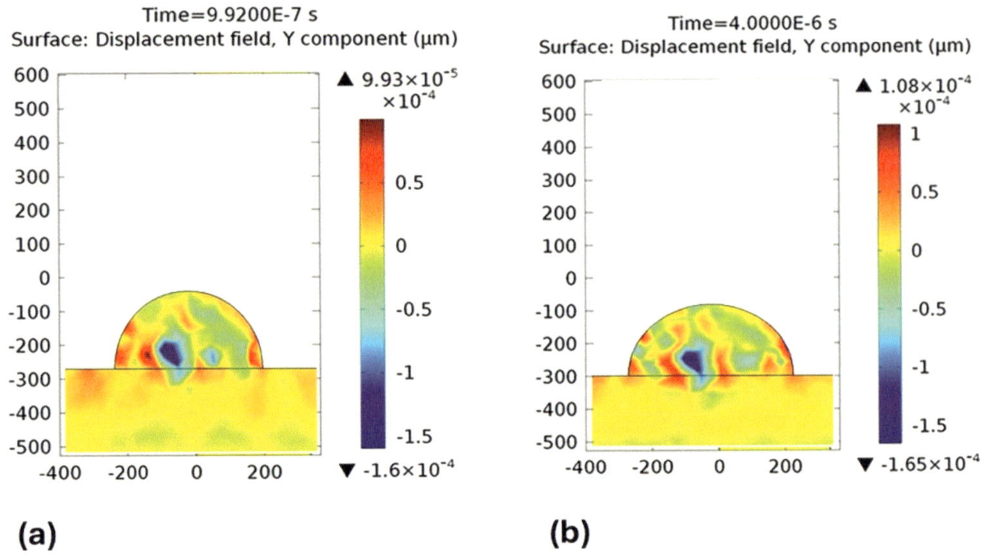

Figure 15.
Shows the results of the y-direction displacement inside the droplet due to SAW.

5. Comparative discussion

The finite element-based COMSOL simulations reveal distinct advantages and are preferred among micromixer designs. The SAR designs are relatively simple compared to other designs and can produce effective results at low Reynolds numbers. The fractal micromixers provide higher mixing efficiency, but they are difficult to fabricate due to the complex nature of the geometry of the design.

The obstacle-based micromixers have the highest performance but cannot be practically fabricated due to their small dimensions and sharp edges. The active micromixer, with parametric optimization using Taguchi methods, offers a 99% mixing index that can be utilized for specific applications. **Table 1** represents the summary of all micromixers simulated, analyzed, and tested, some of them practically. The table shows the highest mixing for active micromixers and the lowest for SAR micromixers.

6. Applications of FEA in micromixing

Micromixers, designed and investigated through finite element simulations using COMSOL, have found applications in:

All these topics, from the application point of view, can be further explained in detail below:

6.1 Biomedical diagnostics like polymerase chain reaction (PCR)

FEA is an emerging, powerful tool to model fluid dynamics and thermal-related profiles in biomedical diagnostics, such as polymerase chain reaction (PCR)

Serial no.	Name of proposed micromixer	Type of micromixer	Length of micromixer	Width of micromixer	Depth of micromixer
1	YHRCSAR	SAR	30 mm	300 μm	200 μm
2	YESSAR	SAR	30 mm	300 μm	200 μm
3	YHCSSAR	SAR	30 mm	300 μm	200 μm
4	TVRMM	Obstacles based	8 mm	200 μm	200 μm
5	Pure active micromixer	Active	80 μm	Width of channel = 10 μm Diameter of chamber = 30 μm	_

Reynolds number	YHRCSAR (Mixing index)	YESSAR (Mixing index)	YHCSSAR (Mixing index)	TVRMM (Mixing index)	Pure active micromixer (AMNO) [10 Hz, 0.5 V, 0.05 m/s] (optimal set of parameters)	
0.5	0.1203	0.1102	0.0936	0.982	Time (sec)	Mixing index
1	0.1418	0.1321	0.0821	0.9178	0	0.7839
10	0.2573	0.2365	0.1837	0.8044	0.1	0.9891
20	0.3569	0.3311	0.2295	0.832	0.2	0.9960
40	0.8065	0.7751	0.7278	0.9106	0.3	0.9909
60	0.9591	0.901	0.8532	0.9695	0.4	0.9857
80	0.976	0.9531	0.9021	0.9588	0.5	0.9787
100	0.9818	0.9926	0.9436	0.9705		

Table 1.
Summary of micromixer results of the mixing index for a range of 0.1–100 Reynolds numbers.

systems. The uniform mixing of reagents is critical for reaction efficiency, sensitivity, and reproducibility in PCR-based microfluidic devices. Simulation-based designs using FEA help in predicting temperature gradients, optimizing chamber design, and bridging the gap between theoretical reaction kinematics/ kinetics and real-time PCR performance. Recent advances in droplet-based microfluidics using two-phase flow and digital control show that efficient mixing improves the amplification of nucleic acids and detection times [15]. Moreover, FEA allows the coupling of thermal cycling with convective flow to accurately replicate experimental PCR conditions. It is evident that the integration of FEA-based predictive numerical models with experimental validation accelerates the selection and utilization of better capability designs for POC PCR devices, thereby reducing prototyping, material, and labor costs. Some studies also highlight the role of FEA in understanding the concept of nanoparticle-assisted PCR and its mixing effect behavior for improved sensitivity [16]. Overall, in conclusion, we can say that FEA bridges theoretical fluid and heat transport with practical, real-time diagnostic performance.

6.2 Biodiesel production and esterification through efficient microreactors

The efficient biodiesel synthesis in microreactors requires precise control of mixing and kinetic reactions. Thus, FEA is utilized by simulating coupled transport phenomena to successfully carry out the reaction. The esterification (reaction of ethanol with any oil, such as sunflower oil) and transesterification reactions depend mainly on the interfacial mixing of oil and alcohol, which is why micromixer design is very important. FEA-based numerical simulations have been used to optimize passive mixers like zig-zag, T-mixers, herringbone, obstacles, and M-shaped geometries, leading to a significant increase in biodiesel yield and production [17]. The numerical models help evaluate the pressure drop and mixing index for biodiesel preparation. Recent work by Shah et al. highlighted that computational methods, such as FEA, can be implemented for testing the Y-shaped Cantor fractal-shaped channel with material properties of ethanol and sunflower oil. The results are promising, as expected, and it can be tested in real-time for biodiesel preparation in the future [18]. Similarly, optimizing the catalysts and continuous microchannel designs for waste oil feedstocks is presented and discussed in detail in the review article by Osman et al. [19]. Thus, FEA helps bridge the gap between ideal chemical kinetics and real reactor operation in the industry by considering low Reynolds number-based turbulence, two-phase flow, and temperature gradients. This results in cost-effective prototyping and fabrication and reduces experimental trial-and-error-based designs. Hence, simulation-based FEA models for biodiesel microreactor designs improve energy efficiency and sustainability.

6.3 Pharmaceutical synthesis, drug delivery, and chemical reactions

In pharmaceutical manufacturing industries, FEA is used to support the predictive modeling of chemical synthesis, controlled drug delivery, and release mechanisms. Accurate mixing is essentially required for uniform drug formulation, nanoparticle material, and chemical synthesis reaction kinetics. The FEA-based computational fluid dynamics (CFD) enables researchers to optimize micromixer geometries for high-throughput synthesis and nanocarrier encapsulation [20]. In drug delivery systems, FEA helps to simulate the injection forces, velocity of flow, capsule disintegration, and microfluidics-based implant release rate. This is useful for bridging theory with real-time in vivo performance, close to in vitro [21]. Some recent advances in self-driving power labs integrate FEA with artificial intelligence (AI) for automated reactions, reducing development time, and aiding in optimization. The uniform mixing predicted by simulation analysis ensures therapeutic safety. Coupling chemical reactions through chemical engineering concepts with FEA mechanical-based methods shortens validation cycles for modern pharmaceutical research and development (R&D). This integration consistently minimizes risk and is beneficial for accelerating drug development and experimentation.

6.4 Point-of-care devices testing for uniform fluid mixing

The POC diagnostic instruments rely on precise and uniform fluid flow mixing to achieve trustworthy test results in resource-limited settings. FEA numerical simulations enable the micromixer design efficiency, and paper-based fluidic systems ensure reagent homogeneity. Recent numerical simulation-based FEA studies on droplet microfluidics demonstrate that optimizing junction angles and channel geometries of Y-shaped channels enhances the mixing index up to 90% at low Reynolds numbers below 100 [22]. In paper-based microfluidics, localized electro-thermal FEA numerical models are used to enhance the reagent transport process without any additional integration of pumps. This is called a passive mixing mechanism [23]. Such models bridge the gap between the theoretical concept of fluid mechanics for laminar flows and real diagnostic test accuracy. By predicting steady-state and time-dependent mixing, FEA consistently reduces experimental failures and improves reproducibility. As POC devices become more complicated, simulation-driven designs will be key to translating laboratory precision into field-ready performance for real-time applications. Shah et al. tested their designs for biomedical purposes to some extent and planned to test them practically as a pilot project; the designs were tested and approved for future real-time use [24].

7. Challenges and future directions

While FEA analysis provides accurate predictions of micromixing capability for real-time fabrication and testing challenges remain in bridging simulations with experimental realities and validation. As there are fabrication limitations, high-level accuracy of dimensions is required, and non-ideal fluid behavior must be accounted for, as some properties may be ideal but may vary in real-time. Additionally, similar scaling effects must be considered. Future research must explore hybrid micromixers that combine different ideas, such as fractal and obstacle-based designs, with machine learning algorithms for perfect optimization to accelerate and more accurately refine the design processes.

8. Conclusion

The FEA is a powerful tool for the optimization of micromixer design and performance evaluation, especially for obtaining predictive results before practical fabrication. By combining numerical simulations with experimental validation, researchers can easily identify the optimal micromixer geometries that can be utilized for biomedical, chemical, synthesis, and thermal applications. Further advances in CFD techniques, along with optimization tools like Minitab software, further enhance the role of FEA in micromixing R&D. The cases studied and previous research have verified that mixing is an important process for biomedical and POC devices to produce uniform mixing for any chemical reaction, such as drug delivery, nanoparticles, etc. The concept is important as lab-on-chip devices have three processes: mixing, separation, and sorting. These three processes are either used individually or in combination in many devices, especially mixing, which is very critical and required for any kind of real-time POC device. The cases discussed show that FEA, using a numerical approach for predictive results, bridges the gap between theoretical and real-time applications.

Acknowledgments

This work is supported by Key R&D Projects of Jilin Province of China (Grant Nos 20220201035GX, YDZJ202501ZYTS304 and 20230401099YY), Science Center for Gas Turbine Project (Grant No P2022-A-IV-002- 003), Key R&D Projects of the Ministry of Science and Technology of China (Grant Nos. 2017YFA0701200 and 2018YFB1107600) and National Natural Science Foundation of China (Grant No 51775237).

Author details

Imran Shah[1], Babar Hayat[2*] and Shijun Ji[2]

1 Department of Mechatronics Engineering, Air University, Islamabad, Pakistan

2 School of Mechanical and Aerospace Engineering, Jilin University, Changchun, China

*Address all correspondence to: babarhayat91@gmail.com

References

[1] Balasuriya S. Dynamical systems techniques for enhancing microfluidic mixing. Journal of Micromechanics and Microengineering. 2015;**259**:094005

[2] Ghahfarokhi NJ, Bayareh M, Nadooshan AA, Azadi S.Mixing enhancement in electroosmotic micromixers. Journal of Thermal Engineering. 2021;**7**(2):47–57

[3] Liu YZ, Kim BJ, Sung HJ.Two-fluid mixing in a microchannel. International Journal of Heat and Fluid Flow. 2004;**25** (6):986–995

[4] Hayat, B., et al., Investigation of heat transfer performance of double-walled pipes of heat exchanger for power plant applications. International Communications in Heat and Mass Transfer, 2023. **149**: p. 107115

[5] Hayat, B., et al., Effect of surface roughness and temperature on thermal properties of double-walled pipes of heat exchangers. International Communications in Heat and Mass Transfer, 2025. **168**: p. 109413

[6] Ward K, Fan ZH. Mixing in microfluidic devices and enhancement methods. Journal of Micromechanics and Microengineering. 2015;**25** (9):094001

[7] Shamloo A, Mirzakhanloo M, Dabirzadeh MR. Numerical Simulation for efficient mixing of Newtonian and non-Newtonian fluids in an electro-osmotic micro-mixer. Chemical Engineering and Processing - Process Intensification. 2016;**107**:11–20

[8] Park MG, Jang H, Lee SH, Justin Lee C.Flow shear stress enhances the proliferative potential of cultured radial glial cells possibly via an activation of mechanosensitive calcium channel. Experimental Neurobiology. 2017;**26** (2):71–81

[9] shah I, Kim SW, Kim K, Doh YH, Choi KH. Experimental and numerical analysis of Y-shaped Split and recombination micro-mixer with different mixing units. Chemical Engineering Journal. 2018;**358**:691–706

[10] Shah I, Aziz S, Soomro AM, Kim K, SW K, Choi KH. Numerical and experimental investigation of Y-shaped micromixers with mixing units based on cantor fractal structure for biodiesel applications. Microsystem Technologies. 2020. DOI: 10.1007/s00542-020-05036-9

[11] Kim K, Shah I, Ali M, Aziz S, Khalid MAU, Kim YS, et al. Experimental and numerical analysis of three Y-shaped split and recombination micromixers based on cantor fractal structures. Microsystem Technologies. 2019;(10):2953–2965

[12] Irfan M, Shah I, Niazi UM, Ali M, Ali S, Jalalah MS, et al. Numerical analysis of non-aligned inputs M-type micromixers with different shaped obstacles for biomedical applications. Proceedings of the Institution of Mechanical Engineers, Part E: Journal of Process Mechanical Engineering. 2021;09544089211051630

[13] Shah I, Su Jeon H, Ali M, Yang DH, Choi KH.Optimal parametric mixing analysis of active and passive micromixers using Taguchi method. Proceedings of the Institution of Mechanical Engineers, Part E: Journal of Process Mechanical Engineering. 2019;**233**(6):1292–1303

[14] Shah I, Uddin E, Mubashar A, Sajid M, Younis MY, Samad H, et al. Numerical investigation of surface acoustic wave (SAW) interacting with a droplet for point-of-care devices. The International Journal of Acoustics and Vibration 2019;**24**:632–637

[15] Barzoki AK, Mohseni A, Bazyar MM, Mohammadi K Investigating mixing efficiency in droplets: A comprehensive study of numerical modeling and experimental testing in 3D-printed microfluidic devices. 2024. Available from: https://arxiv.org/pdf/2401.08354 [Accessed: 2025-September-9]

[16] Yao Q, Yang X, Wang Y, Wang J, Huang S, Song J, et al. Development and preliminary evaluation of a nanoparticle-assisted PCR assay for the detection of cryptosporidium parvum in calves. Animals 2022;**12**:1953

[17] Subramaniam K, Ky W, KH W, Chong CT, Ng JH.Enhancing biodiesel production: A review of microchannel reactor technologies. Energies. 2024;**17**(7):1652

[18] Shah I, Aziz S, Soomro AM, Kim K, SW K, Choi KH. Numerical and experimental investigation of Y-shaped micromixers with mixing units based on cantor fractal structure for biodiesel applications. Microsystem Technologies. 2021;**27**(5):2203–2216. DOI:10.1007/s00542-020-05036-9

[19] Osman AI, Nasr M, Farghali M, Rashwan AK, Abdelkader A, Al-Muhtaseb AH, et al. Optimizing biodiesel production from waste with computational chemistry, machine learning and policy insights: A review. Environmental Chemistry Letters. 2024;**22**(3):1005–1071. DOI: 10.1007/s10311-024-01700-y

[20] Tom G, Schmid SP, Baird SG, Cao Y, Darvish K, Hao H, et al. Self-driving laboratories for chemistry and materials science. Chemical Reviews. 2024;**124**(16):9633–9732. DOI: 10.1021/acs.chemrev.4c00055

[21] Finite Element Analysis for Medical Devices & Biomaterials. Exponent [Internet]. [cited 2025 Sep 10]. Available from: https://www.exponent.com/capabilities/finite-element-analysis-medical-devices-biomaterials?utm_source=chatgpt.com

[22] Hajihadi Naghash T, Haghgoo AM, Bijarchi MA, Ghassemi M, Shafii MB. Performance of microball micromixers using a programmable magnetic system by applying novel movement patterns. Sensors and Actuators, B: Chemical. 2024;**406**:135403

[23] Kunti G, Das SS, Pedireddi VM, Bhattacharya A, Chakraborty S Energy-efficient micromixing in paper based devices mediated by the interplay of electrical and thermal fields. 2019 [cited 2025 Sep 10. Available from: https://arxiv.org/pdf/1905.06972

[24] Irfan M, Shah I, Niazi UM, Ali M, Ali S, Jalalah MS, et al. Numerical analysis of non-aligned inputs M-type micromixers with different shaped obstacles for biomedical applications. Proceedings of the Institution of Mechanical Engineers, Part E: Journal of Process Mechanical Engineering. 2022;**236**(3):870–880. DOI: 10.1177/09544089211051630

Chapter 7

Finite Element Method for Design of Flexible Tactile Sensors Toward Wearable Monitoring Applications

Peng Wang, Yu Lv, Li Chen, Xiufeng Li, Xiaoyu Cao and Chuizhou Meng

Abstract

Flexible tactile sensors have recently emerged as a core component with potential for practical applications in wearable electronics, including health monitoring, motion recognition, human–machine interaction, and soft robotics. However, the traditional trial-and-error sensor development cycle of "material screening-device fabrication-performance testing" is constrained by the limitations of low efficiency, high cost, and deficient mechanistic insight. The finite element method (FEM), as a powerful numerical simulation technique, offers a viable approach to address these issues through discretization of complex geometries and establishment of coupled multiphysics equations encompassing mechanical, electrical, and thermal phenomena. This book chapter introduces the fundamental principles and reviews the state-of-the-art applications of FEM in the design of flexible tactile sensors, especially the ones with complex structuration. First, the general workflow of FEM modeling, selected strategies for mainstream software, and key techniques such as multiphysics coupling and constitutive behavior of materials are examined. Second, the role of FEM in the design optimization and mechanistic investigation of four typical tactile sensor categories, including the piezoresistive, capacitive, triboelectric, and temperature ones, is discussed with numerous representative progressing works. Third, the prospective advancements in FEM, including the development of more sophisticated multiphysics coupling models, integration of machine learning for the forward design of smart materials, expansion into system-level integration with reliability assessment, and promotion of sustainable design strategies, are outlined. In conclusion, the FEM method plays a pivotal role in advancing the next-generation flexible sensor technology toward high performance, integration, intelligence, and sustainability through mutual verification between virtual simulation and experimental validation.

Keywords: finite element method (FEM), flexible tactile sensors, multiphysics coupling, structural optimization, wearable electronics

IntechOpen

1. Introduction

The skin is known as the largest sensory organ of the human body, and can sensitively perceive external stimuli across diverse and wide ranges, including pressure (1–100 kPa), strain (0.1%–50%), and temperature (20–40°C). This naturally biological perception system offers valuable bioinspiration for the development of flexible tactile sensors [1–3], which have recently emerged as a core component with potential for practical applications in wearable electronics, including health monitoring, motion recognition, human–machine interaction, and soft robotics [4–6]. From the perspective of sensing targets, flexible tactile sensors can be broadly categorized into three types. Pressure sensors are primarily used for detecting physiological signals such as pulse and respiration, as well as motion status such as plantar pressure, and demand high sensitivity (>1 /kPa) and low detection limits (<10 Pa). The strain sensors can detect motions such as joint bending and muscle contraction, and require large strain ranges (>30%) and low hysteresis (<5%). The temperature sensors can convert the temperature-dependent electrical changes of materials into body or environmental temperature readings, and demand a high temperature coefficient (>1%/°C) and strong anti-interference capability.

The challenge shared across all these sensor devices is achieving high performance and long-term stability while maintaining mechanical flexibility and biocompatibility. However, the traditional trial-and-error sensor development cycle of "material screening-device fabrication-performance testing" faces three major bottlenecks. The first one is low efficiency: optimization of device performance typically requires repeated adjustments of material ratios and structural parameters, and each experimental iteration can take several months. The second one is high cost: functional materials such as MXene and graphene, as well as precision fabrication equipment, are expensive; repeated trials lead to significant material waste. The third one is deficient mechanistic insight: experimental methods struggle to directly observe the coupled electro-mechanical behavior, such as conductive pathway evolution or ion migration under strain, restricting the theoretical guidance and structural optimization. To address these challenges, the FEM method can be used as a powerful and efficient numerical tool. FEM discretizes complex geometries into finite elements and establishes coupled multiphysics equations for mechanical, electrical, and thermal properties, enabling accurate prediction of material behavior and device responses. Its advantages in designing flexible tactile sensors are threefolded. The first one is accelerating the development: simulation allows pre-experimental performance prediction, for example, optimizing the active layer thickness or electrode spacing, thus reducing the experimental iterations by up to 60%. The second one is reducing the cost: virtual modeling can optimize material parameters without extensive physical prototypes, saving 30%–50% in material and equipment costs. The third one is gaining the mechanistic insight: FEM visualizes internal stress distribution, current density variation, and ion migration pathways within sensors, providing a theoretical basis for performance tuning [7–10]. As a result, FEM has been widely applied to the design of multiple types of flexible tactile sensors, such as piezoresistive, capacitive, triboelectric, and temperature sensors. When tightly integrated with experiments, FEM has significantly enhanced the controllability, performance, and research efficiency. In the field of wearable monitoring, FEM not only supports the structural optimization of sensing devices but also elucidates sensing mechanisms through multiphysics coupling analysis.

2. Fundamentals of FEM for flexible tactile sensors

The design of flexible tactile sensors involves complex interactions between mechanical deformation and electrical response, with device performance determined by the coupled relationship between material properties and structural configuration. As a critical tool for studying these material–structure–performance interactions, the FEM enables virtual simulation to provide pre-experimental structural optimization and performance prediction. This section introduces the simulation software selection, modeling workflow, and key technical considerations.

2.1 Comparison and selection of FEM software

The simulation of flexible tactile sensors often involves coupled multiphysics problems, including the mechanical, electrical, and thermal properties. Different FEM software platforms vary in accuracy, computational efficiency, and application scope. Currently, the most widely used platforms include ANSYS APDL, COMSOL Multiphysics, ABAQUS, and LS-DYNA [11–13]. Their core features are summarized in **Table 1**.

When selecting a simulation platform, the choice should align with the physical phenomena involved. If the research involves coupled thermo–electro–mechanical fields (e.g., the temperature–pressure dual-mode sensors), ANSYS APDL or COMSOL Multiphysics is preferred. For studies focusing primarily on mechanical performance or fatigue life prediction, ABAQUS is recommended. For dynamic response or transient signal analysis, LS-DYNA offers superior performance. Overall, ANSYS and COMSOL are the most widely adopted platforms in flexible tactile sensor research. Among them, COMSOL is favored for its user-friendly graphical user interface (GUI) and versatile multiphysics coupling, making it suitable for beginners and interdisciplinary collaborations. In contrast, ANSYS excels in handling complex models requiring high computational accuracy and convergence control.

Software	Advantages	Limitations	Applications
ANSYS APDL	High accuracy; supports nonlinear large-deformation and creep analysis; rich material library and custom constitutive modeling	High complexity and computational cost	Multiphysics coupling (pressure/resistive sensors)
COMSOL Multiphysics	Excellent multiphysics coupling; user-friendly GUI; flexible meshing	Slower for highly complex 3D models	Porous structures, ionic migration, thermal sensors
ABAQUS	Strong nonlinear mechanics and fatigue analysis; custom constitutive options	Weak in electrical simulation; often coupled with other solvers	Structural lifetime analysis of strain sensors
LS-DYNA	Efficient transient/dynamic response simulation	Limited for static analysis	Impact, vibration, and transient loading scenarios

Table 1.
Common FEM software for modeling and simulation of flexible sensors.

2.2 General workflow of FEM modeling and simulation

The FEM simulation of flexible tactile sensors generally follows a standardized process: requirement definition → model construction → solution and verification → parameter optimization, ensuring both reproducibility and consistency with experimental results [13, 14]. (1) Requirement definition and parameter setting: after determining the sensor type (strain, pressure, or temperature), application scenario, and performance objectives, key parameters should be collected, including: (a) material properties: for example, polydimethylsiloxane (PDMS) elastic modulus 1.0–1.5 MPa, MXene conductivity 10^4–10^5 S/m; (b) geometric parameters: for example, active layer thickness 10–100 μm, electrode spacing 1–5 mm; (c) loading and boundary conditions: strain 0%–50%, pressure 0–100 kPa, voltage 0.5–1 V, temperature 25–37°C. (2) Geometry modeling and meshing: sensor geometries can be constructed directly in CAD software (e.g., SolidWorks) or reconstructed from image data. For composite or porous structures, material domains should be clearly partitioned and assigned appropriate properties. Critical regions (e.g., electrode interfaces) require refined meshes of 1–5 μm, while the substrate can be coarsened to 10–20 μm to balance computational efficiency and accuracy. (3) Boundary conditions and solver setup: in mechanical simulations, fixed and loaded boundaries are typically defined to model bending, compression, or stretching behaviors. In electrical simulations, voltage or current stimuli are applied across electrodes. The solution type may include steady-state analysis (for performance curves) or transient analysis (for response dynamics). A common convergence criterion is a force residual error below 10^{-5}. (4) Post-processing and iterative verification: after solving, results such as stress distribution, current density, and impedance variation are extracted and compared with experimental measurements. If the deviation exceeds 10%, material parameters or mesh resolution should be adjusted for re-iteration. Additionally, parametric scans, such as varying the conductive filler content or layer thickness, can be conducted to identify optimal design configurations.

2.3 Multiphysics coupling and constitutive behaviors in FEM

The working mechanism of flexible tactile sensors essentially involves a force–electric multiphysics coupling process. Different sensing mechanisms correspond to distinct field interactions and mathematical descriptions. Resistive sensors: the external load causes deformation and rupture of the conductive network, resulting in a macroscopic change in electrical conductivity, which can be approximately expressed as $\sigma = \sigma_0(1 + k\varepsilon)$, where σ is the electrical conductivity under strain, σ_0 is the initial conductivity, k is the gauge factor, and ε is the strain. Capacitive sensors: the applied pressure alters the electrode spacing or contact area, thereby changing the capacitance according to $C = \varepsilon_0\varepsilon_r\frac{A}{d}$, where ε_0 is the vacuum permittivity, ε_r is the relative dielectric constant, A is the effective electrode area, and d is the electrode distance. Temperature or ion-based sensors involve more complex thermo–electro–mechanical or ion–electro–mechanical coupling effects. In such systems, temperature variation or ion migration induces correlated changes in local potential distribution and mechanical deformation, which can be described by the Poisson–Boltzmann equation to capture the relationship between ion concentration and electrostatic potential [15].

In addition, flexible elastic materials typically exhibit nonlinear, viscoelastic, and even strain-dependent conductive behaviors; thus, the appropriate choice of constitutive model is essential. For elastomers such as PDMS and thermoplastic polyurethanes (TPU), Mooney–Rivlin or Neo–Hookean models are commonly employed to describe their nonlinear stress–strain relationships. For hydrogels or ionogels, due to their water content and viscoelastic polymer chain behavior, the Burgers model or generalized viscoelastic models are more suitable. For nanocomposite conductive systems, the Halpin–Tsai model can be used to predict the effective modulus, while the percolation theory describes the evolution of conductive pathways under varying strain conditions. By establishing a proper constitutive model, the microstructural parameters (such as filler distribution and crosslinking density) can be quantitatively correlated with the macroscopic response properties (such as sensitivity, response time, and stability), enabling a multiscale performance prediction from microscopic mechanisms to macroscopic behaviors. Therefore, the accuracy of constitutive modeling and multiphysics coupling settings is the core prerequisite for ensuring the physical reliability and experimental consistency of FEM simulations.

3. Advancements in FEM design of flexible tactile sensors

3.1 FEM design of resistive tactile sensors

Resistive flexible tactile sensors have been extensively studied and applied in wearable monitoring, electronic skin, and human–machine interaction systems owing to their simple structure, easily readable signals, and rapid response characteristics. Their fundamental working mechanism is based on the change in the conductive network or contact resistance of the active layer under external mechanical stimuli, resulting in a measurable resistance variation. However, key performance indicators such as sensitivity, linearity, stability, and mechanical reliability are strongly dependent on the microstructural design of the active layer and the composite material properties. To address these dependencies, FEM provides an effective means of linking the structural mechanics with the electrical transport behavior. By virtually reconstructing the deformation and conduction processes, FEM enables the prediction of sensor response characteristics under various load conditions, offering valuable insights for structural optimization and performance enhancement.

3.1.1 FEM design of resistive strain sensors

By establishing the coupled mechanical–electrical models, FEM can visualize and quantify the stress distribution, current density evolution, and structural deformation during the stretching process, thereby providing theoretical support for optimizing material parameters, microstructural geometries, and device architecture.

3.1.1.1 Bioinspired and microstructural design

Bioinspired microstructural design has proven to be an effective strategy for enhancing both the sensitivity and structural stability of resistive strain sensors.

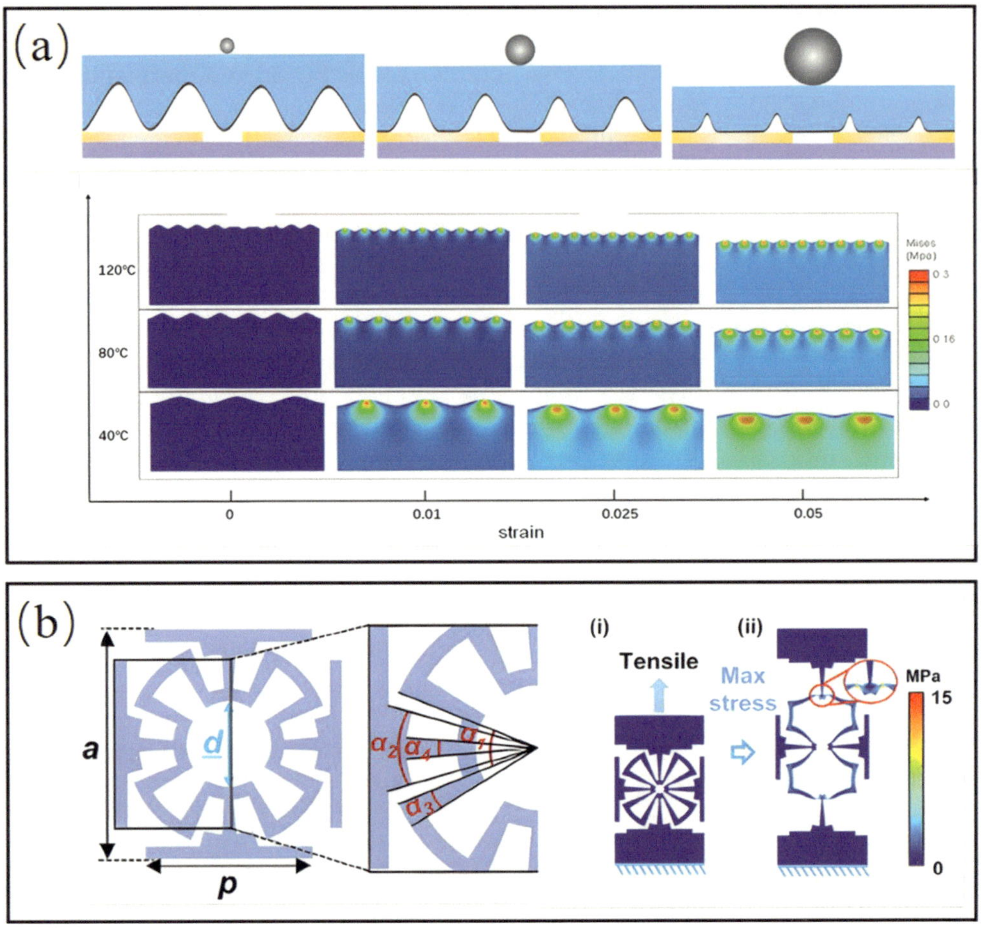

Figure 1.
FEM on the bioinspired and microstructural design of resistive strain sensors. (a) Working principle diagram of the pressure sensors, and stress distribution of wrinkled GNWs annealed at different temperatures (40, 80, and 120 °C) under different strains (ε = 0, 0.01, 0.025, and 0.05) (used with permission [16]). (b) Schematic representation of the circular auxetic design with detailed geometrical parameters and stress distribution of the structure at (i) 0% and (ii) 100% tensile strain (used with permission [18]).

Various natural systems – such as plant tracheids, skin wrinkles, and fish-scale textures – exhibit remarkable deformability and stress-dispersion capabilities, inspiring the construction of stretchable resistive architectures with improved mechanical and electrical performance.

For example, Tang et al. [16] developed a flexible pressure sensor based on a wrinkled graphene nanowall (GNW)/PDMS composite structure, where the wavelength and amplitude of the wrinkles were precisely tuned by controlling the annealing temperature. This approach enabled the fabrication of highly controllable and sensitive surface microstructures. Using ABAQUS, the team systematically simulated the stress distribution and contact area variations under different wrinkle geometries (see **Figure 1a**). Simulation results revealed that when the wrinkle wavelength exceeded 20 μm and the amplitude was greater than 1.5 μm, the variation of conductive pathways during stretching was significantly enhanced, leading to an approximately 50% increase in sensitivity compared with flat structures. Furthermore, the FEM simulation uncovered reversible stress-transfer pathways within the wrinkled structure during cyclic deformation, elucidating the mechanism behind the sensor's low hysteresis and high repeatability under repeated loading. The simulation trends were consistent with experimental results, confirming the model's accuracy. The sensor achieved a high sensitivity of 59 /kPa in the 0–2 kPa range, maintained 4.8 /kPa in the 2–20 kPa range, exhibited a response time below 6.9 ms, and detected pressures as low as 0.2 Pa. Owing to its excellent dynamic performance, the device demonstrated strong potential for applications in plantar pressure monitoring, tactile imaging, and Braille recognition, providing an engineeringly feasible solution for electronic skin and prosthetic tactile systems.

In another work, Wei et al. [17] drew inspiration from the hierarchical porous architecture of plant xylem tracheids, constructing a carbon-based aerogel sensing layer composed of cellulose nanofibers and $Ti_3C_2T_x$ (MXene), with chitosan (CS) incorporated as a bioinspired bridging phase to improve the flexibility and mechanical stability of the framework. The resulting three-dimensional (3D) porous conductive network was fabricated via freeze-drying and carbonization, achieving excellent compressibility and electrical conductivity. Using a 3D porous network FEM model, the team simulated the compressive deformation behavior under varying CS contents of below 10 wt%. The simulation results showed that when the CS content was 5 wt%, the area of stress concentration zones decreased by approximately 68%, while the structural recovery rate increased to about 92%, indicating that CS effectively buffered and redistributed local stress. The simulation trend closely matched experimental findings, verifying the predictive accuracy and design-guiding capability of FEM in optimizing composite ratios and mechanical response. The final sensor exhibited superior compressibility (stable over 10,000 cycles at 50% strain), high sensitivity (177.08 /kPa), and a fast response time (6.3 ms). These characteristics enabled high-performance pulse detection, respiratory monitoring, and joint motion recognition, highlighting its potential in intelligent wearables and biomedical monitoring.

In addition, Cho et al. [18] proposed a composite flexible strain sensor combining microcrack structures with auxetic metamaterials (negative Poisson's ratio) to overcome the limitations of conventional resistive sensors, which typically suffer from reduced sensitivity and nonlinear response under large strains. Using the COMSOL Multiphysics, the authors simulated various combinations of crack spacing (~5 μm) and prestrain ratios (~30%) to elucidate the coupling relationship between geometric configuration, mechanical response, and resistance variation (see **Figure 1b**). The results revealed that with a 5 μm crack spacing and 30% prestrain, the local stress concentration factor increased by approximately 2.3 times, leading to more pronounced disruption and reconstruction of conductive pathways, thereby amplifying the resistance change rate. Meanwhile, the auxetic structure's lateral expansion under tensile loading further enhanced strain sensitivity and linearity. The simulation results showed excellent agreement with experimental data, confirming that the coupling design of microcrack geometry and structural architecture is critical for performance optimization. The resulting strain sensor achieved ultrahigh sensitivity (GF >1,200), a broad strain range (0%–100%), and excellent stability, demonstrating wide applicability in motion recognition and soft-robotic strain feedback systems.

3.1.1.2 Process and interface-driven design

Beyond the structural morphology, the fabrication process and interfacial integrity play a decisive role in determining the long-term performance of flexible sensors. In particular, for inorganic or multilayer composite systems, stress concentration and material mismatch at microscopic interfaces often result in sensitivity degradation and signal drift.

For example, Han et al. [19] addressed the issue of sensitivity reduction and limited lifetime in conventional silicon-based strain sensors under large deformation by proposing a novel "inclined transfer crystal orientation modulation" strategy. In this design, single-crystal silicon nanowires (SiNWs) were employed as the sensing core, and their crystal orientation was programmably tuned through precise etching and transfer processes. The team established a 3D FEM model in Abaqus to simulate stress distribution and displacement response under different crystal orientations (e.g.,<100 > and < 111 >; see **Figure 2a**). The results revealed that the < 111 > orientation exhibited the most uniform stress distribution, with the peak strain concentration reduced by approximately 35%, thereby mitigating conductive path fracture. The simulations further uncovered the relationship between crystal orientation and load-transfer pathways during cyclic tension–compression,

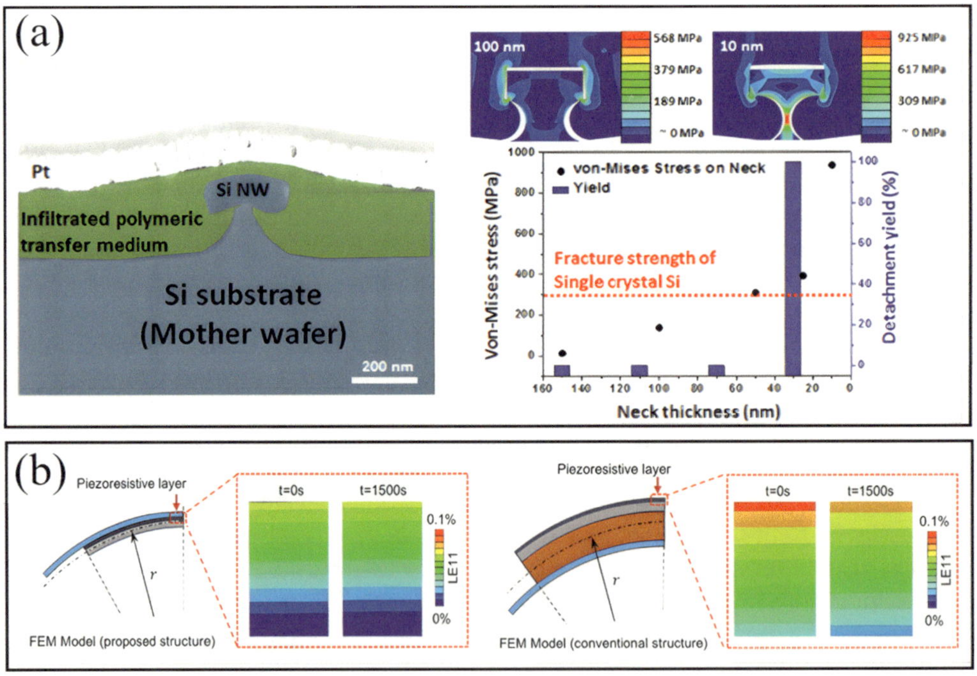

Figure 2.
FEM on process and interface driven design of resistive strain sensors. (a) Cross-section SEM image of infiltrated polymeric transfer medium and grasping the 200 nm-wide silicon nanowires, top: simulation result of cross-sectional stress distribution in the SiNW at 12 nm displacement with neck thickness of 100 nm (left) and 10 nm (right), respectively, and bottom: change of von Mises stress on neck and experimentally measured detachment yield depending on neck thickness (dashed line: fracture strength of single-crystal Si) (used with permission [19]). (b) Simulation results of the change in surface stresses of proposed bending sensor, and the change in surface stresses of conventional structured sensor using adhesive induced by stress relaxation over time (used with permission [20]).

providing a quantitative link between crystallographic direction and mechanical stability. Experimental data aligned well with the FEM predictions, confirming the superior stress homogenization and sensitivity retention of the < 111 >-oriented structure. This design achieved a 42% increase in normalized resistance change under 1%–3% strain and nearly tripled the fatigue lifetime. The study clearly highlights the predictive and instructive power of FEM in semiconductor microstructure process optimization, offering an effective route for developing high-sensitivity and long-lifetime flexible electronic sensors.

In another work, Takamatsu et al. [20] approached the challenge from an interface engineering perspective and developed an adhesive-free ultrathin silicon strain sensor based on Au–Au cold welding technology. This strategy effectively addressed the common problem of signal drift and fatigue failure caused by elastic modulus mismatch in traditional adhesive-bonded flexible electronics. Using the Abaqus FEM simulations, the team compared the stress distribution and relaxation behavior of conventional adhesive-layer bonding structures and Au–Au cold-welded interfaces under cyclic tensile loading (see **Figure 2b**). The results indicated that the maximum stress peak at the Au–Au interface was reduced by ~ 60%, while the interfacial slip displacement was nearly halved (from ± 15% to ± 3%), thereby suppressing signal drift effectively. The simulation further revealed that, in the adhesive-bonded structures, the large modulus differences lead to non-uniform energy dissipation during repeated stretching; in contrast, the adhesive-free cold-welded interface enables continuous stress transfer and load homogenization. Experimental findings were highly consistent with the FEM results, confirming the superior stress-transfer capability and long-term stability of this bonding strategy. The final device maintained high repeatability and stable output over 10,000 loading cycles, with an error margin within 0.8%, demonstrating significant potential for wearable health monitoring and precise motion detection applications.

3.1.1.3 Fabric textile network design

In wearable applications, strain sensors are often integrated into garments or textile substrates to monitor human motion, posture, and physiological signals. Such systems require not only high sensitivity and flexibility of individual sensing units but also overall structural integrity and signal consistency under large-scale bending and torsional deformation. FEM demonstrates particular advantages in these complex systems by enabling mechanical prediction and optimization of multi-layer structural coupling with the human body surface.

For example, Gupta et al. [21] proposed an "all-knitted and integrated" flexible strain-sensing system, in which the conductive fibers were embedded into an elastic textile substrate through knitting techniques to form a large-area two-dimensional strain detection network. This design maintained high stretchability while achieving intimate skin conformity and excellent signal stability. Using FEM, the research team established a "skin–fabric–sensing layer" composite model to analyze the stress distribution and signal response under varying bending radii (15–40 mm) and stretching directions. Simulation results revealed that when the sensing units were aligned along the knitting direction, stress concentration regions were minimized, and signal deviation remained below 5%. In contrast, the crosswise alignment increased local shear stress by approximately 18%, leading to nonlinear signal amplification. This study was the first to quantitatively correlate fabric alignment patterns with strain-sensing performance, providing a theoretical foundation for structural optimization of wearable systems. In practical applications, the proposed system was implemented in a flexible data glove, capable of real-time detection of finger bending and gesture movements. The measured outputs exhibited over 90% consistency with FEM simulation results. Moreover, the device maintained stable performance under tensile strains exceeding 100%, demonstrating remarkable stretchability, high integration, and excellent adaptability for wearable applications. In practical validation, the system successfully achieved real-time monitoring of knee joint bending angles and gait patterns, with output signals exhibiting excellent agreement with simulation results. The FEM analysis not only identified the optimal arrangement of sensing units but also elucidated the energy transfer pathways and structural coupling behaviors of the textile substrate under mechanical loading. These insights established a fundamental framework for advancing wearable electronics design from the material level to the system level.

3.1.2 FEM design of piezoresistive pressure sensors

Piezoresistive pressure sensors primarily transduce external pressure stimuli into electrical signals through the rearrangement of conductive networks, closure of porous structures, or variation of contact area within the sensing layer. Their key performance indicators, including sensitivity, linear operating range, and anti-interference capability, are strongly dependent on structural configuration, compressive modulus of the materials, and interfacial adhesion quality. FEM serves as a powerful tool in enabling quantitative visualization of stress distribution and current density evolution under compressive deformation. It can also predict the energy absorption behaviors of porous architectures and reveal the multi-scale mechanical coordination mechanisms in hierarchical structures. Through such simulations, FEM provides a direct pathway for translating microscopic structural design into macroscopic performance optimization.

3.1.2.1 Porous structural design

Porous architectures, known for their exceptional compressibility and energy dissipation characteristics, form the foundation for achieving high-sensitivity pressure sensing. The microstructural morphology and fabrication process of these porous materials directly influence the elastic recovery behavior and the evolution of conductive pathways within the sensing layer.

For example, Wang et al. [22] proposed a TPU/carbonized wood aerogel composite system to overcome the limitations of conventional wood-based sensors, which often exhibit single-functionality and poor triboelectric performance. Using balsa wood as a natural template, the team performed delignification and freeze-drying to obtain a highly porous wood aerogel, followed by carbonization at 800°C to produce a conductive scaffold with a porosity of 91.7%, while retaining the intrinsic "wave-like layered porous structure." Subsequent impregnation with TPU solution yielded the elastic and conductive composite. To analyze its sensing mechanism, the researchers employed COMSOL Multiphysics to establish a vertical contact–separation triboelectric nanogenerator (TENG) model for the composite system, inputting material parameters such as the elastic modulus of TPU (0.38 MPa) and the dielectric constant of polytetrafluoroethylene (PTFE) (2.1). FEM simulation revealed that the 3D conductive network effectively facilitates charge transport, and its rough porous surface increases the contact area, leading to simulated open-circuit voltage (V_{oc}) and short-circuit current (I_{sc}) values with less than 2% deviation from experimental data. In resistive sensing mode, FEM further demonstrated rapid pore closure and the fast formation of conductive paths under low pressures, corresponding to a sensitivity of 174.83 /kPa, again consistent with experimental observations. The multifunctional potential of this design was experimentally validated: a single-point sensor operated as a gradient dimming switch, while a 3 × 3 array achieved 100% accurate password recognition. Moreover, the TENG enabled a self-powered gait and fall detection, with a power density of 5.64 W/m^2. FEM modeling provided critical guidance throughout the design process, from material optimization and mechanical response range prediction to overall device performance forecasting.

In another work, Wang et al. [23] addressed the challenges of graphene aerogel collapse and low drying efficiency by proposing an innovative "sodium alginate (SA)–metal ion crosslinking + solvent-exchange dehydration" strategy for rapid gelation and structural stabilization. Using graphene oxide (GO) as the base, the researchers introduced a SA and EDTA–Ca^{2+} hybrid crosslinking system to form foam hydrogels supported by air-bubble templates. Subsequent ethanol/ethyl acetate solvent exchange and thermal reduction at 1,000°C produced structurally stable r-SGS-Ca aerogels with 80% volume retention and tolerance for up to 80% compressive strain. A two-phase (hydrogel–solvent) mass transport FEM model was constructed in COMSOL to simulate mass migration and volumetric shrinkage during dehydration, driven by chemical potential gradients. The model revealed that rapid outer-layer dehydration and inner-bubble counter-support effectively mitigate internal stress accumulation. The simulated results showed less than 2% deviation from experimental data for both volume and mass change. Furthermore, the model identified an optimal SA concentration of 7.5 mg/mL, ensuring uniform stress distribution and mechanical stability. The FEM-optimized r-SGS-Ca aerogel-based piezoresistive sensor demonstrated a sensitivity of 4.89 /kPa over a 0–6 kPa range and exhibited excellent long-term cyclic stability. Its applicability was validated in wrist pulse monitoring, laryngeal swallowing detection, and motion-pad posture recognition, showcasing broad potential in wearable physiological sensing and intelligent motion detection.

3.1.2.2 Hierarchical structural design

Hierarchical and multiscale architectures can realize graded responses across different pressure regimes, thereby achieving both high sensitivity and a broad detection range.

For example, Wang et al. [24] proposed a "hierarchical porous sensing unit + multimodulus framework" concept, employing fully 3D printing to fabricate a stretchable piezoresistive sensor and using FEM to verify the rationality of the multilayer design. The material system consisted of three printable inks: a PDMS substrate layer (0.98 MPa) providing tensile support; a highly conductive and stretchable TPU/85% Ag electrode layer; and a TPU/carbon black (CB)/NaCl sensing layer forming a hierarchical macro–micro–nano porous network for multiscale strain regulation. A 3D FEM model incorporating all three layers was established, with corresponding mechanical parameters (electrode: 2.96 MPa; sensing layer: 0.38 MPa; Simulations under 50% in-plane strain and 10 Pa–800 kPa out-of-plane pressure revealed that the multimodulus configuration effectively distributed mechanical stress i.e., about 90% of tensile stress was absorbed by the substrate, while the sensing layer experienced only 5% strain. The simulated resistance variation (<7%) matched experimental data. Under compressive loading, staged pore closure yielded a three-segment sensitivity response ($R^2 > 0.98$), and FEM predicted six layers as the optimal configuration balancing sensitivity and stability. The resulting sensor could detect pressures from 10 Pa to 800 kPa, exhibiting exceptional durability (stable performance over 10,000 cycles). Application tests demonstrated precise pulse waveform monitoring on the wrist, rapid response in robotic fingertips outperforming commercial FSR400 sensors, and spatial pressure imaging in a 3D-printed 4 × 4 array (e.g., chess piece recognition). This study highlights FEM's crucial role in structural validation and optimization of flexible sensor architectures.

In another work, Yan et al. [25] addressed the challenge of the narrow detection range in MXene-based pressure sensors by introducing a multilayer hierarchical composite design consisting of an inverted-cone PDMS surface layer, a MXene/multiwalled carbon nanotubes (MWCNTs)–PDMS conductive layer, and a SiO_2 microsphere interfacial barrier layer. FEM was employed to optimize microsphere geometry and structural configuration, enabling both high sensitivity and wide detection range. The conductive layer, composed of $Ti_3C_2T_x$ (MXene), MWCNTs, and PDMS, formed a continuous conductive network, while the dual-scale SiO_2 spheres (20 nm and 30 μm) acted as multicontact support points. A three-layer FEM model was established with input moduli of 0.8 MPa (MXene/MWCNTs–PDMS) and 72 GPa (SiO_2 layer), simulating electrical tunneling and contact behavior under 0–1,228.75 kPa pressure. The simulations revealed a three-stage response mechanism: at low pressure (0–1.25 kPa), microspheres maintained stable contact; in the mid-range (1.25–714.75 kPa), stress concentration at the inverted-cone interfaces induced a sharp contact area increase, yielding ultrahigh sensitivity (9,041.8 /kPa); and at high pressure (>714.75 kPa), the contact area saturated, maintaining a still-high sensitivity (1,596.2 /kPa). The simulated and experimental data showed a strong correlation ($R^2 >$ 0.98). FEM analysis further indicated that the dual-scale microspheres reduced peak stress in the conductive layer by ~ 42% and maintained > 90% stress retention after 5,000 cycles, significantly enhancing fatigue resistance. Application tests demonstrated accurate detection of finger bending (0°–120°), throat swallowing motions, and robotic recognition of materials with different stiffnesses, underscoring FEM's value in multiscale interface tuning and sensor performance design.

In addition, Zhang et al. [26] sought to overcome the issue of signal saturation and narrow linear range in porous flexible sensors by proposing a TPU/c-MWCNTs/PDMS gradient porous structure and employing FEM to elucidate a "macro–micro pore relay closure" mechanism that simultaneously improved sensitivity and linearity. The sensor comprised an upper macro-porous TPU layer (35–40 μm pores) and a lower micro-porous layer (7–10 μm pores) embedded with 0.1 wt% c-MWCNTs to form a conductive network. A 1 wt% PDMS coating enhanced mechanical robustness and humidity resistance. FEM simulations using material parameters (TPU: 2.8 MPa; c-MWCNTs/PDMS: 4.2 MPa) under 0–200 kPa compression revealed that large pores closed first in the low-pressure regime (0–60 kPa, sensitivity = 78.41 /kPa), while micro-pores engaged at higher pressures (60–200 kPa), extending linearity up to 200 kPa ($R^2 > 0.998$; see **Figure 3**). PDMS modification improved compressive resilience by 56%, limiting resistance drift to

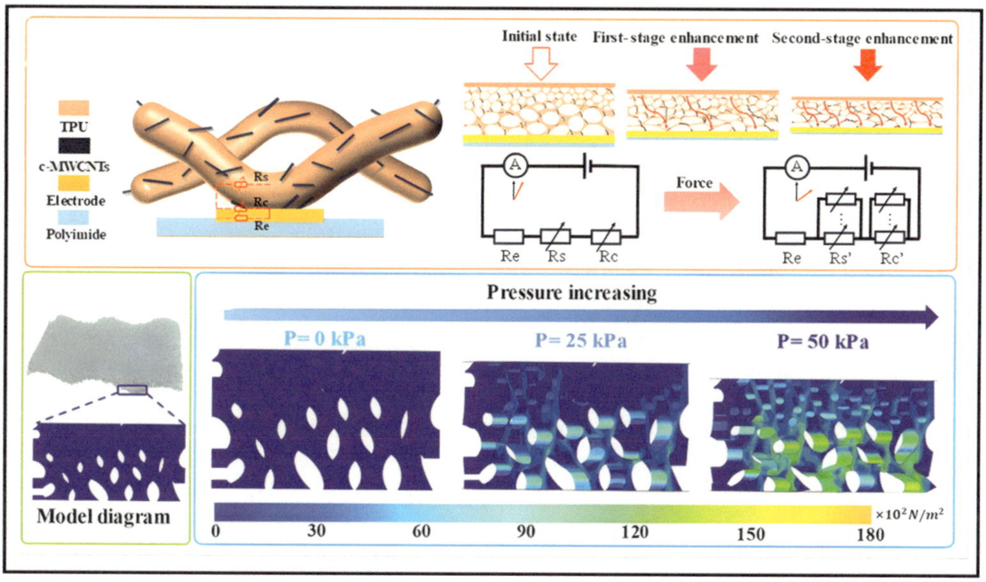

Figure 3.
FEM on the hierarchical structural design of flexible piezoresistive pressure sensors. Illustration of the sensing mechanism of the sensor, and simulation results showing the stress distribution of the sensor under different pressures (used with permission [26]).

< 6% after 10,000 cycles and suppressing humidity interference by ~ 65%. The FEM-optimized 4 × 4 tactile array, integrated with a convolutional neural network (CNN), enabled real-time Braille signal recognition (resolution = 8 Pa, character accuracy = 94.3%, voice transcription accuracy = 93.9%). Additionally, it effectively monitored wrist pulse and knee motion, demonstrating strong potential in assistive and wearable healthcare applications.

Furthermore, Gabbi et al. [27] addressed the issue of "unclear piezoresistor layout and limited sensitivity" in flexible paper-based piezoresistive sensors by proposing an FEM-based structural optimization approach to achieve low-cost and systematic performance enhancement. In this study, standard A4 printing paper was used as a flexible substrate, and graphite served as the piezoresistive material. A square diaphragm structure with four fixed edges was designed. Using the ANSYS AIM platform, the team constructed a 3D FEM model employing SOLID226 tetrahedral elements (mesh size: 1 μm) and applied uniform vertical pressure to analyze the stress distribution under different aspect ratios (a/b = 1.0–2.0). Simulation results revealed that when a/b = 1.0, the maximum stress occurred at the mid-edge region of the diaphragm, reaching 2.729 × 109 Pa; when a/b = 2.0, the maximum stress decreased to 2.151 × 109 Pa. Further analysis indicated that depositing the piezoresistor in the high-stress region increased the relative resistance change per unit pressure by approximately 30%. Experimental validation confirmed a pressure resolution of 1 Pa and a response time below 50 ms. The fabricated flexible paper-based sensor could be conformally attached to the wrist for pulse monitoring (distinguishing systolic and diastolic peaks), integrated into insoles to identify gait variations, and used as a flexible pressure switch for human–machine interaction. This work fully demonstrates the quantitative guidance provided by FEM in geometric parametric design and piezoresistive structure optimization, offering a replicable and low-cost methodology for flexible electronic device design.

3.2 FEM design of flexible capacitive pressure sensors

As an essential branch of flexible tactile sensors, capacitive pressure sensors possess inherent advantages such as high sensitivity, low power consumption, and simple structural configuration. These features have enabled their widespread application in wearable electronics, electronic skin, and human–machine interaction systems. The fundamental working mechanism relies on variations in capacitance induced by external pressure, which alter the electrode spacing or the dielectric constant within the sensing unit. In recent years, intensive research efforts have been directed toward improving the sensitivity, linearity, and stability of capacitive pressure sensors through structural optimization, electrode patterning, and material engineering. FEM has been extensively introduced as a powerful analytical tool for multiphysics simulations, enabling in-depth investigation of mechanical–electrical coupling mechanisms and providing quantitative guidance for device performance optimization. Among these, ionic supercapacitive pressure sensors have attracted particular attention, featuring two flexible electrode layers that sandwich a high-capacitance ionic dielectric. Upon external loading, the reduction in inter-electrode distance or the increase in effective contact area induces a pronounced change in capacitance, thereby enabling efficient transduction of mechanical stimuli into electrical signals. To further enhance sensitivity and conformability, researchers have incorporated advanced architectures such as MXene nanomaterials, conductive foams, and microarray-structured dielectrics, achieving notable improvements in response speed, detection range, and operational stability.

3.2.1 Surface contact interface optimization

Mishra et al. [28] conducted research on flexible capacitive pressure sensors. These sensors use Au, Ag, Cu, Al, silver nanowires (AgNWs), and other materials as electrodes, and air, vacuum, PDMS, Ecoflex, polyurethane (PU), graphene-based composites, porous elastomers, wrinkled materials, microstructured elastomers (micropillars, micropyramids, tilted micropillars), ionic liquids, and other substances as dielectrics. Fabricated via traditional micromachining techniques (such as surface/bulk micromachining, photolithography, and KOH etching), the sensors feature a unique parallel-plate capacitor structure. In the research, FEM software was employed to simulate diaphragms of different shapes (circular, square, rectangular, etc.), yielding behavioral laws including the sensor's mechanical sensitivity, electrical sensitivity, stress concentration distribution, resonant frequency, and response time, as well as capacitance-pressure curves and deformation-pressure curves (see **Figure 4a**). The study clarified the influence of parameters such as diaphragm shape, micropillar spacing/sidewall angle, and dielectric layer thickness on sensitivity, nonlinearity, and hysteresis characteristics, with the simulation results being mutually verified by experimental test data. Ultimately, the developed flexible capacitive pressure sensors underwent application validation in healthcare, robotics, consumer electronics, transportation, and marine

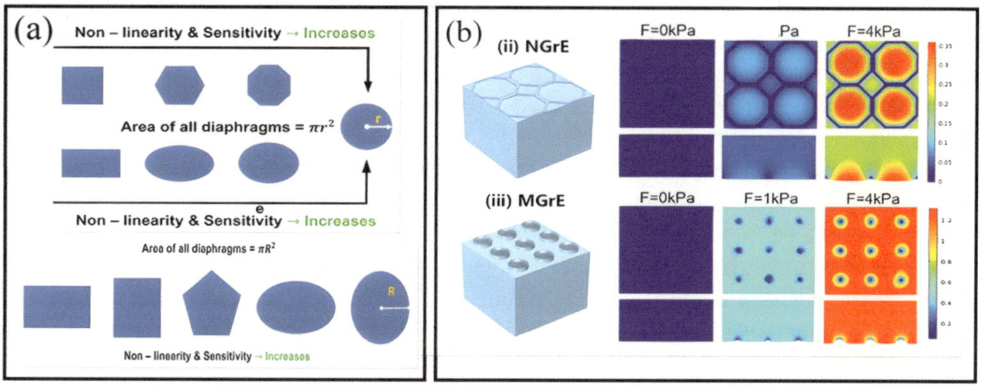

Figure 4.
FEM on the surface contact interface optimization of capacitive pressures sensors. (a) Effect on the nonlinearity and sensitivity when the diaphragm shape changes from square to circle (with sides from 4, 6, 8, and ∞) and rectangle to circle (through the elliptical shape) while keeping the overlapping area same (used with permission [28]). (b) Finite-element simulation showing the local stress distribution and the deformation of NGrE and MGrE (used with permission [29]).

fields, and hold significant application potential in aerospace, wearable devices, and other scenarios.

In another work, Yang et al. [29] utilized graphene as the core electrode material and fabricated smooth graphene electrodes (SGrEs), nanostructured graphene electrodes (NGrEs), and microstructured graphene electrodes (MGrEs) via polymethyl methacrylate (PMMA)-mediated transfer, ultraviolet-curable adhesive (UVA)-mediated transfer, and photolithography-wet etching micromachining, respectively. They then assembled a sandwich-structured flexible capacitive pressure sensor with PDMS as the dielectric layer. Among these components, the MGrEs, featuring controllable multiscale roughness ranging from the nanometer to micrometer scale, serve as the unique structural core of the sensor. The research employed COMSOL Multiphysics 5.3, a software for FEM, constructing a 3D mechanical–electrical coupling model for the interface system composed of NGrEs/MGrEs and the PDMS dielectric layer (see **Figure 4b**). This model simulated the interface behavior under pressures ranging from 0 to 4 kPa, yielding the stress distribution in the electrode–dielectric contact region, the variation law of the displacement field, and the relative capacitance change rate ($\Delta C/C_0$) curves. It also clarified the principle that MGrEs enable larger changes in electrode spacing and superior sensitivity due to their higher compressibility. The simulation results were mutually verified with experimental data: for instance, simulations indicated that the sensitivity of MGrE-based sensors was significantly higher than that of NGrE and SGrE-based counterparts, and experiments confirmed that the MGrE sensor achieved a sensitivity of 3.19 /kPa (319 times that of SGrE sensors), while the sensor with a symmetric double-MGrE structure reached an even higher sensitivity of 7.68 /kPa. This sensor has successfully undergone application validation in insect crawling detection (capturing subtle pressure changes during insect movement), wearable health monitoring (e.g., detecting the P_1, P_2, and P_3 peaks of radial artery pulse waves at the wrist), robotic tactile force feedback (integrated into smart gloves to perceive pressure when grasping water cups of different weights), and touch localization using 4 × 4/3 × 3 sensor arrays. It holds significant application potential in wearable health devices, bionic electronic skin, human–machine interaction systems, and intelligent robotic tactile sensing scenarios.

Besides, Zhong et al. [30] developed a flexible capacitive pressure sensor using porous PDMS doped with high-concentration CNTs as the electrode material and an ultra-thin porous polyvinylidene fluoride (PVDF) fiber membrane as the dielectric layer. The porous electrodes were fabricated via the NaCl template method (by removing NaCl particles to form a porous structure), while the PVDF dielectric layer was prepared through electrospinning. The sensor's unique feature lies in its porous conductive electrode design, which enables continuous variation of the contact area between the electrode and the dielectric layer. For the study, ANSYS Explicit software combined with Unigraphics NX for modeling was employed to construct a mechanical simulation model of the porous electrode, simulating its compressive deformation behavior and the variation law of contact area under pressure. This yielded correlation curves between pressure and electrode deformation, as well as between pressure and contact area, and clarified the core principle that stress concentrates around the pores under low pressure, while the porous electrode gradually compacts and the contact area continuously increases with increasing pressure. The simulation results were mutually verified with experimental data, both confirming that the controllable deformation behavior of the porous electrode can significantly enhance sensor sensitivity. Experiments showed that the sensor achieved a sensitivity of 1.033 /kPa in the range of 0–1 kPa and maintained a high sensitivity of 0.23 /kPa even in the range of 10–30 kPa. This sensor has been successfully applied in human physiological signal monitoring (such as detecting the P-wave, T-wave, and D-wave of wrist pulses) and muscle activity monitoring (including finger bending, muscle contraction during dumbbell curls, and judging the degree of muscle activation during squats). Additionally, a 3 × 3 sensor array was constructed to realize pressure distribution mapping of object shapes and weights. It holds significant application potential in wearable health monitoring devices, intelligent motion monitoring systems, human–machine interaction, and other scenarios.

3.2.2 Internal structural interface verification

Zhang et al. [31] fabricated a sandwich-structured flexible capacitive pressure sensor using Ecoflex micropyramid arrays modified with CNTs as the electrode material and porous PDMS (prepared via the sucrose particle porogen method) as the dielectric layer. The micropyramid electrodes were shaped by template molding, while the porous dielectric layer was prepared through spin coating combined with ultrasonic cleaning. The sensor's unique feature lies in the tunable duty ratio (ranging from 1:2 to 1:9) and height (ranging from 60 to 90 μm) of the micropyramid array electrodes. FEM software was employed to construct mechanical simulation models for micropyramid array electrodes with different structural parameters, simulating their stress distribution and deformation process under pressure. This yielded the core principle that "the larger the duty ratio and height of the micropyramid array, the higher the sensor sensitivity," clarified the deformation behavior wherein stress concentrates at the tips of the micropyramids under low pressure and the micropyramids gradually flatten under high pressure, and obtained stress-deformation curves corresponding to different pressures (0–10 kPa).

The simulation results were mutually verified with experimental data: for example, the simulation conclusion that micropyramids with a high duty ratio exhibit more significant deformation was consistent with the experimental result that the sensor with a duty ratio of 1:9 achieved a sensitivity of 2.24 /kPa. This sensor has been successfully applied in human physiological signal monitoring (such as detecting the P-wave, T-wave, and D-wave of wrist pulses) and motion state monitoring (including rope skipping counting, recording muscle contractions during dumbbell curls, and judging the standardization of squat movements). Additionally, a 4 × 4 sensor array was constructed to realize touch localization (e.g., identifying the contact positions of nails and nuts). It holds significant application potential in sports wearable devices, health monitoring instruments, human–machine interaction systems, and other scenarios.

In another work, Guo et al. [32] assembled a sandwich-structured flexible capacitive pressure sensor using PDMS/aluminum oxide (Al_2O_3) composite as the dielectric material and conductive copper foil as the electrode material. The fabrication process involved preparing a bionic honeycomb-structured mold via 3D printing, followed by casting, curing, and surface conductive treatment. The unique core of the sensor lies in its dielectric layer with a high-porosity bionic honeycomb microstructure, which balances high sensitivity and a wide pressure sensing range. FEM software was utilized to construct a mechanical-electrical coupling simulation model for the bionic honeycomb composite dielectric layer, simulating the stress distribution, compressive deformation behavior, and capacitance variation law of the dielectric layer under different pressures. This yielded the correlation curve between pressure and relative capacitance change rate, clarified the regulatory mechanism of honeycomb porosity and pore size on sensor sensitivity and response speed, and revealed the deformation characteristics wherein stress concentrates at the joints of honeycomb cell walls under low pressure and the cell walls gradually compact under high pressure. The simulation results were mutually verified with experimental data: for instance, the simulation prediction that the high-porosity honeycomb structure exhibits superior sensitivity was consistent with the experimental results showing the sensor achieved a high sensitivity of 42.6 /kPa and ultra-fast response/recovery times of 21 and 22 ms, respectively. The sensor has successfully undergone fast response testing and repeatability verification for different pressure signals and can be applied in human physiological signal monitoring (such as pulse and respiration) and force detection of wearable sports equipment. It also holds significant application potential in human–machine interaction, intelligent robotic tactile sensing, flexible electronic skin, and other scenarios.

Besides, Hong et al. [33] developed a bionic flexible capacitive pressure sensor (BFCPS) with a unique mantis leg–inspired microstructured dielectric layer, using PDMS as the core material and conductive silver adhesive as the electrode material. The fabrication process involved preparing a polylactic acid (PLA) mold with a mantis leg bionic structure via 3D printing, followed by spin coating, curing, and self-assembly techniques. COMSOL Multiphysics 5.6 software was employed to construct two-dimensional (2D; size: 16 × 8.1 mm) and 3D (size: 16 × 10 × 8.5 mm) finite element models of the sensor's dielectric layer. Mechanical simulations were conducted by applying different displacement loads to the bionic microstructure (2D model: 1, 2, 4 mm; 3D model: 0.7, 1.4, 2.1 mm), yielding the stress–strain distribution law of the bionic structure. It was clarified that significant stress concentration occurs at the bent part of the dielectric layer under pressure, and this concentration becomes more pronounced with increasing displacement – a key behavioral characteristic. The simulation results were mutually verified with experimental data, both confirming that the bionic structure can effectively enhance sensor sensitivity. The finally optimized sensor achieved a sensitivity of 0.836 /kPa in the range of 0–1 kPa, with response/recovery times of 40 ms/50 ms and a detection range spanning 12 Pa to 333 kPa. This sensor has been successfully applied in robot grasping object recognition (e.g., marker pens, oranges), human posture monitoring (e.g., cheek bulging, joint bending, respiration, and plantar pressure), and Morse code transmission (e.g., information such as "ABCDEF," "Anhui," and "Sensor"). It holds significant application potential in wearable electronic devices, intelligent robotic tactile sensing, human–machine interaction systems, and healthcare monitoring scenarios.

3.3 FEM design on flexible triboelectric tactile sensors

As a rapidly emerging category of flexible tactile sensors, triboelectric tactile sensors – particularly those based on triboelectric nanogenerators (TENGs) – exhibit remarkable potential in wearable electronics, electronic skin, and Internet of Things (IoT) sensing systems owing to their self-powered operation, high sensitivity, and broad material adaptability. Their working principle is governed by the coupled effects of contact electrification and electrostatic induction, where external mechanical stimuli such as contact–separation, sliding, or deformation induce charge transfer across interfaces, thereby producing measurable electrical outputs. The electrical performance of TENG-based sensors, including output voltage, current, and sensitivity, is intricately influenced by factors such as material selection, surface microstructure, interfacial adhesion, and operational mode. To quantitatively explore these complex coupling effects, the finite element method (FEM) has emerged as a powerful analytical and predictive tool. Through the simulation of charge distribution, electric potential field evolution, and stress–strain interactions, FEM enables the elucidation of the electromechanical coupling mechanisms underlying triboelectric energy conversion, thus providing a robust theoretical foundation for structural optimization and performance enhancement.

3.3.1 Microstructure design and surface engineering

The surface microstructure is an effective means to enhance the output performance of the triboelectric sensor. By constructing structures at the micron or nanometer scale, the effective contact area can be significantly increased, the charge transfer efficiency can be enhanced, and thus the output voltage and current can be improved. FEM can be used to simulate the contact behavior, stress distribution, and potential field changes under different microscopic morphologies, guiding the selection of the optimal structural parameters.

For example, Das et al. [34] developed a triboelectric sensor (LAG-TEPS) utilizing laser-ablated graphene (LAG) and sandpaper-templated microstructured PDMS. The sensor demonstrates high sensitivity of 7.697 /kPa under low pressure (<1 kPa), a fast response time below 9.9 ms, and robust stability for over 4,000 cycles. Through finite element simulations in COMSOL, the team investigated the electric potential distribution across electrodes with varying spacings (0.5 and 1.0 mm;). The results reveal that the peak-to-peak output voltage (V_{pp}) drops

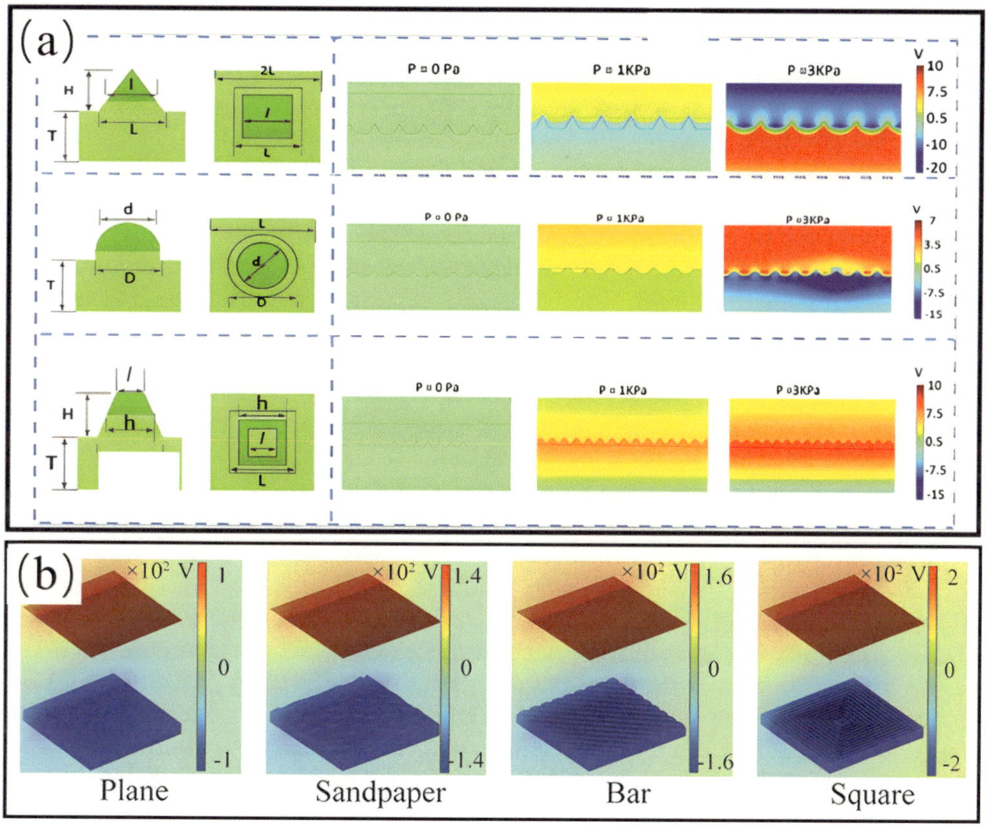

Figure 5.
FEM on the microstructure design and surface engineering of triboelectric tactile sensors. (a) Simulated potential distribution and contact length variation under applied pressure for different microstructures (pyramid, hemisphere, and trapezoid) (used with permission [35]). (b) Simulated potential distribution of the square-loop microstructure at varying distances and corresponding output voltage comparison (used with permission [36]).

significantly as the electrode separation increases, thereby confirming an inverse relationship between them. This simulation work provides a theoretical foundation for the sensor's high sensitivity and rapid response, which are critical for its successful application in human gesture recognition and pulse monitoring.

In another work, Ahmed et al. [35] systematically investigated the influence of various microstructures (pyramidal, hemispherical, and trapezoidal) on the sensitivity of a stretchable triboelectric pressure sensor. Through COMSOL simulations, they analyzed the contact length, electric potential distribution, and amount of charge transfer ($\Delta C/C_0$) for each structure under different pressure levels (0–3 kPa) (see **Figure 5a**). The results indicated that the hemispherical microstructure yielded the highest sensitivity and charge transfer efficiency under identical pressure, exhibiting the most uniform potential distribution and the most pronounced change in contact area. The simulations also revealed the influence of microstructure spacing and size on sensitivity: larger spacing led to more significant structural deformation and, consequently, higher sensitivity. This study provides a reliable simulation basis for the selection and geometric parameter optimization of microstructures in triboelectric tactile sensors.

Besides, Duan et al. [36] designed a surface featuring square-loop microstructures for their self-powered non-contact TENG sensor. They employed COMSOL simulations to compare the electric potential distributions of planar, sandpaper-textured, strip-patterned, and square-loop structures at varying distances (see **Figure 5b**). The simulation results demonstrated that the square-loop microstructure yielded the highest output voltage, attributable to its larger specific surface area and an enhanced electrostatic induction effect reminiscent of an antenna array. Furthermore, the study experimentally validated the simulation findings, showing that a square-loop structure with a 7 μm wall width achieved a peak output voltage of 29 V. This agreement between simulation and experiment verifies the effectiveness of the FEM in optimizing microstructures.

3.3.2 Composite materials and multilayer design

To enhance the dielectric properties and charge storage capacity of triboelectric tactile sensors, researchers often employ composite materials or multilayer stacked structures. FEM can be utilized to analyze the interfacial polarization behavior, electric field distribution, and the corresponding enhancement mechanisms for the output performance in such multilayer systems.

For example, Lee et al. [37] designed a multilayer TENG structure based on PDMS, which featured an alternating stack of ZTO@SMC (zinc stannate-decorated CNTs) and BTO (barium titanate) composite layers. The electric field distribution and potential output of single-, double-, triple-, and five-layer structures were analyzed via COMSOL simulations. The results revealed that the multilayer configuration significantly enhanced the interfacial polarization effect, leading to localized electric field concentration and improved charge transfer efficiency. Consequently, the five-layer structure achieved an output voltage of 797 V, a current of 65 μA, and a power density of 14.21 W/m^2. Furthermore, simulations indicated that the ZTO@SMC layers functioned as a conductive network to facilitate charge transport, while the BTO layers increased the dielectric constant and charge storage capacity. The synergistic effect between these two layers was identified as the key factor in enhancing the TENG's output performance.

In another work, Wang et al. [38] fabricated a porous triboelectric pressure sensor based on an MXene/PDMS composite film. They systematically tuned the mass ratio of MXene to PDMS to optimize both film porosity and electrical output. The potential distribution between an aluminum foil and the MXene/PDMS film at various separation distances was simulated using COMSOL. The simulations revealed that within a critical interface distance range of 0–0.10 mm, the surface potential on the aluminum foil changed at a high rate of 50.51 V/mm. This simulation result provides a theoretical explanation for the sensor's high sensitivity (659.37 mV/N) and rapid response time (<30 ms) in the low-pressure regime.

Besides, triboelectric tactile sensors are prone to performance degradation due to mechanical fatigue or physical damage in practical applications. The incorporation of self-healing materials presents a viable strategy to significantly enhance their operational longevity and environmental adaptability. The FEM can be employed to simulate the mechanical restitution behavior and the retention of electrical performance throughout the self-healing process.

For example, Zhao et al. [39] pioneered the use of a self-healing hydrogel as a triboelectric material in a TENG, creating a flexible sensor capable of recovering from cutting damage. The hydrogel exhibited excellent elastic recovery even at 200% tensile strain and retained 88% of its original voltage output after self-healing. The researchers employed COMSOL simulations to analyze the electric potential distribution during the contact-separation process between the hydrogel and a fluorinated ethylene propylene (FEP) film. The simulations confirmed that the healed hydrogel could maintain a stable electrical potential output, a finding consistent with experimental data. These results underscore the significant application potential of self-healing hydrogels in wearable triboelectric devices. Furthermore, the integration of triboelectric tactile sensors into wearable systems necessitates device attributes such as flexibility, conformability, and multi-channel sensing capability. The FEM can be employed to analyze key aspects for integration, including the sensor-skin coupling behavior, signal crosstalk between adjacent units, and the consistency of electrical output under complex mechanical deformations.

In another work, Bai et al. [40] developed a cylindrical rotary TENG to efficiently capture energy from rotational motion. COMSOL simulations visualizing the charge dynamics at the PTFE-metal sliding interface revealed an "in-plane polarization" mechanism and detailed charge transfer path. The strong agreement between these simulations and experimental electrical output data validates the design's effectiveness for continuous energy harvesting from sources like wind and flowing water.

3.4 FEM design of flexible temperature sensors

Flexible temperature sensors have emerged as essential components in wearable and intelligent monitoring systems, enabling continuous detection of body temperature, ambient fluctuations, and device thermal states [41]. Their lightweight structure, mechanical flexibility, and skin conformability offer significant advantages over traditional rigid thermometers, supporting long-term, real-time temperature monitoring without discomfort or signal drift [42]. To enhance the sensitivity, thermal stability, and mechanical robustness, researchers increasingly employ FEM to elucidate the coupled thermal–mechanical behavior of these devices. Typically, flexible temperature sensors operate through resistive, thermoelectric, or thermochromic mechanisms. Among these, resistive-type sensors – based on the temperature-dependent variation of electrical resistance – are the most widely utilized due to their simple structure and stable output. Thermoelectric sensors, by contrast, rely on the Seebeck effect between dissimilar materials, while thermochromic systems visualize temperature changes via color transition. Structurally, most flexible temperature sensors adopt a multilayer configuration composed of a deformable substrate, a thermosensitive conductive layer, and an encapsulation film. Common substrates, such as polyimide (PI), polyethylene terephthalate (PET), or PDMS, ensure flexibility and biocompatibility, whereas conductive layers integrating graphene, CNTs, or MXenes provide high thermal–electrical responsiveness [43, 44].

For example, Sreevanya et al. [45] focused on the electrode architecture of temperature sensors for wearable electronics. They proposed a silver-electrode design patterned with periodic "kirigami" cuts and built a finite-element model in ANSYS to simulate its deformation and resistance evolution under large strains (up to 50%). Systematic simulations were carried out to evaluate how different kirigami motifs influence the mechanical robustness and electrical stability of the silver film. The results show that, compared with conventional stretchable conductors, the kirigami electrode maintains stable electrical performance even under extreme elongation, and the predictions agree closely with experimental data, underscoring the great potential of kirigami architectures for flexible electronic devices.

In another work, Lu et al. [46] reported a fiber-type flexible sensor based on a graphene/CNT composite that is highly deformable and exhibits an exceptionally large temperature-coefficient of resistance (TCR) of −20.2%/°C over the clinically relevant window of −15°C to 60°C, making it ideal for on-body, dynamic thermometry. A key innovation of the work is the systematic integration of finite-element modeling: the electro-thermal behavior of the fiber under combined thermal and mechanical loads was simulated in COMSOL Multiphysics (see **Figure 6a**). The simulations reveal that conductive pathways within the composite evolve non-linearly when temperature and strain vary simultaneously, governing both resistance change and sensitivity. By comparing FEM predictions with experimental data acquired during cyclic bending and heating, the authors validated the model's accuracy and robustness under realistic wear conditions, achieving a prediction error of <10%.

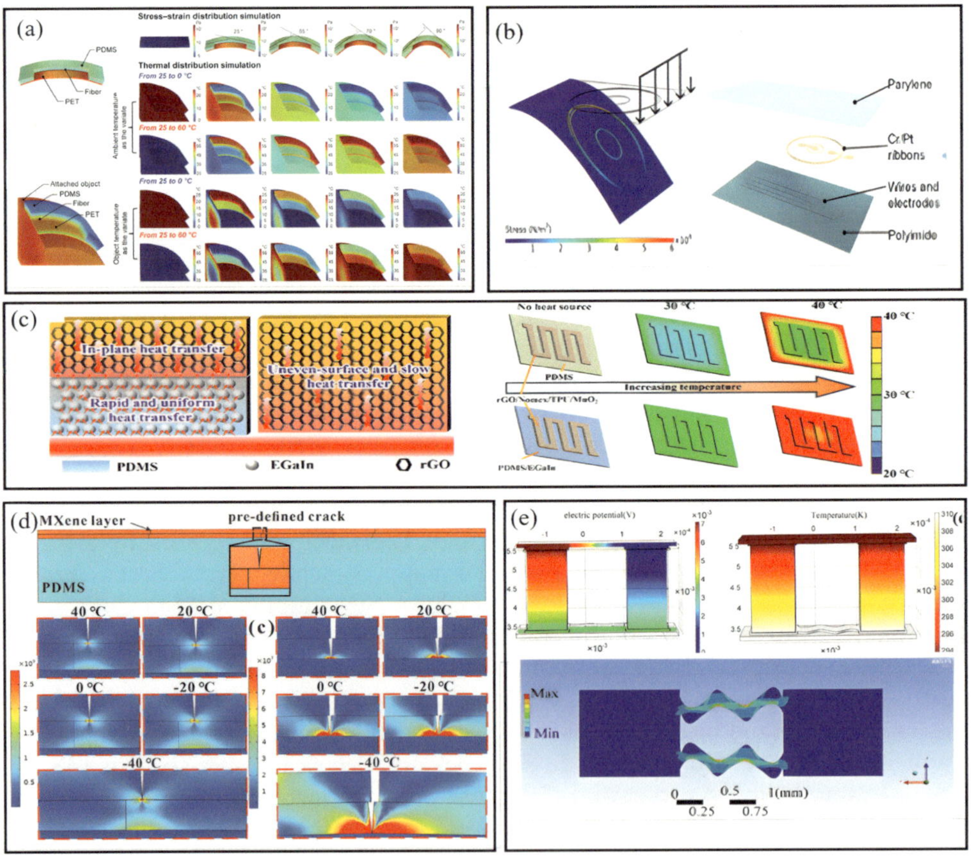

Figure 6.
FEM on structured temperature sensors. (a) FEM of the flexible temperature sensor (used with permission [46]). (b) The stress in two ribbons of the sensor under bending simulated by FEM using COMSOL (used with permission [47]). (c) Comparative ANSYS thermal analysis between the interface layer with and without liquid metal (used with permission [48]). (d) Between MXene layers and at MXene/PDMS interface at temperature ranging from 40 to −40 °C, respectively (used with permission [49]). (e) Simulation of the electric field distribution across the single thermocouple (used with permission [49]).

In addition, Wang et al. [47] proposed a thermo-aware compensation strategy and fabricated a new device architecture with active error-correction capability. A dedicated temperature-sensing channel is monolithically integrated to continuously acquire thermal information; these data are fed back in real time to decouple strain-induced resistance changes from thermally driven drifts, thereby producing a strain-only output. To reveal the underlying thermo-mechanical coupling, the authors built finite-element models that reproduce temperature profiles and stress maps under combined thermal (10°C–60°C) and tensile loads (see **Figure 6b**). Simulated heat-flow paths and stress-concentration sites agree closely with infrared and strain-field measurements, confirming that the coupled mechanism must be embedded in the design loop. Experimental benchmarking shows that compensated sensors maintain a stable, linear response across the entire temperature and strain ranges, exhibiting markedly improved repeatability compared with uncompensated counterparts.

Besides, Wang et al. [48] focused on the core design philosophy of temperature sensors and highlighted the critical role of FEA in structural optimization, thermo-mechanical coupling modeling, and performance prediction. Using COMSOL Multiphysics, they developed a multiphysics-coupled model to numerically simulate the thermal field distribution and stress concentration of the device under various temperature gradients, tensile deformations, or bending states (see **Figure 6c**). The simulation results revealed that key factors influencing device performance include the thermal conductivity of the temperature-sensitive material, the mechanical modulus of the flexible substrate, and the interfacial adhesion properties. By integrating FEM into the design workflow of flexible temperature sensors, researchers can predict thermal response characteristics, stress evolution patterns, and the impact of deformation before device fabrication, significantly enhancing development efficiency and device reliability.

Furthermore, Song et al. [49] developed a flexible temperature sensor based on an MXene/PDMS composite and systematically investigated its bending-fatigue behavior at sub-zero temperatures (down to −20°C). The device was fabricated by lamination into a sandwich architecture: MXene nanosheets dispersed in the PDMS matrix serve as the compliant, conductive sensing layer, yielding high initial sensitivity and mechanical flexibility. Experimentally, the sensor was subjected to hundreds of bending cycles at various temperatures and radii while its capacitance was monitored. The data revealed accelerated performance degradation at low temperatures, attributed to intensified stress concentration. To uncover the underlying micro-mechanism, the authors performed FEM to map the internal stress distribution and crack-evolution path during bending (see **Figure 6d**). A 2D multilayer model built in COMSOL Multiphysics faithfully reproduced the strain-localization phenomenon. Simulations showed that the elastic modulus of PDMS increases at low temperatures, making the MXene conductive network more susceptible to fracture and thus causing the observed electrical decay. The close agreement between simulation and experiment validates the use of FEM for predicting failure modes and guiding structural optimization. This work not only clarifies the low-temperature fatigue characteristics of MXene/PDMS flexible sensors but also demonstrates the broader potential of finite-element modeling for reliability studies of flexible electronics operating in extreme environments.

Lastly, Feng et al. [50] adopted a Bi_2Te_3-based composite as the thermoelectric active layer and improved both the Seebeck coefficient and power output by optimizing the device architecture and thickness matching. On this basis, the team performed finite-element simulations to systematically map the temperature field and power response under varying heat-flux densities, contact areas, and ambient temperature differences. The simulated results agreed closely with experimental data, confirming that deliberate thermal-management design is pivotal for performance enhancement. By integrating FEM thermal modeling with optimization of the material's thermoelectric parameters, the study provides both theoretical guidance and an engineering demonstration for high-performance flexible thermoelectric temperature sensors, highlighting the value of multiphysics coupling in sensor design (see **Figure 6e**). The fabricated device can continuously deliver microwatt-level power – sufficient to drive low-power wireless sensor nodes – offering promising prospects for health monitoring, smart garments, and remote temperature-sensing systems.

4. Conclusion(s)

FEM has firmly established itself as a transformative tool in the design and development of flexible tactile sensors, effectively addressing the critical limitations of traditional trial-and-error approaches, which are often plagued by low efficiency, high costs, and insufficient mechanistic insight. This chapter has systematically delineated the pivotal role of FEM across various sensor types – including resistive, capacitive, triboelectric, and temperature sensors – highlighting its three principal advantages: (1) serving as a virtual design platform that accelerates the optimization of key parameters (e.g., microcrack spacing, porosity, electrode geometry), potentially reducing experimental iterations by up to 60%; (2) acting as a cost-saving strategy by predicting performance outcomes, thereby minimizing the need for physical prototypes and associated costs by 30%–50%; (3) providing unprecedented mechanistic insight by visualizing internal field distributions (stress, current density, electric potential), which elucidates fundamental sensing mechanisms such as the coupling between stress concentration and the evolution of conductive pathways in multilayer and bioinspired architectures. Specifically, FEM-guided optimization has been instrumental in achieving remarkable advancements. It has enabled the realization of highly sensitive and stable resistive sensors based on wrinkled graphene and porous aerogels; expanded the linear sensing range of capacitive sensors by precisely modeling electrode-dielectric contact behavior; revealed the critical relationships between charge distribution, morphological features, and output performance in TENGs, paving the way for efficient self-powered systems; and enhanced the response speed and interference immunity of temperature sensors through coupled thermo-mechanical simulations. Collectively, the integration of FEM has not only propelled device performance to new heights but also laid a solid foundation for their application in wearable health monitoring, soft robotics, and advanced human–machine interaction.

Acknowledgments

This work was supported by the Fund by Science Research Project of Hebei Education Department (No. JZX2024024) and the Research Startup Fund by Zhejiang Sci-Tech University (No. 24212186-Y).

Conflict of Interest

The authors declare no conflict of interest.

Author details

Peng Wang[1,2], Yu Lv[1], Li Chen[1], Xiufeng Li[1], Xiaoyu Cao[1] and Chuizhou Meng[1*]

1 Research Institute of Wearable Electronic Materials & Devices, School of Materials Science & Engineering, Zhejiang Sci-Tech University, Hangzhou, China

2 School of Mechanical Engineering, University of Jinan, Jinan, China

*Address all correspondence to: mcz@zstu.edu.cn

References

[1] Pyo S, Lee J, Bae K, et al. Recent progress in flexible tactile sensors for human-interactive systems: from sensors to advanced applications. Advanced Materials. 2021;**33**(47):2005902. DOI: 10.1002/adma.202005902

[2] Liu Y, Wang W, Chen X. Progress and prospects in flexible tactile sensors. Frontiers in Bioengineering and Biotechnology. 2023;**11**:1264563. DOI: 10.3389/fbioe.2023.1264563

[3] Cui X, Zhang W, Lv M, et al. Flexible and wearable tactile sensors for intelligent interfaces. Materials. 2025;**18**(17):4010. DOI: 10.3390/ma18174010

[4] Kumar KS, Chen PY, Ren H. A review of printable flexible and stretchable tactile sensors. Research. 2019;**2019**:3018568. DOI: 10.34133/2019/3018568

[5] Wei Y, Li B, Domingos M, et al. Fully 3D printed flexible, conformal and multi-directional tactile sensor with integrated biomimetic and auxetic structure. Communications Engineering. 2023;**2**(1):80. DOI: 10.1038/s44172-023-00131-x

[6] Chang WY, Fang TH, Yeh SH, et al. Flexible electronics sensors for tactile multi-touching. Sensors. 2009;**9**(2):1188–1203. DOI: 10.3390/s9021188

[7] Zhang R, Lin JT, Popa DO. Finite element analysis of a flexible tactile sensor with circular pattern. In: Proceedings of the 2022 IEEE International Conference on Flexible and Printable Sensors and Systems (FLEPS); 2022; Vienna, Austria. DOI: 10.1109/FLEPS53764.2022.9781487

[8] Li T, Liu L, Zhang D, et al. Recent progress on flexible tactile sensors: From microstructural design to intelligent sensing applications. Materials Today Physics. 2025;101793. DOI: 10.1016/j.mtphys.2025.101793

[9] Yeo JC, Yu J, Koh ZM, et al. Wearable tactile sensor based on flexible microfluidics. Lab on a Chip. 2016;**16**(17):3244–3250. DOI: 10.1039/c6lc00579a

[10] Ren H, Li W, Ding Y, et al. Flexible tactile sensors for enhancing robotic perception. Smart Wearable Technology. 2025:1:A2. DOI: 10.47852/bonviewSWT52025770

[11] Jiao C, Wang C, Wang M, et al. Finite element analysis model of electronic skin based on surface acoustic wave sensor. Nanomaterials. 2023;**13**(3):465. DOI: 10.3390/nano13030465

[12] Li M, Torah R, Liu J, et al. Finite element analysis (FEA) modelling and experimental verification to optimise flexible electronic packaging for e-textiles. Microsystem Technologies. 2022;**28**(6):1515–1524. DOI: 10.1007/s00542-020-04813-w

[13] Wang Y, Chen J, Mei D. 2019. Flexible tactile sensor array for slippage and grooved surface recognition in sliding movement. Micromachines. **10**(9):579. DOI:10.3390/mi10090579

[14] Kumar KS, Chen PY, Ren H. A review of printable flexible and stretchable tactile sensors. Research. 2019;**2019**:3018568. DOI: 10.34133/2019/3018568

[15] Meng L, Ding L, Khan AM, et al. Mathematical modeling of flexible

printed circuit configuration: A study in deformation and optimization. Scientific Reports. 2024;**14**:14128. DOI: 10.1038/s41598-024-64770-6

[16] Tang X, Yang W, Yin S, et al. Controllable graphene wrinkle for a high-performance flexible pressure sensor. ACS Applied Materials & Interfaces. 2021;**13**:20448–20458. DOI: 10.1021/acsami.0c22784.

[17] Wei L, Wu Z, Tang S, et al. Tracheid-inspired nanoarchitectured carbon-based aerogels with ultra-compressibility for wearable piezoresistive sensors. Carbon. 2023;**203**:386–396. DOI: 10.1016/j.carbon.2022.11.081

[18] Cho J, Kim DH, Choi YJ, et al. Synergistic micro-crack engineering and auxetic metamaterials for enhanced sensitivity in stretchable strain sensors. Advanced Materials Technologies. 2025; e01027. DOI: 10.1002/admt.2025001027

[19] Han HJ, Jeong JW, Yang SR, et al. Nanotransplantation printing of crystallographic-orientation-controlled single-crystalline nanowire arrays on diverse surfaces. Communications Engineering. 2017;**11**:11642–11652. DOI: 10.1021/acsnano.7b06696

[20] Takamatsu S, Takakuwa M, Fukuda K, et al. Flexible no-drift data glove using ultrathin silicon for the metaverse. Device. 2025;**3**:100686. DOI: 10.1016/j.device.2024.100686

[21] Gupta U, Lau JL, Chia PZ, et al. All knitted and integrated soft wearable of high stretchability and sensitivity for continuous monitoring of human joint motion. Advanced Healthcare Materials. 2023;**12**:2202987. DOI: 10.1002/adhm.202202987

[22] Wang N, Sun S, Lei T, et al. Enhanced piezoresistive sensors and triboelectric nanogenerators based on multifunctional wood-based aerogels for smart home systems. Advanced Functional Materials. 2025;e21776. DOI: 10.1002/adfm.202521776

[23] Wang B, Li Y, Ma L, et al. In situ rapid gelation and osmotic dehydration-assisted preparation of graphene aerogel and its application in piezoresistive sensors. Journal of Colloid and Interface Science. 2025;138906. DOI: 10.1016/j.jcis.2025.138906

[24] Wang Z, Guan X, Huang H, et al. Full 3D printing of stretchable piezoresistive sensor with hierarchical porosity and multimodulus architecture. Advanced Functional Materials. 2019;**29**:1807569. DOI: 10.1002/adfm.201807569

[25] Yan J, Hou S, Wu S, et al. Micro/nanosphere-regulated MXene-based flexible piezoresistive sensor with ultra-high sensitivity and broad detection range. Small. 2025;e08394. DOI: 10.1002/smll.202508394

[26] Zhang X, Sun K, Ma J, et al. Gradient porous flexible pressure sensors with the relay effect for high-accuracy braille-to-speech recognition. ACS Sensors. 2025;**10**:7035–7050. DOI: 10.1021/acssensors.5c02096

[27] Gabbi C, Peruzzini M, Salerno M, et al. FEM-guided geometric parameterization of paper-based piezoresistive sensors for low-cost flexible electronics. Sensors and Actuators A: Physical. 2024;**365**:115654. DOI: 10.1016/j.sna.2024.115654

[28] Mishra RB, El-Atab N, Hussain AM, et al. Recent progress on flexible capacitive pressure sensors: From design and materials to applications. Advanced Materials Technologies. 2021;**6**:2001023. DOI: 10.1002/admt.202001023

[29] Yang J, Luo S, Zhou X, et al. Flexible, tunable, and ultrasensitive capacitive pressure sensor with microconformal graphene electrodes. ACS Applied Materials & Interfaces. 2019;**11**:14997–15006. DOI: 10.1021/acsami.9b02049

[30] Zhong Y, Gu FC, Wu LG, et al. Porous conductive electrode for highly sensitive flexible capacitive pressure sensor over a wide range. Journal of Alloys and Compounds. 2023;**934**: 167919. DOI: 10.1016/j.jallcom.2022.167919

[31] Zhang ZA, Gui XC, Hu QM, et al. Highly sensitive capacitive pressure sensor based on a micropyramid array for health and motion monitoring. Advanced Electronic Materials. 2021;**7**:2100174. DOI: 10.1002/aelm.202100174

[32] Guo XH, Zhao JJ, Hu B, et al. Flexible pressure sensor with high sensitivity and fast response based on bionic honeycomb-structured polydimethylsiloxane/aluminum oxide composites dielectric via 3-D printing. IEEE Transactions on Electron Devices. 2024;**71**:4283–4291. DOI: 10.1109/TED.2024.3401653

[33] Hong WQ, Guo XH, Hu B, et al. Mantis leg-inspired flexible capacitive pressure sensor with high sensitivity and fast response for wearable devices and human-machine interaction. IEEE Sensors Journal. 2024;**24**:19698–19705. DOI: 10.1109/JSEN.2024.3392878

[34] Das PS, Chhetry A, Maharjan P, et al. A laser ablated graphene-based flexible self-powered pressure sensor for human gestures and finger pulse monitoring. Nano Research. 2019;**12**:1789–1795. DOI: 10.1007/s12274-019-2433-5

[35] Ahmed A, Hassan I, Zu J. Design guidelines of stretchable pressure sensors-based triboelectrification. Advanced Engineering Materials. 2018;**20**:1700997. DOI: 10.1002/adem.201700997

[36] Duan J, Yue G, Li H, et al. Self-powered noncontact triboelectric nanogenerators with microstructured square-loop surface and dielectric electron-blocking layer for far-distance motion perception and trajectory tracking. Nano Energy. 2024;**128**:109860. DOI: 10.1016/j.nanoen.2024.109860

[37] Lee K, Ryu JH, Kim B, et al. Rational design of materials and multilayered structures in triboelectric nanogenerators to enhance energy-harvesting efficiency. Chemical Engineering Journal. 2025;**520**:166062. DOI: 10.1016/j.cej.2025.166062

[38] Wang Z, Xu Z, Li N, et al. Flexible pressure sensors based on MXene/PDMS porous films. Advanced Materials Technologies. 2023;**8**:2200826. DOI: 10.1002/admt.202200826

[39] Zhao K, Lv H, Meng J, et al. Triboelectrification-induced electricity in self-healing hydrogel for mechanical energy harvesting and ultra-sensitive pressure monitoring. ACS Omega. 2022;**7**:18816–18825. DOI: 10.1021/acsomega.2c01743

[40] Bai P, Zhu G, Liu Y, et al. Cylindrical rotating triboelectric

nanogenerator. ACS Nano. 2013;**7**: 6361–6366. DOI: 10.1021/nn402491y

[41] Lu YF, Zhang HJ, Huang W, et al. Flexible temperature-pressure dual sensor based on 3D spiral thermoelectric Bi2Te3 films. Nature Communications. 2024;**15**:46836. DOI: 10.1038/s41467-024-46836-1

[42] Krishnan A, Thiyagarajan K, Kodagoda S, et al. Wearable flexible temperature sensor suite for thermal-tactile perception. IEEE Sensors Journal. 2024;**24**: 39736–39743. DOI: 10.1109/JSEN.2024.3474705

[43] Chen S, Han X, Hong P, et al. A flexible temperature sensor for noncontact human-machine interaction. Materials. 2021;**14**:7112. DOI: 10.3390/ma14237112

[44] Sibinski M, Jakubowska M, Sloma M. Flexible temperature sensors on fibers. Sensors. 2010;**10**:7934–7946. DOI: 10.3390/s100907934

[45] Sreevanya GV, Lee SJ, Cheon H, et al. Highly stretchable and flexible kirigami patterned silver electrodes for wearable electronics. Sensors and Actuators A: Physical. 2024;**378**:115813. DOI: 10.1016/j.sna.2024.115813

[46] Lu Y, Zhang H, Zhao Y, et al. Robust fiber-shaped flexible temperature sensors for safety monitoring with ultrahigh sensitivity. Advanced Materials. 2024;**36**:2310613. DOI: 10.1002/adma.202310613

[47] Wang L, Zhu R, Li G. Temperature and strain compensation for flexible sensors based on thermosensation. Advanced Materials. 2019;**12**:1953–1961. DOI: 10.1021/acsami.9b21474

[48] Wang P, Sun GF, Meng CZ, et al. A flexible nanoparticle structured temperature sensor with high reproducibility and ultrafast response speed enabled by thermal expansion coefficient regulation and thermal conductivity enhancement. Nano Materials Science. 2025. DOI: 10.1016/j.nanoms.2025.10.007

[49] Song J-Y, Yu P-L, Li J-C. Low-temperature bending fatigue of MXene/PDMS flexible pressure sensor. Advanced Materials Interfaces. 2022;**9**:2201463. DOI: 10.1002/admi.202201463

[50] Feng R, Tang F, Zhang N, et al. Flexible, high-power density, wearable thermoelectric nanogenerator and self-powered temperature sensor. ACS Applied Materials & Interfaces. 2019;**11**:38616–38624. DOI: 10.1021/acsami.9b11435

Chapter 8

Uncertainty Quantification in Electromagnetic Computation

Geoffrey Lossa and Olivier Deblecker

Abstract

In this work, uncertainty quantification is integrated to assess the sensitivity of a finite element (FE)-based numerical model to uncertainties in its input parameters. We compute the sensitivity of wound inductors' RL parameters extracted from the FE method with respect to geometric and material uncertainties across a wide range of frequencies (from DC to 1 MHz). To that end, we propose a 2D modeling of geometric uncertainties associated with conductors' positions in the winding window, and we compute the *Sobol* indices associated with a polynomial chaos expansion-based surrogate model of the uncertain FE model using Bayesian inference techniques.

Keywords: finite element, homogenization technique, uncertainty quantification, inference technique, polynomial chaos expansion, wound inductors

1. Introduction

Numerical models of a physical system almost always depend on uncertain parameters. For instance, wound inductors are characterized by material uncertainties (material properties that are not accurately known) and geometric uncertainties (2D positions of conductors in the winding window, as depicted in **Figure 1**, air-gap dimensions, etc.). Correct modeling of such uncertainties, as well as a good understanding of the sensitivity of physical quantities with respect to uncertainties, is fundamental for ensuring an optimal design of the component.

The finite element (FE) method can be employed to capture these uncertainties in RLC models using a Monte Carlo (MC) simulation approach [1]. However, performing a sensitivity analysis with such a model is very CPU-intensive. In this work, we develop a stochastic surrogate model of wound inductors based on polynomial chaos expansion (PCE) in order to mitigate this problem. We then compute the *Sobol* indices [2, 3] over a wide range of frequencies (from DC to 1 MHz) to quantify the sensitivity of RL parameters from the PCE surrogate model.

Sensitivity analysis is not limited to determining how the variability of the model is affected by the variability of each random input, but it can also be used to highlight unimportant inputs and thereby help reduce the dimension of the stochastic problem. In general, it can be based on the correlation between input and output parameters (correlation based on measurements), on values of partial derivatives of

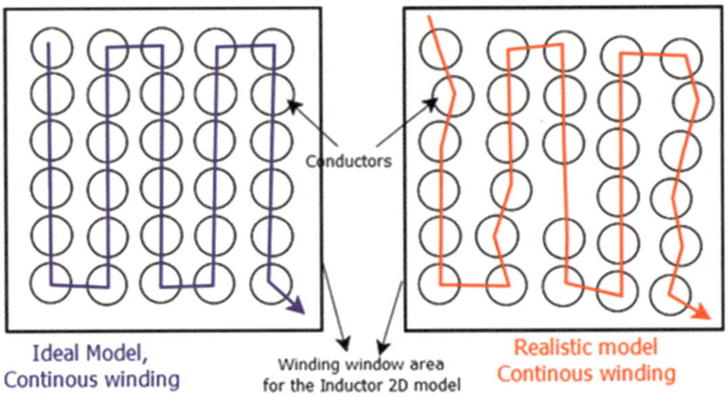

Figure 1.
Illustration of geometric uncertainties in a 2D pattern of a five-layer winding.

the model at a given point (linear method), or even directly on the distribution of the model output. The global sensitivity analysis is based more specifically on the decomposition of the variance of the model response in terms of the contribution of each input parameter or their combinations. This is the case, for example, with the *Sobol* sensitivity indices [2].

2. Methodology

The uncertainties taken into account in this study arise from the random positions of conductors in the winding window and from the material properties of the ferrite core (magnetic permeability $\underline{\mu}_{core}$ and electrical conductivity σ_{core}). The complex form of material properties allows for the natural consideration of electrical and magnetic losses in FE formulations.

Due to the high number of MC iterations with an embedded time-consuming FE-based model, especially with regard to the high number of geometric uncertainties, the reduction in the dimension of the problem is required and is achieved through the transformation of geometrical uncertainties (2D positions of conductors) into material ones (equivalent magnetic reluctivity $\underline{\nu}_{prox}$ related to the proximity effect and equivalent impedance $\underline{Z}_{skin}$ related to the skin effect) via a homogenization technique [4–6].

The overall methodology is built upon a stochastic surrogate model [4] for the computation of RL parameters, in combination with an original algorithm mimicking the manual winding operation [7] in order to model the uncertain positions of conductors in the winding window. It is depicted in **Figure 2**. We compute a PCE surrogate in order to reduce the computation time associated with the FE-based numerical model during calls needed to perform a MC simulation (with a brute FE model). In addition to this, we compute the *Sobol* coefficients from the PCE surrogate, which does not require any additional evaluation of the deterministic model (which is expensive in terms of resources and computation time) once it has been built. This is due to one of the important properties of PCE: that of containing information on its ANOVA (analysis of variance) decomposition.

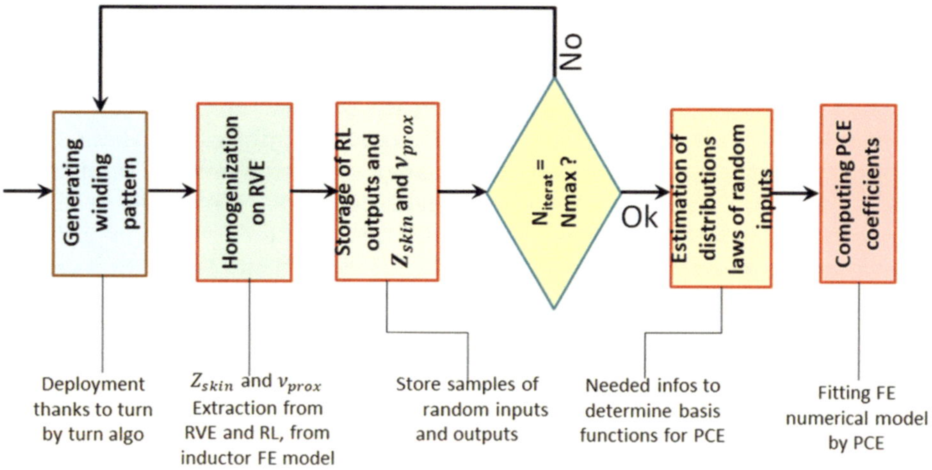

Figure 2.
Process of PCE surrogate construction.

According to this chart, N_{iter} is the number of iterations needed to build the PCE surrogate from distributions of the reduced random input vector. N_{iter} is bounded by N_{max} which is a value linked to the dimension of the random input vector. In our case, without the homogenization process, which allows us to transform geometrical uncertainties into material ones, this dimension can easily reach an order of magnitude close to 100.

A 2D magneto-harmonic formulation with massive conductors and appropriate limit conditions on an optimal representative volume element (RVE) [8] in the winding allows the extraction of the desired equivalent properties (electric conductivity and magnetic reluctivity, for instance). Finally, the dimension of the random input is reduced to seven components, among which we find:

- $X_1 = \mathfrak{Re}(\underline{Z}_{skin})$, image of losses due to skin effect phenomena in the winding;
- $X_2 = \mathfrak{Im}(\underline{Z}_{skin})$, image of the reactive power transmitted by the winding;
- $X_3 = \mathfrak{Re}(\underline{\nu}_{prox})$, image of the energy associated with the proximity effect in the winding;
- $X_4 = \mathfrak{Im}(\underline{\nu}_{prox})$, image of losses linked to the proximity effect between conductors;
- $X_5 = \mathfrak{Re}(\underline{\nu}_{core})$, image of the magnetic energy in the ferrite core;
- $X_6 = \mathfrak{Im}(\underline{\nu}_{core})$, image of the ferrite core losses;
- $X_7 = \sigma_{core}$, image of losses due to the eddy current in the ferrite core. It is a scalar depending on the imaginary part of the electric permittivity $\underline{\epsilon}_{core}$.

For the computation of the PCE surrogate model, we need to know the distribution law of the obtained reduced random input vector. This problem is associated with the inverse problem, where unknown parameters (related to distributions) are estimated based on experimental data, which are indirectly associated with these parameters through a computational model. This problem can be solved using Bayesian methods, particularly the Bayesian inference technique [9]. This technique consists of the backward propagation of information about observations in order to extract the distribution of the model inputs. For instance, in statistical inference, one considers that the data consist of independent realizations of an underlying random vector and an assumption on the shape of the probability density function PDF (e.g., Weibull, Gaussian, log-normal, etc.). The tools used here are based on UQLab, which is a framework that can be plugged into MATLAB to perform uncertainty quantification [10].

The *Sobol* decomposition of a truncated PCE can be established analytically in terms of increasing orders as follows.

$$\begin{aligned}\mathcal{M}_p(X) &= a_0 + \sum_{i=1}^{M}\sum_{\alpha\in\mathcal{I}_i} a_\alpha\Psi_\alpha(X_i)\\ &+ \sum_{1\le i_1<i_2\le M}^{M}\ \sum_{\alpha\in\mathcal{I}_{i_1,i_2}} a_\alpha\Psi_\alpha(X_{i_1},X_{i_2}) + \cdots\\ &+ \sum_{1\le i_1<\cdots<i_s\le M}^{M}\ \sum_{\alpha\in\mathcal{I}_{i_1,\cdots,i_s}} a_\alpha\Psi_\alpha(X_{i_1},\cdots,X_{i_s}) + \cdots\\ &+ \sum_{\alpha\in\mathcal{I}_{1,\cdots,M}} a_\alpha\Psi_\alpha(X)\end{aligned} \tag{1}$$

where the set $\mathcal{I}_{i_1,\cdots,i_s}$ corresponds to Ψ_α polynomials depending on all parameters $\{X_{i_1},\cdots,X_{i_s}\}$ and nothing but them. It is defined as:

$$\begin{aligned}\mathcal{I}_{i_1,\cdots,i_s} = \{&\alpha\in\mathbb{N}^M : \ 0\le|\alpha|\le p,\\ &\forall k\in\{1,\cdots,M\}/\{i_1,\cdots,i_s\},\ \alpha_k = 0\}\end{aligned} \tag{2}$$

One can highlight the dependence of each multivariate polynomial on each subset of input parameters for clarity. This allows us to deduce the variance of the decomposition in the following way:

$$\mathbb{V}[\mathrm{M}(X)]\equiv D_p = \sum_{i=1}^{M} D_i + \sum_{1\le<i<j\le M} D_{i,j} + \cdots + D_{1,\cdots,M} \tag{3}$$

where $D_{i_1,\cdots,i_s}$ refer to partial variances and are defined as:

$$D_{i_1,\cdots,i_s} = \mathbb{V}[\mathcal{M}_{i_1,\cdots,i_s}(X_{i_1},\cdots,X_{i_s})],\ s = 1,\cdots,M \tag{4}$$

From these last expressions, it is possible to define the sensitivity index $\mathcal{S}^p_{i_1,\cdots,i_s}$ of the model response for the subset of random input variables $\{X_{i_1},\cdots,X_{i_s}\}$ as:

$$\mathcal{S}^p_{i_1,\cdots,i_s} = \frac{D_{i_1,\cdots,i_s}}{D_p} = \frac{1}{D_p}\sum_{\alpha\in\mathcal{I}_{i_1,\cdots,i_s}} a_\alpha^2 \tag{5}$$

In addition, total sensitivity indices, also based on PCE, can be defined to assess the total effect of an input parameter as follows:

$$S_i^{T,p} \sum_{i_1,\cdots,i_s \in \mathcal{I}_i^+} \frac{D_{i_1,\cdots,i_s}}{D_p} \frac{1}{D_p} \sum_{\alpha \in \mathcal{I}_i^+} a_\alpha^2 \tag{6}$$

where $\mathcal{I}_i^+$ indicates the set of all indices involving the ith input parameter with a non-zero index, that is:

$$\mathcal{I}_i^+ \equiv \{\alpha \in \mathbb{N}^M : 0 \le |\alpha| \le p, \ \alpha_i \ne 0\} \tag{7}$$

2.1. Algorithm for generating realistic 2D winding patterns for stochastic FE modeling of wound inductors

According to this algorithm, conductors are deployed turn after turn. It aims to emulate the manual process as it would be carried out by an operator (**Figure 3**). The algorithm includes the following actions.

- The first layer conductors are the ones that are deployed first. For these, we only observe uncertainties δ_y according to their vertical axis because they are placed against the magnetic core's central column.
- Conductors of the second and subsequent layers, except for their last conductors, are deployed to intersect with conductors of previous layers while maintaining two points of tangency with the latter.

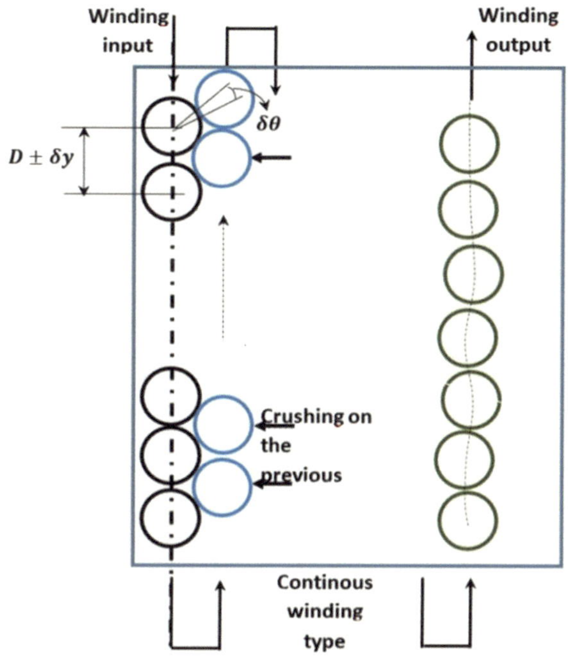

Figure 3.
Principle of the simulation of winding construction.

- In case there is an overlap between two conductors, it is necessary to redeploy the conductor corresponding to the turn being deployed in order to maintain two points of tangency: one with the conductor of the same layer as itself.

- The last conductors of the second and subsequent layers are positioned to present an uncertainty of δ_θ angle and a point of tangency with their corresponding conductors in the previous layer.

- In the event of an overlap with the conductor of the same layer, a redeployment is carried out to contract two points of tangency (with the conductor of the same layer and its corresponding conductor from the previous layer).

This original method of deploying the conductors in the winding window can be used to support the propagation of geometric uncertainties in a deterministic model, such as the FE method embedded into a MC simulation. To validate this approach, let us analyze the influence of geometric uncertainties related to the positions of conductors in the extraction of RLC parameters of a wound inductor made of an Mnzn type ferrite core. Its magnetic core, without an air-gap, is considered ideal – that is, without electrical and magnetic losses (a relative magnetic permeability of 1,000 and 0 electric conductivity are considered). For this analysis, a 2D model is sufficient due to the axisymmetric characteristic of the geometry (see **Figure 4**). The copper conductors have a diameter of 0.315 mm. They are deployed in the winding window using our developed algorithm simulating the winding process.

Results presented in **Figure 5** are from a MC simulation of 390 iterations. According to this figure, one can observe an increasing dispersion of the R parameter due to the appearance of skin and proximity effects with increasing frequency, while the L and C parameters maintain a quasi-constant dispersion over the analysis frequency range and decrease with increasing frequency. In this figure, dispersions

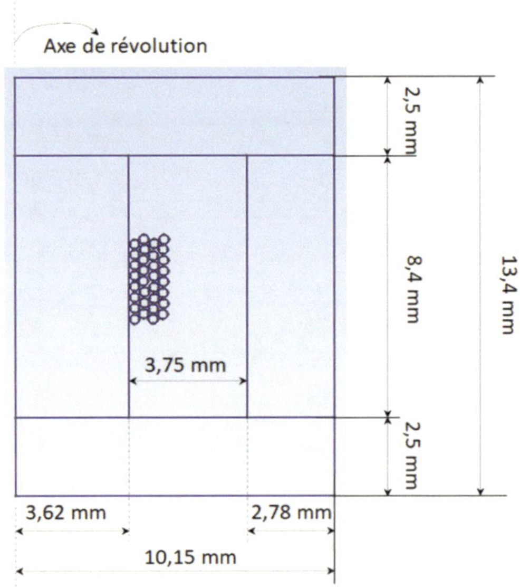

Figure 4.
Geometry taken into account to illustrate the propagation of uncertainties related to the positions of conductors in the winding window.

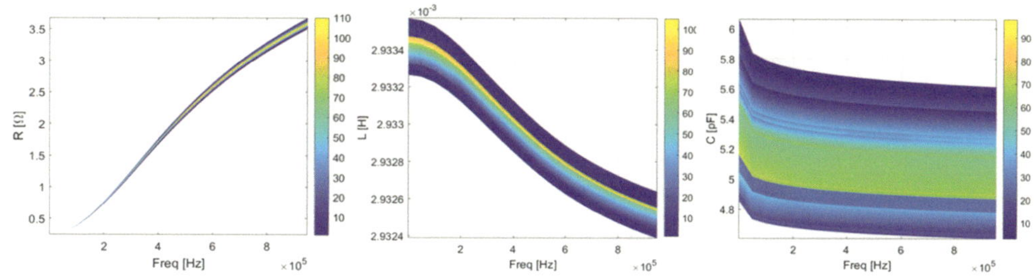

Figure 5.
Evolution of RLC parameters superimposed on their distributions in the form of colored map, as functions of frequency.

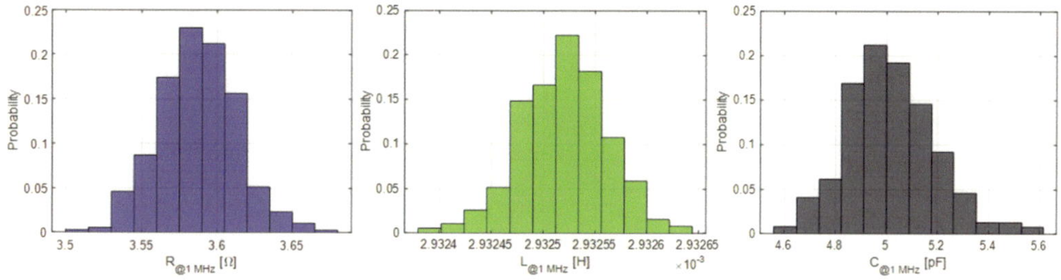

Figure 6.
RLC parameter histograms (with probability densities on the ordinate) taken at 1 MHz.

of different parameters are superimposed in the form of colored maps to their evolutions. Their scale represents the number of realizations of each value associated with each parameter.

The stopping criterion for this MC simulation is based on the convergence of the mean of each parameter of interest. According to this criterion, one can see from **Figure 6** that the number of MC iterations is sufficient. A zoom at 1 MHz on the distributions of RLC parameters can be observed in **Figure 7**. We can observe in the latter normal distributions, which reflect the nature of uncertainties linked to the positions of conductors in the winding window.

3. Case study

In this work, we analyze a typical commercial inductor (MCSCH895-680KU, as illustrated in **Figure 8**). It is made up of a NiZn ferrite core type, with a 44-turn winding distributed over four layers. The first three layers include 12 turns per layer. The conductor diameter is 0.37 mm. According to the manufacturer, this inductor is characterized by a nominal inductance value of 68 μH $\pm$ 10%. The material properties of the ferrite core are modeled using a *Debye* relaxation model along the frequency range of study [11]. In this model, the random aspect is represented by static quantities for which the manufacturer often provides the relative error (20% for magnetic permeability and 10% for electrical conductivity). The dimension of the random input vector (set of geometrical and material uncertainties) of the studied inductor numerical model has been reduced to seven, among which are the real and

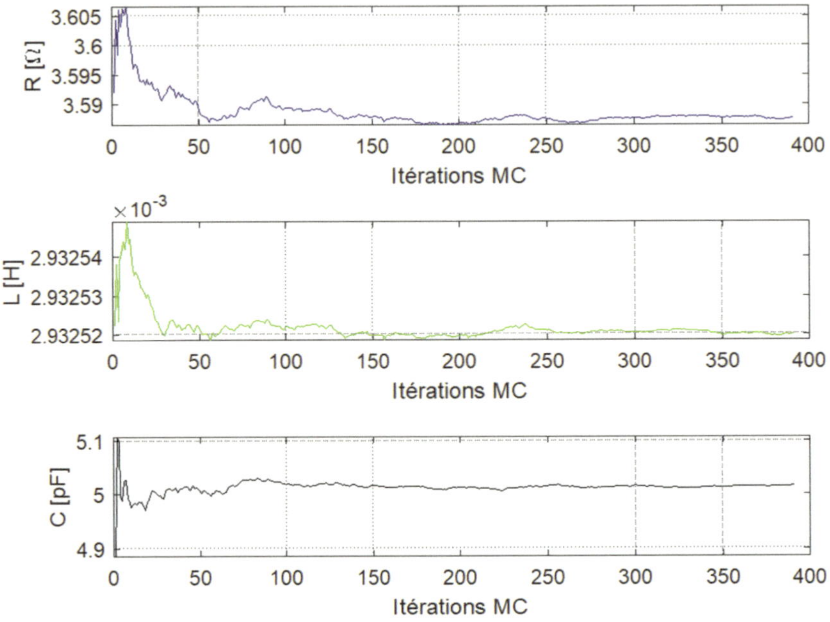

Figure 7.
Evolution of average RLC parameters measured at 1 MHz as a function of the number of MC iterations (stopping criterion).

Figure 8.
Illustration of the analyzed component.

imaginary parts of $\underline{\nu}_{prox}$, $\underline{Z}_{skin}$, and $\underline{\mu}_{core}$ and the ferrite core conductivity σ_{core}. Results of the sensitivity analysis will be presented in the section below.

4. Simulation results

To build the stochastic surrogate model based on PCE (using the least angle regression algorithm implemented in UQLab, see Appendix A), 295 calls of the numerical model were sufficient. In order to transform geometric uncertainties into material ones and to extract *RL* parameters, the homogenization technique has been implemented in GetDP and Gmsh [12] as computation tools for FE formulations. For experimental validation, *RL* parameters were measured across a wide range of

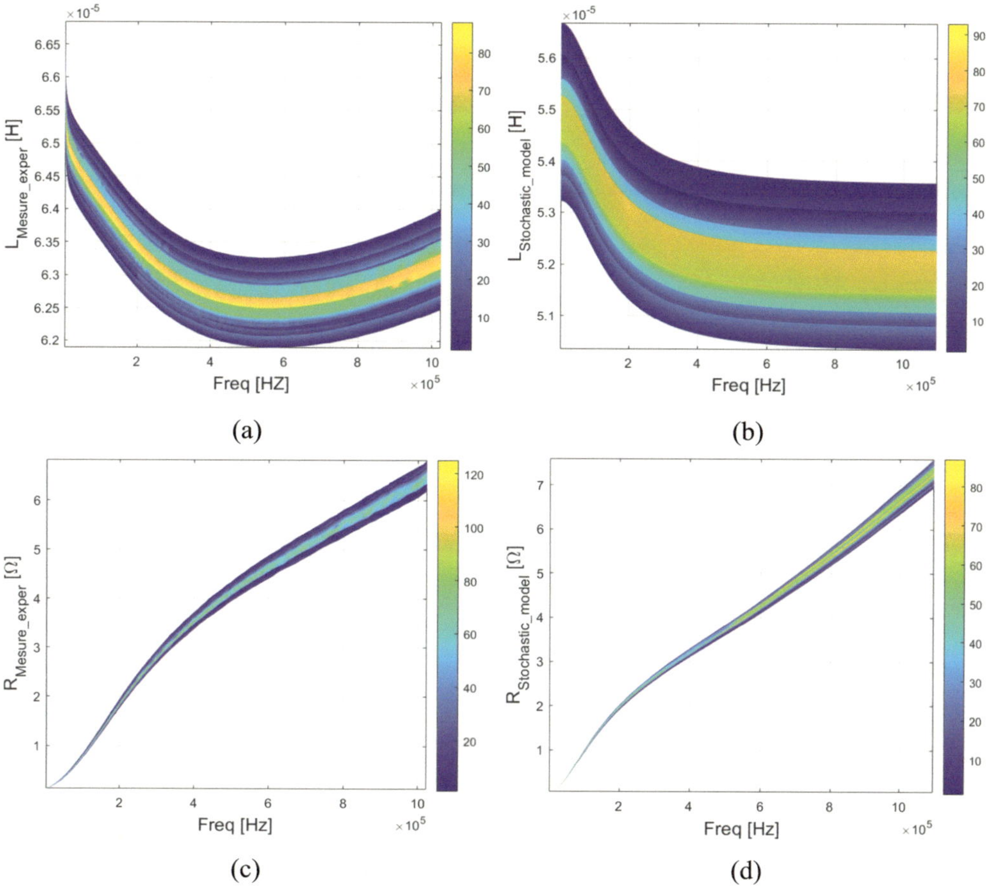

Figure 9.
Evolution of RL parameters superimposed with their distributions in terms of colored maps, experimentally measured on a batch of 299 MCSCH895-680KU inductors (left) and extracted from stochastic surrogate models (right).

frequencies using a Wayne Kerr impedance analyzer [13]. **Figure 9** shows good agreement between the two evolutions of *RL* parameters. One can observe an increasing dispersion with frequency in both evolutions (experimental measurement and simulation), especially in the *R* parameter, due to the occurrence, with increasing frequency, of skin and proximity effects as well as Joule losses in the ferrite core.

Figure 10 presents distributions of RL parameters at 537 kHz and 1 MHz. Regarding the *R* parameter, distributions overlap with increasing frequency due to the increasing dispersion associated with skin and proximity effects. On the other hand, the increasing dispersion is less marked in the case of the *L* parameter. From the order of magnitude of this parameter (less than 0.1 mH) and its low relative error (10% according to data provided by the manufacturer and experimental measurements), we understand why we do not observe any overlap between the distributions associated with the experimental measurements and the stochastic model of this parameter. This parameter exhibits low dispersion over the range of frequencies studied and thus retains a quasi-deterministic

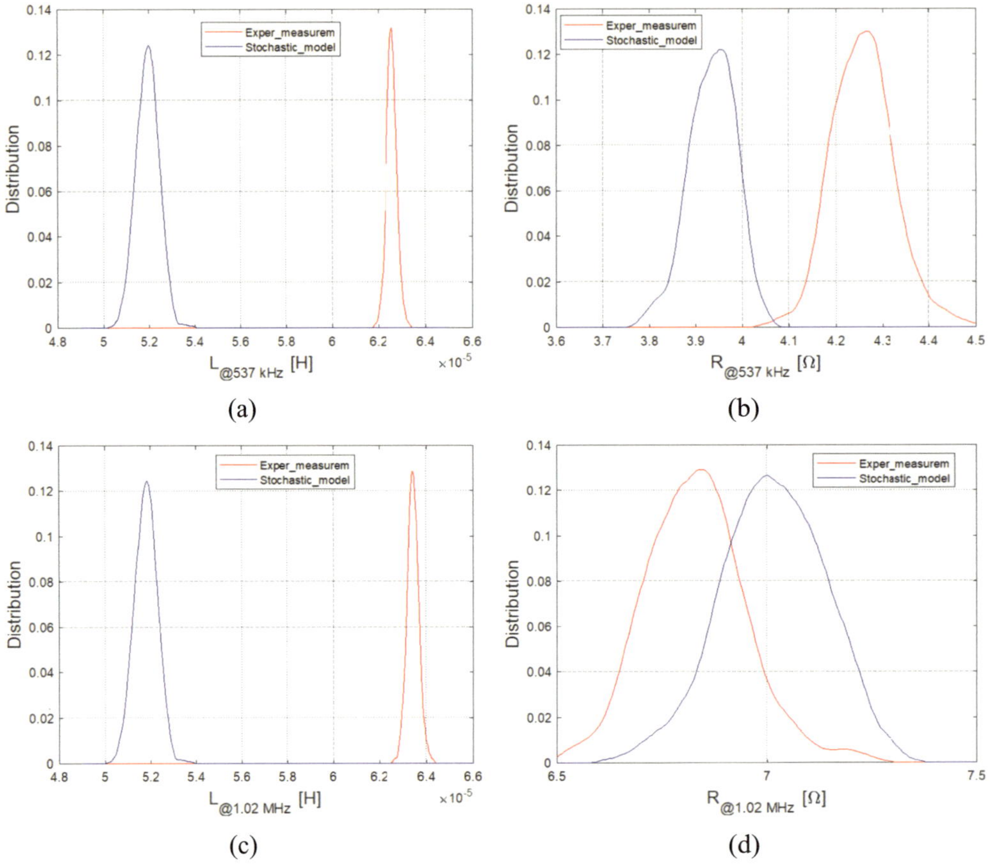

Figure 10.
Comparison between the distributions of RL parameters from experimental measurements and the stochastic model for frequencies 537 kHz (above) and 1.02 MHz (below).

aspect. From such behavior, one should expect low sensitivity to the uncertainties that are taken into account in the stochastic model (as discussed below).

The post-processing of the obtained PCE allowed for sensitivity analysis to be carried out through the computation of *Sobol* indices. The evolution of *Sobol* indices related to each component of the reduced input random vector over a wide range of frequencies is presented in **Figure 11**.

The L parameter seems less influenced by variations in random inputs. This may explain its quasi-deterministic behavior. Only three input variables (X_3, X_4, and X_5) have an influence on this parameter. The dependence with respect to X_5 is obvious because the latter expresses the stored magnetic energy in the inductor, which decreases with frequency. This decrease may be explained by the circumvention of conductors by field lines when the operating frequency increases. On the other hand, the dependence with respect to X_3 and X_4 clearly demonstrates the significant influence of geometrical uncertainties on the L parameter.

Regarding the R parameter, one can observe the influence of several random input variables. This may also justify the strong dispersion of this parameter and the increase in dispersion with frequency. This is linked to the occurrence of several

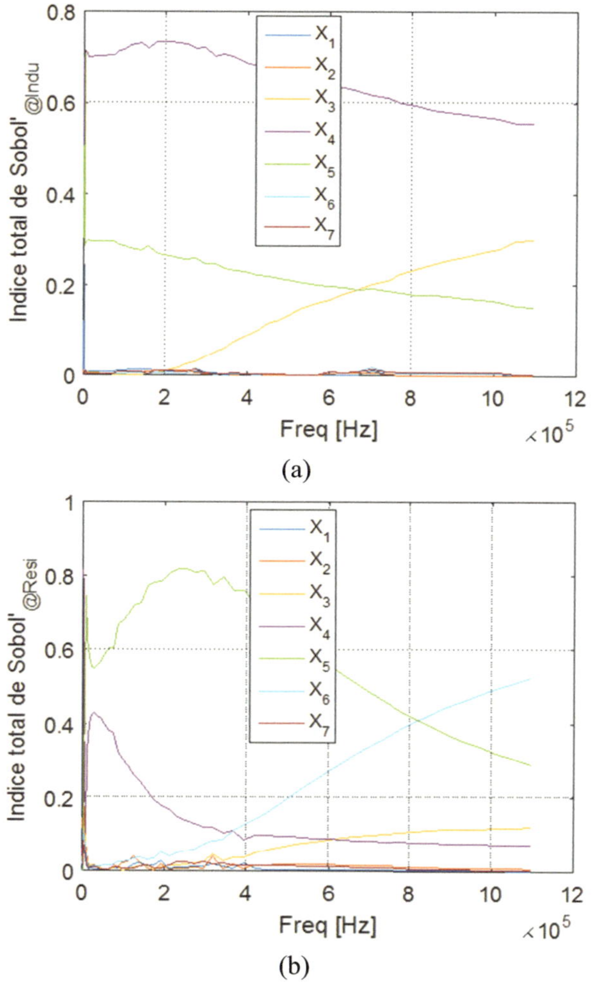

Figure 11.
Total Sobol *indices for stochastic models of* L *(above) and* R *(below).*

phenomena with increasing frequency, including skin and proximity effects through conductors in the winding.

Its dependence on imaginary parts X_2, X_4, and X_6 is obvious since the latter are images of loss (in conductors and the ferrite core). However, its dependence on X_7, which is almost constant with frequency, is related to eddy current losses in the ferrite core, which normally should decrease with frequency.

One can clearly notice that the R parameter is strongly influenced by material uncertainties, including the material properties of conductors and the ferrite core.

5. Conclusions

In this chapter, we carried out a sensitivity analysis of RL parameters of a wound inductor according to the considered random inputs in our study. To deal with the high dimension of the random input vector, we transformed geometrical uncertainties (linked to the positions of conductors in the winding window) into material ones, and we computed a surrogate model based on PCE across the wide range of frequencies in the study. This approach allowed us to compute *Sobol* indices related to the sensitivity analysis of output parameters with respect to the new random input vector, whose dimension has been reduced to seven. Our case study was conducted on a specific wound inductor (MCSCH895-680KU) to obtain reference values for computed output parameters from the numerical model used. Based on the sensitivity analysis, we found that the L parameter is mostly influenced by geometrical uncertainties (positions of conductors in the winding area), while the R parameter is mostly influenced by material uncertainties linked to the electrical and magnetic properties of conductors (electrical conductivity) and the ferrite core (magnetic permeability and electrical conductivity). Looking ahead, in the case of a non-symmetrical inductor geometry, it could be challenging to model in 3D the geometric uncertainties associated with the winding and to study their influence on the local electromagnetic behavior via the C parameter.

Appendices

Appendix A: Different strategies for PCE building

The PCE is the development $\mathcal{M}^{PC}(X)$ of a model response $Y = \mathcal{M}(X)$ in the space of random functions relating to the distributions of its random inputs X.

$$Y = \mathcal{M}(X) \approx \mathcal{M}^{PC}(X) = \sum_{\alpha \in \mathcal{A}} y_\alpha \varphi_\alpha(X), \tag{8}$$

where $\mathcal{A}$ is the truncated set of multi-indices of the PCE.

The computation of its coefficients y_α is carried out by different methods, including the most classic projection method [3], which uses multiple integrals. The number N of integration nodes depends on the dimension M of the random input and on the maximum degree p of the PCE according to the expression:

$$N = (p+1)^M \tag{9}$$

Hence, this explosion in the number of evaluations of the numerical reference model is often called the *curse of dimensionality*.

To build the PCE substitute, we start with a sample of size N of the random inputs (called the experimental design). The determination of the PCE coefficients then involves solving the following optimization problem:

$$\hat{y} = arg\ min\ \mathbb{E}\left(y^T \varphi(X) - \mathrm{M}(X)\right)^2, \tag{10}$$

For which the solution is given by the ordinary least squares (OLS) method, namely.

$$\hat{y} = (A^T A)^{-1} A^T y, \tag{11}$$

where $A_{ij} = \varphi(X)_j(x^{(i)})$ contains the values taken by the polynomial basis at the level of points of the experimental design and is called the experimental matrix $i = 1, \cdots, N; j = 0, \cdots, P-1$.

An important parameter for evaluating the quality of the constructed PCE is the relative empirical error, deduced from the experimental design. This kind of parameter can lead to over-fitting, since it decreases with the degree p of the PCE regardless of the size N of the experimental design. In order to overcome this problem, an adaptive technique for constructing sparse PCEs using an *a priori* cross-validation error was used in this work. This type of PCEs implies low-order interactions between the random variables, which are, by experience, the most important in various numerical models (sparsity-of-effects principle). This was taken into account in the initial optimization problem (see Equation [6]) by associating it with a penalty term of the form$\lambda||y||_1$, that is, the problem:

$$\hat{y} = arg\ min_{y \in \mathbb{R}^{|\mathcal{A}|^{\cdot}}} \ \mathbb{E}[(y^T\varphi(X) - \mathcal{M}(X))^2] + \lambda||y||_1, \tag{12}$$

where the regularization term $|\hat{y}||_1 = \sum_{\alpha \in \mathcal{A}} |y|_\alpha$ forces the minimization to favor low-rank solutions. In this latter context, the least angle regression (LAR) algorithm is the one implemented in UQLab [14], a specific module for uncertainty quantification under MATLAB.

From **Table A1**, we can observe the accuracy with which we manage to fit the parameter R (from the FE method) at 1.2 MHz, thanks to the LAR strategy. For the same maximum degree, one observes a sparser basis than with the OLS strategy.

$R_{@1.2MHz}$ [Ω]	Error	Max. degree	Non-zero coefficient.
OLS	0.4723	2	15
LAR	0.0406	2	8

Table A1.
Comparing OLS and LAR strategies for the surrogate model of $R_{@1.2MHz}$ *parameter.*

Author details

Geoffrey Lossa[1,2*] and Olivier Deblecker[2]

1 ISPT-Kinshasa, Kinshasa, DR Congo

2 University of Mons, Mons, Belgium

*Address all correspondence to: glossa@isptkin.ac.cd

References

[1] Lossa G, Deblecker O, De Grève Z. Influence of geometric uncertainties on the RL parameters of wound inductors modelled using the finite element method. IEEE Transactions on Magnetics Miami. 2017;**53**(6)

[2] Sudret B.Global sensitivity analysis using polynomial chaos expansionexpansions. Reliability Engineering and System Safety. 2008;**93** (7):964–979

[3] Marelli S, Luthen N, Sudret B. Polynomial chaos expansions - UQLab user manual. In Chair of Risk, Safety and Uncertainty Quantification. ETH Zurich, Switzerland; 2022

[4] Otto F, Gloria A, Duerinckx M, Characterization of fluctuations in stochastic homogenization, Workshop on Uncertainties Quantification, 3rd GAMM AGUQ, 2018

[5] Meunier G, et al. Homogenization for periodical electromagnetic structure: Which formulation? IEEE Transactions on Magnetics 2010;**46**:3409–3412

[6] Vazquez Sabriego R, et al. Time-domain homogenization of windings in 3-D finite element models. IEEE Transactions on Magnetics 2008;**44**:3989–3991

[7] Lossa G, Deblecker O, De Grève Z, Comparing Two Approaches for Generating Realistic Patterns in the 2D Stochastic FE Modeling of Wound Inductors, 2020. Available from: https://www.researchgate.net/publication/343335404ComparingtwoApproachesforGeneratingRealisticPatternsinthe2DStochasticFEModelingofWoundInductors

[8] Lossa G, Deblecker O, Geuzaine C, De Grève Z, Building fast stochastic surrogate models for extraction of RL parameters of wound inductors modelled using FEM, IEEE Xplore, CEFC 2021, Pisa

[9] Wagner P-R, Nagel J, Marelli S, Sudret B. Bayesian Inference for Model Calibration and Inverse Problems - UQLab User Manual. ETH Zurich, Switzerland: Chair of Risk, Safety and Uncertainty Quantification; 2022

[10] Marelli S, Sudret B, UQLab: A framework for uncertainty quantification in Matlab, Int. Conf. on Vulnerability, Risk analysis and Management, Proc. 2nd ICVRAM, Liverpool, UK, 2014, 2554–2563

[11] Lossa G, Deblecker O, De Grève Z, Experimental Validation of Geometrical and Material Uncertainties Consideration in the Modeling of Wound Inductors Using FEM. In: Photonics & Electromagnetics Research Symposium (PIERS); 2021; Hangzhou, China. p. 69–73. DOI: 10.1109/PIERS53385.2021.9694904

[12] Geuzaine C, Remacle J-F.Gmsh: A three-dimensional 3-D finite element mesh generator with built-in pre- and post-processing facilities. International Journal for Numerical Methods in Engineering. 2009;**79** (11):1309–1331

[13] Lossa G, Deblecker O, De Grève Z. Influence of material uncertainties on the RLC parameters of wound inductors modeled using the Finite element method. Open Physics. 2018;**16**(1): 227–231

[14] Marelli S, Sudret B, UQLab user manuel – Polynomial chaos expansions, Chair of Risk, Safety and Uncertainty Quantification, Report # UQLab-V1.3-104, ETH Zurich, Switzerland, 2019